高等学校公共基础课系列教材

大学物理学（上册）

（第三版）

主　编　朱长军　翟学军
副主编　马保科　王安祥
参　编　高　宾　周光茜　常红芳　尹纪欣
张晓娟　王晓娟　张晓军　王　晶
余花娃　张崇辉　赵旭梅　陈爱民

西安电子科技大学出版社

内容简介

本书涵盖了教育部非物理类专业物理基础课程教学指导分委员会制定的《理工科类大学物理课程教学基本要求》中所有的核心内容，并在此基础上选取了相关的扩展内容. 本书体系完整、结构合理、深度广度适当，同时加强经典与前沿、传统与现代、继承与创新的联系，突出了相关物理学进展以及高新科学技术在实际中的应用.

本书分为上、下两册，上册包括力学和电磁学，下册包括热力学基础、气体动理论、机械振动、机械波和电磁波、波动光学、狭义相对论基础、量子物理基础等. 书中的典型例题附有视频讲解，读者可通过手机扫描二维码学习相关知识.

本书可作为应用型高等学校理工科非物理类专业的教材，也可供其他院校相关专业选用.

图书在版编目(CIP)数据

大学物理学. 上册/朱长军，翟学军主编. --3 版. --西安：西安电子科技大学出版社，2023.10

ISBN 978-7-5606-6979-3

Ⅰ. ①大… Ⅱ. ①朱… ②翟… Ⅲ. ①物理学—高等学校—教材 Ⅳ. ①O4

中国国家版本馆 CIP 数据核字(2023)第 152028 号

策　　划　戚文艳
责任编辑　赵婧丽
出版发行　西安电子科技大学出版社(西安市太白南路 2 号)
电　　话　(029)88202421　88201467　　邮　　编　710071
网　　址　www.xduph.com　　电子邮箱　xdupfxb001@163.com
经　　销　新华书店
印刷单位　陕西精工印务有限公司
版　　次　2023 年 10 月第 3 版　2023 年 10 月第 1 次印刷
开　　本　787 毫米×1092 毫米　1/16　印　张 20.5
字　　数　487 千字
印　　数　1～3000 册
定　　价　54.00 元
ISBN 978-7-5606-6979-3/O
XDUP 7281003-1

前言

本书第一版于 2012 年 2 月由西安电子科技大学出版社出版，得到了广大师生的厚爱，被许多高校选为本科生“大学物理”课程的教材或参考书. 本书再版于 2017 年 12 月，再版期间许多读者以各种方式表达了对本书内容体系、章节结构以及撰写风格的肯定，同时提出了宝贵的意见和建议.

通过与读者多角度、多层次的交流与探讨，结合近年教学的新趋势、新特点，我们修订、编写了本书的第三版. 这一版在前两版体系和结构的基础上进行了如下修改和补充：第一，对部分章节内容进行了修改，增删了部分习题和例题；第二，针对典型例题，精心录制了相应的视频，便于读者通过多种终端设备进行自主学习；第三，增加了本章小结，帮助读者把握重要知识点及其相互联系；第四，更新了部分阅读材料.

全书由朱长军、翟学军统稿并担任主编，马保科、王安祥担任副主编. 参加本书编写工作的还有高宾、周光茜、常红芳、尹纪欣、张晓娟、王晓娟、张晓军、王晶、余花娃、张崇辉、赵旭梅、陈爱民等.

由于编者水平有限，虽对本书进行了多次修改与补充，不足之处仍在所难免. 在此，衷心感谢广大读者对本书的热情关注，殷切期望读者和同行专家给予批评和指正.

编　者

2023 年 4 月

目　录
CONTENTS

矢量及其运算

1. 标量和矢量

1）标量

有些物理量，只具有数值大小(包括有关的单位)，而不具有方向性. 这些量之间的运算遵循一般的代数法则. 这样的物理量称为**标量**.

2）矢量

有些物理量，既要有数值大小(包括有关的单位)，又要有方向才能完全确定. 这些量之间的运算并不遵循一般的代数法则，而遵循特殊的运算法则. 这样的物理量称为**矢量**.

2. 矢量运算

1）矢量加法

矢量加法是矢量的几何和，两个矢量的几何和服从平行四边形规则，如图 1 所示. 表示为

$$\boldsymbol{C}=\boldsymbol{A}+\boldsymbol{B} \tag{1}$$

矢量加法也可以用矢量三角形表示，如图 2 所示，矢量 $\boldsymbol{A}$ 的头和矢量 $\boldsymbol{B}$ 的尾相接，得矢量 $\boldsymbol{C}$.

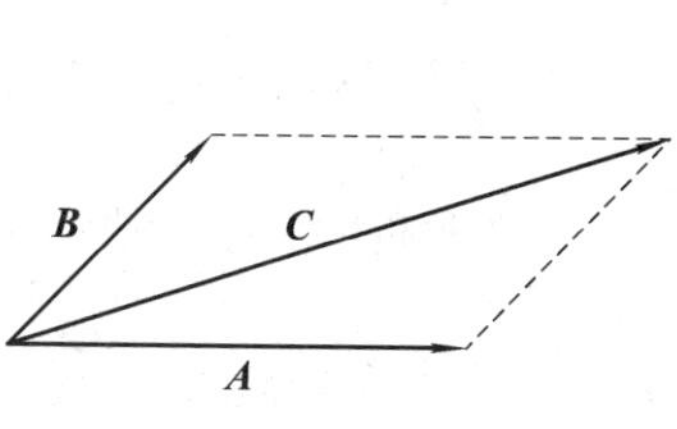

图 1　矢量加法的平行四边形规则

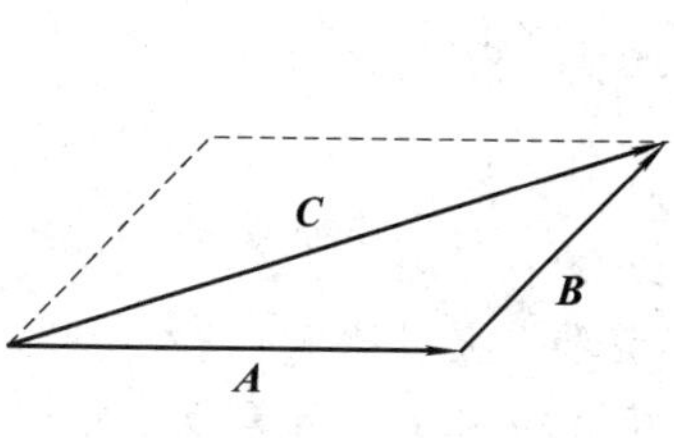

图 2　矢量加法的三角形规则

同理，矢量 $\boldsymbol{B}$ 的头和矢量 $\boldsymbol{A}$ 的尾相接，也得矢量 $\boldsymbol{C}$. 可见，矢量加法和矢量排列次序无关，即服从交换律

$$\boldsymbol{C}=\boldsymbol{A}+\boldsymbol{B}=\boldsymbol{B}+\boldsymbol{A} \tag{2}$$

矢量加法也服从结合律

$$\boldsymbol{A}+\boldsymbol{B}+\boldsymbol{C}+\boldsymbol{D}=(\boldsymbol{A}+\boldsymbol{B})+(\boldsymbol{C}+\boldsymbol{D}) \tag{3}$$

矢量加法是几个矢量的合成问题，反之，一个矢量也可以分解为几个矢量.

具体计算中，利用坐标系往往能够简化计算. 例如，在直角坐标系中，矢量 $\boldsymbol{A}$ 可以分解为 $\boldsymbol{A}_x$、$\boldsymbol{A}_y$ 和 $\boldsymbol{A}_z$. 这样，矢量 $\boldsymbol{A}$ 就可以表示为

$$\boldsymbol{A} = \boldsymbol{A}_x + \boldsymbol{A}_y + \boldsymbol{A}_z \tag{4}$$

在直角坐标系中，三个轴方向上的单位矢量分别为 $\boldsymbol{i}$、$\boldsymbol{j}$ 和 $\boldsymbol{k}$. 矢量 $\boldsymbol{A}_x$、$\boldsymbol{A}_y$ 和 $\boldsymbol{A}_z$ 的模分别为矢量 $\boldsymbol{A}$ 在 x、y 和 z 轴方向上的投影，用 A_x、A_y 和 A_z 表示，则

$$\boldsymbol{A} = A_x\boldsymbol{i} + A_y\boldsymbol{j} + A_z\boldsymbol{k}$$

可见，$\boldsymbol{A}$ 的模为

$$A = |\boldsymbol{A}| = (A_x^2 + A_y^2 + A_z^2)^{1/2} \tag{5}$$

这样，两个矢量 $\boldsymbol{A}$ 和 $\boldsymbol{B}$ 在直角坐标系中的矢量和为

$$\begin{aligned}\boldsymbol{A} + \boldsymbol{B} &= A_x\boldsymbol{i} + A_y\boldsymbol{j} + A_z\boldsymbol{k} + B_x\boldsymbol{i} + B_y\boldsymbol{j} + B_z\boldsymbol{k} \\ &= (A_x + B_x)\boldsymbol{i} + (A_y + B_y)\boldsymbol{j} + (A_z + B_z)\boldsymbol{k}\end{aligned} \tag{6}$$

在矢量的分解中，应注意到分解的不唯一性. 例如，同一个矢量在不同的坐标系中，分解的情况是不同的.

2）矢量减法

矢量减法可以视为矢量加法的特例，即

$$\boldsymbol{A} - \boldsymbol{B} = \boldsymbol{A} + (-\boldsymbol{B}) \tag{7}$$

通常称 $-\boldsymbol{B}$ 为矢量 $\boldsymbol{B}$ 的**逆矢量**，它的模等于矢量 $\boldsymbol{B}$ 的模，但方向与矢量 $\boldsymbol{B}$ 相反，如图 3 所示.

由矢量加减法运算规则可知，如果三个矢量 $\boldsymbol{A}$、$\boldsymbol{B}$ 和 $\boldsymbol{C}$ 头尾相连组成封闭三角形，其矢量和为零，如图 4 所示，表示为

$$\boldsymbol{A} + \boldsymbol{B} + \boldsymbol{C} = \boldsymbol{0} \tag{8}$$

同理可推断，**若多个矢量头尾相连组成封闭的多边形，其矢量和必为零**.

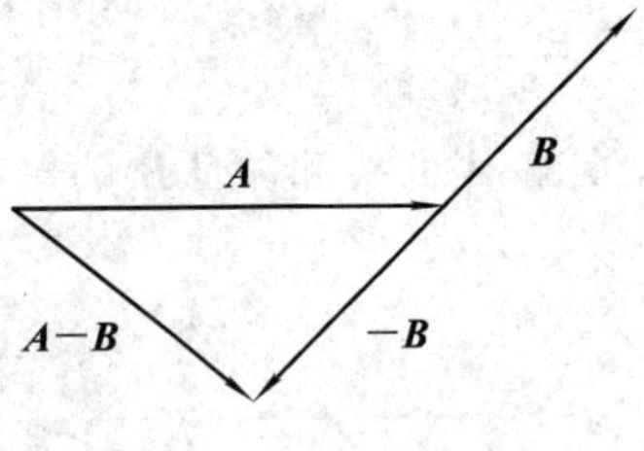

图 3　矢量减法

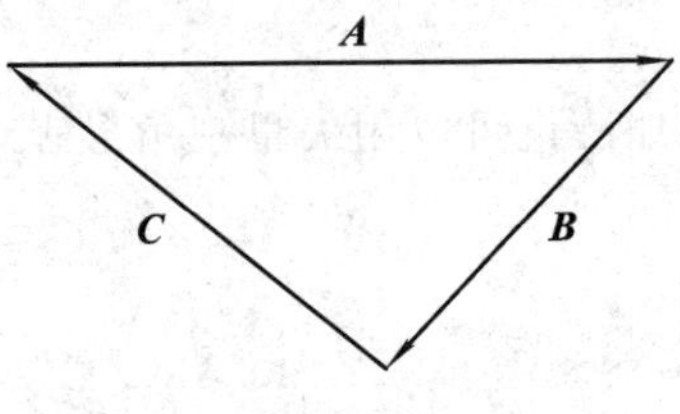

图 4　矢量和为零的几何表示

3）标量和矢量的乘积

一个标量 m 和矢量 $\boldsymbol{A}$ 相乘，得矢量 $\boldsymbol{B}$，即

$$\boldsymbol{B} = m\boldsymbol{A} \tag{9}$$

显然，$\boldsymbol{B}$ 的大小等于 $\boldsymbol{A}$ 的大小的 m 倍，二者方向相同或相反. 若 $m>0$，则 $\boldsymbol{B}$ 与 $\boldsymbol{A}$ 同方向；若 $m<0$，则 $\boldsymbol{B}$ 与 $\boldsymbol{A}$ 反方向.

4）两矢量的标量积

两矢量的**标量积**亦称**点积**，定义为：**一个矢量在另一个矢量方向上的投影与另一矢量模的乘积，结果是一个标量**. 标量积的数学表示式为

$$\boldsymbol{A}\cdot\boldsymbol{B}=|\boldsymbol{A}||\boldsymbol{B}|\cos\theta \tag{10}$$

式中，θ 为两矢量的夹角.

标量积的基本性质服从交换律，即

$$\boldsymbol{A}\cdot\boldsymbol{B}=\boldsymbol{B}\cdot\boldsymbol{A} \tag{11}$$

以及分配律，即

$$\boldsymbol{A}\cdot(\boldsymbol{B}+\boldsymbol{C})=\boldsymbol{A}\cdot\boldsymbol{B}+\boldsymbol{A}\cdot\boldsymbol{C} \tag{12}$$

在直角坐标系中，三个轴方向上的单位矢量 $\boldsymbol{i}$、$\boldsymbol{j}$ 和 $\boldsymbol{k}$ 相互正交，根据标量积定义得

$$\boldsymbol{i}\cdot\boldsymbol{i}=\boldsymbol{j}\cdot\boldsymbol{j}=\boldsymbol{k}\cdot\boldsymbol{k}=1$$

$$\boldsymbol{i}\cdot\boldsymbol{j}=\boldsymbol{j}\cdot\boldsymbol{k}=\boldsymbol{k}\cdot\boldsymbol{i}=0$$

两矢量的标量积可表示为

$$\boldsymbol{A}\cdot\boldsymbol{B}=(A_x\boldsymbol{i}+A_y\boldsymbol{j}+A_z\boldsymbol{k})\cdot(B_x\boldsymbol{i}+B_y\boldsymbol{j}+B_z\boldsymbol{k})=A_xB_x+A_yB_y+A_zB_z \tag{13}$$

这表明两矢量的标量积等于其对应的分量的乘积之和.

5）两矢量的矢量积

两矢量 $\boldsymbol{A}$ 和 $\boldsymbol{B}$ 的**矢量积**亦称**叉积**，其结果仍是一个矢量，用矢量 $\boldsymbol{C}$ 表示，**矢量 $\boldsymbol{C}$ 的大小为 $\boldsymbol{A}$ 和 $\boldsymbol{B}$ 组成的平行四边形的面积，方向垂直于矢量 $\boldsymbol{A}$ 和 $\boldsymbol{B}$ 构成的平面，并且 $\boldsymbol{A}$、$\boldsymbol{B}$ 和 $\boldsymbol{C}$ 三者符合右手螺旋法则**，其数学表达式为

$$|\boldsymbol{A}\times\boldsymbol{B}|=|\boldsymbol{A}||\boldsymbol{B}|\sin\theta \tag{14}$$

式中，θ 为两矢量的夹角，$0\leqslant\theta\leqslant\pi$.

根据矢量积的定义和右手螺旋法则可以看出

$$\boldsymbol{A}\times\boldsymbol{B}=-\boldsymbol{B}\times\boldsymbol{A} \tag{15}$$

表明矢量积不服从交换律，但服从分配律，即

$$\boldsymbol{A}\times(\boldsymbol{B}+\boldsymbol{C})=\boldsymbol{A}\times\boldsymbol{B}+\boldsymbol{A}\times\boldsymbol{C} \tag{16}$$

显而易见，矢量积不服从结合律，即

$$\boldsymbol{A}\times(\boldsymbol{B}\times\boldsymbol{C})\neq(\boldsymbol{A}\times\boldsymbol{B})\times\boldsymbol{C} \tag{17}$$

直角坐标系中，由矢量积定义可得到单位矢量之间的关系为

$$\boldsymbol{i}\times\boldsymbol{i}=\boldsymbol{j}\times\boldsymbol{j}=\boldsymbol{k}\times\boldsymbol{k}=\boldsymbol{0}$$

$$\boldsymbol{i}\times\boldsymbol{j}=\boldsymbol{k}$$

$$\boldsymbol{j}\times\boldsymbol{k}=\boldsymbol{i}$$

$$\boldsymbol{k}\times\boldsymbol{i}=\boldsymbol{j}$$

矢量积在直角坐标系中可表示为

$$\begin{aligned}\boldsymbol{A}\times\boldsymbol{B}&=(A_x\boldsymbol{i}+A_y\boldsymbol{j}+A_z\boldsymbol{k})\times(B_x\boldsymbol{i}+B_y\boldsymbol{j}+B_z\boldsymbol{k})\\&=(A_yB_z-A_zB_y)\boldsymbol{i}+(A_zB_x-A_xB_z)\boldsymbol{j}+(A_xB_y-A_yB_x)\boldsymbol{k}\end{aligned} \tag{18}$$

物理量的单位和量纲

1. 物理量的单位

1）单位制

物理学是一门实验科学，需要对各种物理量进行测量和计量，这就要求确定物理量的单位. 由于各物理量之间存在着规律性的联系，这样便可选取少数物理量作为基本物理量，简称基本量，并为每个基本量规定一个**基本单位**. 其他物理量的单位则可按照它们与基本量之间的关系式导出，这些物理量称为导出量物理量，简称导出量，其单位称为**导出单位**. 按照这种方法制定的一套单位，称为**单位制**.

单位制的建立涉及基本量的选取和基本单位的规定，由于二者都带有一定程度的任意性，所以物理学中曾经出现过许多单位制. 为了建立一种简洁、科学、实用的计量单位制，国际米制公约各成员国(我国政府 1977 年参加该公约)于 1960 年通过了采用一种以米制为基础发展起来的国际单位制.

2）国际单位制简介

(1) 国际单位制(SI)的基本单位及其定义(见表 1).

表 1 国际单位制的基本单位

量的名称	单位名称	单位符号
长度	米	m
质量	千克(公斤)	kg
时间	秒	s
电流	安[培]	A
热力学温度	开[尔文]	K
物质的量	摩[尔]	mol
发光强度	坎[德拉]	cd

① 长度单位米(m)是光在真空中(1/299 792 458)秒时间间隔内所行进路径的长度(这是 1983 年 10 月第十七届国际计量大会通过的米的定义).

② 质量单位千克(kg)等于国际计量局保存的铂铱合金国际千克原器的质量.

③ 时间单位秒(s)是铯-133 原子基态的两个超级精细能级之间跃迁所对应的辐射的

9 192 631 770 个周期的持续时间.

④ 电流单位安培(A)简称安，若在真空中使相距一米的两条长度无限而圆截面可以忽略的平行直导线内保持一恒定电流，此电流在这两条导线之间产生的力，在每米长度上等于 2×10^{-7} 牛顿时的电流强度.

⑤ 热力学温度单位开尔文(K)简称开，等于水的三相点的热力学温度的 1/273.16.

⑥ 物质的量单位摩尔(mol)简称摩，用于一个系统物质的量，该系统中所包含的基本单元数与 0.012 千克碳-12 的原子数目相等. 在使用摩尔时，基本单元应予指明，可以是原子、分子、离子、电子及其他粒子，或是这些粒子的特定组合体.

⑦ 发光强度单位坎德拉(cd)简称坎，是在 101 325 帕斯卡压力下，处于铂凝固温度的黑体的 1/600 000 平方米表面垂直方向上的光强度.

(2) 国际单位制的辅助单位及其定义(见表 2).

① 1 弧度就是在一圆内两条半径间的平面角，这两条半径在圆周上截取的弧长与半径相等.

② 1 球面度是一个顶点位于球心、在球面上截取的面积等于以球半径为边长的在该球面上的正方形面积的立体角的大小.

表 2　国际单位制的辅助单位

量的名称	单位名称	单位符号
平面角	弧度	rad
立体角	球面度	sr

(3) 国际单位制导出单位.

① 力学中常见的物理量在国际单位制中的单位见表 3.

表 3　力学中常见的物理量在国际单位制中的单位

物理量名称	单位名称	量纲式	单位代号	
			中文	国际
面积	平方米	L^2	米^2	m^2
体积	立方米	L^3	米^3	m^3
旋转频率	1 每秒	T^{-1}	1/秒	1/s
频率	赫兹	T^{-1}	赫	Hz
密度	千克每立方米	ML^{-3}	千克/米^3	kg/m^3
速度	米每秒	LT^{-1}	米/秒	m/s
加速度	米每秒平方	LT^{-2}	米/秒^2	m/s^2
角速度	弧度每秒	T^{-1}	弧度/秒	rad/s
力	牛顿	MLT^{-2}	牛	N
力矩	牛顿米	ML^2T^{-2}	牛·米	N·m
动量	千克米每秒	MLT^{-1}	千克·米/秒	kg·m/s
压强、应力	帕斯卡	$ML^{-1}T^{-2}$	帕	Pa
功	焦耳	ML^2T^{-2}	焦	J
能	焦耳	ML^2T^{-2}	焦	J
功率	瓦特	ML^2T^{-3}	瓦	W
动量矩	千克米平方每秒	ML^2T^{-1}	千克·米^2/秒	$kg\cdot m^2/s$
转动惯量	千克米平方	ML^2	千克·米^2	$kg\cdot m^2$

② 热学中常见的物理量在国际单位制中的单位见表 4.

表 4　热学中常见的物理量在国际单位制中的单位

物理量名称	单位名称	量纲式	单位代号	
			中文	国际
热力学温度	开[尔文]	Θ	开	K
摄氏温度	摄氏度	Θ	摄氏度	℃
热量	焦[耳]	ML^2T^{-2}	焦	J
热容	焦[耳]每开[尔文]	$ML^2T^{-2}\Theta^{-1}$	焦/开	J/K
比热容	焦[耳]每千克开[尔文]	$L^2T^{-2}\Theta^{-1}$	焦/(千克・开)	1/(kg・K)
线胀系数	1 每开[尔文]	Θ^{-1}	1/开	1/K
体胀系数	1 每开[尔文]	Θ^{-1}	1/开	1/K
热导率	瓦[特]每米开[尔文]	$LMT^{-3}\Theta^{-1}$	瓦/(米・开)	W/(m・K)
热扩散率	平方米每秒	L^2T^{-1}	米^2/秒	m^2/s

③ 电磁学中常见的物理量在国际单位制中的单位见表 5.

表 5　电磁学中常见的物理量在国际单位制中的单位

物理量名称	单位名称	量纲式	单位代号	
			中文	国际
电流	安[培]	I	安	A
电荷[量]	库[仑]	TI	库	C
电荷线密度	库[仑]每米	$L^{-1}TI$	库/米	C/m
电荷面密度	库[仑]每平方米	$L^{-2}TI$	库/米^2	C/m^2
电荷体密度	库[仑]每立方米	$L^{-3}TI$	库/米^3	C/m^3
电位(电势)	伏[特]	$L^2MT^{-3}I^{-1}$	伏	V
电场强度	伏[特]每米	$LMT^{-3}I^{-1}$	伏/米	V/m
电位移	库[仑]每平方米	$L^{-2}TI$	库/米^2	C/m^2
电通量	伏[特]米	$L^3MT^{-3}I^{-1}$	伏・米	V・m
电容	法[拉]	$L^2M^{-1}T^4I^2$	法	F
介电常数	法[拉]每米	$L^{-3}M^{-1}T^4I^2$	法/米	F/m
电阻	欧[姆]	$L^2MT^{-3}I^{-2}$	欧	Ω
电阻率	欧[姆]米	$L^3MT^{-3}I^{-2}$	欧・米	Ω・m
电导	西[门子]	$L^{-2}M^{-1}T^3I^2$	西	S
电导率	西[门子]每米	$L^{-1}M^{-1}T^3I^2$	西/米	S/m
电偶极矩	库[仑]米	LTI	库・米	C・m
电极化强度	库[仑]每平方米	$L^{-2}TI$	库/米^2	C/m^2
磁场强度	安[培]每米	$L^{-1}I$	安/米	A/m
磁通[量]	韦[伯]	$L^2MT^{-2}I^{-1}$	韦	Wb
磁感应强度	特[斯拉]	$MT^{-2}I^{-1}$	特	T
电感	享[利]	$L^2MT^{-2}I^{-2}$	享	H
磁导率	享[利]每米	$LMT^{-2}I^{-2}$	享/米	H/m
磁矩	安[培]平方米	L^2I	安・米^2	A・m^2
磁极化强度	特[斯拉]	$MT^{-2}I^{-1}$	特	T
磁化强度	安[培]每米	$L^{-1}I$	安/米	A/m
磁偶极矩	韦[伯]米	$L^3MT^{-2}I^{-1}$	韦・米	Wb・m

④ 振动与波及光学中常见的物理量在国际单位制中的单位见表 6.

表 6　振动与波及光学中常见的物理量在国际单位制中的单位

物理量名称	单位名称	量纲式	单位代号	
			中文	国际
周期	秒	T	秒	s
频率	赫[兹]	T^{-1}	赫	Hz
振幅	米	L	米	m
圆频率	弧度每秒	LT^{-1}	弧度/秒	rad/s
位相	弧度	L	弧度	rad
波长	米	L	米	m
波速	米每秒	LT^{-1}	米/秒	m/s
入射角	弧度	L	弧度	rad
焦距	米	L	米	m
发光强度	坎[德拉]	J	坎	cd
光照度	勒[克斯]	$L^{-2}J$	勒	lx
光亮度	坎[德拉]每平方米	$L^{-2}J$	坎/米^2	cd/m^2
光通量	流[明]	J	流	lm

⑤ 原子物理及核物理中常见的物理量在国际单位制中的单位见表 7.

表 7　原子物理及核物理中常见的物理量在国际单位制中的单位

物理量名称	单位名称	量纲式	单位代号	
			中文	国际
坎尔磁子	焦[耳]每特[斯拉]	L^2I	焦/特	J/T
普朗克常数	焦[耳]秒	L^2MT^{-1}	焦·秒	J·s
半衰期	秒	T	秒	s
衰变常数	1 每秒	T^{-1}	1/秒	1/s

除国际单位制以外，还有其他的单位制，在此不作介绍.

2. 物理量的量纲

在物理学中，导出量与基本量间的关系可以用量纲来表示. 将一个导出量用若干个基本量的乘方之积表示出来的表达式，称为该物理量的**量纲式**，简称量纲.

在国际单位制中，七个基本物理量长度、质量、时间、电流、热力学温度、物质的量、发光强度的量纲符号分别是 L、M、T、I、Θ、N 和 J. 导出量的量纲用若干个基本量的乘方之积表示. 物理量 Q 的量纲记为 $\dim Q$，国际物理学界沿用的习惯记为 $[Q]$.

$$\dim Q = L^{\alpha}M^{\beta}T^{\gamma}I^{\delta}\Theta^{\epsilon}N^{\zeta}J^{\eta}$$

比如：速度 $v = ds/dt$，量纲为 LT^{-1}；加速度 $a = dv/dt$，量纲为 LT^{-2}；力 $F = ma$，量纲为 MLT^{-2}.

量纲是物理学中的一个重要概念. 它可以定性地表示出物理量与基本量之间的关系；可以有效地应用它进行单位换算；可以用它来检查物理公式的正确与否；还可以通过它来推知某些物理规律.

阅读材料之物理大师

改变人类文明历史的伟人

物理无处不在，“物理”取自“格物致理”，即考察事物的形态和变化，研究并总结它们的规律.

正是凭借“格物致理”的追求，判天地之美，析万物之理，我们看到遥远的宇宙边缘，发现了巨大的黑洞；探索微观世界的粒子成分，惊叹于原子力量的强大.

物理学作为超越国界的基础自然科学，其中之大师泽荫人类、跨越时空、影响久远.从比萨斜塔上掉落铁球，从砸在头顶的苹果，从电与磁随意转换，到量子力学的发现，相对论的诞生，还有薛定谔的那只猫，每一次都在刷新人类对自然的认知，推动着人类社会进步.

他们天才般的智慧与思想，让我们深深地陷入了物理学这个美妙的世界.

伽利略

伽利略(Galileo Galilei，1564—1642 年)，意大利物理学家、天文学家和哲学家，近代实验科学的先驱者. 其成就包括改进望远镜和其所带来的天文观测，以及支持哥白尼的日心说. 当时，人们争相传颂：“哥伦布发现了新大陆，伽利略发现了新宇宙.”

1590 年，伽利略在比萨斜塔上进行自由落体实验(真实性存疑)，将两个重量不同的铁球从相同的高度同时扔下，结果两个铁球同时落地，由此发现了自由落体定律，推翻了此前亚里士多德认为重的物体会先到达地面、落体的速度与其质量成正比的观点，他证明了进行自由落体运动的物体都有相同的加速度，换句话说，如果没有空气阻力的影响，羽毛和铁球将会同时到达地面. 霍金说：“自然科学的诞生要归功于伽利略.”

牛顿

牛顿(Isaac Newton，1643—1727 年)，英国皇家学会会员，是一位英国物理学家、数学家、天文学家、自然哲学家.

“自然和自然的法则隐藏于黑夜之中，上帝说：‘让牛顿来吧!’于是，一切都被照亮.”——英国诗人亚历山大 · 蒲柏(Alexander Pope).

牛顿在1687年发表的论文《自然哲学的数学原理》中，对万有引力和三大运动定律进行了描述，把地球上物体和天体力学统一到一个基本力学体系中，实现了自然科学的第一次大统一，奠定了此后三个世纪里物理世界的科学观，这是人类对自然界认识的一次飞跃．在光学领域，他发明了反射式望远镜，并基于对三棱镜将白光发散成可见光谱的观察，发展出了颜色理论．在数学领域，牛顿与戈特弗里德·莱布尼茨分享了微积分学的荣誉．

《自然哲学的数字原理》将成为一座永垂不朽的纪念碑，它向我们展示了最伟大的宇宙定律，是高于(当时)人类一切其他思想产物之上的杰作，这个简单而普遍定律的发现，以它囊括对象之巨大和多样性，给予人类智慧以光荣——拉普拉斯这样评价．爱因斯坦说："要理解这样的人，唯有把他看成是为争取永恒真理而斗争的战士．"

法拉第

法拉第(Michael Faraday，1791—1867年)，一个贫苦英国铁匠的孩子，最高学历为小学二年级，凭借自身的勤奋和天才的动手能力及思考能力，成为著名的物理学家和化学家，在电磁感应、电磁磁场关系、苯的发现和研究等诸多方面，用简单而又精巧的实验揭示了自然伟大的奥秘．

1831年10月17日，法拉第首次发现电磁感应现象，改变了人类文明．他的发现奠定了电磁学的基础，是麦克斯韦的先导；1839年，他提出了电学和磁学之间存在着基本关系，向世人建立起"磁场的改变产生电场"的观念，电的发明使人类进入工业社会．

法拉第的成就告诉我们：做好科学研究，出身不是问题，学历也不是问题，贫穷更不是问题，关键是要持久拥有一颗对科学执着热爱的心．法拉第的实验记录几乎没有任何数学公式，只有他实验过程的一张张图表，直观形象地显示了物理图像，因此大胆和创新是科学前进的重要源泉，做一个好的实验物理学家最重要的是对物理图像和物理概念的深刻理解和认识，而不是数学公式的推演和习题的论证．科学是平民的科学，科学知识不是科学家的专利而是大众的财富，让更多的人懂得科学才是科学真正的成功．

麦克斯韦

麦克斯韦(James Clerk Maxwell，1831—1879年)，英国物理学家、数学家．麦克斯韦主要从事电磁理论、分子物理学、统计物理学、光学、力学、弹性理论方面的研究．尤其是他建立的电磁场理论，将电学、磁学、光学统一起来，是科学史上最伟大的综合之一．造福于人类的无线电技术，就是以电磁场理论为基础发展起来的．他预言了电磁波的存在，为物理学竖起了一座丰碑．

麦克斯韦大约于1855年开始研究电磁学，在潜心研究了法拉第关于电磁学方面的新理论和思想之后，坚信法拉第的新理论包含着真理．于是他抱着给法拉第的理论"提供数学方法基础"的愿望，决心把法拉第的天才思想以清晰准确的数学形式表示出来．他在前人成就的基础上，对整个电磁现象进行了系统、全面的研究，

将电磁场理论用简洁、对称、完美的数学形式表示出来，经后人整理和改写，成为经典电动力学主要基础的麦克斯韦方程组.

在热力学与统计物理学方面，麦克斯韦也作出了重要贡献，他是气体动理论的创始人之一. 麦克斯韦是运用数学工具分析物理问题和精确地表述科学思想的大师，他非常重视实验，由他负责建立起来的卡文迪什实验室，现在仍然是举世闻名的学术中心之一.

美国著名物理学家理查德·费曼(Richard Feynman)曾预言："人类历史从长远看，好比说从一万年以后回顾历史，19 世纪最举足轻重的毫无疑问就是麦克斯韦发现了电动力学定律." 麦克斯韦方程更是被称为上帝之眼看到的光，英国科学期刊《物理世界》曾让读者投票评选了"最伟大的公式"，麦克斯韦方程排名第一.

汤姆逊

汤姆逊(J. J. Thomson，1856—1940 年)，英国物理学家，在 1897 年研究稀薄气体放电的实验中，证明了电子的存在，测定了电子的荷质比，轰动了整个物理学界，这是第一个被发现的亚原子粒子.

电子的发现打破了原子不可分的经典的物质观，向人们宣告原子不是构成物质的最小单元，它具有内部结构，是可分的. 这一发现也直接引导了电子技术时代的到来.

他和儿子都是诺贝尔奖金的获得者，在他的学生中，有九位获得了诺贝尔奖金. 汤姆逊对自己的学生要求非常严格，他要求学生在进行研究之前，必须学好所需要的实验技术. 进行研究所用的仪器全要自己动手制作. 他认为大学应是培养会思考、有独立工作能力的人才的场所，不是用"现成的机器"投影造出"死的成品"的工厂. 他坚持不让学生使用现成的仪器，他要求学生不仅是实验的观察者，更是实验的创造者.

普朗克

普朗克(Max Planck，1858—1947 年)，德国物学家，量子力学的奠基者，20 世纪最重要的物理学家之一，因发现能量量子而对物理学的进展作出了重要贡献.

1900 年 12 月 24 日(历史上也把这天认为是量子的诞生日)，普朗克发表了《关于正常光谱的能量分布定律》论文. 文中提出了一个大胆的假说：$E=h\nu$，引入了一个对量子力学非常重要的物理常数 h——普朗克常数，在科学界一鸣惊人.

"能量在辐射过程中不是连续的，而是以一份份能量的形式存在的"，这一假说认为辐射能(即光波能)不是一种连续不断的能流，而是由小微粒组成的，他把这种小微粒称为量子. 这无疑使整座经典物理大厦开始摇摇欲坠，使物理学发生了一场革命，这也是普朗克自己都难以接受的事实. "当普朗克把量子的幽灵从魔瓶中放出来时，自己却吓得要死"，后人评论道. 普朗克像是给一片森林带来火种的人，之后量子革命的大火熊熊燃烧.

量子力学的发展被认为是20世纪最重要的科学发展，其重要性可以同爱因斯坦的相对论相媲美.

爱因斯坦

爱因斯坦(Albert Einstein，1879—1955年)，举世闻名的德裔美国科学家，现代物理学的开创者和奠基人.

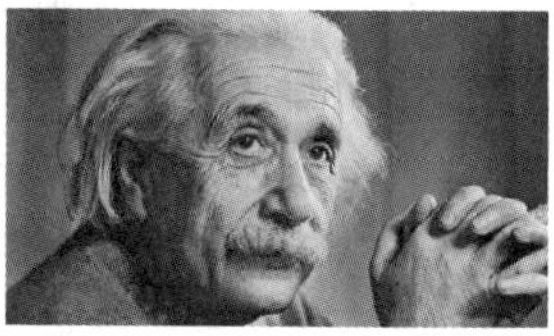

他因对光电效应的解释而获得诺贝尔奖，在1905年发表的论文《论动体的电动力学》中，首次阐述了狭义相对论的基本思想和基本内容，成功地揭示了能量与质量之间的关系，解决了长期存在的恒星能源来源的难题. 近年来发现了越来越多的高能物理现象，狭义相对论已成为解释这种现象的一种最基本的理论工具.

1916年，爱因斯坦完成了长篇论文《广义相对论的基础》，将只对于惯性系物理规律同样成立的原理称为狭义相对性原理，并进一步表述了广义相对性原理，将时空和引力连接了起来，他认为引力是弯曲的时空引起的，彻底颠覆了人类的时空观.

爱因斯坦对天文学最大的贡献莫过于他的宇宙学理论，他创立了相对论宇宙学，建立了静态有限无边的、自洽的动力学宇宙模型，并引进了宇宙学原理、弯曲空间等新概念，大大推动了现代天文学的发展.

爱因斯坦的成就践行了他的名言：想象远比知识重要，知识有涯，而想象可以怀抱整个世界.

玻尔

玻尔(Niels Bohr，1885—1962年)，丹麦人，原子物理学的奠基人. 他在研究量子运动时，提出了一整套新观点，建立了原子的量子论，首次打开了人类认识原子结构的大门，为近代物理研究开辟了道路.

近代物理学大厦的基础——量子力学，是以玻尔为领袖的一代杰出物理学家集体才华的结晶. 玻尔是一位从事科学研究工作的卓越的领导和组织者，1921年创建哥本哈根理论物理研究所，逐渐在物理学界形成了举世闻名的“哥本哈根学派”. 玻尔还是一位杰出的人道主义者和社会活动家，当法西斯主义在欧洲横行的时候，他曾帮助一大批德国和意大利学者免遭迫害. 第二次世界大战中，为了反对法西斯，他参加研制了原子弹.

玻尔和爱因斯坦是在1920年相识的. 那一年，年轻的玻尔第一次到柏林讲学，和爱因斯坦结下了长达35年的友谊. 但也就是在他们初次见面之后，两人在量子理论的认识上发生严重分歧，随之展开了终生辩论，这是科学史上著名的世纪论战，对量子力学的完善和发展起到有力的促进. 爱因斯坦评价道：他无疑是我们时代科学领域中最伟大的发现者之一.

薛定谔

薛定谔(Erwin Schrödinger，1887—1961年)，奥地利物理与生物学家，1926年提出薛定谔方程，为量子力学奠定了坚实的基础．薛定谔的大名，除了物理领域的人耳熟能详外，他也是生物领域的大神，估计没有几个学生物的人不知道他的杰作——《生命是什么》，据说发现 DNA 螺旋结构的沃森和克拉克就深受此书影响．

1935 年，薛定谔提出了有关猫生死叠加的著名思想实验——"薛定谔的猫"，实验内容是这样的：在一个盒子里有一只猫，以及少量放射性物质，之后，有 50% 的概率放射性物质将会衰变并释放出毒气杀死这只猫，同时有 50% 的概率放射性物质不会衰变而猫将活下来，也就是说在对系统进行观测之前，这只猫同时处于死和活的状态，即叠加态．他符合逻辑地把微观领域的量子行为推演到宏观世界，用以攻击"哥本哈根学派"量子力学在宏观条件下的不完备性．这只猫可不是一只病猫，它曾经让几代科学家困惑，以至于霍金说道："提起'薛定谔的猫'，我就想拿枪！"

这个人中鬼才的物理学家到底是怎么看待量子力学中的概率解释的呢？薛定谔自己曾说："我不喜欢它，我真的很为我做的这些量子力学的事情感到抱歉．"之后物理学家格雷戈尔·温策尔(Gregor Wentzel)对他说："薛定谔啊，幸亏别人比你自己更相信你的那个方程……"

费曼

费曼(Richard Feynman，1918—1988 年)，美国著名的物理学家，提出的费曼图、费曼规则和重正化的计算方法，是研究量子电动力学和粒子物理学不可缺少的工具．

费曼总结了学习物理学的五个理由：第一是学会测量和计算，及其在各方面的应用(培养工程师)；第二是培养科学家，不仅致力于工业的发展，而且贡献于人类知识的进步；第三是认识自然的美妙，感受世界的稳定和实在；第四是学习由未知到已知的、科学的求知方法；第五是通过尝试和纠错，学会有普遍意义的自由探索的创造精神．

晚年，费曼沉醉于绘画的线条与结构，他认为他对于艺术的热爱是和物理有密切联系的——两者都是在表达自然世界的美妙与复杂．他认为世界中所有的事物看起来都是那么的不同，但是它们却惊人地有着相同的组织，遵守着通用的规律．物理是一种欣赏自然之美的数学，认识到原子之间复杂的结构和运动方式，这是何等精彩壮观的感觉．这是一种敬畏之情——对于科学的敬畏．他认为通过绘画，人们也同样可以体会这种感受，并可以告诉别人：请在此刻，感受宇宙辉煌的美妙．

以上仅仅是物理学家的杰出代表，实际上，在物理科学发展的历史长河中群星灿烂，阿基米德、哥白尼、开普勒、布鲁诺、卢斯福、海森堡、狄拉克等数百位物理学家都作出了卓越的贡献，他们代表了人类对世界的好奇心与探索精神，让我们一起享受这些伟人智慧的结晶吧！

第1章　质点运动学

自然界的一切物质都处于永恒的运动之中．物质的运动形式是多种多样的，其中从人们日常见到的汽车奔驰、飞机翱翔，到大至宇宙、月球、太阳的运行，小至分子、原子和微观粒子在一定条件下的运动，都是最简单又最基本的运动——机械运动。物理学中研究机械运动的规律及其应用的部分称为力学，牛顿运动定律则是经典力学的基础．为了更好地掌握牛顿运动定律，本章着重阐明三个问题．第一，如何描述物体的运动状态．在运动学中，物体的运动状态是用位矢和速度描述的，而物体运动速度的变化则用加速度描述．通过速度、加速度等概念的建立，加深对运动的相对性、瞬时性和矢量性等基本性质的认识．第二，运动学的核心是运动学方程．通过运动学方程的介绍，既要掌握如何从运动学方程出发，求出质点在任意时刻的位矢、速度和加速度的方法，又要能够在已知加速度(或速度)与时间的关系以及初始条件的情况下，求出任意时刻质点的速度和位置．总之，要学会在运动学中使用微积分解题．第三，运动的相对性，理解经典力学的时空观．在数学工具上，将广泛采用矢量代数和微积分，以适应深化物理概念和表达瞬时变化规律的需要．

1.1　质点 参考系 坐标系 时空

质点运动学研究的是用哪些参量描述质点的运动以及这些参量之间的相互关系，本节针对这一问题，首先将研究对象简化，引入质点的概念．为了定量描述质点在空间所处的位置，又引入参考系、坐标系等概念。

1.1.1　质点　质点系

1. 质点

任何物体都有一定的大小和形状，即使是很小的分子、原子以及其他微观粒子也不例外．一般来说，物体的大小和形状的变化对物体的运动会产生一定程度的影响．但是，如果在我们所研究的问题中，物体的大小和形状不起作用，或者所起的作用并不显著而可以忽略不计时，我们就可以近似地把该物体看作是一个具有质量而没有大小和形状的理想物体，称为**质点**．所以说，质点是一个理想化的模型．

把物体当作质点是有条件的、相对的，而不是无条件的、绝对的，因而对具体情况要作具体分析．例如研究地球绕太阳公转时，由于地球到太阳的平均距离约为地球半径的10^4倍，故地球上各点相对于太阳的运动可以看作是相同的．这时，就可以忽略地球的大小和形状，把地球当作一个质点．但是在研究地球的自转时，如果仍然把地球看作一个质点，就无法解决实际问题.

2. 质点系

当物体不能被看作质点时，可把整个物体看成是由许多质点所组成的“质点系”，我们将包含两个或两个以上的质点的力学系统称为**质点系**. 质点系内各质点不仅受到外界物体对质点系的作用力——外力的作用，而且还受到质点系内各质点之间的相互作用力——内力的作用. 外力或内力的区分取决于质点系的选取. 如以太阳系为质点系，则太阳和各行星之间的万有引力是内力；而太阳系内的行星和不属于太阳系的天体之间的引力就是外力. 对于由地球和月球组成的地-月系统来说，太阳对地球、月球的引力是外力；地球和月球之间的引力则是内力. 受外力作用和在运动状态变化时都不变形的物体(连续质点系)称为刚体. 刚体、弹性体、流体都可看作质点系. 弄清质点系内各质点的运动，就可以弄清楚整个物体的运动. 所以，研究质点的运动是研究物体运动的基础.

1.1.2 参考系 坐标系

1. 参考系

自然界中的一切物质都在不停地运动，运动是物质的固有属性，是存在于人们的意识之外的，这就是运动本身的绝对性. 运动虽然具有绝对性，但对一个物体运动的描述却具有相对性. 同一个物体相对于不同的观察者来说，具有不同的运动状况. 例如，当一列火车通过某站台时，伫立在站台上的人看来，火车在前行；而静坐在车厢里的乘客看来，火车相对于他并没有运动，而站台却在向后离去. 因此在描述一个物体的位置及位置的变化时，总要选取其他物体作为参考，然后考察所论物体相对于该参考物体是如何运动的，选取的参考物不同，对物体运动情况的描述也就不同. 这就是运动描述的相对性.

为描述物体的运动而选作参考标准的物体或物体系叫作**参照物**. 与参照物固连的三维空间称为参考空间. 另外，位置变动总是伴随着时间的变动，所谓考察物体的运动，也就是考察物体的位置变动与时间的关系. 因而，考察运动时还必须有计时的装置，即钟. 参考空间和与之固连的钟的组合称为**参考系**. 但习惯上，常把参照物称为参考系，不必特别指出与之相连的参考空间和钟. 同一物体的运动情况相对于不同的参考系是不同的. 例如，在地面附近自由下落的物体，以地球为参考系，它作直线运动；以匀速行驶的火车为参考系，它作曲线运动. 一般来说，研究某一物体的运动，选取什么物体或物体群作参考系，在运动学中是任意的(在动力学中则不然)，可视问题的性质和研究起来是否方便而定.

2. 坐标系

参考系选定后，为了定量表示物体相对参考系的位置，还必须在参考系上建立适当的坐标系.

为从数量上定量确定物体相对于参考系的位置，需在参考系上固连某种坐标系，这样，物体在某时刻的位置即可用一组坐标表示. 可见坐标系不仅在性质上具有参考系的作用，而且还具有数学抽象作用. 最常用的坐标系有直角坐标系、极坐标系和自然坐标系.

1）直角坐标系

在参考物 K 上任选一点 O 为坐标原点，并选定 x、y、z 三个轴，则质点的位置就由 x、

y、z 三个坐标所确定(见图 1.1.1(a)). 沿 x 轴、y 轴和 z 轴的单位矢量分别为 $\boldsymbol{i}$、$\boldsymbol{j}$ 和 $\boldsymbol{k}$.

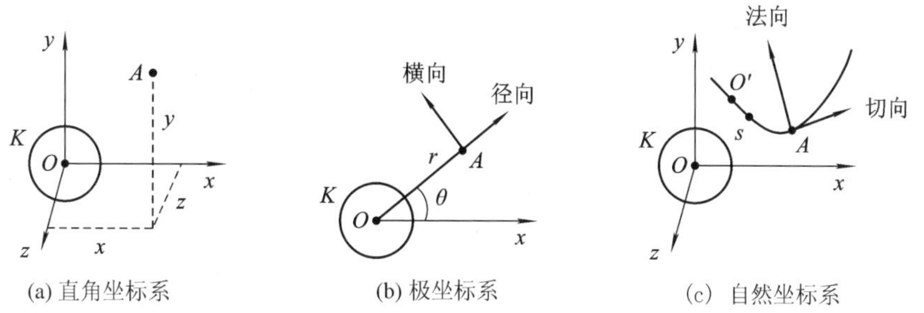

图 1.1.1 坐标系

2) 极坐标系

直角坐标系是最常用的坐标系. 但对有些运动，如质点在有心力作用下的运动等，用直角坐标系就不那么方便，而用平面极坐标系(简称极坐标)会有许多优点. 所谓**极坐标**，就是在平面上任取一点 O 作为极点，从极点 O 出发的一条射线称为极轴，方向始于极点，这就构成了极坐标系. 在极坐标系里，用 r、θ 两个坐标来表示质点的位置. r 是质点到极点的距离，称为极径，而 θ 则是质点与极点连线同极轴的夹角，称为极角. 在极坐标系里，沿径向和横向的单位矢量分别为 $\boldsymbol{e}_r$ 和 $\boldsymbol{e}_\theta$，它们分别表示 r 增加的方向和 θ 增加的方向，且 $\boldsymbol{e}_r$ 和 $\boldsymbol{e}_\theta$ 两者相互垂直，但要注意 $\boldsymbol{e}_r$ 和 $\boldsymbol{e}_\theta$ 并不是常矢量，它们因质点所在位置不同而不同(见图 1.1.1(b)).

3) 自然坐标系

另一种常用坐标系称为自然坐标系，常用于物体运动轨迹已知的情况. 沿质点轨迹建立一弯曲的“坐标轴”，选择轨迹上任意一点 O' 为“原点”，并用由原点 O' 至质点所在位置的弧长 s 作为质点的位置坐标，坐标增加的方向是人为规定的，弧长 s 叫作自然坐标. 在质点所在处，用单位矢量 $\boldsymbol{e}_t$ 来表示质点的运动方向，即轨迹的切线方向，用单位矢量 $\boldsymbol{e}_n$ 表示垂直于 $\boldsymbol{e}_t$，并指向曲线凹向一侧的法线方向. 始终以质点本身为基点，$\boldsymbol{e}_t$ 和 $\boldsymbol{e}_n$ 就构成一个随时间变动的坐标系，称其为**自然坐标系**. 如火车 A 沿轨道 C 行驶，在轨道上取一定点 O'(如某车站)作为计时起点，于是 A 在轨道上的位置就可由 $O'A$ 之间的轨道曲线长度 s 来确定，s 称为自然坐标(见图 1.1.1(c)).

除了以上介绍的几种坐标系外，常用的坐标系还有球坐标系、柱坐标系等. 物体的运动状态完全由参考系决定，与坐标系的选取无关. 坐标系不同，只是描述运动的变量不同而已，对应的物体的运动状态并无不同.

1.1.3 时间和空间

物质的运动发生在空间和时间之中，要在参考系中定量地描述物质的运动就需要测量空间的间隔和时间的间隔. 因此，研究物质的运动必然要涉及空间和时间两个概念. 人们关于空间和时间概念的形成，首先起源于对自己周围物质世界和物质运动的直觉. 空间反映了物质的广延性，它的概念是与物体的体积和物体位置的变化联系在一起的；时间反映了物理事件的顺序性和持续性. 空间和时间的物理性质主要通过它们与物体运动的各种联系而表现出来.

在物理学中，对空间和时间的认识可以分为三个阶段：经典力学阶段、狭义相对论阶段及广义相对论阶段.

在经典力学中，空间和时间的本性被认为是与任何物体及运动无关的，存在着绝对空间和绝对时间．牛顿在《自然哲学的数学原理》中说："绝对空间，就其本性来说，与任何外在的情况无关．始终保持着相似和不变．""绝对纯粹的数学的时间，就其本性来说，均匀地流逝而与任何外在的情况无关．"另一方面，物体的运动性质和规律却与采用怎样的空间和时间来度量有着密切的关系．相对于绝对空间的静止或运动，才是绝对的静止或运动．只有以绝对空间作为度量运动的参考系，或者以其他作绝对匀速运动的物体为参考系，惯性定律才成立．即不受外力作用的物体，或者保持静止，或者保持匀速运动．这一类特殊的参考系，被称为惯性参考系(惯性系).

任何两个不同的惯性系的空间和时间量之间满足伽利略变换．在这种变换下，位置、速度是相对的，即相对于不同参考系其数值是不同的：长度、时间间隔是绝对的，即相对于不同参考系其数值是不变的，同时性也是绝对的．相对于某一惯性系同时发生的两个事件，相对于其他的惯性系也必定是同时的．另外，牛顿力学规律在伽利略变换下保持形式不变，这一点符合伽利略相对性原理的要求.

正是这个相对性原理，构成了对牛顿的绝对空间概念怀疑的起点．如果存在绝对空间，则物体相对于这个绝对空间的运动就应当是可以测量的．这相当于要求在某些运动定律中含有绝对速度．然而，相对性原理要求物体的运动规律中必定不含有绝对速度，亦即绝对速度在原则上是无法测定的．莱布尼兹、贝克莱、马赫等先后都对绝对空间、时间观念提出过有价值的异议，指出没有证据能表明牛顿绝对空间的存在.

爱因斯坦推广了上述的相对性原理，提出狭义相对论的相对性原理，即不但要求在不同惯性系中力学规律具有同样形式，而且其他物理规律也应如此．在狭义相对论中，不同惯性系的空间和时间之间遵从洛伦兹变换．根据这种变换，同时性不再是绝对的，相对于某一参考系为同时发生的两个事件，相对于另一参考系可能并不同时发生．在狭义相对论中，长度和时间间隔也变成相对量，运动的尺相对于静止的尺变短，运动的钟相对于静止的钟变慢，光速在狭义相对论中是绝对量，相对于任何惯性系光速都是 c.

空间和时间是共同描述质点运动的两个基本物理量，其国际单位制(SI)量纲分别为：长度 L(米)，符号 m；时间 T(秒)，符号 s．描述运动要准确指出质点在参考系(坐标系)中出现的时间和位置.

宇宙是一个演化的整体．对于空间和时间的认识，一直与对宇宙的认识密切相关．现代宇宙论以宇宙学原理和爱因斯坦引力场方程为基础．宇宙学原理认为，宇宙作为一个整体，在时间上是演化的，即有时间箭头，在空间上是均匀各向同性的．20 世纪中期提出的大爆炸宇宙模型，解释了河外星系红移，预言了宇宙微波背景辐射，对于宇宙的演化、星系的形成、轻元素的丰度等都能给出基本上与天文观测相一致的解释，也解决了牛顿体系无法建立宇宙图像的问题．可以说，宇宙作为一个演化的整体的认识是 20 世纪自然科学对于时间和空间的认识的一个重要成就和标志.

20 世纪初物理学从经典力学到量子理论的变革，对于空间和时间的观念同样引起了革命性的变化，也引起了物理学界的窘迫．量子力学描述的系统的空间位置和动量、时间和能量无法同时精确测量，它们满足不确定度关系；经典轨道不再有精确的意义等，如何理解量子力学以及有关测量的实质，一直存在争论．20 世纪末，关于量子纠缠、量子隐形传输、量子信息等的研究对于与时间-空间密切相关的因果性、定域性等重要概念，也带来新的问题和挑战．

目前人们使用的时间单位是 1967 年 10 月第 13 届国际计量大会上关于秒的定义：**“1 秒(s)是铯- 133 原子基态的两个超精细能级在零磁场中跃迁所对应的辐射的 9 192 631 770 个周期的持续时间”**．这样的时间标准称为**原子时**．这一计时标准使时间计量的精度达到 $10^{-12}\sim10^{-13}$．这种时间计量的误差主要来自铯原子的热运动．目前正在发展一种利用激光铯原子冷却的方法，这将使时间计量的精度进一步提高．

目前，长度单位是 1983 年 10 月第 17 届国际计量大会上关于米的定义：**“1 米(m)是光在真空中 1/299 792 458 s 时间间隔内所经路径的长度”**．米的新定义的特点是把真空中的光速作为一个物理常量规定下来，并令它等于 299 792 458 m/s，从而将长度标准和时间标准统一了起来，并使长度计量的精度提高到与时间计量相同的精度．

运动学的任务就是确定运动质点的空间位置与时间的关系．

1.2　描述质点运动的物理量

为了研究物体的机械运动，需要对复杂的物体运动进行科学合理的抽象，提出物理模型．本节针对抽象出的物理模型，利用矢量这个数学工具引入定量描述质点在空间位置及位置变化的物理量——位置矢量和位移；描述质点运动快慢的物理量——速度；速度变化快慢的物理量——加速度．在直角坐标系下，将矢量关系分解为标量表示，以方便进一步的计算．

1.2.1　位置矢量与运动方程

1. 位置矢量

由 1.1 小节的内容可知，描述物体的运动必须选定参考系．在参考系选定以后，为定量地描述质点的位置和位置随时间的变化，需在参考系上选择一个坐标系．坐标系有前面所述的直角坐标系、极坐标系和自然坐标系等．

在如图 1.2.1 所示的空间直角坐标系中，质点 P 的位置，既可用一组坐标$(x,\ y,\ z)$表示，以确定该点距原点 O 的远近和方位；也可用一个矢量 $\boldsymbol{r}$ 表示，它表示了 P 点相对于原点 O 的远近和方位．矢量 $\boldsymbol{r}$ 为由坐标原点 O 到质点所在位置 P 所引的有向线段，叫作 P 点的**位置矢量**(简称**位矢**或**径矢**)．

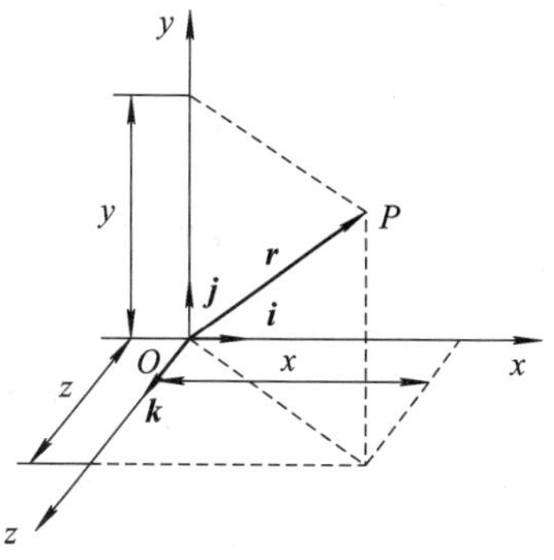

图 1.2.1　位置矢量

从图 1.2.1 中可以看出，位矢 $\boldsymbol{r}$ 在 Ox 轴、Oy 轴和 Oz 轴上的投影(即质点的坐标)分别为 x、y 和 z．所以，质点 P 在 $Oxyz$ 的直角坐标系中的位置，既可用位矢 $\boldsymbol{r}$ 来表示，也可用坐标$(x,\ y,\ z)$来表示．如取 $\boldsymbol{i}$，$\boldsymbol{j}$ 和 $\boldsymbol{k}$ 分别为沿 Ox 轴、Oy 轴和 Oz 轴的单位矢量，那么位矢 $\boldsymbol{r}$ 亦可写成

$$\boldsymbol{r}=x\boldsymbol{i}+y\boldsymbol{j}+z\boldsymbol{k} \tag{1.2.1}$$

其大小为

$$r = |\boldsymbol{r}| = \sqrt{x^2 + y^2 + z^2} \tag{1.2.2}$$

位矢 $\boldsymbol{r}$ 的方向余弦可表示为

$$\cos\alpha = \frac{x}{r}, \quad \cos\beta = \frac{y}{r}, \quad \cos\gamma = \frac{z}{r} \tag{1.2.3}$$

式中，α、β、γ 分别是 $\boldsymbol{r}$ 与 Ox 轴、Oy 轴和 Oz 轴之间的夹角.

2. 运动方程

质点在运动时，其位矢 $\boldsymbol{r}$ 的大小和方向均随时间发生变化，对于任一时刻 t，都有一个完全确定的 $\boldsymbol{r}$ 与之对应，也就是说，$\boldsymbol{r}$ 是时间 t 的单值连续函数，即

$$\boldsymbol{r} = \boldsymbol{r}(t) \tag{1.2.4}$$

式(1.2.4)为质点运动方程的一般形式.

在直角坐标系中，其矢量式可表示为

$$\boldsymbol{r} = \boldsymbol{r}(t) = x(t)\boldsymbol{i} + y(t)\boldsymbol{j} + z(t)\boldsymbol{k} \tag{1.2.5}$$

其坐标分量式可表示为

$$x = x(t), \quad y = y(t), \quad z = z(t) \tag{1.2.6}$$

运动质点在空间所经过的路径称为轨道. 描述轨道的方程称为轨道方程. 轨道方程描述的是质点位置之间的函数关系. 将式(1.2.6)消去时间参数 t，就可以得到运动质点的轨道方程，即

$$\begin{cases} g(x, y, z) = 0 \\ f(x, y, z) = 0 \end{cases} \quad \text{(三维轨道方程组)} \tag{1.2.7a}$$

或

$$f(x, y) = 0 \quad \text{(二维轨道方程)} \tag{1.2.7b}$$

运动方程也可以用其他坐标表示. 如选用极坐标时，则有

$$r = r(t), \quad \theta = \theta(t) \tag{1.2.8}$$

选用自然坐标系时，则有

$$s = s(t) \tag{1.2.9}$$

应当指出，运动学的重要任务之一就是找出各种具体运动所遵循的运动方程.

1.2.2 位移与路程

1. 位移

要了解质点的运动，不仅要知道它的位置，还要知道它的位置变化情况. 设质点沿如图 1.2.2 所示的曲线运动，在时刻 t，质点在 A 点处，在时刻 $t+\Delta t$，质点到达 B 点处. A、B 两点的位置分别用位矢 $\boldsymbol{r}_A$ 和 $\boldsymbol{r}_B$ 来表示. 在时间 Δt 内，质点的位置变化可用从 A 点指向 B 点的矢量 $\Delta\boldsymbol{r}$ 来表示，$\Delta\boldsymbol{r}$ 称为质点由位置 A 到位置 B 的位移矢量，简称**位移**. 位移 $\Delta\boldsymbol{r}$ 除了表明 B 点与 A 点之间的距离外，还表明了 B 点相对于 A 点的方位.

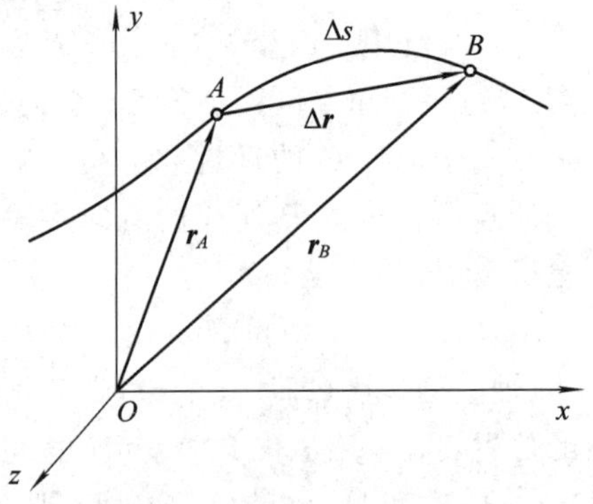

图 1.2.2 曲线运动中的位移

从图 1.2.2 可以看出

$$\Delta \boldsymbol{r} = \boldsymbol{r}_B - \boldsymbol{r}_A \tag{1.2.10}$$

由此可见，位移是位置矢量的增量，它表示了质点空间位置变化的距离和方向.

在直角坐标系 $Oxyz$ 中，A、B 两点的位矢 $\boldsymbol{r}_A$ 和 $\boldsymbol{r}_B$ 分别写成

$$\boldsymbol{r}_A = x_A\boldsymbol{i} + y_A\boldsymbol{j} + z_A\boldsymbol{k}$$

$$\boldsymbol{r}_B = x_B\boldsymbol{i} + y_B\boldsymbol{j} + z_B\boldsymbol{k}$$

于是，位移 $\Delta\boldsymbol{r}$ 亦可写成

$$\begin{aligned}\Delta \boldsymbol{r} &= \boldsymbol{r}_B - \boldsymbol{r}_A = (x_B - x_A)\boldsymbol{i} + (y_B - y_A)\boldsymbol{j} + (z_B - z_A)\boldsymbol{k} \\ &= \Delta x\boldsymbol{i} + \Delta y\boldsymbol{j} + \Delta z\boldsymbol{k}\end{aligned} \tag{1.2.11}$$

位移的大小为

$$|\Delta \boldsymbol{r}| = \sqrt{(\Delta x)^2 + (\Delta y)^2 + (\Delta z)^2}$$

位移的方向为

$$\cos\alpha = \frac{\Delta x}{|\Delta \boldsymbol{r}|},\quad \cos\beta = \frac{\Delta y}{|\Delta \boldsymbol{r}|},\quad \cos\gamma = \frac{\Delta z}{|\Delta \boldsymbol{r}|}$$

这里需要注意的是，位移 $\Delta\boldsymbol{r}$ 的大小虽然可以用 $|\Delta\boldsymbol{r}|$ 来表示，但切不可误认为 $|\Delta\boldsymbol{r}| = \Delta r$，两者并不是一个概念，$\Delta\boldsymbol{r}$ 是位移矢量，其大小 $|\Delta\boldsymbol{r}|$ 为位置矢量增量的大小，表示的是 A、B 两点间的直线距离；而 Δr 是位置矢量大小的增量，其大小为 $\Delta r = |\boldsymbol{r}_B| - |\boldsymbol{r}_A|$. 讨论 $|\Delta\boldsymbol{r}|$ 与 Δr 的区别如图 1.2.3 所示.

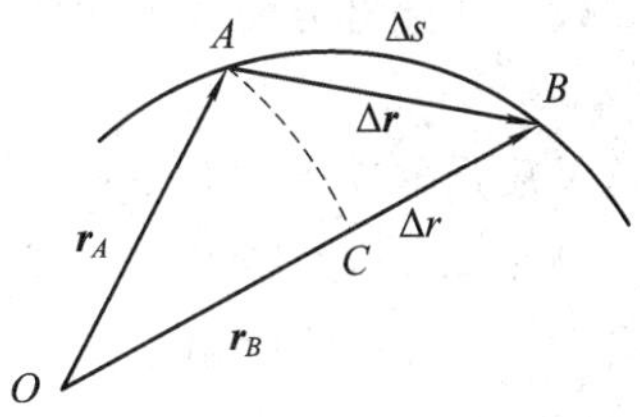

图 1.2.3　$|\Delta\boldsymbol{r}|$ 与 Δr

2. 轨迹与路程

1）轨迹

轨迹是指质点运动所留下的"痕迹"，即所经过路径的形状. 例如喷气式飞机做特技飞行时，其尾部喷出的白烟在空中构成形状不同的各种曲线，称为飞机飞行的轨迹. 在图 1.2.2 中，轨迹就是位矢 $\boldsymbol{r}$ 矢端扫过的曲线 $\widehat{AB}$. 通常按轨迹的形状，把运动分为直线运动和曲线运动两大类.

轨迹可用曲线方程来描述，如上所述只要在运动方程的分量式中消去参数 t，即得轨道方程.

2）路程

质点所经过的实际运动轨迹的长度为质点所经历的路程，如图 1.2.2 中的曲线 $\widehat{AB}$ 的长度，记作 Δs.

值得注意的是，位移和路程是两个不同的概念. 位移是矢量，它的大小 $|\Delta\boldsymbol{r}|$ 为 A、B 两点的直线距离；路程则是标量，它是 A、B 两点之间的弧长 Δs. 一般情况下，两者的大小不相等. 只有当质点作单方向的直线运动时，路程与位移的大小才是相等的. 此外，在 $\Delta t \to 0$ 的极限情况下，路程 $\mathrm{d}s$ 与位移的大小 $|\mathrm{d}\boldsymbol{r}|$ 相等，即 $\mathrm{d}s = |\mathrm{d}\boldsymbol{r}|$. 讨论 Δs 与 $|\Delta\boldsymbol{r}|$ 的区别如图 1.2.3 所示.

例 1.2.1

例 1.2.1　一质点作匀速圆周运动，圆周半径为 r，角速度为 ω，如例 1.2.1 图所示.

（1）分别写出用直角坐标、位矢、自然坐标表示的质点运动学方程；

（2）写出质点的轨道方程.

解 （1）以圆心 O 为原点，建立直角坐标系 Oxy，取质点经过 x 轴上 O' 点的时刻为计时起点，即 $t=0$. 设 t 时刻质点位于 P，直角坐标为 (x, y)，见例 1.2.1 图. 依据题设条件，质点作匀速圆周运动，$\angle O'OP=\omega t$，用直角坐标表示的质点运动学方程为

$$x=r\cos\omega t$$
$$y=r\sin\omega t$$

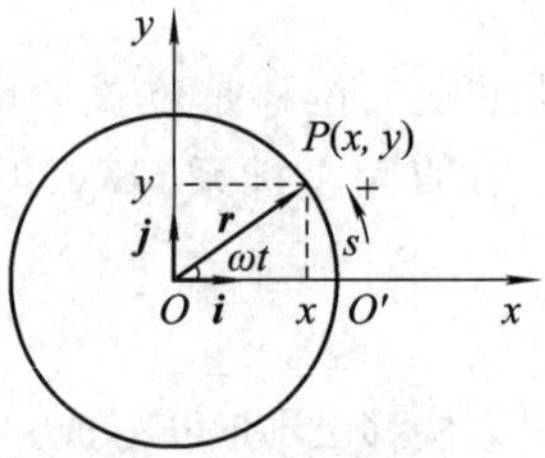

例 1.2.1 图

从圆心 O 向 P 点作位矢 $\boldsymbol{r}$，用位矢表示的质点运动学方程为

$$\boldsymbol{r}=x\boldsymbol{i}+y\boldsymbol{j}=r\cos\omega t\boldsymbol{i}+r\sin\omega t\boldsymbol{j}$$

取轨迹与 x 轴的交点 O' 为自然坐标的原点，以逆时针方向为自然坐标正向，用自然坐标表示的质点运动学方程为

$$s=r\omega t$$

（2）由直角坐标表示的质点运动学方程消去参数 t，可得质点的轨道方程为

$$x^2+y^2=r^2$$

这就是质点的轨道方程，其轨迹是一圆，圆心在 $(0, 0)$，半径为 r.

例 1.2.2 如例 1.2.2 图所示，直杆 AB 两端可以分别在固定而相互垂直的直线导槽上滑动，已知杆的倾角 φ 按 $\varphi=\omega t$ 随时间变化，其中 ω 为常量，试求杆上任意点 M 的：

（1）运动学方程；

（2）轨道方程.

解 （1）建立坐标系如例 1.2.2 图所示. 设 $\overline{AM}=b$，$\overline{BM}=a$，则 M 点的坐标为：

$$x=a\cos\varphi=a\cos\omega t$$
$$y=b\sin\varphi=b\sin\omega t$$

这就是用直角坐标表示的 M 点的运动学方程.

从坐标原点 O 向 M 点做位矢 $\boldsymbol{r}$，有

$$\boldsymbol{r}=x\boldsymbol{i}+y\boldsymbol{j}=a\cos\omega t\boldsymbol{i}+b\sin\omega t\boldsymbol{j}$$

这是用位矢表示的 M 点的运动学方程.

（2）求 M 点的轨道方程，从运动学方程的分量式中消去参数 t，可得

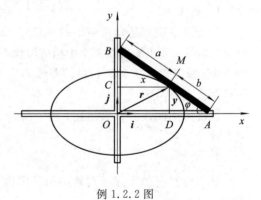

例 1.2.2 图

$$\frac{x^2}{a^2}+\frac{y^2}{b^2}=1$$

这就是 M 点的轨道方程，其轨迹是一椭圆. 椭圆中心在坐标原点，半轴长度分别为 a、b.

1.2.3 速度

在力学中，知道了质点的位置及位置的变化还是不够的，还需了解描述质点运动快慢和运动方向的物理量——速度. 只有当质点的位矢和速度同时被确定时，其运动状态才能被确定. 所以，位矢和速度是描述质点运动状态的两个物理量.

1. 平均速度

如图 1.2.4 所示，一质点沿曲线 AB 运动. 在时刻 t，它处于点 A，其位矢为 $\boldsymbol{r}_A$；在时刻 $t+\Delta t$，它处于点 B，其位矢为 $\boldsymbol{r}_B$. 在 Δt 时间内，质点的位移为 $\Delta\boldsymbol{r}=\boldsymbol{r}_B-\boldsymbol{r}_A$，则在 Δt 时间内的**平均速度**就定义为位移 $\Delta\boldsymbol{r}$ 与所经历的时间 Δt 之比，即

$$\bar{\boldsymbol{v}}=\frac{\boldsymbol{r}_B-\boldsymbol{r}_A}{\Delta t}=\frac{\Delta\boldsymbol{r}}{\Delta t} \tag{1.2.12}$$

平均速度是一个矢量，其方向与位移 $\Delta\boldsymbol{r}$ 的方向相同，平均速度的大小等于质点在 Δt 时间内位置矢量的平均变化率. 显然，它不能反映物体运动各个时刻的真实情况，只是一种粗略的描述，而且，Δt 取得越大，描述就越粗略. 当然，Δt 越小，平均速度就越能如实反映质点在时刻 t 的运动方向和快慢，但无论时间取得多短，总有比它更短的时间，要得到圆满的答案，就需要用到极限的概念. 由此引出了瞬时速度的概念.

2. 瞬时速度

为了确定质点在某一时刻 t(或某一位置)的速度，通常将时间间隔 Δt 取得很小，从图 1.2.4 可知，在点 A 的附近，时间间隔 Δt 取得越小，质点的平均速度就越接近于 t 时刻它在 A 点的速度. 当时间间隔 Δt 趋近于零时，质点的平均速度的极限就称为**瞬时速度**，简称**速度**，用 $\boldsymbol{v}$ 表示，即

$$\boldsymbol{v}=\lim_{\Delta t\to 0}\bar{\boldsymbol{v}}=\lim_{\Delta t\to 0}\frac{\Delta\boldsymbol{r}}{\Delta t}=\frac{\mathrm{d}\boldsymbol{r}}{\mathrm{d}t} \tag{1.2.13}$$

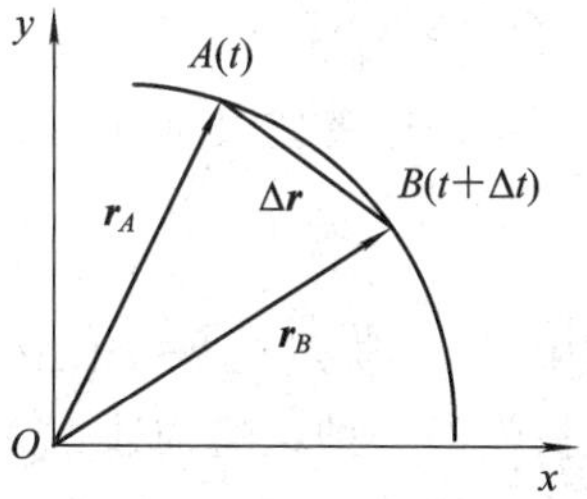

图 1.2.4 平均速度

式(1.2.13)表明，质点在 t 时刻的瞬时速度等于其位置矢量 $\boldsymbol{r}$ 对时间 t 的一阶导数，这个导数称为矢量导数，它仍是一个矢量. 即速度是矢量，其大小为

$$|\boldsymbol{v}|=\left|\frac{\mathrm{d}\boldsymbol{r}}{\mathrm{d}t}\right|=\frac{|\mathrm{d}\boldsymbol{r}|}{\mathrm{d}t}$$

其方向就是当 Δt 趋近于零时平均速度或位移 $\Delta\boldsymbol{r}$ 的极限方向. 从图 1.2.5 可以看出，当 $\Delta t\to 0$ 时，点 B 无限趋近于点 A，此时位移 $\Delta\boldsymbol{r}=\overrightarrow{AB}$是沿着割线 AB 的方向. 当 Δt 逐渐减小而趋近于零时，点 B 逐渐趋近于点 A，相应地，割线 AB 逐渐趋近于点 A 的切线. 所以质点的速度方向，是沿着轨迹上质点所在点的切线方向并指向质点前进的一侧.

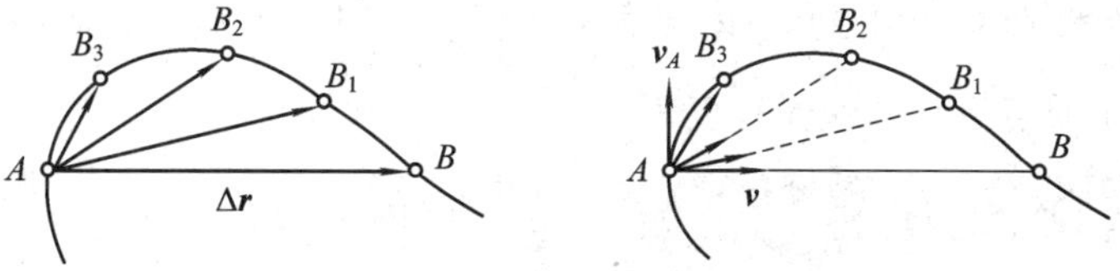

图 1.2.5 质点在轨道上点 A 处的速度的方向

瞬时速度与某一时刻相联系，它是描述运动的瞬时性质的物理量，有了瞬时速度这个概念，就可精确反映质点运动在每一瞬时的快慢，使我们对运动的认识大为深化. 另外，需要指出的是，同一运动相对于不同的参考系将有不同的速度，这就是速度的相对性. 因此，矢量性、瞬时性和相对性是速度的三个重要特性.

在直角坐标系 $Oxyz$ 中，速度矢量可表示为

$$\boldsymbol{v}=\frac{\mathrm{d}\boldsymbol{r}}{\mathrm{d}t}=\frac{\mathrm{d}x}{\mathrm{d}t}\boldsymbol{i}+\frac{\mathrm{d}y}{\mathrm{d}t}\boldsymbol{j}+\frac{\mathrm{d}z}{\mathrm{d}t}\boldsymbol{k}=v_x\boldsymbol{i}+v_y\boldsymbol{j}+v_z\boldsymbol{k} \tag{1.2.14}$$

式中，$v_x=\frac{\mathrm{d}x}{\mathrm{d}t}$，$v_y=\frac{\mathrm{d}y}{\mathrm{d}t}$，$v_z=\frac{\mathrm{d}z}{\mathrm{d}t}$. v_x、v_y、v_z分别为$\boldsymbol{v}$在x、y、z轴方向的速度分量.

$\boldsymbol{v}$的大小为

$$|\boldsymbol{v}|=\left|\frac{\mathrm{d}\boldsymbol{r}}{\mathrm{d}t}\right|=\sqrt{\left(\frac{\mathrm{d}x}{\mathrm{d}t}\right)^2+\left(\frac{\mathrm{d}y}{\mathrm{d}t}\right)^2+\left(\frac{\mathrm{d}z}{\mathrm{d}t}\right)^2}=\sqrt{v_x^{\ 2}+v_y^{\ 2}+v_z^{\ 2}}$$

$\boldsymbol{v}$的方向为

$$\cos\alpha=\frac{v_x}{|\boldsymbol{v}|},\quad \cos\beta=\frac{v_y}{|\boldsymbol{v}|},\quad \cos\gamma=\frac{v_z}{|\boldsymbol{v}|}$$

式中，α、β、γ分别表示速度$\boldsymbol{v}$与x、y、z三个坐标轴的夹角.

3. 速率

在研究质点运动时，还常用到速率这个物理量. 速率是标量，只在数值上反映质点运动的快慢程度.

1）平均速率

平均速率定义为在Δt时间内所经过的路程Δs与时间间隔Δt的比值，即

$$\bar{v}=\frac{\Delta s}{\Delta t} \tag{1.2.15}$$

式中，$\bar{v}$为质点在$t\sim t+\Delta t$时间段内的平均速率. 平均速率与平均速度一样只是对物体运动快慢的一种粗略描述，要更详细地描述其运动的细节，需引入瞬时速率.

一般情况下，平均速度的大小和平均速率是不相等的，因为在相等的时间间隔Δt中，位移$\Delta\boldsymbol{r}$的大小与路程Δs不相等，即$\Delta s\neq|\Delta\boldsymbol{r}|$，所以$\frac{\Delta s}{\Delta t}\neq\left|\frac{\Delta\boldsymbol{r}}{\Delta t}\right|$，即$\bar{v}\neq|\bar{\boldsymbol{v}}|$. 因此，不能把平均速率与平均速度等同起来. 例如，在某一段时间内，质点环行了一个闭合路径，显然质点的位移等于零，所以平均速度也为零，而平均速率却不等于零.

2）瞬时速率

当$\Delta t\to 0$时，平均速率的极限值即为质点t时刻的瞬时速率v，即

$$v=\lim_{\Delta t\to 0}\bar{v}=\lim_{\Delta t\to 0}\frac{\Delta s}{\Delta t}=\frac{\mathrm{d}s}{\mathrm{d}t} \tag{1.2.16}$$

式中，v为t时刻质点的**瞬时速率**，简称**速率**.

显然，当$\Delta t\to 0$时，$|\mathrm{d}\boldsymbol{r}|=\mathrm{d}s$，因此有$\frac{\mathrm{d}s}{\mathrm{d}t}=\left|\frac{\mathrm{d}\boldsymbol{r}}{\mathrm{d}t}\right|$，即$v=|\boldsymbol{v}|$，这表明速率就等于速度的大小，它反映了质点运动的快慢程度.

1.2.4 加速度

一般情况下，质点运动时，它的速度大小和方向都可能随时间变化. 加速度就是描述速度变化情况的物理量.

1. 平均加速度

设质点在Δt时间内沿图1.2.6所示的某一轨道由A点运动至B点，速度由$\boldsymbol{v}_A$变为$\boldsymbol{v}_B$，速度的增量为$\Delta\boldsymbol{v}=\boldsymbol{v}_B-\boldsymbol{v}_A$，在$\Delta t$时间内，质点的平均加速度定义为

$$\bar{\boldsymbol{a}}=\frac{\boldsymbol{v}_B-\boldsymbol{v}_A}{\Delta t}=\frac{\Delta\boldsymbol{v}}{\Delta t}$$

平均加速度描述在一段有限时间 Δt 内质点速度的平均变化率. 因此, 用平均加速度来描述质点速度的变化时, 得到的只是速度在 Δt 时间内变化的平均效果, 而速度变化的细节被掩盖掉了, 它只是对质点速度变化情况的粗略描述. 为了精确描述质点运动速度的变化, 与讨论瞬时速度时的情况相仿, 我们引入瞬时加速度的概念.

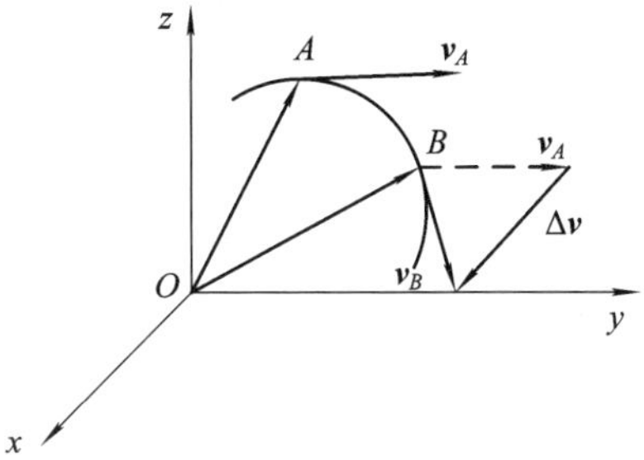

图 1.2.6 平均加速度的方向为速度增量的方向

2. 瞬时加速度

当 $\Delta t\to 0$ 时, 平均加速度的极限值称为**瞬时加速度**, 简称**加速度**, 用 $\boldsymbol{a}$ 表示, 即

$$\boldsymbol{a}=\lim_{\Delta t\to 0}\bar{\boldsymbol{a}}=\lim_{\Delta t\to 0}\frac{\Delta\boldsymbol{v}}{\Delta t}=\frac{\mathrm{d}\boldsymbol{v}}{\mathrm{d}t}=\frac{\mathrm{d}^2\boldsymbol{r}}{\mathrm{d}t^2}\qquad(1.2.17)$$

式(1.2.17)表明, 质点在时刻 t 附近无限小时间间隔内的平均加速度是一个描述速度瞬时变化的物理量, 即瞬时加速度. 它等于速度 $\boldsymbol{v}$ 对时间 t 的一阶导数, 或位置矢量 $\boldsymbol{r}$ 对时间 t 的二阶导数. 加速度仍是一个矢量, 其大小为

$$|\boldsymbol{a}|=\left|\frac{\mathrm{d}\boldsymbol{v}}{\mathrm{d}t}\right|=\left|\frac{\mathrm{d}^2\boldsymbol{r}}{\mathrm{d}t^2}\right|$$

其方向是当 $\Delta t\to 0$ 时速度增量 $\Delta\boldsymbol{v}$ 的极限方向. 应该注意: $\Delta\boldsymbol{v}$ 的方向和它的极限方向一般不同于速度 $\boldsymbol{v}$ 的方向, 因而加速度的方向一般与该时刻的速度方向不一致. 例如, 质点作直线运动时, 如果速率是增加的(见图 1.2.7(a)), 那么 $\boldsymbol{a}$ 与 $\boldsymbol{v}$ 同向(夹角为 0°); 反之, 如果速率是减小的(见图 1.2.7(b)), 那么 $\boldsymbol{a}$ 与 $\boldsymbol{v}$ 反向(夹角为 180°). 因此, 在直线运动中, 加速度和速度虽同在一直线上, 也可以有同向或反向两种情况.

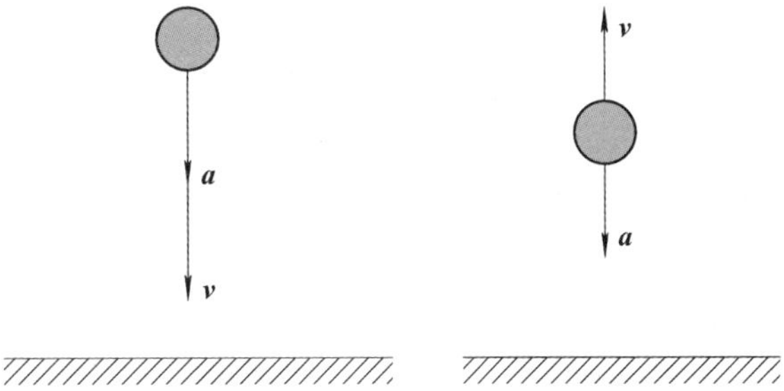

(a) $\boldsymbol{a}$与$\boldsymbol{v}$同向　　(b) $\boldsymbol{a}$与$\boldsymbol{v}$反向

图 1.2.7 直线运动中的加速度与速度的方向

在直角坐标系 $Oxyz$ 中, 加速度可表示为

$$\boldsymbol{a}=a_x\boldsymbol{i}+a_y\boldsymbol{j}+a_z\boldsymbol{k}=\frac{\mathrm{d}v_x}{\mathrm{d}t}\boldsymbol{i}+\frac{\mathrm{d}v_y}{\mathrm{d}t}\boldsymbol{j}+\frac{\mathrm{d}v_z}{\mathrm{d}t}\boldsymbol{k}=\frac{\mathrm{d}^2x}{\mathrm{d}t^2}\boldsymbol{i}+\frac{\mathrm{d}^2y}{\mathrm{d}t^2}\boldsymbol{j}+\frac{\mathrm{d}^2z}{\mathrm{d}t^2}\boldsymbol{k}\qquad(1.2.18)$$

则加速度大小为

$$|\boldsymbol{a}|=\sqrt{a_x^{\ 2}+a_y^{\ 2}+a_z^{\ 2}}=\sqrt{\left(\frac{\mathrm{d}v_x}{\mathrm{d}t}\right)^2+\left(\frac{\mathrm{d}v_y}{\mathrm{d}t}\right)^2+\left(\frac{\mathrm{d}v_z}{\mathrm{d}t}\right)^2}$$

$$=\sqrt{\left(\frac{\mathrm{d}^2x}{\mathrm{d}t^2}\right)^2+\left(\frac{\mathrm{d}^2y}{\mathrm{d}t^2}\right)^2+\left(\frac{\mathrm{d}^2z}{\mathrm{d}t^2}\right)^2}$$

加速度 $\boldsymbol{a}$ 的方向可用其方向余弦表示.

从位置矢量 $\boldsymbol{r}$、速度 $\boldsymbol{v}$ 以及加速度 $\boldsymbol{a}$ 在直角坐标系 $Oxyz$ 中的表达式可以看出，任何曲线运动都可以看成是沿 x、y、z 轴三个方向独立直线运动的叠加.

从以上讨论可知，质点的运动方程 $\boldsymbol{r}=\boldsymbol{r}(t)$ 是描述质点运动的核心，因为给出了质点的运动方程，就可以知道每时每刻运动质点所在的位置 $\boldsymbol{r}$、速度 $\boldsymbol{v}$ 以及加速度 $\boldsymbol{a}$. 此为运动学的第一类问题.

例 1.2.3 如例 1.2.3 图所示，一人用绳子拉着小车前进，小车位于高出绳端 h 的平台上，人的速率保持 v_0 不变，求小车的速度和加速度大小.

解 经分析，小车沿直线运动，以小车前进方向为 x 轴正方向，以滑轮为坐标原点，小车的坐标为 x，人的坐标为 s，由速度的定义，小车和人的速度大小应为

$$v_{车}=\frac{\mathrm{d}x}{\mathrm{d}t},\quad v_{人}=\frac{\mathrm{d}s}{\mathrm{d}t}=v_0$$

由于定滑轮不改变绳长，所以小车坐标的变化率等于拉小车的绳长的变化率，即

$$v_{车}=\frac{\mathrm{d}x}{\mathrm{d}t}=\frac{\mathrm{d}l}{\mathrm{d}t}$$

由例 1.2.3 图可得

$$l^2=s^2+h^2$$

两边对时间 t 求导得

$$2l\frac{\mathrm{d}l}{\mathrm{d}t}=2s\frac{\mathrm{d}s}{\mathrm{d}t}$$

即

$$v_{车}=\frac{v_{人}s}{l}=v_{人}\frac{s}{\sqrt{s^2+h^2}}=\frac{v_0 s}{\sqrt{s^2+h^2}}$$

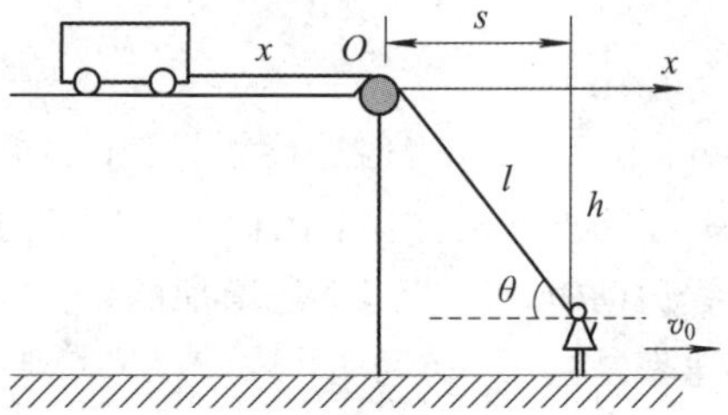

例 1.2.3 图

同理可得小车的加速度大小为

$$a=\frac{\mathrm{d}v_{车}}{\mathrm{d}t}=\frac{{v_0}^2h^2}{(s^2+h^2)^{\frac{3}{2}}}$$

例 1.2.4 已知一质点的运动方程为 $\boldsymbol{r}=2t\boldsymbol{i}+(2-t^2)\boldsymbol{j}$(SI)，求：

(1) $t=1$ s 和 $t=2$ s 时的位矢；

(2) $t=1$ s 到 $t=2$ s 内质点的位移；

(3) $t=1$ s 到 $t=2$ s 内质点的平均速度；

(4) $t=1$ s 和 $t=2$ s 时质点的速度；

(5) $t=1$ s 到 $t=2$ s 内质点的平均加速度；

(6) $t=1$ s 和 $t=2$ s 时质点的加速度.

例 1.2.4

解 (1) $\boldsymbol{r}_1=(2\boldsymbol{i}+\boldsymbol{j})$ m

$\boldsymbol{r}_2=(4\boldsymbol{i}-2\boldsymbol{j})$ m

(2) $\Delta\boldsymbol{r}=\boldsymbol{r}_2-\boldsymbol{r}_1=(2\boldsymbol{i}-3\boldsymbol{j})$ m

(3) $\bar{\boldsymbol{v}}=\frac{\Delta\boldsymbol{r}}{\Delta t}=\frac{2\boldsymbol{i}-3\boldsymbol{j}}{2-1}=(2\boldsymbol{i}-3\boldsymbol{j})$ m·s^{-1}

(4) $\boldsymbol{v}=\frac{\mathrm{d}\boldsymbol{r}}{\mathrm{d}t}=2\boldsymbol{i}-2t\boldsymbol{j}$

$v_1=(2i-2j)\ \mathrm{m\cdot s^{-1}}$

$v_2=(2i-4j)\ \mathrm{m\cdot s^{-1}}$

(5) $\bar{a}=\dfrac{\Delta v}{\Delta t}=\dfrac{v_2-v_1}{\Delta t}=\dfrac{-2j}{2-1}=(-2j)\ \mathrm{m\cdot s^{-2}}$

(6) $a=\dfrac{\mathrm{d}^2 r}{\mathrm{d}t^2}=\dfrac{\mathrm{d}v}{\mathrm{d}t}=(-2j)\ \mathrm{m\cdot s^{-2}}$

例 1.2.5 如例1.2.5图所示，A、B两物体由一长为 l 的刚性细杆相连，A、B两物体可在光滑轨道上滑行. 如物体A以恒定的速率 v 向左滑行，当 $\alpha=60°$时，物体B的速度为多少？

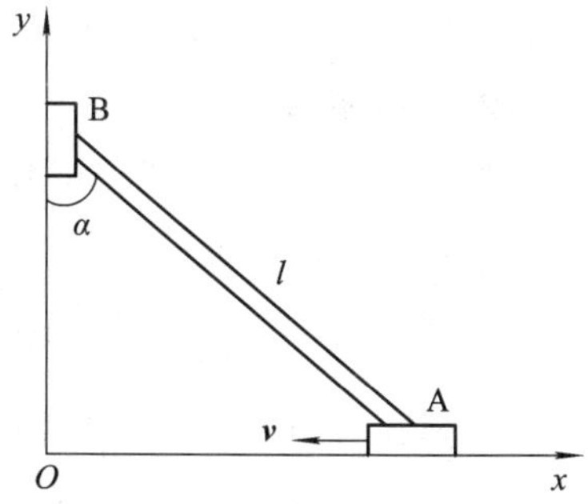

例1.2.5图

解 如例1.2.5图所选的坐标轴，A的速度为

$$v_A=v_x i=\frac{\mathrm{d}x}{\mathrm{d}t}i=-vi \tag{1}$$

物体B的速度为

$$v_B=v_y j=\frac{\mathrm{d}y}{\mathrm{d}t}j \tag{2}$$

由例1.2.5图可知，$x^2+y^2=l^2$，考虑细杆是刚性的，则 l 为一常量.

由于 x、y 是时间的函数，对式(1)、式(2)两端求导得

$$2x\frac{\mathrm{d}x}{\mathrm{d}t}+2y\frac{\mathrm{d}y}{\mathrm{d}t}=0$$

即

$$\frac{\mathrm{d}y}{\mathrm{d}t}=-\frac{x}{y}\frac{\mathrm{d}x}{\mathrm{d}t}$$

则B的速度为

$$v_B=-\frac{x}{y}\frac{\mathrm{d}x}{\mathrm{d}t}j$$

因为$\dfrac{\mathrm{d}x}{\mathrm{d}t}=-v$，$\tan\alpha=\dfrac{x}{y}$，所以

$$v_B=v\tan\alpha j$$

当 $\alpha=60°$时，$v_B=1.73v$.

1.3 几种典型的质点运动

在质点运动中，依据速度的不同，质点运动可分为匀速运动和变速运动；依据加速度的不同，可分为匀加速运动和变加速运动；依据运动轨迹的不同，可分为直线运动和曲线运动；等等. 下面分析轨迹不同形成的直线运动和曲线运动.

1.3.1 直线运动

1. 运动学方程

质点的运动轨迹是一条直线的运动，称为直线运动. 在质点运动中，直线运动最简单

又有普遍性. 对这类问题，质点运动学方程仍是关键. 有了它，就可用微分法求速度和加速度，从而掌握全部运动情况. 为描述质点直线运动，选择只含 Ox 坐标轴的坐标系，其原点位于参考系上的参考点，坐标轴与质点轨迹重合. 由式(1.2.1)可知，质点的位置矢量为

$$\boldsymbol{r} = \boldsymbol{r}(t) = x(t)\boldsymbol{i} \tag{1.3.1}$$

因 $\boldsymbol{i}$ 为恒矢量，故当 $\boldsymbol{r}$ 随时间变化时，位置矢量的矢端与位置坐标 x 一一对应，所以用标量函数 $x=x(t)$ 即可描述质点沿直线的运动，即

$$x = x(t) \tag{1.3.2}$$

式(1.3.2)为质点直线运动的运动学方程.

2. 速度和加速度

根据式(1.2.14)，质点沿 x 轴运动的瞬时速度为

$$v = \frac{\mathrm{d}x}{\mathrm{d}t} = \frac{\mathrm{d}x(t)}{\mathrm{d}t} \tag{1.3.3}$$

v 的大小表示质点在瞬时 t 运动的快慢，其正负分别对应于质点沿 Ox 轴正向或负向运动.

根据式(1.2.18)，质点沿 x 轴运动的瞬时加速度为

$$a = \frac{\mathrm{d}v}{\mathrm{d}t} = \frac{\mathrm{d}^2 x(t)}{\mathrm{d}t^2} \tag{1.3.4}$$

a 的正负不能说明质点作加速或减速运动. 若加速度与速度的符号相同，质点作加速运动；若加速度与速度的符号相反，质点作减速运动.

由此可见，如已知运动学方程，通过求导运算可求得速度和加速度. 在运动学中还会遇到另外一种问题：已知质点在任一时刻的速度 v，求它的运动方程 $x(t)$；已知加速度 a，求它的速度 $v(t)$ 和运动方程 $x(t)$.

1.3.2 曲线运动(抛体运动)

描述曲线运动的各公式总结如下：

质点的运动方程为

$$\boldsymbol{r}(t) = x(t)\boldsymbol{i} + y(t)\boldsymbol{j} + z(t)\boldsymbol{k} \tag{1.3.5}$$

质点的速度为

$$\boldsymbol{v}(t) = v_x(t)\boldsymbol{i} + v_y(t)\boldsymbol{j} + v_z(t)\boldsymbol{k} \tag{1.3.6}$$

质点的加速度为

$$\boldsymbol{a}(t) = a_x(t)\boldsymbol{i} + a_y(t)\boldsymbol{j} + a_z(t)\boldsymbol{k} \tag{1.3.7}$$

和直线运动的情况一样，若已知 $\boldsymbol{a}(t)$、$\boldsymbol{v}(t)$、$\boldsymbol{r}(t)$，则可以完全描述运动.

下面我们来讨论二维曲线运动——抛体运动(即加速度恒定).

设有一抛体在地球表面附近，以初速 $\boldsymbol{v}_0$ 沿与水平方向 Ox 轴的正向成 θ 角抛出，取如图 1.3.1 所示的平面直角坐标 Oxy，则其加速度 $\boldsymbol{a}=a_y\boldsymbol{j}=\boldsymbol{g}=-g\boldsymbol{j}$，即 $a_x=0$. 由于略去空气阻力，故抛体将以恒定加速度 $\boldsymbol{a}=\boldsymbol{g}$ 作斜抛运动.

在研究抛体运动时，通常都取抛射点为坐标原点，而沿水平方向和竖直方向分别引 x 轴和 y 轴. 从抛出时刻开始计时，则 $t=0$ 时，物体位于原点. 以 $\boldsymbol{v}_0$ 表示物体的初速度，以 θ 表示抛射角，则 $\boldsymbol{v}_0$ 在 x 轴和 y 轴上的分量为

$$v_{0x} = v_0\cos\theta, \quad v_{0y} = v_0\sin\theta$$

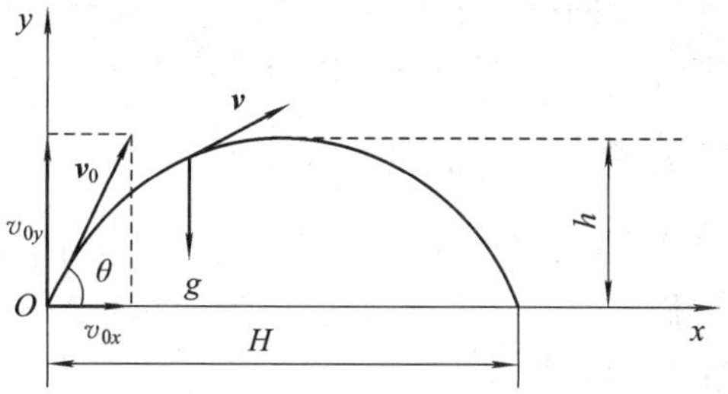

图 1.3.1　斜抛运动

物体在整个运动过程中的加速度为

$$a = g = -gj \tag{1.3.8}$$

利用这些条件，可求出物体在空中任意时刻的速度为

$$v = v_0\cos\theta i + (v_0\sin\theta - gt)j \tag{1.3.9}$$

因 $v=\frac{dr}{dt}$，由此可得物体的运动方程为

$$r = \int_0^t v\,dt = v_0 t\cos\theta i + \left(v_0 t\ \sin\theta - \frac{1}{2}gt^2\right)j \tag{1.3.10}$$

式(1.3.10)就是抛体运动方程的矢量形式，它清楚地表明：抛体运动是由沿 x 轴的匀速直线运动和沿 y 轴的匀变速直线运动叠加而成的. 通常对“抛体运动”就是这样理解的. 在图 1.3.2 中，以位矢 r 为对角线的一个矩形把这种矢量叠加显示了出来.

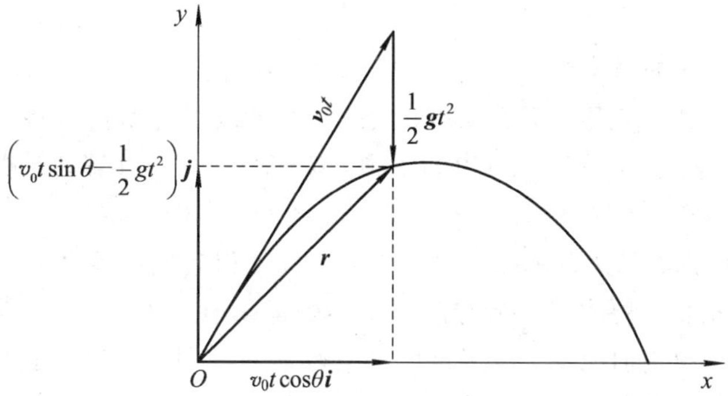

图 1.3.2　三角形叠加法

对任何一个矢量，有着许多种分解方法，同样也存在着多种多样的叠加方法. 在图 1.3.2 中，画出了以位矢 r 为一边的三角形叠加法. 为了看出这点，把式(1.3.9)重新改写如下：

$$r = (v_0\ \cos\theta i + v_0\ \sin\theta j)t - \frac{1}{2}gt^2 j$$

式中，括号内的矢量和就是初速度 v_0，而重力加速度 g 的方向恰好和 j 相反. 如果不用 i 和 j，而改用矢量 v_0 和 g，则可写成

$$r = v_0 t + \frac{1}{2}gt^2 \tag{1.3.11}$$

这正是图 1.3.2 所表示的内容. 这就是说，抛体运动还可看作由沿初速度方向的匀速直线运动和沿竖直方向的自由落体运动叠加而成. 抛体运动的这种叠加性可用“枪打落猴”

的古老演示来验证. 当猎人举枪瞄准树上的猴子射击时，猴子一见火光就自由下落，猴子以为离开瞄准方向就能逃脱厄运，却不知枪弹作的是抛体运动，枪弹和猴子在竖直方向因重力加速度而引起的位移同样都是$\frac{1}{2}gt^2$. 只要枪离猴子的水平距离不太远，枪弹的初速度不太小，这只猴子就在劫难逃. 这种矢量叠加的多样性使人们的视野更为扩大.

总之，上述讨论告诉我们，对一般曲线运动的研究都可归结为对直线运动的研究. 由此可见，直线运动研究的重要性和基本性.

由式(1.3.10)的两个分量式中消去 t，即得抛体的轨道方程为

$$y = x\tan\theta - \frac{1}{2}\frac{gx^2}{{v_0}^2\cos^2\theta} \tag{1.3.12}$$

这是一条抛物线，所以抛体运动又叫抛物线运动. 令式(1.3.12)中 $y=0$，求得抛物线与 x 轴的一个交点的坐标为

$$H = \frac{{v_0}^2\sin 2\theta}{g} \tag{1.3.13}$$

这就是抛体的射程. 显然，具有一定初速 $\boldsymbol{v}_0$ 的物体，要想射得最远，可令 $\sin 2\theta=1$，亦即在 $\theta=45°$时，射程为最大.

根据高等数学中求函数极值的方法，将式(1.3.12)对 x 求导，并令$\frac{\mathrm{d}y}{\mathrm{d}x}=0$，由此得 $x={v_0}^2\sin 2\theta/2g$，将它代入式(1.3.12)，即得物体在飞行中所能达到的最大高度(即射高)为

$$h = \frac{{v_0}^2\sin^2\theta}{2g} \tag{1.3.14}$$

应该指出，在上述的讨论中，忽略了空气阻力，即初速比较小，所得结果才比较符合实际. 若初速变大，则空气阻力不能忽略，实际飞行的曲线与抛物线将有很大差别. 例如，以 $550\ \mathrm{m\cdot s^{-1}}$ 的初速沿 45°抛射角射出的子弹，按式(1.3.13)计算，射程应达 30 000 m 以上，但实际射程还不到前者的 1/3，只有 8500 m. 在弹道学中，除以上述式子为基础外，还要考虑空气阻力、风向、风速等的影响加以修正，才能得到抛体运动的正确结果.

由以上论述可知，当物体同时参与两个或多个运动时，其总的运动是各个独立运动的合成结果. 这称为运动叠加原理，或运动的独立性原理. 例如上述所讲的抛体运动中被抛物体同时参加水平方向的匀速运动和竖直方向的自由落体运动，其轨道为抛物线.

1.3.3 运动学中的两类问题

前面分别介绍了描述质点运动的一些基本物理量，如位置矢量、速度和加速度等. 而运动学中通常碰到的问题大体可以分为两类：

已知质点的运动学方程 $\boldsymbol{r}=\boldsymbol{r}(t)$，求质点在任意时刻的位置矢量、速度和加速度. 通过求导数的办法就可得到问题的结论.

例 1.3.1 一质点作直线运动，其运动学方程为 $x=at^3+bt^2+ct$(SI)，其中 a、b、c 均为常量，$t_1=1$ s，$t_2=3$ s. 求：

(1) $\Delta t=t_2-t_1$期间的位移、平均速度和平均加速度；

(2) t_2时刻的速度和加速度.

解 依据题意有

$$x = at^3 + bt^2 + ct$$

运动学方程微分的速度表达式为

$$v = \frac{dx}{dt} = 3at^2 + 2bt + c$$

进一步微分得加速度的表达式为

$$a = \frac{dv}{dt} = 6at + 2b$$

(1) $\Delta t = t_2 - t_1$期间的位移为

$$\Delta x = x(t_2) - x(t_1) = 26a + 8b + 2c$$

平均速度为

$$\bar{v} = \frac{\Delta x}{\Delta t} = 13a + 4b + c$$

平均加速度为

$$\bar{a} = \frac{\Delta v}{\Delta t} = \frac{v(t_2) - v(t_1)}{\Delta t} = 12a + 2b$$

(2) 将 $t_2 = 3$ s 代入速度和加速度表达式，得

$$v(t_2) = 27a + 6b + c$$

$$a(t_2) = 18a + 2b$$

例 1.3.2 已知质点的运动学方程为 $\boldsymbol{r} = R(\cos\omega t\boldsymbol{i} + \sin\omega t\boldsymbol{j})$，其中 ω 为常量. 求：

(1) 质点的轨道；

(2) 速度和速率；

(3) 加速度.

解 (1) 由 $\boldsymbol{r} = R(\cos\omega t\boldsymbol{i} + \sin\omega t\boldsymbol{j})$，可知运动学方程的分量式为

$$x = R\cos\omega t, \quad y = R\sin\omega t$$

消去参数 t 可得轨道方程为

$$x^2 + y^2 = R^2$$

所以质点的轨道为圆心在(0，0)处、半径为 R 的圆.

(2) 由 $\boldsymbol{v} = \frac{d\boldsymbol{r}}{dt}$有速度

$$\boldsymbol{v} = -\omega R\sin\omega t\,\boldsymbol{i} + \omega R\cos\omega t\,\boldsymbol{j}$$

而瞬时速率等于瞬时速度的大小，即

$$v = |\boldsymbol{v}|$$

则可得速率为

$$v = [(-\omega R\sin\omega t)^2 + (\omega R\cos\omega t)^2]^{1/2} = \omega R$$

(3) 由 $\boldsymbol{a} = \frac{d\boldsymbol{v}}{dt} = \frac{d^2\boldsymbol{r}}{dt^2}$ 有加速度

$$\boldsymbol{a} = -\omega^2 R\cos\omega t\,\boldsymbol{i} - \omega^2 R\sin\omega t\,\boldsymbol{j}$$

已知质点运动的加速度(或速度)，求任意时刻质点的速度和位置矢量. 这种问题要用到求积分的方法，并且需要知道某时刻质点的速度和位置矢量.

例 1.3.3 一质点从 $\boldsymbol{r}_0 = 4\boldsymbol{j}$ m 的位置以 $\boldsymbol{v}_0 = 4\boldsymbol{i}$ m·s^{-1} 的初速度开始运动，其加速度

与时间的关系为 $\boldsymbol{a}=6t\boldsymbol{i}-2\boldsymbol{j}$ (SI)．求：

例 1.3.3

(1) 该质点的运动方程；

(2) 经过多长时间质点到达 x 轴；

(3) 到达 x 轴时的位置．

解 (1) 根据题意有

$$\boldsymbol{a}=6t\boldsymbol{i}-2\boldsymbol{j}$$

积分得

$$\int_{\boldsymbol{v}_0}^{\boldsymbol{v}}\mathrm{d}\boldsymbol{v}=\int_0^t\boldsymbol{a}\,\mathrm{d}t=3t^2\boldsymbol{i}-2t\boldsymbol{j}$$

利用初始条件 $\boldsymbol{v}_0=4\boldsymbol{i}\ \mathrm{m\cdot s^{-1}}$，得

$$\boldsymbol{v}=(3t^2+4)\boldsymbol{i}-2t\boldsymbol{j}$$

进一步积分得

$$\int_{\boldsymbol{r}_0}^{\boldsymbol{r}}\mathrm{d}\boldsymbol{r}=\int_0^t\boldsymbol{v}\,\mathrm{d}t=(t^3+4t)\boldsymbol{i}-t^2\boldsymbol{j}$$

利用初始条件 $\boldsymbol{r}_0=4\boldsymbol{j}$ m 得运动学方程为

$$\boldsymbol{r}=(t^3+4t)\boldsymbol{i}+(4-t^2)\boldsymbol{j}\ (\mathrm{SI})$$

(2) 当 $4-t^2=0$，即 $t=2$ s 时，质点到达 x 轴．

(3) $t=2$ s 到达 x 轴时，位矢为 $\boldsymbol{r}(t=2)=16\boldsymbol{i}$ m，即质点到达 x 轴($y=0$)时的位置为：$x=16$ m．

例 1.3.4 一质点沿 x 轴运动，其加速度 $a=-bv^2$，式中 b 为正常数，设 $t=0$ 时，$x=0$，$v=v_0$．求：

(1) v 和 x 作为 t 的函数的表示式；

(2) v 作为 x 的函数的表示式．

解 (1) 因为

$$\mathrm{d}v=a\,\mathrm{d}t=-bv^2\,\mathrm{d}t$$

分离变量得

$$\frac{\mathrm{d}v}{v^2}=-b\,\mathrm{d}t$$

积分得

$$\int_{v_0}^{v}\frac{\mathrm{d}v}{v^2}=\int_0^t-b\,\mathrm{d}t$$

得

$$v=\frac{v_0}{1+v_0bt}$$

再由 $\mathrm{d}x=v\,\mathrm{d}t$，将 $v=\dfrac{v_0}{1+v_0bt}$ 代入，并取积分

$$\int_0^x\mathrm{d}x=\int_0^t\frac{v_0}{1+v_0bt}\,\mathrm{d}t$$

得

$$x=\frac{1}{b}\ln(1+bv_0t)$$

(2) 因为

$$a=\frac{\mathrm{d}v}{\mathrm{d}t}=\frac{\mathrm{d}v}{\mathrm{d}x}\frac{\mathrm{d}x}{\mathrm{d}t}=v\frac{\mathrm{d}v}{\mathrm{d}x}$$

所以有

$$\frac{v\,\mathrm{d}v}{\mathrm{d}x}=-bv^2$$

分离变量，并取积分得

$$-\int_0^x b\,\mathrm{d}x=\int_{v_0}^{v}\frac{\mathrm{d}v}{v}$$

整理得

$$v=v_0\mathrm{e}^{-bx}$$

例 1.3.5　一质点沿 x 轴运动，其加速度 a 与位置坐标 x 的关系为 $a=2+2x$(SI). 如果质点在原点处的速度为零，试求其在：

(1) 任意位置处的速度；

(2) 质点在 $x=2$ m 处的速度.

解　(1) 已知 $x=0$ m，$v=0\ \mathrm{m\cdot s^{-1}}$，设质点在 x 处的速度为 v，则有

$$a=\frac{\mathrm{d}v}{\mathrm{d}t}=\frac{\mathrm{d}v}{\mathrm{d}x}\cdot\frac{\mathrm{d}x}{\mathrm{d}t}=2+2x$$

$$\int_0^v v\,\mathrm{d}v=\int_0^x(2+2x)\mathrm{d}x$$

$$v=\sqrt{4x+2x^2}$$

(2) 当 $x=2$ m 时，代入上式得 $v=4\ \mathrm{m\cdot s^{-1}}$.

1.4　速度和加速度在自然坐标系中的表示

质点作曲线运动且轨迹为已知时，常用自然坐标来表示其位置、速度和加速度. 在质点运动轨道上任取一个点作为自然坐标系的原点 O，在运动质点上沿轨道的切线方向和法线方向建立两个相互垂直的坐标轴. 切向坐标轴的方向指向质点前进的方向，其单位矢量用 $\boldsymbol{e}_\mathrm{t}$ 表示；规定法向坐标轴的方向指向曲线的凹侧，其单位矢量用 $\boldsymbol{e}_\mathrm{n}$ 来表示；运动质点在轨道上某一点的坐标用距离原点 O 的路程 s 表示. 这样的坐标系就是自然坐标系.

1.4.1　圆周运动的切向加速度和法向加速度

圆周运动是曲线运动的一个重要特例. 研究圆周运动以后，再研究一般曲线运动就比较方便. 物体绕定轴转动时，物体中每个质点作的都是圆周运动，所以，圆周运动又是研究物体转动的基础.

在一般圆周运动中，质点速度的大小和方向都在改变着，即存在着加速度. 为了使加速度的物理意义更为清晰，通常在圆周运动的研究中采用自然坐标.

1. 速度

自然坐标中，$\boldsymbol{e}_\mathrm{t}$ 和 $\boldsymbol{e}_\mathrm{n}$ 分别为切向单位矢量和法向单位矢量. 由 $|\mathrm{d}\boldsymbol{r}|=\mathrm{d}s$，在自然坐标

系中，位移、速度可分别表示为

$$\mathrm{d}\boldsymbol{r} = \mathrm{d}s\,\boldsymbol{e}_{\mathrm{t}}$$

$$\boldsymbol{v} = \frac{\mathrm{d}\boldsymbol{r}}{\mathrm{d}t} = \frac{\mathrm{d}s}{\mathrm{d}t}\boldsymbol{e}_{\mathrm{t}} = v\,\boldsymbol{e}_{\mathrm{t}} \tag{1.4.1}$$

值得注意的是，质点任何时刻的速度总沿轨迹的切线方向，所以速度 $\boldsymbol{v}$ 只有切向投影，不存在速度 $\boldsymbol{v}$ 的法向投影.

2. 加速度

随着质点的运动，质点运动速度的大小 v 和方向 $\boldsymbol{e}_{\mathrm{t}}$ 都会随时间变化. 如图 1.4.1 所示，质点在 t 时刻位于 P 点，$t+\Delta t$ 时刻到达 Q 点，它们的速度分别为 $\boldsymbol{v}(t)$ 和 $\boldsymbol{v}(t+\Delta t)$，速度的增量 $\Delta\boldsymbol{v}=\boldsymbol{v}(t+\Delta t)-\boldsymbol{v}(t)$ 为一矢量，$\Delta\boldsymbol{v}$ 中既包含速度大小的变化，又包含方向的变化. 在图中，PP_1 代表 $\boldsymbol{v}(t)$，PP_2 代表 $\boldsymbol{v}(t+\Delta t)$，则 P_1P_2 代表 $\Delta\boldsymbol{v}$. 在 PP_2 上截取 $PP_3=|\boldsymbol{v}(t)|$，自 P_1 至 P_3 画一矢量 $\Delta\boldsymbol{v}_1$，则 $\Delta\boldsymbol{v}$ 可以看成两部分之和：

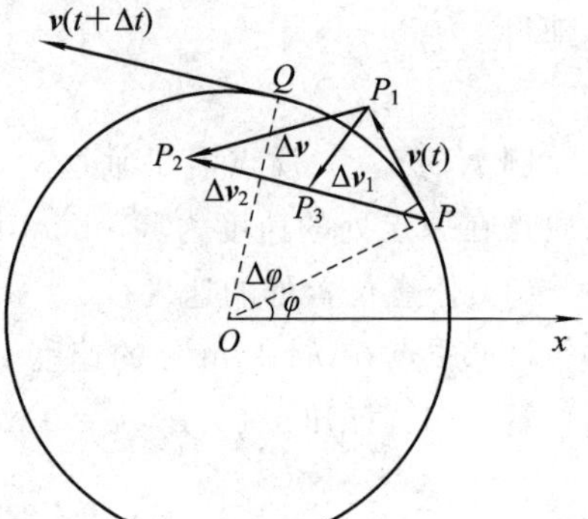

图 1.4.1 圆周运动加速度的切向分量和法向分量

$$\Delta\boldsymbol{v} = \Delta\boldsymbol{v}_1 + \Delta\boldsymbol{v}_2$$

式中，$\Delta\boldsymbol{v}_2=P_3P_2$. 于是，

$$\frac{\Delta\boldsymbol{v}}{\Delta t} = \frac{\Delta\boldsymbol{v}_1}{\Delta t} + \frac{\Delta\boldsymbol{v}_2}{\Delta t}$$

加速度为 $\Delta t\to 0$ 时 $\Delta\boldsymbol{v}/\Delta t$ 的极限：

$$\boldsymbol{a} = \lim_{\Delta t\to 0}\frac{\Delta\boldsymbol{v}}{\Delta t} = \lim_{\Delta t\to 0}\frac{\Delta\boldsymbol{v}_1}{\Delta t} + \lim_{\Delta t\to 0}\frac{\Delta\boldsymbol{v}_2}{\Delta t} \tag{1.4.2}$$

由图 1.4.1 可见，$\Delta\boldsymbol{v}_2$ 和 $\boldsymbol{v}(t)$ 的夹角为 $\Delta\varphi$，当 $\Delta t\to 0$ 时，$\Delta\varphi\to 0$，即第二项的方向趋于速度 $\boldsymbol{v}(t)$ 的方向，也就是沿圆周的切线方向，因此把它称为切向加速度 $\boldsymbol{a}_{\mathrm{t}}$，其可表示为

$$\boldsymbol{a}_{\mathrm{t}} = \lim_{\Delta t\to 0}\frac{\Delta\boldsymbol{v}_2}{\Delta t} = \lim_{\Delta t\to 0}\frac{\Delta v}{\Delta t}\boldsymbol{e}_{\mathrm{t}} = \frac{\mathrm{d}|\boldsymbol{v}|}{\mathrm{d}t}\boldsymbol{e}_{\mathrm{t}} = \frac{\mathrm{d}v}{\mathrm{d}t}\boldsymbol{e}_{\mathrm{t}} \tag{1.4.3}$$

式中，$|\Delta\boldsymbol{v}_2|=v(t+\Delta t)-v(t)=\Delta v$. $\boldsymbol{a}_{\mathrm{t}}$ 既有大小又有方向. $\boldsymbol{a}_{\mathrm{t}}$ 的大小反映了在 Δt 时间内速度大小的变化；$\boldsymbol{a}_{\mathrm{t}}$ 的方向则表示速度的大小是随时间增大还是减小. $\mathrm{d}v/\mathrm{d}t>0$ 时，$\boldsymbol{a}_{\mathrm{t}}$ 与 $\boldsymbol{e}_{\mathrm{t}}$ 方向一致，表示质点速率随时间增加；$\mathrm{d}v/\mathrm{d}t<0$ 时，$\boldsymbol{a}_{\mathrm{t}}$ 与 $\boldsymbol{e}_{\mathrm{t}}$ 方向相反，表示质点速率随时间减小.

$\Delta\boldsymbol{v}_1$ 是速度的方向变化所引起的速度增量，它反映了在 Δt 时间内速度方向的变化. 当 $\Delta t\to 0$ 时，$\Delta\boldsymbol{v}_1$ 几乎与 $\boldsymbol{v}(t)$ 垂直，此时，$\Delta\boldsymbol{v}_1/\Delta t$ 的极限，即式(1.4.2)右边第一项代表加速度的法向分量，称为法向加速度，用 $\boldsymbol{a}_{\mathrm{n}}$ 表示. $\boldsymbol{a}_{\mathrm{n}}$ 的大小可以这样求得：当 $\Delta t\to 0$ 时，P、Q 十分接近，由图 1.4.2 得

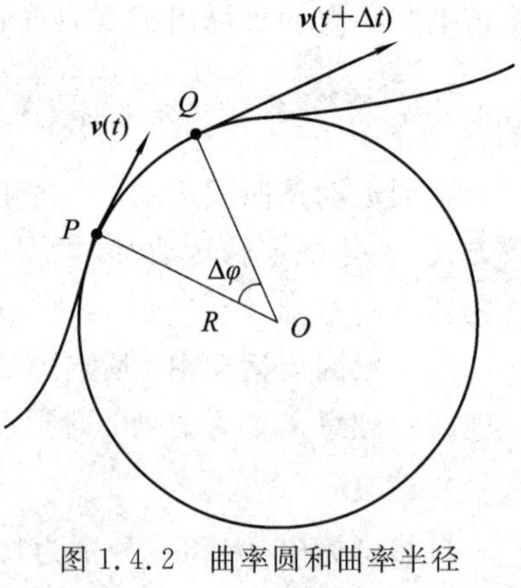

图 1.4.2 曲率圆和曲率半径

$$|\Delta\boldsymbol{v}_1| = v\Delta\varphi = v\,\frac{\overset{\frown}{PQ}}{R} = v\,\frac{v\Delta t}{R}$$

这里 $\Delta\varphi$ 是 $\boldsymbol{v}(t+\Delta t)$ 与 $\boldsymbol{v}(t)$ 的夹角，从而

$$\boldsymbol{a}_{\mathrm{n}}=\lim_{\Delta t\to 0}\frac{\Delta \boldsymbol{v}_1}{\Delta t}=\frac{\mathrm{d}\boldsymbol{v}_1}{\mathrm{d}t}=v\frac{\mathrm{d}\varphi}{\mathrm{d}t}\boldsymbol{e}_{\mathrm{n}}=\frac{v^2}{R}\boldsymbol{e}_{\mathrm{n}} \tag{1.4.4}$$

$\boldsymbol{e}_{\mathrm{n}}$是沿曲线在 P 点曲线的法向并指向圆心的单位矢量.

由此可知，在自然坐标系中，质点的加速度可表示为

$$\boldsymbol{a}=\boldsymbol{a}_{\mathrm{t}}+\boldsymbol{a}_{\mathrm{n}}=\frac{\mathrm{d}v}{\mathrm{d}t}\boldsymbol{e}_{\mathrm{t}}+v\frac{\mathrm{d}\varphi}{\mathrm{d}t}\boldsymbol{e}_{\mathrm{n}}=\frac{\mathrm{d}v}{\mathrm{d}t}\boldsymbol{e}_{\mathrm{t}}+\frac{v^2}{R}\boldsymbol{e}_{\mathrm{n}} \tag{1.4.5}$$

1.4.2 圆周运动及其角量描述

质点在作平面曲线运动的过程中，若其曲率中心和曲率半径始终保持不变，则其运动轨道是一个平面圆，我们称质点作圆周运动. 圆周运动是曲线运动中的一个重要特例. 另外，在研究物体绕固定轴转动时，物体上每个质点都作半径不同的圆周运动，因此，研究圆周运动具有特殊的意义.

1. 圆周运动的角量描述

依据圆周运动的特点，除了可以用位移、速度、加速度等所谓的线量来描述运动外，还经常采用角位移、角速度及角加速度等角量来描述. 设质点在平面内以原点 O 为中心作半径为 R 的圆周运动，如图 1.4.3 所示.

t 时刻质点位于 A 点，其位矢与 x 轴正方向的夹角称为角位置，记作 θ. 角位置 θ 随时间 t 变化的函数关系可表示为

$$\theta=\theta(t) \tag{1.4.6}$$

式(1.4.6)也可以称为质点的运动方程.

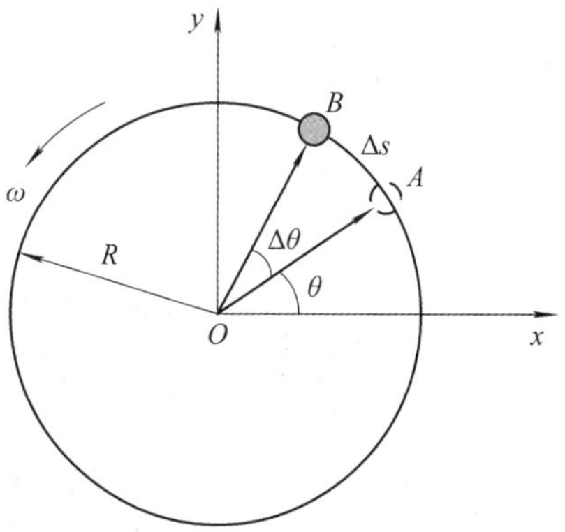

图 1.4.3 用角量来描述圆周运动

经过时间 Δt 以后，质点由 A 点运动到 B 点，位矢转过的角度 $\Delta\theta$ 称为质点对于圆心 O 的角位移. 角位移不但有大小，而且还有正负之分. 质点作平面圆周运动时，一般规定逆时针转向的角位移为正，而顺时针转向的角位移为负. 角位移的单位是弧度(rad).

角位移 $\Delta\theta$ 对时间的变化率定义为角速度，用 ω 表示，即

$$\omega=\lim_{\Delta t\to 0}\frac{\Delta\theta}{\Delta t}=\frac{\mathrm{d}\theta}{\mathrm{d}t} \tag{1.4.7}$$

在国际单位制中，角速度的单位为弧度每秒(rad・s^{-1}).

角速度对时间的变化率定义为角加速度，用 β 表示，即

$$\beta=\frac{\mathrm{d}\omega}{\mathrm{d}t}=\frac{\mathrm{d}^2\theta}{\mathrm{d}t^2} \tag{1.4.8}$$

在国际单位制中，角加速度的单位为弧度每二次方秒(rad・s^{-2}).

2. 角量与线量的关系

由图 1.4.3 可以看出，质点从 A 到 B 所经过的路程与角位移的关系为

$$\Delta s=R\Delta\theta \tag{1.4.9}$$

通过式(1.4.9)两边分别对时间 t 求导，可得质点的速度大小和切向加速度大小与相

应角量之间的关系：

$$v=\frac{\mathrm{d}s}{\mathrm{d}t}=R\frac{\mathrm{d}\theta}{\mathrm{d}t}=R\omega \tag{1.4.10}$$

$$a_{\mathrm{t}}=\frac{\mathrm{d}v}{\mathrm{d}t}=\frac{\mathrm{d}}{\mathrm{d}t}(R\omega)=R\frac{\mathrm{d}\omega}{\mathrm{d}t}=R\beta \tag{1.4.11}$$

并且，由式 $\boldsymbol{a}_{\mathrm{n}}=\frac{v^2}{R}\boldsymbol{e}_{\mathrm{n}}$ 可知，质点作圆周运动时的法向加速度大小为

$$a_{\mathrm{n}}=\frac{v^2}{R}=R\omega^2 \tag{1.4.12}$$

因此，对于质点的圆周运动，完全可以用角量来对应地描述质点的运动. 特别是对于刚体的定轴转动问题，虽然刚体不同部分具有不同的运动速度和加速度，但是它们绕转轴转动的角速度和角加速度是完全相同的，此时，角量描述方法显得更方便些.

质点作匀速圆周运动时，角速度 ω 是常量，角加速度 β 为零；质点作变速圆周运动时，角速度 ω 不是常量，角加速度 β 也可能不是常量. 如果角加速度 β 为常量，这就是匀变速圆周运动.

质点作匀速和匀变速圆周运动时，用角量表示的运动方程与匀速和匀变速直线运动的运动方程完全相似. 匀速圆周运动的运动方程为

$$\theta=\theta_0+\omega t \tag{1.4.13}$$

匀变速圆周运动的运动方程为

$$\left.\begin{aligned}\omega&=\omega_0+\beta t\\ \theta&=\theta_0+\omega t+\frac{1}{2}\beta t^2\\ \omega^2&=\omega_0{}^2+2\beta(\theta-\theta_0)\end{aligned}\right\} \tag{1.4.14}$$

式中，θ_0、ω_0 表示在 $t=0$ 时刻质点的角位置和角速度. $\beta>0$ 时，质点作匀加速圆周运动；$\beta<0$ 时，质点作匀减速圆周运动.

若质点在作一般空间圆周运动时，可以把角速度看成是矢量 $\boldsymbol{\omega}$，这在讨论一些较复杂的问题时，尤其是在解决角速度合成问题时，会带来很大的方便. 角速度矢量 $\boldsymbol{\omega}$ 的大小为 $\mathrm{d}\theta/\mathrm{d}t$，方向由右手螺旋法则确定，即右手的四指循着质点的转动方向弯曲，拇指的指向即为角速度矢量 $\boldsymbol{\omega}$ 的方向，如图 1.4.4 所示. 而线速度与角速度的关系可表示为

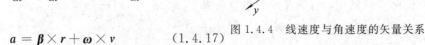

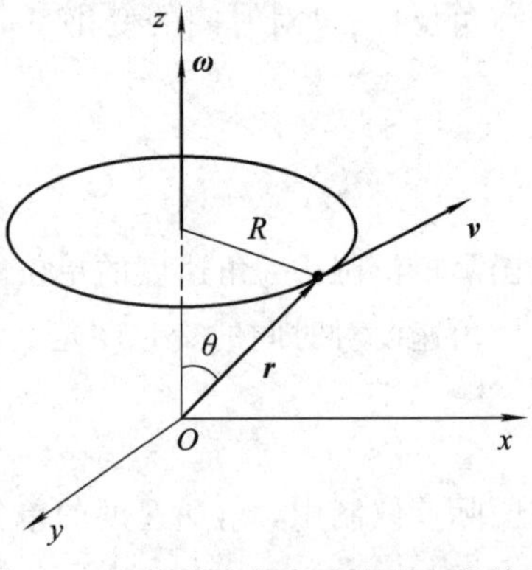

图 1.4.4　线速度与角速度的矢量关系

$$\boldsymbol{v}=\frac{\mathrm{d}\boldsymbol{r}}{\mathrm{d}t}=\boldsymbol{\omega}\times\boldsymbol{r} \tag{1.4.15}$$

将式(1.4.15)两边对时间 t 求导，可以得到线加速度与角加速度的矢量关系，即

$$\boldsymbol{a}=\frac{\mathrm{d}\boldsymbol{v}}{\mathrm{d}t}=\frac{\mathrm{d}\boldsymbol{\omega}}{\mathrm{d}t}\times\boldsymbol{r}+\boldsymbol{\omega}\times\frac{\mathrm{d}\boldsymbol{r}}{\mathrm{d}t} \tag{1.4.16}$$

也就是

$$\boldsymbol{a}=\boldsymbol{\beta}\times\boldsymbol{r}+\boldsymbol{\omega}\times\boldsymbol{v} \tag{1.4.17}$$

式中，角加速度 $\boldsymbol{\beta}$ 和角速度 $\boldsymbol{\omega}$ 的方向均沿轴向. 第一项的量值为 $\beta r\sin\theta=\beta R$，其方向沿着运动的切线方向，它是加速度的切向分量 $\boldsymbol{a}_{\mathrm{t}}$；$\boldsymbol{\omega}$ 与 $\boldsymbol{v}$ 垂直，所以第二项的量值为 $\omega v=\omega^2R$，

其方向指向圆心，它是加速度的法向分量 $\boldsymbol{a}_n$. 在此我们定义了角速度矢量，这似乎很自然，它又有大小，又有方向. 这里要注意的是，既有大小又有方向的量不一定就是矢量，若要是矢量，还必须满足矢量的运算法则，即平行四边形法则.

1.4.3　一般曲线运动的切向加速度和法向加速度

以上结果很容易推广到一般曲线运动的情况. 一般曲线不像圆周那样具有确定的半径，但曲线上某点(例如 P 点，见图 1.4.2)附近的一小段，总可以看成某个圆的一段圆弧，此圆称为曲线在该点的曲率圆. 设此圆的半径为 ρ，则称 ρ 为曲线在该点的曲率半径. 曲线上不同的点对应的曲率圆不同，曲率半径也不同，这样只要用 ρ 代替 R 即可. 下面介绍曲率半径 ρ 的求法.

设轨道 P 处的曲率半径为 ρ，则

$$\rho = \lim_{\Delta\varphi \to 0} \frac{\Delta s}{\Delta \varphi} = \frac{\mathrm{d}s}{\mathrm{d}\varphi} \tag{1.4.18}$$

如图 1.4.2 所示.

当 $\Delta t \to 0$ 时，Q 点无限接近于 P 点，$\Delta s \to 0$，则

$$\frac{\mathrm{d}\varphi}{\mathrm{d}t} = \frac{\mathrm{d}\varphi}{\mathrm{d}s}\frac{\mathrm{d}s}{\mathrm{d}t} = \frac{1}{\rho}v$$

数学上，轨道任意处的曲率半径表示为

$$\frac{1}{\rho} = \left| \frac{\mathrm{d}^2 y/\mathrm{d}x^2}{\left[1 + (\mathrm{d}y/\mathrm{d}x)^2\right]^{\frac{3}{2}}} \right|$$

式中，$y = y(x)$ 是质点平面运动的轨道曲线方程.

由上述结果，可得到一般曲线运动的加速度为

$$\boldsymbol{a} = a_t \boldsymbol{e}_t + a_n \boldsymbol{e}_n = \frac{\mathrm{d}v}{\mathrm{d}t}\boldsymbol{e}_t + \frac{v^2}{\rho}\boldsymbol{e}_n = \frac{\mathrm{d}^2 s}{\mathrm{d}t^2}\boldsymbol{e}_t + \frac{1}{\rho}\left(\frac{\mathrm{d}s}{\mathrm{d}t}\right)^2 \boldsymbol{e}_n \tag{1.4.19}$$

可见，在曲线运动中，加速度可分解为切向和法向两个分量，切向加速度的大小 $\mathrm{d}v/\mathrm{d}t$ 表示质点速率变化的快慢，而法向加速度的大小 v^2/ρ 表示质点速度方向变化的快慢.

在自然坐标系中，总加速度的大小为

$$a = \sqrt{a_t^{\,2} + a_n^{\,2}} = \sqrt{\left(\frac{\mathrm{d}v}{\mathrm{d}t}\right)^2 + \frac{v^4}{\rho^2}}$$

质点总的加速度 $\boldsymbol{a}$ 与其速度 $\boldsymbol{v}$ 的夹角可表示为(见图 1.4.5)

$$\tan\theta = \frac{a_n}{a_t}$$

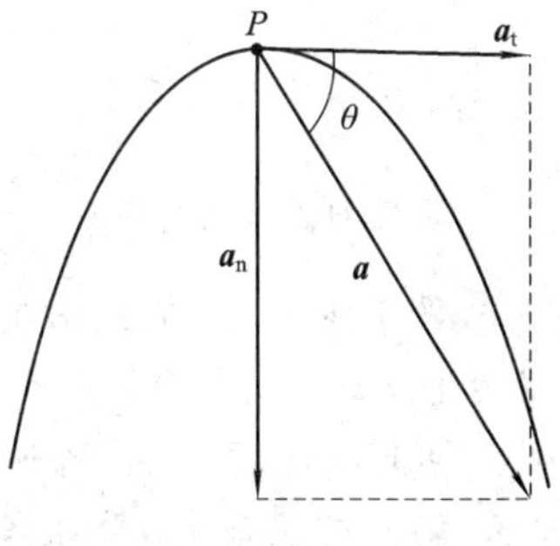

图 1.4.5　加速度与速度的夹角

应当指出，质点作曲线运动时，加速度总是指向轨迹曲线凹的一边(见图 1.4.6). 如果速率是增加的，则 $\boldsymbol{a}$ 与 $\boldsymbol{v}$ 成锐角(见图 1.4.6(a))；如果速率是减小的，则 $\boldsymbol{a}$ 与 $\boldsymbol{v}$ 成钝角(见图 1.4.6(b))；如果速率不变，则 $\boldsymbol{a}$ 与 $\boldsymbol{v}$ 成直角(见图 1.4.6(c)).

质点运动时，如果同时有法向加速度和切向加速度，那么速度的方向和大小将同时改变，这是一般曲线运动的特征. 质点运动时，如果只有切向加速度，没有法向加速度，那么速度不改变方向，只改变大小，这就是变速直线运动；如果只有法向加速度，没有切向加速度，那么速度只改变方向，不改变大小，这就是匀速率曲线运动.

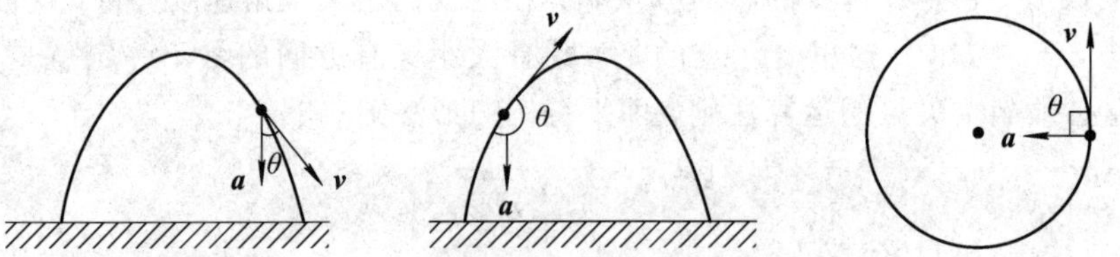

(a) $\boldsymbol{a}$与$\boldsymbol{v}$成锐角　(b) $\boldsymbol{a}$与$\boldsymbol{v}$成钝角　(c) $\boldsymbol{a}$与$\boldsymbol{v}$成直角

图 1.4.6　曲线运动中的加速度与速度的方向

例 1.4.1　已知质点的运动方程为 $\boldsymbol{r}=2t\boldsymbol{i}+(3-2t^2)\boldsymbol{j}$，求质点在任意时刻的切向加速度和法向加速度.

解　已知运动学方程为 $\boldsymbol{r}=2t\boldsymbol{i}+(3-2t^2)\boldsymbol{j}$，由速度的定义得

$$\boldsymbol{v}=\frac{\mathrm{d}\boldsymbol{r}}{\mathrm{d}t}=2\boldsymbol{i}-4t\boldsymbol{j}$$

由加速度的定义得

$$\boldsymbol{a}=\frac{\mathrm{d}\boldsymbol{v}}{\mathrm{d}t}=-4\boldsymbol{j}$$

任意时刻速度的大小为

$$v=\sqrt{4+16t^2}$$

任意时刻加速度的大小为

$$a=4$$

依据切向加速度的定义得

$$a_{\mathrm{t}}=\frac{\mathrm{d}v}{\mathrm{d}t}=\frac{8t}{\sqrt{1+4t^2}}$$

利用关系式 $a^2=a_{\mathrm{t}}^2+a_{\mathrm{n}}^2$ 得法向加速度为

$$a_{\mathrm{n}}=\sqrt{a^2-a_{\mathrm{t}}^2}=\frac{4}{\sqrt{1+4t^2}}$$

本题还可以根据 $a_{\mathrm{n}}=\dfrac{v^2}{\rho}$ 求法向加速度，读者可自行求解.

例 1.4.2　一质点沿半径为 $R=2$ m 的圆周运动，运动方程为 $\theta=t^3+2t^2$，式中 θ 以 rad 为单位，t 以 s 为单位. 求当 $t=1$ s 时，质点的角位置、角速度和角加速度以及速度的大小、切向加速度、法向加速度和总加速度.

解　按照定义，先求各个角量的一般表达式.

质点的角速度为

$$\omega=\frac{\mathrm{d}\theta}{\mathrm{d}t}=3t^2+4t$$

例 1.4.2

质点的角加速度为

$$\beta=\frac{\mathrm{d}\omega}{\mathrm{d}t}=6t+4$$

则 $t=1$ s 时，质点的角位置为

$$\theta(t=1\ \mathrm{s})=t^3+2t^2=3\ \mathrm{rad}$$

质点的角速度为

$$\omega(t=1\ \text{s})=3t^2+4t=7\ \text{rad}\cdot\text{s}^{-1}$$

质点的角加速度为

$$\beta(t=1\ \text{s})=6t+4=10\ \text{rad}\cdot\text{s}^{-2}$$

$t=1$ s时，质点的速度为

$$v(t=1\ \text{s})=R\omega=2\times7=14\ \text{m}\cdot\text{s}^{-1}$$

质点的切向加速度为

$$a_t(t=1\ \text{s})=R\beta=2\times10=20\ \text{m}\cdot\text{s}^{-2}$$

质点的法向加速度为

$$a_n(t=1\ \text{s})=R\omega^2=2\times7^2=98\ \text{m}\cdot\text{s}^{-2}$$

质点的总加速度为

$$\boldsymbol{a}=a_t\boldsymbol{e}_t+a_n\boldsymbol{e}_n=20\boldsymbol{e}_t+98\boldsymbol{e}_n\ \text{m}\cdot\text{s}^{-2}$$

例 1.4.3 一质点沿半径为 R 的圆形轨道作圆周运动，其所经路程与时间的关系为 $s=at+bt^2$，式中 a 和 b 均为常量，求该质点在任意时刻的速度、加速度、角速度、角加速度.

解 质点速度的大小为 $v=\dfrac{ds}{dt}=a+2bt$，方向为圆周的切线方向.

质点的切向加速度大小为

$$a_t=\frac{dv}{dt}=2b$$

质点的法向加速度大小为

$$a_n=\frac{v^2}{R}=\frac{(a+2bt)^2}{R}$$

质点的加速度大小为

$$a=\sqrt{a_n^2+a_t^2}=\sqrt{\left(\frac{(a+2bt)^2}{R}\right)^2+4b^2}$$

质点加速度 $\boldsymbol{a}$ 与其速度 $\boldsymbol{v}$ 之间的夹角为

$$\theta=\arctan\frac{a_n}{a_t}=\arctan\frac{(a+2bt)^2}{2bR}$$

角速度大小为

$$\omega=\frac{v}{R}=\frac{a+2bt}{R}$$

角加速度大小为

$$\beta=\frac{a_t}{R}=\frac{2b}{R}$$

例 1.4.4 质点沿半径 $R=3$ m 的圆周运动，如例 1.4.4 图所示. 已知切向加速度 $a_t=3\ \text{m}\cdot\text{s}^{-2}$，$t=0$ 时质点在 O' 点的速度 $v_0=0$，试求：

(1) $t=1$ s 时质点速度和加速度的大小；

(2) 第 2 s 内质点所通过的路程.

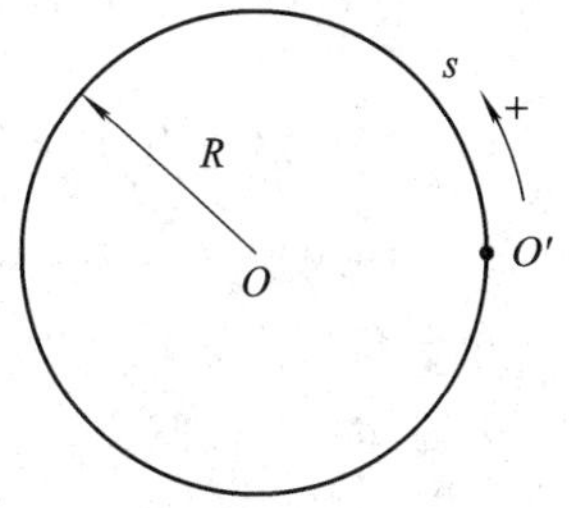

例 1.4.4 图

解 取 $t=0$ 时质点的位置 O' 为自然坐标原点，以质点运动的方向为自然坐标正向，并设任意时刻 t 质点的速度为 v，自然坐标为 s.

（1）由 $a_t = dv/dt$ 可得

$$dv = a_t\, dt$$

对上式两边积分并利用初始条件，有

$$\int_0^v dv = a_t \int_0^t dt$$

积分得质点在任意时刻 t 的速度为

$$v = a_t t$$

质点法向加速度的大小为

$$a_n = \frac{v^2}{R} = \frac{a_t^2 t^2}{R}$$

质点总加速度的大小为

$$a = \sqrt{a_n^2 + a_t^2} = \sqrt{\left(\frac{a_t^2 t^2}{R}\right)^2 + a_t^2}$$

即得 $t=1$ s 时质点速度和加速度的大小分别为

$$v = a_t t = 3\ \text{m} \cdot \text{s}^{-1}$$

$$a = \sqrt{\left(\frac{a_t^2 t^2}{R}\right)^2 + a_t^2} = 4.24\ \text{m} \cdot \text{s}^{-2}$$

（2）由 $v = ds/dt$ 可得

$$ds = v\, dt$$

对上式两边积分并利用初始条件，有

$$\int_0^s ds = a_t \int_0^t t\, dt$$

积分得

$$s = \frac{1}{2} a_t t^2$$

这就是用自然坐标法表示质点的运动学方程，代入已知数据可得第 2 秒内质点通过的路程为

$$\Delta s = \frac{1}{2} \times 3 \times (2^2 - 1^2) = 4.5\ \text{m}$$

例 1.4.5 一细杆可绕通过其一端的水平轴在铅直平面内自由转动，如例 1.4.5 图所示. 当杆与水平线夹角为 θ 时，其角加速度 $\beta = \frac{3g}{2l}\cos\theta$，$l$ 为杆长，求：

（1）杆自静止由 $\theta_0 = \frac{\pi}{6}$ 开始转至 $\theta = \frac{\pi}{3}$ 时杆的角速度；

（2）杆的端点 A 和中点 B 的线速度大小.

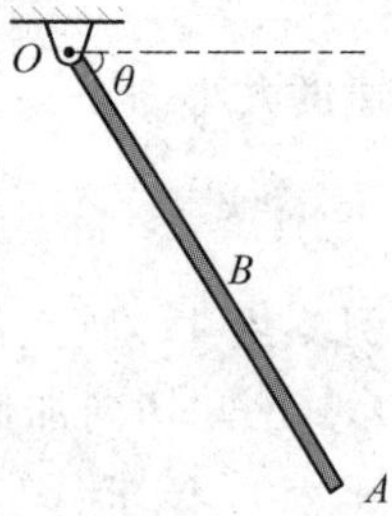

例 1.4.5 图

解 （1）由题可知角加速度不是常量，因此运动是变速转动. 由题知：

$$\beta = \frac{d\omega}{dt} = \frac{3g}{2l}\cos\theta \tag{1}$$

又因 $\omega=\mathrm{d}\theta/\mathrm{d}t$，将式(1)可改写为

$$\omega\,\mathrm{d}\omega=\frac{3g}{2l}\cos\theta\,\mathrm{d}\theta \tag{2}$$

对式(2)积分，有

$$\int_0^{\omega}\omega\,\mathrm{d}\omega=\int_{\pi/6}^{\pi/3}\frac{3g}{2l}\cos\theta\,\mathrm{d}\theta$$

$$\omega^2=\frac{3g}{l}\left(\sin\frac{\pi}{3}-\sin\frac{\pi}{6}\right)$$

$$\omega=\sqrt{\frac{3g}{2l}(\sqrt{3}-1)}$$

此为杆转至 $\theta=\pi/3$ 时的瞬时角速度.

(2) 依据线量与角量间的关系，有

$$v_A=l\omega=l\sqrt{\frac{3g}{2l}(\sqrt{3}-1)},\quad v_B=\frac{l}{2}\omega=\frac{l}{2}\sqrt{\frac{3g}{2l}(\sqrt{3}-1)}$$

1.5 相对运动

质点运动学的核心问题是质点"什么时候到达什么地方"，这是一种在时间、空间里的现象. 不过，人们研究运动时，习惯上首先注意的却是运动轨迹形状的研究，如苹果落地的轨迹是直线，行星轨迹是椭圆等. 但是，轨迹形状只反映了运动空间方面的性质，并不能反映质点运动过程的动态性质. 例如，百米赛跑所有选手跑的轨迹都是直线，但他们各自的运动情况却不同，否则，美国的刘易斯与加拿大的约翰逊就比不出高低. 因此，我们不仅应该知道轨迹而且还应知道质点经过轨迹上各点相关的时刻、速度和加速度与时间的关系等.

另一方面，我们已经知道，为了描述物体的运动，首先要选择参考系，选择什么样的参考系视处理问题的方便而定. 但有时必须在特定参考系下观察，而转到另一参考系下计算，因此，两参考系之间的参量如何转换显得尤为重要. 前面已指出，由于所选的参考系不同，在描述同一物体的运动时将给出不同的结果，这就是运动描述的相对性. 在本节中，我们主要讨论同一质点在有相对运动的两个参考系中的位移、速度和加速度之间的关系.

当研究船上物体的运动时，一方面既要知道该物体相对于岸的运动，另一方面又要知道该物体相对于船的运动. 设观察者在岸边，为此把岸(即地球)定义为静止参考系，而把船定义为运动参考系. 但是，当研究宇宙飞船的发射时，则只能把太阳作为静止参考系，而把地球作为运动参考系. 这就是说，"静止参考系""运动参考系"的称谓都是相对的. 在一般情况下，研究地面上物体的运动时，地球(或地面上的建筑)就可作为静止参考系.

我们定义了静止运动参考系后，将质点相对于静止参考系的运动称为绝对运动，把运动参考系相对于静止参考系的运动称为牵连运动，质点相对于运动参考系的运动称为相对运动.

1.5.1 相对运动中的位置关系

设两个有相对运动的参考系 S(静止)和 S'(运动)，相对运动(平动)速度为 $v_{牵连}$，如图

1.5.1 所示．固连在两个参考系上的坐标系分别为 $Oxyz$ 和 $O'x'y'z'$．设某一时刻，质点运动到 P 点，它对 S 系的位矢为 $\boldsymbol{r}$（即绝对位矢），对 S' 系的位矢为 $\boldsymbol{r}'$（即相对位矢），而 S' 系原点 O' 对 S 系原点 O 的位矢为 $\boldsymbol{R}$（即牵连位矢）．由矢量加法的三角形法则可知，三个位矢之间有如下关系：

$$\boldsymbol{r} = \boldsymbol{R} + \boldsymbol{r}' \tag{1.5.1}$$

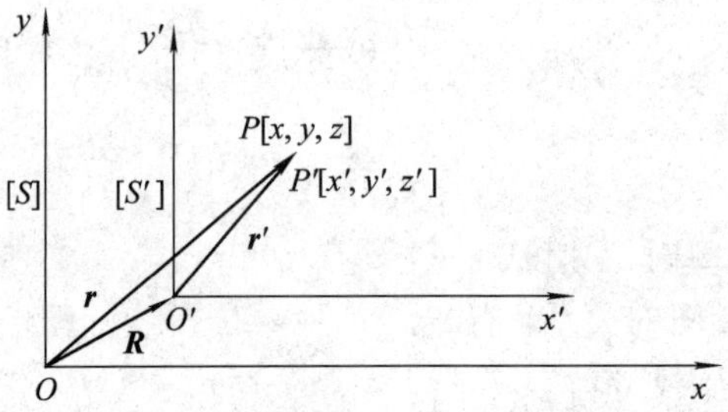

图 1.5.1　相对运动中的位置关系

式(1.5.1)的成立是有条件的．从 S 系看，$\boldsymbol{r}$ 和 $\boldsymbol{R}$ 是自己观测的值，而 $\boldsymbol{r}'$ 是 S' 系的观测值．在矢量相加时，各个矢量必须由同一坐标系来测定．只有在不同参考系中对同一空间距离的测量值是相同的前提下，式(1.5.1)才是成立的．在牛顿力学范围内，我们假设：空间两点间的距离不管从哪个参考系测量，结果都相同．这称为空间间隔的绝对性．但在狭义相对论中认为这个假设只是一个近视，即只有当两个参考系的相对运动速度远小于光速时，上述结论才成立．

关于时间，也有类似的假设，即同一运动所经历的时间，在 S 系观察为 Δt，在 S' 系观察为 $\Delta t'$，日常生活经验告诉我们，这二者是相同的，即对同一事件的时间间隔的测量与参考系的选取无关．这一假设称为时间间隔的绝对性．也就是说，在牛顿力学范围内，对空间间隔和时间的测量都是绝对的，与参考系无关．这个关于空间和时间的论断构成牛顿力学(经典力学)的绝对时空关．

20 世纪初，爱因斯坦提出了狭义相对论，相对论对时间和空间的看法，集中地包含在洛伦兹坐标变化中．从洛伦兹变换出发讨论得到的结论有：时间和空间不是彼此无关的概念，也不是存在于物质和物质运动之外的绝对的概念．尺的长度和时间间隔(即钟的快慢)都不是不变的：高速运动的尺相对于静止的尺变短，高速运动的钟相对于静止的钟变慢．同时性也不再是不变的(或绝对的)：对某一个惯性系同时发生的两个事件，对另一高速运动的惯性系就不是同时发生的．

1.5.2　相对运动中的速度关系

式(1.5.1)表示的是同一质点对于 S 和 S' 两个坐标系的位矢间的关系，也称为位置的变化．将式(1.5.1)两边对时间求导，即可得

$$\frac{\mathrm{d}\boldsymbol{r}}{\mathrm{d}t} = \frac{\mathrm{d}\boldsymbol{R}}{\mathrm{d}t} + \frac{\mathrm{d}\boldsymbol{r}'}{\mathrm{d}t}$$

$$\boldsymbol{v} = \boldsymbol{v}_0 + \boldsymbol{v}' \tag{1.5.2}$$

式中，$\boldsymbol{v}$ 为质点相对静止参考系的速度，称为绝对速度；$\boldsymbol{v}'$ 为质点相对运动参考系的速度，称为相对速度；$\boldsymbol{v}_0$ 为运动参考系相对静止参考系的速度，称为牵连速度．式(1.5.2)的物理

意义是：质点相对静止参考系的绝对速度等于质点相对运动参考系的相对速度与运动参考系相对静止参考系的牵连速度之和. 例如，在无风的下雨天，一人站在行驶的汽车中测量雨滴的速度. 取地面为静止参考系，汽车为运动参考系，雨滴为所研究的质点. 雨滴对地面的速度 $\boldsymbol{v}_{雨\to地}$ 为绝对速度，雨滴对车的速度 $\boldsymbol{v}_{雨\to车}$ 为相对速度，车对地的速度 $\boldsymbol{v}_{车\to地}$ 为牵连速度，它们之间的关系为

$$\boldsymbol{v}_{雨\to地} = \boldsymbol{v}_{雨\to车} + \boldsymbol{v}_{车\to地}$$

式(1.5.2)表明，同一质点的速度在不同的参考系中测量结果是不同的，除非 $\boldsymbol{v}_0$ 为零(即两个参考系之间没有相对运动).

1.5.3 相对运动中的加速度关系

将式(1.5.2)两边对时间再次求导，可得

$$\frac{\mathrm{d}\boldsymbol{v}}{\mathrm{d}t} = \frac{\mathrm{d}\boldsymbol{v}_0}{\mathrm{d}t} + \frac{\mathrm{d}\boldsymbol{v}'}{\mathrm{d}t}$$

$$\boldsymbol{a} = \boldsymbol{a}_0 + \boldsymbol{a}' \tag{1.5.3}$$

式中，$\boldsymbol{a}$ 为质点相对静止参考系的加速度，称为绝对加速度；$\boldsymbol{a}'$ 为质点相对运动参考系的加速度，称为相对加速度；a_0 为运动参考系相对静止参考系的加速度. 称为牵连加速度. 式(1.5.3)表明，同一质点的加速度在不同的参考系中测量结果是不同的，除非 $\boldsymbol{a}_0$ 为零(即两个参考系之间是匀速直线运动或相对静止).

需要说明的是，式(1.5.1)、式(1.5.2)、式(1.5.3)所表示的位矢、速度、加速度的合成法则，只有物体的运动速度远小于光速时才成立. 当物体的运动速度可与光速相比时，上述三式不再成立，此时遵循的是相对论时空坐标、速度、加速度的变化法则.

当讨论处于同一参考系内，质点系各质点间的相对运动时，可以利用以上结论表示质点间的相对位矢和相对速度.

设某质点系由 A、B 两质点组成. 它们对某一参考系的位矢分别为 $\boldsymbol{r}_A$ 和 $\boldsymbol{r}_B$，如图1.5.2所示. 质点系内 B 质点对 A 质点的位矢显然是由 A 引向 B 的矢量 $\boldsymbol{r}_{BA}$. 由图可知，根据矢量减法的三角形法则，则有

$$\boldsymbol{r}_{BA} = \boldsymbol{r}_B - \boldsymbol{r}_A \tag{1.5.4}$$

$\boldsymbol{r}_{BA}$ 称为 B 对 A 的相对位矢.

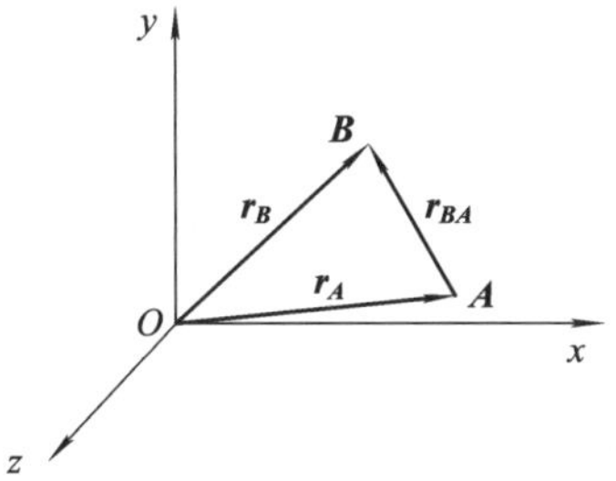

图 1.5.2 相对运动中的加速度关系

将式(1.5.4)对时间求一阶导数，可得 B 对 A 的相对速度为

$$\boldsymbol{v}_{BA} = \boldsymbol{v}_B - \boldsymbol{v}_A \tag{1.5.5}$$

例 1.5.1 当一列火车以 36 km·h^{-1}的速率水平向东行驶时，相对于地面匀速竖直下落的雨滴在列车的窗子上形成的雨迹与竖直方向成 30°角.

（1）雨滴相对于地面的水平分速有多大？相对于列车的水平分速有多大？

（2）雨滴相对于地面的速率如何？相对于列车的速率如何？

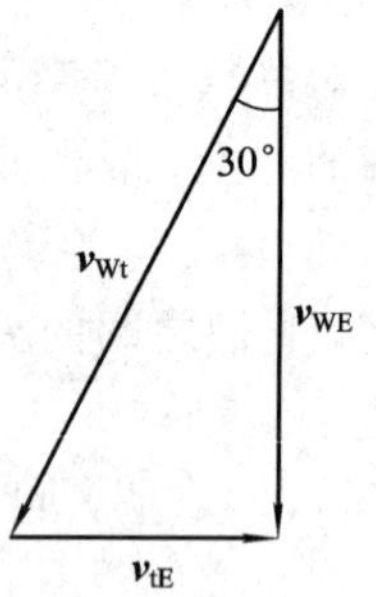

例 1.5.1 图

解 （1）因雨滴相对于地面竖直下落，故相对于地面的水平分速为零. 雨滴相对于列车的水平分速与列车速度等值反向，为 10 m·s^{-1}，正西方向.

（2）设下标 W 指雨滴，t 指列车，E 指地面，依据相对、绝对和牵连速度之间的关系，可得

$$\boldsymbol{v}_{WE} = \boldsymbol{v}_{Wt} + \boldsymbol{v}_{tE}$$

$$v_{tE} = 10 \text{ m}\cdot\text{s}^{-1}$$

$\boldsymbol{v}_{WE}$竖直向下，$\boldsymbol{v}_{Wt}$偏离竖直方向 30°，由例 1.5.1 图求得雨滴相对于地面的速率为

$$v_{WE} = v_{tE}\cot 30° = 17.3 \text{ m}\cdot\text{s}^{-1}$$

雨滴相对于列车的速率为

$$v_{Wt} = \frac{v_{tE}}{\sin 30°} = 20 \text{ m}\cdot\text{s}^{-1}$$

例 1.5.2 某人骑自行车以速率 v 向西行驶，北风以速率 v 吹来(对地面)，问骑车者遇到风速及风向如何？

解 地为静止参考系 E，人为运动参考系 M. 风为运动物体 P. 绝对速度 $v_{PE}=v$，方向向南；牵连速度 $v_{ME}=v$，方向向西. 求相对速度 v_{PM}，并确定其方向.

$$\boldsymbol{v}_{PE} = \boldsymbol{v}_{PM} + \boldsymbol{v}_{ME}$$

如例 1.5.2 图所示.

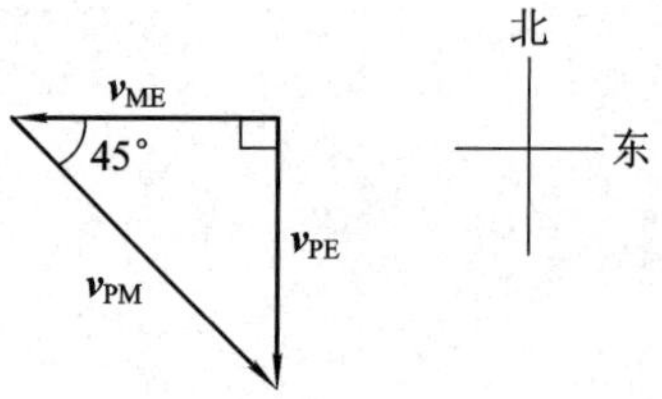

例 1.5.2 图

因为

$$|\boldsymbol{v}_{ME}| = |\boldsymbol{v}_{PE}| = v$$

所以

$$\angle\alpha = 45° \Rightarrow v_{PM} = \sqrt{v_{MP}^2 + v_{PE}^2} = \sqrt{2}v$$

$\boldsymbol{v}_{PM}$方向为来自西北或东偏南 45°.

本章小结

知识单元	基本概念、原理及定律	主要公式
描述运动的物理量	位置矢量 $\boldsymbol{r}$	直角坐标系：$\boldsymbol{r}=x\boldsymbol{i}+y\boldsymbol{j}+z\boldsymbol{k}$
	位移 $\Delta\boldsymbol{r}$	$\Delta\boldsymbol{r}=\boldsymbol{r}_2-\boldsymbol{r}_1$ 直角坐标系：$\Delta\boldsymbol{r}=\Delta x\boldsymbol{i}+\Delta y\boldsymbol{j}+\Delta z\boldsymbol{k}$
	速度 $\boldsymbol{v}$ 和速率 v	速度 $\boldsymbol{v}=\frac{\mathrm{d}\boldsymbol{r}}{\mathrm{d}t}$ 直角坐标系：$\boldsymbol{v}=v_x\boldsymbol{i}+v_y\boldsymbol{j}+v_z\boldsymbol{k}=\frac{\mathrm{d}x}{\mathrm{d}t}\boldsymbol{i}+\frac{\mathrm{d}y}{\mathrm{d}t}\boldsymbol{j}+\frac{\mathrm{d}z}{\mathrm{d}t}\boldsymbol{k}$ 自然坐标系：$\boldsymbol{v}=v\boldsymbol{e}_\mathrm{t}$ 速率 $v=\frac{\mathrm{d}S}{\mathrm{d}t}$
	加速度 $\boldsymbol{a}$	$\boldsymbol{a}=\frac{\mathrm{d}\boldsymbol{v}}{\mathrm{d}t}=\frac{\mathrm{d}^2\boldsymbol{r}}{\mathrm{d}t^2}$ 直角坐标系：$\boldsymbol{a}=a_x\boldsymbol{i}+a_y\boldsymbol{j}+a_z\boldsymbol{k}=\frac{\mathrm{d}v_x}{\mathrm{d}t}\boldsymbol{i}+\frac{\mathrm{d}v_y}{\mathrm{d}t}\boldsymbol{j}+\frac{\mathrm{d}v_z}{\mathrm{d}t}\boldsymbol{k}=\frac{\mathrm{d}^2x}{\mathrm{d}t^2}\boldsymbol{i}+\frac{\mathrm{d}^2y}{\mathrm{d}t^2}\boldsymbol{j}+\frac{\mathrm{d}^2z}{\mathrm{d}t^2}\boldsymbol{k}$ 自然坐标系：$\boldsymbol{a}=a_\mathrm{t}\boldsymbol{e}_\mathrm{t}+a_\mathrm{n}\boldsymbol{e}_\mathrm{n}=\frac{\mathrm{d}v}{\mathrm{d}t}\boldsymbol{e}_\mathrm{t}+\frac{v^2}{R}\boldsymbol{e}_\mathrm{n}$
	角速度 ω	$\omega=\frac{\mathrm{d}\theta}{\mathrm{d}t}$
	角加速度 β	$\beta=\frac{\mathrm{d}\omega}{\mathrm{d}t}=\frac{\mathrm{d}^2\theta}{\mathrm{d}t^2}$
	角量与线量的关系	$v=R\omega$ $a_\mathrm{t}=R\beta$ $a_\mathrm{n}=R\omega^2$
几种典型的运动	直线运动	$x=x(t)$　$v=\frac{\mathrm{d}x}{\mathrm{d}t}$　$a=\frac{\mathrm{d}v}{\mathrm{d}t}=\frac{\mathrm{d}^2x}{\mathrm{d}t^2}$
	抛物体运动	$\boldsymbol{a}=\boldsymbol{g}$
	一般曲线运动	$S=S(t)$　$\boldsymbol{v}=v\boldsymbol{e}_\mathrm{t}=\frac{\mathrm{d}S}{\mathrm{d}t}\boldsymbol{e}_\mathrm{t}$　$\boldsymbol{a}=\frac{\mathrm{d}v}{\mathrm{d}t}\boldsymbol{e}_\mathrm{t}+\frac{v^2}{\rho}\boldsymbol{e}_\mathrm{n}$
描述运动的各方程间的关系	运动方程、速度方程和加速度方程间的关系	速度方程 $\boldsymbol{v}=\boldsymbol{v}(t)$，$\omega=\omega(t)$ ⇄（求导／积分）加速度方程 $\boldsymbol{a}=\boldsymbol{a}(t)$，$\beta=\beta(t)$ ⇇（求导／积分）运动方程 $\boldsymbol{r}=\boldsymbol{r}(t)$，$S=S(t)$，$\theta=\theta(t)$
相对运动	伽利略坐标变换	$\begin{cases}\boldsymbol{r}=\boldsymbol{r}'+\boldsymbol{R}\\ t=t'\end{cases}$ 或 $\begin{cases}x=x'+v_0t\\ y=y'\\ z=z'\\ t=t'\end{cases}$
	速度变换	$\boldsymbol{v}=\boldsymbol{v}'+\boldsymbol{v}_0$
	加速度变换	$\boldsymbol{a}=\boldsymbol{a}'+\boldsymbol{a}_0$

习 题 一

1. 依据瞬时速度矢量 $\boldsymbol{v}$ 的定义及其用直角坐标和自然坐标的表示形式，它的大小 $|\boldsymbol{v}|$ 可表示为(　　).

(1) $\dfrac{\mathrm{d}r}{\mathrm{d}t}$；　　(2) $\left|\dfrac{\mathrm{d}\boldsymbol{r}}{\mathrm{d}t}\right|$；

(3) $\dfrac{\mathrm{d}|\boldsymbol{r}|}{\mathrm{d}t}$；　　(4) $\dfrac{\mathrm{d}s}{\mathrm{d}t}$；

(5) $\left|\dfrac{\mathrm{d}s}{\mathrm{d}t}\right|$；　　(6) $\dfrac{\mathrm{d}x}{\mathrm{d}t}+\dfrac{\mathrm{d}y}{\mathrm{d}t}+\dfrac{\mathrm{d}z}{\mathrm{d}t}$；

(7) $\left|\dfrac{\mathrm{d}x}{\mathrm{d}t}\boldsymbol{i}+\dfrac{\mathrm{d}y}{\mathrm{d}t}\boldsymbol{j}+\dfrac{\mathrm{d}z}{\mathrm{d}t}\boldsymbol{k}\right|$；　　(8) $\left(\dfrac{\mathrm{d}x}{\mathrm{d}t}\right)^2+\left(\dfrac{\mathrm{d}y}{\mathrm{d}t}\right)^2+\left(\dfrac{\mathrm{d}z}{\mathrm{d}t}\right)^2$；

(9) $\left[\left(\dfrac{\mathrm{d}x}{\mathrm{d}t}\right)^2+\left(\dfrac{\mathrm{d}y}{\mathrm{d}t}\right)^2+\left(\dfrac{\mathrm{d}z}{\mathrm{d}t}\right)^2\right]^{\frac{1}{2}}$.

2. 质点作平面曲线运动，其位矢、加速度和法向加速度的大小分别为 $\boldsymbol{r}$、a 和 a_{n}，速度为 $\boldsymbol{v}$，则下列式子中正确的有(　　).

A. $a=\dfrac{\mathrm{d}\boldsymbol{v}}{\mathrm{d}t}$　　B. $a=\dfrac{\mathrm{d}^2\boldsymbol{r}}{\mathrm{d}t^2}$　　C. $\sqrt{a^2-a_{\mathrm{n}}^2}=\left|\dfrac{\mathrm{d}|\boldsymbol{v}|}{\mathrm{d}t}\right|$　　D. $a=\dfrac{\boldsymbol{v}\cdot\boldsymbol{v}}{\boldsymbol{r}}$

3. 以下说法中正确的有(　　).

(1) 质点具有恒定的速度，但仍可能具有变化的速率；

(2) 质点具有恒定的速率，但仍可能具有变化的速度；

(3) 质点具有加速度，但其速度有可能为零；

(4) 质点的加速度大小恒定，但其速度的方向仍可能在不断变化着；

(5) 质点的加速度方向恒定，但其速度的方向仍可能在不断变化着；

(6) 质点作曲线运动时，其法向加速度一般并不为零，但也有可能在某时刻法向加速度为零.

4. 在高台上分别沿 45°仰角方向和水平方向以同样速率投出两颗小石子，忽略空气阻力，则它们落地时速度(　　).

A. 大小不同，方向不同　　B. 大小相同，方向不同

C. 大小相同，方向相同　　D. 大小不同，方向相同

5. 一质点沿半径 $R=1$ m 的圆作圆周运动，其角位置与时间的关系为 $\theta=\dfrac{1}{2}t^2+1$，则质点在 $t=1$ s 时，其速度和加速度的大小分别是(　　).

A. $1\ \mathrm{m\cdot s^{-1}}$，$1\ \mathrm{m\cdot s^{-2}}$　　B. $1\ \mathrm{m\cdot s^{-1}}$，$2\ \mathrm{m\cdot s^{-2}}$

C. $1\ \mathrm{m\cdot s^{-1}}$，$\sqrt{2}\ \mathrm{m\cdot s^{-2}}$　　D. $2\ \mathrm{m\cdot s^{-1}}$，$\sqrt{2}\ \mathrm{m\cdot s^{-2}}$

6. 质点在平面上运动，若 $\dfrac{\mathrm{d}r}{\mathrm{d}t}=0$，$\dfrac{\mathrm{d}\boldsymbol{r}}{\mathrm{d}t}\neq0$，则质点作________________；若 $\dfrac{\mathrm{d}v}{\mathrm{d}t}=0$，$\dfrac{\mathrm{d}\boldsymbol{v}}{\mathrm{d}t}\neq0$，则质点作________________；若 $\dfrac{\mathrm{d}a}{\mathrm{d}t}=0$，$\dfrac{\mathrm{d}\boldsymbol{a}}{\mathrm{d}t}=0$，则质点作________________；

若$\frac{da}{dt}=0$，$\frac{d\boldsymbol{a}}{dt}\neq0$，则质点作____________.

7. 一质点，以 π m·s^{-1}的匀速率作半径为 5 m 的圆周运动，则该质点在 5 s 内：

(1) 位移的大小是________________________;

(2) 经过的路程是________________________.

8. 一质点作直线运动，其 $v-t$ 曲线如习题 8 图所示，则 CD 段时间内的加速度为________.

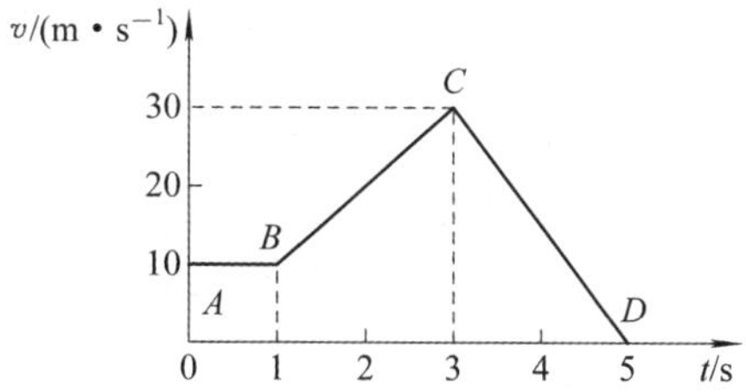

习题 8 图

9. 一质点从静止出发沿半径 $R=1$ m 的圆周运动，其角加速度随时间 t 的变化规律是 $\beta = 12t^2-6t$(SI). 则质点的角速度 $\omega=$________；切向加速度 $a_t=$________.

10. 一质点沿半径为 R 的圆周运动，其路程 S 随时间 t 变化的规律为 $S = bt-\frac{1}{2}ct^2$(SI)，式中 b、c 为大于零的常数，且 $b^2>Rc$.

(1) 质点运动的切向加速度 $a_t=$______，法向加速度 $a_n=$______;

(2) 质点运动经过 $t=$ ______时，$a_t=a_n$.

11. 一辆汽车沿着笔直的公路行驶，速度和时间的关系如习题 11 图中折线 $OABCDEF$ 所示.

(1) 试说明图中 OA、AB、BC、CD、DE、EF 等线段各表示什么运动；

(2) 依据图中的曲线与数据，求汽车在整个行驶过程中所走过的路程、位移和平均速度.

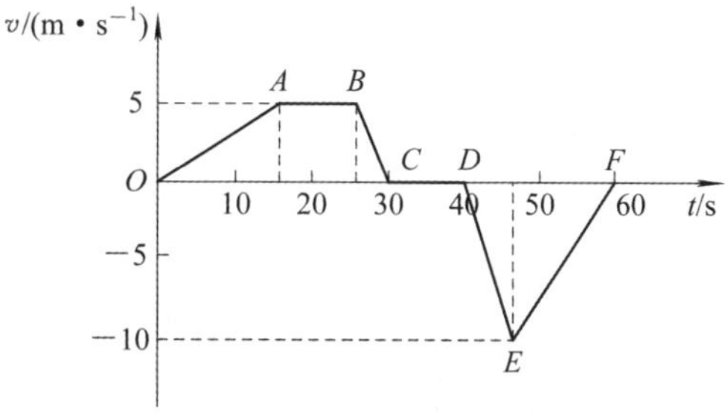

习题 11 图

12. 一质点作斜抛运动，用 t_1 代表落地时刻，说明下面三个积分的意义：$\int_0^{t_1} v_x dt$，$\int_0^{t_1} v_y dt$，$\int_0^{t_1} v dt$.

13. (1) 对于在 xy 平面内，以原点 O 为圆心作匀速圆周运动的质点，试用半径 r，角速度 ω 和单位矢量 $\boldsymbol{i}$、$\boldsymbol{j}$ 表示其 t 时刻的位置矢量. 已知在 $t=0$ 时，$y=0$，$x=r$，角速度 ω 如习题 13 图所示.

(2) 由(1)导出速度 $\boldsymbol{v}$ 与加速度 $\boldsymbol{a}$ 的矢量表示式.

(3) 试证加速度指向圆心.

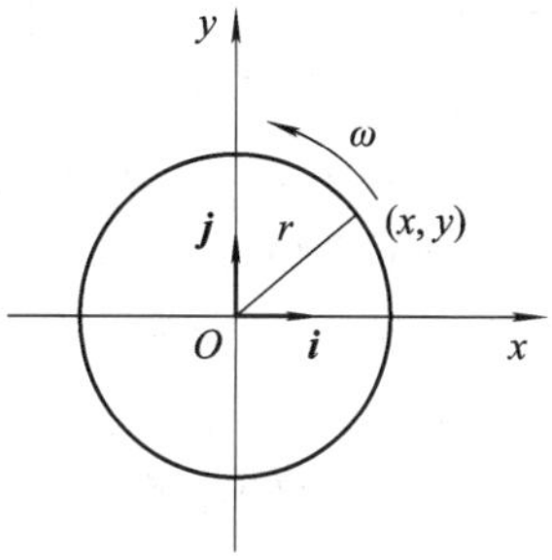

习题 13 图

14. 已知质点的运动学方程为 $\boldsymbol{r}=2t\boldsymbol{i}+(19+2t^2)\boldsymbol{j}$，式中 $\boldsymbol{r}$ 的单位为 m，t 的单位为 s. 求：

(1) 从 $t=0$ 到 $t=1$ s 的位移；

(2) 从 $t=0$ 到 $t=1$ s 的平均速度；

(3) $t=0$ 和 $t=1$ s 两时刻的速度和加速度；

(4) 质点的轨迹方程.

15. 如习题 15 图所示，一质量为 m 的小球在高度 h 处以初速度 v_0 水平抛出，求：

(1) 小球的运动方程；

(2) 小球在落地之前的轨迹方程；

(3) 落地前瞬时小球的 $\frac{\mathrm{d}\boldsymbol{r}}{\mathrm{d}t}$，$\frac{\mathrm{d}\boldsymbol{v}}{\mathrm{d}t}$，$\frac{\mathrm{d}v}{\mathrm{d}t}$。

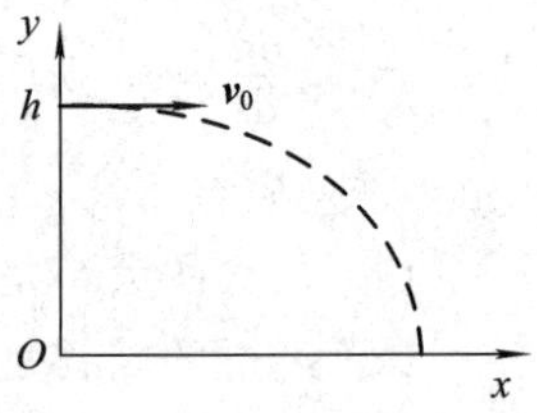

习题 15 图

16. 抛射体运动，抛射角为 θ，初速度为 $\boldsymbol{v}_0$，不计空气阻力.

(1) 运动中 $\boldsymbol{a}$ 变化否？a_t、a_n变化否？

(2) 任意位置$|\boldsymbol{a}_t|$、a_n为多少？

(3) 抛出点、最高点、落地点的$|\boldsymbol{a}_t|$、a_n各为多少？曲率半径为多少？

17. 路灯距地面的高度为 h_1，一身高为 h_2的人在路灯下以匀速率 v_1沿直线行走，如习题 17 图所示，求：

(1) 人影中头顶的移动速度；

(2) 影子长度增长的速率.

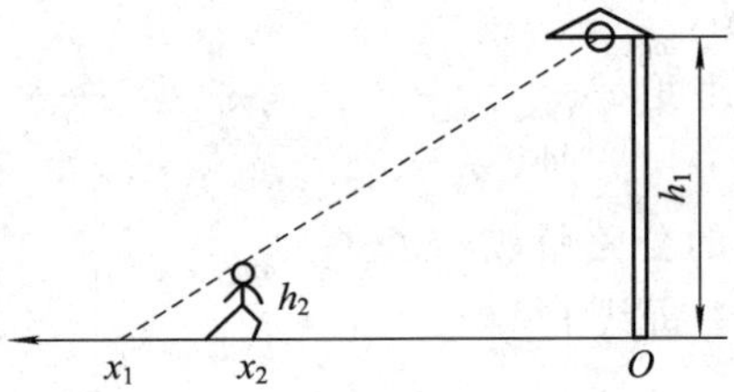

习题 17 图

18. 一质点沿直线运动，其运动方程为 $x=2+4t-2t^2$ m，在 t 从 0～3 s 的时间间隔内，求：

(1) 质点走过的路程；

(2) 质点的位移.

19. 一质点从静止($t=0$)出发，沿半径为 $R=3$ m 的圆周运动，切向加速度大小不变，为 $a_t=3\ \mathrm{m\cdot s^{-2}}$，在 t 时刻，其总加速度 $\boldsymbol{a}$ 恰与半径成 45°角，求 t.

20. 飞机以 $100\ \mathrm{m\cdot s^{-1}}$的速度沿水平直线飞行，在离地面高为 100 m 时，驾驶员要把物品空投到前方某一地面目标处，问：

(1) 此时目标在飞机下方前多远？

(2) 投放物品时，驾驶员看目标的视线和水平线成何角度？

(3) 物品投出 2 s 后，它的法向加速度和切向加速度各为多少？

21. 一半径为 0.50 m 的飞轮在启动时的短时间内，其角速度与时间的平方成正比. 在 $t=2$ s 时测得轮缘一点的速度值为 $4\ \mathrm{m\cdot s^{-1}}$，求：

(1) 该轮在 $t'=0.5$ s 的角速度，轮缘一点的切向加速度和总加速度；

(2) 该点在 2 s 内所转过的角度.

22. 在一个转动的齿轮上，一个齿尖 P 沿半径为 R 的圆周运动，其路程 S 随时间的变化规律为 $S=v_0t+\frac{1}{2}bt^2$，其中 v_0、b 都是正的常数，则 t 时刻齿尖 P 的速度和加速度大小为多少？

23. 一质点在 x 轴上作加速运动，开始时 $x=x_0$，$v=v_0$. 求：

(1) $a=kt+c$，任意时刻的速度和位置，其中 k、c 为常量；

(2) $a=-kv$，任意时刻的速度和位置；

(3) $a=kx$，任意位置的速度.

24. 一质点具有恒定加速度 $\boldsymbol{a}=(6\ \mathrm{m\cdot s^{-2}})\boldsymbol{i}+(4\ \mathrm{m\cdot s^{-2}})\boldsymbol{j}$，在 $t=0$ 时，其速度为零，位置矢量 $\boldsymbol{r}_0=10\ \mathrm{m}\boldsymbol{i}$. 求：

(1) 在任意时刻的速度和位置矢量；

(2) 质点在 Oxy 平面上的轨迹方程，并画出轨迹的示意图.

25. 一飞行火箭的运动学方程为 $x=ut+u\left(\dfrac{1}{b}-t\right)\ln(1-bt)$，其中 b 是与燃料燃烧速率有关的量，u 为燃气相对火箭的喷射速度. 求：

(1) 火箭飞行速度与时间的关系；

(2) 火箭的加速度.

26. 跳水运动员自 10 m 跳台自由下落，入水后因受水的阻碍而减速，设加速度 $a=-kv^2$，$k=0.4\ \mathrm{m^{-1}}$. 求运动员速度减为入水速度的 10%时的入水深度.

27. 一无风的下雨天，一列火车以 $v_1=20\ \mathrm{m\cdot s^{-1}}$ 的速度匀速前进，在车内的旅客看见玻璃窗外的雨滴和垂线成 75°角下降. 求雨滴下落的速度 v_2.（设下降的雨滴作匀速运动）

28. 甲乙两船同时航行，甲以 10 $\mathrm{km\cdot h^{-1}}$ 的速度向东，乙以 5 $\mathrm{km\cdot h^{-1}}$ 的速度向南. 问从乙船的人看来，甲的速度是多大？方向如何？反之，从甲船的人看来，乙船的速度又是多大？方向如何？

阅读材料之物理原理

原子核光学钟

现今最精确的钟，以原子在光学波段的超窄电子跃迁所确定的频率为标准。光学原子钟的精度为 10^{18} 分之一，也就是说，这些钟在宇宙年龄那么长的时间内只会差 1 秒。原则上，更精确的钟可以使用核跃迁代替电子跃迁。由于原子核比原子的电子壳小得多，这样的“核光学钟”预计对外界的扰动更不敏感。

多年以前，研究人员在钍的同位素 ^{229}Th 中发现了适用于核光学钟的核跃迁。但直到最近，该跃迁频率确定的还不够精确，不能用窄带激光直接激发，不满足光学钟运行的先决条件。德国海德堡大学的 Tomas Sikorsky 及其同事报道了 ^{229}Th 跃迁的高精度测量，显著缩短了跃迁谱的范围。这一结果为基于激光谱学更精确的测量铺平了道路。对于精确跃迁频率的测定将使核光学钟成为可能。

自从 1960 年发明激光以来，原子电子壳层的激光谱学已发展为成熟的技术，并用于包括光学原子钟在内的许多方面。相反，核跃迁的激光谱学却很不成熟。原因很简单：通常核激发态的跃迁需要 keV 到 MeV 范围的能量，这是当今激光技术无法达到的。^{229}Th 的跃迁是仅知的例外，其基态与第一个亚稳激发态^{229m}Th 之间的能量差非常小，以前报道的值在 3.5～8.3 eV 之间。与这些能量相对应波长的激光原则上是可用的。但是，由于对跃迁频率知道的不够精确，不清楚哪种激光技术最合适。用窄带激光找到精确的跃迁频率将需要极长时间的扫描和使用多种激光器。

几十年来，^{229m}Th 能量的精确测定一直是十分困难的课题。由于高精度激光谱学不适用，只能依靠与跃迁频率间接相关的观察量。基于对^{229m}Th 核衰变中发射的 γ 射线测量的研究，初步估计跃迁能为 3.5 eV。从 γ 辐射导出的更精确的值，使得测量到的跃迁能改变为 7.6 eV 和 7.8 eV 左右。2019 年使用不同技术得到另外 3 个值，都趋向略高的跃迁能量。

Sikorsky 及其同事通过略微不同的步骤导出了 4 个新的跃迁能量值，与 2009 年 B. R. Beck 等、2019 年 B. Seiferle 等及 2019 年 A. Yamaguchi 等发表的 4 组值彼此符合的相当好。用不确定度加权的平均值为 8.12 ± 0.11 eV。为获得^{229m}Th，Sikorsky 等采用基于 233U 的 α 衰变技术。这种衰变生成包括^{229m}Th 在内的^{229}Th 不同态，伴随有多条 γ 射线谱线。每一条 γ 谱线对应于特定的^{229}Th 核能级之间的跃迁。通过扣除所测到的适当 γ 谱线可以推断出^{229m}Th 的能量。这种方法与早期的一些工作相同，但是由于 γ 射线探测的分辨率更高，新的测量精度有很大改进。Sikorsky 基于磁微量热器开发了一种 γ 谱仪。在这种高灵敏探测器中，因吸收 γ 光子引起的温度升高转换成磁化的降低。这种探测器在 γ 射线能量为 30 keV 处的分辨小于 10 eV，比以前所用探测器的分辨高 3 倍。重要的是，通过仔细测量每一条 γ 谱线的形状，确定谱线中心的精度可以比谱线半峰全宽的分辨率更高。计入谱的分辨和所有可能的误差来源，Sikorsky 导出 4 个最精确值的平均值为 8.10 eV，不确定度为 0.17 eV，此结果与之前的最好值，8.12 ± 0.17 eV 一致。

新的结果有重要的优点，Sikorsky 等的分析表明结果的精度因统计所限，而非为系统误差所限。因此，对于进行长期实验，该方法具有进一步降低不确定度的可能。新的结果提供了通过激光谱学直接研究^{229m}Th 的重要线索。跃迁的窄光谱范围将使所需的激光扫描时间减少，而且确定了哪种激光技术最适于精确谱学。由于没有 8.1 eV 能量的连续波激光，目前唯一的可能是用频率梳——具有等距离谱线光谱的激光源，进行极精确的谱学测量。这种实验目前正在进行。

一旦能够直接用激光激发核跃迁，核光学钟便可以实现。这种 2003 年首次提出的钟，比目前运行最好的原子钟精度高 10 倍。一项重要的应用是检测精细结构常数 α 可能随时间的变化。最近的研究表明，钍光学钟的频率是这种变化的超灵敏探针，可以将现有的结果改进约 6 个数量级。

节选自《物理》2020 年第 49 卷第 12 期，原子核光学钟，作者：周书华.

第2章　牛顿运动定律

第一章介绍了质点运动学的内容，运动学的任务主要是研究如何描述质点运动情况，并利用描述质点运动的力学量之间的关系由一些力学量推算出另一些力学量. 物体的运动千差万别，究竟是什么因素决定物体作这样或那样的运动？这些因素又如何决定表征物体运动特征的运动学量(例如加速度)？这些问题运动学本身不能回答，回答这些问题是动力学的任务. 无论是质点的运动学问题，还是动力学问题，都要选定参考系. 参考系有惯性系和非惯性系之分，在运动学中，质点在两类参考系中的运动学规律是相同的，参考系的选择视具体问题的研究方便而定；而在动力学中，质点在两类不同参考系下所遵从的动力学方程是有差别的. 本章将介绍有关惯性系和非惯性系下质点的基本动力学方程问题.

在亚里士多德的《物理学》中有一条原理："凡运动着的事物必然都有推动者在推动着它运动. "这个论断在几乎两千年的时间里被认为是无可怀疑的经典. 伽利略通过一系列小球沿斜面下滑的实验证明了亚里士多德的错误，他的正确结论后来由牛顿提出. 亚里士多德体系被推翻的同时，也给我们留下了值得思考的问题，我们不禁要发问，牛顿力学是否无条件的正确呢？在19世纪以前，人们能够观察的物体运动只涉及速率范围很小的一部分，牛顿力学正是通过对这些运动速率较小物体的大量观察而总结出来的，因此物体的低速运动是牛顿力学的实验基础和前提条件. 19世纪之后，人们已能够对高速运动的物体、微小粒子等进行观察了，此时牛顿定律不再适用了，于是出现了相对论与量子力学，从而奠定了近代物理学基础. 近代物理的出现并不意味着经典物理失去了存在价值，经典物理在哪些范围内成立，哪些范围内不成立就要分辨清楚.

通过本章内容的学习，深刻领会牛顿运动三定律的含义，学会运用牛顿定律研究各种具体的力学问题的方法. 要达到这个要求，必须付出艰苦的劳动，绝不能因为中学里学过牛顿运动定律而有任何的松懈，对本章内容的掌握也是学好整个力学内容的基础.

本章将先介绍牛顿运动定律的基本内容，随后介绍力学中常见的几种力，在此基础上举例说明应用牛顿运动定律解题的方法，然后讨论惯性系与非惯性系.

2.1 牛顿定律

西方有一句谚语："对运动的无知，也就是对大自然的无知. "运动是万物的根本特性，围绕这个问题，自古以来形成了形形色色的自然观. 16世纪以前，古希腊哲学家亚里士多德关于运动的观点一直居统治地位. 他认为物体都有为返回其自然位置而运动的性质，并把运动分成"天然运动"和"悖逆运动". 认为前者是物体固有的功能造成的，后者则是外力推动的结果. 他认为一切天上的物体均由“以太”组成，它们的运动都属于天然运动. 日、月、星辰的天然运动就是绕地球作圆周运动. 地上物体的运动既有天然运动，也有悖逆运动. 亚里士多德认为地上万物皆由土、水、气、火四种元素组成，每种元素各有其自己的归属位置：土在地下，水在地面(土之上)，气在地面以上，火在最高处(气之上). 物体下落或上升的快慢就取决于其所含元素的成分. 以土、水为主要成分的物体就要下落，越重的物体含土越多，因而下落得越快；以气、火为主要成分的物体则上升. 凡是违反自然趋势的运动(例如石块的上抛，物体沿水平方向的运动)都是悖逆运动；悖逆运动只有在外力推动下才能发生，一旦外力消失，运动遂即停止. 显然，亚里士多德的观点是：“力是维持物体运动的原因.”这种观点来源于直接的经验，是一种直觉和臆想. 人们凭生活经验认为，要改变一个静止物体的位置就必须去推动它，而要使物体运动得快，就必须加大推动力；一旦撤去推力，物体就静止下来了. 直到 17 世纪，近代科学的先驱伽利略通过一个简单的斜面实验推翻了亚里士多德的观点.

如图 2.1.1(a)所示，伽利略让一个小球沿斜面滚下. 小球离开斜面以后，在水平面上会越滚越慢，最后停下来. 如果把水平面制作得较光滑，则小球会滚得更远. 伽利略认为，小球会逐渐停下来，是由于摩擦阻力在起作用，如果没有任何阻力，小球将一直保持运动而不会停止.

伽利略又做了一个实验. 在如图 2.1.1(b)所示的一个对接光滑斜面上. 小球沿斜面滚下，然后，沿另一侧的斜面向上滚动，最后几乎可以达到原来的高度. 改变另一侧斜面的倾斜度，小球同样能达到原来的高度. 于是可以设想，如果斜面的倾角无限小(平面)，那么小球将沿平面一直滚动下去.

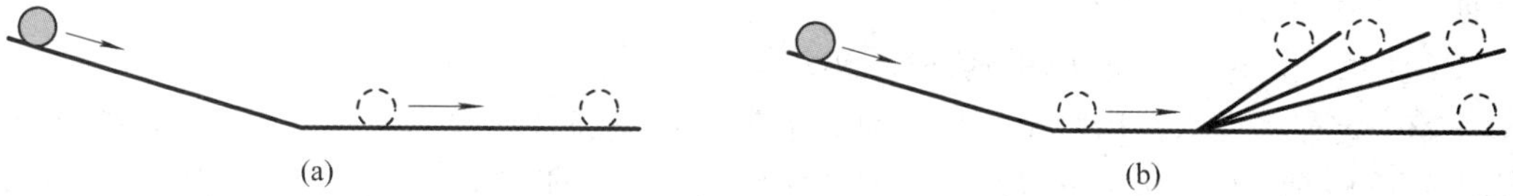

图 2.1.1　伽利略的斜面实验

(a) 小球沿斜面滚下，当水平面制作得非常光滑时，小球将滚动得很远

(b) 在较光滑的斜面上，小球几乎可以达到与初始位置同样的高度；如果斜面的倾角趋于零(平面)，则小球将沿平面一直滚动下去

伽利略通过斜面实验否定了亚里士多德的观点，认为“力并不是维持运动的原因”. 之后牛顿把伽利略的实验结论归结为“惯性定律”.

伽利略对力学的贡献在于他把有目的的实验和逻辑推理和谐地结合在一起，构成了一套完整的科学研究方法，而并非仅仅凭借观察进行猜测和臆想. 爱因斯坦对伽利略有很高的评价，他说：“伽利略的发现以及他所应用的科学的推理方法，是人类思想史上最伟大的成就之一，而且标志着物理学的真正开端.”

1642 年伽利略逝世. 同年，又一位伟人诞生了，这就是人们熟知的牛顿. 牛顿集前人有关力学研究之大成，特别是吸取了伽利略的研究成果，在 1687 年发表了他的名著《自然哲学的数学原理》. 这本书的出版标志着经典力学体系的确立. 牛顿在书中概括的基本定律有三条，就是通常所说的牛顿三定律.

牛顿运动定律是经典力学的基础. 虽然牛顿运动定律一般是对质点而言的，但这并不限制定律的广泛适用性，因为复杂的物体在原则上可看作是质点的组合. 从牛顿运动定律出发可以导出刚体、流体、弹性体等的运动规律，从而建立起整个经典力学的体系.

2.1.1 牛顿第一定律

牛顿第一定律：任何物体都保持静止或匀速直线运动的状态，直到作用在它上面的力迫使它改变这种状态为止，其数学表达式为

$$\boldsymbol{v} = \text{常矢量}(\boldsymbol{F} = 0\ \text{时}) \tag{2.1.1}$$

关于第一定律，有下列几点需要说明：

(1) 第一定律提出了**力和惯性**这两个重要概念.

人们对力的认识最初是与举、拉、推等动作中的肌肉紧张相联系的. 古代对力的认识主要是通过平衡，即从静力学角度发展起来的. 从动力学角度来认识力，把力与物体运动状态正确地联系起来，主要是伽利略和牛顿的功绩. 伽利略通过对斜面上物体运动的研究，得出了不受加速或减速因素作用的物体将作匀速直线运动的结论. 牛顿则将这种加速(或减速)因素明确地称为力，从而确立了力不是维持物体运动的原因，而是物体运动状态发生变化的原因的观点. 第一定律阐明了这一思想，提出**力**是迫使物体改变静止或匀速直线运动状态的一种作用，这样就给出了力的定性定义. 力的这一定义大大拓宽了力的范围，使力的范畴从原来仅限于弹性力、肌肉力、压力开拓到包括引力、磁力等.

第一定律指出，每个物体在不受外力或合力为零时都有“保持其静止或沿一直线作等速运动的状态”的属性，这就是**惯性**. 因而第一定律常称为惯性定律.

物体不仅在不受力时表现出惯性，在受力时也表现出惯性，这也许是牛顿称其为“抵抗能力”的含义所在.

(2) 第一定律是大量观察与实验事实的抽象与概括.

第一定律不能直接用实验证明，因为世界上没有完全不受其他物体作用的“孤立”物体. 光滑水平面上的物体作匀速直线运动的事实并没有证明第一定律，因为物体并非不受力，而物体所受合力为零的这一点本身并不是自明的. 但值得庆幸的是，迄今为止力的定律表明物体间的作用力都随物体间距离的增加而迅速递减，因而远离其他所有物体的物体可近似看成孤立物体. 而远离其他所有物体的物体的运动状态的确十分接近于匀速直线运动状态(如远离星体的彗星的运动)，这一事实使我们相信第一定律是正确的，是客观事实的合理概况. 但由此也可以看到，第一定律必须与力的定律联系起来才有确定的意义.

(3) 第一定律定义了惯性系.

第一定律中所谓不受力作用的物体保持静止或作匀速直线运动，是相对什么参考系而言的？也就是说，第一定律在什么参考系中成立？显然，第一定律不可能在任何参考系中都成立，因为若一物体相对某参考系 S 作匀速直线运动，它相对于另一个相对 S 作加速运动的参考系 S' 就不可能作匀速直线运动. 参考系必须与具体的物体群相联系. 根据第一定律，我们总可以找到一种特殊的参考系，在这种参考系中，不受任何作用的物体(质点)保持静止或作匀速直线运动. 通常把这样的参考系称为惯性系. 从这个意义上说，第一定律定义了惯性系.

综上所述，第一定律具有丰富的内容，它既提出了力和惯性的概念，又定义了惯性系；而且，它的成立并不依赖于力和惯性的定量量度.

尽管第一定律给出了惯性系的定义，但实际的惯性系究竟在哪里？这一问题只能通过实验来解决．如果能判定一个物体不受其他物体的作用（例如，一个远离其他物体的星体），那么，该物体便是一个惯性系．

地球是最常用的惯性系．伽利略就是在地球上发现惯性定律的．但精确观察表明，地球不是严格的惯性系．离地球最近的恒星是太阳，两者相距约 1.5×10^{8} km．由于太阳的存在，使地球中心相对太阳有 $5.9\times10^{-3}\ \mathrm{m\cdot s^{-2}}$ 的加速度，这就是公转加速度．至于地球的自转所造成的加速度则更大，达 $3.4\times10^{-2}\ \mathrm{m\cdot s^{-2}}$．但对大多数精度要求不很高的实验，这一自转的加速效应仍可以忽略．

日心系通常是指以太阳中心为原点，以太阳与邻近恒星的连线为坐标轴的参考系．这是更好的惯性系．但精确观察表明，由于太阳受银河系整个分布质量的作用，它与整个银河系的其他星体一起绕其中心（称为银心）旋转，使它相对银心仍有约 $10^{-10}\ \mathrm{m\cdot s^{-2}}$ 的加速度．它与惯性系的偏离在观察恒星运动时仍会显示出来．

2.1.2　牛顿第二定律

牛顿第一定律只定性地指出了力和运动的关系．牛顿第二定律进一步给出了力和运动的定量关系．牛顿对他的叙述中的“运动”一词，定义为物体的质量与其速度的乘积，现在把这一乘积定义为物体的动量．用公式表示为

$$\boldsymbol{p}=m\boldsymbol{v} \tag{2.1.2}$$

动量 $\boldsymbol{p}$ 为一矢量，其方向与速度 $\boldsymbol{v}$ 的方向相同．与速度可表示物体运动状态一样，动量也是表示物体运动状态的量，但动量这个概念比速度其涵义更为广泛，意义更为重要．

牛顿第二定律表明，动量为 $\boldsymbol{p}$ 的物体，在合外力 $\boldsymbol{F}\left(=\sum\boldsymbol{F}_i\right)$ 的作用下，其动量随时间的变化率应当等于作用于物体的合外力，即

$$\boldsymbol{F}=\frac{\mathrm{d}\boldsymbol{p}}{\mathrm{d}t}=\frac{\mathrm{d}(m\boldsymbol{v})}{\mathrm{d}t} \tag{2.1.3}$$

当物体在低速情况下运动时，即物体的运动速度 v 远小于光速 c（$v\ll c$）时，物体的质量可以视为不依赖于速度的常量，则式(2.1.3)可写成

$$\boldsymbol{F}=m\frac{\mathrm{d}\boldsymbol{v}}{\mathrm{d}t}=m\boldsymbol{a} \tag{2.1.4}$$

即物体所受的合外力等于它的质量和加速度的乘积．这一公式是大家早已熟知的牛顿第二定律的公式，在牛顿力学中，它和式(2.1.3)完全等效．但需指出，式(2.1.3)是牛顿第二定律最普遍的形式．当物体的速度与光速可比拟时，其质量就和速度有关，式(2.1.4)不再适用，但是式(2.1.3)仍然是成立的．

根据式(2.1.4)可以比较物体的质量．用同样的外力作用在两个质量分别为 m_1 和 m_2 的物体上，以 a_1 和 a_2 分别表示它们由此产生的加速度的数值，则由式(2.1.4)可得

$$\frac{m_1}{m_2}=\frac{a_2}{a_1}$$

即在相同外力的作用下，物体的质量和加速度成反比，质量大的物体产生的加速度小．这意味着质量大的物体抵抗运动变化的性质强，即它的惯性大．因此可以说质量是物体惯性大小的量度．因此，我们把出现在牛顿第二定律中的质量称为惯性质量．

式(2.1.3)和式(2.1.4)都是矢量式，实际应用中常用它们的分量式.

牛顿第二定律在直角坐标系 $Oxyz$ 中的分量式表示为

$$F_x = ma_x = m\frac{\mathrm{d}v_x}{\mathrm{d}t} = m\frac{\mathrm{d}^2 x}{\mathrm{d}t^2}$$

$$F_y = ma_y = m\frac{\mathrm{d}v_y}{\mathrm{d}t} = m\frac{\mathrm{d}^2 y}{\mathrm{d}t^2}$$

$$F_z = ma_z = m\frac{\mathrm{d}v_z}{\mathrm{d}t} = m\frac{\mathrm{d}^2 z}{\mathrm{d}t^2}$$

质点在平面上作曲线运动时，在自然坐标系中牛顿第二定律可写成

$$\boldsymbol{F} = m\boldsymbol{a} = m(\boldsymbol{a}_\mathrm{t} + \boldsymbol{a}_\mathrm{n}) = m\frac{\mathrm{d}v}{\mathrm{d}t}\boldsymbol{e}_\mathrm{t} + m\frac{v^2}{\rho}\boldsymbol{e}_\mathrm{n} \tag{2.1.5}$$

其分量式为

$$\boldsymbol{F}_\mathrm{t} = m\boldsymbol{a}_\mathrm{t} = m\frac{\mathrm{d}v}{\mathrm{d}t}\boldsymbol{e}_\mathrm{t}$$

$$\boldsymbol{F}_\mathrm{n} = m\boldsymbol{a}_\mathrm{n} = m\frac{v^2}{\rho}\boldsymbol{e}_\mathrm{n}$$

式中，$\boldsymbol{F}_\mathrm{t}$称为切向分力；$\boldsymbol{F}_\mathrm{n}$称为法向力(或向心力).

这两组分量式不仅表现了牛顿运动定律的矢量意义，而且在分析求解具体问题时很有用处.

关于第二定律的几点说明：

(1) 牛顿第二定律只适用于质点的运动. 物体作平动时，物体上各质点的运动情况完全相同，所以物体的运动可看作是质点的运动，此时这个质点的质量就是整个物体的质量. 以后如不特别指明，在论及物体的平动时，都是把物体当作质点来处理的.

(2) 牛顿第二定律是一个瞬时关系，$\boldsymbol{F}$ 是某时刻所受的瞬时外力，$\boldsymbol{a}$ 就是该时刻的瞬时加速度. 物体一旦受到外力作用，立即产生相应的加速度；改变外力，加速度相应变化；一旦撤去外力，加速度也立即消失.

(3) 如果几个力同时作用在一个物体上，则物体产生的加速度等于每个力单独作用时产生的加速度的叠加，也等于这几个力的合力所产生的加速度，这一结论称为力的独立性原理或力的叠加原理.

2.1.3 牛顿第三定律

牛顿第一定律指出物体只有在外力作用下才改变其运动状态，牛顿第二定律给出物体的加速度与作用于物体的力和物体质量之间的数量关系，牛顿第三定律则说明力具有物体间相互作用的性质.

牛顿第三定律：两个物体之间的作用力 $\boldsymbol{F}$ 和反作用力 $\boldsymbol{F}'$，大小相等，方向相反，作用在同一条直线上，分别作用在两个物体上，其数学表达式为

$$\boldsymbol{F} = -\boldsymbol{F}' \tag{2.1.6}$$

关于第三定律的几点说明：

(1) 虽然作用力和反作用力大小相等、方向相反，并作用在同一条直线上，但是由于它们分别作用在两个不同的物体上，因此不可能平衡.

(2) 作用力和反作用力总是成对出现，它们总是同时产生，同时消失.

(3) 作用力和反作用力属于同一种性质的力. 如果作用力是弹性力，那么反作用力也一定是弹性力；如果作用力是引力，那么反作用力也一定是引力。

2.2　力学中常见的几种力

动力学的任务是研究物体在周围其他物体作用下的运动. 将周围物体的作用简化为力，是牛顿等人的一大功绩. 当作用于物体的力已知，物体的运动即可由牛顿定律求出. 但周围物体如何对考察物体施力，则是由力的定律来确定的. 只有在解决了这个问题以后，运动定律才能成为解决实际力学问题的有力工具.

2.2.1　力的基本类型

就现在所知，自然界物体之间的相互作用，即力，有多种表示形式，目前可以将自然界中存在的力大致归结为四种基本相互作用.

1. 引力相互作用

引力相互作用是存在于任何有质量的物体之间的相互吸引力，相比其他相互作用，引力相互作用是很微弱的，但它是长程力，在宇宙的形成和天体的系统中起着决定性的作用，如太阳系、银河系的形成是万有引力作用的结果. 这种相互作用的表现就是万有引力. 重力是最常见的一种万有引力.

2. 电磁相互作用

电磁相互作用是带电荷粒子或具有磁矩粒子之间的相互作用，两个带电粒子之间的作用力满足库仑定律. 电磁相互作用是长程的，它在原子系统中起主导作用，电磁相互作用使原子、分子聚集成实物. 电磁力比引力强得多，例如电子和质子间的静电力比引力大 10^{39} 倍. 但它们都满足平方反比律. 中性分子间的作用力(称为范德瓦尔斯力)就其性质而言也属于电磁相互作用，但它的特性必须用量子力学才能解释.

3. 强相互作用

原子核由带正电的质子和中子组成，为什么质子正电荷之间的库仑排斥力没有使核子飞散开来呢？那是因为核子之间存在强相互作用——强力，在原子核的尺度内强力比库仑力大得多，但强力是短程力，核子间的距离太大时，强力很快下降消失.

4. 弱相互作用

在基本粒子之间还存在另一种短程相互作用——弱相互作用，也称弱力. 弱力的作用距离比强力更短，作用力的强度也比强力小得多，弱力仅在粒子间的某些反应(如 β 衰变)中起重要作用.

力学中所接触的力只涉及上述四种作用力中的两种，即万有引力(重力)和电磁力(弹性力和摩擦力)，其特性和规律分述如下.

2.2.2　万有引力　重力

据传说，苹果落地引起了牛顿的注意，他进而思索，为什么月亮不会掉下来呢，从而导致了万有引力的发现．不管这个故事的真实性如何，牛顿确实把地面附近物体的下落与月亮的运动认真地作过一番比较．当我们站在地面上，沿水平方向抛射出一个物体时，物体的轨道将是一条抛物线，物体的落地点与抛射地点的距离与物体的初速度成正比．可以设想，由于地球表面是弯曲的，当物体的抛射速度大到一定的量值时，物体将围绕地球运动而永远不会落地，如图 2.2.1 所示．

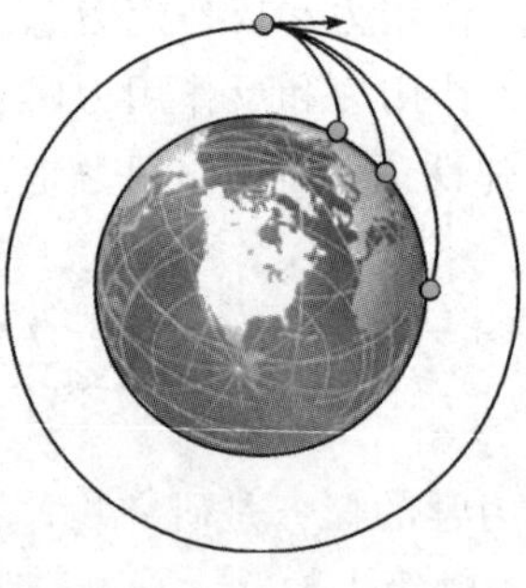

图 2.2.1 从地面上水平抛出一物体，如果初速度足够大，则它将绕地球转动，永不落地

牛顿认为，落体的产生是由于地球对物体的引力，并认为，如果这种引力确实存在，那它必然对月亮也有作用．月亮之所以掉不下来，是因为月亮具有相当大的抛射初速度．进一步联想到行星绕太阳的运转和月亮绕地球的运动十分相似，那么行星也必定受到太阳的引力作用．这使牛顿领悟到宇宙间任何物体之间都存在引力作用．继而，催动牛顿进一步去思考：这种引力的大小与物体之间的距离有何种关系呢？

如果把行星简化成绕太阳作匀速圆周运动的质点，那么以速率 v 沿半径为 R 的圆周运动的行星，必定受到一个向心力 $\boldsymbol{F}$ 的作用．设行星运动的周期为 T，则行星的向心加速度为

$$a=\frac{v^2}{R}=\frac{4\pi^2 R}{T^2}$$

式中，$v=2\pi R/T$．设有两颗不同的行星，它们绕太阳的轨道半径分别为 R_1 和 R_2，运动周期分别为 T_1 和 T_2，则它们的加速度之比为

$$a_1:a_2=\frac{4\pi^2 R_1}{T_1^2}:\frac{4\pi^2 R_2}{T_2^2}=\frac{R_1 T_2^2}{R_2 T_1^2}$$

根据开普勒第三定律：行星绕日一周所需要的时间的二次方，与其和太阳的平均距离的三次方成正比，即

$$\left(\frac{T_1}{T_2}\right)^2=\left(\frac{R_1}{R_2}\right)^3$$

于是有

$$a_1:a_2=R_2^2:R_1^2$$

即向心加速度的大小与距离的二次方成反比．又根据牛顿第二定律，力和加速度成正比，由此得出结论：引力与距离的二次方成反比．此后，牛顿进一步证明了以上结论对椭圆轨道也同样适用．

牛顿进而研究了引力与质量的关系．他从地球上任何物体，不论轻重，都以同样的加速度 g 下落的事实，运用他的第二定律，得出了引力与物体的质量成正比的结论，即

$$\boldsymbol{F}=m\boldsymbol{g}$$

根据牛顿第三定律，地球对物体作用的同时，物体对地球也有相同大小的引力作用，并且与地球的质量也应成正比．牛顿认为，不仅天体之间存在引力，任何物体之间都存在引力，这种引力称为万有引力，可表示为

$$\boldsymbol{F}=G\frac{m_1 m_2}{r^2}\boldsymbol{e}_r \tag{2.2.1}$$

式中，G 称为引力常量，在一般计算时取 $G=6.6726\times10^{-11}\ \mathrm{N\cdot m^2\cdot kg^{-2}}$．这就是牛顿的

万有引力定律，它指出：任何两个质点之间都存在引力，引力的方向沿着两个质点的连线方向，其大小与两个质点质量 m_1 和 m_2 的乘积成正比，与两质点之间的距离 r 的二次方成反比.

地球对地面附近物体的作用力称为物体所受到的重力，用 $\boldsymbol{G}$ 表示，重力的大小称为重量. 如果忽略地球自转的影响，物体的重力就近似等于它所受到的地球对它的万有引力，其方向铅直向下，指向地球中心. 质量为 m 的物体，在重力 $\boldsymbol{G}$ 的作用下获得重力加速度 $\boldsymbol{g}$，根据牛顿第二定律，有

$$\boldsymbol{G} = m\boldsymbol{g} \tag{2.2.2}$$

设物体位于地面附近高度为 h 处，则由式(2.2.1)和式(2.2.2)，有

$$mg = G\frac{mm_e}{(r_e + h)^2}$$

由于物体在地面附近，$h \ll r_e$，故 $r_e + h \approx r_e$，因而有

$$mg = G\frac{mm_e}{r_e^2}$$

式中，m_e 为地球的质量；r_e 为地球的半径. 由此可得

$$g = G\frac{m_e}{r_e^2} \tag{2.2.3}$$

将地球的质量 $m_e = 5.977 \times 10^{24}$ kg 和地球的半径 $r_e = 6.37 \times 10^6$ m 代入式(2.2.3)，可得重力加速度 $g = 9.82\ \mathrm{m \cdot s^{-2}}$. 通常，在计算时近似取地面附近物体的重力加速度为 $9.80\ \mathrm{m \cdot s^{-2}}$.

2.2.3　弹性力

物体在外力作用下因发生形变而产生的欲使其恢复原来形状的力称为弹性力，其方向要根据物体形变的情况来决定. 下面介绍几种常见的弹性力.

1. 弹簧的弹性力

弹簧在外力作用下要发生形变(伸长或压缩)，与此同时，弹簧反抗形变而对施力物体有力的作用，这个力就是弹簧的弹性力，如图 2.2.2 所示.

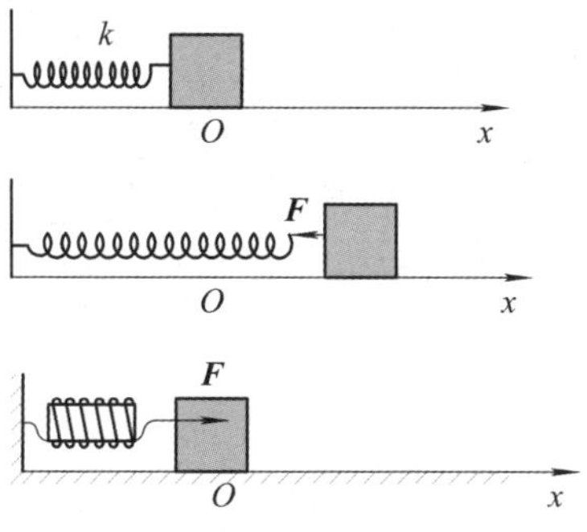

图 2.2.2　弹簧对物体施加的弹性力的方向与位移方向相反

把弹簧的一端固定，另一端连接一个放置在水平面上的物体. 取弹簧没有被拉伸或压缩时物体的位置为坐标原点 O，建立坐标系 Ox，O 点称为物体的平衡位置. 实验表明，在弹性限度内，弹性力可表示为

$$\boldsymbol{F} = -k\boldsymbol{x} \tag{2.2.4}$$

式中，$\boldsymbol{x}$ 是物体相对于平衡位置(原点)的位移，其大小即为弹簧的伸长(或压缩)量；比例系数 k 称为弹簧的劲度系数，它表征弹簧的力学性能，单位是 $\mathrm{N \cdot m^{-1}}$. 上式表明，弹性力的大小与弹簧的伸长(或压缩)量成正比，弹性力的方向与位移方向相反.

2. 物体间相互挤压而引起的弹性力

这种弹性力是由彼此挤压的物体发生形变而引起的，一般形变量极其微小，肉眼不易觉察. 例如，一重物放在桌面上，桌面受重物挤压而发生形变，从而产生向上的弹性力 $\boldsymbol{F}_N$，这就是桌面对重物的支承力，如图 2.2.3 所示. 与此同时，重物受桌面的挤压也会发生形变，从而产生向下的弹性力 $\boldsymbol{F}_N'$，即重物对桌面的压力. 挤压弹性力总是垂直于物体间的接触面或接触点的公切面，故也称为法向力.

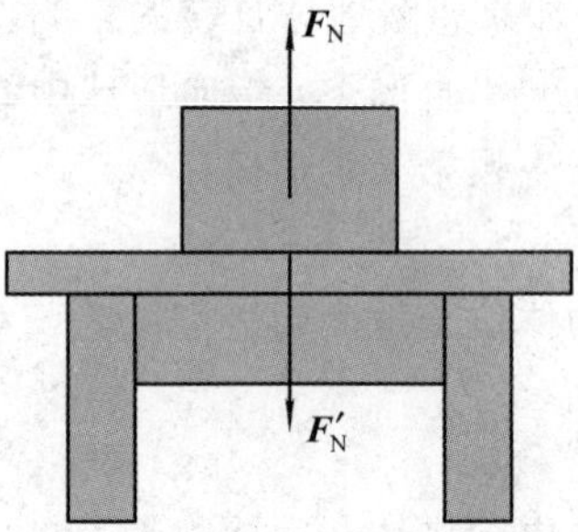

图 2.2.3 弹性力

3. 绳子的拉力

柔软的绳子在受到外力拉伸而发生形变时，会产生弹性力，与此同时，绳的内部各段之间也有相互的弹性力作用，这种弹性力称为张力. 绳中各处的张力大小一般不相等，只有当绳的质量可以忽略不计时，绳上的张力才处处相等，且等于绳两端所受的力.

例 2.2.1 如例 2.2.1 图所示，一条质量分布均匀的绳子，质量为 M，长度为 L，一端拴在竖直转轴 OO' 上，并以匀角速度 ω 在水平面上旋转. 设转动过程中绳子始终伸直不打弯，且忽略重力，求距转轴为 r 处绳中的张力 $F(r)$.

解 绳中取一小质元(微元法)，质量为 $\Delta m = \dfrac{M}{L}\mathrm{d}r$，以小质元为研究对象，当小质元作匀速圆周运动时，由牛顿第二定律得

$$F(r) - F(r + \mathrm{d}r) = \Delta m r\omega^2 = \frac{M}{L} r\omega^2 \, \mathrm{d}r \tag{1}$$

令

$$F(r) - F(r + \mathrm{d}r) = -\mathrm{d}F \tag{2}$$

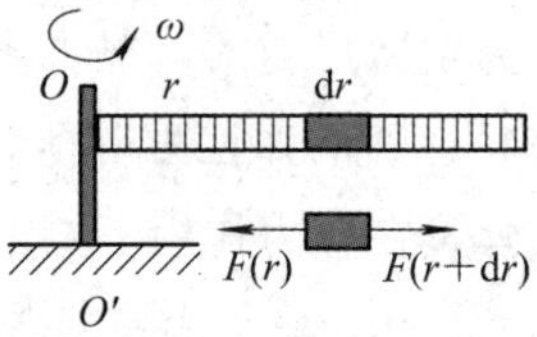

例 2.2.1 图

联立式(1)、式(2)得

$$-\mathrm{d}F = \frac{M}{L} r\omega^2 \, \mathrm{d}r$$

由于绳子的末端是自由端，即 $F(L)=0$，有

$$\int_{F(r)}^{0} \mathrm{d}F = -\int_{r}^{L} \frac{M\omega^2}{L} r \, \mathrm{d}r$$

所以

$$F(r) = \frac{M\omega^2}{2L}(L^2 - r^2)$$

2.2.4 摩擦力

两个彼此接触而相互挤压的物体，当存在相对运动或相对运动趋势时，在两者的接触面上会产生阻碍相对运动的力，这种相互作用力称为**摩擦力**. 摩擦力产生在直接接触的物体之

间，其方向沿两物体接触面的切线方向，并与物体相对运动或相对运动趋势的方向相反.

1. 静摩擦力

设一物体放在支承面(如地面、斜面等)上，现用一不太大的推力 $\boldsymbol{F}$ 作用于该物体，从而使物体相对于支承面而形成滑动趋势，但并未运动，如图 2.2.4 所示，这时，在物体与支承面之间将产生摩擦力，它与外力 $\boldsymbol{F}$ 相互平衡，致使物体相对于支承面仍然静止，这种摩擦力称为**静摩擦力**，记作 $\boldsymbol{F}_{f0}$. 静摩擦力 $\boldsymbol{F}_{f0}$ 的大小与物体所受的外力 $\boldsymbol{F}$ 有关，当外力增大到一定程度时，物体将开始滑动，此时的静摩擦力称为最大静摩擦力，记作 $\boldsymbol{F}_{fmax}$. 实验指出，最大静摩擦力与接触面间的法向支承力 $\boldsymbol{F}_N$(也称正压力)的大小成正比，即

$$F_{fmax}=\mu_0 F_N \tag{2.2.5}$$

式中，μ_0 称为静摩擦系数，它与两物体接触面的材料性质、粗糙程度、干湿状况等因素有关，通常由实验测定.

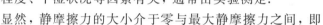

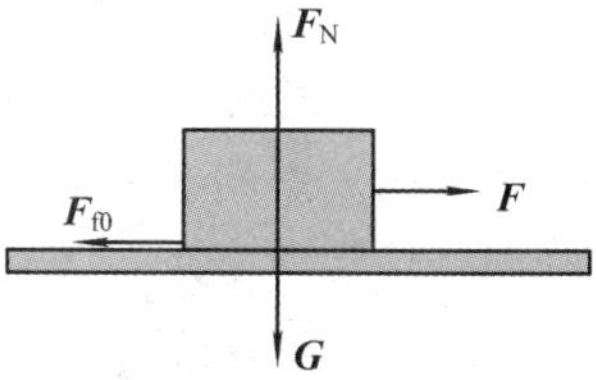

图 2.2.4　静摩擦力

显然，静摩擦力的大小介于零与最大静摩擦力之间，即

$$0<F_{f0}\leqslant F_{fmax} \tag{2.2.6}$$

在许多场合下，静摩擦力可以是一种动力. 例如，人在走路时，通过鞋底与地面之间的静摩擦力推动前行；车辆在行驶时，依靠车轮轮胎与地面的静摩擦力推动前进. 设想，在结冰的地面上，无论是人还是车辆都寸步难行.

2. 滑动摩擦力

当作用于上述物体的外力 $\boldsymbol{F}$ 超过最大静摩擦力而发生相对运动时，两接触面之间的摩擦力称为**滑动摩擦力**. 滑动摩擦力的方向与两物体之间相对滑动的方向相反，滑动摩擦力的大小 $\boldsymbol{F}_f$ 也与法向支承力的大小 $\boldsymbol{F}_N$ 成正比，即

$$F_f=\mu F_N \tag{2.2.7}$$

式中，μ 称为滑动摩擦系数，通常它比静摩擦系数稍小一些. 计算时，如不加以说明，一般可不加区别，统称为摩擦系数，近似地认为 $\mu=\mu_0$.

3. 黏滞阻力

流体不同层之间由于相对滑动而造成的阻力称为**湿摩擦力**或**黏滞阻力**. 当相对速度不是很大时，黏滞阻力与速度的横向变化率、接触面积及黏度成正比，在流体力学中将进一步讨论这一问题. 固体与流体接触面发生相对运动时所产生的阻力的起因与此相同，当相对运动速度不大时，与固体相对流体的速率 v 成正比，即

$$F_f=-cv$$

通常湿摩擦比干摩擦要小得多，且不存在静摩擦力. 利用润滑油以减少固体间的摩擦，就是这个道理.

2.3 牛顿定律的应用

牛顿定律是物体作机械运动的基本定律，它在实践中有着广泛的应用. 牛顿的三条运动定律是一个整体，不能只注意牛顿第二定律，而把其他两条定律置之脑后. 牛顿第一定

律是牛顿力学的思想基础，它说明任何物体都有惯性，牛顿定律只能在惯性参考系中应用，力是使物体产生加速度的原因，不能把 ma 误认为力. 牛顿第三定律指出了力有相互作用的性质，为我们正确分析物体的受力情况提供了依据.

在应用牛顿第二定律时，首先要正确地分析运动物体的受力情况，并把它们图示出来；作受力图时，要把所研究的物体从与之相联系的其他物体中“隔离”出来，标明力的方向. 这种分析物体受力的方法，称为隔离体法. 隔离体法是分析物体受力的有效方法，应熟练掌握. 对隔离体画出受力图后，还要根据题意选择适当的坐标系，并按照所选定的坐标系列出每一隔离体的运动方程，然后对运动方程求解. 求解时最好先用文字符号得出结果，而后再代入已知数据进行运算. 这样既简单明了，还可避免数字重复运算.

通常的力学问题可分为两类：一类是已知力求运动；另一类是已知运动求力. 当然，在实际问题中常常是两者兼有. 本节将通过举例来说明如何应用牛顿定律分析问题和解决问题. 此外我们还应该清楚，学习物理的一项基本训练是正确运用数学工具描述物理现象. 要学会正确运用矢量和投影，学会运用矢量方程和投影方程以及初步的微积分运算研究问题. 这与读者过去已有的经验相比进了一步.

2.3.1 质点的直线运动

对于直线运动，用直角坐标系较方便. 这时，牛顿第二定律写作

$$\sum F_{ix} = ma_x, \quad \sum F_{iy} = ma_y, \quad \sum F_{iz} = ma_z$$

牛顿第三定律的投影式为

$$F_x' = -F_x, \quad F_y' = -F_y, \quad F_z' = -F_z$$

在现代科学技术中质点受力沿直线加速有着重要的作用，典型的例子之一是“直线加速器”.

例 2.3.1 电梯中有一质量可以忽略的定滑轮，一根轻绳跨过定滑轮，在轻绳两端各悬挂着质量分别为 m_1 和 m_2 的物体 A 和 B，且 $m_1 > m_2$，当电梯：

(1) 静止，求绳中的张力 T 和物体 A 相对电梯的加速度 a_r；

(2) 匀速上升，求绳中的张力 T 和物体 A 相对电梯的加速度 a_r；

(3) 以加速度 a 上升时，求绳中的张力 T 和物体 A 相对电梯的加速度 a_r.

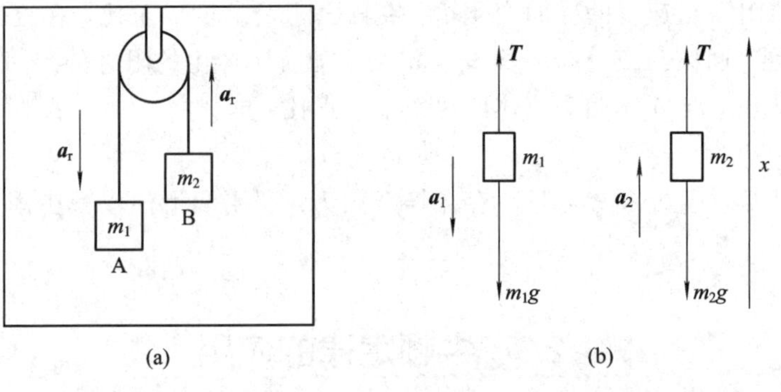

例 2.3.1 图

解 (1) 取地面为参考系，如例 2.3.1 图(a)所示. 把 A 与 B 隔离开来，分别画出它们的受力图，如例 2.3.1 图(b)所示. 可以看出，每个质点都受两个力的作用：绳子向上的拉

力和质点本身的重力.

当电梯静止时，物体对电梯的加速度等于它们对地面的加速度. 选取 x 轴的正方向向上，则 B 以加速度 a_r 向上运动，而 A 以加速度 a_r 向下运动. 因绳子为轻绳，所以滑轮两侧绳的拉力相等. 由牛顿第二定律得

$$T - m_1 g = - m_1 a_r \tag{1}$$

$$T - m_2 g = m_2 a_r \tag{2}$$

联立式(1)、式(2)可解得

$$a_r = \frac{m_1 - m_2}{m_1 + m_2} g \tag{3}$$

$$T = \frac{2m_1 m_2}{m_1 + m_2} g \tag{4}$$

(2) 匀速上升时：电梯仍为惯性系，则上述分析不变，结果不变. 或根据力学的相对性原理：在所有惯性系中，力学规律都具有相同的形式，则所得结果同(1).

(3) 当电梯以加速度 a 上升时，A 相对于地面的加速度为 $a_1 = a - a_r$，B 相对于地面的加速度为 $a_2 = a + a_r$，因此

$$T - m_1 g = m_1 (a - a_r) \tag{5}$$

$$T - m_2 g = m_2 (a + a_r) \tag{6}$$

解得

$$a_r = \frac{m_1 - m_2}{m_1 + m_2} (a + g) \tag{7}$$

$$T = \frac{2m_1 m_2}{m_1 + m_2} (a + g) \tag{8}$$

显然，如果 $a = 0$，式(7)、式(8)就归结为式(3)与式(4).

如在式(7)与式(8)中用 $-a$ 代替 a，可得电梯以加速度 a 下降时的结果为

$$a_r = \frac{m_1 - m_2}{m_1 + m_2} (g - a) \tag{9}$$

$$T = \frac{2m_1 m_2}{m_1 + m_2} (g - a) \tag{10}$$

由此可以看出，当 $a = g$ 时，a_r 与 T 都等于 0，也就是说滑轮、质点都成为自由落体，两个物体之间没有相对加速度.

例 2.3.2　一质量为 m_1 的木板静止于质量为 m_2、倾角为 θ、高为 h 的直角劈的顶部，劈置于水平面上。已知所有的接触面都是光滑的，求木块 m_1 相对斜面的加速度(见例 2.3.2 图(a)).

解　此题涉及两个质点的运动. m_1 和 m_2 的受力图如例 2.3.2 图(b)所示，其中 $\boldsymbol{F}_N$ 与 $\boldsymbol{F}'_N$ 的大小都是 F_N. 如例 2.3.2 图(a)建立坐标系，则对 m_1 有下列运动方程：

$$-F_N \sin\theta = m_1 a_{1x} \tag{1}$$

$$F_N \cos\theta - m_1 g = m_1 a_{1y} \tag{2}$$

对 m_2 有

$$F_N \sin\theta = m_2 a_{2x} \tag{3}$$

$$F_R - F_N \cos\theta - m_2 g = m_2 a_{2y} = 0 \tag{4}$$

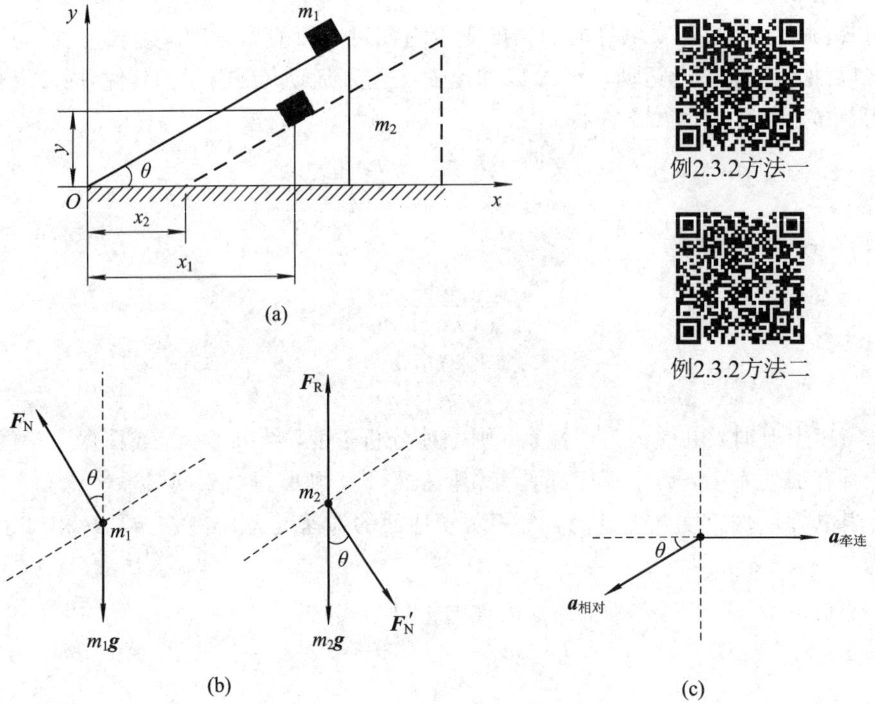

例2.3.2方法一

例2.3.2方法二

例 2.3.2 图

依据相对运动中加速度之间的关系 $\mathbf{a}_{绝对}=\boldsymbol{a}_{牵连}+\boldsymbol{a}_{相对}$，如例 2.3.2 图(c)所示，在直角坐标系中列出加速度的分量式：

$$a_{1x}=a_{2x}-a_{相对}\cos\theta \tag{5}$$

$$a_{1y}=-a_{相对}\sin\theta \tag{6}$$

若不涉及 F_R，可以暂时不考虑式(4)，由式(1)、(2)、(3)、(5)、(6)即可求出 a_{1x}、a_{1y}、a_{2x}和 F_N. 略去计算过程，可得

$$F_N=\frac{m_1 m_2 g\cos\theta}{m_1\sin^2\theta+m_2}$$

$$a_{2x}=\frac{m_1\sin\theta\cos\theta}{m_1\sin^2\theta+m_2}g,\quad a_{1x}=-\frac{m_2\sin\theta\cos\theta}{m_1\sin^2\theta+m_2}g,\quad a_{1y}=-\frac{(m_1+m_2)\sin^2\theta}{m_1\sin^2\theta+m_2}g$$

本题要求 m_1 相对斜面的加速度，依据前面加速度间的关系可得

$$\boldsymbol{a}_{相对}=\boldsymbol{a}_{绝对}-\boldsymbol{a}_{牵连}$$

$$a_{相对x}=a_{1x}-a_{2x}=-\frac{(m_1+m_2)\sin\theta\cos\theta}{m_1\sin^2\theta+m_2}g$$

$$a_{相对y}=a_{1y}=-\frac{(m_1+m_2)\sin^2\theta}{m_1\sin^2\theta+m_2}g$$

$\boldsymbol{a}_{相对}$ 的方向显然沿斜面，大小为

$$|\boldsymbol{a}_{相对}|=\frac{(m_1+m_2)\sin\theta}{m_1\sin^2\theta+m_2}g$$

2.3.2 变力作用下的直线运动

一般情况下，力可能是时间、质点位置或速度等的函数. 这时，若已知运动而求力，因

加速度与合力成正比，故仅需对运动学方程进行微分即可求解．若已知力求运动学方程，只需进行积分．现在讨论后一类问题．动力学方程为

$$m\frac{\mathrm{d}^2x}{\mathrm{d}t^2}=F_x\left(t,\ x,\ \frac{\mathrm{d}x}{\mathrm{d}t}\right)$$

按传统观点，若给出力、坐标和速度的初始条件，则问题相当于运动学中已知加速度求运动学方程，原则上可通过积分求解，从而确定质点在过去或未来任何时刻的运动状态．

例 2.3.3　已知小球质量为 m，水对小球的浮力为 $F_浮$，水对小球运动的黏滞阻力为 $f=-kv$，式中 k 为与水的黏滞性、小球半径有关的常数，计算小球在水中竖直沉降的速度．

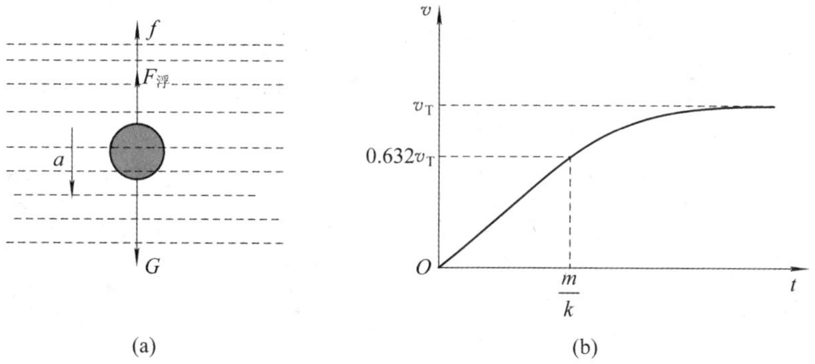

例 2.3.3 图

解　先对小球所受的力作一分析：重力 G，竖直向下；浮力 $F_浮$，竖直向上；黏滞阻力 f，竖直向上，如例 2.3.3 图(a)所示．取向下方向为正，根据牛顿第二定律，小球的运动方程可写为

$$G-F_浮-f=ma$$

即

$$mg-F_浮-kv=ma=m\frac{\mathrm{d}v}{\mathrm{d}t}$$

或

$$a=\frac{\mathrm{d}v}{\mathrm{d}t}=\frac{mg-F_浮-kv}{m} \tag{1}$$

当 $t=0$ 时，设小球初速为零，由式(1)可知，此时加速度有最大值(为 $g-F_浮/m$)．当小球速度 v 逐渐增加时，其加速度就逐渐减小了，令

$$v_{\mathrm{T}}=\frac{mg-F_浮}{k} \tag{2}$$

于是式(1)可化作

$$\frac{\mathrm{d}v}{\mathrm{d}t}=\frac{k(v_{\mathrm{T}}-v)}{m} \tag{3}$$

或

$$\frac{\mathrm{d}v}{v_{\mathrm{T}}-v}=\frac{k}{m}\mathrm{d}t$$

两边取积分，则有

$$\int_0^v \frac{\mathrm{d}v}{v_\mathrm{T} - v} = \int_0^t \frac{k}{m}\ \mathrm{d}t$$

$$\ln \frac{v_\mathrm{T} - v}{v_\mathrm{T}} = -\frac{k}{m}t$$

$$v_\mathrm{T} - v = v_\mathrm{T}\mathrm{e}^{-\frac{k}{m}t}$$

$$v = v_\mathrm{T}(1 - \mathrm{e}^{-\frac{k}{m}t}) \tag{4}$$

式(4)表明小球沉降速度 v 随 t 增大的函数关系，如例 2.3.3 图(b)所示. 由式(4)可知，当 $t\to\infty$ 时，$v=v_\mathrm{T}$，而当 $t=\frac{m}{k}$ 时，$v=v_\mathrm{T}\left(1-\frac{1}{\mathrm{e}}\right)=0.632v_\mathrm{T}$. 所以只要 $t\gg m/k$ 时，就可以认为 $v\approx v_\mathrm{T}$. 我们把 v_T 称为极限速度，它是小球沉降所能达到的最大速度. 也就是说，当下降时间符合 $t\gg m/k$ 条件时，小球即以极限速度匀速下降.

因小球在黏性介质中的沉降速度与小球半径有关，利用不同大小的小球有不同沉降速度的事实，可以分离大小不同的球形微粒.

例 2.3.4 长为 L 的链条放在光滑桌面上，质量为 m，开始时链条下垂长度为 L_0，求链条全部离开桌面时的速度.

例 2.3.4

解 以地面为参考系，分析链条受力. 如例 2.3.4 图所示，以向下为正方向，设 t 时刻，链条下垂长度为 x，则链条所受合外力为

$$F_{合} = G_{下垂} = ma$$

由

$$F_{合} = G_{下垂} = \frac{m}{L}xg = ma$$

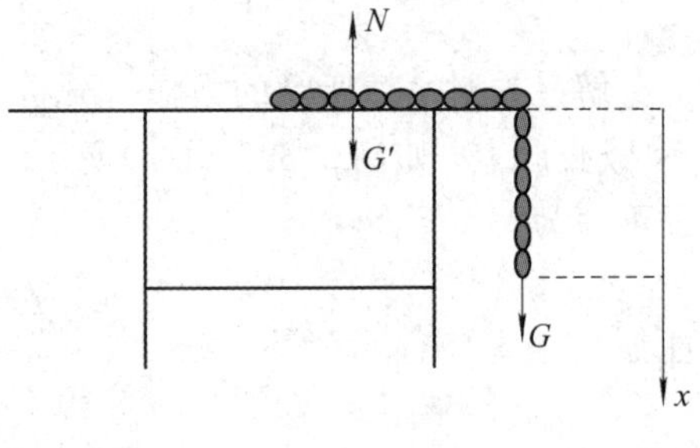

例 2.3.4 图

可得

$$a = \frac{x}{L}g = \frac{\mathrm{d}v}{\mathrm{d}t}\cdot\frac{\mathrm{d}x}{\mathrm{d}x} = v\frac{\mathrm{d}v}{\mathrm{d}x}$$

$$v\ \mathrm{d}v = \frac{g}{L}x\ \mathrm{d}x$$

两边积分得

$$\int_0^v v\ \mathrm{d}v = \int_{L_0}^L \frac{g}{L}x\ \mathrm{d}x$$

则

$$v = \sqrt{\frac{g}{L}(L^2 - L_0{}^2)}$$

由以上结论可知，L_0 越小，终了速度 v 越大. 当 $L_0=0$ 时，v 最大. 即当链条全部在桌面上时，由于一个扰动而开始下滑，则终了速度最大为 $\sqrt{gL}$. 这一结果与自由落体的速度 $\sqrt{2gL}$ 为何不同？因为对物体进行加速的力不是物体的全部重力而是一部分，这个力是个变力，是逐渐增加的；自由落体则是从一开始就是物体的全部重力(是个恒力)对物体加速.

例 2.3.5 设有一质量为 $m=2500$ kg 的汽车，在平直的高速公路上以每小时 120 km 的速度行驶. 若欲使汽车平稳地停下来，驾驶员启动刹车装置，刹车阻力是随时间线性增加的，即 $F_f=-bt$，其中 $b=3500$ N·s. 试问此车经过多长时间停下来？

解　依据牛顿第二定律，可得汽车的加速度.

$$F_f = ma = -bt$$

则

$$a = -\frac{bt}{m} \tag{1}$$

例 2.3.5

又因为

$$a = \frac{\mathrm{d}v}{\mathrm{d}t} \tag{2}$$

联立式(1)、式(2)，可得

$$\frac{\mathrm{d}v}{\mathrm{d}t} = -\frac{bt}{m}$$

两边积分得

$$\int_{v_0}^{0} \mathrm{d}v = \int_0^t \left(-\frac{bt}{m}\right)\mathrm{d}t$$

则得

$$t = \left(\frac{2v_0}{b}m\right)^{\frac{1}{2}} = 6.9\ \mathrm{s}$$

讨论：在 6.9 s 的时间里，汽车行进了多长的路程？

2.3.3　质点的曲线运动

将牛顿第二定律用于曲线运动，可选择直角坐标系或自然坐标系等. 如将质点动力学方程向自然坐标的法线方向和切线方向投影，可得

$$\sum F_{it} = ma_{\mathrm{t}}$$

$$\sum F_{in} = ma_{\mathrm{n}} = m\frac{v^2}{\rho}$$

式中，$\sum F_{in}$ 表示各力在法线方向投影的代数和，称法向力；$\sum F_{it}$ 表示各力在切线方向投影的代数和，称切向力.

例 2.3.6　如例 2.3.6 图所示(圆锥摆)，长为 l 的细绳一端固定在天花板上，另一端悬挂质量为 m 的小球，小球经推动后，在水平面内绕通过圆心 O 的铅直轴作角速度为 ω 的匀速率圆周运动. 求绳和铅直方向所成的角度 θ 为多少？空气阻力不计.

例 2.3.6

解　由题意知，小球在任意位置受重力 $m\boldsymbol{g}$ 和绳的拉力 $\boldsymbol{F}_{\mathrm{T}}$. 由牛顿第二定律得小球的运动方程为

$$\boldsymbol{F}_{\mathrm{T}} + m\boldsymbol{g} = m\boldsymbol{a}$$

建立如例 2.3.6 图所示的自然坐标系，列出牛顿第二定律的分量方程为

$$F_{\mathrm{T}}\sin\theta = ma_{\mathrm{n}} = mr\omega^2 \tag{1}$$

$$F_{\mathrm{T}}\cos\theta - mg = ma_{\mathrm{t}} = 0 \tag{2}$$

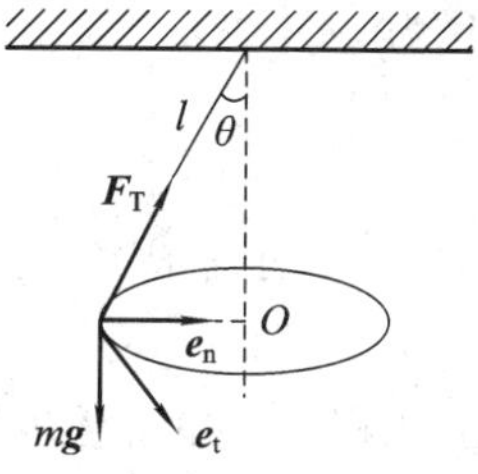

例 2.3.6 图

将 $r = l\sin\theta$ 代入式(1)，则式(1)、式(2)可表示为

$$F_T = ml\omega^2$$

$$F_T\cos\theta = mg$$

联立求解得

$$\cos\theta = \frac{mg}{ml\omega^2} = \frac{g}{l\omega^2}$$

$$\theta = \arccos\frac{g}{l\omega^2}$$

例 2.3.7 如例 2.3.7 图所示，长为 l 的轻绳，一端系质量为 m 的小球，另一端系于定点 O. 开始时小球处于最低位置. 若使小球获得如图所示的初速 $\boldsymbol{v}_0$，小球将在铅直平面内作圆周运动. 求小球在任意位置的速率及绳的张力.

解 由题意知，当 $t=0$ 时，小球位于最低点，速率为 v_0. 在时刻 t，小球位于点 A，轻绳与铅直线成 θ 角，速率为 v. 此时小球受重力 $m\boldsymbol{g}$ 和绳的拉力 $\boldsymbol{F}_T$ 作用. 由于绳的质量不计，故绳的张力就等于绳对小球的拉力. 由牛顿第二定律可知，小球的运动方程为

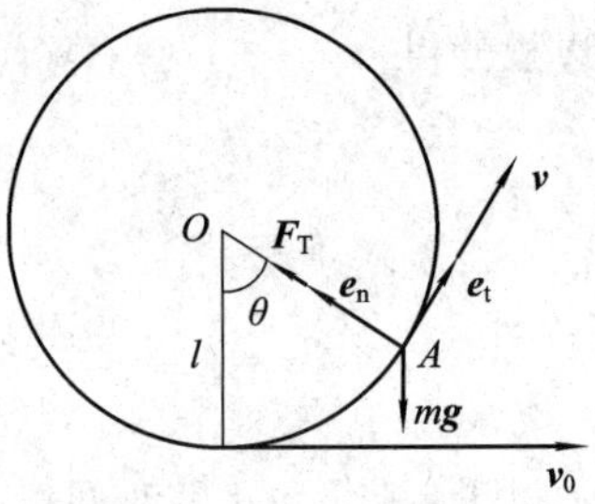

例 2.3.7 图

$$\boldsymbol{F}_T + m\boldsymbol{g} = m\boldsymbol{a} \tag{1}$$

为列出小球运动方程的分量式，选取如图所示的自然坐标系，并以过点 A 与速度 $\boldsymbol{v}$ 同向的轴线为 $\boldsymbol{e}_t$ 轴，过点 A 指向圆心 O 的轴为 $\boldsymbol{e}_n$ 轴. 那么式(1)在两轴上的运动方程分量式分别为

$$F_T - mg\cos\theta = ma_n \tag{2}$$

$$-mg\sin\theta = ma_t \tag{3}$$

由变速圆周运动知，法向加速度 $a_n = v^2/l$，切向加速度 $a_t = dv/dt$，则式(2)和式(3)可表示为

$$F_T - mg\cos\theta = m\frac{v^2}{l} \tag{4}$$

$$-mg\sin\theta = m\frac{dv}{dt} \tag{5}$$

式(5)中

$$\frac{dv}{dt} = \frac{dv}{d\theta}\frac{d\theta}{dt}$$

由角速度定义式 $\omega = d\theta/dt$ 以及角速度 ω 与线速率之间的关系式 $v = l\omega$，可将上式改写为

$$\frac{dv}{dt} = \frac{v}{l}\frac{dv}{d\theta}$$

于是式(5)可写成

$$v\,dv = -gl\sin\theta\,d\theta$$

对上式积分，并注意初始条件，有

$$\int_{v_0}^{v} v\,dv = -gl\int_0^{\theta}\sin\theta\,d\theta$$

得

$$v=\sqrt{v_0^2+2gl(\cos\theta-1)} \tag{6}$$

把式(6)代入式(4)，得

$$F_T=m\left(\frac{v_0^2}{l}-2g+3g\cos\theta\right) \tag{7}$$

从式(6)可以看出，小球的速率与位置有关，即 $v(\theta)$. 在 $0\sim\pi$ 之间，随着 θ 角增大，小球速率减小；而在 $\pi\sim2\pi$ 之间，随着 θ 角增大，小球速率增大. 小球作变速率圆周运动.

从式(7)也可以看出，在小球从最低点向上升的过程中，随着角度 θ 的增加，绳对小球的张力 F_T 逐步减小，在到达最高点时，张力 F_T 最小；而后在小球向下降的过程中，张力 F_T 又逐步增加，在到达最低点时，张力最大.

2.4 惯性系与非惯性系

2.4.1 惯性系与非惯性系概述

在运动学中，研究物体的运动可任选参考系，只是所选择的参考系应给物体运动的研究带来方便. 但在动力学中，应用牛顿运动定律研究物体的运动时，参考系还能不能任意选择呢？也就是说牛顿运动定律是否对任意参考系都适用呢？我们通过下面的例子来进行讨论.

在火车车厢内的光滑桌面上放一个小球. 当车厢相对地面作匀速直线运动时，车厢内的观察者看到小球相对桌面处于静止状态，而路旁的人则看到小球随车厢一起作匀速直线运动. 这时，无论是以车厢还是以地面作为参考系，牛顿运动定律都是成立的. 因为小球在水平方向不受外力作用，它保持静止或匀速直线运动状态. 但当车厢突然相对于地面以向前的加速度 $\boldsymbol{a}$ 运动时，对车厢中的观察者来说，发现小球以 $-\boldsymbol{a}$ 的加速度相对桌面(车厢)运动；但对地面上的观察者来说，小球对地面仍保持原有的运动状态，加速度为 0. 如果牛顿定律以地球为参考系时是适用的，则由此可得出质点所受合力为零，即 $\boldsymbol{F}=0$ 的结论；如果牛顿定律在以车厢为参考系时也适用，则由此可得出质点受到不为零的合力 $\boldsymbol{F}=(-m\boldsymbol{a})$ 作用的结论. 两种结论显然矛盾. 这说明牛顿定律不能同时适用于上述两种参考系，也就是说，应用牛顿定律研究动力学问题时，参考系是不能任意选择的.

我们把牛顿定律适用的参考系，称为惯性系，否则，就叫非惯性系. 显然相对已知惯性系作匀速直线运动的参考系，牛顿定律也都适用. 故凡是相对惯性系作匀速直线运动的参考系也都是惯性系，而相对惯性系作变速运动的参考系不是惯性系. 一个参考系是否是惯性系，只能依靠实验确定. 如果在所选参考系中，应用牛顿定律和从它得到的推论，所得结果在人们要求的精确度范围内与实践或实验相符合，那么就认为这个参考系是惯性系.

实际上，惯性参考系只是一种理想模型. 到目前为止，我们还没有找到严格意义上的惯性参考系. 在实际工作中，我们常常只是根据具体情况选用一些近似惯性系. 如在研究地面上物体的运动时，地面参考系就可看成一个足够精确的惯性系. 研究天体运动时，太阳参考系就是一个很好的近似.

2.4.2 非惯性系中的力学

由 2.4.1 小节可知，牛顿定律只适用于惯性系，而相对于惯性系作加速运动的参考系，牛顿定律则是不适用的.

但在实际问题中，往往需要在非惯性系中观察和处理物体的运动，这时，我们要引入惯性力的概念，以便在形式上利用牛顿定律去分析问题. **惯性力**是个虚拟的力，它是在非惯性系中来自参考系本身加速效应的力. 和真实力不同，惯性力找不到相应的施力物体. 它的大小等于物体的质量 m 和非惯性系加速度 $\boldsymbol{a}_0$ 的乘积，但方向和 $\boldsymbol{a}_0$ 相反. 惯性力可表示为

$$\boldsymbol{F}_{\text{惯}} = -m\boldsymbol{a}_0$$

在非惯性系中，如物体受的真实力为 $\boldsymbol{F}$，另外加上惯性力 $\boldsymbol{F}_{\text{惯}}$，则物体对于此非惯性系的加速度 $\boldsymbol{a}_{\text{相对}}$ 就可在形式上和牛顿定律一样，求得其关系式如下：

$$\boldsymbol{F} + \boldsymbol{F}_{\text{惯}} = m\boldsymbol{a}_{\text{相对}}$$

引入惯性力，就可对下述例子作出解释. 如图 2.4.1 所示的加速运动的火车，当车以加速度 $\boldsymbol{a}_0$ 沿 Ox 轴正向相对地面参考系运动时，在车中的观察者看来，在光滑桌面的小球以加速度 $-\boldsymbol{a}_0$ 沿 Ox 轴负向运动. 如果我们设想作用在质量为 m 的小球上有一个假想的惯性力，并认为这个惯性力为 $\boldsymbol{F}_{\text{惯}} = -m\boldsymbol{a}_0$，那么对火车这个非惯性参考系也可以应用牛顿第二定律了. 这就是说，对处于加速度为 $\boldsymbol{a}_0$ 的火车中的观察者来说，他认为有一个大小等于 ma_0、方向与 $\boldsymbol{a}_0$ 相反的惯性力作用在小球上.

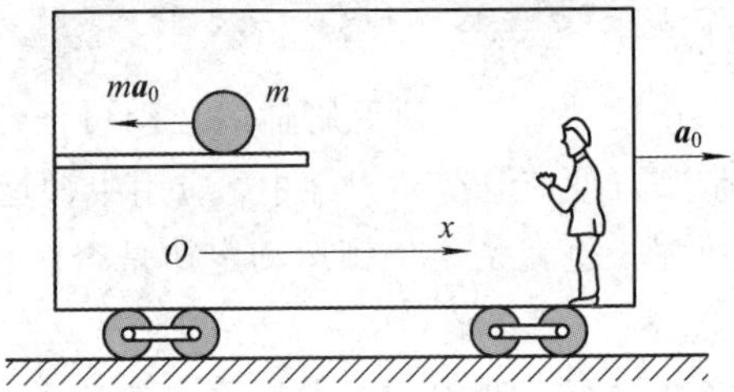

图 2.4.1 惯性力

一般来说，如果作用在物体上的力含有惯性力 $\boldsymbol{F}_{\text{惯}}$，那么牛顿第二定律的数学表达式在非惯性系中表示为

$$\boldsymbol{F} + \boldsymbol{F}_{\text{惯}} = m\boldsymbol{a}_{\text{相对}}$$

即

$$\boldsymbol{F} - m\boldsymbol{a}_0 = m\boldsymbol{a}_{\text{相对}}$$

式中，$\boldsymbol{a}_0$ 是非惯性系相对惯性系的加速度；$\boldsymbol{a}_{\text{相}}$ 是物体相对非惯性系的加速度；$\boldsymbol{F}$ 是物体所受到的除惯性力以外的合外力，称为相互作用力，是真实存在的力.

惯性力在技术上有着广泛的应用. 例如，导弹和舰艇的惯性导航系统中安装的加速度计，就是利用系统在加速移动时作用于质量 m 上的惯性力的大小来确定系统的加速度的.

2.4.3 牛顿运动定律的适用范围

自从 17 世纪以来，以牛顿定律为基础的经典力学不断发展，取得了巨大的成就，经典力学在科学研究和生产技术中有了广泛的应用，从而证明了牛顿运动定律的正确性. 但是，牛顿运动定律不是万能的，它有一定的适用范围：

(1) 牛顿定律仅对惯性系成立.

(2) 牛顿定律仅适用于低速运动系统. 所谓低速运动，是指物体的运动速度远远小于

真空中的光速，当物体的运动速度可以和光速相比拟时，牛顿力学就无能为力了，需用爱因斯坦创立的相对论来处理. 在相对论中，时间空间的概念发生了根本性的变化，再不是与物体运动无关的绝对时空观了. 牛顿第二定律为狭义相对论动力学方程在低速下的近似.

(3) 牛顿定律仅适用于宏观系统. 自然界的各类物质，无论是宏观的还是微观的，实际上都有波动性和粒子性的特征，也就是通常说的波粒二象性. 但是，对于宏观物体，波动性特征甚微，主要表现为粒子性(颗粒性). 而微观粒子的波动性很显著，因此，牛顿力学就无能为力，而需要用量子力学去处理了.

(4) 牛顿定律仅适用于实物间的相互作用问题，不适用于通过场所传递的相互作用. 比如考虑两个运动的电荷间的电磁相互作用问题时，因为电荷间的电磁相互作用是通过场来传递的，而这种传递需要时间，并不是瞬时的. 因此，两个运动的电荷间电磁相互作用不满足牛顿第三定律. 只有对静止电荷体系这样的特殊情况，它们相互间的作用才满足牛顿第三定律. 在通常的力学问题中，由于我们考虑的系统内物体间的距离比较近，物体运动速度与“场”的传递相比又很小，所以人们认为牛顿第三定律总是成立的.

例 2.4.1 求解例 2.3.1 中第(3)小问(在非惯性系中研究).

解 设 A 相对电梯的加速度 a_r 方向向下. 以电梯为参考系(非惯性系)，A 和 B 为研究对象，分析各自受力，规定正方向. 则有

$$T - m_1 g - m_1 a = -m_1 a_r$$
$$T - m_2 g - m_2 a = m_2 a_r$$

解以上两方程得

$$T = \frac{2m_1 m_2}{m_1 + m_2}(a + g)$$

$$a_r = \frac{m_1 - m_2}{m_1 + m_2}(a + g)$$

例 2.4.2 求解例 2.3.2(在非惯性系中研究).

解 设 m_1 相对斜面 m_2 的加速度为 $a_{相对}$，方向沿斜面向下。以斜面为参考系(非惯性系)，木块 m_1 为研究对象，在非惯性系中对木块进行受力分析，如例 2.4.2 图所示.

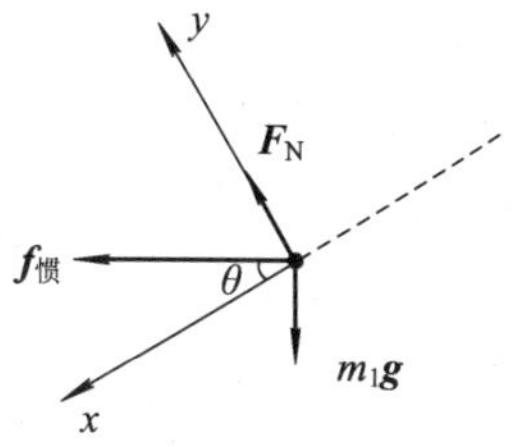

例 2.4.2 图

在非惯性系中列出 m_1 的矢量方程如下：

$$m_1 \boldsymbol{g} + \boldsymbol{F}_N + \boldsymbol{f}_{惯} = m_1 \boldsymbol{a}_{相对}$$

在例 2.4.2 图所示的坐标系中，列出 m_1 的分量方程：

$$f_{惯} \cos\theta + m_1 g \sin\theta = m_1 a_{相对} \tag{1}$$
$$f_{惯} \sin\theta + F_N + m_1 g \cos\theta = 0 \tag{2}$$
$$f_{惯} = m_1 a_2 \tag{3}$$

对 m_2 的分析如例 2.3.2 中的(3)(4)式

$$F_N \sin\theta = m_2 a_2 \tag{4}$$
$$F_R - F_N \cos\theta - m_2 g = 0 \tag{5}$$

联立(1)～(5)式可得

$$a_{相对} = \frac{(m_1 + m_2)\sin\theta}{m_1 \sin^2\theta + m_2} g$$

本章小结

知识单元	基本概念、原理及定律	主要公式
牛顿三定律	牛顿第一定律	$\boldsymbol{v}$=常矢量（$\boldsymbol{F}=0$）
	牛顿第二定律	$\boldsymbol{F}_{合}=\dfrac{\mathrm{d}\boldsymbol{p}}{\mathrm{d}t}=\dfrac{\mathrm{d}(m\boldsymbol{v})}{\mathrm{d}t}$
	牛顿第三定律	$\boldsymbol{F}=-\boldsymbol{F}'$
力学中常见的几种力	万有引力	$\boldsymbol{F}=-G_0\dfrac{m_1m_2}{r^2}\boldsymbol{e}_r$
	重力	$\boldsymbol{G}=m\boldsymbol{g}$
	弹性力	$\boldsymbol{F}=-k\boldsymbol{x}$
	摩擦力	最大静摩擦力：$\boldsymbol{F}_{\mathrm{fmax}}=\mu_0F_{\mathrm{N}}$ 滑动摩擦力：$\boldsymbol{F}_{\mathrm{f}}=\mu F_{\mathrm{N}}$
牛顿定律的应用（变力作用下）	已知物体所受的合力，求任意时刻（位置）的速度（一维）	物体所受合力 $F=F(t)$，$F=F(v)$，$F=F(x)$ $\xrightarrow{牛二定律}$ 物体的加速度 $a=a(t)$，$a=a(v)$，$a=a(x)$ $\xrightarrow{积分}$ 速度 $v=v(t)$，$v=v(x)$
惯性系与非惯性系	惯性系、非惯性系、惯性力	惯性力（假想力）：$\boldsymbol{F}_{惯}=-m\boldsymbol{a}_{牵连}$ 非惯性系中的动力学方程：$\boldsymbol{F}+\boldsymbol{F}_{惯}=m\boldsymbol{a}_{相对}$

习 题 二

1. 静止在光滑水平面上的物体受到一个水平拉力 F 作用后开始运动. F 随时间 t 变化的规律如习题 1 图所示，则下列说法中正确的是(　　).

A. 物体在前 2 s 内的位移为零

B. 第 1 s 末物体的速度方向发生改变

C. 物体将作往复运动

D. 物体将一直朝同一个方向运动

2. 一质量为 M 的斜面原来静止于水平光滑平面上，将一质量为 m 的木块轻轻放于斜面上，如习题 2 图所示. 如果此后木块能静止于斜面上，则斜面将(　　).

A. 保持静止　　　　　　　　　　B. 向右加速运动

C. 向右匀速运动　　　　　　　　D. 向左加速运动

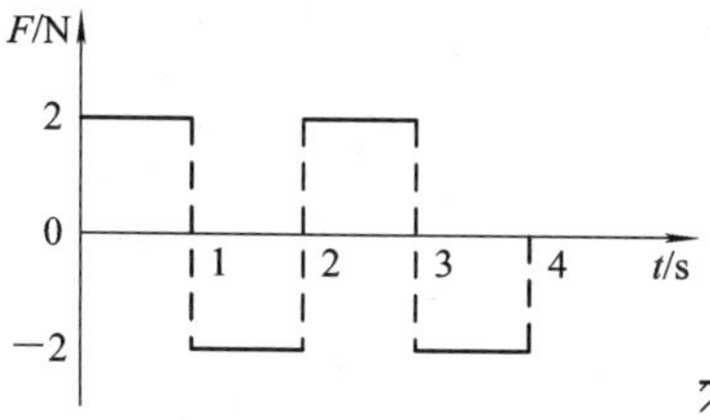

习题 1 图

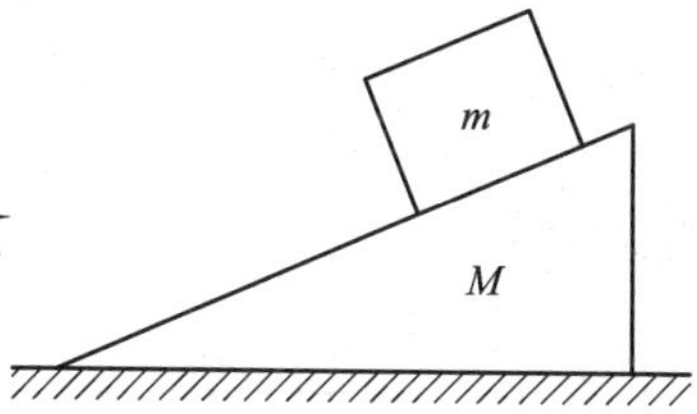

习题 2 图

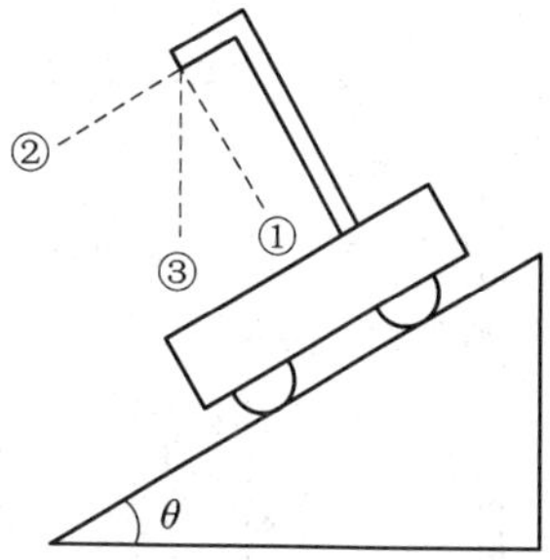

习题 3 图

3. 一个单摆悬挂在小车上，随小车沿斜面下滑. 如习题 3 图所示，虚线①垂直于斜面，虚线②平行于斜面，虚线③是竖直方向. 下列说法中正确的是（　　）.

A. 如果斜面是光滑的，摆线将与虚线②重合

B. 如果斜面是光滑的，摆线将与虚线③重合

C. 如果斜面粗糙且 $\mu<\tan\theta$，摆线将位于①③之间

D. 如果斜面粗糙且 $\mu>\tan\theta$，摆线将位于②③之间

4. 如习题 4 图所示，一只箱子放在水平地面上，箱内有一固定的竖直杆，杆上套着一个小环. 箱和杆的总质量为 M，小环的质量为 m. 环沿杆加速下滑，环与杆之间的摩擦力大小为 f，此时箱子对地面的压力大小是（　　）.

A. $(M+m)g$　　　　　　B. $(M+m)g-ma$

C. $Mg+f$　　　　　　　D. $(M+m)g-f$

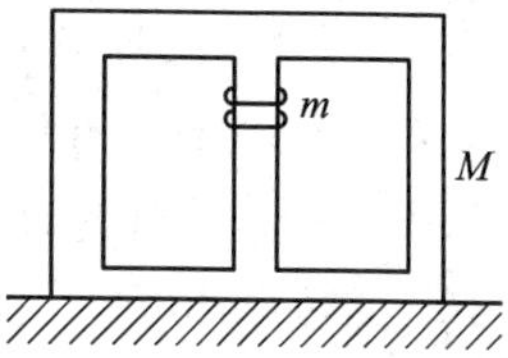

习题 4 图

5. 一小珠可在半径为 R 的竖直圆环上无摩擦地滑动，且圆环能以其竖直直径为轴转动. 当圆环以一适当的恒定角速度 ω 转动，小珠偏离圆环转轴而且相对圆环静止时，小珠所在处圆环半径偏离竖直方向的角度为（　　）.

A. $\theta=\frac{1}{2}\pi$　　　　　　B. $\theta=\arccos\left(\frac{g}{R\omega^2}\right)$

C. $\theta=\arctan\left(\frac{R\omega^2}{g}\right)$　　　　D. 需由小珠的质量 m 决定

6. 如习题 6 图所示，系统置于以 $a=g/4$ 的加速度上升的升降机内，A、B 两物体质量相同均为 m，A 所在的桌面是水平的，绳子和定滑轮质量均不计，若忽略滑轮轴上和桌面上的摩擦并不计空气阻力，则绳中张力为（　　）.

A. $\frac{5mg}{8}$　　　　B. $\frac{mg}{2}$　　　　C. mg　　　　D. $2mg$

7. 物体 A 和皮带保持相对静止一起向右运动，其速度图线如习题 7 图所示.

(1) 若已知在物体 A 开始运动的最初 2 s 内，作用在 A 上的静摩擦力大小是 4 N，则 A 的质量是______kg.

(2) 开始运动后第 3 s 内，作用在 A 上的静摩擦力大小是______N.

（3）在开始运动后的第 5 s 内，作用在物体 A 上的静摩擦力的大小是________N，方向为______.

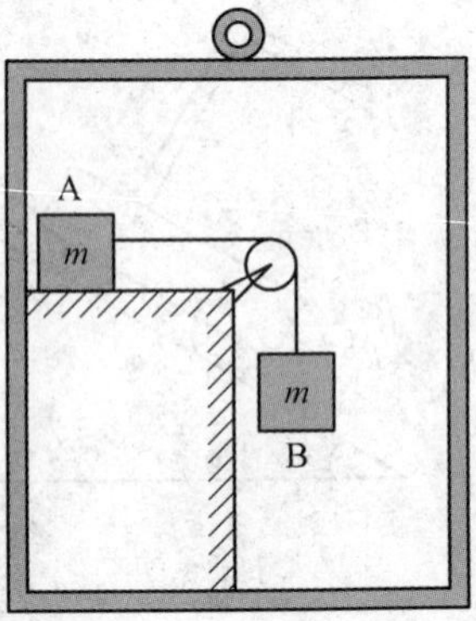

习题 6 图

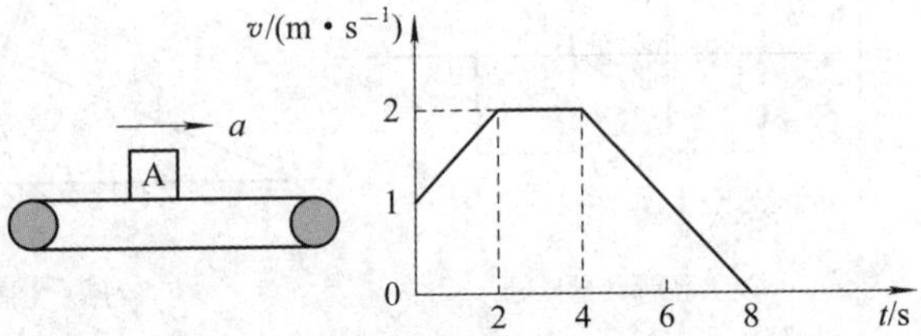

习题 7 图

8. 如习题 8 图所示，在水平方向上加速前进的车厢里，悬挂着小球的悬线与竖直方向保持 $\alpha=30°$角. 同时放在车厢里的水平桌面上的物体 A 和车厢保持相对静止，已知 A 的质量是 0.5 kg，则 A 受到摩擦力大小是______，方向为______（取 $g=10\ \mathrm{m\cdot s^{-2}}$）.

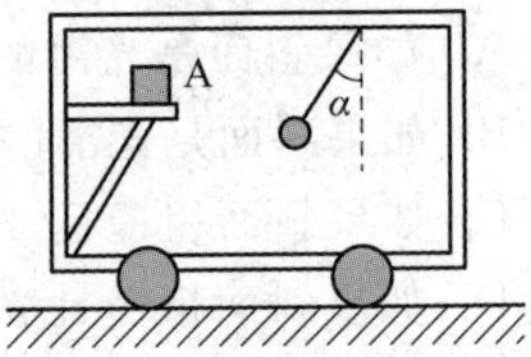

习题 8 图

9. 如习题 9 图所示，质量为 10 kg 的木箱置于水平面上，它和地面间的动摩擦系数为$\sqrt{3}/3$，现给木箱一个与水平方向成 θ 角斜向上的拉力 F，为使木箱作匀速直线运动，拉力 F 的最小值是______，此时的 θ 角是______.

10. 如习题 10 图所示，在小车中悬挂一小球，若偏角 θ 未知，而已知摆球的质量为 m，小球随小车水平向左运动的加速度为 $a=2g$（取 $g=10\ \mathrm{m\cdot s^{-2}}$），则绳的张力为________.

11. 如习题 11 图所示，一斜面，倾角为 θ，底边 AB 长为 $L=2.1$ m，质量为 m 的物体从斜面顶端由静止开始向下滑动，斜面的摩擦系数为 $\mu=0.14$. 试问，当 θ 为何值时，物体在斜面上下滑的时间最短？其数值为多少？

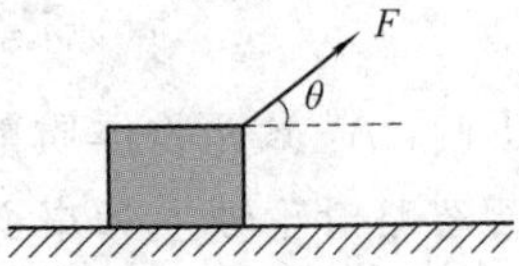

习题 9 图

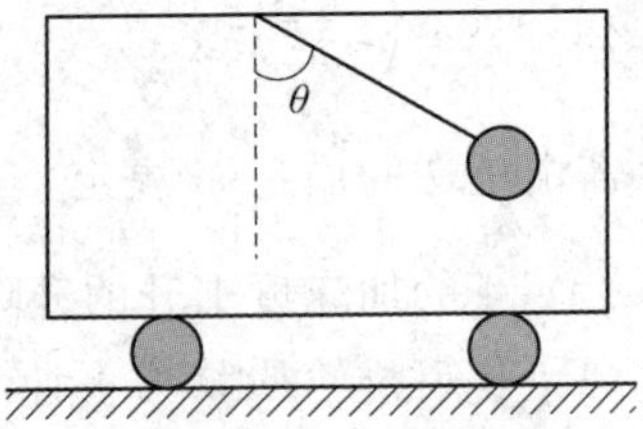

习题 10 图

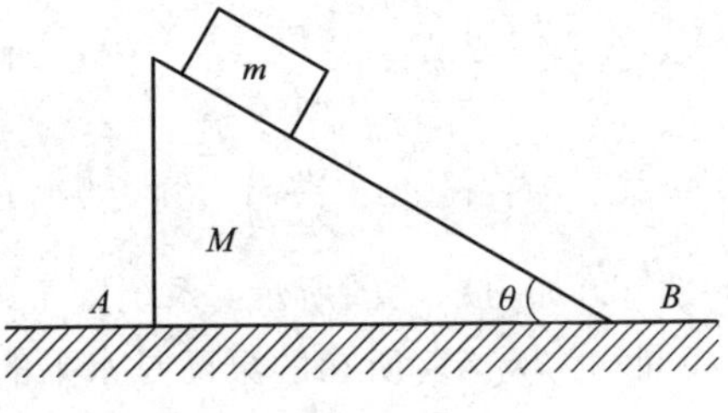

习题 11 图

12. 一质量为 M、角度为 θ 的劈形斜面 A，放在粗糙的水平面上，斜面上有一质量为 m 的物体 B 沿斜面下滑，如习题 12 图所示. 若 A、B 之间的滑动摩擦系数为 μ，且 B 下滑时 A 保持不动，则斜面 A 对地面的压力和摩擦力各为多大？

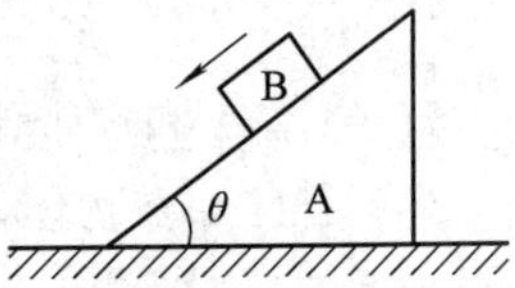

习题 12 图

13. 摩托快艇以速率 v_0 行驶，它受到的摩擦阻力与速率平方成正比，可表示为 $F=-kv^2$(k 为正值常量). 设摩托快艇的质量为 m，当摩托快艇发动机关闭后.

(1) 求速率 v 随时间 t 的变化规律；

(2) 求路程 x 随时间 t 的变化规律；

(3) 证明速度 v 与路程 x 之间的关系为 $v=v_0e^{-k'x}$，其中 $k'=k/m$.

14. 如习题 14 图所示，用质量为 m_1 的板车运载一质量为 m_2 的木箱，车板与箱底间的摩擦系数为 μ，车与路面间的滚动摩擦可不计，计算拉车的力 F 为多少才能保证木箱不致滑动？

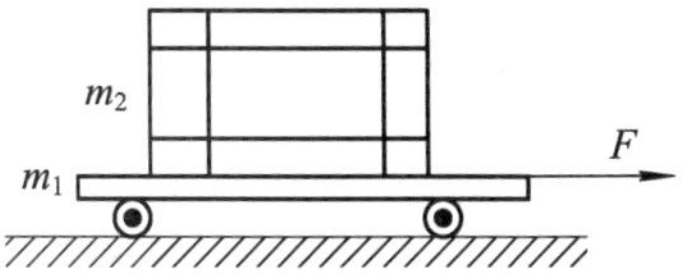

习题 14 图

15. 质量为 m 的子弹以速度 v_0 水平射入沙土中，设子弹所受阻力与速度反向，大小与速度成正比，比例系数为 k，忽略子弹的重力，求：

(1) 子弹射入沙土后，速度随时间变化的函数式；

(2) 子弹进入沙土的最大深度.

16. 习题 16 图中 A 为定滑轮，B 为动滑轮，三个物体 $m_1=200$ g，$m_2=100$ g，$m_3=50$ g，滑轮及绳的质量以及摩擦均忽略不计. 求：

(1) 每个物体的加速度；

(2) 两根绳子的张力 T_1 与 T_2.

17. 如习题 17 图所示，一条轻绳跨过摩擦可被忽略的轻滑轮，在绳的一端挂一质量为 m_1 的物体，在另一端有一质量为 m_2 的环. 求当环相对于绳以恒定的加速度 a_2 沿绳向下滑动时，物体和环相对于地面的加速度各是多少？环与绳间的摩擦力多大？

18. 长为 L 的链条放在光滑桌面上，质量为 m，开始时链条下垂长度为 l，求：

(1) 链条全部离开桌面时的速度；

(2) 链条由刚开始运动到完全离开桌面所需要的时间.

19. 如习题 19 图所示，一小环套在光滑细杆上，细杆以倾角 θ 绕竖直轴作匀角速度转动，角速度为 ω，求小环平衡时距杆端点 O 的距离 r.

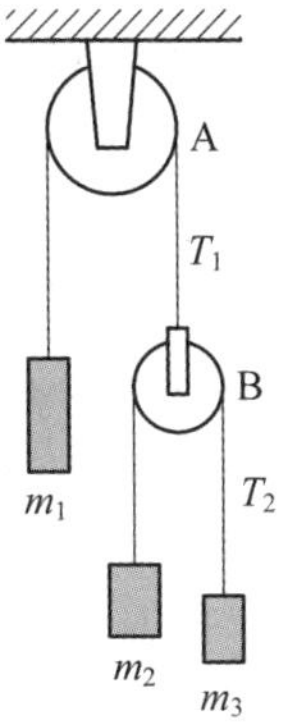

习题 16 图

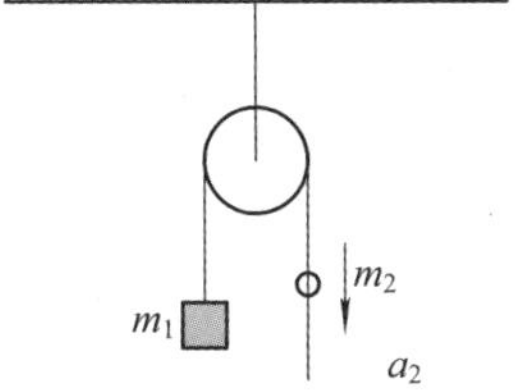

习题 17 图

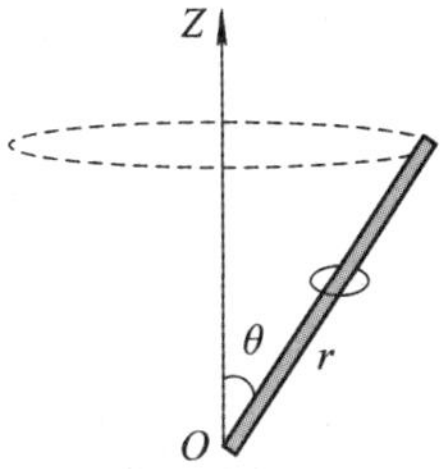

习题 19 图

20. 如习题 20 图所示，用一斜向上的力 $\boldsymbol{F}$(与水平成 30°角)，将一重为 $\boldsymbol{G}$ 的木块压靠在竖直壁面上，如果不论用怎样大的力 F 都不能使木块向上滑动，则木块与壁面间的静摩

擦系数 μ 的大小为多少？

21. 如习题 21 图所示，有一密度为 ρ_2 的均质细棒 AB，长为 l，其上端用细线悬着，下端紧贴着密度为 ρ_1 的液体表面．现将悬线剪断，求细棒在恰好没入液体中时的沉降速度，设液体没有黏性．

22. 如习题 22 图所示，一半径为 R 的木桶，以角速度 ω 绕其轴线转动，有一人紧贴在木桶壁上，人与桶间的静摩擦系数为 μ_0．你知道在什么情形下，人会紧贴在木桶壁上而不掉下来吗？

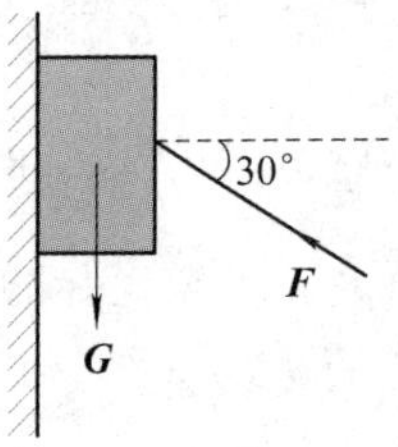

习题 20 图

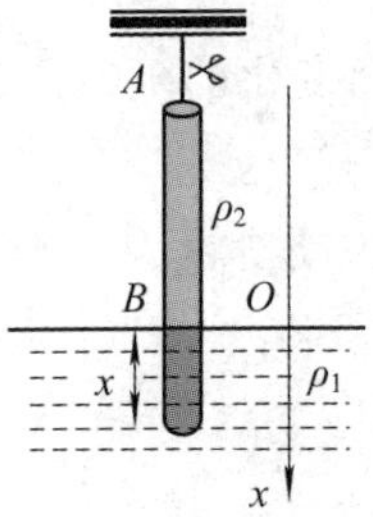

习题 21 图

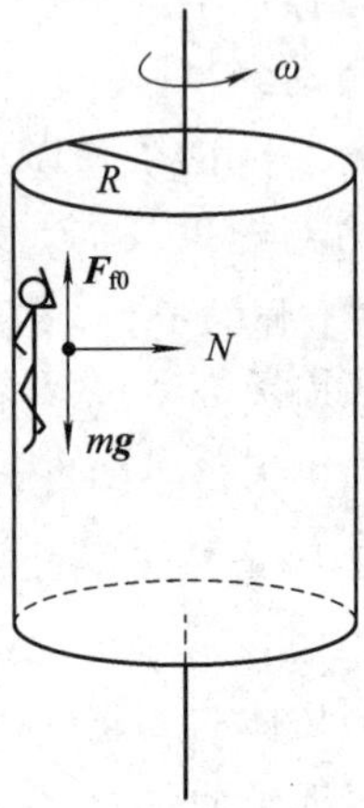

习题 22 图

23. 在光滑的水平面上设置一竖直的圆筒，半径为 R，一小球紧靠圆筒内壁运动，摩擦系数为 μ，在 $t=0$ 时，球的速率为 v_0，如习题 23 图所示．求任一时刻球的速率和运动路程．

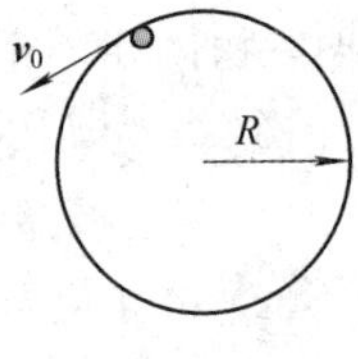

习题 23 图

24. 质量为 45 kg 的物体由地面以初速 60 $m\cdot s^{-1}$ 竖直向上发射，物体受到空气的阻力为 $F_r=kv$，其中 $k=0.03\ N/(m\cdot s^{-1})$．

(1) 求物体发射到最大高度所需的时间．

(2) 最大高度为多少？

25. 两物体 A 和 B 的质量分别为 m_A 和 m_B，用一根轻绳相连，绕过一轻滑轮，放在一个底角分别为 α 和 β 的三棱柱面上，如习题 25 图所示．两物体与柱面的摩擦系数均为 μ，设物体的初速度为零，求使物体 A 和 B 保持静止的条件．

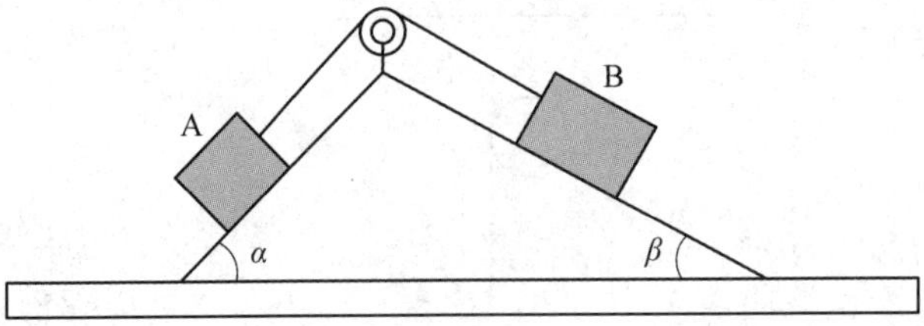

习题 25 图

阅读材料之物理前沿

用脉冲星捕获背景引力波

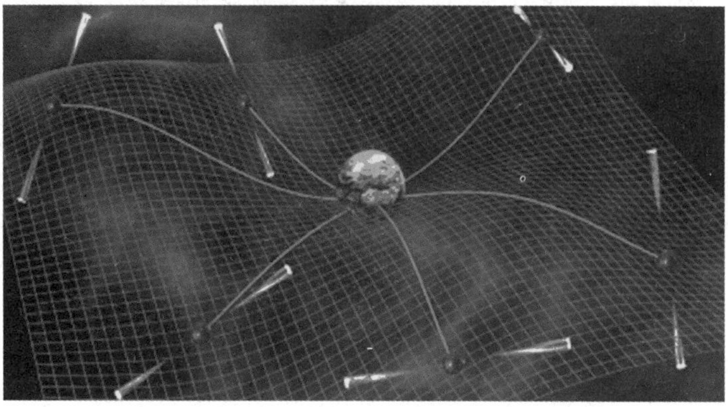

我们的银河系航行于一片引力波汪洋之中，这种背景引力波在几年到几十年的时间尺度上拉伸和压缩时空。该结论由四个独立的“脉冲星计时阵列(PTA)”合作组得出，它们将银河系当作一个探测纳赫兹低频引力波的巨大天线。北美的NANOGrav、欧洲/印度的EPTA/InPTA、中国的CPTA和澳大利亚的PPTA，这四个独立的合作组分别发表了4篇论文，报道了背景引力波的存在证据。

PTA将开辟新的窗口来探索背景引力波的源头。研究人员认为，此类引力波很可能源自若干星系核心的超大质量双黑洞。两个星系并合后，其中心超大质量黑洞会形成一个双黑洞系统：彼此绕转数千或数百万年之后并合。超大质量双黑洞绕转时会产生纳赫兹引力波。不过，背景引力波也可能源于早期宇宙的暴涨或其他过程，甚至与暗物质相关的新物理。但是，目前的数据还无法以高置信度区分这些物理起源。

脉冲星是快速旋转的中子星，射电束位于磁极附近。当辐射束扫过地球时，射电望远镜就会探测到有规律的信号，其精度可媲美原子钟。这一精准周期性是引力波探测的关键。引力波在脉冲星和地球之间传播时，会引起时空的微小扭曲，导致探测到的脉冲星信号到达地球的时间稍微加快或减慢。不过，脉冲信号还受到脉冲星自转不稳定性以及与星际介质相互作用的影响。为了可靠地探测引力波，天文学家将银河系中数十颗脉冲星的观测数据结合起来进行研究——这就构成了 PTA。各个 PTA 合作组分别使用澳大利亚、北美、欧洲/印度和中国的射电望远镜进行脉冲星观测，已经积累了时间跨度不等的数据(从 EPTA 的 25 年到 CPTA 的 41 个月)。当北美 NANOGrav 在 2020 年首先发布探测到与背景引力波一致的信号，并且澳大利亚 PPTA 和欧洲 EPTA 在 2021 年也发布类似的结果时，人们对背景引力波的探测寄予厚望。研究人员发现，PTA 数据中的噪声不是在所有频率上都具有相等强度的“白噪声”，而是在低频率端强度更高，表现为“红噪声”，这种红噪声信号很像是人们所预期的具有几十年振荡周期的引力波信号。

将 PTA 观测结果归因于引力波需要更强的证据。特别地，不同脉冲星的计时波动应该显示出与角度关联的相关性。天空中角向彼此靠近的脉冲星的信号受到引力波的影响应该比较类似，比离得远的脉冲星之间的相关性更强。理论预期的这一角度相关性由 Hellings-Downs 曲线(1983 年提出)所描述。基于引力波的两种偏振模式，1983 年美国加州理工大学的 Hellings 与 Downs 提出了利用脉冲星计时阵列 PTA 测量纳赫兹背景引力波的想法：将地球和若干脉冲星作为探测引力波的基线，经过统计平均后可得到一对脉冲星的脉冲到达时间的相关性。

四组 PTA 合作组独立提供了关键证据：探测到的角度相关性跟理论预期的 Hellings-Downs 曲线相符。“这是背景引力波的确凿特征”，NANOGrav 成员 Michele Vallisneri 说道。每个合作组分别给出引力波解释的统计置信度，其中北美 NANOGrav 为 3 至 4 倍标准差，欧洲/印度 EPTA/InPTA 声称约大于 3 倍标准差，而中国 CPTA 的结果较优，高达 4.6 倍标准差置信度。

人们将超过 3 倍标准差的置信水平称为“证据”，而不是“发现”。Vallisneri 表示：“当达到 5 倍标准差的黄金标准时，我们将宣布成功探测”。意大利物理学家、EPTA 成员 Alberto Sesana 则表示：“通过四个不同的合作组，使用不同的望远镜和分析方法对结果进行了交叉验证，使得这个证据非常可信。”

虽然 PTA 探测到的信号很可能是由引力波引起，但是确定这些波的源头是一个更具挑战性的课题。合作组内的成员已经对从粒子物理标准模型扩展开来的“新物理”进行建模，包括暴涨、暗物质以及被称为畴壁和宇宙弦的拓扑缺陷等若干方面。“当然，超大质量双黑洞系统提供了一个可信且自然的解释”，NANOGrav 成员 Maria Charisi 说道。Charisi 及其合作者的模拟显示，数百万个这样的双黑洞系统可以准确再现观测结果。Charisi 表示：如果 PTA 信号归因于超大质量双黑洞系统，那将对天体物理学产生深远影响。观测信号可限制超大质量双黑洞系统的性质，意味着超大质量双黑洞系统比此前预期的更普遍或更重。她补充说，这将解决一个长期存在的问题：超大质量双黑洞系统能否最终并合。若要相互绕转的两颗超大质量黑洞靠近且并合，它们的轨道能量必须被转移到其他物质上。虽然恒星和气体可以提供这样的能量耗散途径，但一些研究人员质疑这种耗散能否使黑洞靠得足够近从而最终并合。如果纳赫兹背景引力波明确起源于这些超大质量黑洞，那意味着双黑洞的轨道已经很致密了，引力波辐射强，因此注定要并合。

随着观测的持续，PTA 将会变得更灵敏，可以界定引力波的波源。例如，对天空中不同位置的引力波振幅的测量将是区分宇宙学和超大质量双黑洞解释的关键——宇宙学波源应该各向同性，而超大质量双黑洞波源则应该来自特定的方向。“最终，PTA 测量应该会足够灵敏，使得人们可以从背景引力波中挑选出单个超大质量双黑洞系统产生的引力波”，

Charisi 说道。这将会打开新的令人激动的多信使天文学观测窗口——类似于 2017 年发现的双中子星并合那样，将引力波和电磁波观测相结合。与 LIGO 探测到的中子星和黑洞合并事件产生的引力波不同，超大质量双黑洞产生的引力波信号不是持续几毫秒，而是持续数千年甚至更长时间。Charisi 说："一旦探测到一个超大质量双黑洞系统产生的引力波，那么我们将能够在电磁波段获得海量的数据进行深入研究。"

"观测到随机背景引力波是革命性的"，宇宙学家 Chiara Caprini 表示。她虽然同意超大质量双黑洞的解释最佳，但也对其他可能的宇宙学起源感到兴奋。她还说，"原初宇宙中的许多过程都可以产生纳赫兹背景引力波"。相比于微波背景辐射，纳赫兹背景引力波可以让人们窥视更早期的宇宙，远早于微波背景辐射刻画的大爆炸后 38 万年。LIGO 合作组成员 Chad Hanna 认为，发现背景引力波与 LIGO/Virgo 首次探测到黑洞并合事件同等重要。"LIGO 曾经在千赫兹波段打开了利用引力波探索浩瀚宇宙之门，如今 PTA 开启了全新的纳赫兹低频引力波领域"，他说道。

节选自《物理》2023 年第 52 卷第 8 期，用脉冲星捕获背景引力波，作者：徐仁新.

第3章 动量守恒定律和能量守恒定律

牛顿第二定律给出了力和因该力而产生的加速度之间的瞬时关系，在力学中不仅要研究力的瞬时效应，而且还要研究力持续地作用于质点或质点系时，对质点或质点系运动状态的变化所产生的累积效应，即力对时间的累积效应. 同时，力持续作用于质点(系)还能引起力对空间的累积效应. 在这两种累积作用中，质点或质点系的动量、动能或能量将发生变化或转移.

动量守恒定律和能量守恒定律不仅适用于力学，而且为物理学中各种运动形式所遵守. 实践表明，动量守恒定律和能量守恒定律一样，是比牛顿运动定律更重要、更基本的定律，不但适用于宏观物理过程，在微观领域同样有效，而且也适用于化学等其他过程.

本章的主要内容有：质点和质点系的动量定理和动能定理，势能、保守力与非保守力等概念，以及功能原理、动量守恒定律、机械能守恒定律和能量守恒定律.

3.1 质点和质点系的动量定理

3.1.1 质点的动量定理

1. 动量

质点的质量 m 与其速度 $\boldsymbol{v}$ 的乘积 $m\boldsymbol{v}$ 称为质点的动量，用符号 $\boldsymbol{p}$ 来表示，即

$$\boldsymbol{p}=m\boldsymbol{v} \tag{3.1.1}$$

动量 $\boldsymbol{p}$ 是矢量，其方向和质点速度方向相同.

按照牛顿提出时的原始形式，牛顿第二定律是用动量来描述的，其表达式为

$$\boldsymbol{F}=\frac{\mathrm{d}\boldsymbol{p}}{\mathrm{d}t}=\frac{\mathrm{d}}{\mathrm{d}t}(m\boldsymbol{v}) \tag{3.1.2}$$

式(3.1.2)表明，作用在物体上的合力等于该瞬时物体动量随时间的变化率，即物体动量变化的快慢反映了物体所受合力的大小，物体动量变化的方向反映了物体所受合力的方向.

在经典力学中，运动物体的速度远比光速小($v\ll c$)，质量可以看作是不变的常量，牛顿第二定律可表示为

$$\boldsymbol{F}=\frac{\mathrm{d}\boldsymbol{p}}{\mathrm{d}t}=\frac{\mathrm{d}(m\boldsymbol{v})}{\mathrm{d}t}=\frac{\mathrm{d}m}{\mathrm{d}t}\boldsymbol{v}+m\frac{\mathrm{d}\boldsymbol{v}}{\mathrm{d}t}$$

式中等式右边的第一项等于零，则上式可写为

$$F = m\frac{dv}{dt} = ma \tag{3.1.3}$$

这就是通常使用的牛顿第二定律的数学表达式.

2. 冲量

由牛顿第二定律的数学表达式

$$F = \frac{dp}{dt} = \frac{d}{dt}(mv)$$

得

$$F\,dt = d(mv) \tag{3.1.4}$$

式(3.1.4)表明，物体动量的改变量 $d\boldsymbol{p}$ 是由物体所受的合力 $\boldsymbol{F}$ 及其作用时间 dt 的乘积决定的，物体所受合力 $\boldsymbol{F}$ 越大，力的作用时间越长，物体动量的改变量就越大. 为了描述力对时间的这种积累效应，定义力与力的作用时间的乘积为力的**冲量**，通常用符号 $\boldsymbol{I}$ 表示. 冲量是矢量，其方向是动量改变量的方向；冲量是一个过程量，它不仅与力有关，还与力的作用持续时间有关. 式中 $\boldsymbol{F}\,dt$ 称为在 dt 时间内合力 $\boldsymbol{F}$ 的元冲量，用 $d\boldsymbol{I}$ 来表示. 因为在极短的时间 dt 内，$\boldsymbol{F}$ 可视为不变，所以元冲量 $d\boldsymbol{I}$ 的方向与 $\boldsymbol{F}$ 的方向相同. $d(m\boldsymbol{v})$ 为在时间 dt 内物体动量的增量.

如果作用在物体上的变力 $\boldsymbol{F}$ 持续地从 t_1 时刻到 t_2 时刻，对式(3.1.4)积分，可以求出这段时间内力 $\boldsymbol{F}$ 对物体持续作用效应，即

$$\boldsymbol{I} = \int_{t_1}^{t_2} \boldsymbol{F}\,dt = \int_{p_1}^{p_2} d\boldsymbol{p} = \boldsymbol{p}_2 - \boldsymbol{p}_1 \tag{3.1.5}$$

式中，$\boldsymbol{p}_1$ 是物体在初始时刻 t_1 的动量；$\boldsymbol{p}_2$ 是物体在末时刻 t_2 的动量；$\boldsymbol{p}_2 - \boldsymbol{p}_1$ 是 $\Delta t = t_2 - t_1$ 这段时间间隔内物体动量的增量；力对时间的积分 $\int_{t_1}^{t_2} \boldsymbol{F}\,dt$ 定义为力 $\boldsymbol{F}$ 在 $\Delta t = t_2 - t_1$ 这段时间间隔内的冲量. 由此可见，冲量就是力对时间的积累.

如果力为恒力，即力不随时间变化，则式(3.1.5)的表达式可变为

$$\boldsymbol{I} = \int_{t_1}^{t_2} \boldsymbol{F}\,dt = \boldsymbol{F}(t_2 - t_1) = \boldsymbol{F}\Delta t \tag{3.1.6}$$

式(3.1.6)表明，恒力的冲量等于力与作用时间的乘积，恒力冲量的方向与力的方向一致.

例 3.1.1　一质量为 4 kg 的物体由高处自由下落. 试求物体由开始下落 19.6 m 过程中重力的冲量.

解　根据自由落体规律，物体由开始下落 19.6 m 过程中所需的时间为

$$\Delta t = \sqrt{\frac{2h}{g}} = \sqrt{\frac{2 \times 19.6}{9.8}} = 2\ \text{s}$$

重力是恒力，根据恒力的冲量计算式，有

$$I = F\Delta t = mg\Delta t = 4 \times 9.8 \times 2 = 78.4\ \text{N} \cdot \text{s}$$

冲量方向与重力方向一致，竖直向下.

例 3.1.2　质量为 $m = 1.0$ kg 的物体在 $\boldsymbol{F} = (2t + t^2)\boldsymbol{i}$ 的力作用下运动，时间、力均为国际单位制. 求 0 s 到 2 s 内力的冲量.

解　根据力随时间的变化关系可知，本题中力的大小随时间变化，所以属于变力的冲量问题. 根据冲量的定义有

$$I = \int_{t_1}^{t_2} F\,dt = \int_0^2 (2t + t^2) \cdot i\,dt = \frac{20}{3} i$$

3. 质点的动量定理

容易看出，式(3.1.4)实际就是前面用动量形式表示的牛顿第二定律，也就是质点的动量定理的微分形式.

若变力作用的时间间隔为 $t_2 - t_1$，以 v_1、v_2 分别表示在 t_1、t_2 时刻物体的速度，对式(3.1.4)两边积分：

$$\int_{t_1}^{t_2} F\,dt = \int_{v_1}^{v_2} d(mv) = mv_2 - mv_1 \tag{3.1.7}$$

式(3.1.7)左边积分 $\int_{t_1}^{t_2} F \cdot dt$ 是变力 F 在时间间隔 $t_2 - t_1$ 中的冲量，用符号 I 表示：

$$I = \int_{t_1}^{t_2} F \cdot dt$$

式(3.1.7)右边为受力物体动量的增量，即

$$mv_2 - mv_1 = p_2 - p_1$$

所以式(3.1.7)可进一步表示为

$$I = p_2 - p_1 \tag{3.1.8}$$

式(3.1.8)表明，物体所受合力的冲量等于物体动量的增量，这一关系称为质点的**动量定理**. 式(3.1.7)或式(3.1.8)就是质点动量定理的普遍表达式，也称为质点动量定理的积分形式. 由于冲量的方向与动量增量方向相同，所以，当 F 为恒力时，式(3.1.7)就变成以下形式：

$$F(t_2 - t_1) = mv_2 - mv_1 \tag{3.1.9}$$

动量定理表明，力持续作用一段时间的积累效应，表现为这段时间内受力物体运动状态的变化. 而牛顿第二定律说明的是在力的瞬时作用下物体的运动状态在该瞬时的变化趋势.

下面对动量定理作以下几点说明：

(1) 冲量是个矢量，冲量的大小和方向与整个过程中力的性质有关. 由于冲量的方向与动量增量的方向相同，所以，在一般情况下，冲量的方向可由动量的增量方向确定.

(2) 在质点运动过程中，尽管外力时刻改变着，质点运动速度的大小和方向也在时刻改变着，但是质点动量的改变量却总是遵循动量定理. 不管质点在运动的过程中动量变化的细节如何，始末状态动量的差值却总是等于该过程中力的冲量.

(3) 动量定理是一矢量表达式，它在直角坐标系中可以写成分量形式.

$$\begin{cases} I_x = \int_{t_1}^{t_2} F_x dt = mv_{2x} - mv_{1x} \\ I_y = \int_{t_1}^{t_2} F_y dt = mv_{2y} - mv_{1y} \\ I_z = \int_{t_1}^{t_2} F_z dt = mv_{2z} - mv_{1z} \end{cases} \tag{3.1.10}$$

式(3.1.10)表明，在一段时间内，作用于物体上的合外力沿某一坐标轴投影的冲量等于同一时间内质点动量沿坐标轴投影的增量.

4. 平均冲力

动量定理常用于研究打桩、碰撞、打击、爆破等问题. 通常将两物体在碰撞瞬间相互作用的力称为冲力. 先考虑冲力方向不变的情形. 图 3.1.1 所示为某冲力随时间变化曲线，这时可以直接考虑冲量的大小 $I=\int_{t_1}^{t_2}F\,\mathrm{d}t$，它就等于冲力随时间变化曲线下的面积. 现在找出一个恒力 $\bar{F}$，使它在同样时间 t_2-t_1 内的冲量与 I 相等，即图中所示矩形的阴影面积与冲力曲线下的面积相等，则可用这个恒力 $\bar{F}$ 的冲量来代替变力的冲量，这时冲量可简化成

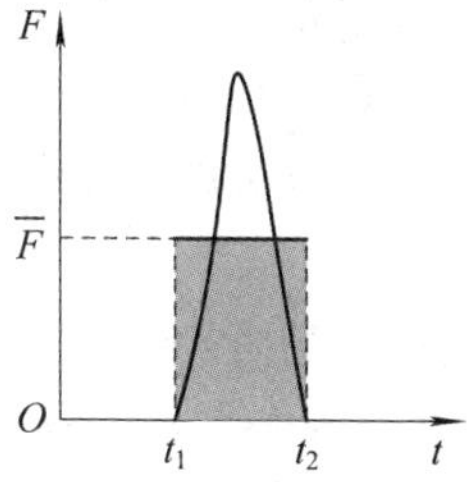

图 3.1.1　某冲力随时间变化曲线

$$\int_{t_1}^{t_2}F\cdot\mathrm{d}t=\bar{F}\cdot(t_2-t_1) \tag{3.1.11}$$

此恒力 $\bar{F}$ 称为平均冲力.

由于在冲击、碰撞等过程中，实际的冲力变化的情况很复杂，很难把每一时刻的力度都量出来，但根据式(3.1.7)，可以由过程中的动量变化求出冲量，再根据式(3.1.11)求出平均冲力. 平均冲力的计算对于估计碰撞或打击的机械效果十分有用.

在合外力的方向也随时变化的复杂过程中，平均冲力可定义为

$$\int_{t_1}^{t_2}\boldsymbol{F}\cdot\mathrm{d}t=\bar{\boldsymbol{F}}\cdot(t_2-t_1) \tag{3.1.12}$$

或

$$\bar{\boldsymbol{F}}=\frac{\int_{t_1}^{t_2}\boldsymbol{F}\,\mathrm{d}t}{t_2-t_1}=\frac{\boldsymbol{I}}{t_2-t_1} \tag{3.1.13}$$

在式(3.1.13)中，平均冲力 $\bar{\boldsymbol{F}}$ 也是一个矢量，其方向与变力的冲量 $\boldsymbol{I}$ 方向相同.

根据质点的动量定理可知，平均冲力 $\bar{\boldsymbol{F}}$ 可由受力物体的动量增量求得，即

$$\bar{\boldsymbol{F}}=\frac{m\boldsymbol{v}_2-m\boldsymbol{v}_1}{t_2-t_1} \tag{3.1.14}$$

由式(3.1.14)可知，平均冲力的大小不仅决定于受力物体动量增量的大小，而且也与作用时间长短有关. 对于相同的动量改变，作用时间 t_2-t_1 越短，冲力就越大. 例如，工人在高空操作时，万一不慎跌落到地面上，在与地面碰撞过程中，人的动量将发生一定的改变，人的身体将受到地面给予的很大冲力而致伤残. 但如果安置安全网，人落在柔软的网上，在身体停止运动之前，人与网有较长的作用时间，虽然人的动量将发生同样的改变，但作用于人身上的冲力就小得多，从而起到安全保护的作用.

动量定理适用于任何形式的质点运动，尤其在处理碰撞、冲击等过程时更为方便.

同一质点在不同的惯性系中运动，速度的描述不同，动量的描述也不同，但在相同的时间内，质点动量的增量是不变的. 因为动量定理是由牛顿定律推导出来的，所以动量定理适用于所有的惯性系.

例 3.1.3　质量为 2.5 g 的乒乓球以 10 m · s^{-1} 的速率飞来，被板子推挡后，又以 20 m · s^{-1} 的速率飞出. 设两速度在垂直于板面的同一平面内，且它们与板面法线的夹角分别为 45°和 30°(见例 3.1.3 图). 求：

(1) 乒乓球得到的冲量；

(2) 若撞击时间为 0.01 s，乒乓球施予板的平均冲力.

解 (1) 取挡板和球为研究对象，由于作用时间很短，忽略重力影响. 则根据动量定理有

$$\boldsymbol{I} = m\boldsymbol{v}_2 - m\boldsymbol{v}_1$$

取如图所示的直角坐标系，则上式的分量形式为

$$\begin{cases} I_x = mv_{2x} - mv_{1x} = mv_2\cos 30° - mv_1\cos 135° = 0.061\ \text{N}\cdot\text{s} \\ I_y = mv_{2y} - mv_{1y} = mv_2\sin 30° - mv_1\cos 45° = 0.007\ \text{N}\cdot\text{s} \end{cases}$$

所以乒乓球得到的冲量为

$$\boldsymbol{I} = I_x\boldsymbol{i} + I_y\boldsymbol{j} = 0.061\boldsymbol{i} + 0.007\boldsymbol{j}$$

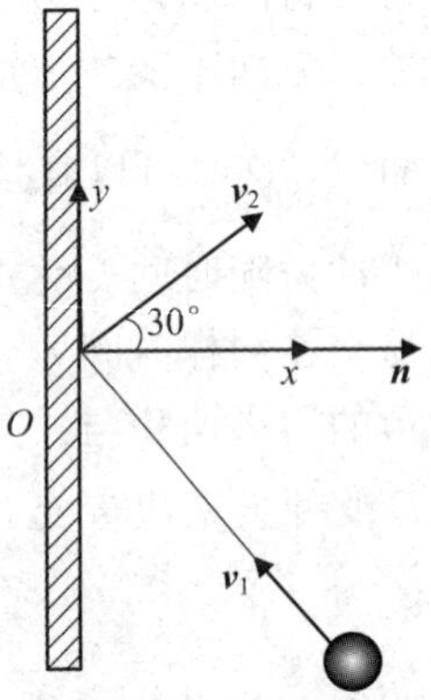

例 3.1.3 图

(2) 设挡板对球的平均冲力为$\overline{\boldsymbol{F}}$，由 $\boldsymbol{I}=\overline{\boldsymbol{F}}(t_2-t_1)$，可得挡板对球的平均冲力为

$$\overline{\boldsymbol{F}} = \frac{\boldsymbol{I}}{t_2 - t_1} = \frac{0.061\boldsymbol{i} + 0.007\boldsymbol{j}}{0.01} = 6.1\boldsymbol{i} + 0.7\boldsymbol{j}$$

由牛顿第三定律，板给乒乓球的平均反冲力 $\overline{\boldsymbol{F}}$ 与乒乓球给板的平均冲力 $\overline{\boldsymbol{F}}'$是一对作用力与反作用力，所以，乒乓球给板的平均冲力 $\overline{\boldsymbol{F}}'=-\overline{\boldsymbol{F}}$，即大小相等，方向相反.

由计算结果可以看出，如果碰撞时间 Δt 很短，那么平均冲力将远远大于重力. 在一般碰撞、冲击中，由于冲力极大而作用时间极短，作用在物体上的其他外力(例如重力等)与冲力相比，完全可以忽略不计.

3.1.2 质点系的动量定理

在分析运动问题时，往往需要把有相互作用的若干物体作为一个整体加以考虑，当这些物体都可看作质点时，就把这些有相互联系的质点所组成的系统称为**质点系**，简称为**系统**.

系统内各质点间的相互作用力称为系统的**内力**，系统外的其他物体对系统内任一质点的作用力称为系统所受的**外力**. 内力和外力都是相对于系统而言的. 例如，在研究地球与月球运动时，如果把地球和月球看作一个系统，则地球与月球间的相互吸引力就是系统的内力，而系统以外的物体，如太阳和其他行星对地球和月球的引力都是系统所受的外力. 所以判断一个力是内力还是外力，都是根据所选的系统而定的.

可以证明，对于一个质点系，动量定理依然成立.

首先来讨论由两个质点组成的系统，如图 3.1.2 所示，设质点的质量分别为 m_1 和 m_2，每个质点受到的合外力分别为 $\boldsymbol{F}_1$ 和 $\boldsymbol{F}_2$，两质点间相互作用的内力分别为 $\boldsymbol{f}_{12}$ 和 $\boldsymbol{f}_{21}$. 在外力和内力作用下，两个质点的运动状态就要发生变化. 设力的作用时间为 $\Delta t=t_2-t_1$，质量为 m_1 的质点速度由 $\boldsymbol{v}_{10}$ 变到 $\boldsymbol{v}_1$，质量为 m_2 的质点速度由 $\boldsymbol{v}_{20}$ 变到 $\boldsymbol{v}_2$.

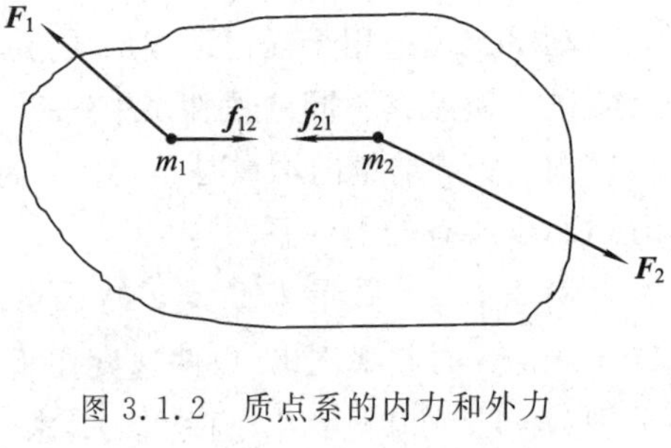

图 3.1.2 质点系的内力和外力

对质点 m_1 运用动量定理，有

$$\int_{t_1}^{t_2}(\boldsymbol{F}_1 + \boldsymbol{f}_{12})\mathrm{d}t = m_1\boldsymbol{v}_1 - m_1\boldsymbol{v}_{10}$$

对质点 m_2 运用动量定理，有

$$\int_{t_1}^{t_2}(\boldsymbol{F}_2+\boldsymbol{f}_{21})\mathrm{d}t=m_2\boldsymbol{v}_2-m_2\boldsymbol{v}_{20}$$

将以上两式相加，得

$$\int_{t_1}^{t_2}(\boldsymbol{F}_1+\boldsymbol{F}_2+\boldsymbol{f}_{12}+\boldsymbol{f}_{21})\mathrm{d}t=(m_1\boldsymbol{v}_1+m_2\boldsymbol{v}_2)-(m_1\boldsymbol{v}_{10}+m_2\boldsymbol{v}_{20}) \tag{3.1.15}$$

$\boldsymbol{f}_{12}$ 和 $\boldsymbol{f}_{21}$ 是一对作用力与反作用力，由牛顿第三定律有

$$\boldsymbol{f}_{12}=-\boldsymbol{f}_{21}$$

移项得

$$\boldsymbol{f}_{12}+\boldsymbol{f}_{21}=0 \tag{3.1.16}$$

将式(3.1.16)代入式(3.1.15)，得

$$\int_{t_1}^{t_2}(\boldsymbol{F}_1+\boldsymbol{F}_2)\mathrm{d}t=(m_1\boldsymbol{v}_1+m_2\boldsymbol{v}_2)-(m_1\boldsymbol{v}_{10}+m_2\boldsymbol{v}_{20}) \tag{3.1.17}$$

式(3.1.17)左边是作用在系统上的外力的冲量矢量和，称为系统外力的总冲量．该式右边第一项是系统内两质点末动量的矢量和，称为系统的末动量；右边第二项是系统内两质点初动量的矢量和，称为系统的初动量．右边这两项相减表示系统动量的增量．因此，上式表明，作用在系统上的外力的总冲量等于系统动量的增量．

这个结论也适用于任意多个质点所组成的质点系．设有一个由 n 个质点组成的系统，由于系统中内力总是成对出现的，根据牛顿第三定律，内力冲量的总和恒为零，因此有

$$\int_{t_1}^{t_2}\sum_{i=1}^{n}\boldsymbol{F}_i\mathrm{d}t=\sum_{i=1}^{n}m_i\boldsymbol{v}_i-\sum_{i=1}^{n}m_i\boldsymbol{v}_{i0} \tag{3.1.18}$$

式(3.1.18)即为质点系的**动量定理**，可表述为：系统所受合外力的冲量等于系统总动量的增量．

从形式上看，质点系的动量定理和单个质点的动量定理是一样的，但实际上，它们有很大的不同．质点系的动量定理表明，只有外力的作用才能改变系统的总动量．由于系统内力是成对出现的，内力冲量的矢量和恒为零，因此，内力不能影响系统的总动量．例如车上的乘客无论怎样推车(是内力)，车也不可能获得动量前进，这就是由于对车和乘客组成的系统而言，乘客推车的力与车推乘客的力是一对内力．只有设法使车轮旋转起来，靠地面给车轮的摩擦力(是外力)才能使车前进．尽管内力不会改变系统的总动量，但是会改变系统内单个质点的动量．

式(3.1.18)是动量定理的矢量表达式，在直角坐标系中的分量式为

$$\begin{cases}\displaystyle\int_{t_1}^{t_2}\sum_{i=1}^{n}F_{ix}\mathrm{d}t=\sum_{i=1}^{n}m_iv_{ix}-\sum_{i=1}^{n}m_iv_{i0x}\\ \displaystyle\int_{t_1}^{t_2}\sum_{i=1}^{n}F_{iy}\mathrm{d}t=\sum_{i=1}^{n}m_iv_{iy}-\sum_{i=1}^{n}m_iv_{i0y}\\ \displaystyle\int_{t_1}^{t_2}\sum_{i=1}^{n}F_{iz}\mathrm{d}t=\sum_{i=1}^{n}m_iv_{iz}-\sum_{i=1}^{n}m_iv_{i0z}\end{cases} \tag{3.1.19}$$

式(3.1.19)是质点系**动量定理的分量形式**，即一力学系统的合外力在某方向分量的冲量等于此系统总动量在此方向的分量的增量．

例 3.1.4 质量均匀分布的长为 L、质量为 m 的链条铅直地悬挂，下端触地．如果链条上端突然断开，计算链条下落的过程中，任一时刻作用于地面的压力．

例 3.1.4

解 建立如例 3.1.4 图所示坐标系，设链条下落高度为 x 时，其对地面的作用力为 N，此时链条的动量为

$$p(t)=\frac{m}{L}(L-x)v=mv-\frac{m}{L}xv$$

链条的动量随时间的变化率(速度为变量)为

$$\frac{\mathrm{d}p(t)}{\mathrm{d}t}=mg-\left(\frac{m}{L}v^2+\frac{mx}{L}g\right)$$

作用在整个链条的外力，有重力 mg 和地面对链条的支持力 N'，所以系统所受的合外力为 $mg-N'$，由牛顿第二定律，有

$$mg-N'=mg-\left(\frac{m}{L}v^2+\frac{mx}{L}g\right)$$

可得

$$N'=\frac{m}{L}v^2+\frac{mx}{L}g=\frac{3mgx}{L}$$

由牛顿第三定律可知，链条对地面的作用力 N 与 N' 大小相等方向相反．

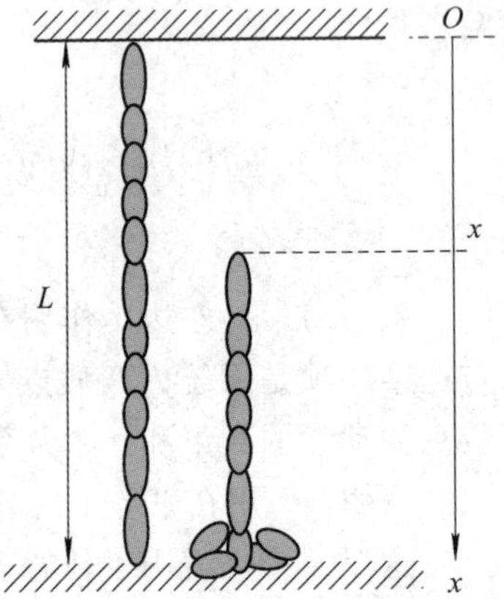

例 3.1.4 图

考虑：若链条离地面高度为 h 时，结果如何？

3.2 动量守恒定律

根据牛顿第二定律的数学表达式 $\sum_{i=1}^{n}\boldsymbol{F}_i=\frac{\mathrm{d}\boldsymbol{p}}{\mathrm{d}t}$ 可知，当系统不受外力或所受外力的矢量和为零，即 $\sum_{i=1}^{n}\boldsymbol{F}_i=0$ 时，可得

$$\sum_{i=1}^{n}m_i\boldsymbol{v}_i=\sum_{i=1}^{n}m_i\boldsymbol{v}_{i0}=\text{常矢量} \tag{3.2.1}$$

式(3.2.1)表明：当系统所受合外力为零时，系统的总动量保持不变，这就是系统的动量守恒定律，简称为**动量守恒定律**．

回忆一下牛顿第一定律，当物体所受到的合外力为零时，物体将保持静止或者匀速直线运动状态，也就是物体的动量保持不变．

在实际应用中，经常用到动量守恒定律在直角坐标系中的分量表达式，即：

当 $\sum_{i=1}^{n}F_{ix}=0$ 时，

$$\sum_{i=1}^{n}m_iv_{ix}=\sum_{i=1}^{n}m_iv_{i0x}=\text{常量}$$

当 $\sum_{i=1}^{n} F_{iy} = 0$ 时，

$$\sum_{i=1}^{n} m_i v_{iy} = \sum_{i=1}^{n} m_i v_{i0y} = \text{常量}$$

当 $\sum_{i=1}^{n} F_{iz} = 0$ 时，

$$\sum_{i=1}^{n} m_i v_{iz} = \sum_{i=1}^{n} m_i v_{i0z} = \text{常量}$$

上式表明：当系统所受的合外力在某方向的分量为零时，系统的总动量在此方向上的分量守恒.

在应用动量守恒定律时应注意以下几点：

(1) 为了理解质点系动量守恒的意义，将它应用于两个质点组成的系统，这时动量守恒定律式表示为

$$m_1 \boldsymbol{v}_1 + m_2 \boldsymbol{v}_2 = m_1 \boldsymbol{v}_{10} + m_2 \boldsymbol{v}_{20}$$

把等式移项：

$$m_1 \boldsymbol{v}_1 - m_1 \boldsymbol{v}_{10} = -(m_2 \boldsymbol{v}_2 - m_2 \boldsymbol{v}_{20})$$

等式左边表示质点1动量的增量，等式右边表示质点2动量的减少量. 上式表明，质点1动量的增量恰好等于质点2动量的减少量. 也就是动量在两个质点之间的传递. 当系统动量守恒时，系统内各质点的动量都可以发生改变，但这种改变只能是动量在系统内各个质点之间传递，而其总的矢量和保持不变. 系统内动量的传递是通过系统内各质点间相互作用的内力来实现的，系统中的内力不会改变系统的总动量.

(2) 系统动量守恒的条件是系统不受外力或所受合外力为零. 然而，有时系统所受的合外力虽不为零，但与系统的内力相比较，外力远小于内力，这时可以略去外力对系统的作用，认为系统的总动量守恒. 比如两物体的碰撞过程，在相互撞击的过程中，内力往往很大，所以此时即使有外力，也是可以忽略不计的，即认为系统的总动量守恒. 爆炸、打击等问题一般都可以这样处理，这是因为参与这类过程的物体相互作用时间很短，都属于内力远大于外力的过程，所以也可认为系统的总动量守恒.

(3) 在很多力学实际问题中，系统所受的合外力不等于零，而合外力在某个方向上的分量可能等于零，这时，尽管系统的总动量不守恒，但总动量在该方向的分量却是守恒的.

(4) 动量定理和动量守恒定律只在惯性系中才成立. 由于我们是用牛顿定律导出动量定理和动量守恒定律的，所以它们只在惯性系中才成立，因此，运用它们来求解问题时，一定要选取一惯性系作为参考系. 此外，各物体的动量必须相对于同一惯性系.

(5) 动量守恒定律虽然是从牛顿定律导出的，但动量守恒定律的应用却比牛顿运动定律的应用更普遍. 近代的科学实验和理论分析都表明，在自然界中，大到天体间的相互作用，小到质子、中子、电子等微观粒子间的相互作用，都遵守动量守恒定律；而在原子、原子核等微观领域中，牛顿定律却是不适用的. 因此，动量守恒定律是自然界的普遍规律，是物理学中最重要、最基本的规律之一，不管是宏观领域还是微观领域，不管是高速情况还是低速情况下均适用.

下面举例说明动量守恒定律的应用.

例 3.2.1 如例 3.2.1 图(a)所示，炮车以仰角 α 发射一颗炮弹，炮车和炮弹的质量分别是 M 和 m，炮弹的出口速度(炮弹在离开炮筒时相对于炮筒的速度)为 v_2，求炮车的反冲速度 v_1.

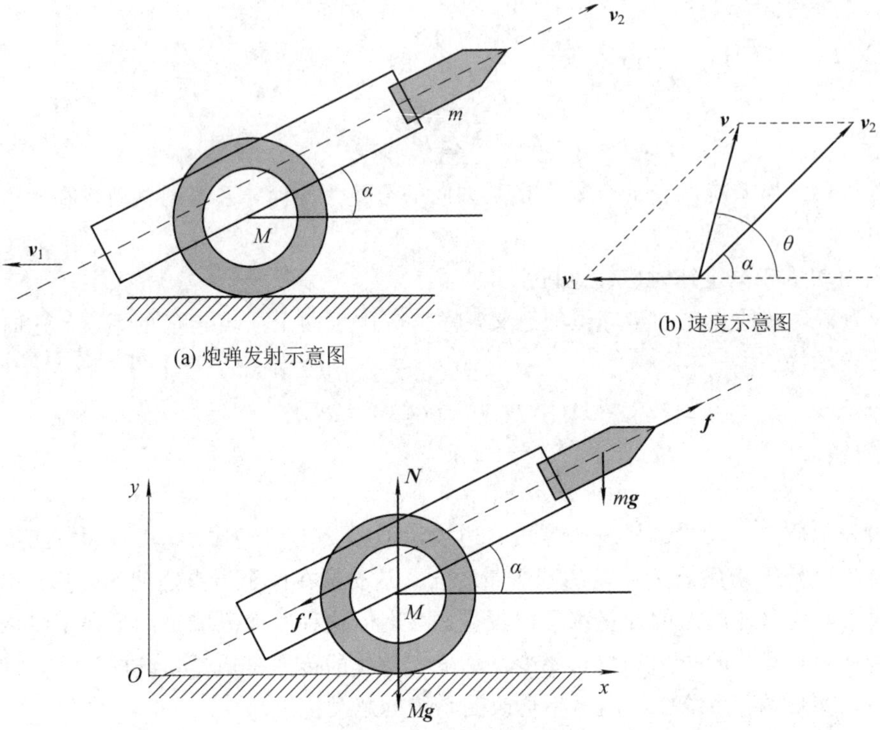

(a) 炮弹发射示意图

(b) 速度示意图

(c) 炮车发射炮弹受力分析图

例 3.2.1 图

解 选地球为惯性参照系，建立二维平面直角坐标系 Oxy，将大炮和炮弹视为质点系，分析发射炮弹前系统所受的外力(如例 3.2.1 图(c)所示)：重力 $(M+m)\boldsymbol{g}$ 和地面对炮车的支持力 $\boldsymbol{N}$ 是一对平衡力. 在炮弹向斜上方发射的过程中，炮弹受到由于火药爆炸而产生的冲击力 $\boldsymbol{f}$ 而射出炮筒，同时炮身受到由于火药爆炸而产生的反冲力 $\boldsymbol{f}'$ 而产生向左下方运动的趋势. 但是炮身向左下方运动时，被地面所阻挡，此时地面对炮身的支持力将以冲力的形式出现，此冲力将大于重力，且影响大炮所受的外力，此时在竖直方向上，则有

$$N-(M+m)g-f'\sin\theta=0$$

可见，在炮弹发射过程中，在竖直方向上动量不守恒(因 $N-(M+M)g\neq 0$)，且整个系统的动量也不守恒(因 $\boldsymbol{N}+(M+m)\boldsymbol{g}\neq 0$). 由于炮弹受到火药爆炸而产生的冲击力 $\boldsymbol{f}$ 与炮身受到由于火药爆炸而产生的反冲力 $\boldsymbol{f}'$ 是一对相互作用的内力. 但是，由于系统所受到的外力都是沿竖直方向的，系统在水平方向上不受外力作用，因此系统在水平方向上动量守恒. 水平方向上动量守恒定律的分量式为

$$-Mv_1+mv_x=0 \tag{1}$$

式中，v_x 为炮弹相对于地面的速度沿水平方向的分量.

炮弹相对于地面的速度(绝对速度 $\boldsymbol{v}$)为

$$\boldsymbol{v}=\boldsymbol{v}_1+\boldsymbol{v}_2$$

选地面为静止参照系，炮车为运动参照系，研究对象为炮弹，则 v_1 为炮身沿水平方向的速度，即牵连速度；v_2 为炮弹相对于炮口的速度，即相对速度.

在 x 方向的投影式为

$$v_x = -v_1 + v_2 \cos\alpha \tag{2}$$

将式(2)代入式(1)，得

$$-Mv_1 + m(-v_1 + v_2 \cos\alpha) = 0$$

解得大炮的反冲速度大小为

$$v_1 = \frac{m}{M+m} v_2 \cos\alpha \quad \text{（方向沿水平向左）}$$

讨论：

(1) 炮弹射出炮口时，对地面的速度 v 与地面夹角不是 α 而是 θ. θ 角由 v_1、v_2 和 α 决定，如例 3.2.1 图(b)所示.

(2) 在这道题中，没有考虑炮车和地面之间的摩擦力，如果考虑摩擦力，则系统在水平方向也受外力作用，系统在水平方向的动量也不守恒，严格来讲就不能应用分动量守恒定律解本题了. 但是由于系统的内力在水平方向的分力远大于摩擦力，在水平方向的摩擦力可以忽略不计，因此可在水平方向上近似应用动量守恒定律.

例 3.2.2　如例 3.2.2 图所示，在光滑的水平面上，有一质量为 M 长为 l 的小车，车上一端有一质量为 m 的人，起初 m、M 均静止，当人从车一端走到另一端时，则人和车相对地面走过的距离为多少？

例 3.2.2

分析：以人、车为系统，在水平方向上不受外力作用，则系统动量守恒.

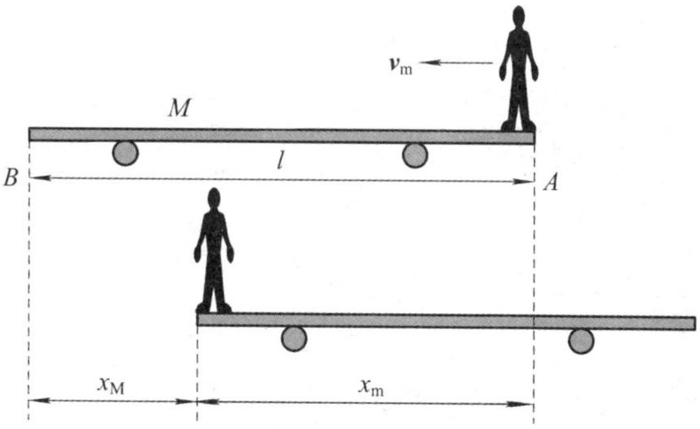

例 3.2.2 图

解　建立如图所示的坐标系，设人相对地面的速度为 $\boldsymbol{v}_m$，车相对地面的速度为 $\boldsymbol{v}_M$，则由动量守恒得

$$m\boldsymbol{v}_m + M\boldsymbol{v}_M = 0$$

标量式为

$$mv_m - Mv_M = 0$$

即

$$mv_m = Mv_M$$

积分得

$$m\int_0^{t_0} v_{\mathrm{m}}\,\mathrm{d}t = M\int_0^{t_0} v_{\mathrm{M}}\,\mathrm{d}t$$

$$mx_{\mathrm{m}} = Mx_{\mathrm{M}} \tag{1}$$

可知

$$x_{\mathrm{m}} + x_{\mathrm{M}} = l \tag{2}$$

由式(1)和式(2)得

$$\begin{cases} x_{\mathrm{m}} = \dfrac{M}{m+M}l \\ x_{\mathrm{M}} = \dfrac{m}{m+M}l \end{cases}$$

即人相对于地面移动的距离为$\frac{M}{m+M}l$，车相对于地面移动的距离也为$\frac{m}{m+M}l$.

3.3 动能定理

3.3.1 功

1. 恒力的功

恒力 $\boldsymbol{F}$ 作用在沿直线运动的质点 M 上，如图 3.3.1 所示，质点从 a 点运动到 b 点的过程中，力 $\boldsymbol{F}$ 作用点的位移为 $\boldsymbol{s}$，力与位移之间的夹角为 θ，则力 $\boldsymbol{F}$ 在位移 $\boldsymbol{s}$ 上的功 W 定义为

$$W = Fs\cos\theta \tag{3.3.1}$$

即恒力 $\boldsymbol{F}$ 对物体所做的功定义为力在物体位移方向的分量与物体位移大小的乘积.

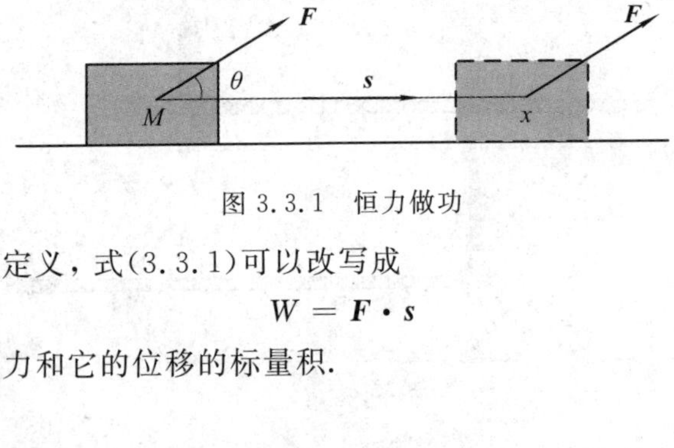

图 3.3.1 恒力做功

根据矢量标积的定义，式(3.3.1)可以改写成

$$W = \boldsymbol{F}\cdot\boldsymbol{s} \tag{3.3.2}$$

即功等于质点所受的力和它的位移的标量积.

2. 变力的功

若有一质点沿如图 3.3.2 所示的路径由点 a 运动到点 b，而在这过程中作用于质点上的力的大小和方向都在改变，则可按如下方法计算变力在曲线 ab 段上所做的功. 先把路径分成许多小段，任取一小段位移，用 $\Delta\boldsymbol{r}_i$ 表示. 在这段位移上质点受到的力 $\boldsymbol{F}_i$ 可视为恒力，力 $\boldsymbol{F}_i$ 与位移 $\Delta\boldsymbol{r}_i$ 之间的夹角为 θ_i，则力在位移 $\Delta\boldsymbol{r}_i$ 中所做的元功 $\Delta W_i = \boldsymbol{F}_i\cdot\Delta\boldsymbol{r}_i = |\boldsymbol{F}_i||\Delta\boldsymbol{r}_i|\cos\theta_i$. 然后把沿整个路径的所有元功加起来就得到沿整个路径力对质点做的功，即

$$W_{ab} = \sum_i \Delta W_i = \sum_i |\boldsymbol{F}_i||\Delta\boldsymbol{r}_i|\cos\theta_i$$

当 $\Delta\boldsymbol{r}_i$ 为无限小，即 $\Delta\boldsymbol{r}_i\to\mathrm{d}\boldsymbol{r}$ 时，上式用积分表示为

$$W_{ab} = \int_a^b \boldsymbol{F} \cdot \mathrm{d}\boldsymbol{r} = \int_a^b F\ \cos\theta |\mathrm{d}\boldsymbol{r}| \tag{3.3.3}$$

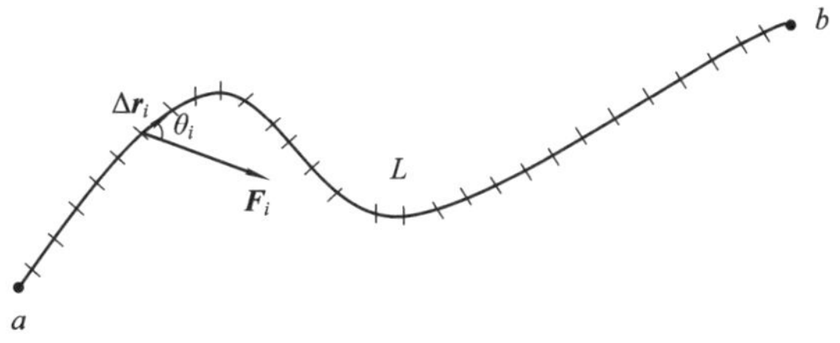

图 3.3.2　变力做功

下面对变力的功作几点讨论：

(1)
$$W = \int_a^b \boldsymbol{F} \cdot \mathrm{d}\boldsymbol{r} \tag{3.3.4}$$

在直角坐标系中，$\boldsymbol{F}$ 和 $\mathrm{d}\boldsymbol{r}$ 可以分别写成

$$\boldsymbol{F} = F_x\boldsymbol{i} + F_y\boldsymbol{j} + F_z\boldsymbol{k}$$
$$\mathrm{d}\boldsymbol{r} = \mathrm{d}x\boldsymbol{i} + \mathrm{d}y\boldsymbol{j} + \mathrm{d}z\boldsymbol{k}$$

故有

$$\mathrm{d}W = F_x\ \mathrm{d}x + F_y\ \mathrm{d}y + F_z\ \mathrm{d}z$$
$$W = \int_a^b (F_x\ \mathrm{d}x + F_y\ \mathrm{d}y + F_z\ \mathrm{d}z) \tag{3.3.5}$$

式(3.3.5)为力对物体所做的功在直角坐标系中的表达式. 式(3.3.3)、式(3.3.4)、式(3.3.5)中的积分是沿曲线路径 ab 进行的线积分，一般来说，线积分的值与积分路径有关.

(2) 如果物体同时受到几个变力 $\boldsymbol{F}_1$，$\boldsymbol{F}_2$，…，$\boldsymbol{F}_n$的作用，则合力 $\boldsymbol{F}$ 为

$$\boldsymbol{F} = \boldsymbol{F}_1 + \boldsymbol{F}_2 + \cdots + \boldsymbol{F}_n$$

合力对物体所做的功为

$$\begin{aligned} W &= \int_a^b \boldsymbol{F} \cdot \mathrm{d}\boldsymbol{r} = \int_a^b (\boldsymbol{F}_1 + \boldsymbol{F}_2 + \cdots + \boldsymbol{F}_n) \cdot \mathrm{d}\boldsymbol{r} \\ &= \int_a^b \boldsymbol{F}_1 \cdot \mathrm{d}\boldsymbol{r} + \int_a^b \boldsymbol{F}_2 \cdot \mathrm{d}\boldsymbol{r} + \cdots + \int_a^b \boldsymbol{F}_n \cdot \mathrm{d}\boldsymbol{r} \\ &= W_1 + W_2 + \cdots + W_n \end{aligned} \tag{3.3.6}$$

式(3.3.6)表明，**合力对物体所做的功，等于每个分力所做的功的代数和**. 显然，上述结果是依据力的叠加原理得出的.

(3) 功是个标量，功的正负取决于力与位移间的夹角 θ. 当 $0\leqslant\theta<\pi/2$ 时，$W>0$，力对物体做正功；当 $\pi/2<\theta\leqslant\pi$ 时，$W<0$，力对物体做负功；当 $\theta=\pi/2$ 时，$W=0$，力对物体不做功.

(4) 功是过程量. 功是力与位移的标积沿曲线路径的线积分，通常情况下功既与质点运动的始末位置有关，又与运动的过程有关. 所以，功是过程量.

在国际单位制中，力的单位是牛顿(N)，位移的单位是米(m)，功的单位是牛顿·米，称为焦耳(J).

例 3.3.1　力 $\boldsymbol{F}=6t\boldsymbol{i}$(SI)作用在 $m=6$ kg 的质点上. 物体沿 x 轴运动. 求前 2 s 内 $\boldsymbol{F}$ 对 m 做的功.

解　研究对象为 m.

直线问题，$\boldsymbol{F}$ 沿 x 轴方向. 由

$$W=\int_a^b \boldsymbol{F}\cdot \mathrm{d}x\boldsymbol{i}$$

可得

$$W=\int_a^b 6t\boldsymbol{i}\cdot \mathrm{d}x\boldsymbol{i}=\int_a^b 6t\ \mathrm{d}x$$

例 3.3.1

因为

$$F=ma=m\frac{\mathrm{d}v}{\mathrm{d}t}=6t$$

所以

$$m\ \mathrm{d}v=6t\ \mathrm{d}t$$

积分得

$$6\int_0^v \mathrm{d}v=\int_0^t 6t\ \mathrm{d}t$$

有

$$v=0.5t^2$$

因为

$$\frac{\mathrm{d}x}{\mathrm{d}t}=v=0.5t^2$$

即

$$\mathrm{d}x=0.5t^2\ \mathrm{d}t$$

得

$$W=\int_0^2 6t\cdot 0.5t^2\ \mathrm{d}t=\frac{3}{4}t^4\Big|_0^2=12\ \mathrm{J}$$

例 3.3.2 一绳索跨过无摩擦的滑轮，系在质量为 m 的物体上，开始时物体静止在光滑的水平面上，若用恒力 $\boldsymbol{F}$ 作用于绳索的另一端，使物体向右作加速运动，当系在物体上的绳索从与水平成 α_1 角变为 α_2 角时，求力对物体所做的功. 已知滑轮顶端离水平面的高度为 h，且不计物体本身高度.

解 本题中力的大小不变，但力对物体的作用方向在变化，所以这是一个变力做功问题. 选取物体的起始点为原点，水平方向为 x 轴.

当物体运动到某一点 x 处时，绳索与 x 轴夹角为 α，由例 3.3.2 图可以得出

$$x=h\cot\alpha_1-h\cot\alpha$$

$$\mathrm{d}x=\frac{h}{\sin^2\alpha}\ \mathrm{d}\alpha$$

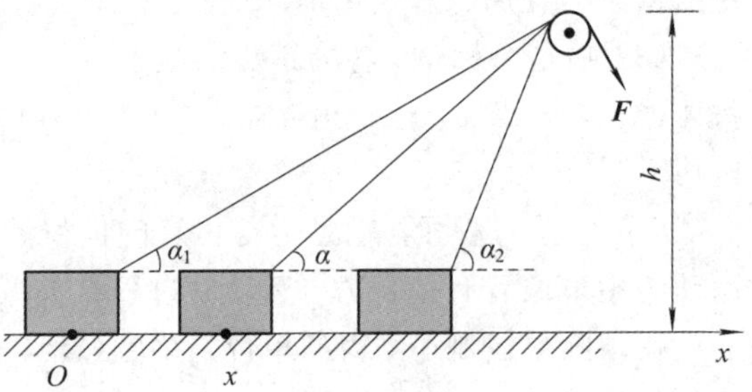

例 3.3.2 图

根据变力做功的公式

$$W=\int_{\alpha_1}^{\alpha_2} F\cos\alpha\cdot\frac{h}{\sin^2\alpha}\ \mathrm{d}\alpha$$

$$=Fh\left(\frac{1}{\sin\alpha_1}-\frac{1}{\sin\alpha_2}\right)$$

由于 $\alpha_2>\alpha_1$，因此 $W>0$，所以拉力对物体做正功.

3. 功率

在做功的因素中不包括时间的因素. 为了反映力对物体做功的快慢，在很多实际情况下，不但要考虑完成的总功，还需要考虑完成总功所需要的时间，物理学中引入功率这一物理量来表示对物体做功的快慢. **功率**定义为单位时间内所做的功，设在 Δt 时间内做功 ΔW，则在这段时间内的**平均功率**为

$$\overline{P} = \frac{\Delta W}{\Delta t} \tag{3.3.7}$$

若 $\Delta t \to 0$，则得某时刻的瞬时功率为

$$P = \lim_{\Delta t \to 0} \frac{\Delta W}{\Delta t} = \frac{\mathrm{d}W}{\mathrm{d}t}$$

由于

$$\Delta W = F \Delta s \cos\theta$$

则

$$P = \lim_{\Delta t \to 0} F \cos\theta \frac{\Delta s}{\Delta t} = Fv \cos\theta = \boldsymbol{F} \cdot \boldsymbol{v} \tag{3.3.8}$$

式(3.3.8)表明，作用在物体上的力 $\boldsymbol{F}$ 的瞬时功率等于作用在物体上的力 $\boldsymbol{F}$ 与物体瞬时速度 $\boldsymbol{v}$ 的标量积，或者瞬时功率等于力在速度方向的分量和速度大小的乘积.

在国际单位制中，功率的单位是瓦特(W)，$1\ \mathrm{W} = 1\ \mathrm{J} \cdot \mathrm{s}^{-1}$.

3.3.2　质点的动能定理

实验表明，当力对质点做功时，质点的动能会发生变化. 比如当铁球从高空下落时，铁球的速度会增加，这是因为重力对铁球做了功；当子弹打穿墙壁时，子弹的速度会降低，这是因为墙壁的阻力对子弹做了负功. 因此，力的作用结果即做功使物体的运动状态发生了变化.

设一质量为 m 的质点在合力为 $\boldsymbol{F}$ 作用下，自点 a 沿曲线移动到点 b，它在点 a 和点 b 的速度分别为 $\boldsymbol{v}_1$ 和 $\boldsymbol{v}_2$，如图 3.3.3 所示. 设作用在位移元 $\mathrm{d}\boldsymbol{r}$ 上的合力 $\boldsymbol{F}$ 与 $\mathrm{d}\boldsymbol{r}$ 之间的夹角为 θ，合力 $\boldsymbol{F}$ 对质点所做的元功为

$$\mathrm{d}W = \boldsymbol{F} \cdot \mathrm{d}\boldsymbol{r} = F \cos\theta |\mathrm{d}\boldsymbol{r}| = F \cos\theta\, \mathrm{d}s$$

根据牛顿第二定律可得任意时刻沿切向的运动方程为

$$F_t = m a_t = m \frac{\mathrm{d}v}{\mathrm{d}t}$$

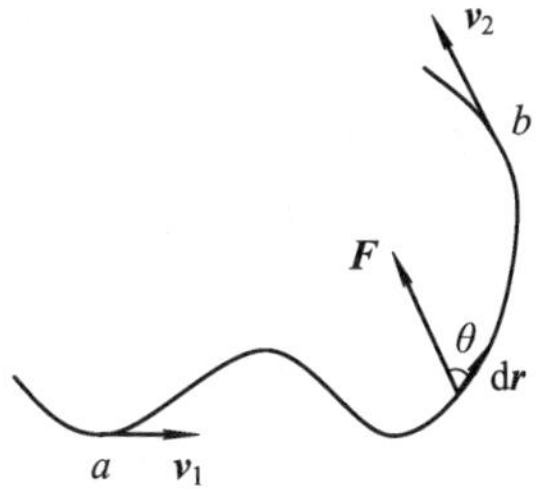

图 3.3.3　动能定理图

F_t 为合力 $\boldsymbol{F}$ 在切线方向的投影量，$F_t = F\cos\theta$，又由 $v = \frac{\mathrm{d}s}{\mathrm{d}t}$ 得 $\mathrm{d}s = v\,\mathrm{d}t$，所以元功为

$$\mathrm{d}W = F \cos\theta\, \mathrm{d}s = m \frac{\mathrm{d}v}{\mathrm{d}t}\mathrm{d}s = m \frac{\mathrm{d}v}{\mathrm{d}s}\frac{\mathrm{d}s}{\mathrm{d}t}\mathrm{d}s = mv\, \mathrm{d}v$$

物体从点 a 沿曲线运动到点 b，合外力所做的功为

$$W = \int_a^b F \cos\theta\, \mathrm{d}s = \int_{v_1}^{v_2} mv\, \mathrm{d}v = \frac{1}{2} m v_2^2 - \frac{1}{2} m v_1^2 \tag{3.3.9}$$

定义 $E_k = \frac{1}{2} m v^2$，称为质点在速度为 v 时的动能. $E_{k1} = \frac{1}{2} m v_1^2$ 表示物体的初动能，$E_{k2} = \frac{1}{2}$

mv_2^2表示物体的末动能. 式(3.3.9)可写成

$$W = E_{k2} - E_{k1} \tag{3.3.10}$$

式(3.3.10)表明，合外力对物体所做的功等于物体动能的增量. 这一结论称为**质点的动能定理**. 从质点的动能定理可以看出，当合外力对物体做正功($W>0$)时，物体的动能增加；当合外力对物体做负功($W<0$)时，物体的动能减少，这时，物体依靠自己动能的减少来反抗外力做功. 由此可见，物体以一定速度运动时，就具有一定的动能，物体克服外力做功是以减少自身的动能为代价的.

关于动能定理还应说明以下几点：

(1) 质点的动能定理说明了做功与质点运动状态变化(动能变化)的关系，指出了质点动能的任何改变都是作用于质点的合外力对质点做功所引起的，作用于质点的合外力在某一过程中所做的功，在量值上等于质点在同一过程中动能的增量. 也就是说，功是动能改变的量度. 功与状态的变化过程相联系，反映了力的空间积累效应，是过程量. 动能是描述物体运动状态的物理量，是状态的单值函数，运动状态一旦确定，物体就有确定的动能与之对应，所以动能是状态量.

(2) 质点的动能定理是从牛顿第二定律导出的，它与牛顿第二定律一样，只适用于惯性参照系. 因为位移和速度都与所选取的参照系有关，所以在应用质点的动能定理时，功和动能必须是相对于同一惯性参照系而言的.

(3) 根据动能定理，合外力对物体所做的功等于末状态动能和初状态动能的差值，而不涉及中间状态，因此应用动能定理求解有关力学问题比应用牛顿第二定律求解有关力学问题更简便.

例 3.3.3 质量为 4 kg 的物体作直线运动，受力与坐标关系如例 3.3.3 图所示. 若 $x=0$ 时，$v=1\ \text{m}\cdot\text{s}^{-1}$，试求 $x=8$ m 时速度的大小.

解 在 $x=0$ 到 $x=8$ m 的过程中，外力功为力曲线与横轴围成的面积的代数和. 即

$$W = 20\ \text{J}$$

由动能定理得

$$W = \frac{1}{2}mv_2^2 - \frac{1}{2}mv_1^2$$

即

$$20 = \frac{1}{2}\times 4\times v_2^2 - \frac{1}{2}\times 4\times 1$$

解得

$$v_2 = \sqrt{11}\ \text{m}\cdot\text{s}^{-1}$$

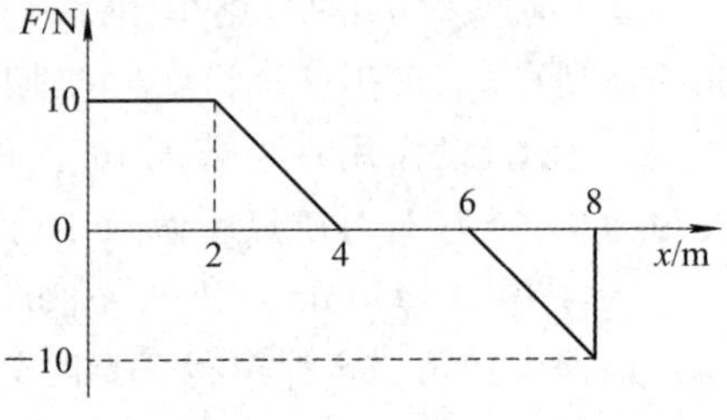

例 3.3.3 图

3.4 保守力与非保守力 势能

3.4.1 几种常见力的做功特点

在一般情况下，力做的功与路径是有关系的，物体由某一确定的初位置 a，经过不同的路径到达另一确定的末位置 b，功的大小是不同的. 但是也有一些力具有特殊的性质，在

这些力作用下，物体由初位置 a 运动到末位置 b 时，功的值与路径是没有关系的. 重力的功、万有引力的功、弹性力的功等都有这种特点. 下面分别计算这三种力的功.

1. 重力的功

当物体在地面附近运动时，重力将对物体做功. 设有一质量为 m 的物体，在重力作用下，由初位置 a 沿 acb 曲线路径运动到末位置 b. a 点和 b 点的高度分别为 h_a 和 h_b，以地球为参照系，建立直角坐标系 $Oxyz$，如图 3.4.1 所示. 下面来计算重力在这段曲线上所做的功. 在曲线上任意一点附近选取位移元 $\mathrm{d}\boldsymbol{r}$，重力对物体所做的元功为

$$\mathrm{d}W = \boldsymbol{F} \cdot \mathrm{d}\boldsymbol{r} = mg\ \cos\theta |\mathrm{d}\boldsymbol{r}|$$

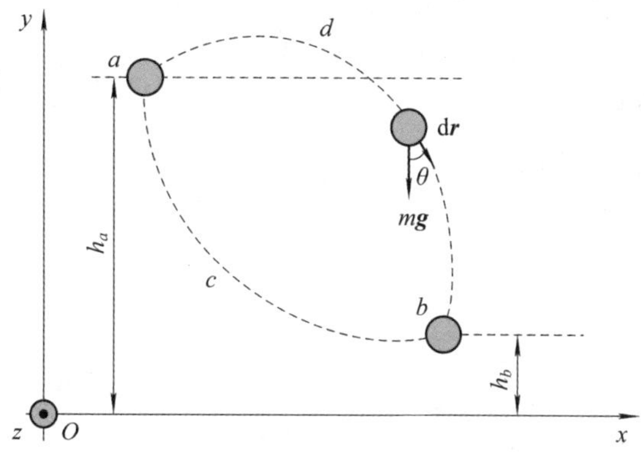

图 3.4.1　重力的功

由图 3.4.1 可知，$\mathrm{d}y = -|\mathrm{d}\boldsymbol{r}|\ \cos\theta$，代入上式，可得

$$\mathrm{d}W = -mg\ \mathrm{d}y$$

式中，$\mathrm{d}y$ 是 $\mathrm{d}\boldsymbol{r}$ 在 y 轴上的投影.

重力对物体所做的总功为

$$W = \int_{y_1}^{y_2} (-mg)\mathrm{d}y = -(mgy_2 - mgy_1) = mgh_a - mgh_b \tag{3.4.1}$$

以上结果表明，重力对物体所做的功，仅与物体的初始位置($y_1 = h_a$)和终点位置($y_2 = h_b$)有关，而与物体所经过的路径形状无关. 物体沿 adb 曲线移动到 b 点，重力所做的功为

$$W_{adb} = W_{acb} = mgh_a - mgh_b$$

由此可得，重力所做的功只与运动物体的始末位置有关，而与运动物体所经历的路径无关. 这是重力做功的一个重要特点.

进一步可以得出，重力沿一闭合曲线 $acbda$ 对物体所做的功为

$$W_{acbda} = W_{acb} + W_{bda}$$

重力方向竖直向下，重力沿 bda 曲线与沿 adb 曲线上的相应的位移元方向相反，所以 bda 曲线上每一位移元内重力所做的元功必然与 adb 曲线上相对应的每一位移元内重力所做的元功大小相等，符号相反，积分后总功为

$$W_{adb} = -W_{bda}$$

则

$$W_{acbda} = W_{acb} - W_{adb} = 0 \tag{3.4.2}$$

因此，重力做功的特点也可以表述为：在重力作用下，物体沿任一闭合路径运动一周，重

力做的功为零.

2. 万有引力的功

人造地球卫星运动时受到地球对它的引力，太阳系的行星运动时受到太阳的引力. 这类问题可以归结为一个运动质点受到来自另一个固定质点的万有引力作用. 下面来计算万有引力对运动质点所做的功.

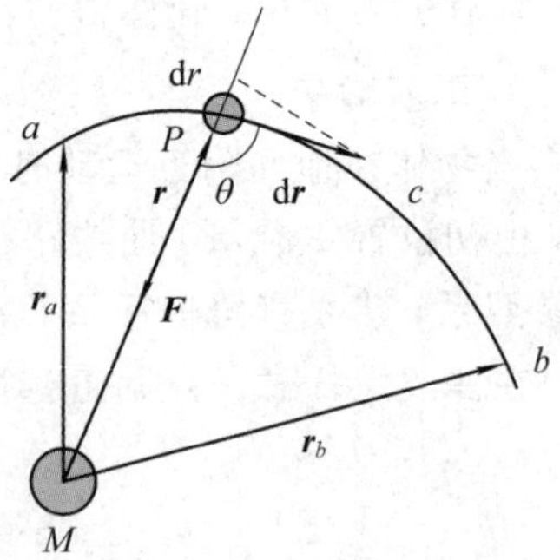

图 3.4.2 万有引力的功

设固定质点的质量为 M，运动质点的质量为 m，运动质点由位置 a 经某一路径 acb 到达位置 b，a、b 两点距固定质点的距离分别为 $\boldsymbol{r}_a$ 和 $\boldsymbol{r}_b$，如图 3.4.2 所示. 在质点运动过程中，它受到的万有引力的大小、方向都在改变，所以这是一个变力做功问题.

设在某一时刻质点运动到距固定质点的距离为 $\boldsymbol{r}$ 的 P 点处，在该处附近取位移元 $\mathrm{d}\boldsymbol{r}$，可近似认为作用在质点 m 上的引力是一个恒力，大小为

$$F = G\frac{Mm}{r^2}$$

那么引力 $\boldsymbol{F}$ 在位移元 $\mathrm{d}\boldsymbol{r}$ 上所做的元功为

$$\mathrm{d}W = F\cos\theta|\mathrm{d}\boldsymbol{r}| \tag{3.4.3}$$

式中，θ 是引力 $\boldsymbol{F}$ 与位移元 $\mathrm{d}\boldsymbol{r}$ 之间的夹角，从图中可以看出

$$|\mathrm{d}\boldsymbol{r}|\cos(\pi-\theta) = \mathrm{d}r$$

$$|\mathrm{d}\boldsymbol{r}|\cos\theta = -\mathrm{d}r \tag{3.4.4}$$

将式(3.4.4)代入式(3.4.3)，可得

$$\mathrm{d}W = -F\,\mathrm{d}r = -G\frac{Mm}{r^2}\mathrm{d}r \tag{3.4.5}$$

所以，质点 m 从 a 点沿曲线 acb 到 b 点的过程中，万有引力做的功为

$$W = \int_a^b \mathrm{d}W = \int_{r_a}^{r_b} -G\frac{Mm}{r^2}\,\mathrm{d}r = GMm\left(\frac{1}{r_b}-\frac{1}{r_a}\right) \tag{3.4.6}$$

式(3.4.6)表明，当质点的质量 M 和 m 均给定时，万有引力的功只与质点 m 的始末位置有关，而与所经历的路径无关. 这是万有引力做功的一个重要特点.

3. 弹性力的功

如图 3.4.3 所示，设有一劲度系数为 k 的弹簧，质量可以忽略不计，放在一水平光滑的桌面上，弹簧一端固定，另一端与一质量为 m 的物体相连. 当弹簧未伸长时，物体不受外力作用，物体位于坐标原点 O(即 $x=0$ 处)，这个位置称为平衡位置. 现以平衡位置 O 为坐标原点，向右为 Ox 轴正向，建立坐标系. 若物体受到沿 Ox 轴正向的外力作用，弹簧将

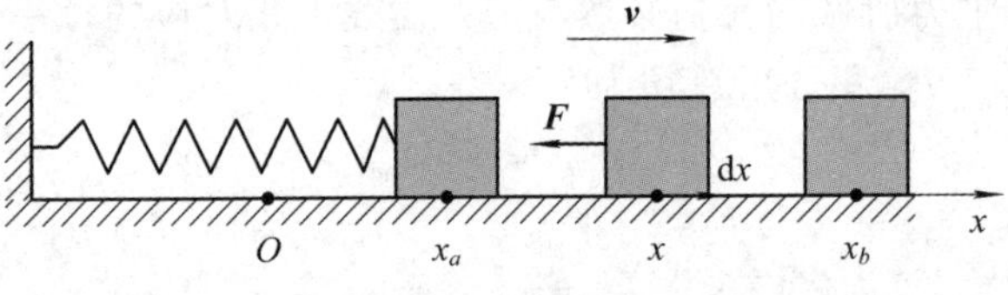

图 3.4.3 弹性力的功

被拉长，当物体处于坐标 x 位置时，弹簧的伸长量为 x，弹簧作用于物体的弹性力为

$$\boldsymbol{F} = -kx\boldsymbol{i}$$

在物体由位置 a(坐标为 x_a)运动到位置 b(坐标为 x_b)的过程中，弹性力是一变力. 但物体在元位移 $\mathrm{d}x\boldsymbol{i}$ 内，弹性力可近似看成是恒力，它所做的元功为

$$\mathrm{d}W = \boldsymbol{F} \cdot \mathrm{d}\boldsymbol{r} = -kx\boldsymbol{i} \cdot \mathrm{d}x\boldsymbol{i} = -kx\,\mathrm{d}x \tag{3.4.7}$$

这样，弹簧由位置 a 运动到位置 b 的过程中，弹性力所做的功为

$$W = \int_{x_a}^{x_b} -kx\,\mathrm{d}x = \frac{1}{2}kx_a^2 - \frac{1}{2}kx_b^2 \tag{3.4.8}$$

由此可见，在弹簧弹性限度范围内，弹性力所做的功只与弹簧的起点位置和终点位置有关，而与弹性形变的过程无关. 由于 x_a 和 x_b 又是弹簧的形变量，因此弹性力所做的功也只取决于质点位于始末位置时弹簧的形变量.

同样，容易计算出物体从 a 点运动到 b 点，再回到 a 点，在整个运动过程中，弹性力做功为零.

3.4.2 保守力与非保守力

通过上面对重力、万有引力和弹性力做功的具体计算中，容易发现它们的共同特点是功与运动物体所经历的路径无关，仅仅由运动物体的起点和终点位置所决定，具有这一特性的力称为**保守力**. 如果物体沿任一闭合路径绕行一周，保守力所做的功为零. 在物理学中，除了以上三种力是保守力之外，分子间的相互作用力与电荷间相互作用的库仑力也是保守力.

设 $\boldsymbol{F}$ 为保守力，则保守力做功与路径无关这一特点用数学表达式可表示为

$$W = \oint_l \boldsymbol{F} \cdot \mathrm{d}\boldsymbol{r} = 0 \tag{3.4.9}$$

物理学中一些常见的力，如摩擦力、压力、张力、冲力、黏滞力等，它们对物体所做的功一般不仅与物体的始末位置有关，而且与路径有关，具有这种性质的力称为**非保守力**或**耗散力**. 下面以摩擦力为例来说明非保守力做功的特点. 如图 3.4.4 所示，设物体在外力 $\boldsymbol{F}$ 的作用下在粗糙水平面上向右作直线运动，在物体移动的位移为 $\boldsymbol{s}$ 的过程中，滑动摩擦力 $\boldsymbol{f}$ 所做的功为

$$W = \boldsymbol{f} \cdot \boldsymbol{s} = fs\cos\pi = -fs$$

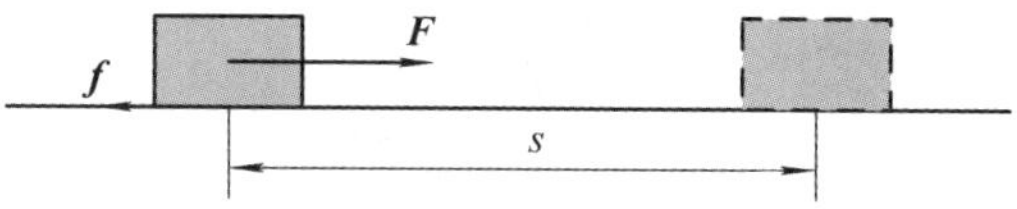

图 3.4.4　摩擦力所做的功

如果物体在外力 $\boldsymbol{F}$ 作用下，在粗糙的水平面内沿半径为 r 的圆周运动一周回到初始状态位置，摩擦力 $\boldsymbol{f}$ 所做的功为

$$W = \int \boldsymbol{f} \cdot \mathrm{d}\boldsymbol{s} = -\int_0^{2\pi r} f\,\mathrm{d}s = -f2\pi r$$

显然，滑动摩擦力对物体所做的功，不仅与物体的初状态和末状态的位置有关，而且与路径的长短有关，或者说物体沿任意闭合路径运动一周时，滑动摩擦力对物体所做的功不等于零. 摩擦力是非保守力，摩擦力所做的功一般转换为内能而耗散掉.

对于非保守力，物体沿任意闭合路径运动一周，做功不为零，即

$$W=\oint_l \boldsymbol{F}_{\text{非保守力}}\cdot \mathrm{d}\boldsymbol{r}\neq 0 \tag{3.4.10}$$

3.4.3 势能

如果一个系统内物体之间存在相互作用的保守力，则当物体的相对位置发生变化时，保守力就要做功，而与物体位置有关的能量就要发生变化，由物体间的相对位置决定的能量，称为系统的**势能**. E_p称为物体在有保守内力系统的势能.

设 E_{pa} 表示系统中的物体在初始位置 a 时的势能，E_{pb} 表示系统中的物体在末位置 b 时的势能，则系统中物体由位置 a 移动到位置 b 时，保守内力对物体所做的功等于物体势能的增量的负值，即

$$W_{\text{保}ab}=-(E_{pb}-E_{pa})=-\Delta E_p \tag{3.4.11}$$

可见，保守内力对物体所做的功决定于系统势能的改变量，也就是决定于起始位置和末位置的势能差. 保守内力对系统做正功，$W_{\text{保内}}>0$，则 $E_{pb}<E_{pa}$，系统的势能减少；保守内力对系统做负功，即外力反抗保守内力做正功，$W_{\text{保内}}<0$，则 $E_{pb}>E_{pa}$，系统的势能增加.

讨论：

(1) 势能这个概念是根据保守力做功的特点而引入的，因此对于一个物体系统而言，只有系统内存在相互作用的保守内力时，才能引入势能的概念. 而非保守力做功与路径有关，所以不能引入相应的势能的概念.

(2) 势能是属于系统的. 物体之所以具有重力势能，是因为地球对物体有重力作用，重力势能就是属于地球和物体所组成的系统的，离开地球谈物体的重力势能是没有任何意义的. 可见势能的存在依赖于物体间的相互作用，势能并不属于某个物体，而是属于相互作用的系统. 平时我们习惯讲“某物体的势能”，只是为了叙述上的方便，实际上是不严谨的.

(3) 势能是一相对量，具有相对的意义. 势能的值与势能零点的选取有关. 通常情况下我们会把重力势能的零点选在地面，引力势能的零点选在无穷远处，弹性势能的零点选在平衡位置. 一般情况下，势能零点可以任意选取，以势能的表达式简单为原则. 因此，在计算某一物体系的势能时，必须指明所选定的零势能参考位置. 例如选取位置 b 为势能零点，即规定 $E_{pb}=0$，则由上式

$$W_{\text{保}ab}=E_{pa}-0$$

$$E_{pa}=W_{\text{保}ab}=\int_a^b \boldsymbol{F}\cdot \mathrm{d}\boldsymbol{r}=\int_a^0 \boldsymbol{F}\cdot \mathrm{d}\boldsymbol{r} \tag{3.4.12}$$

式(3.4.12)表明，物体在任一位置的势能等于把物体由该位置移到势能零点的过程中保守力做的功.

(4) 势能的差值具有绝对性. 选择不同的势能零点，质点在同一位置的势能值不相同，但任意两个给定位置间的势能之差却总是一定的，与势能零点的选择无关.

(5) 势能是状态量，是状态的单值函数，势能的大小随着系统相对位置变化而变化.

(6) 势能的单位与动能的单位相同，在国际单位制中，势能的单位也是焦耳.

保守力的种类不同，就有不同种类的势能. 下面就我们熟知的三种保守力对应的势能

进行讨论.

1. 重力势能

质点处于地球表面附近任一点时，都具有重力势能. 在式(3.4.1)中，如果令 $h_a=h$，$h_b=0$，这时重力所做的功为

$$W=\int_h^0(-mg)\mathrm{d}y=mgh$$

因此，我们认识到，这一量值表示物体在高度 h 处(与物体在高度 $h=0$ 处相比较)时，由于重力所具有的做功本领。所以通常把 mgh，即物体所受的重力和高度的乘积，称为物体与地球所组成的系统的重力势能，简称为物体的**重力势能**，即

$$E_\mathrm{p}=mgh \tag{3.4.13}$$

2. 万有引力势能

通常选无穷远处为万有引力势能的零点. 根据势能定义，质点在某点所具有的万有引力势能等于把质量为 m 的质点从该点移动到无穷远的过程中万有引力所做的功，如图 3.4.5 所示，则 m 所具有的势能为

$$E_\mathrm{p}=\int_r^\infty\left(-G\frac{Mm}{r^2}\right)\mathrm{d}r=-G\frac{Mm}{r}$$

即**万有引力势能**为

$$E_\mathrm{p}=-G\frac{Mm}{r} \tag{3.4.14}$$

式中，r 为质点距离引力中心的距离. 这个势能值总是负值，这就表示，当质点在距离引力中心为有限距离处时的势能总比它在无限远处时的势能小.

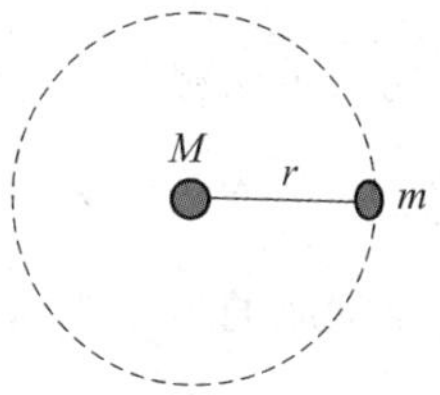

图 3.4.5　万有引力势能

3. 弹性势能

对弹性势能来说，通常选弹簧原长处为弹性势能零点. 设弹簧劲度系数为 k，以弹簧原长处为坐标原点，质点处在弹簧形变量为 x 处所具有的弹性势能就等于把质点从该点移动到坐标原点处弹力所做的功，即

$$E_\mathrm{p}=\int_x^0(-kx)\,\mathrm{d}x=\frac{1}{2}kx^2$$

则弹簧的**弹性势能**为

$$E_\mathrm{p}=\frac{1}{2}kx^2 \tag{3.4.15}$$

即弹簧的弹性势能等于弹簧的劲度系数与其形变量平方乘积的二分之一.

3.4.4　势能曲线

如果给定了一个保守力，则可以从势能定义式求得势能. 当坐标系和势能零点一经确定后，物体的势能仅仅是位置坐标的函数，即 $E_\mathrm{p}=E_\mathrm{p}(x, y, z)$，按此函数画出的势能随坐标变化的曲线，称为势能曲线. 图 3.4.6 所示为重力势能曲线，该曲线是一条直线；图 3.4.7 所示为弹性势能曲线，该曲线是一条通过原点的抛物线，在原点处弹性势能最小，为零，是它的平衡位置；图 3.4.8 所示为万有引力势能曲线，该曲线是一条双曲线，从图中可以看出，当 $r\to\infty$时，引力势能趋于零.

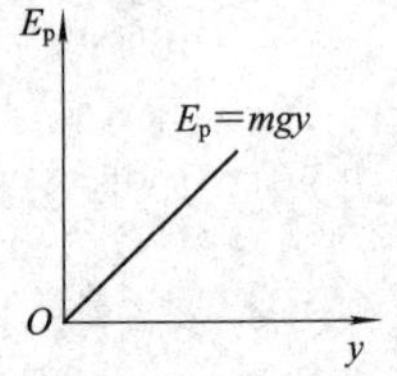

图 3.4.6 重力势能曲线

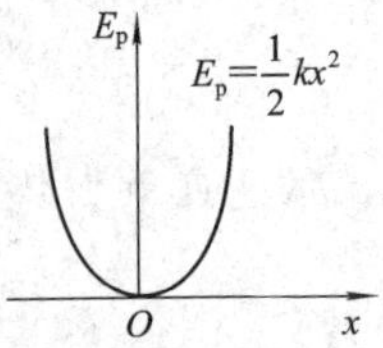

图 3.4.7 弹性势能曲线

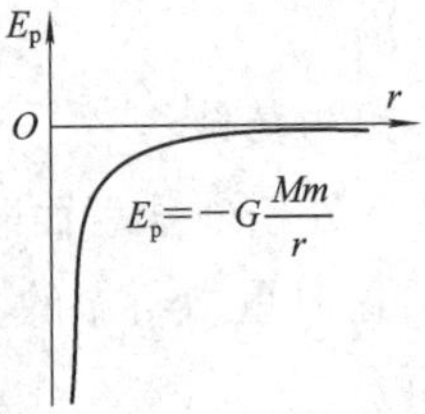

图 3.4.8 万有引力势能曲线

例 3.4.1 已知月球质量为 M，万有引力恒量为 G，一宇宙飞船质量为 m，当它关闭发动机时，只在月球引力场中运动. 当它从距月球中心 R_1 处下降到 R_2 处时，飞船动能增加了多少？

例 3.4.1

解 由质点的动能定理有

$$W = \Delta E_k$$

万有引力为

$$\boldsymbol{F} = -G\frac{Mm}{r^2}\boldsymbol{e}_r$$

根据功的定义知

$$W = \int \boldsymbol{F}\cdot \mathrm{d}\boldsymbol{r} = \int_{R_1}^{R_2} -G\frac{Mm}{r^2}\boldsymbol{e}_r \cdot \mathrm{d}\boldsymbol{r} = \int_{R_1}^{R_2} -G\frac{Mm}{r^2}\mathrm{d}r$$

则飞船动能的增量为

$$\Delta E_k = W = GMm\left(\frac{1}{R_2}-\frac{1}{R_1}\right) = -GMm\left(\frac{1}{R_1}-\frac{1}{R_2}\right)$$

即保守力所做的功等于势能增量的负值.

3.5 功能原理 机械能守恒定律

3.5.1 质点系的动能定理

在实际问题中，往往涉及多个质点组成的质点系. 下面研究质点系的功能关系，即质点系的动能定理.

如图 3.5.1 所示，一质点系由 n 个质点组成，把质点系中每个质点受到的力按系统的外力和内力加以区分. 设在一运动过程中，任意选取一质点(例如第 i 个质点)，它的质量为 m_i，它所受到的力按系统分为外力和内力，外力对其做功为 $W_{i外}$，内力对其做功为 $W_{i内}$，其初动能为 $\frac{1}{2}m_i v_{i0}^2$，末动能为 $\frac{1}{2}m_i v_i^2$. 由质点的动能定理，得

$$W_{i外} + W_{i内} = \frac{1}{2}m_i v_i^2 - \frac{1}{2}m_i v_{i0}^2 \qquad (3.5.1)$$

对系统内各质点应用质点的动能定理，可得

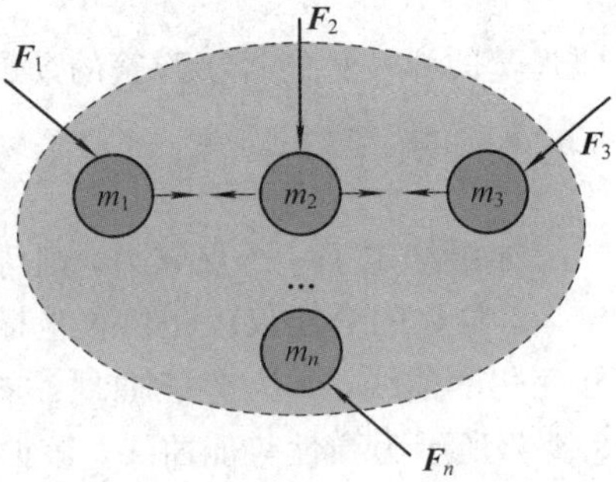

图 3.5.1 质点系的动能定理

$$W_{1外}+W_{1内}=\frac{1}{2}m_1v_1^2-\frac{1}{2}m_1v_{10}^2$$

$$W_{2外}+W_{2内}=\frac{1}{2}m_2v_2^2-\frac{1}{2}m_2v_{20}^2$$

$$\vdots$$

$$W_{n外}+W_{n内}=\frac{1}{2}m_nv_n^2-\frac{1}{2}m_nv_{n0}^2$$

以上各式相加有

$$\sum_{i=1}^{n}W_{i外}+\sum_{i=1}^{n}W_{i内}=\sum_{i=1}^{n}\frac{1}{2}m_iv_i^2-\sum_{i=1}^{n}\frac{1}{2}m_iv_{i0}^2 \tag{3.5.2}$$

令 $W_外=\sum_{i=1}^{n}W_{i外}$ 为外力对质点系做的总功；$W_内=\sum_{i=1}^{n}W_{i内}$ 为内力对各质点做的总功；$E_{k0}=\sum_{i=1}^{n}\frac{1}{2}m_iv_{i0}^2$ 为质点系的初总动能；$E_k=\sum_{i=1}^{n}\frac{1}{2}m_iv_i^2$ 为质点系的末总动能. 则有

$$W_外+W_内=E_k-E_{k0} \tag{3.5.3}$$

式(3.5.3)表明，外力对质点系做的总功和内力对各质点做的总功之和等于质点系总动能的增量，这一关系式称为**质点系的动能定理**.

比较质点系的动能定理和质点系的动量定理就会看到，质点系统动量的改变仅仅决定于系统所受到的外力，与内力没有任何关系. 而系统动能的改变不仅与外力有关，而且和内力有关. 例如，在炮弹发射过程中，火药燃烧产生的爆炸力推动炮弹向前，也推动炮身向后运动. 这种爆炸力就是炮和炮弹(包括炮身)这一系统的内力，而这种内力分别对炮身和炮弹做正功，它们的代数和不为零. 因此，尽管内力不改变系统的总动量，但内力的功却能改变系统的总动能.

3.5.2 功能原理

质点系的内力分为保守内力和非保守内力，相应地，质点系内力的功也分为保守内力的功和非保守内力的功两部分：

$$W_内=W_{保内}+W_{非保内}$$

根据势能的定义式，系统中保守内力做的功等于系统势能增量的负值，即

$$W_{保内}=-(E_p-E_{p0})$$

将式(3.5.3)结合以上两式，得

$$W_外-(E_p-E_{p0})+W_{非保内}=E_k-E_{k0}$$

$$W_外+W_{非保内}=(E_k+E_p)-(E_{k0}+E_{p0})$$

$$W_外+W_{非保内}=E-E_0 \tag{3.5.4}$$

式中，$E_0=E_{k0}+E_{p0}$、$E=E_k+E_p$分别称为系统的初态机械能和末态机械能.

式(3.5.4)表明，外力和非保守内力对质点系做功之和等于系统机械能的增量，这就是质点系的力学功能原理，简称**功能原理**.

功能原理是在质点系的动能定理中引入势能而得出的，因此它和质点系动能定理一样也只适用于惯性系.

外力做功和系统内的非保守内力做功都可以引起系统机械能的变化. 外力做功是外界

物体的能量与系统的机械能之间的传递与转化．外力做正功时，系统机械能增加；外力做负功时，系统机械能减少．系统内非保守内力做功则是系统内部发生了机械能与其他形式能量(例如化学能、热能)的转化．非保守内力做正功时，系统机械能增加，其他形式的能量转化为机械能；非保守内力做负功时，系统机械能减少，机械能转化为其他形式的能量．

应当注意的是，质点系的动能定理和功能原理都给出系统能量的改变与功的关系．前者给出的是动能的改变与功的关系，把所有力的功都计算在内；而后者给出的是机械能的改变与功的关系，由于机械能中势能的改变已经反映了保守内力的功，因此只需计算除去保守内力之外的其他力的功．

例 3.5.1　质量为 m 的物体，从四分之一圆槽 A 处静止开始下滑到 B 处．在 B 处速率为 $\boldsymbol{v}$，槽半径为 R．求 m 从 $A\to B$ 过程中摩擦力做的功．

解　方法一：按功定义 $W=\int_A^B \boldsymbol{F}\cdot \mathrm{d}\boldsymbol{r}$，$m$ 在任一点 c 处，切线方向的牛顿第二定律方程为

$$mg\ \cos\theta - F = ma_{\mathrm{t}} = m\frac{\mathrm{d}v}{\mathrm{d}t}$$

则

$$F = -m\frac{\mathrm{d}v}{\mathrm{d}t} + mg\ \cos\theta$$

$$\begin{aligned}
W_F &= \int_A^B \boldsymbol{F}\cdot \mathrm{d}\boldsymbol{r} = \int_A^B |\boldsymbol{F}|\cdot|\mathrm{d}\boldsymbol{r}|\ \cos\pi \\
&= -\int_A^B F\ \mathrm{d}r = -\int_A^B \left(mg\ \cos\theta - m\frac{\mathrm{d}v}{\mathrm{d}t}\right)\cdot \mathrm{d}r \\
&= m\int_A^B \frac{\mathrm{d}v}{\mathrm{d}t}\mathrm{d}r - \int_A^B mg\ \cos\theta\ \mathrm{d}r \\
&= m\int_0^v v\ \mathrm{d}v - \int_0^{\frac{\pi}{2}} mg\ \cos\theta R\ \mathrm{d}\theta \\
&= \frac{1}{2}mv^2 - mgR
\end{aligned}$$

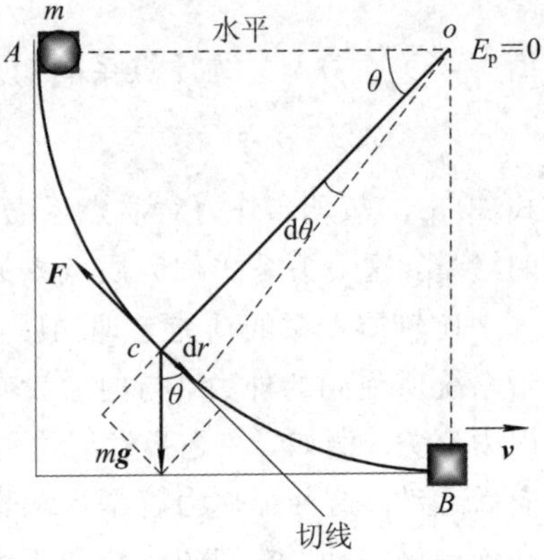

例 3.5.1 图

例 3.5.1

方法二：由质点动能定理可知，m 受三个力，即 $\boldsymbol{N}$、$\boldsymbol{F}$、$m\boldsymbol{g}$．

由 $W_{合}=\frac{1}{2}mv_2^2-\frac{1}{2}mv_1^2$ 有

$$W_N + W_F + W_{\mathrm{p}} = \frac{1}{2}mv^2 - 0$$

即

$$0 + W_F + mgR = \frac{1}{2}mv^2 \quad (W_{\mathrm{p}} = -\Delta E_{\mathrm{p}} = -mgh)$$

$$W_F = \frac{1}{2}mv^2 - mgR$$

方法三：根据功能原理，取 m 和地为系统．

因为无非保守内力，所以

$$W_{非保内} = 0,\quad W_{外} = W_F \quad (\boldsymbol{N}\text{ 不做功，槽对地的力也不做功})$$

由

$$W_{外} + W_{非保守} = (E_{k2} + E_{p2}) - (E_{k1} + E_{p1})$$

有

$$W_F + 0 = \left(\frac{1}{2}mv^2 - mgR\right) - (0 + 0)$$

即

$$W_F = \frac{1}{2}mv^2 - mgR$$

3.5.3　机械能守恒定律

从功能原理公式(3.5.4)可得到质点系统机械能守恒的条件是：① 外力不做功；② 每一对非保守内力也不做功．即 $W_{外}=0$，$W_{非保内}=0$ 时，有

$$E_k + E_p = E_{k0} + E_{p0}$$

$$E = E_0 = 常量 \tag{3.5.5}$$

式(3.5.5)表明，在只有保守内力做功的条件下，质点系统内部的动能和势能互相转化，但总机械能守恒．这就是**机械能守恒定律**.

外力不做功，系统机械能与外界没有其他形式的能量交换；非保守内力在任意一小段时间内也不做功，系统在任意一小段时间内都不发生机械能与其他形式能量的转化．以上两个条件同时满足时，系统的机械能守恒．而系统内仅有保守内力做功，根据质点系的动能定理，保守内力做功将使系统的动能发生变化，由于系统的总机械能保持不变，因此，保守内力做功的结果将会使系统的动能和势能之间相互转化，但是总机械能保持不变．也就是说，在仅有保守内力做功的情况下，系统的机械能守恒.

对于机械能守恒定律，应注意以下几点：

(1) 机械能守恒定律是自然界中的普适的定律.

(2) 在应用机械能守恒定律时，必须选取确定的惯性参照系．因为系统对所选取的惯性参照系机械能守恒，而对另外的惯性参照系机械能可能不守恒.

(3) 所谓机械能守恒，是指系统在一运动过程中任一时刻的机械能都保持不变，而不是系统在该运动过程中始末状态的机械能相等.

例 3.5.2　有一轻弹簧，其一端系在铅直放置的圆环的顶点 P，另一端系一质量为 m 的小球，小球穿过圆环并在圆环上运动(不计摩擦)．开始小球静止于点 A，弹簧处于自然状态，其长度为圆环半径 R；当小球运动到圆环的底端点 B 时，小球对圆环没有压力．求弹簧的劲度系数.

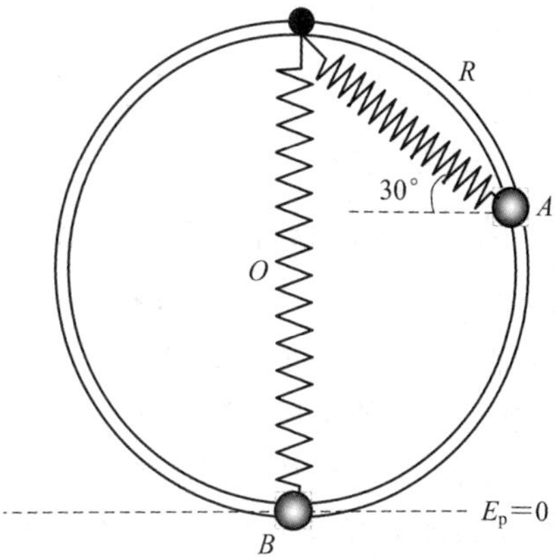

例 3.5.2 图

解　以弹簧、小球和地球为一系统，在小球由 A 运动到 B 的过程中，系统只有保守内力做功，系统的机械能守恒(见例 3.5.2 图)，即

$$E_A = E_B$$

取图中 B 点为重力势能零点，即

$$\frac{1}{2}mv_B^2 + \frac{1}{2}kR^2 = mgR(2 - \sin 30°) \tag{1}$$

$$kR - mg = m\frac{v_B^2}{R} \tag{2}$$

联立式(1)、式(2)，可得弹簧的劲度系数为

$$k = \frac{2mg}{R}$$

例 3.5.3 如例 3.5.3 图所示，有两个质量分别为 m 和 M、速度分别为 v_1 和 v_2 的弹性小球作对心碰撞，两球的速度方向相同. 若碰撞是完全弹性的，则碰撞后的速度分别为多少?

解 由于发生的是完全弹性碰撞，碰撞后两球分开，遵循动量守恒定律和能量守恒定律，如例 3.5.3 解图所示.

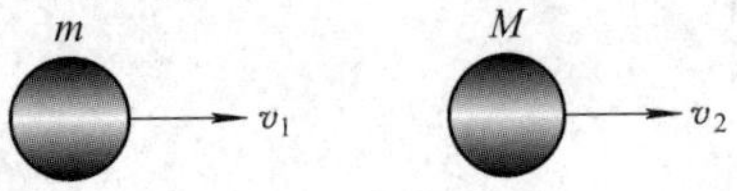

例 3.5.3 图

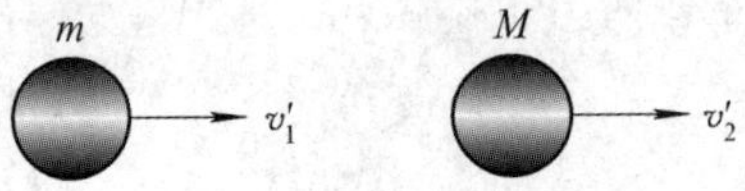

例 3.5.3 解图

由动量守恒定律，有

$$mv_1 + Mv_2 = mv_1' + Mv_2' \tag{1}$$

由机械能守恒定律，有

$$\frac{1}{2}mv_1^2 + \frac{1}{2}Mv_2^2 = \frac{1}{2}mv_1'^2 + \frac{1}{2}Mv_2'^2 \tag{2}$$

联立式(1)和式(2)，可得

$$m(v_1 - v_1') = M(v_2' - v_2) \tag{3}$$

$$m(v_1^2 - v_1'^2) = M(v_2'^2 - v_2^2) \tag{4}$$

联立式(3)和式(4)，可得

$$v_1' = \frac{(m-M)v_1 + 2Mv_2}{m+M}$$

$$v_2' = \frac{(M-m)v_2 + 2mv_1}{m+M}$$

3.6 能量守恒定律

由机械能守恒定律可知，对于一个只有保守内力做功的系统，系统的机械能是守恒的. 如果系统不受外力，但内部有非保守力作用而且做功，则系统的机械能不再守恒，系统内部会发生机械能和其他形式能量的转化. 例如，在子弹射穿木块的过程中，由于彼此的摩擦，系统的机械能减少了，而与此同时，产生了木块被穿孔和子弹受碰撞挤压而留下的永久形变；木块和子弹的温度也升高了，出现了热现象. 上述子弹射穿木块的例子中损失的机械能恰好等于子弹和木块中热运动形式能量的增加量.

以上表明，在系统的机械能减少的同时，必然有等值的其他形式的能量增加；在系统的机械能增加的同时，必然有等值的其他形式能量的减少.

在总结各种自然现象中人们发现，如果一个系统是孤立的，与外界没有能量交换，则系统内各种形式的能量可以相互转化，或由系统内一个物体传递给另一个物体，但这些能量的总和保持不变；如果在外力作用下，系统的总能量增加(或减少)了，则与系统发生作用的外界物体必然同时有等量的能量减少(或增加).

这就是说，能量既不能消失，也不能创造，它只能从一种形式转换为另一种形式. 对一个孤立系统来说，不论发生何种变化过程，各种形式的能量可以相互转换，但系统的能量总和保持不变. 这一结论称为**能量转换和守恒定律**，它是自然科学中最普遍的定律之一，也是所有自然现象必须遵守的普遍的规律. 而机械能守恒定律是能量转换和守恒定律的特殊情形，即当系统与外界没有能量交换，系统内部也没有机械能与其他运动形式的能量转换时的能量守恒定律.

在能量转换和守恒定律的基础上，我们可以进一步认识功的意义. 在研究系统的能量传递和转换的过程中可以看到，这种传递和转换是通过做功的形式实现的. 例如，在落体的运动中，通过重力做功使重力势能转换为物体的动能，转换能量的多少恰等于重力对物体做的功. 这些事实说明，做功是能量传递或转换的一种方式，所做的功的大小恰好等于所传递或转换的能量的多少，即功是能量传递或转换的量度. 由此还可以看出，功和能量是两个既密切联系又相互区别的物理量. 能量是状态量，处于一定运动状态的系统具有一定的能量；而功则与能量变化的过程相联系，只有在系统能量发生改变或者转换的过程中，才有功的问题，即功是过程量，如果说某一状态的功是没有意义的.

能量转换与守恒定律是自然界最重要、最基本的定律之一，不仅适用于宏观现象，也适用于分子、原子乃至原子内部的微观现象；不仅适用于物理学，也适用于化学、生物学等自然科学.

3.7 碰　撞

所谓碰撞，是指两个或多个物体在运动中相遇时，在短暂的时间内发生强烈相互作用的过程. 碰撞在生产实践和日常生活中广泛存在，例如网球和球拍的碰撞，两个台球的碰撞，两个质子的碰撞，彗星与木星的相撞，两个星系的相撞等. 碰撞过程一般都非常复杂，难以对过程进行仔细研究，但由于我们通常只需要了解物体在碰撞前后运动状态的变化，而对发生碰撞的物体系统来说，其他物体对它们作用的外力可忽略不计，因此我们就可以利用动量守恒定律和能量守恒定律对有关问题进行求解.

下面以两球的碰撞为例来研究碰撞问题，这里只研究两球体碰撞前后的速度都沿两球联心线的情况，这种碰撞称为**正碰**(或称为对心碰撞).

设有两个质量分别为 m_1 和 m_2 的小球，在光滑的水平面上自由运动时发生了正碰. 已知两球碰前的速度是 v_{10} 和 v_{20}，求碰撞后两球的速度 v_1 和 v_2. 如图 3.7.1 所示，假设两球碰后，都向右运动.

先分析动量关系，对于两球组成的系统，在碰撞过程中，两球之间的相互作用力是一对内力，不影响系统的总动量，由于水平面光滑，系统所受的合外力为零，因此系统动量守恒：

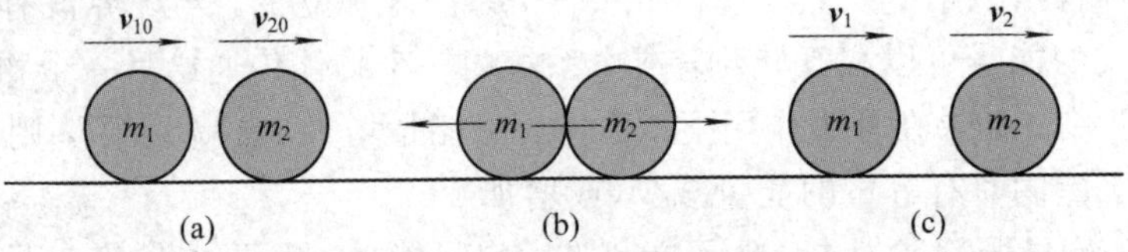

图 3.7.1 两个小球的碰撞

(a) 碰前；(b) 相碰；(c) 碰后

$$m_1 \boldsymbol{v}_1 + m_2 \boldsymbol{v}_2 = m_1 \boldsymbol{v}_{10} + m_2 \boldsymbol{v}_{20}$$

动量守恒定律在联心线方向的分量式为

$$m_1 v_1 + m_2 v_2 = m_1 v_{10} + m_2 v_{20} \tag{3.7.1}$$

根据这一方程，显然不能求出未知数 v_1 和 v_2 的值，下面寻找碰撞过程中的能量关系.

实验发现，两球在碰前的总机械能在经过碰撞后总会或多或少地减少，而出现其他形式的能量. 例如球体发生了永久性的形变、发热等. 至于机械能损失的多少则与两球的弹性有关，弹性越好，机械能损失就越少.

下面分析两球碰撞的具体过程，由于 $v_{10} > v_{20}$，两个球就要互相靠近，接触后互相挤压发生形变，伴随着挤压形变，在两物体的接触面处出现了弹性力. 对于 m_2 来说，作用于它的弹性力向右，其速度将会不断增大；对于 m_1 来说，作用于它的弹性力向左，其速度将会不断减小. 只要 m_1 的速度大于 m_2 的速度，两个球之间就一直被压缩，当某一时刻，m_1 的速度等于 m_2 的速度时，两个球面才不再压缩，压缩达到最大程度. 以后由于弹性恢复力的作用，两球以不同的速度分开. 如果分离时两球的形变完全消失，球的形变完全复原，则机械能没有损失，这种碰撞称为**完全弹性碰撞**；如果分离时两球的形变不能完全复原，保留了一部分永久性的形变，则球会发热，有了机械能损失，这种碰撞称为**非弹性碰撞**；如果两球在碰撞后不再分开，而以相同的速度运动，则这种碰撞称为**完全非弹性碰撞**，这种情况存在于相碰的两球没有弹性，当压缩达到最大程度时，两球的形变一点也不能恢复，则碰后两球不再分开，必然以同一速度运动，系统的机械能的损失最大. 下面分别讨论这三种碰撞过程.

3.7.1 完全弹性碰撞

实际问题中并不存在真正的完全弹性碰撞，任何碰撞过程中都不可避免地有机械能的损失，所以完全弹性碰撞只不过是一种理想的情况.

两球在完全弹性碰撞过程中，机械能守恒，故有

$$\frac{1}{2} m_1 v_1^2 + \frac{1}{2} m_2 v_2^2 = \frac{1}{2} m_1 v_{10}^2 + \frac{1}{2} m_2 v_{20}^2 \tag{3.7.2}$$

联立式(3.7.1)、式(3.7.2)，得

$$\begin{cases} v_1 = \dfrac{(m_1 - m_2) v_{10} + 2 m_2 v_{20}}{m_1 + m_2} \\ v_2 = \dfrac{(m_2 - m_1) v_{20} + 2 m_1 v_{10}}{m_1 + m_2} \end{cases} \tag{3.7.3}$$

讨论下面三种情况：

(1) 设两球质量相等，即 $m_1 = m_2$，由式(3.7.3)，可得

$$\begin{cases} v_1 = v_{20} \\ v_2 = v_{10} \end{cases}$$

上式表明，两个球在碰后交换了速度.

(2) 设质量为 m_2 的球在碰前静止不动，$v_{20}=0$，并设 $m_2 \gg m_1$，则由式(3.7.3)得

$$\begin{cases} v_1 \approx -v_{10} \\ v_2 \approx 0 \end{cases}$$

上式表明，质量为 m_2 的球碰后仍静止不动，质量为 m_1 的球碰后以原速率返回. 乒乓球碰铅球，乒乓球、排球在地面上弹跳(相当于和地球碰)，都属于这种情形.

(3) 如果 $m_1 \gg m_2$，且 $v_{20}=0$，则由式(3.7.3)得

$$\begin{cases} v_1 \approx v_{10} \\ v_2 = 2v_{10} \end{cases}$$

上式表明，质量极大的球与质量极小的球碰撞后，质量大的球速度几乎不发生变化，但质量小的球则几乎以二倍于质量大的球的速度运动.

3.7.2 完全非弹性碰撞

两球发生完全非弹性碰撞，碰后两球不再分开，以同一速度运动，即有

$$v_1 = v_2$$

将此式与式(3.7.1)联立，可得

$$v_1 = v_2 = \frac{m_1 v_{10} + m_2 v_{20}}{m_1 + m_2} \tag{3.7.4}$$

在完全非弹性碰撞过程中，损失的动能 ΔE_k 为

$$\begin{aligned} \Delta E_k &= \frac{1}{2}m_1 v_{10}^2 + \frac{1}{2}m_2 v_{20}^2 - \frac{1}{2}(m_1 + m_2)\left(\frac{m_1 v_{10} + m_2 v_{20}}{m_1 + m_2}\right)^2 \\ &= \frac{m_1 m_2}{2(m_1 + m_2)}(v_{10} - v_{20})^2 \end{aligned} \tag{3.7.5}$$

若两个球质量相等，即 $m_1=m_2$，而且以大小相同的速度相向碰撞，即 $v_{10}=-v_{20}$，则碰后两球都变为静止，动能全部损失；若 $m_1=m_2=m$，$v_{20}=0$，则损失动能为 $\frac{1}{4}mv_{10}^2$，正好是质量为 m_1 的球碰撞前动能的一半，损失的动能转变成为使两球产生永久性形变中耗散的内能.

讨论一个特例，若碰撞前质量为 m_2 的球静止，即 $v_{20}=0$，则损失的动能为

$$\Delta E_k = \frac{m_2}{m_1 + m_2}\left(\frac{1}{2}m_1 v_{10}^2\right) = \frac{m_2}{m_1 + m_2}E_{k0} \tag{3.7.6}$$

式(3.7.6)表明，m_1 越大，则损失的动能越小；m_2 越大，则损失的动能越大. 例如建筑工地上打桩的过程可看成是锤和木桩的完全非弹性碰撞，利用锤和木桩碰撞后的剩余动能使桩进入土层，因此要求碰撞中的动能损失越少越好，所以锤的质量 m_1 应该比木桩的质量 m_2 大一些才好.

3.7.3 非弹性碰撞

非弹性碰撞实际上是碰撞问题的普遍情况. 碰后两球的形状不能完全复原而是保留了

一部分永久性形变，因而机械能有一定的损失．而且碰后两球又是分离的，即 $v_1 \neq v_2$，则式(3.7.2)与式(3.7.4)都不成立．现在要求碰后两球的速度为 v_1 和 v_2，还需要找到一个能够反映非弹性碰撞特点的关系式．牛顿总结实验结果提出了碰撞定律：碰撞后两球的分离速度 $v_2 - v_1$ 与碰撞前两球的接近速度 $v_{10} - v_{20}$ 成正比，即

$$e = \frac{v_2 - v_1}{v_{10} - v_{20}} \tag{3.7.7}$$

比值 e 称为**恢复系数**，它与碰撞物体的速度和尺寸无关，只决定于物体的材料．

对于完全弹性碰撞，恢复系数 $e=1$；对于完全非弹性碰撞，恢复系数 $e=0$；对于非弹性碰撞，恢复系数 $0<e<1$．

将动量守恒定律方程与恢复系数的定义式联立求解，可得碰撞后的速度为

$$\begin{cases} v_1 = v_{10} - \dfrac{(1+e)(v_{10} - v_{20})}{m_1 + m_2} m_2 \\ v_2 = v_{20} + \dfrac{(1+e)(v_{10} - v_{20})}{m_1 + m_2} m_1 \end{cases} \tag{3.7.8}$$

特殊情况下，若两球质量相等($m_1 = m_2$)，且质量为 m_2 的球静止($v_{20}=0$)，则

$$\begin{cases} v_1 = \dfrac{1-e}{2} v_{10} \\ v_2 = \dfrac{1+e}{2} v_{10} \end{cases}$$

上式表明，碰撞后两球沿同方向运动，质量为 m_2 的球的速度大于质量为 m_1 的球的速度．

若 $m_1 \ll m_2$，且质量为 m_2 的球静止($v_{20}=0$)，则

$$\begin{cases} v_1 \approx - e v_{10} \\ v_2 \approx 0 \end{cases}$$

上式表明，碰撞后质量为 m_2 的球基本不动，质量为 m_1 的球以小于碰撞前的速率 $e v_{10}$ 弹回．

在非完全弹性碰撞过程中，总动能的损失为

$$\begin{aligned} \Delta E_{\mathrm{k}} &= \left(\frac{1}{2} m_1 v_{10}^2 + \frac{1}{2} m_2 v_{20}^2\right) - \left(\frac{1}{2} m_1 v_1^2 + \frac{1}{2} m_2 v_2^2\right) \\ &= \frac{1}{2}(1-e^2) \frac{m_1 m_2}{m_1 + m_2} (v_{10} - v_{20})^2 \end{aligned} \tag{3.7.9}$$

由以上各种情况可知，对于完全弹性碰撞，$e=1$，$\Delta E = \Delta E_{\mathrm{k}} = 0$，无机械能(或动能)损失，内能不变；对于完全非弹性碰撞，$e=0$，$\Delta E = \Delta E_{\mathrm{k}}$，机械能损失(或动能损失)最大，内能改变；对于非完全弹性碰撞，$0<e<1$，$\Delta E = \Delta E_{\mathrm{k}} \neq 0$，机械能(或动能)部分损失，内能改变．实际问题中，一般的碰撞介于完全弹性碰撞和完全非弹性碰撞之间，$0<e<1$．如果 $e \approx 1$，可作为完全弹性碰撞处理；如果 $e \approx 0$，可作为完全非弹性碰撞处理．

3.8 质心 质心运动定律

在研究一个质点系运动时，我们常常引入质量中心(简称质心)的概念，它给我们研究质点系和刚体力学问题带来很大的方便．一人向空中抛一手榴弹，实验观测发现，手榴弹上有一点的运动轨迹为抛物线，而其他各点既随该点作抛物线运动，又绕通过该点的轴线

作圆周运动，该点就是手榴弹的质心．因此，手榴弹上任意一点的运动可看成是质心的平动与整个该点绕质心转动这两种运动的合成．同样，跳水运动员在空中的质心的运动轨迹也是抛物线．下面分别讨论质心位置的确定和质心的运动规律．

3.8.1　质心

如图 3.8.1 所示，假定有 n 个质点，它们的质量是 m_1，m_2，m_3，…，m_n，位于 P_1，P_2，P_3，…，P_n各点，这些点对某一直角坐标系的坐标原点 O 的位矢是 $\boldsymbol{r}_1$，$\boldsymbol{r}_2$，$\boldsymbol{r}_3$，…，$\boldsymbol{r}_n$，则质心 C 对同一点的位矢 $\boldsymbol{r}_C$满足如下关系：

$$\boldsymbol{r}_C=\overrightarrow{OC}=\frac{\sum\limits_{i=1}^{n}m_i\boldsymbol{r}_i}{\sum\limits_{i=1}^{n}m_i} \tag{3.8.1}$$

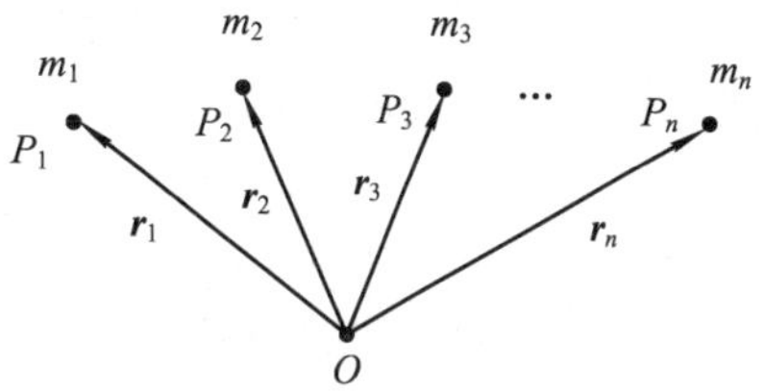

图 3.8.1　质点系的质心

从式(3.8.1)可以看出：将各质点的质量乘其位矢并求和，然后除以总质量，显然仍代表一个位矢，这个位矢末端(始端仍在 O)所确定的一点定义为质点系的**质心**．在某种意义上，可以把它看作是各质点位矢的平均值，只是这种平均并不是简单的平均，而是带有权重的平均，这里的质量相当于权重．

另外还需注意，作为位置矢量，质心位矢与坐标系的选择有关．但可以证明质心相对于质点系内各质点的相对位置是不会随坐标系的选择而变化的，即质心是相对于质点系本身的一个特定位置．

利用位矢沿直角坐标系各坐标轴的分量，由式(3.8.1)可以得到质心坐标表达式如下：

$$x_C=\frac{\sum\limits_{i=1}^{n}m_ix_i}{\sum\limits_{i=1}^{n}m_i},\quad y_C=\frac{\sum\limits_{i=1}^{n}m_iy_i}{\sum\limits_{i=1}^{n}m_i},\quad z_C=\frac{\sum\limits_{i=1}^{n}m_iz_i}{\sum\limits_{i=1}^{n}m_i} \tag{3.8.2}$$

一个大的连续物体，可以认为是由许多质点(或叫质元)组成的，以 $\mathrm{d}m$ 表示其中任一质元的质量，以 $\boldsymbol{r}$ 表示其位矢，则大物体的质心位置可用积分法求得，即有

$$\boldsymbol{r}_C=\frac{\int\boldsymbol{r}\,\mathrm{d}m}{\int\mathrm{d}m}=\int\frac{\boldsymbol{r}\,\mathrm{d}m}{m} \tag{3.8.3}$$

它的三个直角坐标分量式分别为

$$x_C=\int\frac{x\,\mathrm{d}m}{m},\quad y_C=\int\frac{y\,\mathrm{d}m}{m},\quad z_C=\int\frac{z\,\mathrm{d}m}{m} \tag{3.8.4}$$

利用上述公式，可求得均匀直棒、均匀圆环、均匀圆盘、均匀球体等形体的质心就在它们的几何对称中心．

力学上还常应用重心的概念．重心是一个物体各部分所受重力的合力作用点．可以证明尺寸不十分大的物体，它的质心和重心的位置重合．

3.8.2　质心运动定律

将式(3.8.1)中的 $\boldsymbol{r}_C$对时间求导，可得出质心运动的速度为

$$v_C = \frac{\mathrm{d}\boldsymbol{r}_C}{\mathrm{d}t} = \frac{\sum_{i=1}^{n} m_i \frac{\mathrm{d}\boldsymbol{r}_i}{\mathrm{d}t}}{m} = \frac{\sum_{i=1}^{n} m_i \boldsymbol{v}_i}{m} \tag{3.8.5}$$

由此可得

$$m\boldsymbol{v}_C = \sum_{i=1}^{n} m_i \boldsymbol{v}_i$$

上式等号右边就是质点系的总动量 $\boldsymbol{p}$，所以有

$$\boldsymbol{p} = m\boldsymbol{v}_C \tag{3.8.6}$$

即质点系的总动量 $\boldsymbol{p}$ 等于它的总质量与它的质心的运动速度的乘积，此乘积也称为**质心的动量**. 这一总动量的变化率为

$$\frac{\mathrm{d}\boldsymbol{p}}{\mathrm{d}t} = m\frac{\mathrm{d}\boldsymbol{v}_C}{\mathrm{d}t} = m\boldsymbol{a}_C \tag{3.8.7}$$

式中，$\boldsymbol{a}_C$是质心运动的加速度. 由式(3.8.6)又可得一个质点系质心的运动和该质点系所受外力的关系为

$$\boldsymbol{F} = \frac{\mathrm{d}\boldsymbol{p}}{\mathrm{d}t} = m\boldsymbol{a}_C \tag{3.8.8}$$

这一公式称为**质心运动定律**. 它表明一个质点系的质心的运动就如同这样一个质点的运动，该质点质量等于整个质点系的质量并且集中在质心，而此质点所受的力是质点系所受的外力之和.

质心运动定律表明了“质心”这一概念的重要性. 这一定律告诉我们，一个质点系内各个质点由于内力和外力的作用，它们的运动情况可能很复杂. 但相对于此质点系有一个特殊的点，即质心，它的运动可能相当简单，只由质点系所受的合外力决定. 例如，一个手榴弹可以看作一个质点系. 投掷手榴弹时，将看到它一面翻转，一面前进，其中各点的运动情况相当复杂. 但由于它受的外力只有重力(忽略空气阻力的作用)，它的质心在空中的运动却和一个质点被抛出后的运动一样，其轨迹是一个抛物线.

此外我们知道，当质点系所受的合外力为零时，该质点系的总动量保持不变. 由式(3.8.6)可知，该质点系质心的速度也将保持不变. 因此系统的动量守恒定律也可以说成是：当一质点系所受的合外力为零时，其质心速度保持不变.

需要指出的是，在这以前我们经常用“物体”一词来代替“质点”. 在某些问题中，物体并不能当成质点看待，但我们还是用了牛顿定律来分析研究它们的运动. 严格地说，我们是对物体运用了质心运动定律，而所分析的运动实际上是物体质心的运动. 在物体作平动的条件下，因为物体中各质点的运动相同，所以完全可以用质心的运动来代表整个物体的运动而加以研究.

3.9 质点的角动量定理和角动量守恒定律

在物理学中经常遇到物体绕某一定点转动的情形，例如，行星绕太阳的公转运动，原子中电子绕原子核的运动等，人们可能对这些现象存在下面的疑问：为什么太阳系内的行星在太阳引力的作用下能周而复始地绕太阳运动，而不会落到太阳上去？地球表面绕地球飞行的卫星会在运行一段时间后掉落地面上，原子中的电子为什么不会落到原子核上？下

面将在牛顿运动定律的基础上引入角动量、角动量定理和角动量守恒定律，这样就为解决这类运动开辟了新的途径.

3.9.1　质点对某一定点的角动量

如图 3.9.1 所示，设有一个质量为 m 的质点，位于直角坐标系中点 P，该点相对于坐标原点 O 的位矢为 $\boldsymbol{r}$，并具有速度 $\boldsymbol{v}$(即动量为 $\boldsymbol{p}=m\boldsymbol{v}$)，我们定义，质点 m 对原点 O 的**角动量**为

$$\boldsymbol{L} = \boldsymbol{r} \times \boldsymbol{p} = \boldsymbol{r} \times m\boldsymbol{v} \tag{3.9.1}$$

质点的角动量 $\boldsymbol{L}$ 是一个矢量，它的方向垂直于 $\boldsymbol{r}$ 和 $\boldsymbol{p}$ 所构成的平面，其方向可由右手螺旋法则确定. 当四指由 $\boldsymbol{r}$ 经小于 180°的角 θ 转向 $\boldsymbol{p}$ 时，大拇指的指向就是角动量 $\boldsymbol{L}$ 的方向.

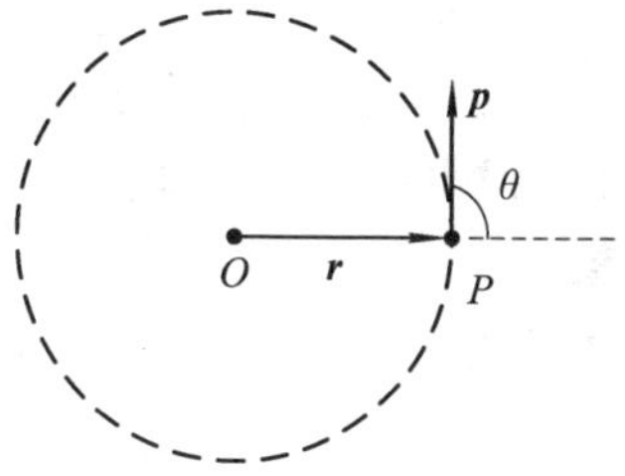

图 3.9.1　质点对某一定点的角动量

根据矢量积的定义，角动量的数值为

$$L = rp\ \sin\theta = rmv\ \sin\theta \tag{3.9.2}$$

在国际单位制中，角动量的单位是千克二次方米每秒($\mathrm{kg \cdot m^2 \cdot s^{-1}}$).

由以上定义可以看出，质点的角动量不仅取决于它的动量，还取决于它相对于固定点的位矢 $\boldsymbol{r}$，故质点相对于不同点的角动量是不同的.

对于角动量的概念应注意以下几点：

(1) 角动量是一个瞬时量. 某一时刻质点的角动量由该时刻质点的位置矢量和动量决定.

(2) 角动量是一个相对量. 质点的角动量与惯性参照系中参考点的选择有关，同一个质点，选择不同的参考点时，角动量也不相同.

(3) 角动量是描述质点转动状态的物理量. 只要质点在运动，就一定存在质点相对于某一参考点 O 的角动量，不管质点是作直线运动还是曲线运动. 但是当质点动量的方向或其反向延长线通过参考点 O 时，质点对 O 点的角动量等于零.

质点对参考点的角动量在通过该点的某一直线(轴)上的分量称为质点对该轴的角动量.

3.9.2　质点对轴线的角动量定理

1. 力矩

当质点相对于某参考点 O 运动时，如果受到力的作用，那么描述物体对参考点的运动状态的物理量——角动量将发生改变，实验和理论表明：角动量的改变与作用力的大小、方向及力的作用点有关.

设一质点 P 在力 $\boldsymbol{F}$ 的作用下相对于参考点 O 运动，力的作用点的位置矢量 $\boldsymbol{r}$ 与作用力 $\boldsymbol{F}$ 的矢积，称为力 $\boldsymbol{F}$ 对参考点 O 的**力矩**，用符号 $\boldsymbol{M}$ 表示，即

$$\boldsymbol{M} = \boldsymbol{r} \times \boldsymbol{F} \tag{3.9.3}$$

力矩 $\boldsymbol{M}$ 是一矢量，其方向总是垂直于 $\boldsymbol{r}$ 和 $\boldsymbol{F}$ 所决定的平面，指向按右手螺旋法则确定：当四指由 $\boldsymbol{r}$ 经小于 180°的角 θ 转向 $\boldsymbol{F}$ 时，大拇指的指向就是力矩的方向，如图 3.9.2 所示. 根据两矢量的矢积法则可得力矩的大小为

$$M = rF\sin\theta = Fr\sin\theta = Fd \tag{3.9.4}$$

式中，θ 是 $\boldsymbol{r}$ 与 $\boldsymbol{F}$ 的正方向之间小于 180° 的夹角；$d=r\sin\theta$，是 O 点到力 $\boldsymbol{F}$ 的作用线的垂直距离，称为**力臂**，也就是说，力矩的大小等于力的大小乘以力臂.

力矩的单位由力的单位和长度的单位决定. 在国际单位制中，力矩的单位是牛顿·米(N·m). 力矩的量纲式为$[\mathrm{M}]=\mathrm{ML^2T^{-2}}$.

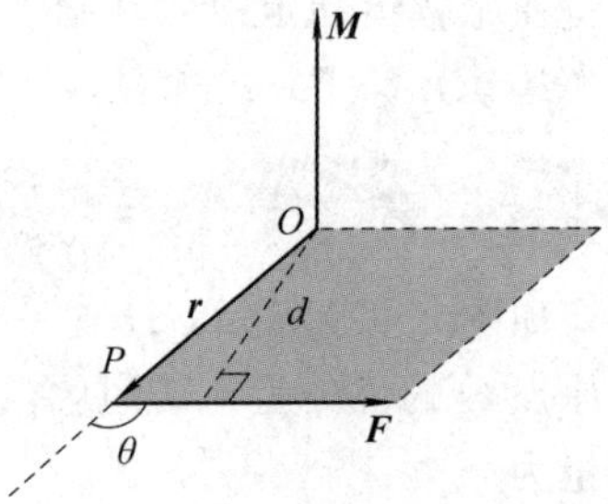

图 3.9.2 力矩示意图

2. 质点的角动量定理

当质点受力作用时，它的动量要发生变化，即质点的动量随时间的变化率在数值上等于质点所受到的合外力的大小. 那么，当质点受到力矩作用时，质点的角动量会发生变化，下面研究质点所受的力矩与质点的角动量变化率之间的关系.

在惯性参照系中，质点的运动规律遵从牛顿第二定律，即

$$m\frac{\mathrm{d}\boldsymbol{v}}{\mathrm{d}t} = \boldsymbol{F} \tag{3.9.5}$$

式中，m 是质点的质量；$\boldsymbol{v}$ 是质点的瞬时速度；$\boldsymbol{F}$ 是质点所受的合力.

由于力矩 $\boldsymbol{M}$ 等于 $\boldsymbol{r}$ 和 $\boldsymbol{F}$ 的矢积，为了求出力矩 $\boldsymbol{M}$ 所产生的效果，用质点相对于参考点 O 的位置矢量 $\boldsymbol{r}$ 从左面矢乘等式两边，可得

$$\boldsymbol{r}\times m\frac{\mathrm{d}\boldsymbol{v}}{\mathrm{d}t} = \boldsymbol{r}\times\boldsymbol{F} \tag{3.9.6}$$

等式的右端 $\boldsymbol{r}\times\boldsymbol{F}$ 是质点所受的合力对参考点 O 的力矩 $\boldsymbol{M}$，而等式的左端 $\boldsymbol{r}\times m\dfrac{\mathrm{d}\boldsymbol{v}}{\mathrm{d}t}$，根据矢量微商法则，可写为

$$\boldsymbol{r}\times m\frac{\mathrm{d}\boldsymbol{v}}{\mathrm{d}t} = \frac{\mathrm{d}}{\mathrm{d}t}(\boldsymbol{r}\times m\boldsymbol{v}) - \frac{\mathrm{d}\boldsymbol{r}}{\mathrm{d}t}\times m\boldsymbol{v}$$

上式右端第二项

$$\frac{\mathrm{d}\boldsymbol{r}}{\mathrm{d}t}\times m\boldsymbol{v} = \boldsymbol{v}\times m\boldsymbol{v} = 0$$

所以

$$\boldsymbol{r}\times m\frac{\mathrm{d}\boldsymbol{v}}{\mathrm{d}t} = \frac{\mathrm{d}}{\mathrm{d}t}(\boldsymbol{r}\times m\boldsymbol{v})$$

将上式代入式(3.9.6)，得

$$\frac{\mathrm{d}}{\mathrm{d}t}(\boldsymbol{r}\times m\boldsymbol{v}) = \boldsymbol{M} \tag{3.9.7}$$

式中，$\boldsymbol{r}\times m\boldsymbol{v}$ 为质点对参考点 O 的角动量 $\boldsymbol{L}$. 式(3.9.7)可进一步表示为

$$\frac{\mathrm{d}\boldsymbol{L}}{\mathrm{d}t} = \boldsymbol{M} \tag{3.9.8}$$

上式表明：作用在质点上的合力对某固定参考点 O 的力矩 $\boldsymbol{M}$，等于质点对同一参考点的角动量 $\boldsymbol{L}$ 随时间的变化率，称为**质点的角动量定理**，也称为**质点角动量定理的微分形式**. 该定理指出，质点对定点 O 的角动量随时间的变化率的大小等于质点所受合力矩的大小，质点的角动量的变化率方向就是物体所受的合力对定点 O 的力矩的方向.

角动量定理与动量定理在形式上相似，力矩 $\boldsymbol{M}$ 和力 $\boldsymbol{F}$ 相对应，角动量 $\boldsymbol{L}$ 和动量 $\boldsymbol{p}$ 相对应. 可将质点对定点 O 的角动量定理改写为

$$\mathrm{d}\boldsymbol{L} = \boldsymbol{M}\,\mathrm{d}t \tag{3.9.9}$$

式(3.9.9)右边表示作用在质点上的力矩和时间的乘积，称为**元冲量矩**，表示作用在质点上的力矩在无限小时间间隔的累积效应. 上式表明：质点对定点 O 的角动量的微分等于质点所受的合力对定点 O 的元冲量矩.

如果力矩 $\boldsymbol{M}$ 随时间变化，那么在 t_1 到 t_2 这段有限时间间隔内的冲量矩，应对式(3.9.9)积分，可以得到质点对定点 O 的角动量定理的积分形式为

$$\int_{L_1}^{L_2}\mathrm{d}\boldsymbol{L} = \boldsymbol{L}_2 - \boldsymbol{L}_1 = \int_{t_1}^{t_2}\boldsymbol{M}\,\mathrm{d}t \tag{3.9.10}$$

式中，$\boldsymbol{L}_1$、$\boldsymbol{L}_2$ 分别是质点在 t_1、t_2 时刻的角动量；$\int_{t_1}^{t_2}\boldsymbol{M}\,\mathrm{d}t$ 是力矩 $\boldsymbol{M}$ 在 $t_1 \sim t_2$ 时间间隔内的积分，又称为在时间间隔 $t_1 \sim t_2$ 内质点所受的合力对定点 O 的冲量矩.

式(3.9.10)表明：质点对定点 O 的角动量在某一段时间间隔内的增量等于在这段时间间隔内作用于质点的**冲量矩**.

冲量矩的单位由力矩的单位和时间的单位决定，在国际单位制中，冲量矩的单位是牛顿·米·秒(N·m·s)，冲量矩的量纲式与角动量的量纲式相同.

3. 角动量守恒定律

当质点所受的合力矩 $\boldsymbol{M}=0$ 时，由角动量定理的微分形式，即由式(3.9.8)可得

$$\boldsymbol{L} = \text{常矢量} \tag{3.9.11}$$

式(3.9.11)表明，如果质点所受的合力矩等于零，则质点的角动量保持不变，即角动量是一个常矢量，称为**质点的角动量守恒定律**.

在应用质点对定点 O 的角动量定理和角动量守恒定律时应注意以下几点：

(1) 质点所受的合力矩及质点的角动量与参考点的选择有关，在应用角动量定理和角动量守恒定律时，必须是针对同一惯性参照系中的同一个固定参考点 O 而言的.

(2) 根据角动量守恒定律成立的条件，只有当质点所受的合力对定点 O 的合力矩 $\boldsymbol{M}$ 等于零时，质点对定点 O 的角动量 $\boldsymbol{L}$ 才守恒. 另外，若质点所受的合力对定点 O 的合力矩 $\boldsymbol{M}\neq 0$，而 $\boldsymbol{M}$ 沿某个方向上分量为零，则质点对定点 O 的角动量 $\boldsymbol{L}$ 沿该方向上角动量分量守恒.

(3) 由于角动量是一个矢量，因而质点对定点 O 的角动量 $\boldsymbol{L}$ 守恒意味着角动量的大小和方向都始终保持不变.

(4) 角动量定理是从牛顿第二定律基础上推导出来的，由于牛顿第二定律只适用于惯性参照系，因此角动量定理和角动量守恒定律也只适用于惯性参照系.

(5) 角动量守恒定律、动量守恒定律和能量守恒定律是物理学中的三大守恒定律，不仅适用于宏观领域，而且适用于微观领域.

4. 角动量守恒定律在有心运动中的应用

行星绕恒星的运动属于所谓“有心运动”一类的运动，各大行星绕太阳作椭圆运动，太阳位于椭圆的一个焦点上. 对任意行星(例如地球)而言，它所受到的力几乎仅仅是太阳对它的万有引力，而这引力作用线始终通过太阳中心，这样的力被称为**有心力**，在有心力作

用下，质点的运动称为有心运动.

图 3.9.3 所示为太阳系行星(质量为 m)绕太阳作椭圆轨道运动的示意图. 如果选择太阳 S 的中心为参考点，由于行星所受太阳的引力 $\boldsymbol{F}$ 是有心力，并且行星相对于太阳 S 中心的位置矢量 $\boldsymbol{r}$ 与 $\boldsymbol{F}$ 共线，则行星所受太阳的引力 $\boldsymbol{F}$ 对于 S 中心的力矩为 $\boldsymbol{M}=\boldsymbol{r}\times\boldsymbol{F}\equiv 0$，则行星对太阳中心的角动量 $\boldsymbol{L}$ 守恒，即

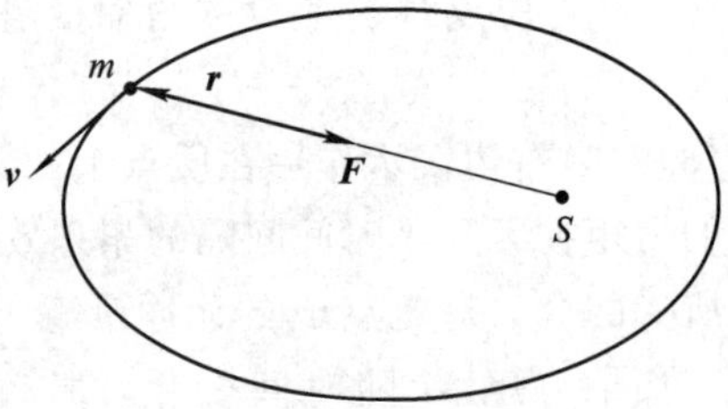

图 3.9.3 太阳系行星绕太阳作椭圆轨道运动的示意图

$$\boldsymbol{L}=\boldsymbol{r}\times(m\boldsymbol{v})=\text{常矢量} \tag{3.9.12}$$

根据角动量定义式($\boldsymbol{L}=\boldsymbol{r}\times m\boldsymbol{v}$)可知，行星对太阳中心的角动量 $\boldsymbol{L}$ 始终与行星相对于太阳 S 中心的位矢 $\boldsymbol{r}$ 及行星速度矢量 $\boldsymbol{v}$ 垂直，而行星对太阳中心的角动量 $\boldsymbol{L}$ 却是一恒定矢量，因而质点的位矢和速度都只能在与角动量 $\boldsymbol{L}$ 垂直的平面内，行星的有心运动只能是平面运动，有心运动的轨道曲线是平面曲线. 行星的运动平面，是由质点的初始位矢和初始速度矢量所决定的.

按照开普勒定律，行星在椭圆轨道上运行时角动量的大小和位置矢量在单位时间内扫过的面积相关，为了得到这一关系，设质点在 Δt 时间内从 P 点沿着轨道运行到 Q 点，相应的位置矢量由 $\boldsymbol{r}$ 变化到 $\boldsymbol{r}+\Delta\boldsymbol{r}$，如图 3.9.4 所示，矢量 $\boldsymbol{r}$ 在 Δt 时间内扫过的面积 ΔA 近似为一扇形面积，其面积为

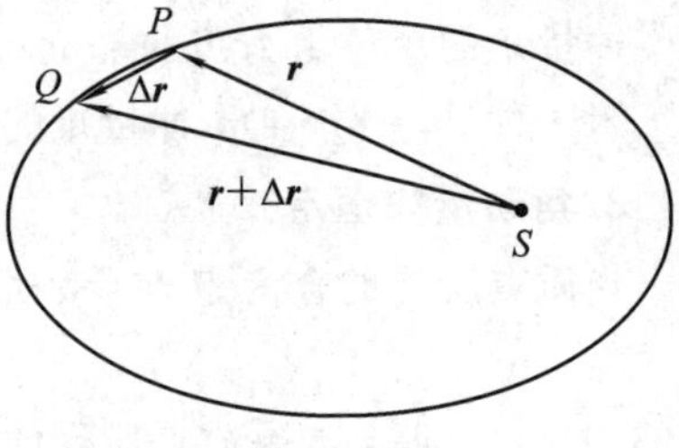

图 3.9.4 行星绕太阳轨道运动

$$\Delta A=\frac{1}{2}|\boldsymbol{r}\times\Delta\boldsymbol{r}| \tag{3.9.13}$$

将式(3.9.13)两边同除以 Δt，并取极限，有

$$\frac{\mathrm{d}A}{\mathrm{d}t}=\lim_{\Delta t\to 0}\frac{\Delta A}{\Delta t}=\frac{1}{2}\lim_{\Delta t\to 0}\left|\boldsymbol{r}\times\frac{\Delta\boldsymbol{r}}{\Delta t}\right|=\frac{1}{2}|\boldsymbol{r}\times\boldsymbol{v}| \tag{3.9.14}$$

式(3.9.14)可进一步变为

$$\frac{\mathrm{d}A}{\mathrm{d}t}=\frac{1}{2m}|\boldsymbol{r}\times m\boldsymbol{v}| \tag{3.9.15}$$

式中，m 为行星的质量；$\frac{\mathrm{d}A}{\mathrm{d}t}$为矢量 $\boldsymbol{r}$ 在单位时间内扫过的面积，也称为**面积速率**. 根据角动量定义式($\boldsymbol{L}=\boldsymbol{r}\times m\boldsymbol{v}$)可知，$|\boldsymbol{r}\times m\boldsymbol{v}|$ 是行星对太阳中心的角动量的大小，于是式(3.9.15)可以改写为

$$\frac{\mathrm{d}A}{\mathrm{d}t}=\frac{1}{2m}L \tag{3.9.16}$$

因为在任意的有心力场中，质点角动量 $\boldsymbol{L}$ 的大小均为常数，所以在万有引力场中，行星位置矢量在单位时间内扫过的面积是一常数，即

$$\frac{\mathrm{d}A}{\mathrm{d}t}=\text{常数} \tag{3.9.17}$$

这就是著名的**开普勒第二定律**.

例 3.9.1 质量为 m 的小球系在绳子一端，绳子穿过一铅直套管，使小球限制在一光

滑水平面上运动. 先使小球以速率 v_0 绕管心作半径为 r_0 的圆周运动，然后向下拉绳，使小球运动轨迹最后成为半径为 r 的圆(见例 3.9.1 图). 试求：小球距管心距离为 r 时，速度 v 的大小，以及绳子从 r_0 缩短到 r 的过程中，力 $\boldsymbol{F}$ 所做的功.

例 3.9.1

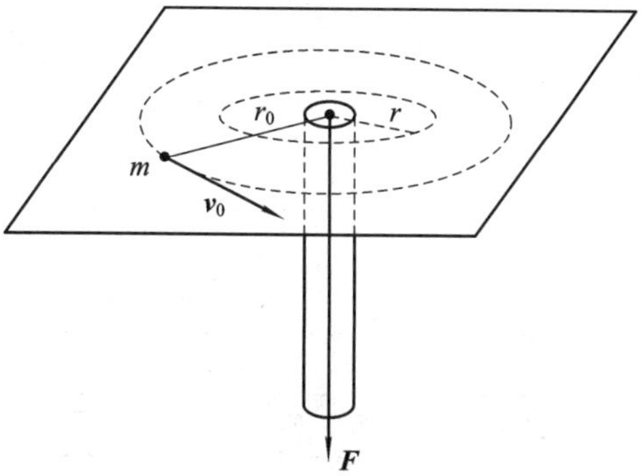

例 3.9.1 图

解　绳子作用在小球上的力始终通过中心点 O，为有心力，力矩始终为零. 因此角动量守恒，则

$$mv_0r_0 = mvr$$

则有

$$v = \frac{v_0 r_0}{r}$$

可见速度增大了，动能增加了，是由于力 $\boldsymbol{F}$ 做了功，则

$$W = \frac{1}{2}mv^2 - \frac{1}{2}mv_0^2 = \frac{1}{2}mv_0^2\left[\left(\frac{r_0}{r}\right)^2 - 1\right]$$

本章小结

知识单元	基本概念、原理及定律	主要公式
动量守恒定律	冲量	$\boldsymbol{I} = \int_{t_1}^{t_2} \boldsymbol{F}\mathrm{d}t$
	质点的动量定理	$\boldsymbol{I} = \int_{t_1}^{t_2} \boldsymbol{F}\mathrm{d}t = \boldsymbol{p}_2 - \boldsymbol{p}_1$
	质点系的动量定理	$\int_{t_1}^{t_2} \sum_{i=1}^{n} \boldsymbol{F}_i \mathrm{d}t = \sum_{i=1}^{n} m_i\boldsymbol{v}_i - \sum_{i=1}^{n} m_i\boldsymbol{v}_{i0}$
	动量守恒定律	当系统不受外力作用或所受外力的矢量和为零时： $\sum_{i=1}^{n} m_i\boldsymbol{v}_i = \sum_{i=1}^{n} m_i\boldsymbol{v}_{i0}$ = 常矢量

续表

知识单元	基本概念、原理及定律	主要公式
能量守恒定律	功	$W_{ab}=\int_a^b \boldsymbol{F}\cdot \mathrm{d}\boldsymbol{r}=\int_a^b F\cos\theta\,\lvert \mathrm{d}\boldsymbol{r}\rvert$
	保守力做功	$W=\oint_l \boldsymbol{F}\cdot \mathrm{d}\boldsymbol{r}=0$
	质点的动能定理	$W=E_{\mathrm{k}}-E_{\mathrm{k0}}$
	质点系的动能定理	$W_{外}+W_{内}=E_{\mathrm{k}}-E_{\mathrm{k0}}$
	势能	$W_{保ab}=-(E_{\mathrm{p}b}-E_{\mathrm{p}a})$
	功能原理	$W_{外}+W_{非保内}=E-E_0$
	机械能守恒定律	只有保守内力做功，系统的机械能守恒，即 $E=E_0=$ 常量
碰撞	完全弹性碰撞	动量守恒，能量守恒
	完全非弹性碰撞	动量守恒，能量损失最大
质心	质心运动定律	$\boldsymbol{F}=\dfrac{\mathrm{d}\boldsymbol{p}}{\mathrm{d}t}=m\boldsymbol{a}_{\mathrm{c}}$
角动量	质点对某一定点的角动量	$\boldsymbol{L}=\boldsymbol{r}\times\boldsymbol{p}$
	力矩	$\boldsymbol{M}=\boldsymbol{r}\times\boldsymbol{F}$
	质点的角动量定理	$\int_{t_1}^{t_2}\boldsymbol{M}\mathrm{d}t=\boldsymbol{L}_2-\boldsymbol{L}_1$
	质点的角动量守恒定律	当质点所受的合力矩 $\boldsymbol{M}=0$ 时，可得 $\boldsymbol{L}=$ 常矢量

习 题 三

1. 一公路的水平弯道半径为 R，路面的外侧高出内侧，与水平面的夹角为 θ. 要使汽车通过该段路面时不引起侧向摩擦力，则汽车的速率为(　　).

A. $\sqrt{Rg}$　　B. $\sqrt{Rg\ \mathrm{tg}\theta}$　　C. $\sqrt{\dfrac{Rg\ \cos\theta}{\sin^2\theta}}$　　D. $\sqrt{Rg\mathrm{ctg}\theta}$

2. 一船浮于静水中，船长 L，质量为 m，一个质量也为 m 的人从船尾走到船头. 若不计水和空气的阻力，则在此过程中船将(　　).

A. 不动　　B. 后退 L　　C. 后退$\dfrac{1}{2}L$　　D. 后退$\dfrac{1}{3}L$

3. 质点的质量为 m，置于光滑球面的顶点 A 处(球面固定不动)，如习题 3 图所示. 当它由静止开始下滑到球面上 B 点时，它的加速度的大小为(　　).

A. $a=2g(1-\cos\theta)$　B. $a=g\sin\theta$

C. $a=g$　D. $a=\sqrt{4g^2(1-\cos\theta)^2+g^2\sin^2\theta}$

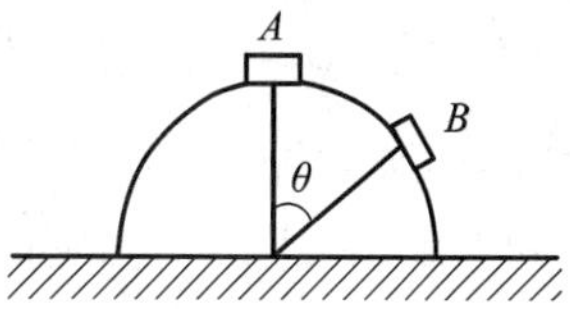

习题 3 图

4. 质量分别为 m_1、m_2的两个物体用一劲度系数为 k 的轻弹簧相连，放在水平光滑桌面上，如习题 4 图所示. 当两物体相距 x 时，系统由静止释放. 已知弹簧的自然长度为 x_0，则当物体相距 x_0时，m_1的速度大小为(　　).

A. $\sqrt{\dfrac{k(x-x_0)^2}{m_1}}$　B. $\sqrt{\dfrac{k(x-x_0)^2}{m_2}}$

C. $\sqrt{\dfrac{k(x-x_0)^2}{m_1+m_2}}$　D. $\sqrt{\dfrac{km_2(x-x_0)^2}{m_1(m_1+m_2)}}$

E. $\sqrt{\dfrac{km_1(x-x_0)^2}{m_2(m_1+m_2)}}$

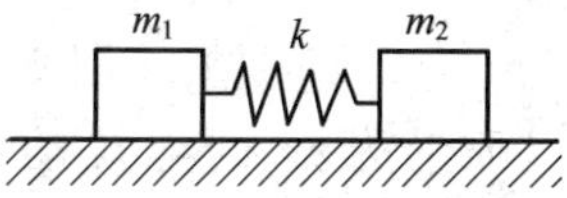

习题 4 图

5. 两质量分别为 m_1、m_2的小球，用一劲度系数为 k 的轻弹簧相连，放在水平光滑桌面上，如习题 5 图所示. 今以等值反向的力分别作用于两小球，则两小球和弹簧系统的(　　).

A. 动量守恒，机械能守恒

B. 动量守恒，机械能不守恒

C. 动量不守恒，机械能守恒

D. 动量不守恒，机械能不守恒

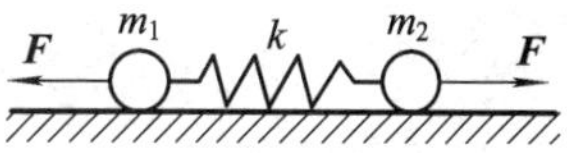

习题 5 图

6. 机枪每分钟可射出质量为 20 g 的子弹 900 颗，子弹射出的速率为 800 $\mathrm{m\cdot s^{-1}}$，则射击时的平均反冲力大小为(　　).

A. 0.267 N　　B. 16 N　　C. 240 N　　D. 14 400 N

7. 一质点在如习题 7 图所示的坐标平面内作圆周运动，有一力 $\boldsymbol{F}=F_0(x\boldsymbol{i}+y\boldsymbol{j})$作用在该质点上. 在该质点从坐标原点运动到(0, $2R$)位置过程中，力 $\boldsymbol{F}$ 对它所做的功为(　　).

A. F_0R^2　　B. $2F_0R^2$　　C. $3F_0R^2$　　D. $4F_0R^2$

8. 一水平放置的轻弹簧，劲度系数为 k，其一端固定，另一端系一质量为 m 的滑块 A，A 旁又有一质量相同的滑块 B，如习题 8 图所示. 设两滑块与桌面间无摩擦. 若用外力将 A、B 一起推压使弹簧压缩量为 d 而静止，然后撤销外力，则 B 离开时的速度为(　　).

A. 0　　B. $d\sqrt{\dfrac{k}{2m}}$　　C. $d\sqrt{\dfrac{k}{m}}$　　D. $d\sqrt{\dfrac{2k}{m}}$

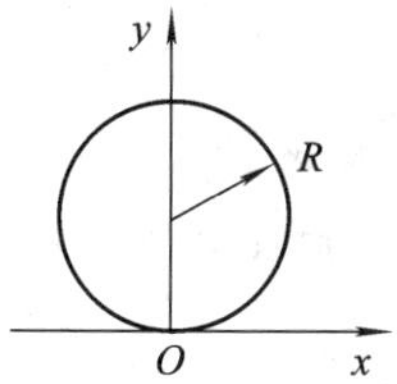

习题 7 图

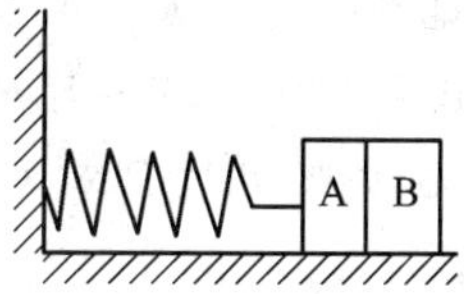

习题 8 图

9. 速度为 v 的子弹，打穿一块不动的木板后速度变为零，设木板对子弹的阻力是恒定的. 那么，当子弹射入木板的深度等于其厚度的一半时，子弹的速度是(　　).

A. $\frac{1}{4}v$　　B. $\frac{1}{3}v$　　C. $\frac{1}{2}v$　　D. $\frac{1}{\sqrt{2}}v$

10. 如习题10图所示，一人造地球卫星到地球中心 O 的最大距离和最小距离分别是 R_A 和 R_B. 设卫星对应的角动量分别是 L_A、L_B，动能分别是 E_{kA}、E_{kB}，则应有(　　).

A. $L_B>L_A$，$E_{kA}>E_{kB}$

B. $L_B>L_A$，$E_{kA}=E_{kB}$

C. $L_B=L_A$，$E_{kA}=E_{kB}$

D. $L_B<L_A$，$E_{kA}=E_{kB}$

E. $L_B=L_A$，$E_{kA}<E_{kB}$

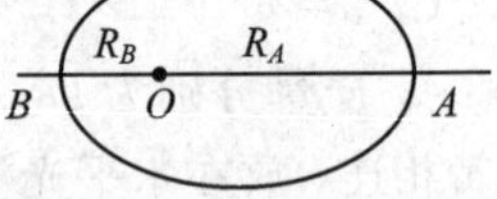

习题10图

11. 如习题11图所示，一物体质量为 M，置于光滑水平地板上. 今用一水平力 $\boldsymbol{F}$ 通过一质量为 m 的绳拉动物体前进，则物体的加速度 $a=$______，绳作用于物体上的力 $T=$______.

12. 1 kg 的两个物体分别固定在劲度系数为 k 轻弹簧两端，竖直的放在水平桌面上，如习题12图所示，若突然把桌面移开，在移开桌面的瞬间，物体 A 的加速度是______，物体 B 的加速度是______.

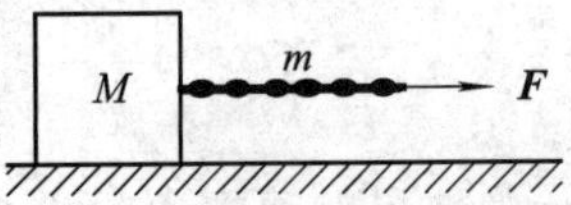

习题11图

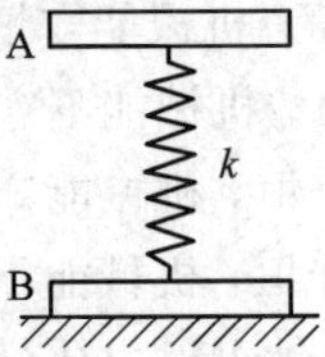

习题12图

13. 一质量为 m 的物体，原来以速率 v 向北运动，它突然受到外力打击，变为向西运动，速率仍为 v，则外力的冲量大小为______，方向为______.

14. 子弹在枪筒里前进时所受的合力大小为 $F=400-\frac{4\times10^5}{3}t$(SI)，子弹从枪口射出时的速率为 300 $\mathrm{m\cdot s^{-1}}$. 假设子弹离开枪口时合力刚好为零，则

(1) 子弹走完枪筒全长所用的时间 $t=$______；

(2) 子弹在枪筒中所受力的冲量 $I=$______；

(3) 子弹的质量 $m=$ ______.

15. 地球质量为 M，半径为 R. 一质量为 m 的火箭从地面上升到距地面高度为 $2R$ 处. 在此过程中，地球引力对火箭做的功为______.

16. 一劲度系数为 k 的轻弹簧竖直放置，下端悬一质量为 m 的小球. 先使弹簧为原长，而小球恰好与地接触. 再将弹簧上端缓慢地提起，直到小球刚能脱离地面为止. 在此过程中外力所做的功为______.

17. 如习题17图所示，地球卫星绕地球作椭圆运动，近地点为 A，远地点为 B. A、B 两点距地心分别为 r_1、r_2. 设卫星质量为 m，地球质量为 M，万有引力常量为 G. 则卫星在 A、B 两点处的万有引力势能之差 $E_{pB}-E_{pA}=$______；卫星在 A、B 两点的动

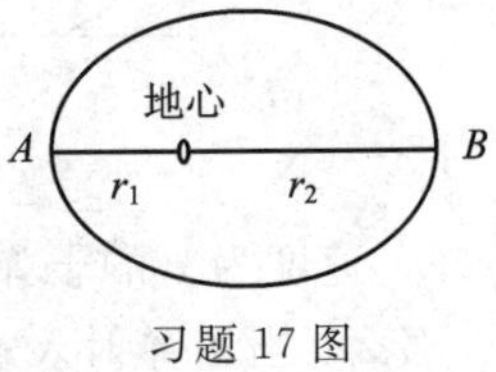

习题17图

能之差 $E_{kB}-E_{kA}=$______.

18. 质量为 m 的质点在指向圆心的平方反比力 $F=-k/r^2$ 的作用下，作半径为 r 的圆周运动. 此质点的速度 $v=$______. 若取距圆心无穷远处为势能零点，它的机械能 $E=$______.

19. 如习题 19 图所示，一条质量分布均匀的绳子，质量为 M，长度为 L，一端拴在竖直转轴 OO' 上，并以恒定角速度 ω 在水平面上旋转. 设转动过程中绳子始终伸直不打弯，且忽略重力，求距转轴为 r 处绳中的张力 $T(r)$.

20. 两个质量分别为 m_1 和 m_2 的木块 A 和 B，用一个质量忽略不计、劲度系数为 k 的弹簧连接起来，放置在光滑水平面上，使 A 紧靠墙壁，如习题 20 图所示. 用力推木块 B 使弹簧压缩 x_0，然后释放. 已知 $m_1=m$，$m_2=3m$，求：

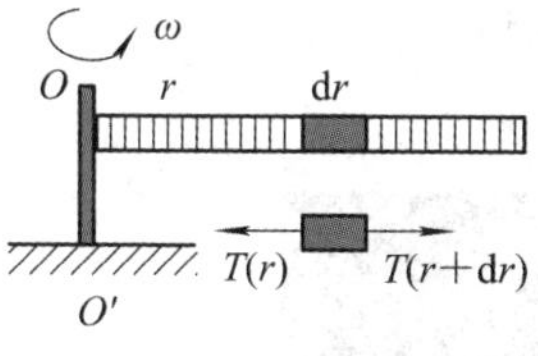

习题 19 图

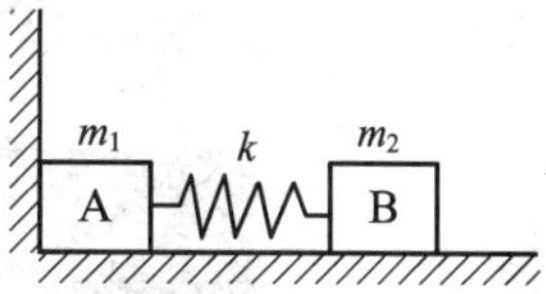

习题 20 图

(1) 释放后，A、B 两木块速度相等时的瞬时速度的大小；

(2) 释放后，弹簧的最大伸长量.

21. 如习题 21 图所示，在地面上固定一半径为 R 的光滑球面，球面顶点 A 处放一质量为 M 的滑块. 一质量为 m 的油灰球，以水平速度 v_0 射向滑块，并黏附在滑块上一起沿球面下滑. 问：

(1) 它们滑至何处(即 θ 的值)脱离球面？

(2) 如欲使二者在 A 处就脱离球面，则油灰球的入射速率至少为多少？

22. 如习题 22 图所示，一链条总长为 l，质量为 m，放在桌面上，并使其部分下垂，下垂一段的长度为 a. 设链条与桌面之间的滑动摩擦系数为 μ. 令链条由静止开始运动，则：

(1) 到链条刚离开桌面的过程中，摩擦力对链条做了多少功？

(2) 链条刚离开桌面时的速率是多少？

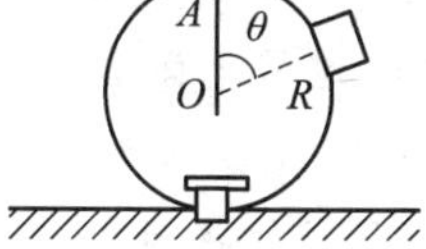

习题 21 图

习题 22 图

阅读材料之百年展望

未来百年的物理学

为了探讨这个问题，让我们先回顾一下过去．100 年前，物理学正处于动荡时期．爱因斯坦刚发表了革命性的引力理论；卢瑟福发现了物质原子的有核结构；以玻尔原子模型为特征的量子论还是一组假设；超导现象之谜在理论上还未得到破解；化学键的本质和恒星的能源这些自然界的重要问题，仍令当时的物理学感到困扰．

50 年前的情景已经变得完全不同，广义相对论在理论和实验方面日渐成熟，同哈勃发现宇宙膨胀一起，它开启了科学宇宙论的新时代．微波背景辐射的发现，加上轻核宇宙学起源的证实，成为大爆炸学说最有力的证据．量子力学作为一个数学精密、逻辑自洽和非常成功的理论，尽管让很多人感到困惑，但已成为我们与自然界对话的语言．原子物理学、化学和材料科学有了坚实的基础．超导现象借助 BCS 理论得到了全面解释．激光、晶体管和核磁共振等新技术，展示了新物理学的深度和可靠性．物理学家理解了恒星何以发光，学会了如何制作核弹和使用核能．另一方面，弱力特别是强力的描述仍然是零碎和唯象的，宇宙线和加速器中高能事件的研究产生了许多意外的惊喜．

25 年前，物理学得到进一步发展．两个标准模型已经建立，一个用于基本相互作用，一个用于宇宙学．面对严格的定量检验，这些模型至今表现优异．归因于对物质，特别是半导体的量子理论的深刻理解，计算机革命方兴未艾．这对物理学来说意义深远．

经历百年之后，物理学基础变化的步伐放慢，而它所支持的创新步伐加快．这些变化反映了可靠而全面的标准模型的成就．物理学家早已熟知相对论性量子场论的原理和嵌入核心理论(广义相对论和强力、弱力和电磁力规范理论)中的局域对称性．表述精确、久经考验的方程为化学、工程学、天体物理和宇宙学众多现象的描述提供了可靠的基础．

20 世纪物理学的伟大成就，是超越了物质表面上不同的两种性状：波动性和粒子性．在个别量子的水平上，光子和电子都是波一粒子．然而，在系综水平上，它们的描述仍然非常不同，分别涉及玻色统计和费米统计．超对称性向我们展示，这种差别也可能被超越．其主要的成功，除了整合核心理论的量子数和耦合强度以外，还预言了(现已观察到的)非零但很小的中微子质量．重子数破坏过程，包括质子衰变和超伴子的存在，也是上述想法激动人心的判决性预言．

探 测 轴 子

粒子的质量和混合角问题提供了更加鼓舞人心的前景．核心理论的一般原则允许参数 θ 的存在，它将导致强相互作用中空间反射和时间反演变换对称性的破坏．实验有力地约束了这类破坏，得出的结论是：$|\theta|<10^{-10}$；而我们先验的预期 θ 接近 1．人择论证无力解决这个疑难，因为难以置信 θ 近于 1 带来的任何影响会阻止智能观察者的出现．对 θ 极严的限定表明，必须有个新的原则来解释该参数何以如此之小．最佳选项是一种新型的对称性，它预言存在一种质量超轻、相互作用极弱的新粒子——轴子．如果它们存在，就可以在早期宇宙中大量产生，这为暗物质(其效应已被天文学家观察到但其本质尚未确定)提供了一个优秀候选者．若干检测轴子的实验正在进行，应在百年之内甚至更早取得成功．

统 一 引 力

作为引力理论的爱因斯坦广义相对论在概念上非常严谨，只允许牛顿引力常数和宇宙学常数这两个自由参数．它通过了物理学家和天文学家设计的所有检验，然而还是不能完全令人满意．首先，引力与其他力在强度上相差非常悬殊．如果我们相信自然界有统一的运作方式，那情况怎么可能如此？其次，真空质量密度(即宇宙项，通常被称为暗能量)的测量值同合理预期极不相称．为什么它远小于理论预期，却不为零？第三，将广义相对论直接量子化得到的方程在极端条件下失效，其后果是什么？这些都是未来百年物理学的重要课题．

理论家估计宇宙项来自几个量的贡献(有正有负)，其中单个量的绝对值远远超过总额．因此，这个项的观测值极小，表明存在精妙的相消，而这是我们的核心理论所不能解释的．或许正如温伯格建议的那样，需要诉诸人择论证：宇宙项太大会使宇宙膨胀过快，从而抑制宇宙中的结构形成．不能形成星系、恒星和行星，那观察者也就不可能出现了．人择论证是物理学能做的最佳选择吗？还是有某种更深层次的原理在起作用呢？

广义相对论同量子力学的原理尽管从概念上难以调和，在实践层面并没有什么问题：天体物理学家和宇宙学家在两者同时有效的物理条件下进行的计算通常都很成功，并没有明显的模棱两可或奇性出现．问题出现在我们试图将方程应用于宇宙大爆炸最早时刻或黑洞内部等极端条件的时候．在有关小黑洞行为的思想实验中也会出现概念上的疑难．除了常用的半经典近似之外，识别真正量子引力产生的可观察现象，将是令人振奋的重大进展．

弦理论是将广义相对论和量子理论紧密联系起来的一个宏伟框架．它支持一个丰富的对称性结构，不仅容纳规范对称性，还有超对称和轴子. 目前，弦理论对构建宇宙模型的应用尚未定形. 如果可以将它打造成更确定的形式，可能极大地澄清我们讨论的许多问题. 一百年时间应当足够了.

提升视角

物理宇宙学在过去几十年日益成熟. 我们积累的大量精确证据表明，宇宙开始于一个非常特殊的、概念上简单的初始状态. 引力之外的各种力在极高温度下处于热平衡中，空间遵循广义相对论方程迅速膨胀. 随后，微弱不匀的物质分布通过引力不稳定性增长，形成了星系团、星系、恒星、行星这些我们生活于其中的宇宙结构. 这幅宏观图景毋容置疑，但许多细节还有待推敲. 有证据表明，宇宙在其早年历史中曾经历一个暴胀时期，空间在几分之一秒内增长数十个量级. 这种非凡的可能性得到源于基础物理学一些考虑的支持. 尽管其物理起源目前尚无定论，但有望在未来百年内观测到暴胀期间量子涨落产生的引力波，从而将暴胀从一种方案变为一个理论.

自然哲学中一个永恒的主题是所谓“蚂蚁视角”与“上帝视角”的对立，蚂蚁像人类那样通过事件的时间序列感知世界. 自牛顿时代以来，蚂蚁视角一直主导着基础物理学. 矛盾的是，我们将自己对世界的描述划分为与时间无关的动力学定律和让这些定律陆续起作用的初始条件. 这种划分一直非常有用和成功，但它远未提供已知世界的完整科学说明. 它给出的说明是：事情现在是这样，因为它们曾经是那样. 问题在于，为什么事情曾经是那样而不是其他样式呢？

革新算法

运行速度和集成密度 25 次翻倍的摩尔周期律，是人类通过深刻理解物质而获得的创造性成果，它给一般人，尤其是物理学家带来了能力非凡的计算工具. 虽然这种指数增长的步伐也许会放慢，但是可以预计未来几十年至少还将有若干翻倍周期，可用的量子计算机也将上线. 日益增长的计算能力将改变我们所从事研究问题的实质，甚至将改变研究者自身的本性：“我们物理学家”究竟是什么？正如电脑对核物理学、恒星物理学、材料科学、化学和飞机设计已经做过的那样，仿真计算将补充或最终取代实验室实验.

发展算法将愈益成为理论物理学的焦点. 计算机可以处理的概念 和方程将备受关注；不能化为算法的概念和方程则不被看好. 这并不意味着盲目的数字运算将取代创造性的洞察. 恰恰相反，人们对物理学中普遍性、对称性和拓扑性等创造性理解的成功，预先为电脑编程思想提供了合适的范例.

节选自《物理》2016 年第 45 卷第 5 期，未来百年的物理学，作者：邹振隆.

第 4 章　刚 体 力 学

前面讨论了质点和质点系的力学规律，本章将进一步讨论具有一定形状和大小的物体的运动规律. 具有一定形状和大小的物体不仅可以平动，而且还可以转动，在运动过程中形状还可能发生变化，其运动的描述比较复杂. 为了抓住问题的主要特点，我们引进"**刚体**"这一理想模型. 所谓刚体，就是在任何情况下其形状和大小都不发生变化的物体. 刚体是我们继质点模型后引进的一个新的理想模型，在这个模型中我们考虑了实际物体的形状和大小，但忽略了它可能发生的形变. 因为任何物体在受力作用后，都或多或少地变形，如果变形的程度相对于物体本身几何尺寸来说极为微小，在研究物体运动时变形就可以忽略不计. 把许多固体视为刚体，所得到的结果在工程应用上一般已有足够的准确度.

刚体宏观上是一个连续体，在研究刚体运动时，常把刚体看成是由许多质量微分元(简称"**质元**")组成的. 由于刚体不变形，所以刚体实际上就是各个质元相对位置固定的"**不变质点系**"，因此，可以借助前面讨论过的质点系运动的规律研究刚体的运动. 当然，由于刚体的特点，质点系的基本定律在刚体的情况下有其特殊的形式.

本章主要介绍刚体的运动、刚体绕定轴转动的角动量和转动惯量、刚体定轴转动定律、刚体定轴转动的功能原理和角动量守恒定律.

4.1 刚体的运动

平动和转动是刚体的两种最基本的运动形式，刚体的一般运动都可以看成是这两种基本运动形式的合成.

4.1.1 刚体的平动和转动

在运动过程中，如果刚体上任意两质元的连线在空间的取向始终保持不变(后一时刻的取向总与前一时刻的取向保持平行)，则这种运动形式称为刚体的**平动**，如图 4.1.1 所示. 缆车的运动、电梯的运动、气缸中活塞的运动、刨床上刀具的运动等都是平动的例子，其中，缆车的运动如图 4.1.2 所示.

刚体平动时，刚体上每个质元的位移、速度和加速度相同. 所以，如果我们要研究刚体的平动，只需要研究某一个质点，例如质心的运动就行了. 因为这一个质点的运动规律就代表了刚体所有质点的运动规律，也即刚体的运动规律. 在这个意义上我们可以说，刚体平动的运动学属于质点运动学，可以使用质点模型. 刚体平动的动力学也可以使用质点模型，通过质点动力学来解决. 这实际上并不是新问题，如牛顿运动定律的多数题目中出现的都是有形状的物体，但只要它是在平动，就仍可以用牛顿运动定律来正确地处理它们. 实际上，这时我们用牛顿运动定律求出来的是质心的加速度，但是由于在平动中刚体上每个质点的加速度相同，所以质心的加速度也就代表了所有质点的加速度. 所以，刚体平动可以使用前面学习的质点模型的知识进行分析和处理.

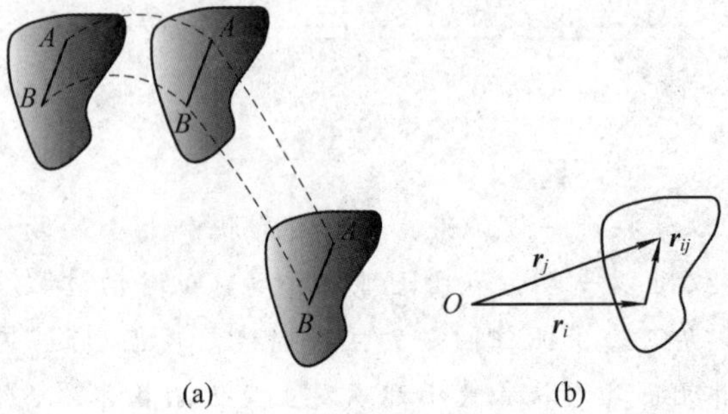

图 4.1.1　平动示意图

图 4.1.2　缆车的运动

如果在运动过程中的某一时刻，刚体上所有质元都绕一条共同的直线作圆周运动，则这种运动称为刚体的**转动**，而该直线称为刚体的**转轴**. 刚体转动的基本特征是，轴上各点保持不动，轴外各点在同一时间间隔 dt 内转过的角位移都相同. 所以，我们可以用角位移、角速度和角加速度来描述刚体的转动.

刚体的一般运动，可以看成是随刚体的某一点（这一点可以不在刚体上，称为**基点**）的平动，和绕过此基点的某一个转轴的转动的组合. 基点的平动随基点选取不同而不同，但是绕基点的转动与基点的选取无关.

一般刚体的转动可分为定点转动与定轴转动. 如果刚体上仅有一点固定不动，称为**定点转动**，比如陀螺（见图 4.1.3）、雷达天线的转动；刚体运动时至少有两点固定不动，称为**定轴转动**，比如砂轮、电机转子（见图 4.1.4）等的转动. 当然，对于定轴转动，两点连线上的各点均不动，此连线称为**转轴**.

图 4.1.3　定点转动的陀螺

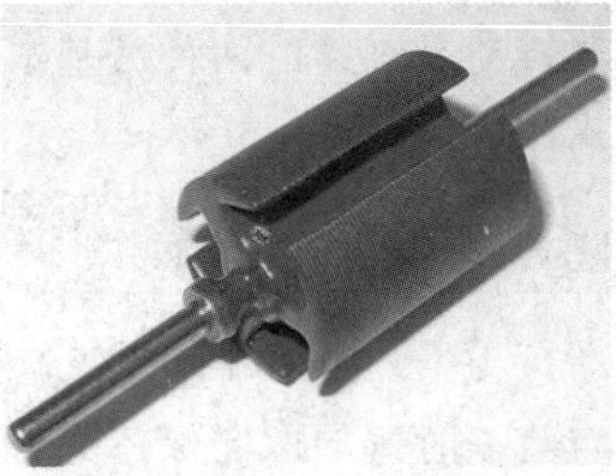

图 4.1.4　定轴转动的电机转子

4.1.2　刚体运动的自由度

在选定的坐标系中，为了描述任何一个物体的位置，必须引入一定数目的坐标参量. 用以确定一个运动物体位置所需要的独立坐标数目，称为这个物体的**自由度**. 例如，确定一个自由质点在空间的运动，需用 x、y、z 三个相互独立的坐标参量，所以一个自由质点有 3 个自由度；若一个质点被约束于一曲面上运动，则它有 2 个自由度；若一个质点被约束于一曲线上运动，则只有 1 个自由度. 如果系统有 N 个自由质点，则有 $3N$ 个自由度. 一个自由质点的 3 个自由度，可以表现为直角坐标系的 (x, y, z)，也可以表现为球坐标系的 (r, θ, φ)，其中 (θ, φ) 描述质点的空间方位，r 确定质点到球坐标系原点的距离.

虽然刚体可以看成由无穷多个质量元构成，自由刚体的自由度却只有 6 个，因为这无穷多个质量元，彼此固连，相互约束，并不独立. 由于刚体的一般运动可分解为随质心的平动及绕通过质心轴的转动，所以运动刚体在某一时刻的位置可按如下方法决定(见图 4.1.5)：

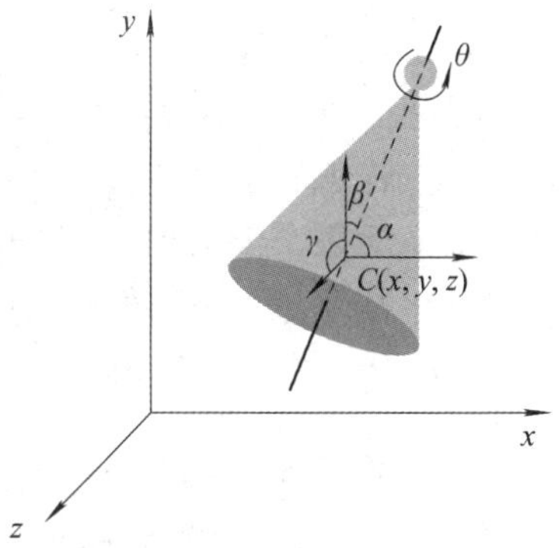

图 4.1.5 刚体的自由度示意图

(1) 用三个独立坐标(如 x, y, z)决定其质心的位置.

(2) 用两个独立坐标，如 (α, β) 决定转轴的方位(三个方位角满足 $\cos^2\alpha + \cos^2\beta + \cos^2\gamma = 1$，故只有两个是独立的).

(3) 用一个独立坐标，如 θ 决定刚体相对于某一起始位置转过的角度. 因此，自由运动的刚体共有 6 个自由度，其中 3 个是平动的，3 个是转动的.

若刚体运动被约束为定点转动，则有 3 个自由度；若进一步被约束为定轴转动，则只有 1 个自由度.

4.1.3 刚体的定轴转动

刚体在作定轴转动时，其上各质元都绕转轴作圆周运动. 由于各质元的相对位置保持不变，所以刚体上各质元有相同的角位移、角速度和角加速度. 如图 4.1.6 所示，在刚体上任取一质元 P 作为代表点，P 点将在与转轴垂直的一个平面上绕转轴作圆周运动，这个平面称为 P 点的转动平面，转动平面与转轴的交点 O 称为 P 的转动中心. 在转动平面上取相对于实验室系静止的坐标轴 Ox，P 相对 O 的位矢用 $\boldsymbol{r}$ 表示. 刚体的定轴转动就可用 OP 对 x 轴的夹角 θ 描述. θ 表示 t 时刻刚体相对坐标 Ox 转过的角度，θ 为时间 t 的函数，即角位置为

$$\theta = \theta(t)$$

与直线运动类似，可定义角位移为

$$\Delta\theta = \theta(t + \Delta t) - \theta(t)$$

规定定轴时逆时针方向转动时的角位移取正值，沿顺时针方向转动的角位移取负值. 在国际单位制中，角位置和角位移的单位是弧度，符号为 rad.

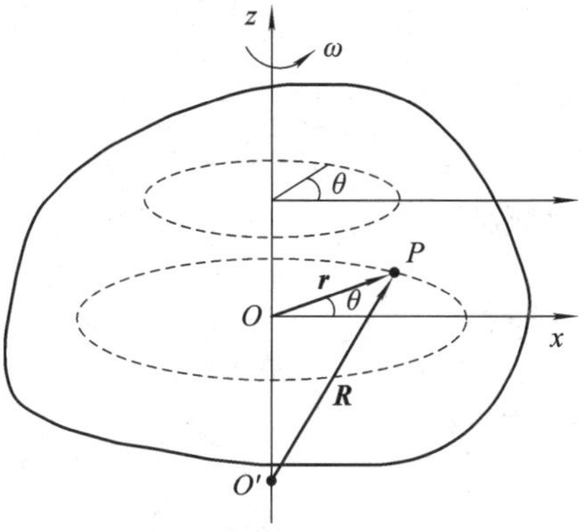

图 4.1.6 刚体定轴转动示意图

与定义质点运动速度相似，定义角位移对时间的变化率为角速度：

$$\omega = \lim_{\Delta t \to 0} \frac{\Delta\varphi}{\Delta t} = \frac{d\varphi}{dt}$$

角速度 ω 的单位是弧度/秒. 无限小角位移可以看

作矢量，为了描述刚体转动方向，规定角速度方向与刚体转动方向成右手螺旋关系.

我们规定，物体的角速度矢量的方向与直观的转动方向构成右手螺旋关系：当我们伸直大拇指并弯曲其余的四个手指，使四个手指指向直观的转动方向时，大拇指所指的方向即为角速度矢量的方向，如图 4.1.7 所示.

为了描述刚体转动角速度随时间的变化，还可引入角加速度的概念. 角加速度定义为角速度对时间的变化率：

$$\beta = \lim_{\Delta t \to 0} \frac{\Delta \omega}{\Delta t} = \frac{d\omega}{dt} = \frac{d^2\theta}{dt^2}$$

同样，在定轴转动情况下，角加速度也只有正反两个方向，角加速度的大小和方向也可用代数值表示，单位是弧度/秒^2.

显然，若角加速度矢量的方向与角速度矢量的方向相同，如图 4.1.8(a)所示，则角速度在增加；反之，若角加速度与角速度的方向相反，如图 4.1.8(b)所示，则角速度在减小. 从图 4.1.8 中不难验证，角加速度矢量的方向与直观转动的加速方向也构成右手螺旋关系. 即当四个手指指向直观的加速方向时，大拇指所指向的方向即为角加速度矢量的方向.

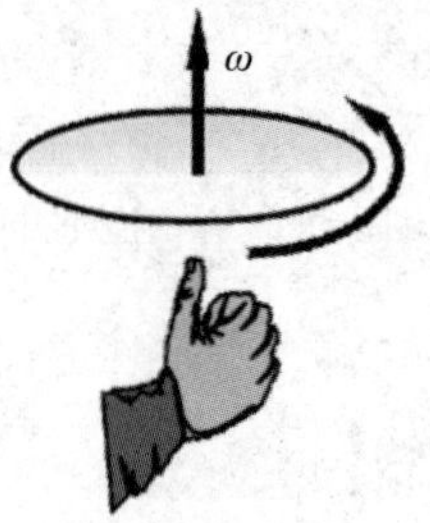

图 4.1.7 角速度的方向判断示意图

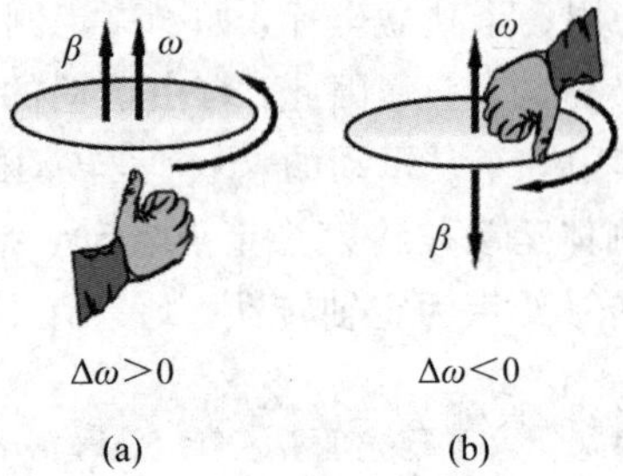

图 4.1.8 角加速度的方向判断示意图

如图 4.1.9 所示，在已知角量的情况下，可以写出定轴转动刚体上任一质元的线量. 若考察刚体上的一个质点对 z 轴的径矢为 $\boldsymbol{r}$，则其速度、切向加速度和法向加速度和角速度与角加速度的矢量关系为

$$\boldsymbol{v} = \boldsymbol{\omega} \times \boldsymbol{r}$$

P 点的线加速度为

$$\boldsymbol{a} = \frac{d\boldsymbol{v}}{dt} = \frac{d(\boldsymbol{\omega} \times \boldsymbol{r})}{dt}$$

$$= \frac{d\boldsymbol{\omega}}{dt} \times \boldsymbol{r} + \boldsymbol{\omega} \times \frac{d\boldsymbol{r}}{dt} = \beta \times \boldsymbol{r} + \boldsymbol{\omega} \times \boldsymbol{v}$$

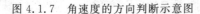

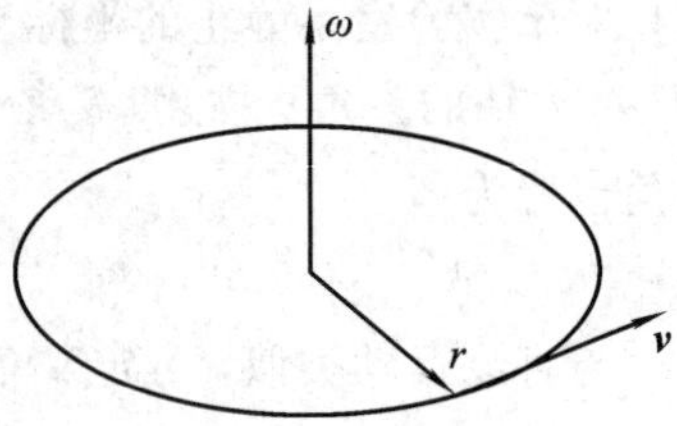

图 4.1.9 刚体定轴转动的角量和线量关系示意图

切向加速度为

$$a_t = \frac{dv}{dt} = r\frac{d\omega}{dt} = r\beta$$

法向加速度为

$$a_n = \frac{v^2}{r} = \omega^2 r$$

当刚体绕定轴转动的角加速度为恒量时，则类似匀变速直线运动，有

$$\omega = \omega_0 + \beta t$$

$$\theta = \theta_0 + \omega_0 t + \frac{1}{2}\beta t^2$$

$$\omega^2 - \omega_0^2 = 2\beta(\theta - \theta_0)$$

例 4.1.1 一半径为 25 cm 的圆柱体，可绕与其中心轴线重合的光滑固定轴转动. 圆柱体上绕上绳子. 圆柱体初角速度为零，现拉绳的端点，使其以 $1\ \mathrm{m \cdot s^{-2}}$ 的加速度运动. 绳与圆柱表面无相对滑动. 试计算在 $t=5$ s 时：

(1) 圆柱体的角加速度；

(2) 圆柱体的角速度.

解 (1) 由 $a_t = r\beta$ 可得圆柱体的角加速度为

$$\beta = \frac{a_t}{r} = 4\ \mathrm{rad \cdot s^{-2}}$$

(2) 根据 $\omega_t = \omega_0 + \beta t$，此题中 $\omega_0 = 0$，则有

$$\omega_t = \beta t$$

那么圆柱体的角速度为

$$\omega = \beta t = 20\ \mathrm{rad \cdot s^{-1}}$$

4.2 刚体绕定轴转动的角动量和转动惯量

4.2.1 刚体定轴转动的角动量

刚体是一个质点系，关于质点系角动量的定义对刚体仍然适用，不过在研究刚体定轴转动时，刚体的转动状态可以用**相对转轴角动量**描写. 刚体相对转轴的角动量定义为刚体相对转轴上一点的角动量沿转轴的分量.

设刚体以角速度 $\boldsymbol{\omega}$ 绕 z 轴转动，刚体上任一质元 m_i 相对于参考点 O(O 取在 z 轴上)的角动量为(见图 4.2.1)

$$\boldsymbol{L}_i = m_i \boldsymbol{R}_i \times \boldsymbol{v}_i = m_i \boldsymbol{R}_i \times (\boldsymbol{\omega} \times \boldsymbol{R}_i)$$

式中，$\boldsymbol{R}_i$ 是质元 m_i 相对 O 的位矢. 刚体相对参考点 O 的总角动量就是各质元相对 O 的角动量的矢量和，即

$$\boldsymbol{L} = \sum_i m_i \boldsymbol{R}_i \times (\boldsymbol{\omega} \times \boldsymbol{R}_i)$$

利用三重矢积公式 $\boldsymbol{A} \times (\boldsymbol{B} \times \boldsymbol{C}) = (\boldsymbol{A} \cdot \boldsymbol{C})\boldsymbol{B} - (\boldsymbol{A} \cdot \boldsymbol{B})\boldsymbol{C}$ 得

$$\boldsymbol{L} = \sum_i m_i [\boldsymbol{R}_i^2 \boldsymbol{\omega} - (\boldsymbol{R}_i \cdot \boldsymbol{\omega})\boldsymbol{R}_i]$$

注意到刚体绕 z 轴转动，角速度沿 z 轴方向，

$$\boldsymbol{R}_i = x\boldsymbol{i} + y\boldsymbol{j} + z\boldsymbol{k}$$

$$\boldsymbol{\omega} = \omega \boldsymbol{k}$$

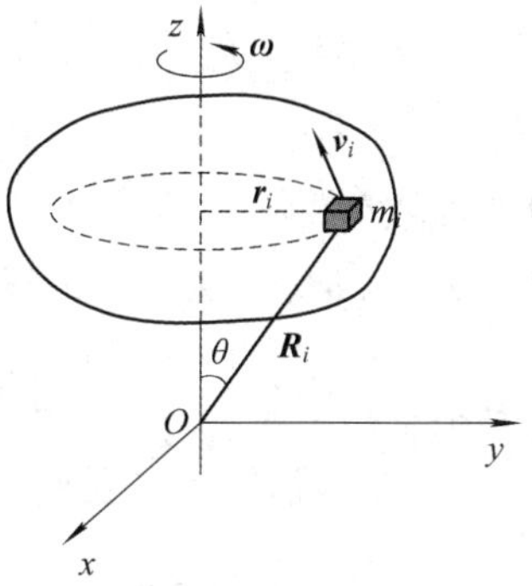

图 4.2.1 刚体定轴转动的角动量示意图

代入上式可得

$$\boldsymbol{L} = \sum_i m_i [(x_i^2 + y_i^2 + z_i^2)\omega k - (z_i x_i \boldsymbol{i} + z_i y_i \boldsymbol{j} + z_i^2 \boldsymbol{k})\omega] \tag{4.2.1}$$

于是刚体相对转轴上 O 点的总角动量的三个分量可以写为

$$L_x = \omega \cdot \sum_i (-m_i z_i x_i), \quad L_y = \omega \cdot \sum_i (-m_i z_i y_i), \quad L_z = \omega \cdot \sum_i m_i (x_i^2 + y_i^2)$$

式中，L_z是平行于转轴的分量，就是刚体相对转轴的角动量，可以写作

$$L_z = \omega \cdot \sum_i m_i r_i^2 \tag{4.2.2}$$

式中，$r_i = \sqrt{x_i^2 + y_i^2}$，是质元 m_i到转轴的距离(即质元 m_i的转动半径). 定义

$$J = \sum_i m_i r_i^2 \tag{4.2.3}$$

称为刚体绕 z 轴的**转动惯量**. 这样，刚体定轴转动相对转轴 z 的角动量就可写作

$$L_z = J\omega \tag{4.2.4}$$

式(4.2.4)表明，作**定轴转动的刚体相对转轴的角动量，等于刚体转动角速度与刚体相对此轴转动惯量的乘积**. 在同样角速度情形下，转动惯量越大，则角动量 L_z也越大. 可见转动惯量对角动量的关系如同惯性质量对动量，所以转动惯量是刚体在转动时表现出来的惯性的量度.

4.2.2 刚体的转动惯量

转动是具有惯性的. 例如，飞轮高速转动后要使其停下来就必须施加外力矩，静止的飞轮要转动起来也必须有外力矩的作用. 这说明了转动确实具有惯性. 转动惯性的大小用什么物理量来表述呢？对定轴转动的刚体而言，可以使用所谓的转动惯量来表述它转动惯性的大小，而更复杂的刚体运动需要使用惯量张量来表述.

如果刚体可以看成是由很多质点组成的，则刚体的转动惯量定义为刚体对固定轴的转动惯量等于各质元质量与其至转轴的垂直距离的平方的乘积之和，即

$$J = \sum_i m_i r_i^2$$

式中，m_i表示刚体的某个质点的质量；r_i表示该质点到转轴的垂直距离.

对于质量连续分布的刚体，上式中的求和应以积分代替，即

$$J = \int r^2 \, \mathrm{d}m \tag{4.2.5}$$

式中，r 为刚体上质元 $\mathrm{d}m$ 到转轴的距离；$\mathrm{d}m$ 为质量元，简称质元. 其计算方法如下：若质量为线积分，则 $\mathrm{d}m=\lambda\,\mathrm{d}l$，若质量为面积分，则 $\mathrm{d}m=\sigma\,\mathrm{d}s$，若质量为体积分，则 $\mathrm{d}m=\rho\,\mathrm{d}V$，其中 λ、σ、ρ 分别为质量的线密度、面密度和体密度.

从式(4.2.5)可以看出，转动惯量的大小决定于刚体的质量分布和转轴的位置. 刚体转动惯量的大小具有以下规律：

(1) 对形状、大小相同的刚体，密度越大转动惯量越大.

(2) 总质量相同情况下，质量分布离轴越远，转动惯量越大.

(3) 同一刚体，转动惯量的大小决定于转轴的方位.

下面列举几个计算刚体转动惯量的经典例题.

例 4.2.1 求均匀细棒绕通过中心并与棒垂直的转轴的转动惯量.

解 如例 4.2.1 图所示，设棒长为 l，总质量为 m，则线密度(单位长度上的质量)为$\lambda = m/l$.

取 x 轴沿棒长，长度元 $\mathrm{d}x$ 对应的质量元为 $\mathrm{d}m=\lambda\,\mathrm{d}x$，于是

例 4.2.1

$$J=\int x^2\,\mathrm{d}m=\int_{-l/2}^{l/2}x^2\lambda\,\mathrm{d}x=2\lambda\int_0^{l/2}x^2\,\mathrm{d}x$$

$$=2\lambda\cdot\left[\frac{x^3}{3}\right]_0^{l/2}=\frac{1}{12}\lambda l^3=\frac{1}{12}ml^2$$

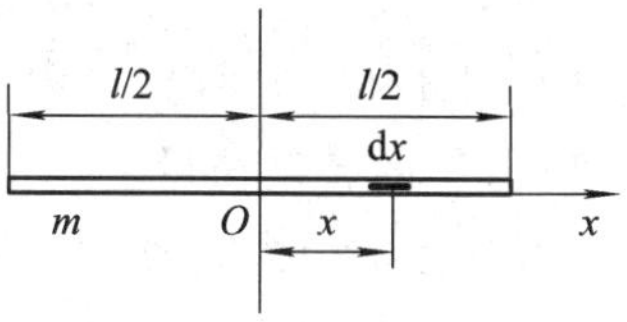

例 4.2.1 图

类似地可以证明，对通过棒的一端且与棒垂直的转轴，均匀棒的转动惯量为

$$J=\frac{ml^2}{3}$$

例 4.2.2　如例 4.2.2 图所示，求均匀薄圆环绕垂直于环面且过中心的转轴的转动惯量.

解　设圆环半径为 R，由于环上所有质元到转轴的距离都等于 R，所以

$$J=\int r^2\,\mathrm{d}m=R^2\int\mathrm{d}m=mR^2$$

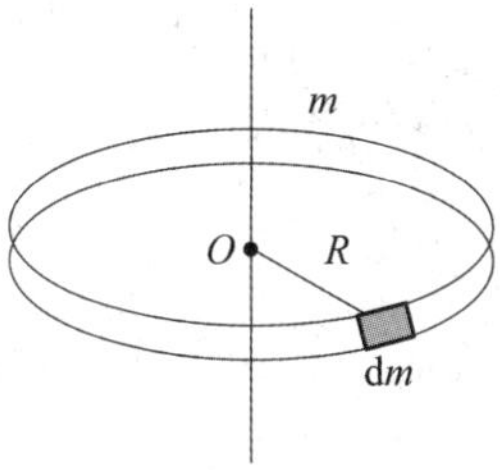

例 4.2.2 图

例 4.2.3　如例 4.2.3 图所示，求均匀圆盘绕垂直于盘面且过中心的转轴的转动惯量.

解　设圆盘半径为 R，总质量为 m，其面密度(单位面积上的质量)$\sigma=m/\pi R^2$. 将圆盘划分为许多宽度为 $\mathrm{d}r$ 的同心圆环，则环的面积为 $2\pi r\,\mathrm{d}r$，质量 $\mathrm{d}m=\sigma 2\pi r\,\mathrm{d}r$，于是

$$J=\int_0^R r^2\,\mathrm{d}m=\int_0^R r^2\sigma 2\pi r\,\mathrm{d}r=2\pi\sigma\int_0^R r^3\,\mathrm{d}r$$

$$=2\pi\sigma\cdot\frac{R^4}{4}=\frac{1}{2}mR^2$$

此例中对圆盘的厚度 l 并无限制，故上式也适用于均匀实心圆柱.

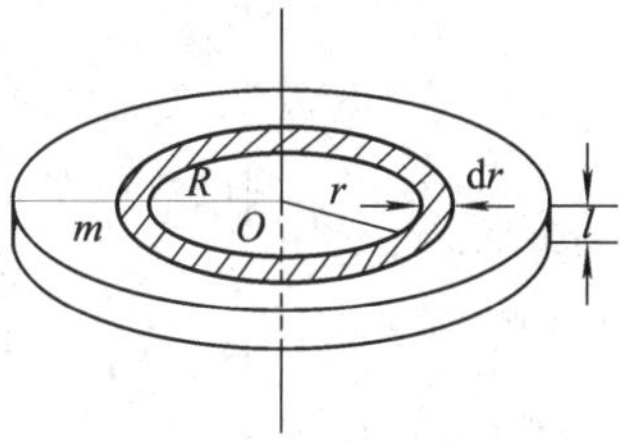

例 4.2.3 图

例 4.2.3

例 4.2.4　已知质量为 M、半径为 R 的匀质球(见例 4.2.4 图)，计算球体相对过球心的转轴的转动惯量.

解　利用球坐标写出质量元，

$$\mathrm{d}m=\rho\,\mathrm{d}V=\rho r^2\sin\theta\,\mathrm{d}r\mathrm{d}\theta\mathrm{d}\varphi$$

它到转轴的距离为 $r\sin\theta$. 因此，转动惯量为

$$J=\int_V r^2\sin^2\theta\,\mathrm{d}m=\rho\int_0^R\int_0^{\pi}\int_0^{2\pi}r^4\sin^3\theta\,\mathrm{d}r\mathrm{d}\theta\mathrm{d}\varphi$$

$$=\frac{8\pi}{15}\rho R^5=\frac{2}{5}MR^2$$

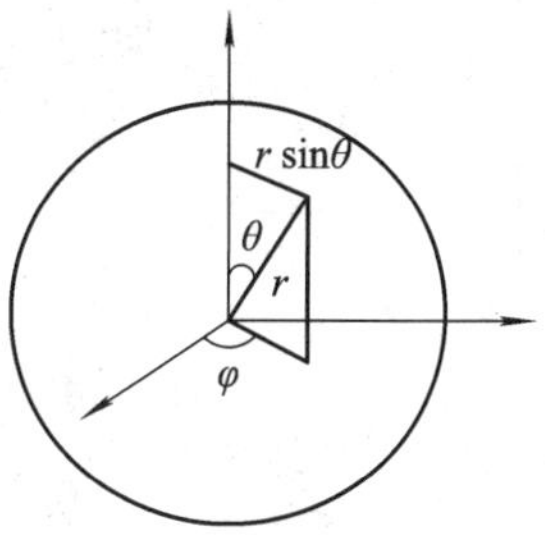

例 4.2.4 图

例 4.2.5 如例 4.2.5 图所示，一质量为 m、长为 l 的均质空心圆柱体(即圆筒)其内、外半径分别为 R_1 和 R_2. 试求对几何轴 Oz 的转动惯量.

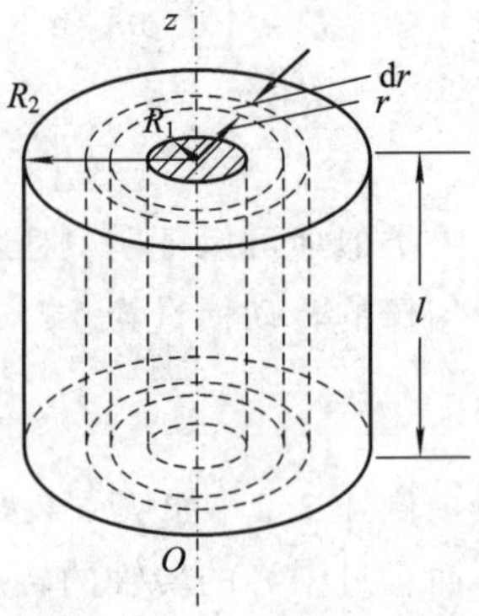

例 4.2.5 图

解 在半径为 r 处，取一薄圆柱壳形状的质元，其长为 l，半径为 r，厚度为 dr，则该质元的质量为

$$dm = \rho\, dV = \rho(2\pi r\, dr)l$$

由转动惯量的表达式得

$$J = \int_m r^2\, dm = \int_{R_1}^{R_2} 2\pi\, l\rho r^3\, dr = \frac{\pi l\rho}{2}(R_2^4 - R_1^4) \qquad (1)$$

圆筒的密度为

$$\rho = \frac{m}{\pi(R_2^2 - R_1^2)l}$$

将密度表达式带入式(1)得

$$J = \frac{m}{2}(R_2^2 + R_1^2)$$

若 $R_1=0$，$R_2=R$，则 $J=\frac{1}{2}mR^2$；若 $R_1\approx R_2\approx R$，则 $J=mR^2$.

表 4.2.1 中列出了几种常见的质量均匀、形状规则刚体的转动惯量.

表 4.2.1 几种常见的质量均匀、形状规则刚体的转动惯量

常见的刚体	形状、转轴	轴的位置	转动惯量
细杆	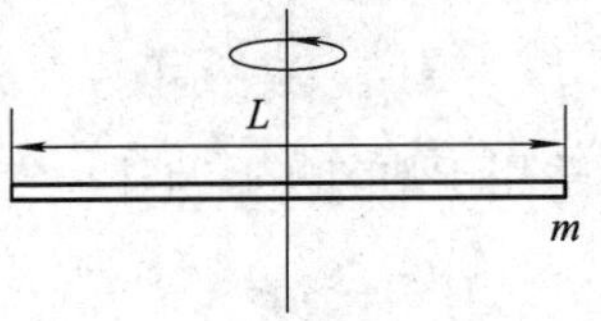	通过中点垂直于杆	$\frac{1}{12}ml^2$
圆环(或薄壁圆筒)	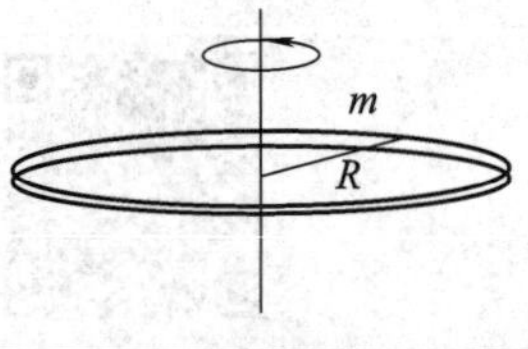	通过环心垂直于环面(或中心轴)	mR^2
圆盘(或圆柱体)	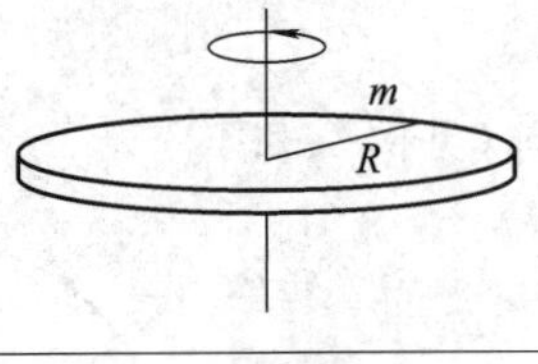	通过盘心垂直于盘面(或中心轴)	$\frac{1}{2}mR^2$
厚壁圆筒	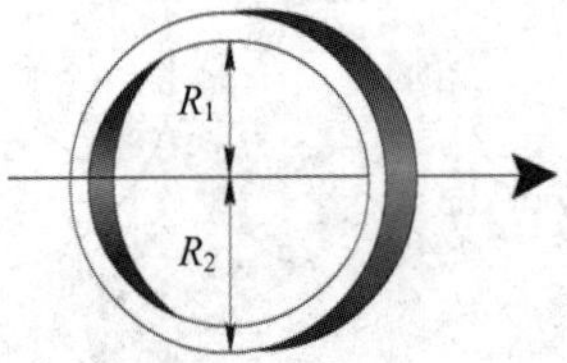	几何对称轴	$\frac{1}{2}m(R_1^2+R_2^2)$

续表

常见的刚体	形状、转轴	轴的位置	转动惯量
圆柱体	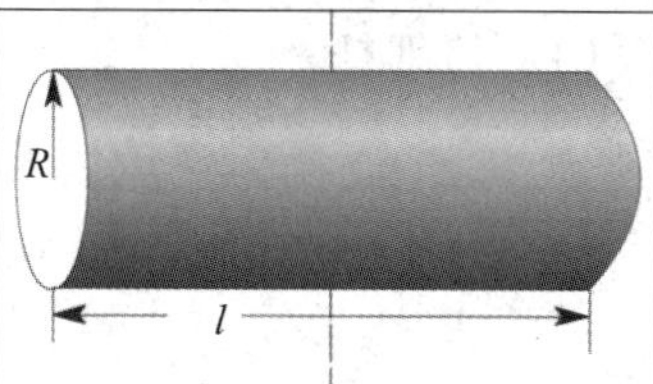	几何对称轴	$\frac{1}{4}mR^2+\frac{1}{12}ml^2$
薄球壳	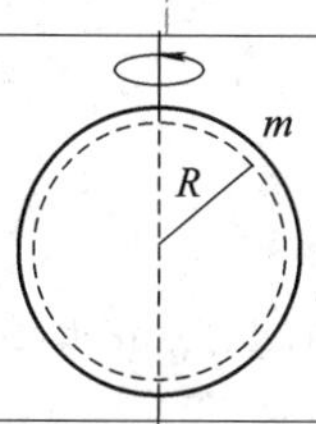	直径	$\frac{2}{3}mR^2$
球体	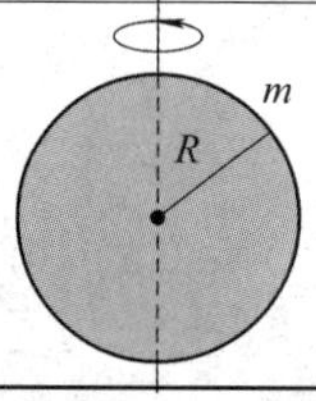	直径	$\frac{2}{5}mR^2$

4.2.3　转动惯量的平行轴定理

1. 转动惯量的平行轴定理

设刚体绕通过质心的转轴的转动惯量为 J_C，将转轴沿任何方向平行移动一个距离 d，则绕此转轴的转动惯量 J 与质心轴的转动惯量 J_C 之间有一简单关系：

$$J = J_C + md^2 \tag{4.2.6}$$

式中，m 为刚体质量；d 为两轴之间的垂直距离．式(4.2.6)称为**平行轴定理**．证明如下．

如图 4.2.2 所示，设质量元 m_i 对 O 点的位矢为 $\boldsymbol{r}_i$，对质心 C 的位矢为 $\boldsymbol{r}'_i$．注意到 $\boldsymbol{r}_i=\boldsymbol{r}'_i+\boldsymbol{d}$，而

$$r_i^2=\boldsymbol{r}_i\cdot\boldsymbol{r}_i=r_i'^2+d^2+2\boldsymbol{r}'_i\cdot\boldsymbol{d}$$

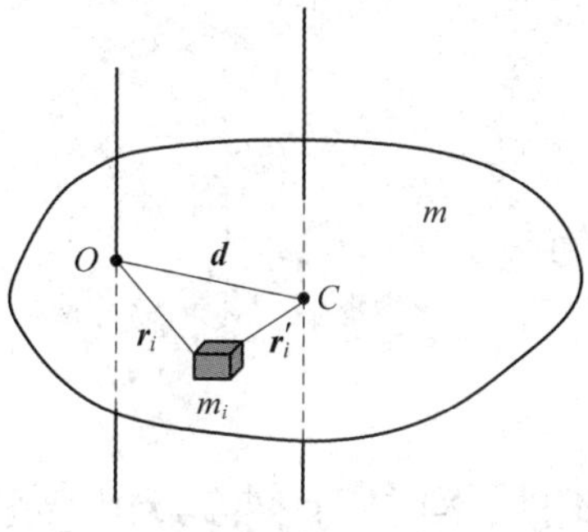

图 4.2.2　刚体定轴转动平行轴定理示意图

由转动惯量的定义：

$$J=\sum_i m_i r_i^2=\sum m_i r_i'^2+\left(\sum m_i\right)d^2+2\left(\sum m_i \boldsymbol{r}'_i\right)\cdot\boldsymbol{d}$$

根据质心的定义，上式第三项 $\sum m_i \boldsymbol{r}'_C = m\boldsymbol{r}'_C$，由于在质心参照系中 $\boldsymbol{r}'_C=0$，所以有

$$J = J_C + md^2$$

如图 4.2.3 所示，已知质量为 M、长度为 L 的均匀细杆对于 z 轴的转动惯量为

$$J_z = \frac{1}{12}ML^2$$

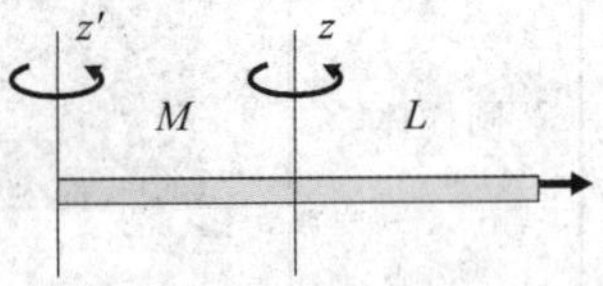

图 4.2.3　均匀细杆示意图

由平行轴定理可得，该杆对于 z' 轴的转动惯量为

$$J_{z'} = J_z + M\left(\frac{L}{2}\right)^2 = \frac{1}{12}ML^2 + \frac{1}{4}ML^2 = \frac{1}{3}ML^2$$

2. 转动惯量的垂直轴定理

如图 4.2.4 所示，刚体是一块很薄的薄片，厚度均匀，密度均匀，设薄片的面与 $x-y$ 面共平面，z 轴垂直于该薄片，那么，刚体对于 x 轴、y 轴、z 轴的转动惯量分别为

$$J_x = \int (y^2 + z^2)\mathrm{d}m$$

$$J_y = \int (x^2 + z^2)\mathrm{d}m$$

$$J_z = \int (x^2 + y_2)\mathrm{d}m$$

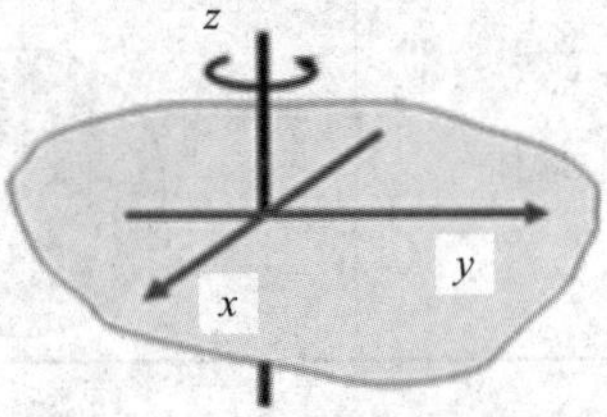

图 4.2.4　刚体定轴转动的垂直轴定理示意图

由于该薄片的厚度远远小于薄片的面尺寸，则可以忽略 z 轴对于积分的贡献. 因此有

$$J_x = \int y^2\,\mathrm{d}m$$

$$J_y = \int x^2\,\mathrm{d}m$$

所以有

$$J_z = J_x + J_y \tag{4.2.7}$$

式(4.2.7)称为刚体定轴转动的垂直轴定理。

如图 4.2.5 所示，半径为 R 的均匀薄圆盘，已知圆盘对于 z 轴的转动惯量为

$$J_z = \frac{1}{2}mR^2$$

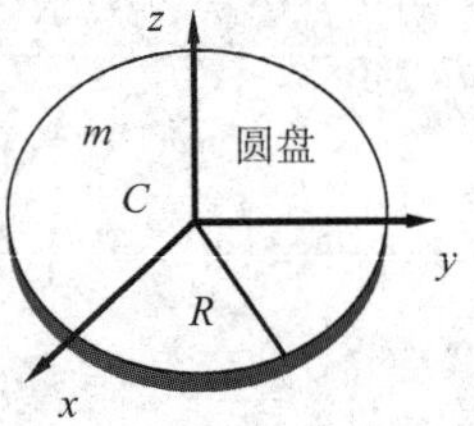

图 4.2.5　均匀薄圆盘示意图

由垂直轴定理及圆盘的对称性可得

$$J_x = J_y = \frac{1}{4}mR^2$$

4.3　刚体定轴转动定律

4.3.1　对定轴的力矩

在力矩知识点中我们讨论了对定点的力矩，也简单介绍了对轴的力矩. 在此处将进一

步详细讨论对定轴的力矩. 如图 4.3.1 所示，一刚体绕定轴 z 转动，力 $\boldsymbol{F}$ 作用在刚体上 P 点，且力的方向在 P 点的转动平面 $\boldsymbol{M}$ 内，此时力垂直于转轴，设 P 点的转心为 O，径矢为 $\boldsymbol{r}$. 通常把力 $\boldsymbol{F}$ 对定轴 z 的力矩定义为一个矢量：

$$\boldsymbol{M} = \boldsymbol{r} \times \boldsymbol{F} \tag{4.3.1}$$

如果力不在转动平面内，如图 4.3.2 所示，可以把 $\boldsymbol{F}$ 分解为沿轴 z 方向的分力和在转动平面内的分力. 轴向分力是要改变轴的方向，在定轴转动中会被定轴的支撑力矩抵消而不起作用，所以这里可以只考虑在转动平面内分力的作用，以后我们也只讨论力在转动平面内的情况，此时力 $\boldsymbol{F}$ 对定轴 z 的力矩为

$$\boldsymbol{M} = \boldsymbol{r} \times \boldsymbol{F}_{\perp}$$

力矩的大小为

$$M = Fr\sin\theta = Fd \tag{4.3.2}$$

式中，$d=r\sin\theta$ 称为力 $\boldsymbol{F}$ 对轴的力臂. 由式(4.3.2)可知，力矩矢量的方向是矢径 $\boldsymbol{r}$ 和力 $\boldsymbol{F}$ 矢积的方向. 图 4.3.2 中力矩矢量的方向向上. 在刚体的定轴转动中，力矩矢量的方向只有沿着 z 轴和逆着 z 轴两个方向. 通常把沿 z 轴的力矩称为正力矩，逆着 z 轴的力矩称为负力矩，这是力矩的标量表述.

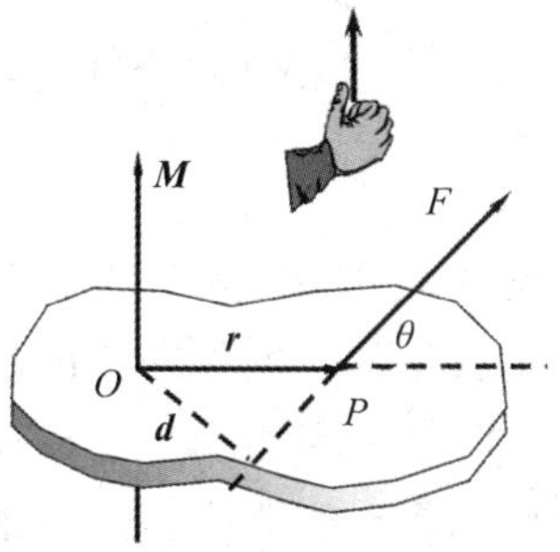

图 4.3.1 力在转动平面内的力矩示意图

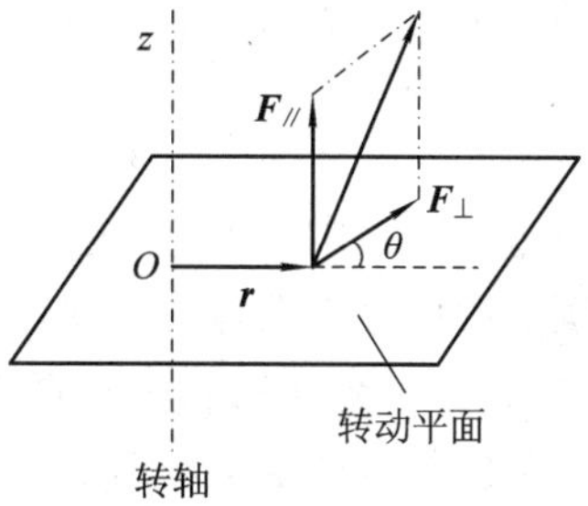

图 4.3.2 力不在转动平面内的力矩示意图

可以证明，力对定轴 z 的力矩是力对轴上任一定点的力矩在 z 轴方向的分量，所以它们的讨论和表示方式才如此相似. 若作用在 P 点的力不止一个，即是一个合力，则该点所受合力的力矩等于各分力力矩之和. 合力的力矩为

$$\boldsymbol{M} = \boldsymbol{r} \times \boldsymbol{F} = \boldsymbol{r} \times \sum_i \boldsymbol{F}_i = \sum_i \boldsymbol{r} \times \boldsymbol{F}_i = \sum_i \boldsymbol{M}_i \tag{4.3.3}$$

式中，$\boldsymbol{M}_i = \boldsymbol{r} \times \boldsymbol{F}_i$ 为各分力的力矩.

由于作用力和反作用力是成对出现的，因此它们的力矩也成对出现. 由于作用力与反作用力的大小相等，方向相反且在同一直线上，因而有相同的力臂，所以作用力矩和反作用力矩也是大小相等，方向相反，其和为零.

$$\boldsymbol{M} + \boldsymbol{M}' = 0$$

注意：(1) 研究力对轴的力矩时，可用正负号表示力矩的方向.

(2) 力作用线与转轴相交或平行时，力对该轴的力矩为零.

(3) 同一个力对不同的转轴的力矩不一样.

(4) 合力矩与合力的矩是不同的概念，不要混淆.

(5) 计算力对某一转轴的力矩，若力的作用点不固定在同一处，则应当采取分小段的办法，先计算每一小段上的作用力产生的矩，再求和.

4.3.2 定轴转动的角动量定理和转动定理

现在研究刚体定轴转动的动力学规律. 作为质点系，刚体转动的动力学规律遵从质点系角动量定理式，即

$$\boldsymbol{M} = \frac{\mathrm{d}\boldsymbol{L}}{\mathrm{d}t}$$

对于绕定轴转动的刚体，它仅有一个自由度，因此只需考虑上式沿转轴(取为 z 轴)的分量：

$$M_z = \frac{\mathrm{d}L_z}{\mathrm{d}t}$$

式中，M_z 为刚体所受合外力相对转轴的力矩，L_z 表示刚体相对转轴的角动量. 将式(4.2.4)代入上式有

$$M_z = \frac{\mathrm{d}L_z}{\mathrm{d}t} = \frac{\mathrm{d}(J\omega)}{\mathrm{d}t} \tag{4.3.4}$$

式(4.3.4)表明**刚体相对转轴的角动量对时间的变化率，等于作用在刚体上的外力相对转轴的力矩**. 这一结论称为**刚体定轴转动的角动量定理的微分形式**.

由于刚体对一定转轴的转动惯量 J 不随时间变化，式(4.3.4)又可改写作

$$M_z = J\frac{\mathrm{d}\omega}{\mathrm{d}t} = J\beta \tag{4.3.5}$$

式中，$\beta = \mathrm{d}\omega/\mathrm{d}t$，是刚体的角加速度. 式(4.3.5)称为**刚体定轴转动定理**. 它表明**刚体绕固定轴转动时，刚体对转动轴的转动惯量与它的角加速度的乘积等于刚体受到的相对此转轴的外力矩**. 式(4.3.5)与描述质点直线运动的牛顿第二定律 $F=ma$ 相似：力使质点产生加速度，而力矩使刚体产生角加速度；刚体的转动惯量 J 则和质点的惯性质量 m 相对应. 在同样的力矩作用下，刚体的转动惯量 J 越大，则角加速度越小，转动惯量反映了刚体在转动过程中表现出的惯性.

将式(4.3.5)两边同乘以 $\mathrm{d}t$ 并进行积分，可以得到

$$\int_{t_1}^{t_2} M_z\,\mathrm{d}t = J\omega_2 - J\omega_1 \tag{4.3.6}$$

积分 $\int_{t_1}^{t_2} M_z\,\mathrm{d}t$ 称为 t_1 到 t_2 时间内作用在刚体上的**冲量矩**，它等于这段时间内刚体角动量的增加量. 式(4.3.6)称为刚体**定轴转动的角动量定理的积分形式**.

例 4.3.1 如例 4.3.1 图所示，长为 L、质量为 m 的细杆可绕通过其一端的水平轴 O 在竖直平面内无摩擦旋转，初始时刻杆处于水平位置，静止释放之后，当杆与竖直方向夹角成 θ 时，角加速度和角速度是多少？

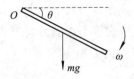

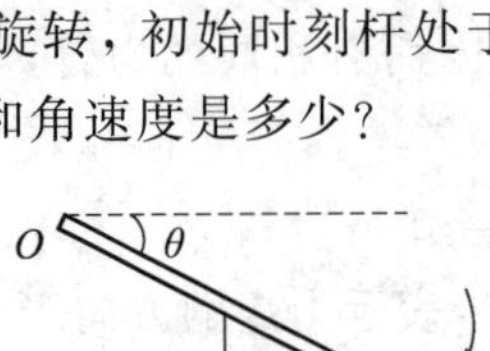

例 4.3.1 图

例 4.3.1

解 杆受到两个力的作用，一个是重力，一个是 O 轴作用的支撑力. O 轴的作用力的力臂为零，故只有重力提供力矩. 重力是作用在物体的各个质点上的，但对于刚体，可以看作是合力作用于重心，即杆的中心，力臂为

$$d = \frac{l}{2}\cos\theta$$

杆对 O 轴的转动惯量为 $\frac{1}{3}ml^2$.

根据转动定律 $M_z = J\beta$，得

$$mg\frac{L}{2}\cos\theta = \frac{1}{3}mL^2\beta$$

$$\beta = \frac{3g\cos\theta}{2L}$$

又因为

$$\beta = \frac{d\omega}{dt} = \frac{d\omega}{d\theta}\cdot\frac{d\theta}{dt} = \omega\frac{d\omega}{d\theta}$$

对上式分离变量，两边同时积分得

$$\int_0^{\omega}\omega\,d\omega = \int_0^{\theta}\frac{3g\cos\theta}{2L}\,d\theta$$

$$\omega = \sqrt{\frac{3g\sin\theta}{L}}$$

例 4.3.2 一轴承光滑的定滑轮，质量为 $M=2.00$ kg，半径为 $R=0.100$ m，一根不能伸长的轻绳，一端固定在定滑轮上，另一端系有一质量为 $m=5.00$ kg 的物体，如例 4.3.2 图所示. 已知定滑轮的转动惯量为 $J=\frac{1}{2}MR^2$，其初角速度 $\omega=10.0\ \mathrm{rad\cdot s^{-1}}$，方向垂直纸面向里. 求：

(1) 定滑轮的角加速度的大小和方向；

(2) 定滑轮的角速度变化到 $\omega=0$ 时，物体上升的高度；

(3) 当物体回到原来位置时，定滑轮的角速度的大小和方向.

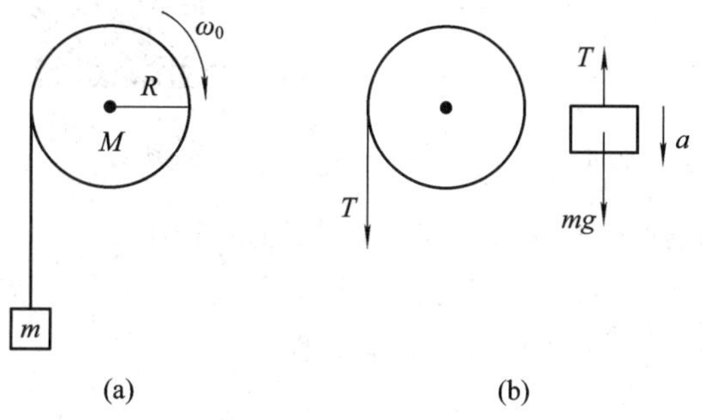

例 4.3.2 图

解 (1) 根据牛顿运动定律和转动定律列方程.

对物体：

$$mg - T = ma$$

对滑轮：

$$TR = J\beta$$

运动学关系：

$$a = R\beta$$

将以上三式联立得

$$\beta = \frac{mgR}{mR^2 + J} = \frac{mgR}{mR^2 + \frac{1}{2}MR^2} = \frac{2mg}{(2m + M)R} = 81.7\ \text{rad} \cdot \text{s}^{-2}$$

方向垂直纸面向外.

（2）由 $\omega^2 = \omega_0^2 - 2\beta\theta$ 得，当 $\omega = 0$ 时，

$$\theta = \frac{\omega_0^2}{2\beta} = 0.612\ \text{rad}$$

物体上升的高度为

$$h = R\theta = 6.12 \times 10^{-2}\ \text{m}$$

（3）
$$\omega = \sqrt{2\beta\theta} = 10.0\ \text{rad} \cdot \text{s}^{-1}$$

方向垂直纸面向外.

例 4.3.3 如例 4.3.3 图所示，滑轮质量 m 不可忽略，绳与轮间无相对滑动. 设绳两端物体的质量分别为 m_1、m_2，绳不可伸长，且忽略绳的质量，求滑轮两侧绳中的张力及滑轮边缘点的线加速度.

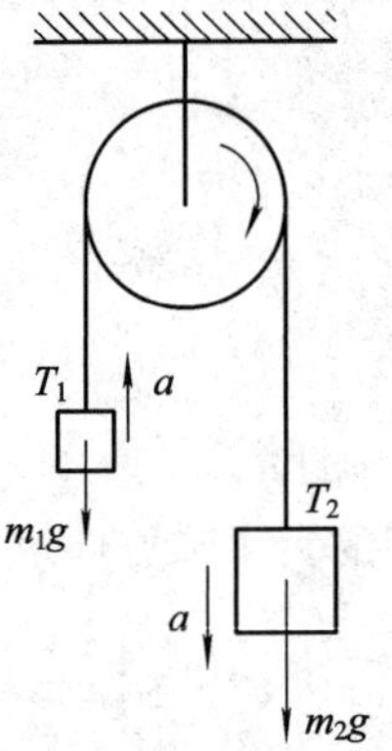

例 4.3.3 图

例 4.3.3

解 滑轮随绳子加速所需的力矩，是由两侧绳的张力之差 $T_2 - T_1$ 提供的，实际上这隐含着绳与轮槽之间的摩擦力. 设滑轮边缘点的线加速度为 a，滑轮的角加速度则为 $\beta = \mathrm{d}\omega/\mathrm{d}t = a/R$，分别对 m_1、m_2 和滑轮列出运动方程，有

$$\begin{cases} m_1 a = T_1 - m_1 g \\ m_2 a = m_2 g - T_2 \\ J\beta = (T_2 - T_1)R \\ a = R\beta \end{cases}$$

滑轮的转动惯量 $J = mR^2/2$，从而解出

$$a = \frac{2(m_2 - m_1)}{2(m_1 + m_2) + m} g$$

$$T_1 = m_1(g + a) = \frac{(4m_2 + m)m_1}{2(m_1 + m_2) + m} g$$

$$T_2 = m_2(g - a) = \frac{(4m_1 + m)m_2}{2(m_1 + m_2) + m} g$$

值得注意的是，绳与轮槽之间无相对滑动是靠静摩擦力来维持的，而静摩擦力存在一个最大值，相应地，滑轮有个最大角加速度和边缘点的最大线加速度. 当两物体重力差别太大以致物体有过大的加速度时，将产生绳与轮槽的相对滑动.

例 4.3.4　设有一均匀圆盘，质量为 m，半径为 R，可绕过盘中心的光滑竖直轴在水平桌面上转动. 圆盘与桌面间的滑动摩擦系数为 μ，若用外力推动它使其角速度达到 ω_0 时，撤去外力，求此后圆盘还能继续转动多少时间？

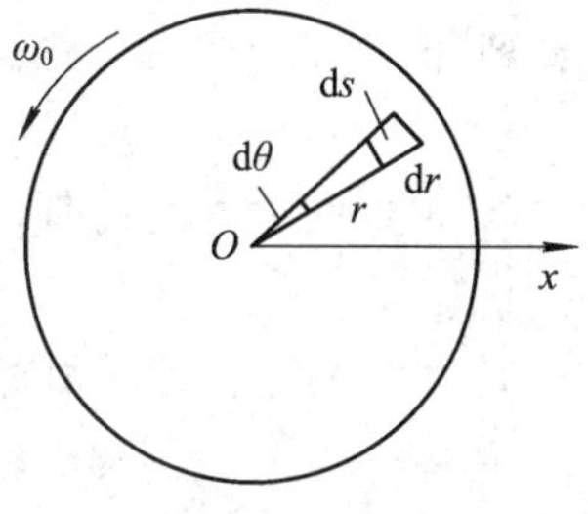

例 4.3.4 图

解　此题的难点在于求圆盘所受的摩擦力矩. 圆盘的质量面密度为 $\sigma = m/\pi R^2$. 如例 4.3.4 图所示，设立平面极坐标，取面元 $\mathrm{d}s = r\,\mathrm{d}\theta\mathrm{d}r$，面元的质量 $\mathrm{d}m = \sigma\,\mathrm{d}s = \sigma r\,\mathrm{d}\theta\mathrm{d}r$，面元受到桌面的正压力等于它受到的重力，即 $\mathrm{d}N = g\,\mathrm{d}m = \sigma g r\,\mathrm{d}\theta\mathrm{d}r$，则面元受到的摩擦力为

$$\mathrm{d}f_{\mathrm{r}} = \mu\,\mathrm{d}N = \mu\sigma g r\,\mathrm{d}\theta\mathrm{d}r$$

摩擦力矩为

$$M_{\mathrm{f}} = \int r\,\mathrm{d}f_{\mathrm{r}} = \mu\sigma g\int_0^{2\pi}\mathrm{d}\theta\int_0^R r^2\,\mathrm{d}r = \mu\sigma g\cdot 2\pi\cdot\frac{R^3}{3} = \frac{2}{3}\mu m g R \tag{1}$$

根据转动定律得

$$\beta = \frac{M_{\mathrm{f}}}{J} \tag{2}$$

将 $J = \frac{1}{2}mR^2$ 和式(1)带入式(2)得

$$\beta = \frac{4\mu g}{3R}$$

所以

$$t = \frac{\omega_0}{\beta} = \frac{3R\omega_0}{4\mu g}$$

4.4　刚体定轴转动的功能原理和角动量守恒定律

4.4.1　力矩的功

在刚体转动中，作用在刚体上某点的力所做的功，仍等于此力和此力作用点质元位移的标积. 首先讨论刚体这个特殊质点系，在刚体运动中，任意两质元 i、j 的相对位移 $\Delta\boldsymbol{r}_{ij}$ 恒为零. 质元间相互作用内力的功为

$$W_{i内} = f_{ij} \cdot \Delta r_{ij} = 0$$

因此，我们不需要考虑内力的功.

显然，外力对刚体做的总功应是各个外力对各相应质元所做功的总和. 在刚体转动中，外力功可以用一个特殊形式——力矩的功来表示. 如图 4.4.1 所示，以 $\boldsymbol{F}$ 表示作用在刚体上 P 点的外力，当刚体绕固定轴 O(垂直于图面)有角位移 $\mathrm{d}\theta$ 时，P 点的位移为 $\mathrm{d}\boldsymbol{r}$，力 $\boldsymbol{F}$ 所做的元功为

$$\mathrm{d}W = \boldsymbol{F} \cdot \mathrm{d}\boldsymbol{r}$$

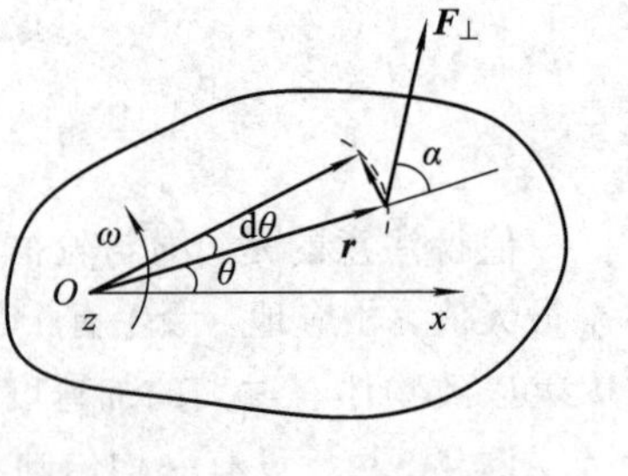

图 4.4.1　力矩做功示意图

将 $\boldsymbol{F}$ 分解为平行于转轴的分量和垂直于转轴的分量，注意到 $\mathrm{d}\boldsymbol{r}_i$ 垂直于转轴，$\boldsymbol{F}_{/\!/} \cdot \mathrm{d}\boldsymbol{r}=0$，所以

$$\mathrm{d}W = \boldsymbol{F}_\perp \cdot \mathrm{d}\boldsymbol{r} = \boldsymbol{F}_\perp \sin\alpha r \ \mathrm{d}\theta$$

由式(4.3.2)可知，上式即

$$\mathrm{d}W = M \ \mathrm{d}\theta \tag{4.4.1}$$

M 就是力 $\boldsymbol{F}$ 相对转轴的力矩. 设刚体从 θ_0 转到 θ，则力 $\boldsymbol{F}$ 做的功可用积分表示为

$$W = \int_{\theta_0}^{\theta} M \ \mathrm{d}\theta \tag{4.4.2}$$

这一表示式常被称为**力矩的功**. 它表明，**当刚体转动时力所做的功，等于该力对转轴的力矩对角位移的积分**. 力矩的功并不是新概念，本质上仍是力做的功，是力的功在刚体转动中的特殊表示形式. 在讨论刚体的转动时，采用这种表达形式比较方便.

4.4.2　刚体定轴转动的动能定理

运动质点具有动能，绕固定轴转动的刚体同样具有动能. 按照把刚体视为不变质点系的观点，刚体的转动动能应等于组成刚体的各质元的动能之和. 设刚体绕固定轴 z 以角速度 ω 转动，其中质量为 m_i 的一质元到转轴的距离为 r_i，它运动的线速度为 $v_i=r_i\omega$，这个质元的动能为

$$E_{\mathrm{k}i} = \frac{1}{2}m_i v_i^2 = \frac{1}{2}m_i\omega^2 r_i^2$$

对所有质元求和，可得刚体转动动能为

$$E_{\mathrm{k}} = \frac{1}{2}\sum_i (m_i r_i^2)\omega^2 = \frac{1}{2}J\omega^2 \tag{4.4.3}$$

可见，**刚体绕定轴转动的动能，等于刚体对此转轴的转动惯量与角速度平方的乘积的二分之一**.

又根据定轴转动定理式(4.3.5)，有

$$M_z = J\frac{\mathrm{d}\omega}{\mathrm{d}t} = J\frac{\mathrm{d}\omega}{\mathrm{d}\theta}\frac{\mathrm{d}\theta}{\mathrm{d}t} = J\frac{\mathrm{d}\omega}{\mathrm{d}\theta}\omega$$

两边同乘以 $\mathrm{d}\theta$ 并进行积分，可得

$$\int_{\theta_1}^{\theta_2} M \ \mathrm{d}\theta = \int_{\omega_1}^{\omega_2} J\omega \ \mathrm{d}\omega$$

即

$$W = \int_{\theta_1}^{\theta_2} M \ \mathrm{d}\theta = \frac{1}{2}J\omega_2^2 - \frac{1}{2}J\omega_1^2 \tag{4.4.4}$$

式(4.4.4)表明，**刚体绕定轴转动时，合外力矩所做的功等于刚体转动动能的增量**. 这就是**刚体定轴转动的动能定理**.

4.4.3　刚体的重力势能

如果刚体受到保守力的作用，我们也可以引入势能的概念. 在重力场中的刚体就具有一定的重力势能(为刚体与地球系统共有). 刚体的重力势能等于各质元重力势能的总和.

如图 4.4.2 所示，设刚体上任一质元的质量为 m_i，距势能零点(地面)的高度为 y_i，则质元的重力势能为

$$E_{pi} = m_i g y_i$$

对所有质元求和可得刚体的重力势能为

$$E_p = \sum_i m_i g y_i = mg \sum_i \frac{m_i y_i}{m}$$

式中，m 为刚体的总质量. 根据质心坐标公式

$$y_C = \frac{\sum m_i y_i}{m}$$

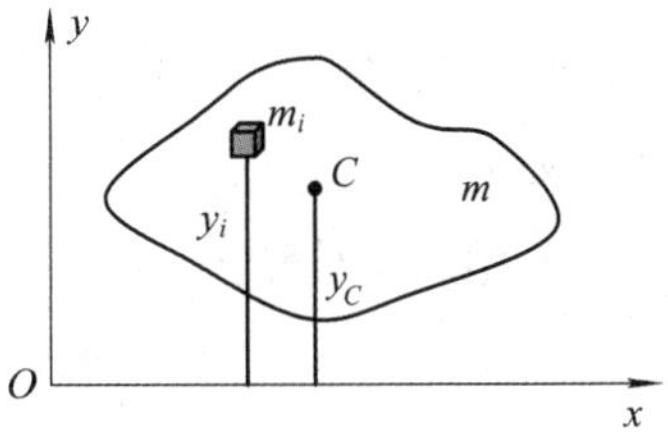

图 4.4.2　刚体重力势能示意图

有

$$E_p = mg y_C \tag{4.4.5}$$

这表明**刚体的重力势能和它的质量全部集中在质心时所具有的势能一样**. 刚体的重力势能决定于刚体质心距势能零点的高度，与刚体放置的方位无关.

在重力场中定轴转动的刚体，如果所受外力(除重力以外)的合力矩为零，则刚体的机械能守恒，即

$$\frac{1}{2}J\omega^2 + mg y_C = \text{常量} \tag{4.4.6}$$

对于包含有刚体的系统，如果在运动过程中，只有保守内力做功，则系统的机械能保持不变.

例 4.4.1　一个轻质弹簧的劲度系数 $k=2.0\ \mathrm{N\cdot m^{-1}}$，它的一端固定，另一端通过一条细绳绕过一个定滑轮和一个质量为 $m=80$ g 的物体相连，如例 4.4.1 图所示. 定滑轮可看作均匀圆盘，它的质量为 $M=100$ g，半径 $r=0.05$ m. 先用手托住物体 m，使弹簧处于其自然长度，然后松手. 求物体 m 下降 $h=0.5$ m 时的速度. 忽略滑轮轴上的摩擦，并认为绳在滑轮边缘上不打滑.

解　由于只有保守力(弹性力、重力)做功，所以由弹簧、滑轮和物体 m 组成的系统机械能守恒，故有

$$mgh = \frac{1}{2}kh^2 + \frac{1}{2}J\omega^2 + \frac{1}{2}mv^2$$

$$v = \omega r$$

$$J = \frac{1}{2}Mr^2$$

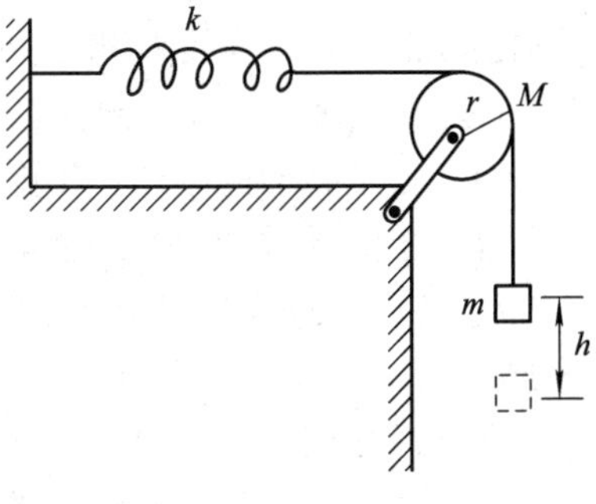

例 4.4.1 图

所以

$$v=\sqrt{\frac{2mgh-kh^2}{\frac{1}{2}M+m}}=1.48\ \mathrm{m\cdot s^{-1}}$$

例 4.4.2 一质量为 M、半径为 r 的圆柱体，在倾斜 θ 角的粗糙斜面上从距地面 h 高处只滚不滑而下，如例 4.4.2 图所示．试求圆柱体滚至地面时的瞬时角速度 ω.

解 在滚动过程中，圆柱体受重力 $M\boldsymbol{g}$ 和斜面的摩擦力 $\boldsymbol{F}$ 作用，设圆柱体滚至地面时，质心的瞬时速率为 $\boldsymbol{v}$，则此时质心的平动动能为 $\frac{1}{2}Mv^2$，与此同时，圆柱体以角速度 ω 绕几何中心轴转动，其转动动能为 $\frac{1}{2}J\omega^2$．将势能零点取在地面上，初始时刻圆柱体的势能为 Mgh，由于圆柱体只滚不滑而下，摩擦力为静摩擦力，对物体不做功，只有重力做功，机械能守恒，于是有

$$Mgh=\frac{1}{2}Mv^2+\frac{1}{2}J\omega^2 \qquad (1)$$

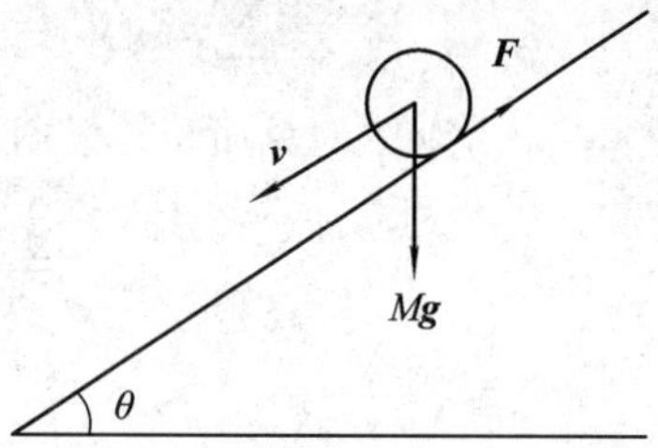

例 4.4.2 图

将 $J=\frac{1}{2}Mr^2$，$v=\omega r$，代入式(1)得

$$Mgh=\frac{1}{2}\left(Mr^2+\frac{1}{2}Mr^2\right)\omega^2$$

即

$$\omega=\frac{2}{r}\sqrt{\frac{gh}{3}}$$

4.4.4 刚体定轴转动的角动量守恒定律

刚体作为一个质点系，必然遵从质点系角动量定理和角动量守恒定律．对刚体定轴转动的角动量定理的微分形式式(4.3.4)两端同时积分，可得

$$\int_{t_1}^{t_2}M_z\,\mathrm{d}t=\int_{L_1}^{L_2}\mathrm{d}L_z=L_2-L_1 \qquad (4.4.7)$$

即在一个过程中定轴转动刚体所受冲量矩等于刚体角动量的增量.

若定轴转动刚体所受到的合外力矩 M 为零，则刚体对轴的角动量 L 是一个恒量，即

$$L=\text{常量}\quad (M=0)$$

刚体定轴转动的角动量定理和角动量守恒定律实际上是对轴上任一定点的角动量定理和角动量守恒定律在定轴方向的分量形式，它的适用范围是对任意质点系成立．无论是对定轴转动的刚体，或是对几个共轴刚体组成的系统，甚至是有形变的物体以及任意质点系，对定轴的角动量守恒定律都成立.

对于定轴转动的刚体，其转动惯量 J 为常量，$J\omega$ 不变，就意味着 ω 不变，即刚体在不受合外力矩时将维持匀角速度转动．若某一非刚性质点系中的各质点绕一共同的轴线转动，且各质点的角速度相同，则 $L_z=J\omega$ 对质点系也是正确的．此时，角动量守恒表现为 J 增加时，ω 减小；J 减小时，ω 增加(因为是非刚体，转动惯量 J 是可变的).

花样滑冰运动员和芭蕾舞演员在做旋转动作时，总是先将两臂和腿伸开，旋转起来以后再收拢腿和臂，以减小转动惯量，获得较快的旋转角速度；停止的时候，再把两臂和腿伸开去，以降低转速，使能够平稳地停下来，如图 4.4.3 所示.

直升机在未发动前总角动量为零，发动以后旋翼在水平面内高速旋转必然引起机身的反向旋转. 为了避免这种情况，人们在机尾上安装一个在竖直平面旋转的尾翼，由此产生水平面内的推动力来阻碍机身的旋转运动，如图 4.4.4 所示.

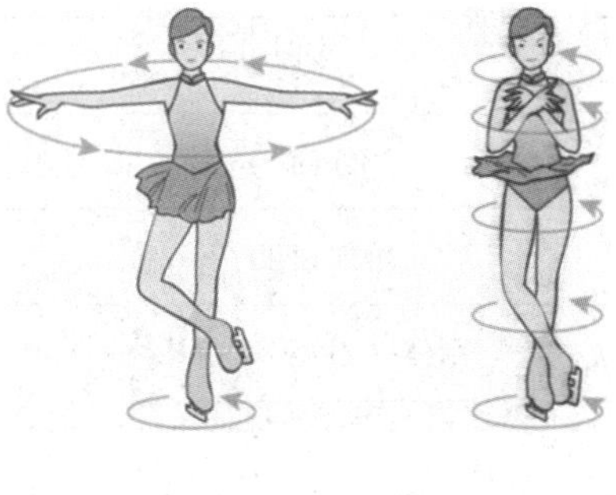

图 4.4.3　花样滑冰运动员旋转时角动量守恒

图 4.4.4　直升机角动量守恒模型

例 4.4.3　平板中央开一小孔，质量为 m 的小球用细线系住，细线穿过小孔后挂一质量为 M_1 的重物. 小球作匀速圆周运动，当半径为 r_0 时重物达到平衡. 今在 M_1 的下方再挂一质量为 M_2 的物体，如例 4.4.3 图所示. 试问这时小球作匀速圆周运动的角速度 ω' 和半径 r' 为多少？

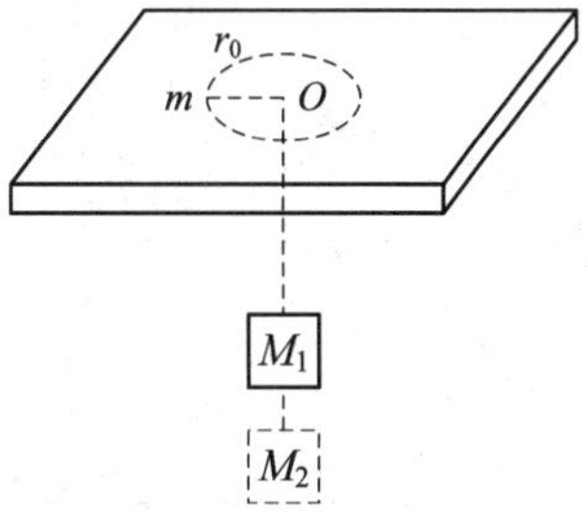

例 4.4.3 图

解　在只挂重物 M_1 时，小球作圆周运动的向心力为 $M_1 g$，即

$$M_1 g = m r_0 \omega_0^{\ 2} \tag{1}$$

挂上 M_2 后，则有

$$(M_1 + M_2) g = m r' \omega'^2 \tag{2}$$

重力对圆心的力矩为零，故小球对圆心的角动量守恒，即

$$r_0 m v_0 = r' m v'$$

所以

$$r_0^2 \omega_0 = r'^2 \omega' \tag{3}$$

联立式(1)、式(2)、式(3)得

$$\omega_0 = \sqrt{\frac{M_1 g}{m r_0}}$$

$$\omega' = \sqrt{\frac{M_1 g}{m r_0}} \left(\frac{M_1 + M_2}{M_1} \right)^{\frac{2}{3}}$$

$$r' = \frac{M_1 + M_2}{m \omega'^2} g = \sqrt[3]{\frac{M_1}{M_1 + M_2}} \cdot r_0$$

质点一维运动和刚体定轴转动的规律在形式上相似，这反映出力学规律的共性. 通过两者对比可以加深对刚体定轴转动的理解。表 4.4.1 所示为质点一维运动和刚体定轴转动的对比.

表 4.4.1 质点一维运动和刚体定轴转动的对比

质点一维运动	刚体定轴转动
质量 m	转动惯量 J
位置 x	角位置 θ
速度 v	角速度 ω
加速度 a	角加速度 β
质点受力 F	刚体受力矩 $M=rF_\tau$
牛顿定律 $F=ma$	转动定律 $M=J\beta$
平动能$\frac{1}{2}mv^2$	转动能$\frac{1}{2}J\omega^2$
力做功 $W=\int F\,\mathrm{d}x$	力矩做功 $W=\int_{\theta_1}^{\theta_2} M\,\mathrm{d}\theta$
动能定理 $W=\frac{1}{2}mv_2^2-\frac{1}{2}mv_1^2$	转动动能定理 $W=\int M\,\mathrm{d}\theta=\frac{1}{2}J\omega_2^2-\frac{1}{2}J\omega_1^2$
动量 $P=mv$	角动量 $L=J\omega$
冲量 $\int_{t_1}^{t_2} F\,\mathrm{d}t$	冲量矩$\int_{t_1}^{t_2} M\,\mathrm{d}t$
动量定理 $\int_{t_1}^{t_2} F\,\mathrm{d}t=mv_2-mv_1$	角动量定理 $\int_{t_1}^{t_2} M\,\mathrm{d}t=J\omega_2-J\omega_1$

本章小结

知识单元	基本概念、原理及定律	主要公式
刚体定轴转动定律	刚体对转轴的力矩	$\boldsymbol{M}=\boldsymbol{r}\times\boldsymbol{F}$
	刚体转动惯量	$J=\int r^2\,\mathrm{d}m$
	刚体定轴转动定律	$M_z=J\beta$
	平行轴定律	$J_z=J_C+md^2$
	正交轴定律	$J_z=J_x+J_y$

续表

知识单元	基本概念、原理及定律	主要公式
刚体定轴转动的功和能	刚体的转动动能	$E_k=\frac{1}{2}J\omega^2$
	刚体的重力势能	$E_p=mgy_C$
	刚体的机械能	$E=\frac{1}{2}J\omega^2+mgy_C$
	力矩的功	$W_i=\int_{\theta_1}^{\theta_2}M_i\mathrm{d}\theta$
	合力矩的功	$W=\int_{\theta_1}^{\theta_2}\sum M\mathrm{d}\theta$
	力矩功率	$P=\frac{\mathrm{d}W}{\mathrm{d}t}=\frac{M\mathrm{d}\theta}{\mathrm{d}t}=M\omega$
	刚体定轴转动的动能定理	$W=\int_{\theta_1}^{\theta_2}M\mathrm{d}\theta=\frac{1}{2}J\omega_2^2-\frac{1}{2}J\omega_1^2$
	刚体定轴转动的功能原理	$\int_{\theta_1}^{\theta_2}M_{外}\,\mathrm{d}\varphi=E_2-E_1$
	刚体定轴转动的机械能守恒定律	如果 $W_{外}=0$，则 $E_2=E_1$
刚体定轴转动的角动量定理和角动量守恒定律	刚体定轴转动的角动量	$L_z=J\omega$
	定轴刚体的角动量定理	$\int_{t_1}^{t_2}M_z\cdot\mathrm{d}t=J_2\omega_2-J_1\omega_1$
	角动量守恒定律	当 $M_{外}=0$ 时，$J_2\omega_2=J_1\omega_1$

习 题 四

1. 对一绕固定水平轴 O 匀速转动的转盘，沿如习题 1 图所示的同一水平直线从相反方向射入两颗质量相同、速率相等的子弹，并停留在盘中，则子弹射入后转盘的角速度应(　　).

A. 增大　　B. 减小　　C. 不变　　D. 无法确定

2. 如习题 2 图所示，对完全相同的两定滑轮(半径 R、转动惯量 J 均相同)，若分别用 F(N)的力和加重物重力 $P=mg=F$(N) 时，所产生的角加速度分别为 β_1 和 β_2，则(　　).

A. $\beta_1>\beta_2$　　B. $\beta_1=\beta_2$

C. $\beta_1<\beta_2$　　D. 不能确定

3. 如习题 3 图所示，一根长为 l、质量为 M 的匀质棒自由悬挂于通过其上端的光滑水平轴上. 现有一质量为 m 的子弹以水平速度 v_0 射向棒的中心，并以 $v_0/2$ 的水平速度穿出棒，此后棒的最大偏转角恰为 $90°$，则 v_0 的大小为(　　).

A. $\frac{4M}{m}\sqrt{\frac{gl}{3}}$　　B. $\sqrt{\frac{gl}{2}}$　　C. $\frac{2M}{m}\sqrt{gl}$　　D. $\frac{16M^2gl}{3m^2}$

习题 1 图

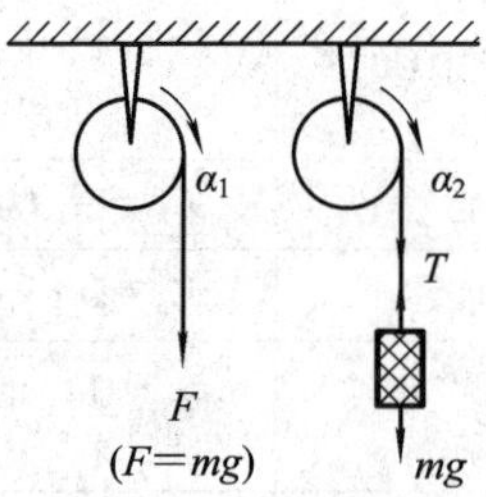

习题 2 图

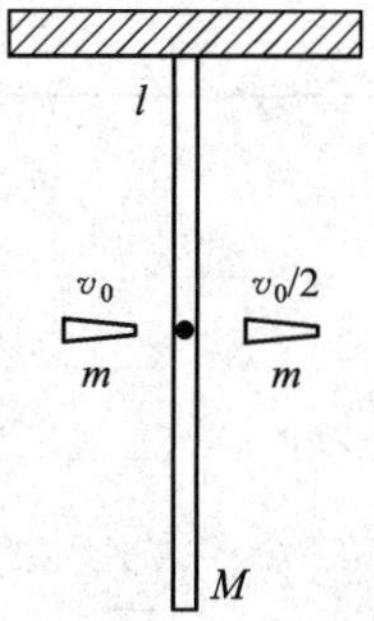

习题 3 图

4. 如习题 4 图所示，转台绕中心竖直轴以角速度 ω_0 作匀速转动，转台对该轴的转动惯量 $J=5\times10^{-5}\ \mathrm{kg\cdot m^2}$. 现有砂粒以 $1\ \mathrm{g\cdot s^{-1}}$ 的流量落到转台，并黏在台面形成一半径 $r=0.1\ \mathrm{m}$ 的圆. 则使转台角速度变为 $\omega_0/2$ 所花的时间为（　　）.

A. 4 s　　B. 5 s　　C. 6 s　　D. 7 s

5. 如习题 5 图所示，一轻绳跨过两个质量均为 m、半径均为 R 的匀质圆盘状定滑轮. 绳的两端分别系着质量分别为 m 和 $2m$ 的重物，不计滑轮转轴的摩擦. 将系统由静止释放，且绳与两滑轮间均无相对滑动，则两滑轮之间绳的张力为______.

6. 质量分别为 m 和 $2m$、半径分别为 r 和 $2r$ 的两个均匀圆盘，同轴地黏在一起，可以绕通过盘心且垂直盘面的水平光滑固定轴转动，对转轴的转动惯量为 $9\ mr^2/2$，大小圆盘边缘都绕有绳子，绳子下端都挂一质量为 m 的重物，如习题 6 图所示，盘的角加速度的大小是______.

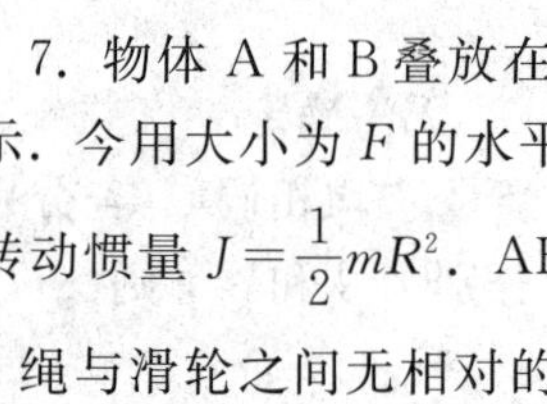

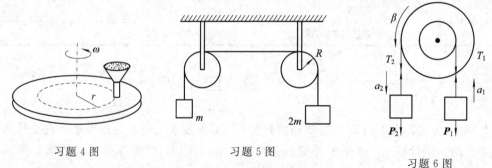

习题 4 图

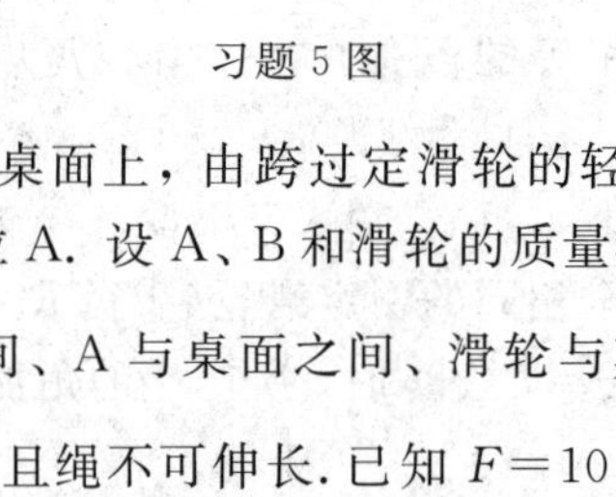

习题 5 图

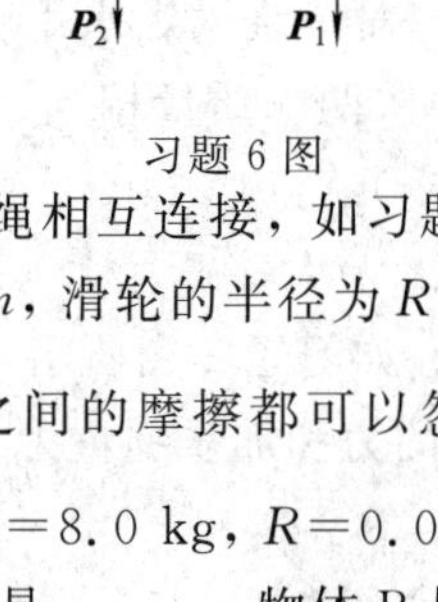

习题 6 图

7. 物体 A 和 B 叠放在水平桌面上，由跨过定滑轮的轻质细绳相互连接，如习题 7 图所示. 今用大小为 F 的水平力拉 A. 设 A、B 和滑轮的质量都为 m，滑轮的半径为 R，对轴的转动惯量 $J=\frac{1}{2}mR^2$. AB 之间、A 与桌面之间、滑轮与其轴之间的摩擦都可以忽略不计，绳与滑轮之间无相对的滑动且绳不可伸长. 已知 $F=10\ \mathrm{N}$，$m=8.0\ \mathrm{kg}$，$R=0.050\ \mathrm{m}$. 滑轮的角加速度是______；物体 A 与滑轮之间的绳中的张力大小是______；物体 B 与滑轮之间的绳中的张力大小是______.

8. 如习题 8 图所示，一半径为 R 的匀质小木球固定在一长度为 l 的匀质细棒的下端，且可绕水平光滑固定轴 O 转动. 今有一质量为 m、速度为 $\boldsymbol{v}_0$ 的子弹，沿着与水平面成 α 角的方向射向球心，且嵌于球心. 已知小木球、细棒对通过 O 的水平轴的转动惯量的总和为 J. 求子弹嵌入球心后系统的共同角速度是______.

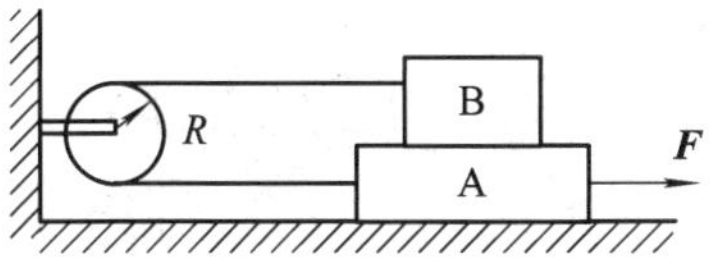

习题 7 图

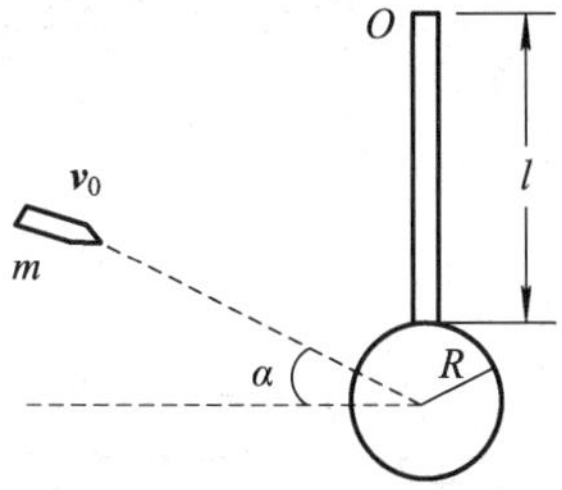

习题 8 图

9. 一质量为 m 的质点沿着一条空间曲线运动，质点的矢径在直角坐标系下的表示式为 $\boldsymbol{r}=a\cos\omega t\boldsymbol{i}+b\sin\omega t\boldsymbol{j}$，其中 a、b、ω 皆为正常量，则在 t 时刻，此质点所受的力 $\boldsymbol{F}=$____；此力对原点的力矩 $\boldsymbol{M}=$______；该质点对原点的角动量 $\boldsymbol{L}=$______.

10. 如习题 10 图所示，哈雷彗星绕太阳运动的轨道是一个椭圆. 它与太阳中心的最近距离是 $r_1=8.75\times10^{10}$ m，此时它的速率是 $v_1=5.46\times10^4\ \mathrm{m\cdot s^{-1}}$. 它离太阳中心最远时的速率是 $v_2=9.08\times10^2\ \mathrm{m\cdot s^{-1}}$，这时它离太阳中心的距离 $r_2=$______.

11. 匀质大圆盘质量为 M，半径为 R，对于过圆心 O 点且垂直于盘面转轴的转动惯量为 $J=\dfrac{1}{2}MR^2$. 如果在大圆盘的右半圆上挖去一个小圆盘，半径为 $r=\dfrac{R}{2}$. 如习题 11 图所示，剩余部分对于过 O 点且垂直于盘面转轴的转动惯量为______.

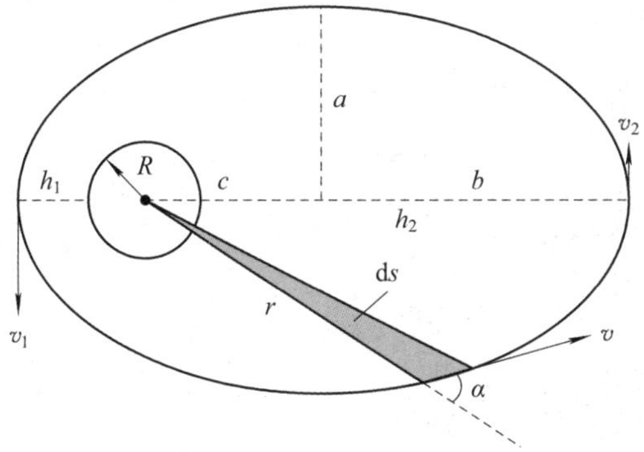

习题 10 图

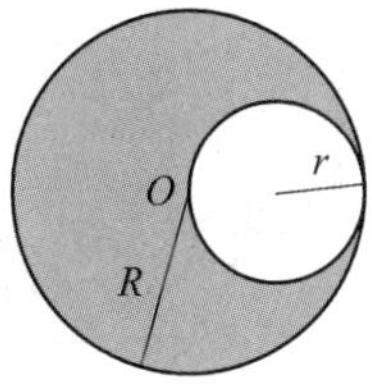

习题 11 图

12. 如习题 12 图所示，匀质圆盘定滑轮 B 的质量为 M，半径为 R，一根轻质不能伸长的绳子跨过滑轮 B，绳子一端连接在一轻质弹簧 OA 上，另一端悬挂一质量为 m 的物体. 弹簧一端固定在 O 点，劲度系数为 k. 将 m 托起，使弹簧 OA 没有伸长，然后放手. 试求弹簧伸长量为 x 时，物体 m 的加速度和速度，以及物体 m 下降到最低点时加速度的大小和方向.

13. 在如习题 13 图的装置中，两滑轮质量均匀分布，半径均为 R，其质量与物体 A、B 的质量均为 m，弹簧的劲度系数为 k，B 与桌面间的摩擦系数为 μ，开始时，用手托住 A，使弹簧恰为原长，然后放手. 求：

(1) A 下降的最大距离；

(2) 当 A 获得最大速度时所下降的距离；

(3) A 下降过程中的最大速度；

(4) 若当 A 下降到最大距离时，连接 A、B 的绳子突然断裂，求绳子断后瞬间 B 的加速度.

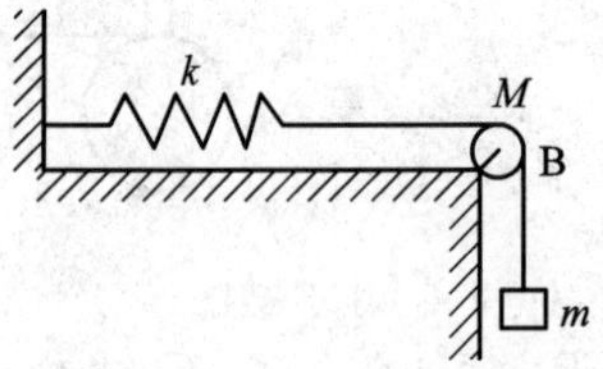

习题 12 图

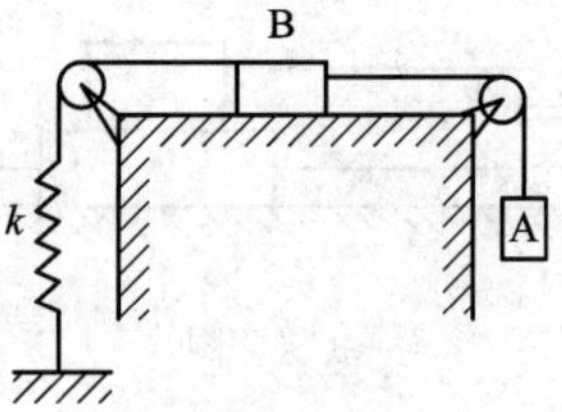

习题 13 图

14. 绳长 L、质量 m 的单摆和长也是 L、质量也是 m，可绕一端自由转动的匀质细棒，把它们都拉开 θ 角由静止释放，两者运动到竖直位置时杆和球的角速度哪个较大?

15. 如习题 15 图所示，质量 $m=60$ kg、半径 $R=0.25$ m 的飞轮以 $n=10^3\ \mathrm{r\cdot min^{-1}}$ 的转速高速运转，如果用闸瓦令其在 5 s 内停止转动，则制动力需要多大? 设闸瓦和飞轮间的摩擦系数 $\mu=0.40$，飞轮的质量全部分布在轮缘上.

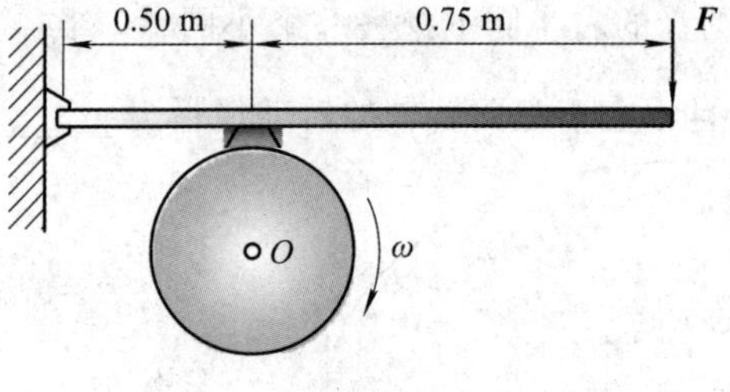

习题 15 图

阅读材料之应用物理

用“量”描述“质”——物理量的定义和测量

引　言

物理学注重“用量来描述质”。对每一个我们关心的问题，比如物理的冷热、运动的快慢等，物理学家首先要做的就是把关心的性质或行为用一组数量(magnitude)表示出来，如温度、速度等。如果把完善和发展物理体系喻为修建一座摩天大楼，那么这些以数量的形式表达出的研究对象的性质和行为——物理量，就是构成大厦的最小“砖块”。很多人在学习、使用、研究物理时，对各种物理量“砖块”只是拿来就用，很少认真思考过这些砖块的特点和共性。然而对物理量本身的理解，正是让所学的物理更像欧内斯特·卢瑟福所说的“物理”而不是“集邮”的关键。

物理量的定义

伽利略对斜面和落地的研究推翻了亚里士多德的观点，但这并不意味着亚里士多德的体系对现代物理学没有影响。我们定义物理量的基本思想，还是要参考亚里士多德对“量”的范畴和“质”的范畴的区分。“量”的范畴基本特征是：“量的数量的每一个状态，总可以借助同一量的其他较小的状态通过加法形成；通过比第一个量小，但却是它同一类型的量的交换和结合操作，量都是这些较小量的总和。”而那些不符合这一特征的东西则归为“质”，例如一个物体的冷热，在没有把它转化成一个具有可加性的量之前，我们很难比较。

物理量的定义就是把物理学中所描述的现象、物体或物质的性质和行为等那些符合“量”的特征的因素找出来，如尺寸的长短、体积的大小、物质的多少等；或者把那些不符合量的特征的“质”转化成“量”，如把冷热程度转化为体积的大小，或把快慢转化为距离长短和时间长短之间的比值等。

理论上只要是研究需要，谁都可以定义物理量；同一个性质，也完全可以有不同的物理量定义方式。但为了方便协作，通常各研究领域中都有共同约定的基本量，今天的物理学体系中挑选了 7 个能够直接测量且相互独立的物理量作为基本物理量。而基本物理量的任意运算组合都能定义出新的物理量。即便同一种组合，在不同的情境下，也可以是不同的物理量。比如质量与长度的比值，在物质科学领域可以是反映物体质量分布线密度，在健康科学领域可以是衡量人体胖瘦程度以及是否健康的一个标准指数 BMI。理论上物理量是无穷无尽的，但实际上，只有发现某种组合能够反映特定的属性后，该物理量才具有实际意义。比如质量与长度的 5 次方、6 次方的比值，如果暂时没有发现能够反映哪种特殊属性，就没有必要定义成物理量。

物理量的测量

量的可加性为测量奠定了基础，比如“物理学大厦”的体积，就是组成大厦的每一块砖体积相加的结果，我们可以把一个砖块的体积作为一个基准(比如“一升”)，通过数这整栋大楼由多少块砖(比如 N 块)，就完成了大楼体积的测量——N 升。

定量地描述一个物理量的基本范式是数值(通常是实数)和单位的组合。物理学中那些能够直接测量的量大都是建立在这样的基础之上。而完成这个工作实际需要两步：

第 1 步：确定一个标准，比如我们以张开手掌时大拇指尖到中指间的距离(俗称“一拃”)，或是用直尺和圆规在白纸上打出等间距的格子作为标准形成一个“单位”，此时我们的手或那张有格子的白纸就成了一个长度“计”。

第 2 步：用我们定的标准去和想要描述的对象做比较，看看它有多少个“单位”，比如对比一根竹竿的长度有几拃，或是白纸上格子长度的几倍。这个过程就是用“计”去进行“量”，从而获得一个具体的数量。

因此我们所说的物理量的测量，似乎称为“计量”更为准确。“计”和“量”是两件不同的事。“计”是制定标准，制作“尺子”；而“量”则是用“尺子”去和我们想要描述的东西做比较，看看它大约有“尺子”上的“几格”那么长。日常生活中经常进行的“测量”工作只是第 2 步，拿已经制作好的长度“计”——尺子，去和各种各样的物体做比较，获得有关物体长度的数量描述的过程。而第 1 步制作“尺子”的过程，已经由计量学家完成了。

单位制

从数学上看，单位制的建立可以看作所有物理量构成一个向量空间。确定单位制，本质上就是选定一组描述不同属性的物理量的单位作为基矢，则通过物理量之间的相关关系就可以把其他物理量用这一组基矢表示出来。在这个过程中，基矢的选择也并没有唯一的答案。

虽然理论上约定单位制不是必须的，研究者可以根据自己的研究方便定义自己的单位制。但为了领域内沟通交流的方便，通常都会使用约定的单位制。当然，各领域又会根据各自不同的研究特点，确定不同的单位制。

国际单位制(international system of units)是国际计量大会(CGPM)采纳和推荐的一种一贯单位制。在国际单位制中，将单位分成三类：基本单位、导出单位和辅助单位。7个严格定义的基本单位是：长度(米)、质量(千克)、时间(秒)、电流(安培)、热力学温度(开尔文)、物质的量(摩尔)和发光强度(坎德拉)。

物理量的内在联系——量纲

物理学通过定义各种物理量来描述对象的不同性质，最终的目的还是找到联系各种物理量之间的物理规律，并通过代数方程的方式表达出来。那么人们定义的各种物理量也就必然通过各种物理规律(有些直接来源于定义)存在一些内在的联系，用数学语言表达就是物理量之间存在函数关系。以给定量制中基本量量纲的幂的乘积表示某量量纲的表达式，称为量纲式、量纲积，简称为量纲。

量纲定性地表达了导出量与基本量的关系，合理地利用量纲来分析问题，常常带来很多便利。比如最简单地利用量纲齐次原则检查结果的合理性。虽然量纲合理的结果不一定正确，但量纲不合理的结果一定错误，在实际工作中能节约不少资源。Buckingham 在1914 年提出的 π 定理，有时更能在变量多、模型复杂的计算时对结果进行快速定性预测。

结　语

物理量的定义和计量，以及单位制、量纲等问题，都是物理学最基本也是最重要的问题，贯穿物理学的各个角落，其中蕴含着物理学的基本思想。然而在物理教育中，它们常常只被直接使用，少有深入地探讨，这对学习者和研究者而言都是很大的缺憾。本文尝试对这些问题做些探讨，希望唤起读者对这一问题的重视，因而对物理有更深入的思考。

节选自《物理》2021 年第 50 卷第 5 期，用“量”描述“质”：物理量的定义和测量，作者：李春宇、陈 征、魏红祥、郑永和.

第5章 静 电 场

相对于观察者静止的电荷所激发的电场称为静电场.本章研究静止电荷在真空中所产生的静电场的基本性质和规律.从库仑定律和场强叠加原理出发，根据电场对电荷施力和电荷在电场中移动时电场力对电荷做功这两个基本属性，定义了描述电场性质的两个物理量，即电场强度和电势；然后对静电场进行研究，讨论了反映静电场性质的两个基本定理，即高斯定理和环路定理，揭示了静电场是有源无旋场，介绍了电场强度与电势间的积分关系式和微分关系式.

5.1 电荷及其库仑定律

5.1.1 电荷

人们对电的认识，最初来自人工的摩擦起电现象和自然界的雷电现象.早在公元前585年，古希腊哲学家泰勒斯就记载了用木块摩擦过的琥珀能够吸引碎草等轻小物体的现象.后来发现，摩擦后能吸引轻小物体的现象并不是琥珀所独有的，像玻璃棒、火漆棒、硬橡胶棒、金刚石、明矾等用毛皮或丝绸摩擦后，也能吸引轻小物体.物体有了这种吸引轻小物体的性质，人们就说它带了电，或有了电荷.电荷是实物的一种属性.带电荷的物体称为带电体.自然界只有正负两种电荷，首先以正负电荷的名称来区分两种电荷的是美国物理学家富兰克林.

大量实验事实表明：**带同种电荷的物体相互排斥，带异种电荷的物体相互吸引**.这种相互作用称为电性力.根据带电体之间的相互作用力，我们能够确定物体所带电荷的多少.物体所带电荷数量的多少，称为电量.国际单位制中电量单位的名称是库仑，符号为C，它是基本单位安培(A)的导出单位，1 C=1 A・s(安培・秒).电流强度为1 A的电流在1 s内流过某截面的电量就是1 C.

1. 电荷具有量子性

1897年，英国物理学家汤姆逊发现了电子.电子是具有最小静止质量、带有最小负电荷的粒子，其电量的近代测量值为$e=1.602\ 189\ 2\times10^{-19}$ C. 1913年，美国物理学家密立根进行了著名的“油滴实验”，测定带电油雾滴的电量.大量实验数据证实每个油滴上所带电量总是e值的整数倍，即带有整数个电子.1919年，卢瑟福发现了质子，确定它是带电量为$+e$的粒子，即与电子的负电荷在电量上是精确地相等的.在自然界中，电荷总是以一个基本单元的整数倍出现，电荷的这一特性称为电荷的量子性，电荷的基本单元就是一个电子所带电量的绝对值. 按此规定，带电体所带的电量 Q 就可记为：$Q=Ne$（N 为整数）. 1964 年，美国物理学家盖尔曼首先预言基本粒子由若干种夸克或反夸克组成，每一个夸克或反夸克可能带有 $\pm e/3$ 或 $\pm 2e/3$ 的电量. 然而至今单独存在的夸克尚未在实验中发现. 即使将来获得了单个自由夸克，也不过把基元电荷的大小缩小到目前的 1/3，电荷的量子性依然不变.

2. 电荷具有守恒性

摩擦起电和感应起电等事实表明，电荷只能从一个物体转移到另一物体，或者从物体的一部分转移到另一部分，但电荷既不能被创造，也不能被消灭. 这个结论称为电荷守恒定律. 也可叙述如下：在一孤立系统内，无论发生怎样的物理过程，该系统电量的代数和保持不变. 所谓带电，只不过是正负电荷的分离或转移；所谓电荷消失，只不过是正负电荷的中和. 例如 ${}^{238}_{92}\mathrm{U}$ 放射出 α 粒子后，蜕变为 ${}^{234}_{90}\mathrm{Th}$ 的过程：

$$
{}^{238}_{92}\mathrm{U} \rightarrow {}^{234}_{90}\mathrm{Th} + {}^{4}_{2}\mathrm{He}
$$

母核 ${}^{238}_{92}\mathrm{U}$ 带正电 $92e$，蜕变后所得子核 ${}^{234}_{90}\mathrm{Th}$ 带正电 $90e$，放射出的 α 粒子带正电 $2e$，所以蜕变前后的总电量不变. 再如正负电子对的“湮没”过程：

$$
e^{+} + e^{-} \rightarrow 2\gamma
$$

正负电子带电数量相等，符号相反，代数和为零，光子并不带电，故在湮没过程中系统的总电量不变. 电荷守恒定律是一切宏观和微观过程均遵守的规律，是物理学的基本定律之一.

3. 电荷具有相对论不变性

实验证明，电荷的电量与它的运动速度或加速度无关. 例如加速器将电子或质子加速时，随着粒子速度的变化，它们质量的变化是很明显的，但电量却没有任何变化的迹象. 这是电荷与质量的不同之处. 电荷的这一性质表明系统所带电荷的电量与参考系无关，即具有相对论不变性.

5.1.2 库仑定律

1. 点电荷

物体带电后的主要特征是带电体之间存在相互作用的电性力，这种力与带电体的形状、大小、电荷分布、相对位置以及周围的介质等因素都有关系. 通过实验测出电性力对以上各个因素的依赖关系是困难的，为了使所讨论的问题简化，在静电现象的研究中，从实际带电体抽象出了“点电荷”这样的理想模型. 当带电体本身的线度 d 较之所讨论的问题中涉及的距离 r 小很多时，就可以完全忽略掉带电体的形状和大小，该带电体就可看作一个带电的点，叫**点电荷**. 所以，点电荷这一概念只具有相对的意义. 至于带电体的线度比问题所涉及的距离小多少时它才能被当作点电荷，这要依问题所要求的精度而定. 当在宏观意义上谈论电子、质子等带电粒子时，完全可以把它们视为点电荷.

2. 库仑定律

库仑早年是一名工程师，督造了若干年的防御工事，也许正是由于这一工作，使他对科学产生了兴趣，开始对扭力进行了系统的研究. 1781 年，由于发表有关扭力的论文，他当选为法国科学院院士. 在1784年送交科学院的一篇论文中，他通过实验确定了金属丝的扭力定律，发现这种扭力正比于扭转角度，并指出这种扭力可用来测量 6.48×10^{-6} g 重这样小的力. 1785年，库仑自行设计了一台精确的扭秤，如图5.1.1所示，测量了电荷之间相互作用力与其距离的关系，建立了库仑定律.

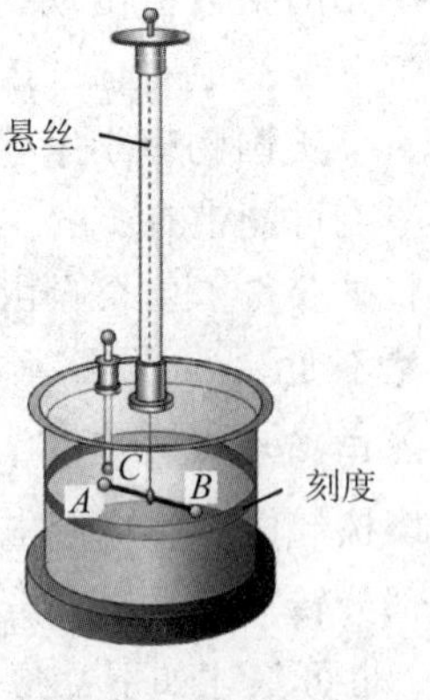

图 5.1.1　库仑扭秤

库仑定律的主要内容是：**在真空中处于静止状态的两个点电荷的相互作用力的大小，与每个点电荷的电量成正比，与两个点电荷间距离的平方成反比，作用力的方向沿着两个点电荷的连线. 当两个点电荷带同号电荷时，它们之间是排斥力，带异号电荷时，它们之间是吸引力.**

库仑定律用数学表达式可表示为

$$\boldsymbol{F}_{12}=k\frac{q_1q_2}{r^2}\boldsymbol{e}_{\mathrm{r}} \tag{5.1.1}$$

式中，$\boldsymbol{F}_{12}$是电荷2对电荷1的作用力；q_1和q_2是点电荷1和2的电量；$\boldsymbol{e}_{\mathrm{r}}$是电荷2指向电荷1的单位矢量；$r$是两点电荷间的距离，如图5.1.2所示；$k$为比例系数，其值和单位取决于所用的单位制，当选用SI单位制时

$$k=8.987\ 551\ 79\times10^{9}\ \mathrm{N\cdot m^2\cdot C^{-2}}$$

一般近似地取

$$k=9.0\times10^{9}\ \mathrm{N\cdot m^2\cdot C^{-2}}$$

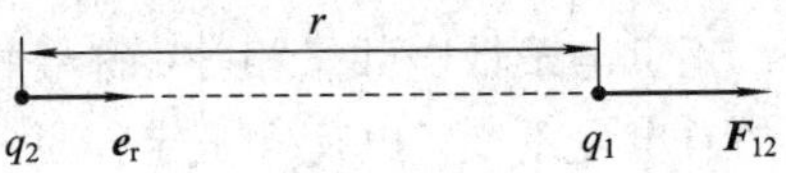

图 5.1.2　库仑定律

在物理学中，为了便于某些量的研究，常将其取为代数量，例如直线运动中的位移和速度等. 在这里将电量也视为代数量，电量取正值表示物体带正电荷，取负值表示物体带负电荷. 从式(5.1.1)可以看出，当 $q_1q_2>0$，即 q_1 与 q_2 同号时，$\boldsymbol{F}_{12}$与$\boldsymbol{e}_{\mathrm{r}}$方向相同，表明同号电荷相互排斥，如图5.1.2所示；当 $q_1q_2<0$，即 q_1 与 q_2 异号时，$\boldsymbol{F}_{12}$与$\boldsymbol{e}_{\mathrm{r}}$方向相反，表明异号电荷相互吸引.

同理，电荷1对电荷2的作用力 $\boldsymbol{F}_{21}$ 与 $\boldsymbol{F}_{12}$ 间满足牛顿第三定律：

$$\boldsymbol{F}_{12}=-\boldsymbol{F}_{21}$$

需要指出的是：在实际问题中，直接用库仑定律的机会很少，常用到的却是由它推导出来的许多公式. 为了使这些常用公式的形式简单，这里先把 k 有理化. 令 $\varepsilon_0=\frac{1}{4\pi k}$，其中 ε_0 为真空介电常数，也称为真空电容率.

$$\varepsilon_0=\frac{1}{4\pi k}=8.8542\times10^{-12}\ \mathrm{C^2N^{-1}m^{-2}}$$

一般近似地取

$$\varepsilon_0\approx8.85\times10^{-12}\ \mathrm{C^2N^{-1}m^{-2}}$$

综上所述，只要规定由施力电荷指向受力电荷的单位矢量，那么受力电荷所受到的静电力 $\boldsymbol{F}$ 即可表示为

$$\boldsymbol{F}=\frac{1}{4\pi\varepsilon_0}\cdot\frac{q_1q_2}{r^2}\boldsymbol{e}_{\mathrm{r}} \tag{5.1.2}$$

库仑定律是物理学中著名的平方反比定律之一，它指出了两电荷间的作用力是有心

力，其使用范围也非常广泛. 实验表明，当两点电荷之间距离的数量级在 $10^{-14}\sim10^{7}$ m 范围内，该定律都是极其精确的.

例 5.1.1 氢原子中，电子和原子核的最大线度与它们之间的距离相比要小得多，都可以看成点电荷. 已知电子与原子核之间的距离 $r=5.29\times10^{-11}$ m，电子电量为 $-e$，质量 $m=9.11\times10^{-31}$ kg. 氢原子核即质子电量为 e，质量 $M=1.67\times10^{-27}$ kg. 试比较它们之间的静电引力 $\boldsymbol{F}_{\mathrm{e}}$ 和万有引力 $\boldsymbol{F}_{\mathrm{m}}$ 的大小.

解 根据库仑定律，两粒子间的静电引力大小为

$$F_{\mathrm{e}}=\frac{1}{4\pi\varepsilon_0}\cdot\frac{e^2}{r^2}=9.0\times10^9\ \mathrm{C^{-2}\cdot m^2\cdot N}\times\frac{(1.6\times10^{-19}\ \mathrm{C})^2}{(5.29\times10^{-11}\ \mathrm{m})^2}=8.2\times10^{-8}\ \mathrm{N}$$

根据万有引力定律，它们之间的万有引力大小为

$$F_{\mathrm{m}}=G\frac{Mm}{r^2}=6.67\times10^{-11}\ \mathrm{N\cdot m^2\cdot kg^{-2}}\times\frac{9.11\times10^{-31}\ \mathrm{kg}\times1.67\times10^{-27}\ \mathrm{kg}}{(5.29\times10^{-11}\ \mathrm{m})^2}$$

$$=3.6\times10^{-47}\ \mathrm{N}$$

二者之比

$$\frac{F_{\mathrm{e}}}{F_{\mathrm{m}}}=2.27\times10^{39}$$

可见，电子与原子核之间的静电力远大于其间的万有引力，故在讨论电子与原子核之间的相互作用时，万有引力可以忽略不计.

例 5.1.2 三个点电荷 q_1、q_2 和 q_3 所处位置如例 5.1.2 图所示，位置分别是(0，0.3)、(0，0)和(0.4，0)，它们所带电量分别为 $-q_1=q_2=2.0\times10^{-6}$ C，$q_3=4.0\times10^{-6}$ C. 求 q_3 所受静电力.

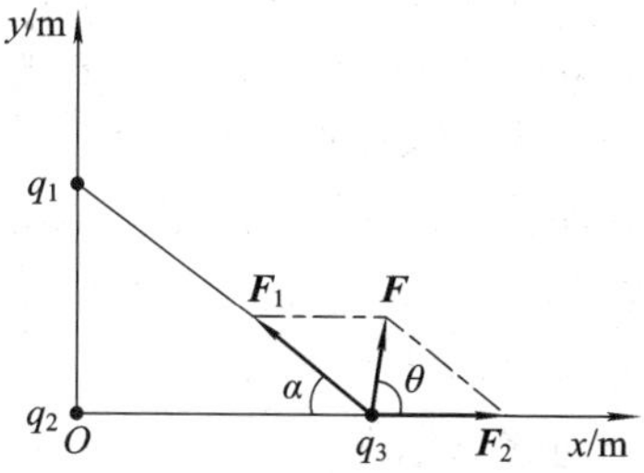

例 5.1.2 图

解 先由库仑定律分别求得 q_1 对 q_3 的作用力 $\boldsymbol{F}_1$ 和 q_2 对 q_3 的作用力 $\boldsymbol{F}_2$，$\boldsymbol{F}_1$ 与 $\boldsymbol{F}_2$ 的合力 $\boldsymbol{F}$ 就是 q_3 所受静电力. 按图示坐标，有

$$|F_1|=k\frac{q_1q_3}{r_1^2}=9.0\times10^9\times\frac{(2.0\times10^{-6})(4.0\times10^{-6})}{0.5^2}\ \mathrm{N}=0.29\ \mathrm{N}$$

$$F_{1x}=F_1\cos(\pi-\alpha)=-F_1\cos\alpha=-0.23\ \mathrm{N}$$

$$F_{1y}=F_1\sin(\pi-\alpha)=F_1\sin\alpha=0.17\ \mathrm{N}$$

$$|F_2|=k\frac{q_2q_3}{r_2^2}=9.0\times10^9\times\frac{(2.0\times10^{-6})(4.0\times10^{-6})}{0.4^2}\ \mathrm{N}=0.45\ \mathrm{N}$$

$$F_{2x}=0.45\ \mathrm{N}$$

$$F_{2y}=0$$

根据静电力的叠加原理，作用于 q_3 上的合力为

$$F_x=F_{1x}+F_{2x}=(-0.23+0.45)\ \mathrm{N}=0.22\ \mathrm{N}$$

$$F_y=F_{1y}+F_{2y}=(0.17+0)\ \mathrm{N}=0.17\ \mathrm{N}$$

合力大小为

$$F=\sqrt{F_x^2+F_y^2}=0.28\ \mathrm{N}$$

$\boldsymbol{F}$ 与 x 轴夹角为

$$\theta = \arctan \frac{F_y}{F_x} = 38°$$

上述结果也可表示为

$$\boldsymbol{F} = (0.22\boldsymbol{i} + 0.17\boldsymbol{j})\ \mathrm{N}$$

式中，$\boldsymbol{i}$ 和 $\boldsymbol{j}$ 分别为沿图示 x、y 坐标轴方向的单位矢量.

5.2 电场　电场强度

5.2.1　电场

力是物体间的相互作用，不能脱离物质而存在. 在力学中我们遇到的拉力、压力、摩擦力等，是物体间直接接触的作用力. 那么带电体之间的静电力是靠什么传递的呢？关于物体间相互作用的传递，自古以来存在两种作用的争论。一种是超距作用，认为传递不需要媒质，也不需要时间. 1868 年，牛顿发表了万有引力定律，似乎支持超距作用的观点，但牛顿本人并不支持超距作用. 在力学发展初期，由于并没有找到近距作用的媒质，同时万有引力在解释太阳系获得巨大成功，使得超距作用大行其道. 电磁学建立初期，库仑、安培、韦伯等奉行超距作用，得到了相应的电磁理论. 按照该观点，带电体之间的相互作用力是以无限大速度在两物体间直接传递的，与存在于两物体之间的物质无关. 另一种是近距作用，认为物体间的相互作用需要媒质，也需要时间，最初认为这种媒质是以太. 直到法拉第、麦克斯韦提出了力线和场，建立了近距作用的电磁理论并得到实验证实之后，这种状况才得以改变.

近代物理学的发展证明，超距作用观点是错误的，它反映了人类认识客观事物的局限；以太并不存在，近距作用场论观点才是正确的. 带电体之间的相互作用虽然以极快速度传递，但该速度仍然有限. 在真空中，它的速度就是光速 $c=2.997\,924\,58\times10^8$ m/s. 按照此观点，凡是有电荷的地方，周围就存在电场，即电荷在自己周围产生电场或激发电场，电场对处在场内的电荷有力的作用. 电荷受到电场的作用力仅由该电荷所在处的电场决定，与其他地方的电场无关. 这种相互作用可表示为

$$\text{电荷} \Leftrightarrow \text{电场} \Leftrightarrow \text{电荷}$$

需要说明的是，场不是空间，而是物质的一种形态. 理论和实验都表明，电磁场与由分子、原子组成的实物一样，具有能量、动量和质量；而且在场内进行的一切过程也和实物内进行的过程一样，遵从质量守恒、能量守恒和动量守恒等基本规律. 但场和实物之间也有差异，最显著的区别是：两个实物不能同时占据同一空间，但同一空间却可以同时存在许多不同的场而相互并不影响. 所以说场是特殊的物质，是可以叠加的.

通常称产生电场的电荷为源电荷. 当源电荷静止而且电量不随时间改变时，它产生的电场为**静电场**. 在本书中我们主要讨论静电场的基本规律.

5.2.2　电场强度

既然静止电荷周围有静电场，电场对置于其中的电荷有力的作用，就应有一个判断空间某点有无电场的方法；进一步，若有电场存在，则应有衡量该点电场强弱程度的标准.

为了从力的方面描述电场的特性，人们引入了电场强度的概念.

为了检验空间某点有无电场存在，可把一试验电荷 q_0 置于空间的该点，若它受到力的作用，则表明该点有电场存在；否则无电场. 对于试验电荷 q_0，要求它满足以下两个条件：

(1) 其线度应足够小，只有如此它在空间才会有确定的位置，才可将其视为点电荷，可用一个点 (x, y, z) 来表示其位置.

(2) 其所带电量亦应足够小，这样将其引入电场待测点后才不至于对待测电场产生明显的影响.

用什么标准衡量空间各点电场的强弱呢？实验发现，若激发电场的源电荷分布已定，则在电场中给定的场点，当改变试验电荷 q_0 的大小时，其所受电场力 F 亦随之改变，但比值 F/q_0 对给定的点却不变；而在电场中选择不同点重复上述实验时，比值 F/q_0 一般也不同，如图 5.2.1 所示，随着试探电荷的远离，各点受到的电场力依次减小. 可见，在一定分布的电荷所激发的电场中，F/q_0 只随地点而异，而与 q_0 无关. 故可用比值 F/q_0 反映各点场的强弱，称该点的**电场强度**，简称场强，其定义式为

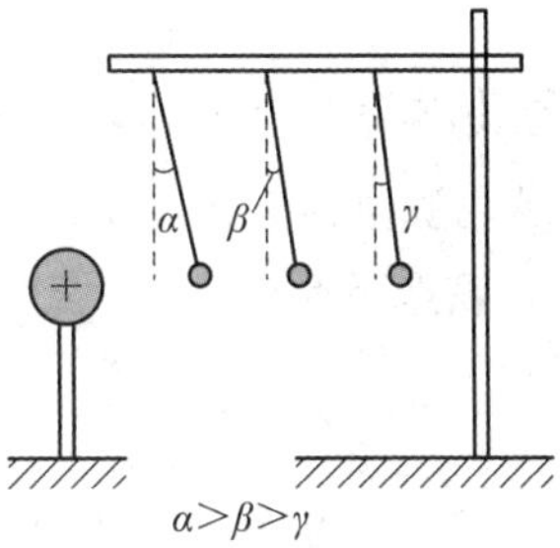

图 5.2.1 用试探电荷测场强

$$\boldsymbol{E} = \frac{\boldsymbol{F}}{q_0} \tag{5.2.1}$$

从定义式可以看出，电场强度 $\boldsymbol{E}$ 是描述电场本身性质的矢量，其大小等于单位试验电荷在该点所受电场力的大小，方向则规定为正的试验电荷在该点所受电场力的方向. 电场强度的国际单位是牛/库($\mathrm{N \cdot C^{-1}}$).

在电场中任一指定点就有一确定的 $\boldsymbol{E}$，对场中不同点，$\boldsymbol{E}$ 一般是不同的，故 $\boldsymbol{E}$ 是空间各点的矢量函数 $\boldsymbol{E}(x,y,z)$，则由式(5.2.1)可知，在该点的电荷 q 受到的电场力 $\boldsymbol{F}(x,y,z)$ 为

$$\boldsymbol{F}(x, y, z) = q\boldsymbol{E}(x, y, z) \tag{5.2.2}$$

式中，$\boldsymbol{E}(x, y, z)$ 是除了被作用的电荷 q 外，其他所有电荷在该点的合场强. 显然，当 $q>0$ 时，$\boldsymbol{F}$ 与 $\boldsymbol{E}$ 同号，即电场力 $\boldsymbol{F}$ 与场强 $\boldsymbol{E}$ 方向相同；当 $q<0$ 时，$\boldsymbol{F}$ 与 $\boldsymbol{E}$ 异号，即电场力 $\boldsymbol{F}$ 与场强 $\boldsymbol{E}$ 方向相反.

5.2.3 电场强度的计算

已知场源电荷分布求场强有以下几种类型.

1. 场源电荷为点电荷

设真空中有一个点电荷 q，现求其周围任一点 P 处的场强，如图 5.2.2 所示. 设想在 P 点处放一试验电荷 q_0，按库仑定律，q_0 所受的力将是

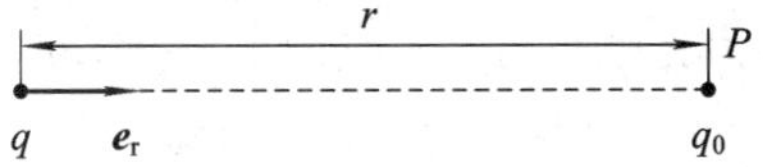

图 5.2.2 点电荷激发场强

$$\boldsymbol{F} = \frac{1}{4\pi\varepsilon_0} \cdot \frac{q q_0}{r^2}\boldsymbol{e}_r$$

式中，$\boldsymbol{e}_r$ 表示从点电荷 q 到 P 点的单位矢量.

由电场强度的定义式得该点电场强度为

$$\boldsymbol{E}=\frac{\boldsymbol{F}}{q_0}=\frac{1}{4\pi\varepsilon_0}\cdot\frac{q}{r^2}\boldsymbol{e}_{\mathrm{r}} \tag{5.2.3}$$

可见，空间某点场强的大小与场源电荷的电量成正比，而与场点到场源电荷距离的平方成反比. 当 $q>0$ 时，$\boldsymbol{E}$ 背离场源电荷；当 $q<0$ 时，$\boldsymbol{E}$ 指向场源电荷，如图 5.2.3 所示.

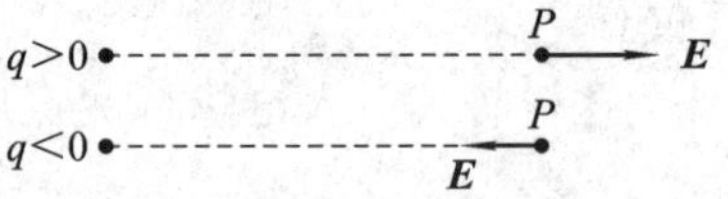

图 5.2.3　异号点电荷激发场强比较

2. 场源电荷为点电荷系

若场源电荷是由 q_1、q_2、…、q_n所组成的点电荷系，设在场点 P 处放一个试探电荷 q_0，则 q_0在该点所受合力 $\boldsymbol{F}$ 等于各个点电荷各自对 q_0作用的力 $\boldsymbol{F}_1$、$\boldsymbol{F}_2$、…、$\boldsymbol{F}_n$的矢量和，即

$$\boldsymbol{F}=\sum_{i=1}^{n}\boldsymbol{F}_i=\boldsymbol{F}_1+\boldsymbol{F}_2+\cdots+\boldsymbol{F}_n$$

两边除以 q_0，得

$$\frac{\boldsymbol{F}}{q_0}=\frac{\boldsymbol{F}_1}{q_0}+\frac{\boldsymbol{F}_2}{q_0}+\frac{\boldsymbol{F}_3}{q_0}+\cdots+\frac{\boldsymbol{F}_n}{q_0}$$

依电场强度的定义，右边各项分别是各个点电荷单独存在时所产生的场强，左边为总场强，即

$$\boldsymbol{E}=\boldsymbol{E}_1+\boldsymbol{E}_2+\boldsymbol{E}_3+\cdots+\boldsymbol{E}_n=\sum_{i=1}^{n}\boldsymbol{E}_i=\sum_{i=1}^{n}\frac{1}{4\pi\varepsilon_0}\cdot\frac{q_i}{r_i^2}\boldsymbol{e}_{ri} \tag{5.2.4}$$

这就是说，**电场空间某点的合场强等于每个点电荷单独存在时，在该点所激发场强的矢量和，这叫作电场强度的叠加原理**. 根据点电荷激发场强的公式和场强叠加原理，原则上可解决任何带电体激发的电场.

3. 场源电荷为连续分布的任意带电体

实际中遇到的带电体，从宏观上看其电荷分布都是连续的. 根据不同情况，有时把电荷看成在一定体积内连续分布，称之为体分布；有时把电荷看成在一定面积上连续分布，称之为面分布；有时把电荷看成在一定曲线上连续分布，称之为线分布. 相应地可引入电荷的体密度 ρ、面密度 σ 和线密度 λ：

$$\rho=\lim_{\Delta v\to 0}\frac{\Delta q}{\Delta V}=\frac{\mathrm{d}q}{\mathrm{d}V},\quad \sigma=\lim_{\Delta s\to 0}\frac{\Delta q}{\Delta S}=\frac{\mathrm{d}q}{\mathrm{d}S},\quad \lambda=\lim_{\Delta l\to 0}\frac{\Delta q}{\Delta l}=\frac{\mathrm{d}q}{\mathrm{d}l}$$

式中，ΔV、ΔS 和 Δl 分别为将带电体分割得到的体积元、面积元和线元，当 ΔV、ΔS 和 Δl 取为无限小时，相应的电荷元 $\mathrm{d}q$ 可视为点电荷. 这样，整个带电体可视为由无穷个点电荷 $\mathrm{d}q$ 组成的点电荷系，这样就可利用场强叠加原理来计算任意带电体电场的场强.

设其中任一电荷元 $\mathrm{d}q$ 在 P 点产生的场强为 $\mathrm{d}\boldsymbol{E}$，按式(5.2.3)有

$$\mathrm{d}\boldsymbol{E}=\frac{1}{4\pi\varepsilon_0}\cdot\frac{\mathrm{d}q}{r^2}\boldsymbol{e}_{\mathrm{r}}$$

式中，r 是从电荷元 $\mathrm{d}q$ 到场点 P 的距离；$\boldsymbol{e}_{\mathrm{r}}$是由 $\mathrm{d}q$ 指向 P 点的单位矢量. 应用电荷密度的概念，$\mathrm{d}q$ 可根据不同的电荷分布写成

$$dq = \begin{cases} \lambda dx & （线分布）\\ \sigma dS & （面分布）\\ \rho dV & （体分布）\end{cases}$$

把所有电荷元在 P 点产生的场强矢量叠加，就可得到 P 点的总场强．对连续分布电荷，叠加应以积分代替，即

$$\boldsymbol{E} = \int d\boldsymbol{E} = \int \frac{1}{4\pi\varepsilon_0} \cdot \frac{dq}{r^2}\boldsymbol{e}_r \tag{5.2.5}$$

式(5.2.5)为一矢量积分式．在实际计算时，一般先将 $d\boldsymbol{E}$ 沿选定的坐标轴方向进行分解，写出分量式，然后分别对分量进行积分，即

$$E_x = \int dE_x, \quad E_y = \int dE_y, \quad E_z = \int dE_z$$

最后由 $E=\sqrt{E_x^2+E_y^2+E_z^2}$ 求出 $\boldsymbol{E}$ 的大小，$\boldsymbol{E}$ 的方向可由方向余弦确定，即

$$\cos\alpha = \frac{E_x}{E}, \quad \cos\beta = \frac{E_y}{E}, \quad \cos\gamma = \frac{E_z}{E}$$

5.2.4　电偶极子

有两个电量相等、符号相反、相距为 r_0 的点电荷 $+q$ 和 $-q$，它们在空间激发电场，若场点 P 到这两个点电荷连线的中点 O 距离比 r_0 大很多，则这两个点电荷构成的电荷系称为**电偶极子**，从 $-q$ 指向 $+q$ 的矢量 $\boldsymbol{r}_0$ 称为电偶极子的轴，$q\boldsymbol{r}_0$ 称为电偶极子的**电偶极矩**(简称电矩)，用符号 $\boldsymbol{p}$ 表示，有

$$\boldsymbol{p} = q\boldsymbol{r}_0$$

在研究电介质的极化等问题时，常用到电偶极子的概念以及电偶极子对电场的影响．下面分别讨论电偶极子在其轴线延长线和中垂线上任一点激发的电场强度以及电偶极子在外电场中的受力等．

1. 计算电偶极子轴线延长线上任一点 A 处的场强

如图 5.2.4 所示，设 O 点为电偶极子轴的中心，$OA=r$，且 $r \gg r_0$，则 $-q$ 与 $+q$ 在 A 点产生的场强的大小分别为

$$E_- = \frac{q}{4\pi\varepsilon_0\left(r+\dfrac{r_0}{2}\right)^2}$$

$$E_+ = \frac{q}{4\pi\varepsilon_0\left(r-\dfrac{r_0}{2}\right)^2}$$

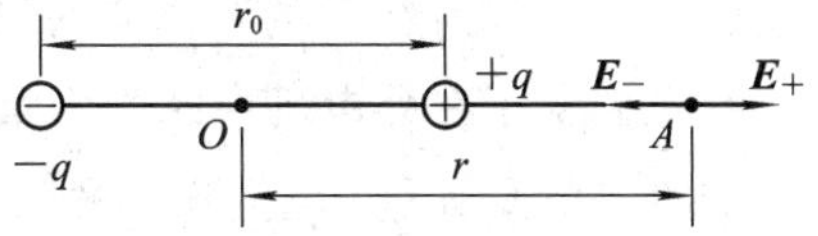

图 5.2.4　电偶极子在延长线上激发场强

$\boldsymbol{E}_-$ 和 $\boldsymbol{E}_+$ 在同一直线上，但指向相反，故 A 点的合场强 $\boldsymbol{E}_A$ 的大小为

$$E_A = E_+ - E_- = \frac{q}{4\pi\varepsilon_0\left(r-\dfrac{r_0}{2}\right)^2} - \frac{q}{4\pi\varepsilon_0\left(r+\dfrac{r_0}{2}\right)^2}$$

$$= \frac{2qr_0}{4\pi\varepsilon_0 r^3\left(1-\dfrac{r_0}{2r}\right)^2\left(1+\dfrac{r_0}{2r}\right)^2} = \frac{2qr_0}{4\pi\varepsilon_0 r^3\left[1-\left(\dfrac{r_0}{2r}\right)^2\right]^2}$$

由于 $r \gg r_0$，$r_0/(2r) \ll 1$，于是

$$E_A=\frac{2qr_0}{4\pi\varepsilon_0 r^3}=\frac{2p}{4\pi\varepsilon_0 r^3}$$

$\boldsymbol{E}_A$的指向与电矩 $\boldsymbol{p}$ 的方向相同，故有

$$\boldsymbol{E}_A=\frac{2\boldsymbol{p}}{4\pi\varepsilon_0 r^3} \tag{5.2.6}$$

式 (5.2.6)表明，在电偶极子轴线的延长线上任意点 A 处的电场强度 $\boldsymbol{E}_A$的大小与电偶极子的电矩 $\boldsymbol{p}$ 成正比，与电偶极子中点 O 到点 A 的距离 r 的三次方成反比；电场强度 $\boldsymbol{E}$ 的方向与电矩 $\boldsymbol{p}$ 的方向相同.

2. 计算电偶极子轴线中垂线上任一点 B 处的场强

如图 5.2.5 所示，设 $OB=r\gg r_0$，$+q$ 和 $-q$ 在 B 点所产生的场强大小相等，即

$$E_+=E_-=\frac{1}{4\pi\varepsilon_0}\cdot\frac{q}{r^2+\left(\frac{r_0}{2}\right)^2}$$

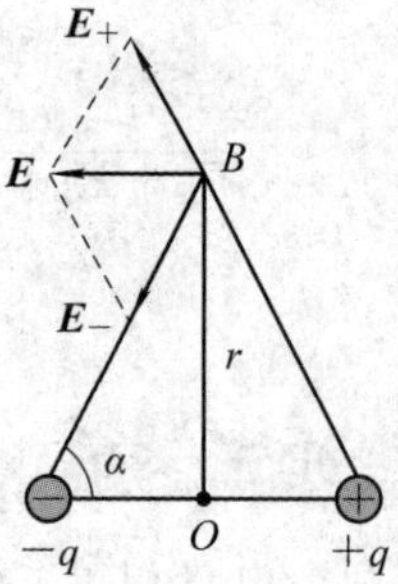

图 5.2.5　电偶极子在中垂线上激发场强

但二者方向不同. 根据矢量合成的平行四边形法则，B 点合场强的大小为

$$E_B=2E_+\cos\alpha=\frac{2q}{4\pi\varepsilon_0\left[r^2+\left(\frac{r_0}{2}\right)^2\right]}\cdot\frac{\frac{r_0}{2}}{\sqrt{r^2+\left(\frac{r_0}{2}\right)^2}}$$

由于$\left(\frac{r_0}{2}\right)^2\ll r^2$，所以

$$E_B=\frac{qr_0}{4\pi\varepsilon_0 r^3}=\frac{p}{4\pi\varepsilon_0 r^3}=\frac{1}{2}E_A$$

$\boldsymbol{E}_B$的方向与电矩 $\boldsymbol{p}$ 的方向相反，故电偶极子中垂线上任一点的场强可写成

$$\boldsymbol{E}_B=-\frac{\boldsymbol{p}}{4\pi\varepsilon_0 r^3} \tag{5.2.7}$$

式(5.2.7)表明，电偶极子中垂线上任意点 B 处的电场强度 $\boldsymbol{E}$ 的大小与电矩 $\boldsymbol{p}$ 成正比，与电偶极子的中点到点 B 的距离 r 的三次方成反比；电场强度 $\boldsymbol{E}_B$的方向与电矩方向相反.

3. 电偶极子在外电场中的受力情况

如图 5.2.6 所示，电偶极子处于场强为 $\boldsymbol{E}$ 的匀强电场中，正、负电荷所受的力分别为 $\boldsymbol{F}_+=q\boldsymbol{E}$ 和 $\boldsymbol{F}_-=-q\boldsymbol{E}$，它们的大小相等，方向相反，矢量和为零. 但是 $\boldsymbol{F}_+$ 和 $\boldsymbol{F}_-$的作用线不在同一直线上，这样两个力称为力偶. 它相对于中点 O 的力矩方向相同，力臂都是 $\frac{1}{2}r_0\sin\theta$，θ 为 $\boldsymbol{p}$ 与 $\boldsymbol{E}$ 的夹角，所以总力矩(也称力偶矩)为

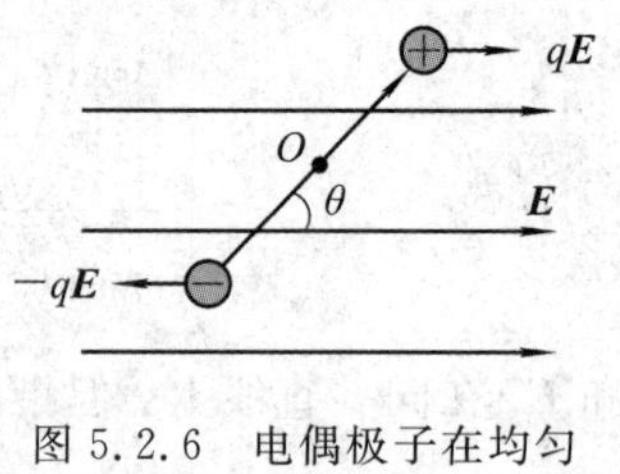

图 5.2.6　电偶极子在均匀外电场中受力情况

$$\begin{aligned}M&=F_+\cdot\frac{1}{2}r_0\sin\theta+F_-\cdot\frac{1}{2}r_0\sin\theta\\&=qr_0E\sin\theta=pE\sin\theta\end{aligned}$$

如果写成矢量式可表示为

$$M = p \times E \tag{5.2.8}$$

由式(5.2.8)看出，偶极子在均匀电场 $\boldsymbol{E}$ 中受到合力矩 $\boldsymbol{M}$ 的作用而发生转动，$\theta=\pi/2$ 时力矩最大，力矩的转向是力图使 θ 角减小，直到 $\boldsymbol{p}/\!/\boldsymbol{E}$，即偶极子轴线与外场方向一致($\theta=0$)时，力矩等于零，不再转动. 换言之，当把偶极子引入电场时，不管原来其电偶极矩的方向如何，在电场作用下，最终都将指向电场的方向. 可见，外电场对于偶极子有取向作用.

这里需要注意：当 $\theta=\pi$ 时，力偶矩亦为零，但 $\boldsymbol{p}$ 的方向与 $\boldsymbol{E}$ 的方向相反，处于该位置的电偶极子稍微受到周围的干扰就会离开此位置转动起来，我们把这种状态下的平衡称为非稳定平衡；当 $\theta=0$ 时，$\boldsymbol{p}$ 的方向与 $\boldsymbol{E}$ 的方向相同，电偶极子即使稍微受到扰动也会立即回到原来的状态，该位置称为稳定平衡位置. 因此，电偶极子在电场作用下总要使 $\boldsymbol{p}$ 转向 $\boldsymbol{E}$ 的方向.

以上是偶极子处于均匀电场中的情况. 当偶极子处于非均匀电场中时，不但要发生转动，而且要发生平动，这一点读者可自己思考一下.

带电粒子在电场中的运动应用非常广泛. 平时，我们经常看电视、用电脑，部分电视和电脑显示器中的阴极射线管就依据这一原理. 下面简单介绍一下阴极射线管.

阴极射线管(CRT)是德国物理学家布劳恩设计的，1897 年被用于一台示波器中首次与世人见面，但得到广泛应用则是在电视机出现以后.

阴极射线管是把电信号转变成可观察图像的仪器. 如图 5.2.7 所示，射线管内阴极发射的电子，经过一系列电极的作用，到达荧光屏，在屏上形成一个亮点. 射线管内电极的作用就是通过电场使电子束聚焦，控制其方向和速度. 因此，在设计时必须研究电极的形状和位置对电场的影响. 另外，在电子束到达荧光屏之前，还受偏转系统的控制，在偏转系统两个极板上加信号电压使电子束运动方向随外来信号改变，从而变换屏幕的色彩.

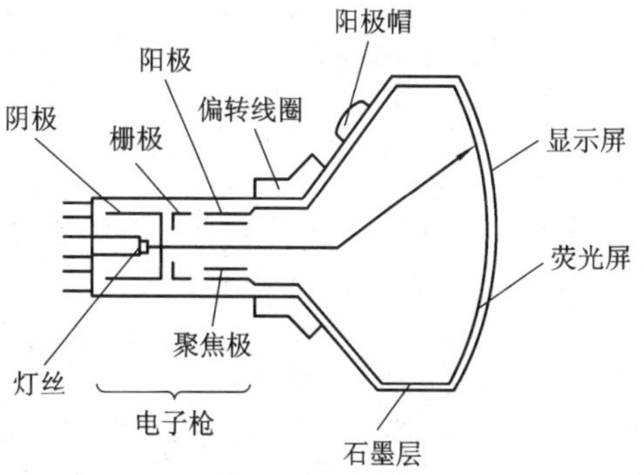

图 5.2.7　阴极射线管结构

例 5.2.1　如例 5.2.1 图所示，细棒上均匀地分布着电荷，电荷线密度为 λ，棒外一点 P 到棒的距离为 a，棒两端到 P 点的连线与棒长方向的夹角分别是 θ_1 和 θ_2，求该均匀带电细棒在 P 点所激发的电场强度的大小和方向.

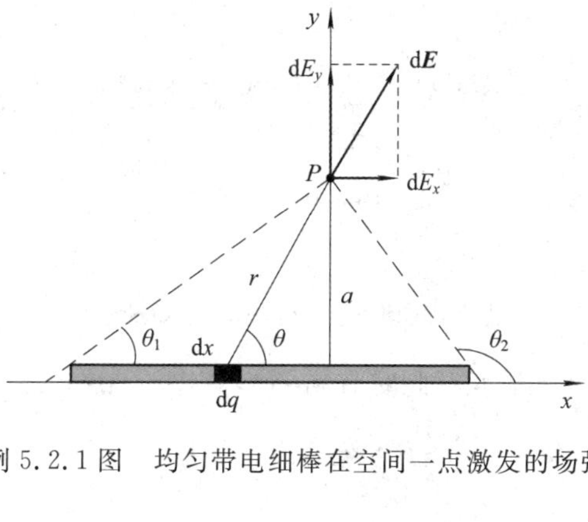

例 5.2.1 图　均匀带电细棒在空间一点激发的场强

例 5.2.1

解 取如图所示的坐标系，把细棒先进行分割，分割为许多小线元. 任取一线元 dx，其带电量 $dq=\lambda dx$. 设该电荷元到 P 点的距离为 r，且 r 与 x 轴夹角为 θ，则 dq 在 P 点激发的元场强 $d\boldsymbol{E}$ 方向如图所示(与 x 轴成 θ 角)，大小为

$$dE=\frac{1}{4\pi\varepsilon_0}\cdot\frac{\lambda dx}{r^2}$$

由于棒上各电荷元在 P 点产生元场强的方向都不同，故积分前应将 $d\boldsymbol{E}$ 沿选定坐标系进行分解：

$$dE_x=dE\cos\theta=\frac{\lambda dx}{4\pi\varepsilon_0 r^2}\cos\theta$$

$$dE_y=dE\sin\theta=\frac{\lambda dx}{4\pi\varepsilon_0 r^2}\sin\theta$$

从原则上讲，只需对 dE_x 和 dE_y 分别积分，即可求出细棒在 P 点激发的合场强 E_x 和 E_y，但由于被积表达式中存在着不止一个变量(事实上有 r、x 和 θ 三个变量)，故应先统一积分变量，以便于下一步的积分. 例如：可以把 r、x 都用参量 θ 表示，这利用图中几何关系是可以做到的.

由图可见

$$\frac{x}{a}=-\tan\left(\frac{\pi}{2}-\theta\right)$$

所以

$$x=-a\cot\theta$$

从而有

$$dx=-a\cdot\left(-\frac{1}{\sin^2\theta}\right)d\theta=\frac{a}{\sin^2\theta}d\theta$$

又因

$$r^2=x^2+a^2=a^2(1+\cot^2\theta)=\frac{a^2}{\sin^2\theta}$$

将以上关系式代入 dE_x 和 dE_y 得

$$dE_x=\frac{\lambda dx}{4\pi\varepsilon_0 r^2}\cos\theta=\frac{\lambda\cos\theta}{4\pi\varepsilon_0 a}d\theta$$

$$dE_y=\frac{\lambda dx}{4\pi\varepsilon_0 r^2}\sin\theta=\frac{\lambda\sin\theta}{4\pi\varepsilon_0 a}d\theta$$

所以

$$E_x=\int dE_x=\int_{\theta_1}^{\theta_2}\frac{\lambda}{4\pi\varepsilon_0 a}\cos\theta\, d\theta=\frac{\lambda}{4\pi\varepsilon_0 a}(\sin\theta_2-\sin\theta_1)$$

$$E_y=\int dE_y=\int_{\theta_1}^{\theta_2}\frac{\lambda}{4\pi\varepsilon_0 a}\sin\theta\, d\theta=\frac{\lambda}{4\pi\varepsilon_0 a}(\cos\theta_1-\cos\theta_2)$$

合场强

$$\boldsymbol{E}=E_x\boldsymbol{i}+E_y\boldsymbol{j}=\frac{\lambda}{4\pi\varepsilon_0 a}[(\sin\theta_2-\sin\theta_1)\boldsymbol{i}+(\cos\theta_1-\cos\theta_2)\boldsymbol{j}]$$

若棒长 $L\gg a$，则相当于均匀带电细棒为无限长，此时有 $\theta_1\to 0$，$\theta_2\to\pi$，由上式得

$$\boldsymbol{E}=\frac{\lambda}{2\pi\varepsilon_0 a}\boldsymbol{j}$$

由此说明，无限长均匀带电细棒在棒外空间各点激发的电场，其方向都垂直于棒向四周呈辐射状(若棒带正电，**E** 的方向垂直于棒指向外；若带负电，**E** 的方向指向棒)；从大小上看，各处 **E** 与该处到棒的距离成反比．因而空间到棒的距离相等的那些点，场强大小都相等．无限长均匀带电细棒激发电场的上述特性称为**电场分布的轴对称性**．这样的结果在以后的计算中，都可以当作已有的结果直接应用．

例 5.2.2 求均匀带电细环在其中心轴线上激发的电场．已知细环半径为 R，均匀带有电量 q，如例 5.2.2 图所示，求其在中心轴上距圆环中心 O 点的距离为 x 处的 P 点所产生的电场强度．

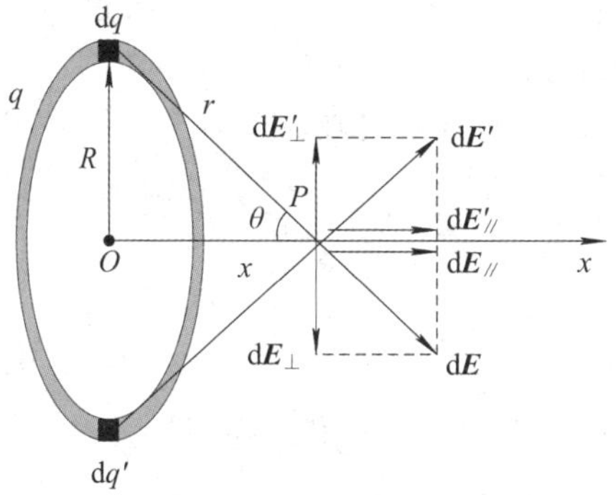

例5.2.2图 带电细环在轴线上一点激发的场强

例 5.2.2

解 该带电体上的电荷也呈线分布．建立如图所示的坐标系，可将细环分割成许多小弧段，任取一小弧段 $\mathrm{d}l$，所带电量 $\mathrm{d}q=\lambda\mathrm{d}l$，其到场点 P 的距离应为 $(x^2+R^2)^{1/2}$；写出 $\mathrm{d}q$ 在 P 点激发的元场强 $\mathrm{d}\boldsymbol{E}$ 的大小，即

$$\mathrm{d}E=\frac{\lambda\mathrm{d}l}{4\pi\varepsilon_0(x^2+R^2)}$$

$\mathrm{d}E$ 方向与 x 轴成 θ 角．由于细环上各电荷元在 P 点产生的 $\mathrm{d}E$ 方向各不相同，故必须将 $\mathrm{d}E$ 沿选定坐标系分解为

$$\mathrm{d}E_{/\!/}=\mathrm{d}E\cos\theta=\frac{\lambda\mathrm{d}l}{4\pi\varepsilon_0(x^2+R^2)}\cdot\frac{x}{\sqrt{x^2+R^2}}=\frac{x\lambda\mathrm{d}l}{4\pi\varepsilon_0(x^2+R^2)^{3/2}}$$

$$\mathrm{d}E_{\perp}=\mathrm{d}E\sin\theta$$

由于电荷在细环上分布的对称性，对于电荷元 $\mathrm{d}q=\lambda\mathrm{d}l$，总可在环上找到另一个关于 O 点与之对称的电荷元 $\mathrm{d}q'=\lambda\mathrm{d}l'$，该电荷元在 P 点激发的元电场 $\mathrm{d}\boldsymbol{E}'$ 与 $\mathrm{d}\boldsymbol{E}$ 关于 Ox 轴对称，亦即 $\mathrm{d}E'_{\perp}$ 与 $\mathrm{d}E_{\perp}$ 相抵消，$\mathrm{d}E'_{/\!/}$ 与 $\mathrm{d}E_{/\!/}$ 相加强．由于整个带电细环可划分为无数多对这样对称的电荷元，每一对电荷元在 P 点激发的元场强都与垂直方向的分量相抵消，平行方向的分量相加强．故可推知：细环在 P 点激发的合场强 **E** 必定是沿 Ox 轴线方向，大小则等于 $E_{/\!/}=\int\mathrm{d}E_{/\!/}$，即

$$E_{\perp}=\int\mathrm{d}E_{\perp}=0$$

$$E=E_{/\!/}=\int\mathrm{d}E_{/\!/}=\int\frac{x\lambda\mathrm{d}l}{4\pi\varepsilon_0(x^2+R^2)^{3/2}}$$

在上述被积表达式中只有一个变量 dl，x 是常量，所以

$$E=\frac{\lambda x}{4\pi\varepsilon_0(x^2+R^2)^{3/2}}\oint \mathrm{d}l=\frac{\lambda x\cdot 2\pi R}{4\pi\varepsilon_0(x^2+R^2)^{3/2}}=\frac{qx}{4\pi\varepsilon_0(x^2+R^2)^{3/2}}$$

或

$$\boldsymbol{E}=\frac{qx}{4\pi\varepsilon_0(x^2+R^2)^{3/2}}\boldsymbol{i}$$

由以上的计算结果还可以得到一些有用的结论. 当 $x=0$ 时，$\boldsymbol{E}=0$，说明均匀带电细环环心处场强为零；当 $x\gg R$ 时，有

$$\boldsymbol{E}=\frac{qx}{4\pi\varepsilon_0(x^2+R^2)^{3/2}}\boldsymbol{i}=\frac{q}{4\pi\varepsilon_0 x^2}\boldsymbol{i}$$

说明当场点 P 离带电环的距离比环本身尺寸大很多时，可将带电环看作点电荷，其激发的场强相当于把带电圆环的电量集中于环心处点电荷激发的场强.

例 5.2.3 求均匀带电圆盘在其中心轴线激发的电场. 设圆盘半径为 R，电荷连续均匀地分布其上，电荷面密度为 σ. 如例 5.2.3 图所示，求圆盘中心轴线上距盘心 O 的距离为 x 的任一点 P 的场强.

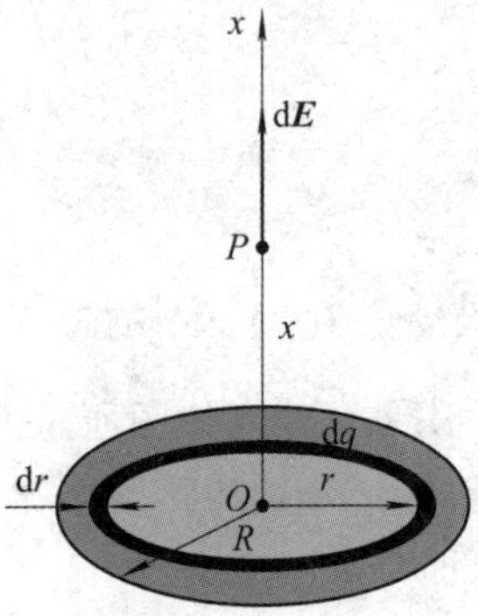

例 5.2.3 图 带电圆盘在轴线上一点激发的场强

解 由于带电圆盘可视作是由一系列无限细窄的半径不等的细圆环叠合而成，就可把圆盘划分成许多细环带而引用例 5.2.2 的结果.

如例 5.2.3 图所示，以 O 为中心，以 r 和 $r+\mathrm{d}r$ 分别为半径作两个圆周，则截出半径为 r、宽为 dr 的一个细环带，这细环带的面积 $\mathrm{d}S=2\pi r\mathrm{d}r$，其上所带电量为 $\mathrm{d}q=\sigma\mathrm{d}S=\sigma\cdot 2\pi r\mathrm{d}r$，该圆环在 P 点激发的元场强 d$\boldsymbol{E}$ 的大小为

$$\mathrm{d}E=\frac{1}{4\pi\varepsilon_0}\cdot\frac{\sigma\cdot 2\pi r\mathrm{d}r\cdot x}{(r^2+x^2)^{3/2}}$$

方向沿中心轴线方向.

由于圆盘上所有细环带在 P 点激发的 d$\boldsymbol{E}$ 方向都相同，故不必再将 d$\boldsymbol{E}$ 分解，而可推知合电场 $\boldsymbol{E}$ 的方向也在中心轴线方向上，其大小可直接对 dE 积分求出：

$$E=\int\mathrm{d}E=\frac{2\pi x\sigma}{4\pi\varepsilon_0}\int_0^R\frac{r\mathrm{d}r}{(x^2+r^2)^{3/2}}=\frac{\sigma}{2\varepsilon_0}\left[1-\frac{x}{(R^2+x^2)^{1/2}}\right]$$

在上式中，当 $R\gg x$ 时，即对于 P 点带电圆盘可视作无限大均匀带电盘时，有

$$E=\frac{\sigma}{2\varepsilon_0}\left[1-\frac{x}{\sqrt{x^2+R^2}}\right]=\frac{\sigma}{2\varepsilon_0}\left[1-\frac{1}{\sqrt{1+(R/x)^2}}\right]=\frac{\sigma}{2\varepsilon_0}$$

当 P 点在圆盘左侧时有相同的结果.

综上所述，可得出如下结论：无限大均匀带电圆盘在空间激发的电场为一均匀场. 这一结论可推广到边缘不是圆形的任何形状的均匀带电平面，以及 P 点不在中心轴线上的情况.

5.3 高斯定理及其应用

高斯是德国数学家，也是物理学家，他和牛顿、阿基米德被誉为有史以来的三大数学家. 高斯是近代数学的奠基者之一，在历史上影响之大，可以和阿基米德、牛顿、欧拉并列，有“数学王子”之称. 高斯的数学研究几乎遍及所有领域，在数论、代数学、非欧几何、复变函数和微分几何等方面都作出了开创性的贡献. 由于高斯在数学、天文学、大地测量学和物理学中杰出的研究成果，他被选为许多科学院和学术团体的成员.“数学王子”的称号是对他一生恰如其分的赞颂.

本节介绍用图示方法描述电场的电场线，进而引出电通量的概念，并由此得出电场与场源电荷间所遵从的普遍关系——高斯定理.

5.3.1 电场线

1. 电场线的图示

我们知道带电体周围存在电场，对一定的电荷分布，相应的空间就有一定的电场分布. 电场的基本性质就是对放入的电荷有力的作用. 我们引入电场强度这一物理量来描述这一性质. 对静电场，场强只是空间位置的函数，与时间无关，可通过计算求得场强 $\boldsymbol{E}$ 的函数表达式. 场强 $\boldsymbol{E}$ 的函数表达式虽然精确地描述了场源分布，但不够形象直观. 为了使我们对电场中各点处的场强分布有一个比较直观而全面的图像，使电场的空间分布形象化，引入电场线这一辅助概念. 电场线曾被称为电力线，改称电场线显然更为合理，因为负的试探电荷所受静电力的方向沿场强 $\boldsymbol{E}$ 的反方向.

电场线用来形象地反映电场强度分布的空间概貌，因此画电场线时必须遵守以下规定：

(1) 曲线上任一点的切线方向与该点场强 $\boldsymbol{E}$ 的方向一致. 对于曲线上的任一点来说，切线可以有两个相反的方向. 为正确选择，一般在曲线上标上箭头，切线方向指向电场线前进的方向. 通过这一规定，表示出电场中场强的方向.

(2) 电场中任一点，穿过垂直于场强方向的单位面积上的电场线条数等于该点场强的大小，即 $E=\Delta N/\Delta S$，简称**电场线数密度**，式中 ΔS 是垂直于场强方向的面元，ΔN 是穿过 ΔS 面元的电场线条数.

以最简单的点电荷的电场为例，对于正电荷，我们知道空间各点场强沿半径方向向外，所以电场线也应呈辐射状；又由于在以点电荷为球心的同一球面上各处的场强大小相等，且均与该处球面垂直，所以同一球面上各处单位面积上穿过的电场线条数应相等，这就要求辐射状的电场线在球面上均匀分布. 从点电荷场强随空间位置的函数表达式中可以看出，在不同球面上，场强大小不等，E 与 r^2 成反比，这就要求不同球面上的电场线数密度不相等，愈靠近点电荷，场强愈强，电场线画得愈密. 如果从点电荷出发画 n 条均匀散开的辐射的连续不断的电场线，由于球面积为 $4\pi r^2$，所以电场线数密度 $\frac{n}{4\pi r^2}$ 与 r^2 成反比，恰好可以反映场强大小与 r^2 成反比的性质．因此点电荷的电场线是均匀辐射状的线．图 5.3.1 所示是几种常见的带电系统的电场线图．

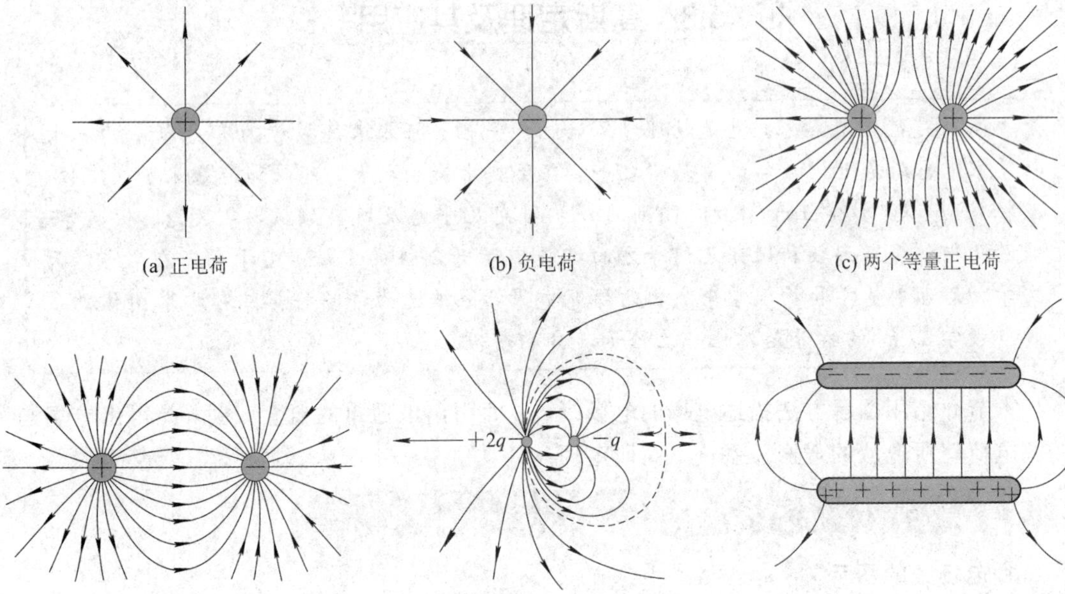

(a) 正电荷　(b) 负电荷　(c) 两个等量正电荷

(d) 两个等量异号电荷　(e) 两个不等量异号电荷　(f) 带等值异号电荷的两平行板

图 5.3.1　几种常见的带电系统的电场线图

电场线图形可以用实验演示，其方法通常是把奎宁的针状单晶或石膏粉撒在玻璃板上或漂浮在绝缘油上，再放在电场中，它们就沿电场线排列起来，如图 5.3.2 所示．

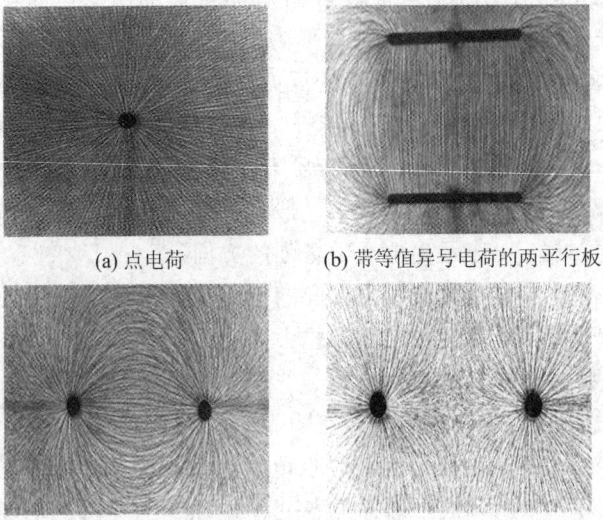

(a) 点电荷　(b) 带等值异号电荷的两平行板

(c) 两个异号点电荷　(d) 两个同号点电荷

图 5.3.2　几种常见电场的实验演示

2. 电场线的性质

从电场线图可以总结出电场线的一些基本性质：

(1) 电场线起自正电荷或来自于无穷远处，止于负电荷或伸向无穷远处，不会在没有电荷的地方中断.

(2) 任何两条电场线都不会相交.

电场线是为了形象直观地描绘电场空间的场强情况而人为画出来的，并非真实存在. 电场线最常见的用途是依靠它给出空间电场分布的概貌. 人们很少在知道空间场强函数后，严格地按各处电场线数密度等于场强大小来画电场线疏密，也很难在电场线图上借助于数出某处电场线数密度的办法来求得某点的场强大小. 但是，在研究某些复杂的电场时，可以采用模拟的方法把它们的电场线作出来，进行分析研究.

5.3.2 电通量

通量这一概念最初是在流体动力学中引入的，它指的是流体中通过某一面积的流量. 对于电场，并不存在流量，但二者在概念上是类似的. 由于在电场中引入了电场线，因此使我们对电通量有了一个简便直观的说法，即规定在电场空间中通过任一面积的电场线条数称之为通过该面的**电场强度通量**，简称电通量，用符号 Φ_e 表示.

以下分四个步骤得出电通量的数学表达式.

1. 通过与匀强电场 E 垂直的某一面元 $dS_\perp$ 的电通量

按照电场线与场强大小关系的规定：场强的大小等于与场强 $\boldsymbol{E}$ 垂直的单位面积上的电场线条数，即

$$E = \frac{d\Phi_e}{dS_\perp}$$

将其变形就可以得出通过整个小面元 $dS_\perp$ 的电场线条数，即

$$d\Phi_e = E\,dS_\perp$$

也就是通过该面元的电通量.

2. 通过与电场强度 E 成任意角度 θ 的面元 dS 的电通量

在物理学中，我们引入的面元都有一定的大小和方位，其大小可用面积数 dS 表示，方位则可用面的单位法向量 $\boldsymbol{e}_n$ 表示. 因此可把任一面积元 $d\boldsymbol{S}$ 视作矢量，称之为面积元矢量，用 $d\boldsymbol{S} = dS\boldsymbol{e}_n$ 表示，如图 5.3.3 所示.

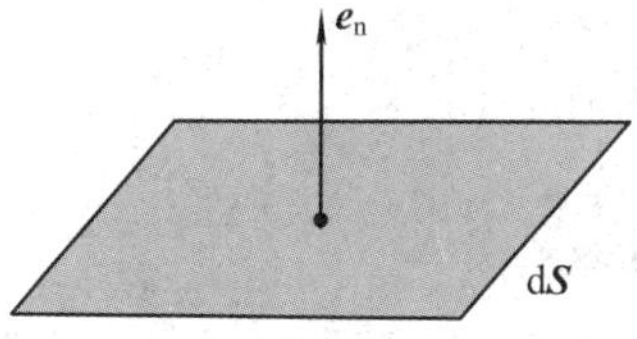

图 5.3.3 面积元矢量

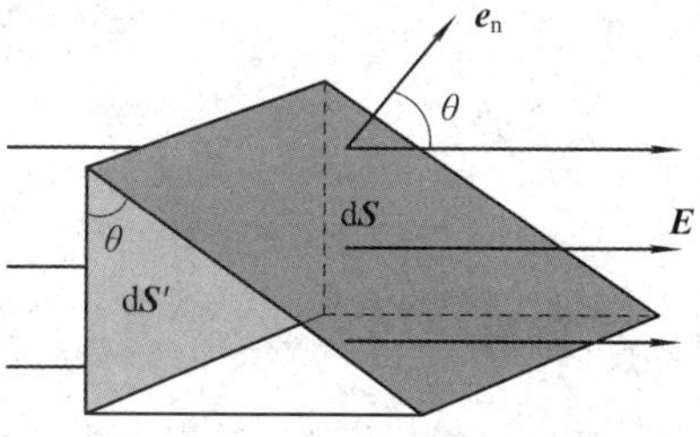

图 5.3.4 与面元有一定夹角的通量

一面元 $d\boldsymbol{S}$ 与该处 $\boldsymbol{E}$ 不垂直，而是成任意角度 θ，如图 5.3.4 所示. 若要计算通过它的

电通量，则应把 d$\boldsymbol{S}$ 在垂直于$\boldsymbol{E}$ 的方向进行投影，得其面积为 $dS'=dS\cos\theta$. 由图可见，凡通过 dS'的电场线必通过所求面 dS，即通过两者的电场线条数相等. 而通过 dS'的电场线条数为$E\ dS'$，所以通过倾斜面 d$\boldsymbol{S}$ 的电通量也是 $E\ dS'$，即

$$d\Phi_e = E\ dS' = E\ dS\ \cos\theta = \boldsymbol{E}\cdot d\boldsymbol{S}$$

可见，通过任一面积元 d$\boldsymbol{S}$ 的电通量就等于该面上的 $\boldsymbol{E}$ 与 d$\boldsymbol{S}$ 的标量积.

3. 通过电场空间任一有限大小曲面 S 的电通量

对于整个曲面而言，各处电场强度 $\boldsymbol{E}$ 一般是逐点变化的，如图 5.3.5 所示. 因此，应把曲面先分割成许多小的面积元 d$\boldsymbol{S}$，在这小面元上 $\boldsymbol{E}$ 可视作均匀，于是通过该面元的电通量为

$$d\Phi_e = \boldsymbol{E}\cdot d\boldsymbol{S}$$

而通过整个曲面的电通量则为

$$\Phi_e = \int d\Phi_e = \iint_S \boldsymbol{E}\cdot d\boldsymbol{S} \tag{5.3.1}$$

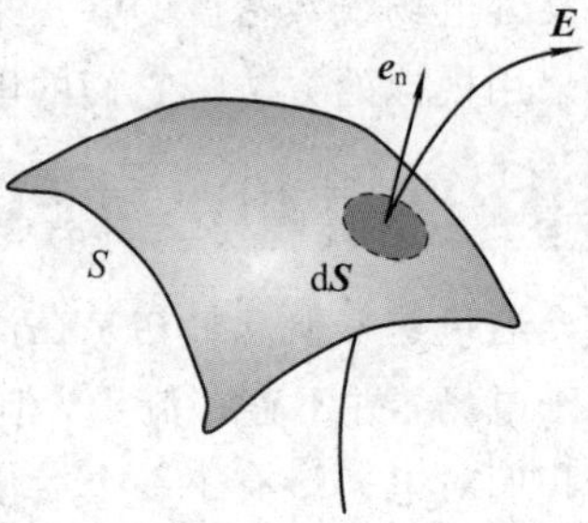

图 5.3.5　通过有限大小曲面的通量

4. 通过电场空间任一闭合曲面 S 的电通量

按照曲面电通量的定义式：

$$\Phi_e = \iint_S \boldsymbol{E}\cdot d\boldsymbol{S}$$

可得出通过闭合曲面的电通量表示式：

$$\Phi_e = \oint\!\!\!\oint_S \boldsymbol{E}\cdot d\boldsymbol{S} \tag{5.3.2}$$

对于闭合曲面上的任一面元 d$\boldsymbol{S}$ 来说，规定指向曲面外面空间的法线方向为面元 d$\boldsymbol{S}$ 的方向. 这样在电场线穿入时，$\boldsymbol{E}$ 与 d$\boldsymbol{S}$ 的夹角必为钝角，$d\Phi_e<0$，亦即穿入闭合曲面的电通量为负；在电场线穿出时，$\boldsymbol{E}$ 与 d$\boldsymbol{S}$ 的夹角必为锐角，$d\Phi_e>0$，亦即穿出闭合曲面的电通量为正，如图 5.3.6 所示. 因此，如果一条电场线偶数次地通过闭合曲面，则对该面电通量的净贡献为零；反之，如果奇数次地通过闭合曲面，则对其电通量有正或负的贡献.

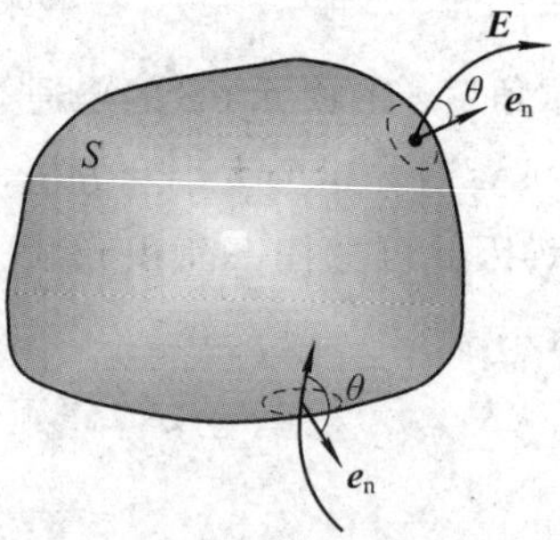

图 5.3.6　通过任意闭合曲面的通量

5.3.3　高斯定理的表述

下面从电通量这一物理量出发来讨论静电学中的一个重要定理——高斯定理. 高斯定理反映静电场的基本性质，它告诉我们静电场中穿过任一闭合面的电通量与闭合面内的电量之间有确定的关系. 在静电学中，该定理可以由库仑定律和场强叠加原理导出.

现从点电荷这一特例出发，计算通过以点电荷为球心的球面的电通量，再借助于电场线得出穿过任一闭合面的电通量与面内电量的关系，然后由场强叠加原理得到一般电场中二者的关系，即高斯定理.

1. 通过以点电荷为球心的球面的电通量

在点电荷 q 的电场中作一个以 $+q$ 为球心、r 为半径的球面，如图 5.3.7 所示. 穿过此球面的电通量为

$$\Phi=\oint_S \boldsymbol{E}\cdot \mathrm{d}\boldsymbol{S}$$

由于球面上各处的场强方向都与面元的法线方向一致，所以

$$\boldsymbol{E}\cdot \mathrm{d}\boldsymbol{S}=E\,\mathrm{d}S\cos 0^\circ=E\,\mathrm{d}S$$

又由于同一球面上各处的 $\boldsymbol{E}$ 大小相等，因此

$$\Phi_e=\oint_S \boldsymbol{E}\cdot \mathrm{d}\boldsymbol{S}$$

$$=E\oint_S \mathrm{d}S=E\cdot 4\pi r^2=\frac{q}{4\pi\varepsilon_0 r^2}\cdot 4\pi r^2=\frac{q}{\varepsilon_0}$$

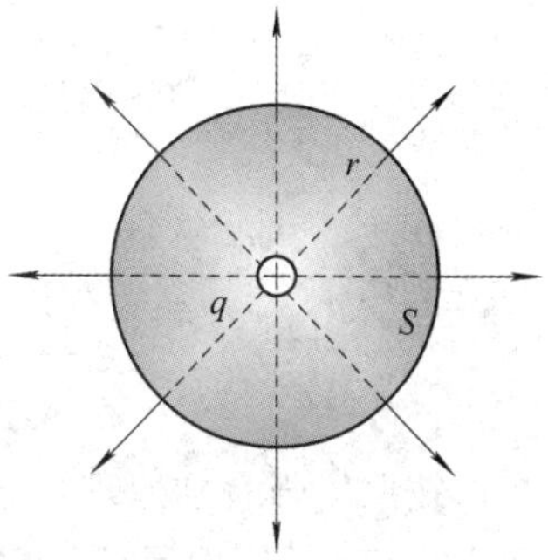

图 5.3.7 点电荷的通量

结果表明：通过闭合球面上的电通量与球面所包围的电荷量成正比，而与所取球面的半径无关，即如果以该点电荷为球心，再作几个同心球面，通过各球面的电通量都等于 q/ε_0. 这说明从正点电荷 q 发出的所有电场线连续无中断地伸向无限远处；对于负电荷，q 为负，电场线向里指向球心，电通量亦为负，以上关系式仍旧成立.

2. 通过包围点电荷的任意闭合曲面的电通量

在点电荷电场中作任意闭合曲面 S，包围点电荷在 S 内外分别作两个以 $+q$ 为球心的球面 S_1 和 S_2，如图 5.3.8 所示. 既然穿过 S_1 和 S_2 面的电场线条数相同，即电场线是连续的，那么穿过 S 的电场线条数亦应有与它们相等的条数，为 q/ε_0.

由此可以得到如下结论：不管什么形状的、大小的闭合曲面，只要它是包围点电荷的，那么穿过此闭合面的电通量都等于 q/ε_0.

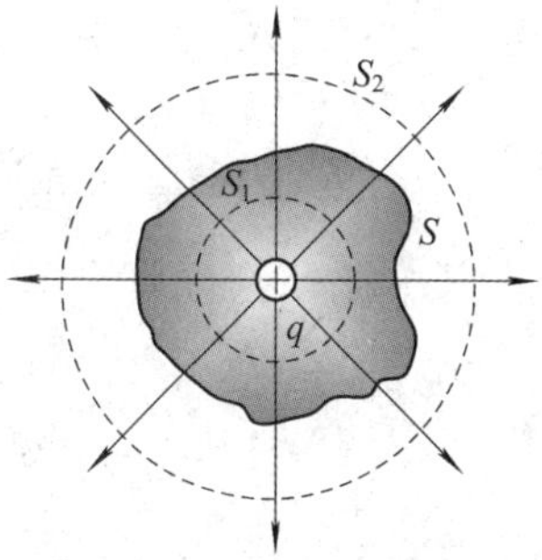

图 5.3.8 包围点电荷的任意闭合曲面的通量

3. 通过不包围点电荷的任意闭合曲面的电通量

如果点电荷 q 在闭合曲面外，如图 5.3.9 所示，由电场线在电场空间的连续性可得出，由一侧进入闭合曲面的电场线条数一定等于从另一侧穿出闭合曲面的电场线条数，所以净穿出闭合曲面的电场线的总条数为零，亦即通过该闭合曲面的电通量为零.

以上是由单个点电荷的电场得出的结论，从该处出发，根据场强叠加原理，可以得出一般电场中通过闭合曲面的通量与面内电荷的关系.

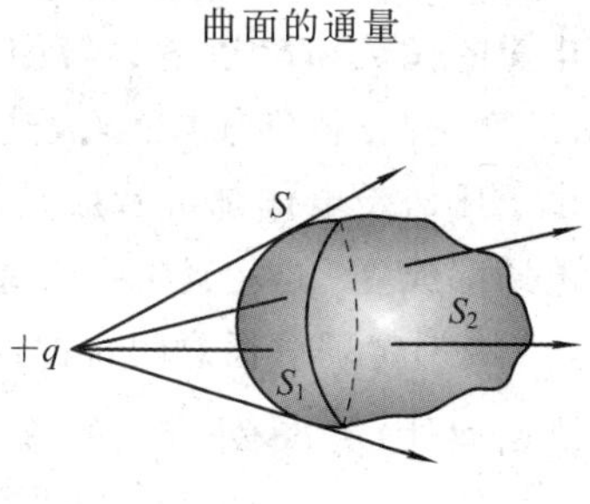

图 5.3.9 不包围点电荷的任意闭合曲面的通量

4. 一般电场中通过闭合曲面的电通量

先考虑点电荷系的静电场，如图 5.3.10 所示. 设空间是由 m 个点电荷组成的一个点

电荷系，在此电场中作任意闭合曲面 S，包围了 n 个点电荷：q_1，q_2，…，q_n（$n<m$），即还有部分点电荷在闭合曲面外.

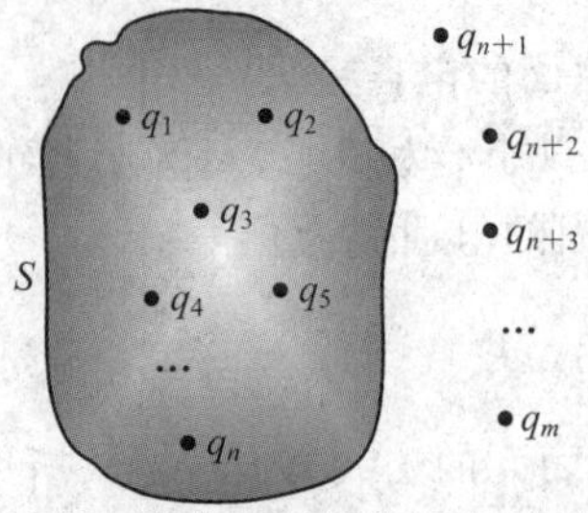

图 5.3.10　一般电场中通过闭合曲面的通量

按照场强叠加原理，空间任一点的场强，等于各点电荷单独存在时所激发场强的矢量和. S 面上任一面元 $\mathrm{d}S$ 处的总场强是所有点电荷单独在该处所激发场强的矢量和，即

$$\boldsymbol{E}=(\boldsymbol{E}_1+\boldsymbol{E}_2+\cdots+\boldsymbol{E}_n)+(\boldsymbol{E}_{n+1}+\boldsymbol{E}_{n+2}+\cdots+\boldsymbol{E}_m)$$

因此通过闭合曲面 S 的总通量为

$$\begin{aligned}\Phi_\mathrm{e}&=\oint\!\!\!\oint_S\boldsymbol{E}\cdot\mathrm{d}\boldsymbol{S}=\oint\!\!\!\oint_S[(\boldsymbol{E}_1+\boldsymbol{E}_2+\cdots+\boldsymbol{E}_n)+(\boldsymbol{E}_{n+1}+\boldsymbol{E}_{n+2}+\cdots+\boldsymbol{E}_m)]\cdot\mathrm{d}\boldsymbol{S}\\&=\left(\oint\!\!\!\oint_S\boldsymbol{E}_1\cdot\mathrm{d}\boldsymbol{S}+\oint\!\!\!\oint_S\boldsymbol{E}_2\cdot\mathrm{d}\boldsymbol{S}+\cdots+\oint\!\!\!\oint_S\boldsymbol{E}_n\cdot\mathrm{d}\boldsymbol{S}\right)\\&\quad+\left(\oint\!\!\!\oint_S\boldsymbol{E}_{n+1}\cdot\mathrm{d}\boldsymbol{S}+\oint\!\!\!\oint_S\boldsymbol{E}_{n+2}\cdot\mathrm{d}\boldsymbol{S}+\cdots+\oint\!\!\!\oint_S\boldsymbol{E}_m\cdot\mathrm{d}\boldsymbol{S}\right)\\&=\left(\frac{q_1}{\varepsilon_0}+\frac{q_2}{\varepsilon_0}+\cdots+\frac{q_n}{\varepsilon_0}\right)+(0+0+\cdots+0)\\&=\frac{1}{\varepsilon_0}\sum_{i=1}^{n}q_i\end{aligned}$$

即

$$\oint\!\!\!\oint_S\boldsymbol{E}\cdot\mathrm{d}\boldsymbol{S}=\frac{1}{\varepsilon_0}\sum_{S内}q_i \tag{5.3.3}$$

由此可以得出以下结论：**在静电场中，通过任一闭合曲面的电通量等于该闭合曲面内所有电荷电量的代数和除以 ε_0，与闭合曲面以外的电荷无关**. 这就是**静电场的高斯定理**. 式(5.3.3)就是高斯定理的数学表达式，式中的任意闭合曲面 S 习惯上称为高斯面.

由于任何带电体都可看成是由相当数量的点电荷组成的，所以式(5.3.3)对任意带电体的电场都成立. 这里还需要注意以下几点：

(1) 高斯定理对任意闭合曲面 S 成立. 式中的 $\boldsymbol{E}$ 是带电体系中所有电荷(无论在高斯面内或高斯面外)在 $\mathrm{d}\boldsymbol{S}$ 处产生的总场强，而 $\sum_{S内}q_i$ 只是对高斯面内的电荷求和.

(2) 由高斯定理

$$\Phi_\mathrm{e}=\oint\!\!\!\oint_S\boldsymbol{E}\cdot\mathrm{d}\boldsymbol{S}=\frac{1}{\varepsilon_0}\sum_{S内}q_i$$

可知，若高斯面内包围的是正电荷，则 $\Phi_\mathrm{e}>0$，按电通量正负的含义知此时必有电场线穿出高斯面，亦即有电场线从正电荷出发，表明正电荷有发出电场线的本领；反之，若高斯面内包围的是负电荷，则 $\Phi_e<0$，表明此时有电场线进入面内，亦即有电场线汇聚于负电荷. 可见，电场线总是起始于正电荷而终止于负电荷.

(3) 穿过高斯面的电通量为

$$\Phi_e=\frac{1}{\varepsilon_0}\sum_{S内}q_i=0$$

则可能包含两种情况：高斯面内根本没有电荷，或高斯面内的电荷等量异号. 前者在高斯面上根本不形成电场，而后者在高斯面上却存在着电场. 也就是说，穿过高斯面的电通量 $\Phi_e=0$ 不等于高斯面上的电场强度 $\boldsymbol{E}=0$.

(4) 高斯面是无厚度的几何面，电荷不分布在其上，只能分布在内外. 选取高斯面时一定要将所论及的场点取在其上.

5.3.4 高斯定理的应用

高斯定理表述的是穿过闭合曲面的电通量与闭合曲面内电荷的关系，它具有普遍适用性. 在实际中，通常有两方面的应用：

(1) 已知高斯面上电场强度 $\boldsymbol{E}$ 的分布，可根据高斯定理求出电通量，从而求出 $\sum_{S内}q_i$；

(2) 已知电荷分布，即 $\sum_{S内}q_i$ 时，可通过求解曲面方程得出高斯面上的电场强度 $\boldsymbol{E}$.

根据高斯定理求电场强度一般会遇到数学上的困难，而且还需给出其他条件才有可能. 但是，当电荷分布具有某种特殊的对称性，从而使电场在高斯面上的分布也具有对称性时，就有可能利用高斯定理求出电场分布. 其步骤如下：

① 分析电场的对称性；

② 合理选取高斯面，使其上的电场具有对称性和常数性，常用的高斯面一般为球形和圆柱形；

③ 写出电通量的表示式，计算高斯面内包围电量的代数和；

④ 根据高斯定理求解场强.

下面举例说明应用高斯定理求解电场强度的方法.

例 5.3.1 求均匀带电球面内外的场强分布. 设球面带电量为 q，球面半径为 R.

解 这个题采用前面学过的办法，把带电球面分成许多小面元，再由库仑定律和叠加原理积分求出空间任一点的场强比较麻烦.

现在用高斯定理求解.

首先要分析场强的对称性. 由于电荷分布是球对称的(即离球心 O 等距离处电荷的分布情形是一样的，与空间方位无关)，所以电场分布亦必定是球对称的. 在以 O 为球心的同一球面上，场强的大小必相等.

对于场强方向的问题，可仔细分析一下. 如果要求面外任一点 P 的场强(P 离球心距离为 r)，在球面上任取一面元 $\mathrm{d}\boldsymbol{S}$，面元 $\mathrm{d}\boldsymbol{S}$ 在 P 点产生的场强由库仑定律可知其方向如例5.3.1图(a)所示. 我们总可以找到另一面元 $\mathrm{d}\boldsymbol{S}'$，让 $\mathrm{d}\boldsymbol{S}'$ 与 $\mathrm{d}\boldsymbol{S}$ 对 OP 线段是对称的，并且面元 $\mathrm{d}\boldsymbol{S}'$ 与 $\mathrm{d}\boldsymbol{S}$ 上电量相等. $\mathrm{d}\boldsymbol{S}'$ 在 P 点产生的场强为 $\mathrm{d}\boldsymbol{E}'$，$\mathrm{d}\boldsymbol{E}'$ 与 $\mathrm{d}\boldsymbol{E}$ 是关于 OP 线对称的，且大小相等，所以其矢量和 $\mathrm{d}\boldsymbol{E}'+\mathrm{d}\boldsymbol{E}$ 方向必沿 OP 向外(沿半径方向向外). 整个带电球面可

以看成是由这样一对对与 OP 线对称的面元组成的. 既然每对面元产生在 P 点的场强沿半径方向，那么整个带电球面在 P 点产生的场强一定沿半径方向. 由于 P 点是任意取的，凡是与 P 点在同一球面上的各点的场强方向都沿各自的半径方向，并且场强的大小都与 P 点场强相等. 所以说均匀带电球面的场强分布必具有对称性.

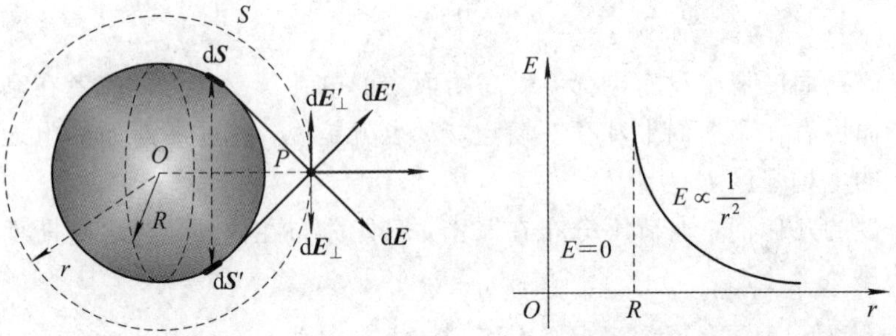

(a) 均匀带电球面的场强 (b) 均匀带电球面的E-r曲线

例 5.3.1 图

例 5.3.1

现以 O 为球心，r 为半径过 P 点作一闭合球面 S，把 S 称为高斯面. 由于球面上各点 $\boldsymbol{E}$ 的方向沿半径向外，即沿球面上各面元的正法线方向，所以球面上各面元的电通量为

$$\boldsymbol{E}\cdot \mathrm{d}\boldsymbol{S}=E\,\mathrm{d}S\cos 0^{\circ}=E\,\mathrm{d}S$$

又由于球面上各点 $\boldsymbol{E}$ 大小相等，所以整个球面的电通量为

$$\Phi_{\mathrm{e}}=\oiint_S \boldsymbol{E}\cdot \mathrm{d}\boldsymbol{S}=\oiint_S E\,\mathrm{d}S=E\oiint_S \mathrm{d}S=E\cdot 4\pi r^2$$

根据高斯定理

$$E\cdot 4\pi r^2=\frac{q}{\varepsilon_0}$$

P 点场强的大小为

$$E=\frac{q}{4\pi\varepsilon_0 r^2}$$

用矢量表示为

$$\boldsymbol{E}=\frac{q}{4\pi\varepsilon_0 r^2}\boldsymbol{e}_{\mathrm{r}} \tag{1}$$

式中，$\boldsymbol{e}_{\mathrm{r}}$ 表示由 O 点指向 P 点的单位矢量.

由于 P 点是任意取的，r 是变量，所以式(1)在整个面外空间 $r>R$ 区域都成立. 这个式子大家很熟悉，它就是点电荷的场强公式. 这就是说：均匀带电球面外的电场与球面上的电荷全部集中于球心时的电场一样.

以上的对称性分析对球内任一点同样适用. 在球面内任取一点 P，同样以 O 为球心，以 r 为半径过 P' 点作一球面. 穿过此球面的电通量同样可写成

$$\Phi_{\mathrm{e}}=E\cdot 4\pi r^2$$

由于球面内无电荷，由高斯定理得

$$E\cdot 4\pi r^2=0$$

得 P' 点的场强为

$$E=0$$

由于 P' 在面内是任意取的，所以这个结论对面内 $r<R$ 的区域任一点都成立. 结论表明：均匀带电球面内，空间各处场强都为零.

为了反映场强的空间变化情况，作 $E-r$ 曲线，如例 5.3.1 图(b)所示.

$r<R$ 时，

$$E=0$$

$r>R$ 时，

$$E\propto\frac{1}{r^2}$$

$r=R$ 时，E 发生跃变.

例 5.3.2　求无限长带电细棒的电场. 设棒的线电荷密度为 λ.

解　先分析场强的对称性.

如例 5.3.2 图(a)所示，任取一点 P 与棒的垂直距离为 $OP=r$，在棒上任取一小段线元 $\mathrm{d}l$，其上带电量为 $\lambda\mathrm{d}l$，它在 P 点产生的电场强度为 $\mathrm{d}\boldsymbol{E}$，可以在棒上找到另一等长的线元 $\mathrm{d}l'$，它在 P 点产生的场强为 $\mathrm{d}\boldsymbol{E}'$. 两线元 $\mathrm{d}l$ 与 $\mathrm{d}l'$ 关于 O 对称，所以 $\mathrm{d}\boldsymbol{E}$ 与 $\mathrm{d}\boldsymbol{E}'$ 关于 OP 轴是对称的，因此 $\mathrm{d}\boldsymbol{E}$ 与 $\mathrm{d}\boldsymbol{E}'$ 的矢量和必定沿 OP 方向. 整个细棒可看成由一对对与 O 对称的线元组成. 既然每对线元在 P 点产生的场强沿 OP 方向，整个细棒在 P 点场强亦必沿 OP 方向. 由于细棒无限长，其上任何一点都可以看作 O 点，所以电场分布亦必有轴对称性，即对中心轴(对细棒可以认为中心轴就是棒本身)等距离处场强应相等. 具体说，就是在以棒为轴的同一圆柱面上各处场强相同. 根据这一点我们就可以知道要作的闭合面的一部分必定是以棒为轴过 P 点的圆柱面，用 S_1 表示.

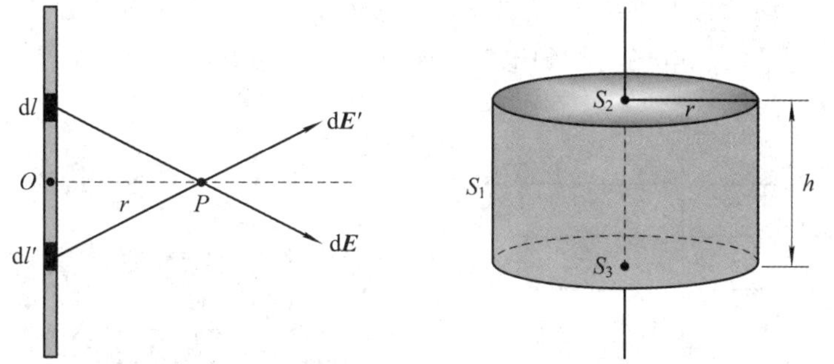

(a) 无限长均匀带电细棒的场强　　(b) 无限长均匀带电细棒的高斯面

例 5.3.2 图

仅有圆柱面还不能构成闭合面，还需加上、下两个底面 S_2、S_3 构成如饮料筒状的闭合面，如例 5.3.2 图(b)所示. 由于上、下底面与电场平行，所以无电通量通过，此闭合面总电通量为

$$\Phi_e=\oint\!\!\!\oint_S\boldsymbol{E}\cdot\mathrm{d}\boldsymbol{S}=\iint_{S_1}\boldsymbol{E}\cdot\mathrm{d}\boldsymbol{S}+\iint_{S_2}\boldsymbol{E}\cdot\mathrm{d}\boldsymbol{S}+\iint_{S_3}\boldsymbol{E}\cdot\mathrm{d}\boldsymbol{S}$$

由于同一圆柱面上各处场强大小相同，因此可以从积分号里边提出来，得

$$\Phi_e=E\cdot2\pi rh+0+0$$

根据高斯定理

$$E \cdot 2\pi rh = \frac{\lambda h}{\varepsilon_0}$$

则 P 点的场强为

$$E = \frac{\lambda}{2\pi\varepsilon_0 r}$$

由此可见，对无限长带电细棒而言，利用高斯定理求解场强比用直接积分法要简单得多. 该解题思路和方法可以推广到解类似题型：均匀带电无限长圆柱面的电场和均匀带电无限长圆柱体的电场. 无限长圆柱面或圆柱体可以看成是由无数根无限长直导线密排而成的，通过分析对称性可方便地利用高斯定理求解其在空间激发的电场.

例 5.3.3 求无限大均匀带电平面的电场. 设面密度为 $\sigma(\sigma>0)$.

解 由于均匀带电平面是无限大的，带电平面两侧附近的电场具有对称性，所以平面两侧的电场强度垂直于该平面，如例 5.3.3 图(a)所示，取例 5.3.3 图(b)所示的高斯面，此高斯面是个圆柱面，它穿过带电平面，且与带电平面是对称的. 其侧面的法线与电场强度垂直，所以通过侧面的电场强度通量为零，而底面的法线与电场强度平行，且底面上电场强度大小相等，所以通过两底面的电场强度通量各为 ES，此处 S 是底面的面积. 已知带电平面的电荷面密度为 σ，根据高斯定理可有

$$2ES = \frac{1}{\varepsilon_0}\sigma S$$

得

$$E = \frac{\sigma}{2\varepsilon_0}$$

例 5.3.3

上式表明：无限大均匀带电平面的 E 与场点到平面的距离无关，而且 $\boldsymbol{E}$ 的方向与带电平面垂直. 无限大带电平面的电场为均匀电场，这与例 5.2.3 中给出的结果是相同的.

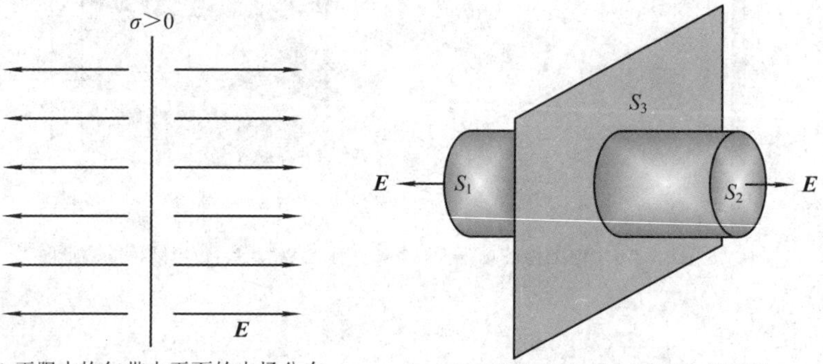

(a) 无限大均匀带电平面的电场分布　　(b) 无限大均匀带电平面的高斯面

例 5.3.3 图

5.4 静电场的环路定理　电势

前面根据电场对电荷作用力的性质，引入电场强度这个物理量来描述它，并且讨论了场强与电荷之间关系所遵从的规律. 电场还有另外一个重要表现就是能对运动电荷做功. 本节讨论静电力功的这一特点，并用场强环流定理来表达这一性质.

先从最简单的点电荷电场力的功这一特殊情况开始，再利用场强叠加原理讨论一般静电场力功的特点，从而得到普遍的规律.

5.4.1 电场力的功

1. 点电荷电场力的功

在点电荷 q 的电场中将一试验电荷 q_0 从 a 经任意路径 acb 到达 b 点，如图 5.4.1 所示，现计算 q_0 从 $a \to c \to b$ 过程中电场力做的功. 可以看出，这是变力曲线运动问题. 在路径上任一点 c 取一段微小位移 $\mathrm{d}\boldsymbol{l}$，由库仑定律可知，c 点处的场强 $\boldsymbol{E}$ 方向沿半径方向. 在这段位移中，电场力做的元功为

$$\mathrm{d}W = \boldsymbol{F} \cdot \mathrm{d}\boldsymbol{l} = q_0 \boldsymbol{E} \cdot \mathrm{d}\boldsymbol{l} = q_0 E \cos\theta \, \mathrm{d}l$$

式中，θ 为 $\boldsymbol{E}$ 与 $\mathrm{d}\boldsymbol{l}$ 的夹角.

由库仑定律知

$$E = \frac{1}{4\pi\varepsilon_0} \cdot \frac{q}{r^2}$$

代入前式得

$$\mathrm{d}W = \frac{q_0 q}{4\pi\varepsilon_0 r^2} \cos\theta \, \mathrm{d}l$$

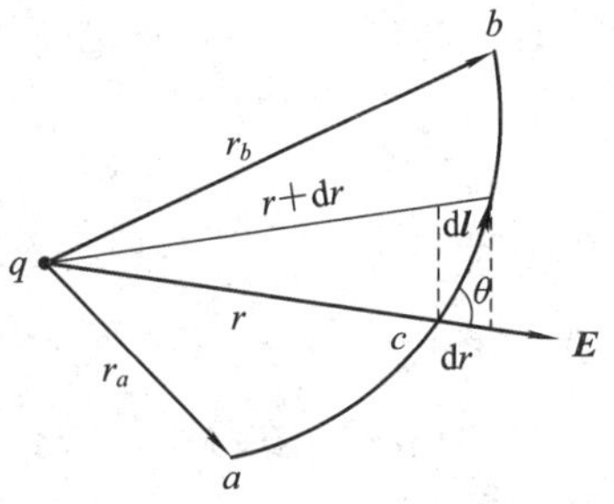

图 5.4.1 点电荷电场力的功

从图 5.4.1 中不难看出 $\mathrm{d}l \cos\theta = \mathrm{d}r$（$\mathrm{d}r$ 为 $\mathrm{d}\boldsymbol{l}$ 的起点与终点离点电荷 q 距离 r 的增量，注意 r 并非矢量，而是仅代表大小的增量，为标量）. 代入上式得

$$\mathrm{d}W = \frac{q_0 q}{4\pi\varepsilon_0 r^2} \mathrm{d}r$$

从 $a \to b$ 整个移动过程中电场力的功应是所有元功之和，即

$$\begin{aligned} W_{ab} &= \int_a^b q_0 E \cos\theta \, \mathrm{d}l \\ &= \int_{r_a}^{r_b} \frac{q_0 q}{4\pi\varepsilon_0 r^2} \, \mathrm{d}r = \frac{q_0 q}{4\pi\varepsilon_0} \int_{r_a}^{r_b} \frac{1}{r^2} \, \mathrm{d}r \\ &= \frac{q_0 q}{4\pi\varepsilon_0} \left(\frac{1}{r_a} - \frac{1}{r_b} \right) \end{aligned} \tag{5.4.1}$$

式中，r_a、r_b 分别表示路径的起点和终点离点电荷的距离. 由于 a、b 两点位置是确定的，而路径是任意的. 因此上述结果说明：在点电荷 q 的电场中，在给定起点和终点的情况下，不论试验电荷 q_0 沿哪一条路径运动，电场力对它做的功是一样的. 这功只与起点、终点位置以及 q、q_0 有关. 简单地说，点电荷电场力的功与路径无关.

2. 任意带电体电场力的功

对于任意的带电体，我们总可以把它分成许多电荷元，每一电荷元均可看成点电荷，这样就可以把带电体看成点电荷系. 假设有静止的电荷 q_1，q_2，…，q_n，在它们形成的电场中，将试验电荷 q_0 从 a 点移到 b 点，则静电场力做的功为

$$W_{ab} = \int_a^b \boldsymbol{F} \cdot \mathrm{d}\boldsymbol{l} = \int_a^b q_0 \boldsymbol{E} \cdot \mathrm{d}\boldsymbol{l}$$

根据场强叠加原理，式中场强 $\boldsymbol{E}$ 应为 q_1，q_2，…，q_n 单独存在时场强的矢量和，即

$$\boldsymbol{E} = \boldsymbol{E}_1 + \boldsymbol{E}_2 + \cdots + \boldsymbol{E}_n$$

于是有

$$W_{ab} = q_0\int_a^b \boldsymbol{E}_1 \cdot \mathrm{d}\boldsymbol{l} + q_0\int_a^b \boldsymbol{E}_2 \cdot \mathrm{d}\boldsymbol{l} + \cdots + q_0\int_a^b \boldsymbol{E}_n \cdot \mathrm{d}\boldsymbol{l}$$

由于上式右边每一项都是各点电荷单独存在时电场力对 q_0 做的功，因而都与具体路径无关，所以总电场力的功 W_{ab} 也与具体路径无关.

由此我们得出结论：试验电荷在任意给定的静电场中移动时，电场力所做的功仅与试验电荷的电量以及路径的起点和终点位置有关，而与具体路径无关. 静电力做功的这个特点表明：**静电力是保守力，静电场是保守力场.**

5.4.2 电场强度的环流

由于静电力是保守力，而保守力做功只与始末位置有关，与具体路径无关. 因此 q_0 沿静电场中的任意闭合路径运动一周，电场力 $q_0\boldsymbol{E}$ 对它所做的功等于零，即

$$\oint q_0\boldsymbol{E} \cdot \mathrm{d}\boldsymbol{l} = 0$$

因为 $q_0 \neq 0$，所以上式可简化为

$$\oint \boldsymbol{E} \cdot \mathrm{d}\boldsymbol{l} = 0 \tag{5.4.2}$$

式(5.4.2)表明，**在静电场中，电场强度 $\boldsymbol{E}$ 沿任意闭合路径的线积分为零，也称之为 $\boldsymbol{E}$ 的环流为零.** 这个结论称为**静电场的环路定理.** 它与高斯定理一样，也是表述静电场性质的一个重要定理.

5.4.3 电势及电势差

静电场是保守力场，对于保守场，可以引入与之相对应的势能. 本节将引入电势能，以及与之相关的电势及电势差概念.

1. 电势能

在力学中，我们讨论过物体在万有引力场中的移动过程，由于万有引力所做的功与路径无关，我们可以引入引力势能的概念. 物体处在引力场中某一位置时，我们说它具有一定的引力势能. 如果物体从 a 点移到 b 点，万有引力所做的功等于物体万有引力势能的减量. 要注意，只有对保守力，才能引入势能的概念. 因为保守力做功取决于起、终点的位置，与路径无关. 如果起、终点给定后做功因路径而异，那么物体在起点及终点就谈不上有确定的势能差. 既然静电场是保守力场，与万有引力场类比，我们亦可以引入相应的势能，即认为试验电荷 q_0 在静电场中某一位置具有一定的势能称**电势能**，用 E_P 表示.

当试验电荷在静电场中移动时，电场力要对它做功，试验电荷的电势能就有相应的变化. 电场力做正功时，电势能减少；电场力做负功时，电势能增加，即试验电荷移动过程中，电场力对它做的功等于电势能的减量. 用 a、b 分别表示移动的起点和终点，则

$$W_{ab} = \int_a^b q_0\boldsymbol{E} \cdot \mathrm{d}\boldsymbol{l} = E_{Pa} - E_{Pb} \tag{5.4.3}$$

式中，E_{Pa} 为初态势能；E_{Pb} 为末态势能. 电势能的单位即能量的单位为焦耳(J).

从式(5.4.3)可以看出，电场力做正功时，$W_{ab}>0$，$E_{Pa}>E_{Pb}$，电势能减少；电场力做

负功时，$W_{ab}<0$，$E_{Pa}<E_{Pb}$，电势能增加.

电势能和万有引力能类似，是一个相对的量. 为了确定电荷在电场中某一点电势能的大小，必须选定一个电势能为零的参考点，这个零势能点的选择可以是任意的，主要取决于研究问题的方便. 通常选距离场源电荷“无限远”处为电势零参考点. 所谓“无限远”处，是指离开场源电荷足够远，在那里场源电荷产生的电场已很微弱，可以忽略不计.

如果选距离场源电荷“无限远”处为电势能零点，令 $E_{P\infty}=0$，则试验电荷 q_0 在电场中 a 点的电势能为

$$E_{Pa}-E_{P\infty}=W_{a\infty}=\int_a^{\infty}q_0\boldsymbol{E}\cdot\mathrm{d}\boldsymbol{l}$$

$$E_{Pa}=W_{a\infty}=\int_a^{\infty}q_0\boldsymbol{E}\cdot\mathrm{d}\boldsymbol{l} \tag{5.4.4}$$

式(5.4.4)表明，电荷在电场中某点 a 的电势能在数值上等于把该电荷从 a 点移动到无限远处的过程中电场力所做的功.

这里应该注意：电势能的值是相对的，与零参考点的选取有关；万有引力势能是属于两个物体所构成系统的能量，电势能也是一样，它属于电场和置于电场中的电荷这一系统所共有的；电势能的大小、正负，除与电场本身性质有关外，还与被移动电荷 q_0 有关，因此不能作为描述电场本身性质的物理量.

2. 电势

从式(5.4.4)可以看出，电荷 q_0 在电场中某点 a 处的电势能与 q_0 的大小成正比. 在某一点 a 处，如果电荷 q_0 增加 K 倍，它的电势能的数值也增加 K 倍，但比值 E_{Pa}/q_0 却是一个恒量. 在另一点 b 处，可以得到另一恒量 E_{Pb}/q_0. 这个比值排除了场以外的因素 q_0 的影响，它只取决于电场的空间分布和电场中点的位置，因此这一比值是一个表征电场性质的物理量，这一物理量称为**电势**. 通常用 U_a 表示 a 点电势：

$$U_a=\frac{E_{Pa}}{q_0}=\int_a^{\infty}\boldsymbol{E}\cdot\mathrm{d}\boldsymbol{l} \tag{5.4.5}$$

式中，积分路径可任意选取，只要保证起点在 a 点和终点在无穷远处即可. 如果式(5.4.5)中取 $q_0=+1\ \mathrm{C}$，则

$$U_a=E_{Pa}=\int_a^{\infty}\boldsymbol{E}\cdot\mathrm{d}\boldsymbol{l}$$

所以，电场中某点的电势在数值上等于放在该点的单位正电荷所具有的电势能. 或者说，电场中某点的电势在数值上等于把单位正电荷从该点经过任意路径移到无限远处的过程中电场力所做的功. 所以，电势是个标量，没有方向，但是有正负与大小的区别.

电场中任一点 a 处电势的正负与大小取决于单位正电荷从该点移动到无限远处时电场力所做的功 $\int_a^{\infty}\boldsymbol{E}\cdot\mathrm{d}\boldsymbol{l}$ 的正负和大小. 如果电场力做正功，该处的电势就是正的；如果克服电场力做功，该处的电势就是负的. 电场力所做功的大小反映了该点电势数值的大小.

由此可见，电势的确是从电场具有做功本领或电场具有能量这一角度描述电场性质的物理量，它一般是空间各点的标量函数. 对于电势，应注意它和电势能一样也是相对的，与电势零点的选取有关. 容易看出，按 $U_a=\int_a^{\infty}\boldsymbol{E}\cdot\mathrm{d}\boldsymbol{l}$ 定义的电势，其零点选取与相应的电

势能的零点选取是一致的，即也是规定距场源电荷无限远处作为电势零点，才能按式(5.4.5)计算电势. 需要注意的是，仅当场源电荷分布在有限大小的范围时才能选取无穷远处为电势零点，否则就不能这样选. 因此，在普遍情况下，空间某一点电势 U_P 应定义为

$$U_P = \int_P^{\text{"0"}} \boldsymbol{E} \cdot \mathrm{d}\boldsymbol{l} \tag{5.4.6}$$

即电场空间中某点 P 的电势，在数值上等于把单位正电荷从该点经由任意路径迁移至电势零点过程中电场力所做的功.

3. 电势差

在实际应用中，人们往往不需求出电场中某一点的电势是多少，而是需要求得两点间的电势差. 这是因为在电场中任一点的电势大小与零参考点的选择有关，而任意两点间的电势差却与零参考点的选取无关，这对于研究电场的性质更有重要的意义.

在静电场中，任意两点 a 和 b 的电势之差称为 a、b 间的**电势差**. 在电路中两点间的电势差又称为**电压**，用符号 U_{ab} 表示，即

$$U_{ab} = U_a - U_b \tag{5.4.7}$$

由式(5.4.5)得

$$U_a - U_b = \int_a^{\infty} \boldsymbol{E} \cdot \mathrm{d}\boldsymbol{l} - \int_b^{\infty} \boldsymbol{E} \cdot \mathrm{d}\boldsymbol{l} = \int_a^{\infty} \boldsymbol{E} \cdot \mathrm{d}\boldsymbol{l} + \int_{\infty}^{b} \boldsymbol{E} \cdot \mathrm{d}\boldsymbol{l} = \int_a^{b} \boldsymbol{E} \cdot \mathrm{d}\boldsymbol{l}$$

$$U_{ab} = \int_a^{b} \boldsymbol{E} \cdot \mathrm{d}\boldsymbol{l} \tag{5.4.8}$$

这个式子说明：在静电场中两点间的**电势差在数值**上等于把单位正电荷从 a 点经过任意路径迁移到 b 点过程中电场力所做的功. 由此还可以判定电场中任意两点 a 和 b 电势的高低. 如果将单位正电荷从任一点 a 处移到另一点 b 处的过程中，电场力做正功，即 $\int_a^b \boldsymbol{E} \cdot \mathrm{d}\boldsymbol{l} > 0$，那么 $U_a > U_b$，a 点电势比 b 点电势高；如果电场力做负功，即 $\int_a^b \boldsymbol{E} \cdot \mathrm{d}\boldsymbol{l} < 0$，那么 $U_a < U_b$，b 点电势比 a 点电势高.

如果已知电场中任意两点的电势差，可以很容易地计算出将任一电荷 q 从 a 点移动到 b 点的过程中电场力所做的功：

$$W_{ab} = q\int_a^{b} \boldsymbol{E} \cdot \mathrm{d}\boldsymbol{l} = q(U_a - U_b) \tag{5.4.9}$$

5.4.4 电势的计算

1. 点电荷 q 的电势

如图 5.4.2 所示，在点电荷 q 激发的电场中，若取无限远处作为电势零点，现在来计算电场中任一点 P 处的电势. 设 P 点距离点电荷 q 为 r，$U_P = \int_P^{\infty} \boldsymbol{E} \cdot \mathrm{d}\boldsymbol{l}$. 由于电场力做功与路径无关，可以选择与电场线平行的直线 L 作为积分路径.

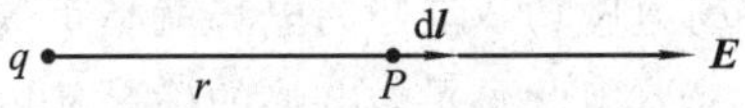

图 5.4.2 点电荷的电势

$$U_P = \int_r^{\infty} \boldsymbol{E} \cdot \mathrm{d}\boldsymbol{l} = \int_r^{\infty} \frac{q}{4\pi\varepsilon_0} \cdot \frac{1}{r^2} \cos 0^\circ \, \mathrm{d}r = \frac{q}{4\pi\varepsilon_0 r}$$

即

$$U_P = \frac{q}{4\pi\varepsilon_0 r} \tag{5.4.10}$$

这就是点电荷 q 在电场中任一点所产生电势的表达式. 显然这里也是选∞处作为电势零点.

从式(5.4.10)可以看出：如果 q 是正电荷，则电势也是正的，离点电荷 q 越远，电势越低，在无限远处为0；如果 q 是负电荷，电势也是负的，离点电荷 q 越远，电势越高，在无限远处为0. 在正电荷的电场中，电势最小值为0；在负电荷的电场中，电势最大值为0.

2. 点电荷系的电势

设电场由 n 个点电荷 q_1，q_2，…，q_n 产生，它们各自产生的场强分别为 $\boldsymbol{E}_1$，$\boldsymbol{E}_2$，…，$\boldsymbol{E}_n$，则合场强为

$$\boldsymbol{E} = \boldsymbol{E}_1 + \boldsymbol{E}_2 + \cdots + \boldsymbol{E}_n$$

由电势定义式 $U_P = \int_P^{\infty} \boldsymbol{E} \cdot \mathrm{d}\boldsymbol{l}$ 可知，电场中某点 P 的电势为

$$\begin{aligned} U_P &= \int_P^{\infty} \boldsymbol{E} \cdot \mathrm{d}\boldsymbol{l} = \int_P^{\infty} (\boldsymbol{E}_1 + \boldsymbol{E}_2 + \boldsymbol{E}_3 + \cdots + \boldsymbol{E}_n) \cdot \mathrm{d}\boldsymbol{l} \\ &= \int_P^{\infty} \boldsymbol{E}_1 \cdot \mathrm{d}\boldsymbol{l} + \int_P^{\infty} \boldsymbol{E}_2 \cdot \mathrm{d}\boldsymbol{l} + \int_P^{\infty} \boldsymbol{E}_3 \cdot \mathrm{d}\boldsymbol{l} + \cdots + \int_P^{\infty} \boldsymbol{E}_n \cdot \mathrm{d}\boldsymbol{l} \\ &= U_1 + U_2 + U_3 + \cdots + U_n \\ &= \sum_{i=1}^{n} U_i = \sum_{i=1}^{n} \frac{q_i}{4\pi\varepsilon_0 r_i} \end{aligned} \tag{5.4.11}$$

式中，U_i 为第 i 个点电荷 q_i 在 P 点产生的电势；r_i 为 q_i 到 P 点的距离. 点电荷系的电势如图5.4.3所示. 上式表明：**在点电荷系的电场中，任一点的电势等于各个点电荷单独存在时在该点产生的电势的代数和**. 这个结论称为**电势的叠加原理**.

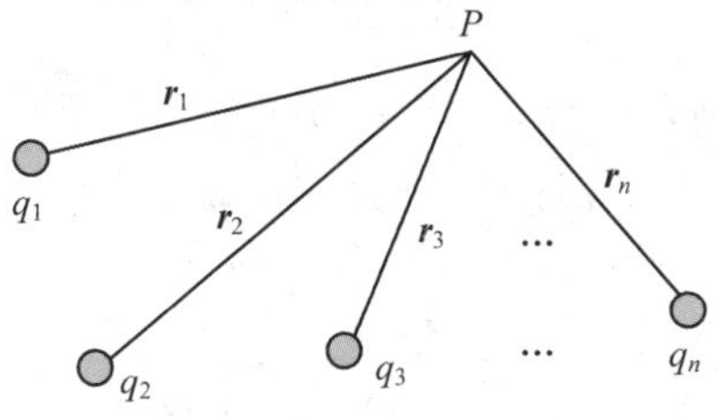

图5.4.3 点电荷系的电势

3. 连续分布带电体的电势

如图5.4.4所示，如果产生电场的带电体上的电荷是连续分布的，就可以把它分割成许多无限小的体元和电荷元，任一电荷元 $\mathrm{d}q$ 均可视作点电荷，它在场点 P 激发的元电势

$$\mathrm{d}U = \frac{\mathrm{d}q}{4\pi\varepsilon_0 r}$$

所以整个带电体在该点激发的总电势为

$$U = \int \mathrm{d}U = \int_U \frac{\mathrm{d}q}{4\pi\varepsilon_0 r} \tag{5.4.12}$$

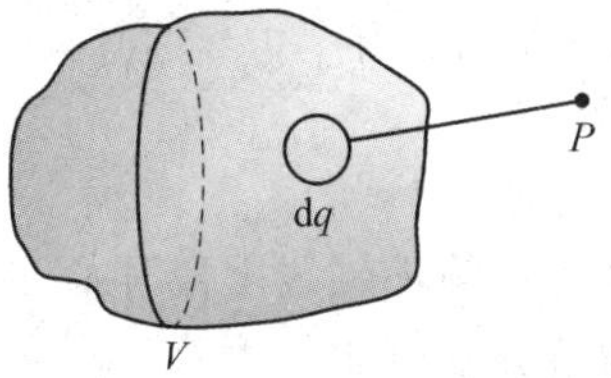

图5.4.4 连续分布带电体的电势

按电荷在带电体上的分布形式不同，dq 可取 $\rho\,dr$、$\sigma\,dS$ 和 $\lambda\,dl$ 等形式．这就是计算电势的直接积分法．因为电势是标量，涉及的积分是标量积分，所以要比计算场强的直接积分法简便得多．

例 5.4.1 有一半径为 R 的均匀带电细圆环，带电量为 q．试求通过环中心的轴线上的电势分布函数．

解 如例 5.4.1 图所示，在轴线上任取一点 P，P 点距离环中心为 x，求 P 点的电势．

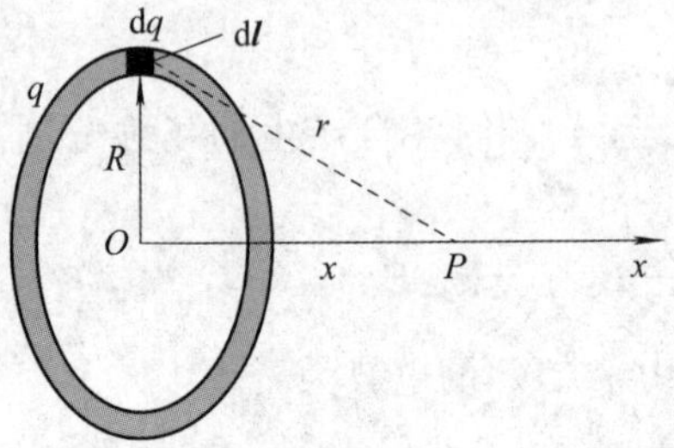

例 5.4.1 图 均匀带电细环中心轴线上的电势

例 5.4.1

由于细环上的电荷分布是连续的，可以把它分成无数多个电荷元 dq，P 点的电势就是环上所有电荷元在该点电势的代数和．

环上的电荷线密度为

$$\lambda = \frac{q}{2\pi R}$$

在带电圆环上任取一小段弧长 dl，其所带电量 $dq=\lambda\,dl$．设 dq 到 P 点的距离为 r，则在 P 点的电势为

$$dU = \frac{1}{4\pi\varepsilon_0}\cdot\frac{dq}{r} = \frac{\lambda\,dl}{4\pi\varepsilon_0 r}$$

不论 dl 取在圆环上何处，r 的数值不变．所以整个带圆环在 P 点的电势为

$$U = \int dU = \frac{\lambda}{4\pi\varepsilon_0 r}\int_0^{2\pi R} dl = \frac{\lambda\cdot 2\pi R}{4\pi\varepsilon_0 r}$$

又因 $r=\sqrt{R^2+x^2}$，故

$$U = \frac{q}{4\pi\varepsilon_0\sqrt{R^2+x^2}}$$

当 $x=0$ 时，环心 O 处的电势为

$$U_0 = \frac{q}{4\pi\varepsilon_0 R}$$

当 $x\gg R$ 时，有

$$U_P = \frac{q}{4\pi\varepsilon_0 x}$$

这说明在圆环轴线上离环心足够远处某点的电势相当于把圆环带电量集中在环心处的点电荷在该处所产生的电势．

例 5.4.2 如例 5.4.2 图(a)所示，求均匀带电球面内外的电势．已知球面半径为 R，带电量为 q．

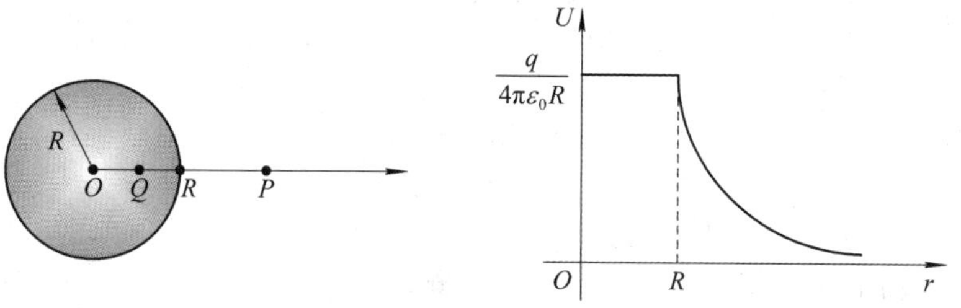

(a) 均匀带电球面的电势 (b) 均匀带电球面电势的U-r曲线

例 5.4.2 图

例 5.4.2

解 此题如果仍旧选用与例 5.4.1 类似的微元积分方法进行计算虽然可行，但计算过程比较繁杂，根据电势定义 $U_P = \int_P^{"0"} \boldsymbol{E} \cdot \mathrm{d}\boldsymbol{l}$，若知道了从场点 P 到电势零点之间场强的分布式，则可作积分直接求出 P 点电势. **因此，针对此类问题，通常是先利用高斯定理求出场强的分布函数式，再由定义求电势，这种计算方法也可以称为“场势法”.**

由高斯定理求得：

$r<R$ 处的球面内时，有

$$E = 0$$

$r>R$ 处的球面外时，有

$$E = \frac{1}{4\pi\varepsilon_0} \cdot \frac{q}{r^2}$$

(1) 先求球面外任一点 P 的电势，点 P 与点 O 距离为 r. 取无穷远处电势为 0.

$$U_P = \int_P^{\infty} \boldsymbol{E} \cdot \mathrm{d}\boldsymbol{l} = \int_{r_P}^{\infty} \frac{1}{4\pi\varepsilon_0} \cdot \frac{q}{r^2}\, \mathrm{d}r = \frac{q}{4\pi\varepsilon_0 r_P}$$

由于 P 点是球面外任意取的，因此可以去掉下标“P”，球面外任一点的电势为

$$U = \frac{1}{4\pi\varepsilon_0} \cdot \frac{q}{r} \qquad (r > R)$$

该式与点电荷的电势公式相同. 所以说，对均匀带电球面，球面外任一点处的电势和一个位于球心电量为 q 的点电荷在该点产生的电势相同.

(2) 再求球面内任一点 Q 的电势，点 Q 与点 O 距离为 r. 取无穷远处电势为 0.

由于球面内外场强表达式不同，所以积分应分段进行：

$$U_Q = \int_Q^R \boldsymbol{E} \cdot \mathrm{d}\boldsymbol{l} + \int_R^{\infty} \boldsymbol{E} \cdot \mathrm{d}\boldsymbol{l}$$

式中，R 为 OQ 的延长线与球面的交点.

$$U_Q = \int_{r_Q}^R 0 \cdot \mathrm{d}l + \int_R^{\infty} \frac{q}{4\pi\varepsilon_0 r^2}\, \mathrm{d}r = \frac{1}{4\pi\varepsilon_0} \cdot \frac{q}{R}$$

由于 Q 是球面内任意取的，因此可以去掉下标“Q”，则球面内任一点的电势为

$$U = \frac{q}{4\pi\varepsilon_0 R} \qquad (r \leqslant R)$$

这个结果说明：球面内各点电势都等于球面的电势，球面内整个区域是等势区. 这是因为球面内场强为 0，所以在球面内空间任两点 a、b 间移动电荷，电场力不做功. 由电势

差定义：

$$U_a - U_b = \int_a^b \boldsymbol{E} \cdot \mathrm{d}\boldsymbol{l}$$

既然右边为 0，则左边必为 0，即 $U_a = U_b$. 整个空间的电势分布 $U-r$ 曲线如例 5.4.2 图(b)所示。

例 5.4.3 如例 5.4.3 图所示，长直均匀带电线，电荷线密度为 λ，求电场中的电势分布.

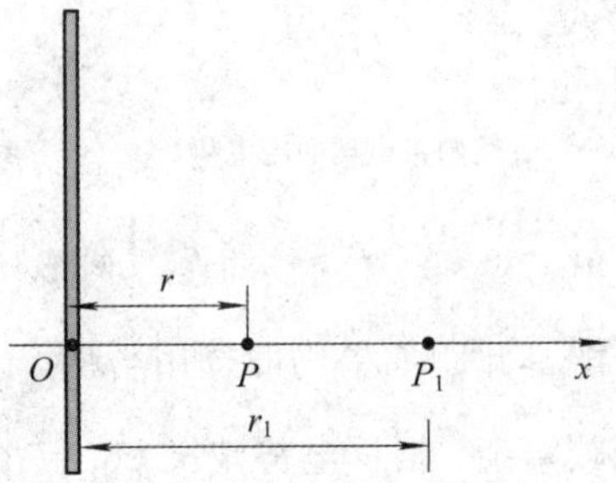

例 5.4.3 图 长直均匀带电直线的电势

解 设电荷线密度为 λ，任一点 P 到长直线的距离为 r，则均匀长直导线周围的场强大小为

$$E = \frac{\lambda}{2\pi\varepsilon_0 r}$$

方向沿径向向外.

该表达式是将带电直线视作无限长时得出的结论. 实际中并不存在无限长带电直线，所谓无限长，仅具有物理上的相对意义，即当场点与带电导线间的距离远小于导线本身的长度时，可将该导线近似地看成无限长，但进行数学处理时是作为真正无限长来计算的. 此时，若选无限远处为电势零点，则由电势定义式：

$$U = \int_r^{\infty} \boldsymbol{E} \cdot \mathrm{d}\boldsymbol{l}$$

可以发现积分发散，为无穷大. 显然这是不合理的，原因是随着距离 r 的增大，场强表达式 $E = \frac{\lambda}{2\pi\varepsilon_0 r}$ 不再满足无限长条件. 因此，我们不能选无限远处电势为零. 在本题中我们选距离直线为 r_1 的 P_1 点为电势零参考点，则距离直线为 r 的 P 点电势为

$$U_P = \int_P^{P_1} \boldsymbol{E} \cdot \mathrm{d}\boldsymbol{l} = \int_r^{r_1} \frac{\lambda}{2\pi\varepsilon_0 r}\,\mathrm{d}r = \frac{\lambda}{2\pi\varepsilon_0}\ln r_1 - \frac{\lambda}{2\pi\varepsilon_0}\ln r$$

$$= \frac{\lambda}{2\pi\varepsilon_0}\ln\left(\frac{r_1}{r}\right)$$

由上式可知，在 $r_1 < r$ 处，U_P 为负值；在 $r_1 > r$ 处，U_P 为正值.

因此，电势零点的选取原则如下：

(1) **如果场源电荷分布在有限区域，通常选无限远处为电势零点；**

(2) **如果场源电荷分布在无限远处，一般把电势零点选在有限区域内；**

(3) **在实际工作中，通常选取大地或仪器外壳为电势零点.**

5.5 等势面 电场强度与电势的微分关系

5.5.1 等势面

电场强度和电势都是用来描述同一电场中各点性质的物理量，前者是从力的角度来描述的，后者是从功和能的角度来描述的. 对于电场强度，为了形象地描绘电场中各点场强的分布情况，我们引入了电场线. 对于电势，也同样可以用绘画的方法形象地描绘电场中

各点电势的分布情况，这就是画等势面的办法．一般来说，静电场中各点的电势是逐点变化的，但是电场中也有许多点的电势是相等的，这些电势相等的点所构成的面称为**等势面**．

为使等势面图能表示出电场中各点处电场强度的大小，我们规定：任何两个相邻等势面间的电势差都相等．图 5.5.1 所示是几种常见电场的等势面和电场线图，图中的虚线表示等势面，实线为电场线．从图中可见，电场中任一点的电场线与等势面处处正交；等势面较密集处场强较大，等势面较稀疏处场强较小．

这里以点电荷的电场为例对等势面的上述性质进行说明．在点电荷的电场中，与点电荷 q 相距为 r 处各点的电势都是

$$U = \frac{q}{4\pi\varepsilon_0 r}$$

等势面是以场源电荷 q 为中心的一系列同心球面．正点电荷的电场中，r 增大，等势面的电势值随之降低，负点电荷电场中恰相反，如图 5.5.1(a)中虚线所示．点电荷电场中的电场线是以场源电荷为中心的沿矢径方向的直线，正点电荷电场线指向无穷远，负点电荷的电场线指向点电荷自身．显然电场线与等势面处处正交，电场线指向电势降落的方向．还可看到，随着与场源电荷距离 r 的增大，电场强度的值减小，相邻等势面间的距离增大，即电场强度较小的点处等势面较稀疏．等势面的上述性质不仅在点电荷的电场中成立，在任何带电体的电场中均成立．下面对电场线与等势面正交的结论作一个简单证明．

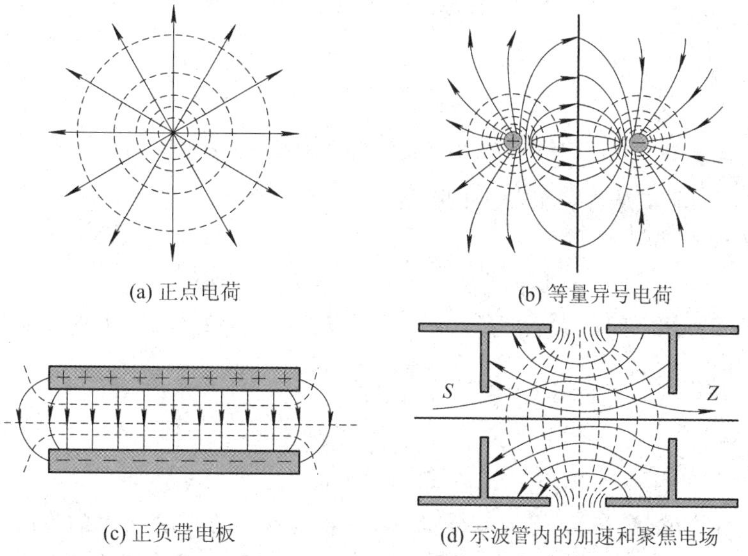

(a) 正点电荷　(b) 等量异号电荷

(c) 正负带电板　(d) 示波管内的加速和聚焦电场

图 5.5.1　几种常见电场的等势面和电场线图

设试验电荷 q_0 在某一等势面上的 P 点，沿等势面有一微小的位移 $\mathrm{d}\boldsymbol{l}$ 到达 Q 点，这时电场力所做的功为

$$\mathrm{d}W = q_0 \boldsymbol{E} \cdot \mathrm{d}\boldsymbol{l}$$

因为在同一等势面上，所以 $U_P = U_Q$．根据

$$\mathrm{d}W = q_0 (U_P - U_Q) = 0$$

有

$$\boldsymbol{E}\cdot \mathrm{d}\boldsymbol{l}=0$$

这里 $\boldsymbol{E}$ 和 $\mathrm{d}\boldsymbol{l}$ 的值均不为零，只有在 P 点处 $\boldsymbol{E}\perp \mathrm{d}\boldsymbol{l}$，又由于 $\mathrm{d}\boldsymbol{l}$ 具有任意性，说明电场空间各点处电场强度与等势面正交.

综合以上讨论可以得出以下两点结论：

(1) 在静电场中，沿等势面移动时，电场力做功为零；

(2) 在静电场中，电场线与等势面处处正交，电场线的方向，亦即电场强度的方向，指向电势降落的方向.

5.5.2 电场强度与电势的微分关系

如图 5.5.2 所示，设想在静电场中有两个靠得很近的等势面Ⅰ和Ⅱ，它们的电势分别为 U 和 $U+\mathrm{d}U$，并且 $\mathrm{d}U>0$. 过点 a 作等势面Ⅰ的法线 $\boldsymbol{e}_{\mathrm{n}}$，并规定 $\boldsymbol{e}_{\mathrm{n}}$ 指向电势增加的方向. 由于等势面Ⅰ和Ⅱ靠得很近，因此可以认为在 a 点附近它们的法线方向一致，且等势面之间的场强 E 也可以看作是不变的.

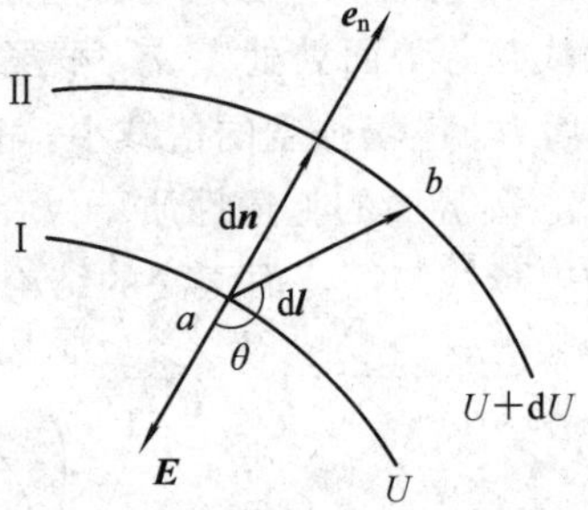

图 5.5.2 场强与电势的微分关系

设有单位正电荷，从等势面Ⅰ上的 a 点沿 $\mathrm{d}\boldsymbol{l}$ 方向移到等势面Ⅱ的 b 点，由式(5.4.8)得 a、b 两点电势差为

$$U_{\mathrm{I}}-U_{\mathrm{II}}=-\mathrm{d}U=E\cos\theta\,\mathrm{d}l$$

式中，θ 表示 $\boldsymbol{E}$ 与 $\mathrm{d}\boldsymbol{l}$ 之间的夹角，$E\cos\theta=E_l$ 为 $\boldsymbol{E}$ 在 $\mathrm{d}\boldsymbol{l}$ 上的分量，所以有

$$-\mathrm{d}U=E_l\,\mathrm{d}l$$

或

$$E_l=-\frac{\mathrm{d}U}{\mathrm{d}l} \tag{5.5.1}$$

式(5.5.1)表示：场强 $\boldsymbol{E}$ 在 $\mathrm{d}\boldsymbol{l}$ 方向的分量，等于电势在该方向变化率的负值.

显然 $\mathrm{d}U/\mathrm{d}l$ 的值将随 $\mathrm{d}\boldsymbol{l}$ 方向的不同而变化. 如果 $\mathrm{d}\boldsymbol{l}$ 沿等势面方向，则 $\mathrm{d}U/\mathrm{d}l=0$，因而说明场强沿等势面方向的分量为零；如果 $\mathrm{d}\boldsymbol{l}$ 沿着等势面的法线方向，把它写成 $\mathrm{d}\boldsymbol{n}$. 由图 5.5.2 可以看出，$\mathrm{d}\boldsymbol{n}$ 是所有从等势面Ⅰ到等势面Ⅱ的位移中最小的. 因此，沿 $\boldsymbol{e}_{\mathrm{n}}$ 方向电势的变化率最大. 这时式(5.5.1)可以写成

$$E_{\mathrm{n}}=-\frac{\mathrm{d}U}{\mathrm{d}n} \tag{5.5.2}$$

式中，E_{n} 为场强在法线方向的分量. 由于等势面处处与电场线正交，因此，场强在等势面法线方向的分量 E_{n} 就是 $\boldsymbol{E}$ 本身的大小，所以可将式(5.5.2)写成

$$E=-\frac{\mathrm{d}U}{\mathrm{d}n} \tag{5.5.3}$$

式中，负号表示当 $\mathrm{d}U/\mathrm{d}n>0$ 时，$E<0$，即 $\boldsymbol{E}$ 的方向总是由高电势指向低电势，$\boldsymbol{E}$ 的方向与 $\boldsymbol{e}_\mathrm{n}$ 的方向相反. 所以式(5.5.3)的矢量式为

$$\boldsymbol{E}=-\frac{\mathrm{d}U}{\mathrm{d}n}\boldsymbol{e}_\mathrm{n} \tag{5.5.4}$$

式中，$\boldsymbol{e}_\mathrm{n}$为正法线方向的单位矢量. 式(5.5.4)表明，电场中任意给定点的场强大小等于电势沿等势面法线方向的变化率，场强方向与等势面法线方向相反，即指向电势降低的方向. 式(5.5.4)就是电场强度与电势的微分关系.

从上面的讨论可知，过电场中任意一点，沿不同方向其电势随距离的变化率一般是不等的，其最大值称为该点的电势梯度，它是一个矢量，其大小等于 $\mathrm{d}U/\mathrm{d}n$，方向与 $\boldsymbol{e}_\mathrm{n}$的方向相同，用符号 grad 表示，即

$$\mathrm{grad}U=\frac{\mathrm{d}U}{\mathrm{d}n}\boldsymbol{e}_\mathrm{n}$$

这样式(5.5.4)又可表示为

$$\boldsymbol{E}=-\mathrm{grad}U \tag{5.5.5}$$

式(5.5.5)表明，电场中任意给定点的场强等于该点电势梯度的负值，负号表示该点场强与电势梯度方向相反，即场强指向电势降低的方向.

当电势函数用直角坐标表示，即 $U=U_{(x,\ y,\ z)}$ 时，由式(5.5.1)可得电场强度沿三个坐标轴方向的分量，它们是

$$E_x=-\frac{\partial U}{\partial x};\quad E_y=-\frac{\partial U}{\partial y};\quad E_z=-\frac{\partial U}{\partial z} \tag{5.5.6}$$

于是场强的矢量表示式又可写成

$$\boldsymbol{E}=-\left(\frac{\partial U}{\partial x}\boldsymbol{i}+\frac{\partial U}{\partial y}\boldsymbol{j}+\frac{\partial U}{\partial z}\boldsymbol{k}\right) \tag{5.5.7}$$

式(5.5.7)是式(5.5.4)用直角坐标表示的形式.

由场强与电势的微分关系，我们可得到场强的又一个单位为伏特/米(U/m).

积分关系式(5.4.6)提供了由场强求电势的公式，微分关系式(5.5.4)则提供了由电势求场强的公式. 但只有获知在整个积分路径上的所有各点的场强，才能计算出某场点的电势；同样地，也只有获知电势在某场点邻域上的空间变化，才能求得该点的场强. 而某单一场点上的场强与电势之间并不存在什么关系.

对于一定的源电荷产生的电场，如果无法应用高斯定理计算其场强，则只能根据叠加原理应用积分方法计算，这时可先求出电势函数，再由电势函数求导算出场强，这也是一种方法，因为根据叠加原理计算电势的标量积分比计算场强的矢量积分要简单得多.

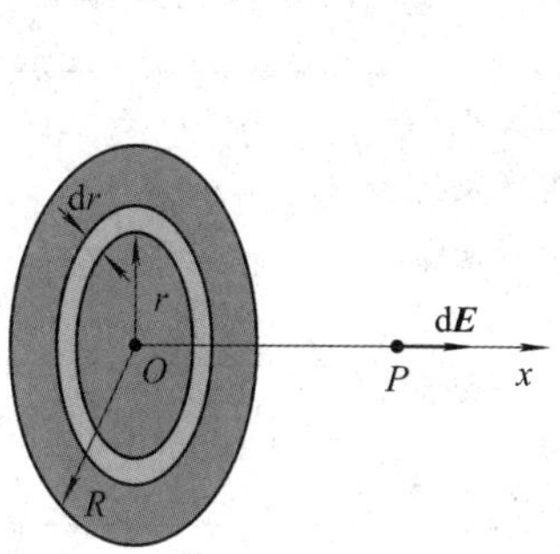

例 5.5.1 图 由带电圆盘轴线电势计算场强

例 5.5.1 计算半径为 R 的均匀带电圆盘轴线上任一点 P 的电势，并从电势出发计算出 P 点的场强. 已知圆盘上的电荷面密度为 $\sigma(\sigma>0)$.

解 如例 5.5.1 图所示，P 点距圆盘中心 O 的距

离为 x. 在圆盘上取半径为 r、宽为 $\mathrm{d}r$ 的细环，细环上带电量为

$$\mathrm{d}q=\sigma\cdot 2\pi r\,\mathrm{d}r$$

由例 5.4.1 可知，它在 P 点的电势为

$$\mathrm{d}U=\frac{\mathrm{d}q}{4\pi\varepsilon_0\sqrt{r^2+x^2}}=\frac{\sigma\cdot r\cdot\mathrm{d}r}{2\varepsilon_0\sqrt{r^2+x^2}}$$

则整个带电圆盘在 P 点产生的电势为

$$U=\int\mathrm{d}U=\int_0^R\frac{\sigma r\,\mathrm{d}r}{2\varepsilon_0\sqrt{x^2+r^2}}$$

$$=\frac{\sigma}{2\varepsilon_0}(\sqrt{R^2+x^2}-x)$$

可见，P 点的电势 U 是 x 的函数. 利用式(5.5.6)可求得 P 点的场强 $\boldsymbol{E}$ 在 x 轴方向的分量为

$$E_x=-\frac{\partial U}{\partial x}=-\frac{\partial}{\partial x}\left[\frac{\sigma}{2\varepsilon_0}(\sqrt{R^2+x^2}-x)\right]=\frac{\sigma}{2\varepsilon_0}\left(1-\frac{x}{\sqrt{R^2+x^2}}\right)$$

根据圆盘电荷分布的对称性，显然有

$$E_y=0,\quad E_z=0$$

所以

$$\boldsymbol{E}=E_x\boldsymbol{i}=\frac{\sigma}{2\varepsilon_0}\left(1-\frac{x}{\sqrt{R^2+x^2}}\right)\boldsymbol{i}$$

本章小结

知识单元	基本概念、原理及定律	主要公式
电荷及其库仑定律	库仑定律	$\boldsymbol{F}=\frac{qq_0}{4\pi\varepsilon_0 r^2}\boldsymbol{e}_r$
电场及其电场强度	电场强度定义	$\boldsymbol{E}=\frac{\boldsymbol{F}}{q}$
	点电荷激发场强	$\boldsymbol{E}=\frac{q}{4\pi\varepsilon_0 r^2}\boldsymbol{e}_r$
	积分法计算场强	$\mathrm{d}\boldsymbol{E}=\frac{\mathrm{d}q}{4\pi\varepsilon_0 r^2}\boldsymbol{e}_r$ $\boldsymbol{E}=\int\frac{\mathrm{d}q}{4\pi\varepsilon_0 r^2}\boldsymbol{e}_r$
	有限长均匀带电直线的电场	$\boldsymbol{E}=\frac{\lambda}{4\pi\varepsilon_0 a}[(\sin\theta_2-\sin\theta_1)\boldsymbol{i}+(\cos\theta_1-\cos\theta_2)\boldsymbol{j}]$
	均匀带电细环中心轴线的电场	$\boldsymbol{E}=\frac{qx}{4\pi\varepsilon_0(x^2+R^2)^{3/2}}\boldsymbol{i}$

续表

知识单元	基本概念、原理及定律	主 要 公 式
高斯定理及其应用	电通量	$\Phi_e = \iint_S \boldsymbol{E} \cdot d\boldsymbol{S}$
	静电场中的高斯定理	$\oiint_S \boldsymbol{E} \cdot d\boldsymbol{S} = \frac{1}{\varepsilon_0} \sum_{S内} qi$
	均匀带电球面的电场	$\begin{cases} \boldsymbol{E} = 0 & (r < R) \\ \boldsymbol{E} = \frac{q}{4\pi\varepsilon_0 r^2} \boldsymbol{e}_r & (r > R) \end{cases}$
	无限长带电直线的电场	$\boldsymbol{E} = \frac{\lambda}{2\pi\varepsilon_0 r} \boldsymbol{e}_r$
	无限大均匀带电平面的电场	$\boldsymbol{E} = \frac{\sigma}{2\varepsilon_0} \boldsymbol{e}_n$
静电场的环路定理及其电势	电场力的功	$W = \frac{qq_0}{4\pi\varepsilon_0}\left(\frac{1}{r_a} - \frac{1}{r_b}\right)$
	场强环流定理	$\oint_L \boldsymbol{E} \cdot d\boldsymbol{l} = 0$
	电势能	$W_{a\infty} = \int_a^\infty q_0 \boldsymbol{E} \cdot d\boldsymbol{l}$
	电势	$U_a = \int_a^\infty \boldsymbol{E} \cdot d\boldsymbol{l}$
	电势差	$U_{ab} = \int_a^b \boldsymbol{E} \cdot d\boldsymbol{l}$
	点电荷激发的电势	$U = \frac{q}{4\pi\varepsilon_0 r}$
	积分法计算电势	$dU = \frac{dq}{4\pi\varepsilon_0 r}$ $U = \int dU = \int \frac{dq}{4\pi\varepsilon_0 r}$
	均匀带电细环中心轴线上的电势	$U = \frac{q}{4\pi\varepsilon_0 \sqrt{R^2 + x^2}}$
	均匀带电球面的电势	$\begin{cases} U = \frac{q}{4\pi\varepsilon_0 R} & (r \leqslant R) \\ U = \frac{q}{4\pi\varepsilon_0 r} & (r > R) \end{cases}$
电场强度与电势的微分关系	场强与电势的微分关系	$\boldsymbol{E} = -\mathrm{grad}U$
	直角坐标系中的表示形式	$\boldsymbol{E} = -\left(\frac{\partial U}{\partial x}\boldsymbol{i} + \frac{\partial U}{\partial y}\boldsymbol{j} + \frac{\partial U}{\partial z}\boldsymbol{k}\right)$

习 题 五

1. 电量为 4×10^{-9} C 的试验电荷放在电场中某点时，受到 8×10^{-9} N 向下的力，则该点的电场强度大小为__________，方向__________.

2. 在静电场中，任意作一闭合曲面，通过该闭合曲面的电场强度通量 $\oint \boldsymbol{E}\cdot d\boldsymbol{S}$ 的值取决于____________，而与____________无关.

3. 如习题 3 图所示，点电荷 $2q$ 和 $-q$ 被包围在高斯面 S 内，则通过该高斯面的电场强度通量 $\oint_S \boldsymbol{E}\cdot d\boldsymbol{S}=\frac{q}{\varepsilon_0}$，式中 $\boldsymbol{E}$ 为________处的场强.

4. 如习题 4 图所示，试验电荷 q 在点电荷 $+Q$ 产生的电场中，沿半径为 R 的 3/4 圆弧轨道由 a 点移到 d 点，再从 d 点移到无穷远处的过程中，电场力做的功为____________.

5. 如习题 5 图所示，在静电场中，一电荷 $q=1.6\times10^{-19}$ C 沿 1/4 圆弧轨道从 A 点移到 B 点，电场力做功 3.2×10^{-15} J，当质子沿 3/4 圆弧轨道从 B 点回到 A 点时，电场力做功 $W=$________，设 B 点电势为零，则 A 点的电势 $U=$________.

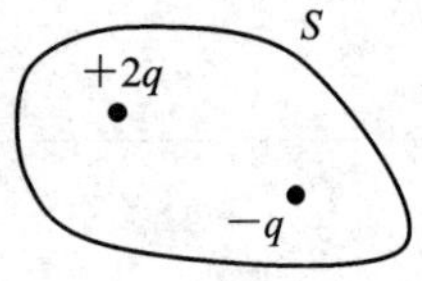

习题 3 图

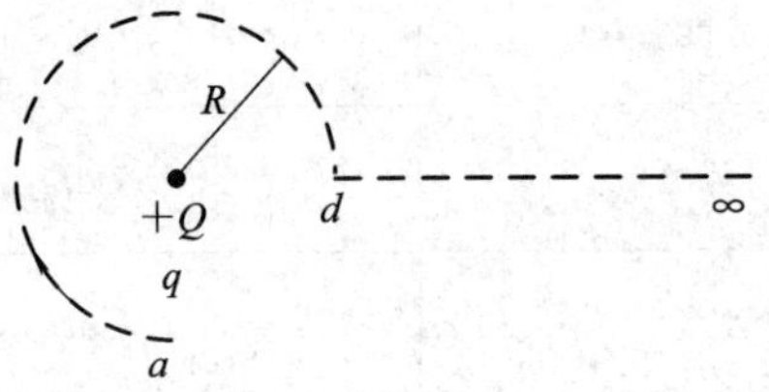

习题 4 图

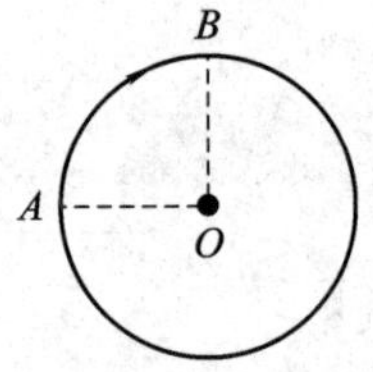

习题 5 图

6. 一“无限大”均匀带电平面 A 的附近放一与它平行的“无限大”均匀带电平面 B，如习题 6 图所示. 已知 A 上的电荷面密度为 σ，B 上的电荷面密度为 2σ，如果设向右为正方向，则两平面之间和平面 B 外的电场强度分别为(　　).

A. $\frac{\sigma}{\varepsilon_0}$，$\frac{2\sigma}{\varepsilon_0}$　　B. $\frac{\sigma}{\varepsilon_0}$，$\frac{\sigma}{\varepsilon_0}$

C. $-\frac{\sigma}{2\varepsilon_0}$，$\frac{3\sigma}{2\varepsilon_0}$　　D. $-\frac{\sigma}{\varepsilon_0}$，$\frac{\sigma}{2\varepsilon_0}$

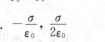

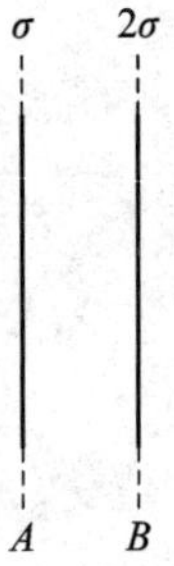

习题 6 图

7. 下面为真空中静电场的场强公式，正确的是(　　).

A. 点电荷 q 的电场 $\boldsymbol{E}=\frac{q}{4\pi\varepsilon_0 r^2}\boldsymbol{e}_r$($r$ 为点电荷到场点的距离，$\boldsymbol{e}_r$ 为电荷到场点的单位矢量)

B. “无限长”均匀带电直线(电荷线密度为 λ)的电场 $\boldsymbol{E}=\frac{\lambda}{2\pi\varepsilon_0 \boldsymbol{r}^3}$($\boldsymbol{r}$ 为带电直线到场点的垂直于直线的矢量)

C. 一“无限大”均匀带电平面(电荷面密度 σ)的电场强度大小为 $E=\frac{\sigma}{\varepsilon_0}$

D. 半径为 R 的均匀带电球面(电荷面密度 σ)外的电场 $\boldsymbol{E}=\frac{4\sigma R^2}{\varepsilon_0 r^2}\boldsymbol{e}_r$($\boldsymbol{e}_r$ 为球心到场点的单位矢量)

8. 一均匀电场 $\boldsymbol{E}$ 的方向与 x 轴同向，如习题 8 图所示，则通过图中半径为 R 的半球面的电场强度的通量为(　　).

A. 0　　B. $\frac{\pi R^2 E}{2}$

C. $2\pi R^2 E$　　D. $\pi R^2 E$

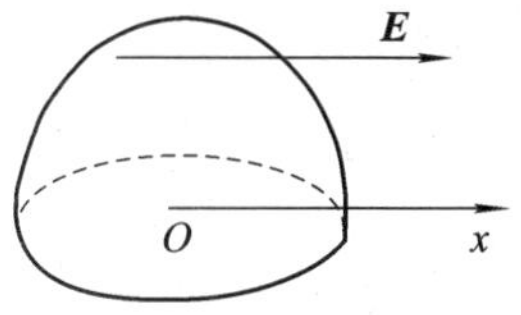

习题 8 图

9. 如果一高斯面所包围的电荷代数和 $\sum q=8.850\times10^{-12}$ C，则可肯定(　　).

A. 高斯面上各点场强可均为零

B. 穿过高斯面上每一面元的电场强度通量均为 1 N·m^2/C

C. 穿过整个高斯面的电场强度通量为 1 N·m^2/C

D. 以上说法都不对

10. 两个同心均匀带电球面，半径分别为 R_a 和 R_b($R_a<R_b$)，所带电荷分别为 Q_a 和 Q_b. 设某点与球心相距 r，当 $R_b<r$ 时，该点的电场强度的大小为(　　).

A. $\frac{1}{4\pi\varepsilon_0}\cdot\left(\frac{Q_a}{r^2}+\frac{Q_b}{R_b{}^2}\right)$　　B. $\frac{1}{4\pi\varepsilon_0}\cdot\frac{Q_a+Q_b}{r^2}$

C. $\frac{1}{4\pi\varepsilon_0}\cdot\frac{Q_a-Q_b}{r^2}$　　D. $\frac{1}{4\pi\varepsilon_0}\cdot\frac{Q_a}{r^2}$

11. 如习题 11 图所示，在点电荷 q 的电场中，在以 q 为中心、R 为半径的球面上，若选取 P 处作电势零点，则与点电荷 q 距离为 r 的 P' 点的电势为(　　).

A. $\frac{q}{4\pi\varepsilon_0}\cdot\left(\frac{1}{R}-\frac{1}{r}\right)$　　B. $\frac{q}{4\pi\varepsilon_0}\cdot\left(\frac{1}{r}-\frac{1}{R}\right)$

C. $\frac{q}{4\pi\varepsilon_0(r-R)}$　　D. $\frac{q}{4\pi\varepsilon_0 r}$

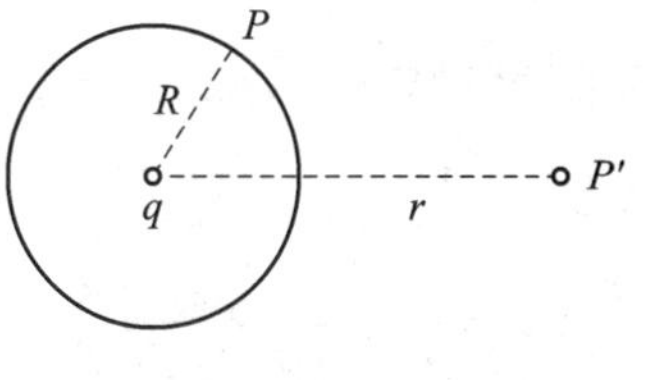

习题 11 图

12. 习题 12 图中的实线为某电场中的电场线，虚线表示等势(位)面，由图可看出(　　).

A. $E_A<E_B<E_C$，$U_A>U_B>U_C$

B. $E_A<E_B<E_C$，$U_A<U_B<U_C$

C. $E_A>E_B>E_C$，$U_A>U_B>U_C$

D. $E_A>E_B>E_C$，$U_A<U_B<U_C$

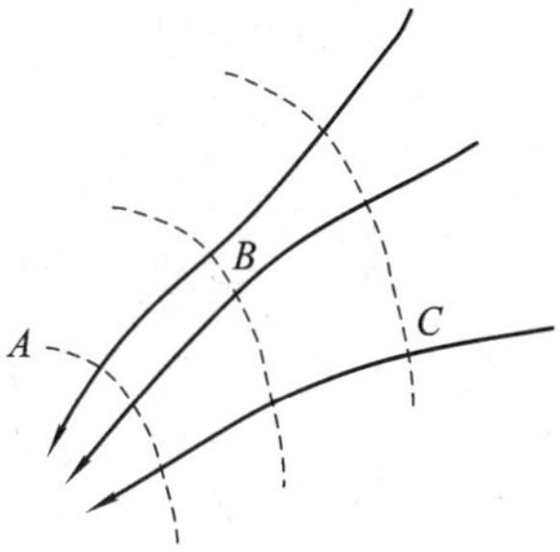

习题 12 图

13. 把总电荷电量为 Q 的同一种电荷分成两部分，一部分均匀分布在地球上，另一部分均匀分布在月球上，使它们之间的库仑力正好抵消万有引力，已知地球的质量 $M=5.98\times10^{24}$ kg，月球的质量 $m=7.34\times10^{22}$ kg.

(1) 求 Q 的最小值；

（2）如果电荷分配与质量成正比，求 Q 的值.

14. 如习题 14 图所示，三个电量为 $-q$ 的点电荷各放在边长为 l 的等边三角形的三个顶点上，电荷 $Q(Q>0)$放在三角形的重心上. 为使每个负电荷受力为零，Q 值应为多大？

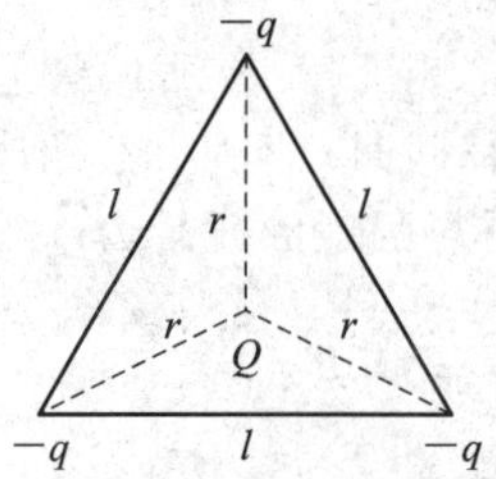

习题 14 图

15. 如习题 15 图所示，有一长 l 的带电细杆.

（1）电荷均匀分布，线密度为$+\lambda$，则杆上距原点 x 处的线元 dx 对 P 点的点电荷 q_0 的电场力的值为多少？q_0受的总电场力为多少？

（2）若电荷线密度 $\lambda=kx$，k 为正常数，求 P 点的电场强度.

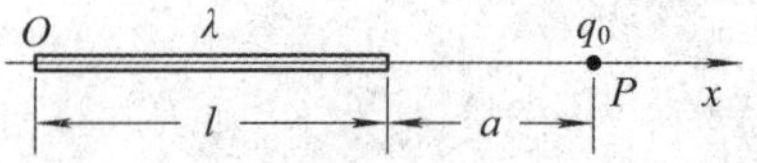

习题 15 图

16. 一“无限大”均匀带电薄平板，面电荷密度为 σ，平板中部有一半径为 R 的圆孔，如习题 16 图所示. 求圆孔中心轴线上的场强分布.

17. 一边长为 a 的立方体置于直角坐标系中，如习题 17 图所示. 现空间中有一非均匀电场 $\boldsymbol{E}=(E_1+kx)\boldsymbol{i}+E_2\boldsymbol{j}$，$E_1$、$E_2$ 为常量，求电场对立方体各表面及整个立方体表面的电场强度通量.

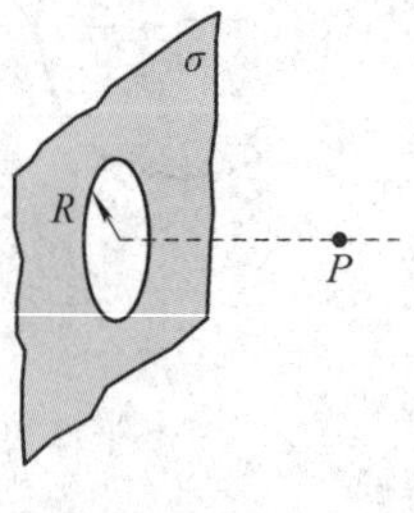

习题 16 图

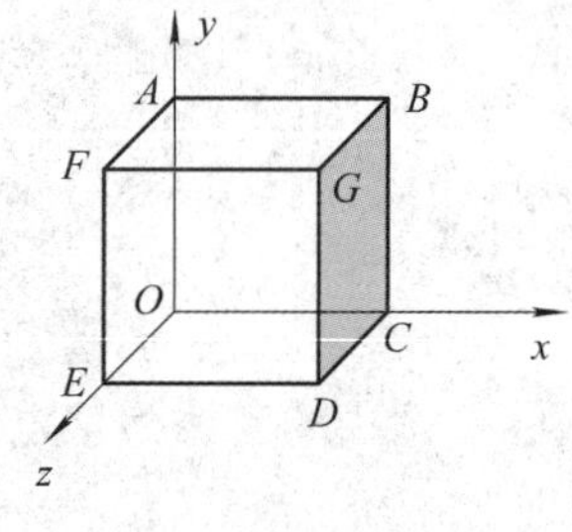

习题 17 图

18. 有两个同心的均匀带电球面，内外半径分别为 R_1 和 R_2，已知外球面的电荷面密度为$+\sigma$，其外面各处的电场强度都是零. 试求：

（1）内球面上的电荷面密度；

（2）外球面以内空间的电场分布.

19. 一对无限长的均匀带电共轴直圆筒，内外半径分别为 R_1 和 R_2，沿轴线方向单位长度的电量分别为 λ_1 和 λ_2.

（1）求各区域内的场强分布；

（2）若 $\lambda_1=-\lambda_2$，情况如何？画出此情形下的 $E-r$ 的关系曲线.

20. 一个电荷体密度为 ρ(常量)的球体.

(1) 证明球内距球心 r 处一点的电场强度为 $\boldsymbol{E}=\frac{\rho}{3\varepsilon_0}\boldsymbol{r}$;

(2) 若在球内挖去一个小球，如习题 20 图所示，证明小球空腔内的电场是匀强电场，$\boldsymbol{E}=\frac{\rho}{3\varepsilon_0}\boldsymbol{a}$，式中 $\boldsymbol{a}$ 是球心到空腔中心的距离矢量.

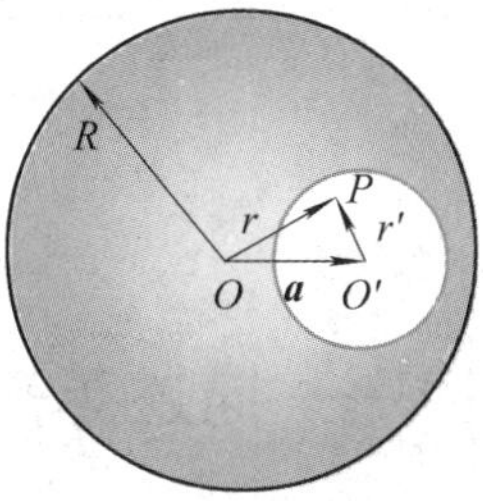

习题 20 图

21. 边长为 a 的正三角形，三个顶点上各放置 q、$-q$ 和 $-2q$ 的点电荷，求此三角形重心上的电势. 将一电量为 $+Q$ 的点电荷由无限远处移到重心上，电场力做功多少?

22. 如习题 22 图所示的带电细棒，电荷线密度为 λ，其中 BCD 是半径为 R 的半圆，$AB=DE=R$. 求：

(1) 半圆上的电荷在半圆中心 O 处产生的电势;

(2) 直细棒 AB 和 DE 在半圆中心 O 处产生的电势;

(3) O 处的总电势 U_0.

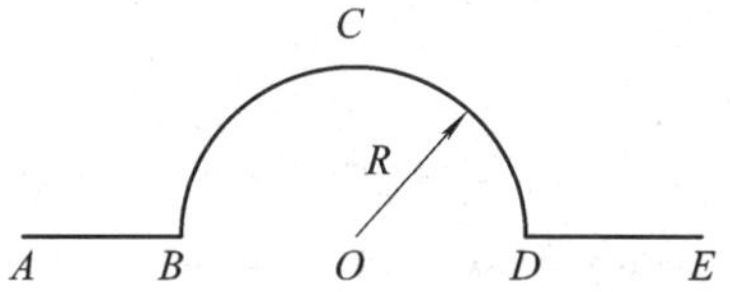

习题 22 图

23. 已知一电场的电势函数为 $U=2x^3+y$，求电场强度 $\boldsymbol{E}$.

24. 试计算半径为 R、电荷线密度为 λ 的均匀带电细圆环轴线上的电势分布，并由电势分布求出轴线上的电场强度分布.

阅读材料之物理科技(一)

美丽是可以表述的——描述花卉形态的数理方程

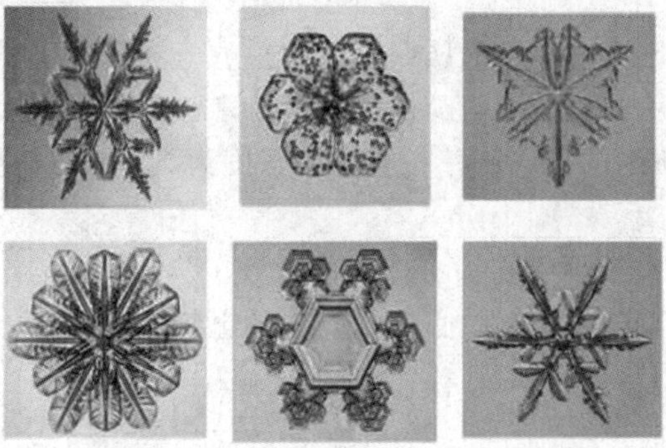

在我们的生活中美是不可缺少的，也是无所不在的。它没有统一的标准，更无法精确地测定。不论是富丽还是平凡，繁复还是简单，完全取决于审美的一慧眼和爱美的心态，真可谓是“智者乐水，仁者乐山”。一般说来，美是一种对客观的体验，是一种谦卑的仰视。在飞驰的火车上我们感受不到骏马的奔腾，在腾云的飞机上我们无法体验雄鹰的矫健。那么就让我们在自然界中放慢脚步，注视一下身边寻常可见的冬天漫天飞舞的雪花、春天百花斗妍的姿态以及绿叶在茎枝上奇妙的排列，权且暂忘心中泛起的一番诗意，试一试能否用精密的尺度度量出鲜花与绿叶的美丽。

雪花——六对称

也许是出于一种文化定势，历史上人们对雪的热情大多酝酿成了诗词歌赋，而对美丽的成因却探之甚少。可能你已经想到，在纷纷扬扬的雪花里，没有两片雪花的形貌是完全相同的。一位靠自学成才名叫本特利(Wilson Bentley，1865—1931)的美国农夫为此提供了佐证。本特利十分热爱显微照相术，1880 年开始研究雪花的形貌。他发现在显微镜下，很难找到完全相同的两枚雪花。1931 年他出版了一本名叫“雪花晶体”的书，书中收入了2500 余幅雪花的显微照片。而历史上第一次试图解释雪花形态的研究工作是由提出行星运动三大定律的德国天文学家开普勒(Johannes Kepler，1571—1630)于 1611 年开展的。

此公对现实世界中显示数学规律性的任何现象都抱有浓厚的兴趣，他将雪花的六边形对称性归因于原子结构，并为此写了一部精彩的著作，书名为“六角雪花”，作为新年礼物献给支持他从事科学研究的赞助人。在开普勒看来，雪花形态的基本特征是六边形的对称性。他的解释是：如果冰是由一些微小的颗粒组成，并在平面上紧密堆积，按照几何规则，就会形成对称的六边形。现代晶体学的研究表明，冰的晶格是一种三维结构，每一个水分子通过氢键和周围的四个水分子相连，而且氧原子的排列是分层的，每一层都是一个平面，具有六边形的对称性。这种冰晶体中水分子排列的微观对称性可以用来解释雪花的宏观形态。

梅花——五对称

典型的花是由花萼、花冠、雄蕊和雌蕊四部分组成的。花萼和花冠合称为花被，花各部分的固定数目称为花基数。花基数倾向于一固定的数目 3、4 和 5，或者是 3、4、5 的倍数。一般说来，单子叶植物多为 3 或 3 的倍数；双子叶植物多为 4、5，或者是 4、5 的倍数。梅花是我国人民极为喜爱的花，开于春寒料峭之际，长江流域的花期为 12～3 月份，有报春花的美誉。

梅与雪在色和香上的差异是显然的，然而其对称性上的差异不知困惑了多少人。历史上对于生命问题的认识，梅花和其他花的五对称差一点成了有机界和无机界的分水岭。无机界的晶体是由原子、分子等微小单元堆积而成的，按照晶体学中平移对称性的要求，可严格证明 5 次、7 次对称在无机晶体中是不存在的。然而 5 次对称在生命世界中似乎特别能搏得造物的钟爱，5 个瓣的花在开花植物中特别普遍，如果将 5 对称稍做推广，变成 5 分叉，则动物中如虎的梅花蹄，人类的手脚都是 5 分叉的，这就使得自然界的数“5”披上了一层神秘的外衣。直到 20 世纪 80 年代，这种严格界限由于在晶体中发现了具有 5 次对称性的准晶才被打破。然而生命世界中“5”的寓意仍然保持着蒙娜丽莎般的微笑。

叶序——斐波纳契数

植物昭示于人的神秘数字莫过于斐波纳契数列。斐波纳契(Fibonacci)数列是 1、1、2、3、5、8、13、21、34、55、…这样的数字序列，即序列中的每一个数都是前面两数之和。这一数列首先是在植物的叶序中被发现。所谓叶序是指植物叶片沿茎向生长方向的排列方式。大多数高等植物的叶子在茎向都是呈螺旋状排列的。如果以某一片叶子作为起点，沿着螺旋开始向上数叶片，将数到的第一片在茎向和起始叶片重叠的叶片作为终点，记录起始叶片和终点叶片间的螺旋线绕茎的周数(即叶序周数)及叶片的总数。将叶序周数作为分子，叶片总数作为分母，对于不同的植物就构成了下面的序列：1/2、1/3、2/5、3/8、5/13、8/21、…。不难看出，植物的叶序周数和叶片总数均为斐波纳契数。

描述植物形态的数理方程

植物形态如花卉的图案不仅仅展现的是大自然千姿百态的美丽，同时也昭示造物的数学精密性。对花卉轮廓线的数学描述可追朔至 18 世纪，应用简单的极坐标方程，可以给出和花卉相对应的轮廓线。迄今，在数学上该类曲线仍然以花的名字命名，被称做笛卡尔玫瑰线。

花卉形态多样性在数学物理上的统一：描摹和预测

世上没有两瓣雪花是一样的，也许我们也可以做这样的推论，世上也没有两朵花是完全相同的。数学表达的美妙之处是在相同的形式下包容了千变万化的差异性。

更为有趣的是，方程的解具有下列特性，即可以在保持其他参数不变的前提下，通过调节对称性破缺的边界条件，就能够改变花瓣的形态，具体地说，可以通过改变边界条件选择圆瓣花或尖瓣花的形态。

依照现行的生物学观点，植物形态的差异来源于基因的变化，那么有没有植物形态的差异仅仅是因为外界条件的不同，比如是由于自发对称性破缺的边界条件不同而引起的呢？目前尚无分子生物学以及人为控制边界条件导致形态差异的实验证据，然而对植物形态的初步观察结果却相当令人振奋。

毕达哥拉斯数

细心的读者也许已经发现，斐波纳契数出现在具有螺旋排列的植物形态中，而花基数3、4和5出现在轮生的植物形态中。尽管3、5属于斐波纳契数，而4显然不属于斐波纳契数。那么花基数和斐波纳契数之间是有真正的内在联系还是出于某种巧合呢？至少目前分子生物学的实验已经证明，植物是按轮生还是以螺旋状形态生长是由基因控制的。斐波纳契数的出现是植物朝着对自身生存和繁衍有利方向演化的结果。对叶片排列而言，按斐波纳契数螺旋式排列能够使植物最大限度地利用太阳光；而花盘中种子的斐波纳契数排列使植物获得了最多的种子。然而花以3、4、5为基数，这种好处到底在哪呢？至少在目前还无法将花基数和植物演化的目的明确地关联起来。

结　语

美丽是可以表述的，这项工作只是揭开造物之数学美的冰山一角，自然界所昭示的神秘数字可以是有目的性，也可以是无目的性的，而数学上的法则也可以成为进化过程中的一把选择尺度。在我看来，生命的形态是由基因策划的，在数学和物理划定的舞台上上演的一出绚丽的芭蕾舞。

节选自《物理》2005年第34卷第4期，美丽是可以表述的——描述花卉形态的数理方程，作者：翁羽翔.

第 6 章　静电场中的导体与电介质

上一章我们学习了真空中静电场所满足的基本性质和规律. 在实际生活中, 存在各种各样的导体和电介质, 因此我们有必要了解在导体和电介质存在时静电场的变化情况. 导体和电介质都属于物质. 物质都是由带正电荷的原子核和带负电荷的电子所组成的, 将它们放入电场, 其中带电的粒子就要受到电场力的作用而产生相应的运动. 于是, 物质中的电荷在电场作用下将重新分布, 这一结果反过来又将影响电场的分布. 这两种作用过程互相制约、互相影响, 最后达到某种新的平衡. 由此可见, 电场与物质的相互作用是一个复杂的过程, 它包含着两个方面的变化: 一方面是物质在电场作用下产生的变化, 另一方面是这些变化对电场产生的影响. 本章主要讨论导体的静电平衡、静电场中导体的电学性质、电介质的极化现象和电介质中的静电场、电容器的性质以及电场的能量.

6.1　静电场中的导体

6.1.1　物质电性质的分类

各种物质的电性质不同, 早在 18 世纪初就为人们所注意了. 1729 年, 英国人格雷就发现金属和丝绸的电性质不同, 前者接触带电体时能很快把电荷转移或传导到别的地方, 而后者却不能. 由于不同原子内部的电子数目和原子核内的情况各不相同, 因此由不同原子聚集在一起构成的不同物质的电性质也各不相同, 有的甚至差别很大. 即使是由相同原子构成的物质, 由于所处的环境条件(如温度、压强等)不同, 电性质也各有差异.

为了定量反映物质传导电荷的本领, 我们引入**电阻率**这一物理量, 用符号 ρ 表示, 它在数值上等于单位横截面、单位长度的物质电阻. 物质的 ρ 越小, 其传导电荷的能力越强. 根据电阻率不同, 通常将物质分为三类: 导体、绝缘体和半导体.

导体: 转移和传导电荷能力很强的物质, 或者说电荷容易在其中移动的物质, 其电阻率为 $10^{-8}\sim10^{-6}\ \Omega\cdot\text{m}$. 导体有固态物质, 如金属、合金、石墨、人体和地等; 有液态物质, 如电解液, 即酸、碱、盐的水溶液; 也有气态物质, 如各种电离气体. 此外, 在导体中还有等离子体和超导体.

绝缘体: 转移和传导电荷能力很差的物质, 即电荷在其中很难移动的物质, 其电阻率一般为 $10^{8}\sim10^{18}\ \Omega\cdot\text{m}$. 绝缘体有固态物质, 如玻璃、橡胶; 有液态物质, 如各种油; 也有气态物质, 如未电离的各种气体.

半导体：介于导体和绝缘体之间的物质，其电阻率为 $10^{-5}\sim10^{7}\ \Omega\cdot m$，多为硅、锗、硒以及一些金属化合物等.

6.1.2 导体的静电平衡

1. 金属导体的电结构和静电感应现象

像金属、电离气体和电解质溶液等具有良好导电性能的物体都是导体. 这里以金属导体为例来研究静电场与导体相互作用的一些基本性质和规律.

金属中原子的外层价电子与原子核的联系很弱，它们可以脱离原子核. 原子失去价电子剩下的部分为正离子. 金属中的正离子排列成为有规则的晶体点阵，形成金属骨架，如图 6.1.1 所示. 而价电子可以在晶体点阵中自由运动，称它们为自由电子. 所以说，从导体的结构来看，金属导体是由大量带负电的自由电子和带正电的晶体点阵组成的，大量自由电子的存在是金属导电结构的重要特征. 当导体不带电，也不受外电场作用时，大量自由电子的负电荷和组成晶体点阵的大量正离子的正电荷相互中和，整个导体或其中一部分都是电中性的. 这时，只有自由电子微观无序的热运动，没有宏观的定向运动.

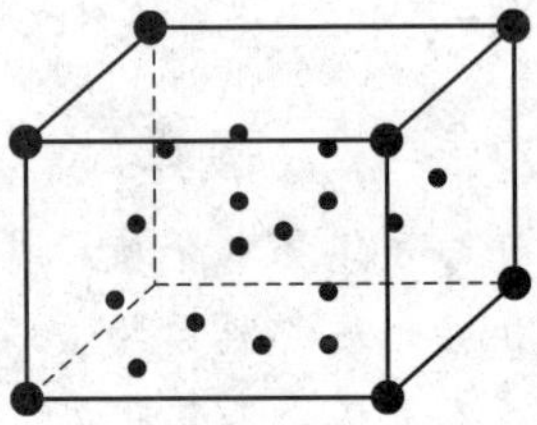

图 6.1.1 金属晶体的结构

如果把导体放在外电场中，无论它原来是否带电，导体内的自由电子在外电场作用下，将相对于晶体点阵作宏观定向运动，引起导体上电荷的重新分布，如图 6.1.2 所示. 把一块不带电的金属导体放入到一个匀强电场 $\boldsymbol{E}_0$ 中，导体内自由电子在电场力 $\boldsymbol{F}=-e\boldsymbol{E}_0$ 的作用下逆着场强方向定向运动，即向左侧运动. 这种定向运动将引起导体中电荷的重新分布，结果使导体左侧表面出现了多余的负电荷，右侧表面出现了多余的正电荷. 把这种在外电场作用下因内部自由电子的重新分布而在导体表面出现剩余电荷的现象称为**静电感应现象**. 导体上因静电感应所产生的电荷称为**感应电荷**. 感应电荷在导体上的左、右两个表面开始积累以后，也要产生电场. 这种感应电荷所产生的电场称为感应电场，其场强用 $\boldsymbol{E}'$ 表示，大小随两侧面上电荷增加而逐渐增强，方向与外电场 $\boldsymbol{E}_0$ 方向相反. 这个感应电场对自由电子也有作用力，用 $\boldsymbol{F}'$ 表示. $\boldsymbol{F}'$ 与自由电子在外电场 $\boldsymbol{E}_0$ 中所受的力 $\boldsymbol{F}$ 方向相反，阻碍自由电子向左侧运动. 但是，只要 $F'<F$，那么自由电子的定向运动就将继续下去，也就是说，只要感应电场场强 $\boldsymbol{E}'$ 的大小小于外电场场强 $\boldsymbol{E}_0$ 的大小，自由电子的定向运动就将继续下去. 随着自由电子的定向运动，两端感应电荷数目在增加，感应电荷的场强 $\boldsymbol{E}'$ 亦随着增大，导体内部合场强 $\boldsymbol{E}=\boldsymbol{E}_0+\boldsymbol{E}'$，随着 $\boldsymbol{E}'$ 增大，并且由于 $\boldsymbol{E}'$ 的方向和 $\boldsymbol{E}_0$ 方向相反，

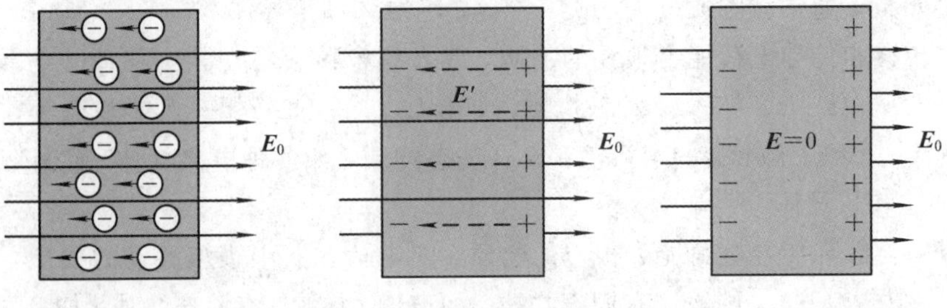

图 6.1.2 导体的静电平衡过程

导体内部合场强就减弱了. 合场强受到削弱，导体内部各点的场强就变小了. 当 $\boldsymbol{E}'$ 增大到和 $\boldsymbol{E}_0$ 大小相等时，导体内部各点的总场强 $\boldsymbol{E}=0$，这时导体内部自由电子所受合电场力为零，自由电子的定向运动就停止了，导体两端感应电荷不再增加，导体上的电荷分布达到稳定状态. 把导体中无电荷作定向运动从而电荷分布稳定的状态称为导体的**静电平衡状态**.

2. 导体的静电平衡条件

通过上面的分析不难得出，导体处于静电平衡状态时，必须满足以下两个条件：

(1) 导体内部任何一点处的场强均为零. 这一结论的正确性可以这样来论证：如果处于静电平衡的导体内部哪怕仅有一点场强不为零，那么该处自由电子在电场作用下将作定向运动，这与导体处于静电平衡状态时导体中无电荷作定向运动的前提相矛盾. 所以说，当导体处于静电平衡状态时，其内部场强必定处处为零.

(2) 导体表面附近任何一点的场强方向处处垂直于该处的导体表面. 如果表面附近的场强不垂直于导体表面，那么场强 $\boldsymbol{E}$ 将有沿表面的切向分量，使自由电子沿表面运动，整个导体就无法维持静电平衡.

3. 导体静电平衡的性质

根据前面讲过的静电场的规律，再结合导体静电平衡的条件，可推出导体处于静电平衡状态的一些性质.

(1) 整个导体是一个等势体，导体内部和表面电势处处相等. 由于在静电平衡状态下导体内部的场强处处为零，因而将电荷从导体中的一点移动到另一点的过程中电场力不做功，即导体内部任意两点的电势差为零. 在导体表面，由于达到静电平衡状态时，场强处处垂直于表面，当电荷沿导体表面移动时电场力也不做功，说明导体表面的电势也处处相等. 概括以上所述，静电平衡状态下，导体是等势体，导体表面是等势面.

(2) 导体表面附近的电场强度与面上对应点的电荷面密度成正比. 导体表面往往带电，我们知道场强在带电面上有突变，所以不谈导体表面的场强而谈导体表面外紧靠导体表面的各点的场强，即导体表面附近的场强.

这一关系可以通过高斯定理说明. 如图 6.1.3 所示，在导体表面无限靠近表面处任取一点 P，在 P 点邻近的导体表面上取面积元 ΔS，ΔS 取得足够小，以至可认为 ΔS 上电荷面密度是均匀的. 作一封闭圆柱面，使其与导体表面的截面为 ΔS，上底面过 P 点，下底面在导体内，使圆柱面的轴线垂直于导体表面，而它的上下两个底面与导体表面平行. 由于导体表面的场强与导体在该点处的表面垂直，柱面的侧面与场强平行，通过侧面的电场强度通量为零，又因导体内部场强处处为零，此高斯面下底面的电场强度通量为零，所以通过此高斯面的电场强度通量就等于通过圆柱面上底面的 $\boldsymbol{E}$ 通量：

$$\oiint_S \boldsymbol{E}\cdot \mathrm{d}\boldsymbol{S} = E\Delta S_{上}$$

此高斯面包围的净电荷即所截导体表面 ΔS 的电荷，即

$$\frac{\sum q_i}{\varepsilon_0} = \frac{\sigma \Delta S}{\varepsilon_0}$$

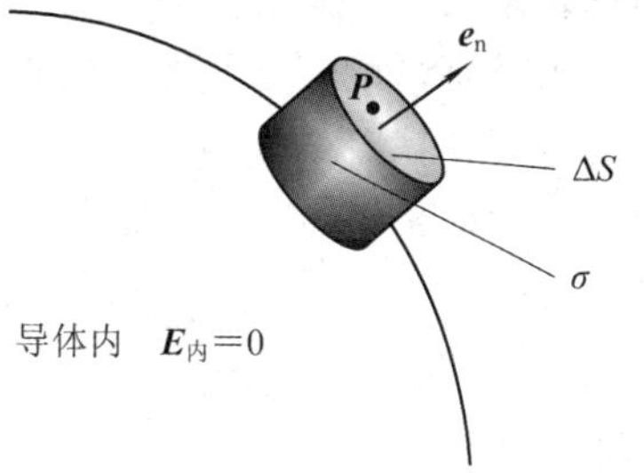

图 6.1.3　导体表面电荷与场强的关系

根据高斯定理

$$\oiint_S \boldsymbol{E} \cdot d\boldsymbol{S} = \frac{\sum q_i}{\varepsilon_0}$$

得

$$E\Delta S_{\perp} = \frac{\sigma \Delta S}{\varepsilon_0}$$

因 $\Delta S = \Delta S_{\perp}$，所以

$$E = \frac{\sigma}{\varepsilon_0}$$

写成矢量式为

$$\boldsymbol{E} = \frac{\sigma}{\varepsilon_0}\boldsymbol{e}_n \tag{6.1.1}$$

式中，$\boldsymbol{e}_n$代表紧邻 P 点处导体表面的法向单位矢量.

式(6.1.1)表明：导体表面处附近一点的场强与该点处导体表面的电荷面密度成正比，场强方向垂直于表面. 当 $\sigma>0$ 时，$\boldsymbol{E}$ 与 $\boldsymbol{e}_n$同向；$\sigma<0$ 时，$\boldsymbol{E}$ 与 $\boldsymbol{e}_n$反向. 这一结论对孤立导体或处在外电场中的任意导体都普遍适用. 此处应强调的是，式中导体表面附近的场强 $\boldsymbol{E}$ 不单是由该表面处的电荷所激发的，它是导体面上的所有电荷以及周围其他带电体上的电荷所激发的合场强，其他电荷的影响其实已在式中的 σ 中体现出来. 例如：一个半径为 R 的孤立导体球，带电量为 q，则在球外表面附近一点 P 的场强大小为

$$E = \frac{q}{4\pi\varepsilon_0 R^2} = \frac{\sigma}{\varepsilon_0}$$

显然，E 是整个球面上的电荷所激发的.

(3) 孤立导体表面电荷面密度 σ 与表面曲率成正比.

孤立导体是指离其他物体足够远的导体. 这里的“足够远”是指其他物体的电荷在我们关心的场点上激发的场强小到可以忽略的地步，物理上可以说孤立导体之外没有其他物体. 对于简单的孤立导体，导体外表面电荷的分布有如下定性的实验规律：导体上曲率大处，电荷面密度就大；曲率小处，电荷面密度就小. 对于球形孤立导体，由于各处曲率相同，电荷在导体表面上均匀分布；对于无限大的导体板，无限长导体柱面或柱体，其表面上电荷也均匀分布.

为了说明上述结论的合理性，设想有两个半径分别为 R 和 r 的带电导体球，用一根很长的细导线连接起来，如图 6.1.4 所示. 在静电平衡条件下，两球电势相等. 设两球相距很远，以至一球上的电荷对另一球上的电荷分布几乎没有影响，即可将它们近似地分别看成孤立的均匀带电导体球.

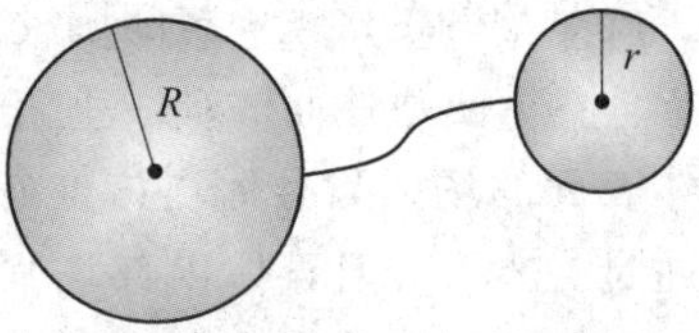

图 6.1.4　电荷面密度与曲率的关系

若大球带电量 Q，小球带电量 q，则两球的电势为

$$U = \frac{1}{4\pi\varepsilon_0} \cdot \frac{Q}{R} = \frac{1}{4\pi\varepsilon_0} \cdot \frac{q}{r}$$

得

$$\frac{Q}{q} = \frac{R}{r}$$

两球的电荷面密度分别为

$$\sigma_R = \frac{Q}{4\pi R^2}, \quad \sigma_r = \frac{q}{4\pi r^2}$$

所以

$$\frac{\sigma_R}{\sigma_r} = \frac{Qr^2}{qR^2} = \frac{r}{R} = \frac{1/R}{1/r} \tag{6.1.2}$$

由式(6.1.2)可见，导体表面所带电荷的面密度与表面的曲率成正比(与曲率半径成反比)，即曲率越大处，电荷面密度越大.

6.1.3　导体静电平衡的应用

1.静电屏蔽

前面已经指出，把一导体放到电场中，它将产生静电感应，并且感应电荷分布在导体的外表面上，导体内部电场强度处处为零. 那么，把一空腔导体放入电场中，其上的电荷分布将会发生什么样的变化呢？下面分两种情况来讨论.

1) 空腔内无带电体

如图 6.1.5 所示，这是一空腔导体，腔内空间没有带电体. 在导体内外表面间作一闭合曲面 S，把整个空腔包围起来. 由于 S 面在导体内，由静电平衡条件可知，S 面上各点 $\boldsymbol{E}=0$，所以通过 S 面上的电通量为 0. 由高斯定理可知，S 面内的电荷(导体内表面上的电荷)的代数和为 0，仅这一点还不足以说明内表面各处都无电荷. 因为内表面可以某些部分带正电，其他部分带负电，这样并不违反电量代数和为零的结论.

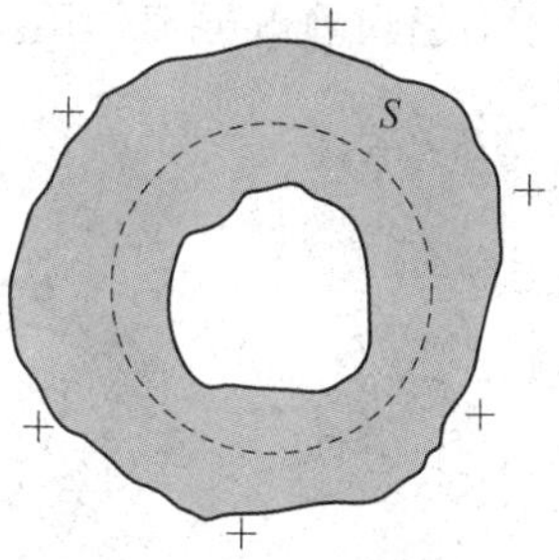

图 6.1.5　空腔内无带电体

下面从导体是等势体的结论来否认上述可能性的存在. 用反证法：如果空腔导体内表面有等量异号的电荷分布，则必有电场线从正电荷出发经空腔空间到负电荷(导体内无电场，所以无电场线)，沿此电场线场强线积分 $\int_{+}^{-} \boldsymbol{E} \cdot \mathrm{d}\boldsymbol{l}$ 必不等于零. 由电势差定义：

$$U_+ - U_- = \int_{+}^{-} \boldsymbol{E} \cdot \mathrm{d}\boldsymbol{l}$$

可知 $U_+ - U_- \neq 0$，即 $U_+ \neq U_-$，但正负电荷是在同一导体上的，这就违反了静电平衡时导体是等势体的性质. 因此，假设内表面电荷分布情况不可能存在，电荷只能分布在导体上的外表面.

由此可以得出结论：空腔导体内没有带电体时，空腔的内表面处处无电荷，电荷只能分布在外表面，并且空腔内无电场.

2) 空腔内有带电体

如图 6.1.6 所示，空腔内有一个点电荷 $+q$，在导体内表面间作一闭合曲面 S，把整个空腔包围起来. 由于 S 面在导体内，由静电平衡条件可知，面上各点场强 $\boldsymbol{E}=0$，所以通过 S 面的电通量为 0. 由高斯定理可知，S 面内的电荷代数和为零，所以内表面的电量应当与空腔中的电量等值异号. 内表面的电荷为感应电荷，根据电荷守恒定律，由于静电感应的结果，外表面上出现的感应电荷必为$+q$. 同理，如果腔内点电荷为$-q$，则空腔导体内表面电量为$+q$，外表面带电量为$-q$.

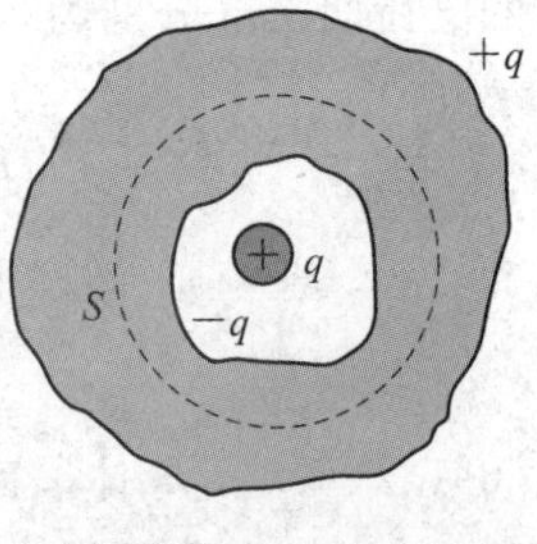

图 6.1.6　空腔内有带电体

由此可以得出结论：空腔导体内有带电体时，空腔的内表面感应出等量异号的电荷，空腔的外表面感应出等量同号的电荷.

导体在外电场中的行为使空腔导体用来隔离电场的影响成为可能. 如图 6.1.7(a)所示，导体空腔外出现带电体，导体表面便出现正负感应电荷. 这些电荷如何分布，取决于确保导体内部场强为零，另一个约束条件是遵守电荷守恒定律. 由图 6.1.7(a)可知空腔之外的电荷或电荷的变化不会被空腔内的物体或仪器设备感知. 图 6.1.7(b)表明导体空腔内部出现电荷，为了保证空腔导体内部场强为零，在空腔内表面出现了等量异号的感应电荷，外表面出现了等量同号的感应电荷，导体空腔之外也出现了电场，因此空腔内的电荷可以在空腔之外造成影响. 但若将导体空腔接地，外表面的感应电荷便泄入大地，从而空腔导体内的电荷也不影响空腔外. 所以，一个良好接地导体空腔可以隔离内(外)电场对导体空腔外(内)电路和设备的相互干扰，起到静电屏蔽作用.

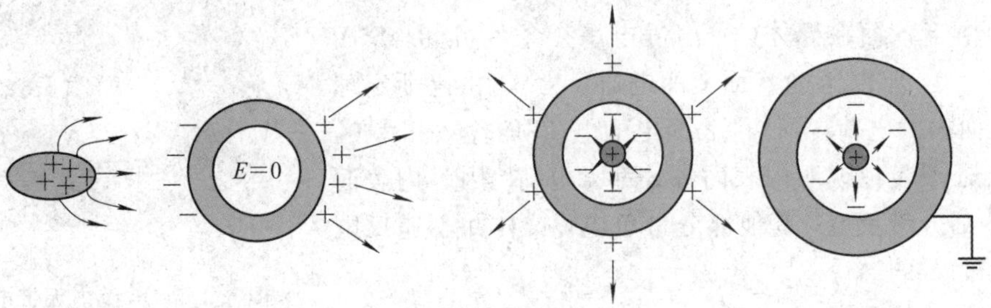

图 6.1.7　静电屏蔽

静电屏蔽现象在电磁测量和无线电技术中有重要应用. 例如，为了使一些精密的电磁测量仪器不受外界电场干扰，通常在仪器外面加上金属罩；实际中金属罩并不一定要严格密闭，用金属网做成的外罩就能起到相当好的屏蔽作用，如图 6.1.8 所示. 又如在传送弱信号时，使用屏蔽线等. 火药库为避免爆炸危险，将建筑物和物体用金属网罩蒙蔽起来，再把金属网罩很好地接地，则可避免雷电和其他意外放电而引起的爆炸. 一般电学仪器做成金属外壳，就是为了避免外电场的影响.

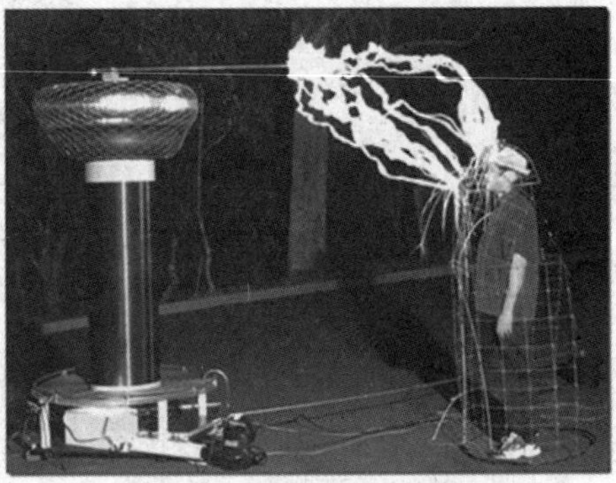
图 6.1.8　金属网的静电屏幕

2. 尖端放电

根据导体静电平衡的性质可知，带电体的尖锐部分，电荷面密度 σ 很大，因而尖端或尖端附近有特别强的电场存在. 通常情况下，虽然空气中存在着少量的离子，但还不足以导电. 但是，如果在带电导体尖端附近的强电场影响下，这些少量的粒子在电场力作用下就会发生剧烈的运动，并与空气分子进行频繁的碰撞，产生出大量的新离子来，这样在金属尖端附近空气中离子数将大大增加. 在尖端强电场作用下，与尖端上电荷异号的离子将被吸引到尖端，与尖端电荷中和，从而使尖端上的电荷逐渐消失，这样尖端附近空气开始导电. 这种使空气击穿成导体而产生的放电现象称为尖端放电，而离子的运动在尖端附近形成一股气流，称为电风. 人们无法用肉眼看出离子的运动，但可以感受到电风. 因而电风常被用来演示尖端放电.

拿一个带电的针尖，使针尖靠近蜡烛的火焰，可以看到火焰会偏离针尖，甚至被吹灭，这就是受到电风“吹动”的结果，如图 6.1.9 所示.

在高压设备中，为了防止因尖端放电而引起的危险(对人身和设备)和对测量仪器产生影响以及避免电能浪费，一般都把导体表面做得相当光滑，避免有棱角、毛刺等出现. 有时，在夜间会看到高压电线周围笼罩着一层绿色光晕(称为电晕)，这就是一种微弱的尖端放电现象. 尖端放电导致高压线以及高压电极上电荷的丢失，造成电能的浪费.

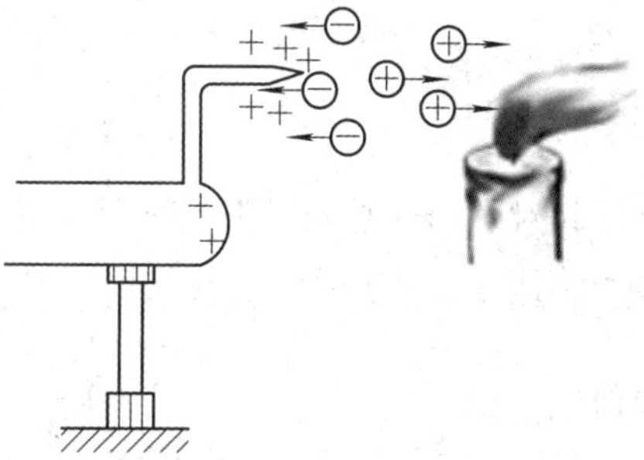

图 6.1.9　尖端放电演示

但是，尖端放电也有其有利的一面. 例如：高压线下面的草长得又高又密且颜色很深，高压线下边的玉米穗又大又粗且颗粒饱满就是由于尖端放电的缘故. 电场种子处理机就是由这种发现转变而来的发明. 它通过模拟大自然的电场效应，激化种子内部活力，使多种酶的活性得到提高，从而推动种子的发育，实现早出苗、出全苗、出匀苗和出壮苗的目的；“静电喷漆”就是利用电晕原理使漆雾微粒带电而喷射到工件上的；“静电复印” 就是利用尖端放电给硒鼓充电；在工业上也利用这个原理制成除尘器来除去大气中的有害粉尘；在建筑物上安装的避雷针和家用燃气灶上使用的电子打火器也是利用尖端放电的典型例子；除此之外，利用尖端效应可制造场离子显微镜和同步卫星上使用的推进器；利用该原理还可进行食品的贮存保鲜和医学人体保健等.

例 6.1.1　长宽相等的两金属板面积均为 S，在真空中平行放置，分别带电 q_1 和 q_2，两板间距远小于平板的线度. 求平板各表面的电荷面密度.

解　若仅有板 A 存在，q_1 分布在其两个表面上，静电平衡时，导体板内电场强度处处为零. 若将 B 板移近 A 板时，则它们都要受到对方产生的电场的作用，因而它们的电荷分布都要改变，最后达到新的静电平衡状态，此时两导体板内的电场强度都必须为零，电荷分布在两板的四个表面上. 设它们的电荷面密度分别为 σ_1、σ_2、σ_3 和 σ_4，如例 6.1.1 图所示，根据电荷守恒定律：

$$\sigma_1 S + \sigma_2 S = q_1 \qquad (1)$$

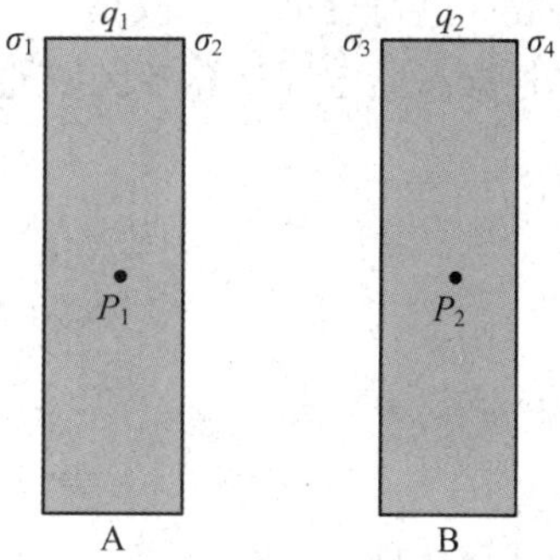

例 6.1.1 图

$$\sigma_3 S + \sigma_4 S = q_2 \tag{2}$$

在两导体板内分别取任意两点 P_1 和 P_2，由静电平衡条件可知四个带电面在这两点的合电场强度必须为零．由于导体板面积足够大，可以把各带电面视为无限大均匀带电平面．假设各面所带电荷均为正（如果求出的 σ 为负，则说明带电符号与假设相反），则电场强度方向应垂直于板面向外．设向右的方向为正，由电场强度叠加原理可知

$$E_{P_1} = \frac{\sigma_1}{2\varepsilon_0} - \frac{\sigma_2}{2\varepsilon_0} - \frac{\sigma_3}{2\varepsilon_0} - \frac{\sigma_4}{2\varepsilon_0} = 0 \tag{3}$$

$$E_{P_2} = \frac{\sigma_1}{2\varepsilon_0} + \frac{\sigma_2}{2\varepsilon_0} + \frac{\sigma_3}{2\varepsilon_0} - \frac{\sigma_4}{2\varepsilon_0} = 0 \tag{4}$$

联立解式(1)～式(4)得

$$\sigma_1 = \sigma_4 = \frac{q_1 + q_2}{2S}$$

$$\sigma_2 = -\sigma_3 = \frac{q_1 - q_2}{2S}$$

可见相对的两面总是带等量异号电荷，而背对的两面总是带等量同号电荷．

特例：当 $q_1 = -q_2 = q$ 时，$\sigma_1 = \sigma_4 = 0$，$\sigma_2 = -\sigma_3 = \frac{q}{S} = \sigma$，即电荷只分布在两个平板的内表面．

例 6.1.2 如例 6.1.2 图所示，半径为 R_1 的导体球被一个半径分别为 R_2、R_3 的同心导体球壳罩着，若分别使导体球和球壳带电 $+q$ 和 $+Q$，求此系统在静电平衡状态下导体球和球壳的电势及它们的电势差．如果用导线将球和球壳连接一下再断开，结果又将如何？

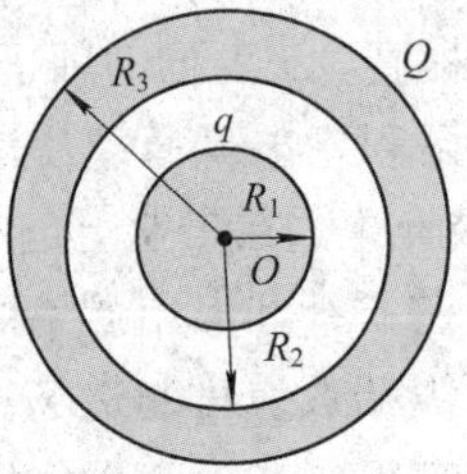

例 6.1.2 图

例 6.1.2

解 由静电平衡的条件可知，球壳内表面感应出电荷 $-q$，球壳外表面感应出电荷 $+q$，则外表面电荷总量为 $q+Q$。

根据高斯定理计算各区域的场强分布为

$$\boldsymbol{E}_1 = 0 \quad (r < R_1)$$

$$\boldsymbol{E}_2 = \frac{q}{4\pi\varepsilon_0 r^2}\boldsymbol{e}_r \quad (R_1 < r < R_2)$$

$$\boldsymbol{E}_3 = 0 \quad (R_2 < r < R_3)$$

$$\boldsymbol{E}_4 = \frac{q+Q}{4\pi\varepsilon_0 r^2}\boldsymbol{e}_r \quad (r > R_3)$$

$\boldsymbol{e}_r$ 为从导体球中心 O 点径向向外的单位矢量。

导体球的电势为

$$U_1=\int_r^{\infty}\boldsymbol{E}\cdot\mathrm{d}\boldsymbol{r}=\int_r^{R_1}\boldsymbol{E}_1\cdot\mathrm{d}\boldsymbol{r}+\int_{R_1}^{R_2}\boldsymbol{E}_2\cdot\mathrm{d}\boldsymbol{r}+\int_{R_2}^{R_3}\boldsymbol{E}_3\cdot\mathrm{d}\boldsymbol{r}+\int_{R_3}^{\infty}\boldsymbol{E}_4\cdot\mathrm{d}\boldsymbol{r}$$
$$=\int_{R_1}^{R_2}\frac{q}{4\pi\varepsilon_0 r^2}\mathrm{d}r+\int_{R_3}^{\infty}\frac{q+Q}{4\pi\varepsilon_0 r^2}\mathrm{d}r$$
$$=\frac{1}{4\pi\varepsilon_0}\left(\frac{q}{R_1}-\frac{q}{R_2}+\frac{q+Q}{R_3}\right)$$

导体球壳的电势为

$$U_2=\int_r^{\infty}\boldsymbol{E}\cdot\mathrm{d}\boldsymbol{r}=\int_r^{R_3}\boldsymbol{E}_3\cdot\mathrm{d}\boldsymbol{r}+\int_{R_3}^{\infty}\boldsymbol{E}_4\cdot\mathrm{d}\boldsymbol{r}$$
$$=\int_{R_3}^{\infty}\frac{q+Q}{4\pi\varepsilon_0 r^2}\mathrm{d}r$$
$$=\frac{q+Q}{4\pi\varepsilon_0 R_3}$$

导体球和球壳之间的电势差为

$$\Delta U=U_1-U_2=\frac{q}{4\pi\varepsilon_0}\left(\frac{1}{R_1}-\frac{1}{R_2}\right)$$

如果用导线将球和球壳接一下，则金属球表面的电荷将和球壳内表面的电荷完全中和，球壳外表面仍保持有 $Q+q$ 的电量，由电荷分布的球对称性和高斯定理，得空间电场分布为

$$\boldsymbol{E}=\begin{cases}0 & (r<R_3)\\ \dfrac{Q+q}{4\pi\varepsilon_0 r^2}\boldsymbol{e}_r & (r>R_3)\end{cases}$$

此时导体球和导体球壳等势，由场强积分法得其电势为

$$U_1=U_2=\int_{R_3}^{\infty}\boldsymbol{E}\cdot\mathrm{d}\boldsymbol{l}=\int_{R_3}^{\infty}\frac{Q+q}{4\pi\varepsilon_0 r^2}\mathrm{d}r=\frac{Q+q}{4\pi\varepsilon_0 R_3}$$

例 6.1.3　如例 6.1.3 图所示，一半径为 R 的导体球原来不带电，将它放在点电荷 $+q$ 的电场中，球心与点电荷相距为 d，求导体球的电势. 若将导体球接地，求其上的感应电荷电量.

解　因为导体球是一个等势体，所以只要求得球内任一点的电势，即可得导体球的电势. 设导体球上的感应电荷净电量为 Q，由于导体球上的电荷均匀分布在表面上，所有电荷到球心的距离都相等，因此，球面上电荷分布的变化对球心的电势没有影响. 球心的总电势 U_0 等于点电荷 q 和球面电荷 Q 在球心产生的电势的叠加，即

$$U_0=\frac{q}{4\pi\varepsilon_0 d}+\frac{Q}{4\pi\varepsilon_0 R}$$

因球上原来不带电，即 $Q=0$，所以导体球的电势为

$$U=U_0=\frac{q}{4\pi\varepsilon_0 d}$$

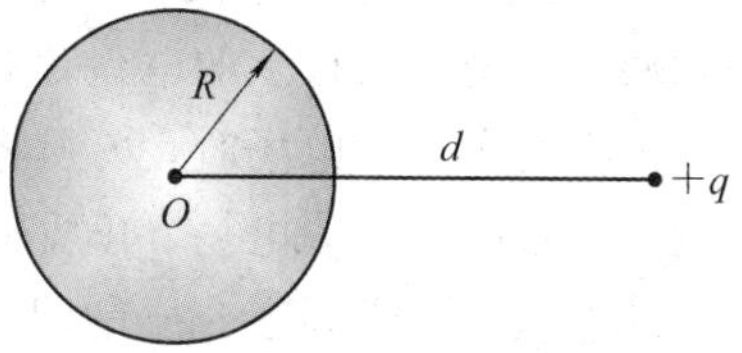

例 6.1.3 图

若将导体球接地，则 Q 不再为零，由

$$U=\frac{q}{4\pi\varepsilon_0 d}+\frac{Q}{4\pi\varepsilon_0 R}=0$$

得到

$$Q=-\frac{R}{d}q$$

6.2 静电场中的电介质

静电场与物质的相互作用，既表现为静电场对物质的影响，也表现为物质对静电场的影响. 前一节我们主要讨论了静电场中的导体对电场的影响，这一节将简单讨论电介质对静电场的影响.

6.2.1 电介质对电场的影响

除导体外，凡处在电场中能与电场发生相互作用的物质皆可称为**电介质**，而某些具有高电阻率的电介质又称为绝缘体. 电介质包括气态电介质(如氢、氧、氮等非电离气体)、液态电介质(如水、油、漆、有机酸等)和固态电介质(如玻璃、云母、陶瓷、塑料、石英等). 若把电介质放入静电场中，电场会发生什么样的变化呢？我们通过下面的实验来说明.

如图 6.2.1 所示为一静电计，它的金属外壳接地，中间的金属棒与外壳绝缘. 杆的上端有一金属球，下部有一金属针可转动，指针偏转角度反映杆与外壳的电势差(若以地为电势零点，那么就是杆的电势)，电势差越大则指针偏转越大. 图中左边为两平行导体板，让一个板与金属球相连，另一板接地，即与壳同电势. 实验时先让两板与高压电源相连，使它们带上等量的异号电荷，然后断开电源，此时静电计指针会有一偏转. 然后将一块介质板插入平行板之间，这时可观察到静电计指针偏转减小，等介质全部插入平行板之间的空间时指针偏转最小，再将介质板抽出，又看到指针恢复到原来偏转位置.

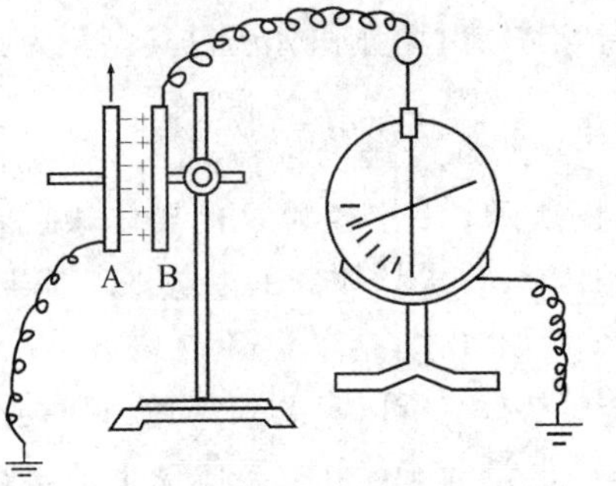

图 6.2.1　电介质对电场的影响

介质放入平行板间指针偏转减少，表明放入介质后平行板间的电势差减小. 平行板之间是均匀电场，两板间距是 d，那么两板间的电势差 U_{AB} 与其场强 E 的关系为 $U_{AB}=Ed$. 由于两板间距是保持不变的，因此两板间电势差的减少意味着板间场强的减少. 实验过程中切断了电源，两板上的电量保持不变. 这就是说，在导体上的电荷分布保持不变的情况下，介质充满整个电场时，场强将被减弱. 当然不只限于用这个实验演示，大量的实验事实说明，对一般的静电场，介质都具有削弱电场的性质.

实验发现，不同电介质削弱电场的能力是不同的. 为了反映这一物理性质，引入物理量 ε_r，称为**介质的相对介电常数**，定义为

$$\varepsilon_r = \frac{E_0}{E} \tag{6.2.1}$$

式中，E_0 为未放入介质前真空中某一点场强，E 为保持原来电荷分布不变情况下介质充满全部电场空间后同一点的场强. 显然，E_0 与 E 的比值可以反映介质削弱电场的能力，它是一个纯数. 电场削弱得越厉害，E 就越小，ε_r 就越大. 所以说 ε_r 越大，说明介质削弱电场能力越强；ε_r 越小，说明介质削弱电场的能力越弱.

相对介电常数 ε_r 和真空介电常数 ε_0 的乘积称为介质的**介电常数**，用 ε 表示，即 $\varepsilon=\varepsilon_0\varepsilon_r$，它是表示介质电学性质的一个重要参数，其量纲及单位与 ε_0 相同.

同样可以衡量介质极化程度强弱的另一个重要参数是极化率 χ_e，它和相对介电常数之间满足的关系为 $\chi_e=\varepsilon_r-1$. 表 6.2.1 给出了几种电介质的相对介电常数和极化率.

表 6.2.1　几种电介质的相对介电常数 ε_r 和极化率 χ_e

电介质	ε_r	χ_e	电介质	ε_r	χ_e
真空	1	0	橡胶	3.5	2.5
He	1.0007	0.0007	云母	4～7	3～6
H_2	1.000 65	0.000 65	玻璃	6～8	5～7
O_2	1.000 53	0.000 53	纯水	80	79
CO	1.000 69	0.000 69	变压器油	3	2
NH_3	1.000 08	0.000 08	聚乙烯	2.3	1.3
木材	2.5～7	1.5～6	钛酸钡	$10^3\sim10^4$	$10^3\sim10^4$

6.2.2　电介质的极化

电介质放入静电场中，会使其内部场强大大减小，这也是由电介质本身的结构决定的. 一般情况下，构成电介质分子的正负电荷结合得很紧，电子不能脱离原子核的束缚，如图 6.2.2 所示，因此在电介质内部能自由移动的电荷极少，导电能力也就极差. 而分子中的正负电荷是分布在分子所占空间的，分子中全部电子的影响与一个单独的负电荷等效，这个等效负电荷的位置称为这个分子的负电荷中心；同样，每个分子的全部正电荷也有一个相应的正电荷中心. 如果分子的正负电荷中心不相重合，就可看成电偶极子. 因此，从电介质分子的结构来说，可将其分为两类：一类是当无外电场时，分子的正负电荷中心是重合的，距离为零，因此分子的电偶极矩为零，这种分子称为无极分子，这类介质称为无极分子电介质，例如 H_2、He、N_2 和 CH_4 等，如图 6.2.3(a)所示；另一类是无外电场时，分子的正负中心不重合，彼此间有一定距离，等效为一个电偶极子，这类介质分子在无外电场时本身就有一定的电偶极矩，称为分子的固有电矩，这种有固有电矩的分子称为有极分子，这类介质称为有极分子电介质，例如 SO_2、CO、H_2O、HCl 等，如图 6.2.3(b)所示.

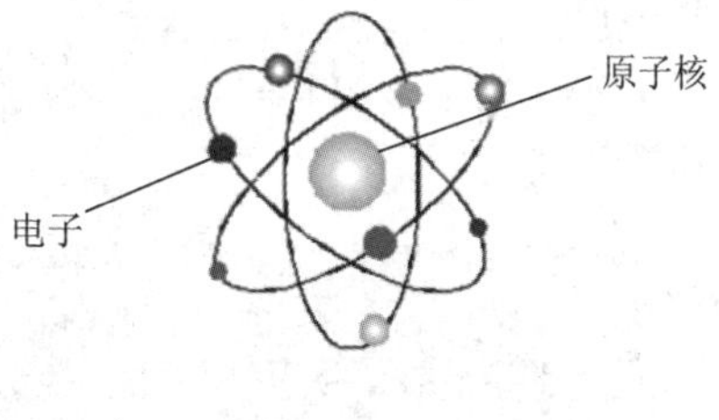

图 6.2.2　介质的电结构

对无极分子电介质，由于每个分子电矩为零，所以介质中任一小体积元中分子电矩之和为零，对外不显电性. 对有极分子电介质，虽然每个分子都有一定的等效电矩，但由于

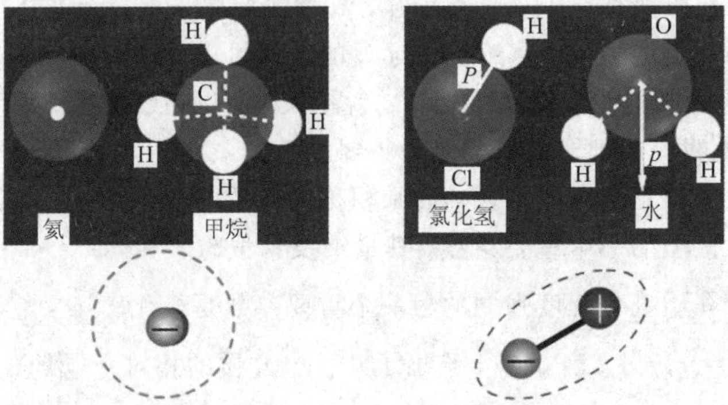

(a) 无极分子电介质　　(b) 有极分子电介质

图 6.2.3　无极分子电介质和有极分子电介质

分子的热运动，分子的电矩方向排列是杂乱无章的，十分混乱，使得电偶极子相互抵消，因而介质中任一小体积元中分子电矩的矢量和也为零，介质各部分也都不显电性.

1. 无极分子的位移极化

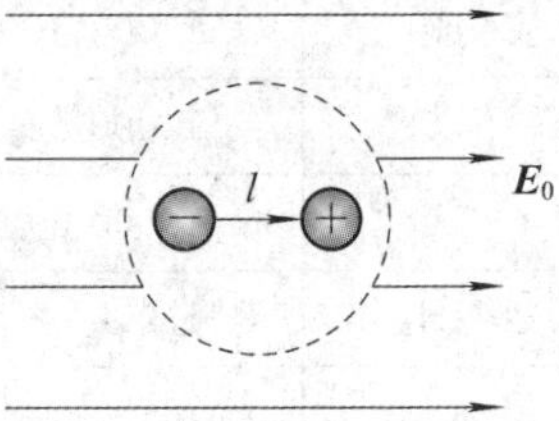

图 6.2.4　正负电荷中心分开

在外电场作用下，无极分子的正电荷中心沿场强方向移动，负电荷中心沿场强反方向移动. 这样，正负电荷中心被拉开了一定距离. 场强越强，拉开的距离越大，如图 6.2.4 所示. 对于无极分子构成的整块介质来讲，其中分子电偶极矩都将沿场强方向排列. 以均匀电介质为例，当在匀强场中极化时，由于相邻电偶极子的正负电荷靠得非常近，两两抵消，因而介质内部呈电中性. 但是在和电场垂直的介质两个表面上，将分别出现正电荷和负电荷，这些电荷不能离开介质，也不能在介质内自由移动，因而称之为**束缚电荷**，如图 6.2.5 所示. 我们把在外电场作用下，介质中出现束缚电荷的现象称为电介质的极化，束缚电荷也可称为**极化电荷**.

由于无极分子的极化，正负电荷中心会发生相对位移，从这个意义上我们把这种极化称为**位移极化**.

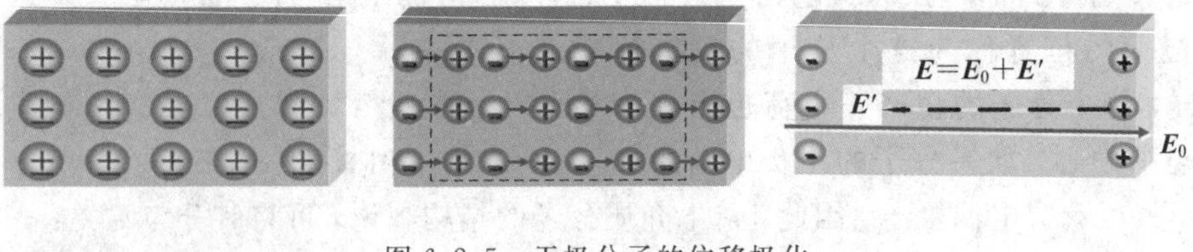

图 6.2.5　无极分子的位移极化

2. 有极分子的取向极化

在没有引入外电场时，尽管每个无极分子都有一定固有电矩，但由于大量分子的热运动，有极分子无序排列，使得电偶极矩相互抵消，对外不显电性. 当引入外电场后，每个有极分子都受到外电场 $\boldsymbol{E}_0$ 的力矩作用，使电偶极矩方向往场强方向靠拢. 但由于分子的热运动，大量分子不可能都完全与外电场 $\boldsymbol{E}_0$ 方向一致. 分子的热运动使得分子电矩方向排列混乱，而外电场作用使得分子电矩方向转到与外电场方向一致，这样经过相互竞争，最后达到稳定状态时，大量分子的各自电矩既不像原来那样无序，也不完全与外电场方向一致，大量分子的各自电矩都不同程度地转向外场方向，如图 6.2.6 所示.

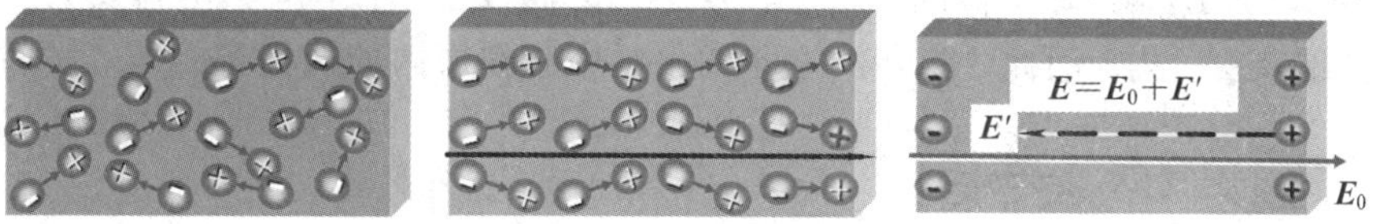

图 6.2.6　有极分子的取向极化

由于有极分子的极化来源于外电场对分子固有电矩的取向作用，是由于引入外电场，使电偶极子不同程度转向外电场而引起的极化，所以称之为**取向极化**.

需要注意：有极分子在外电场作用下正负电荷中心也会发生相对位移，也有位移极化. 也就是说在外电场作用下，两类介质中都有位移极化. 但实验表明：有极分子介质中取向极化要比位移极化强得多，所以可以主要考虑取向极化. 而在无极分子介质中只有位移极化而无取向极化，因此，在同样的电场下，有极分子介质的极化要比无极分子介质强. 也就是说，有极分子介质较易极化，所以其相对介电常数 ε_r 要比无极分子介质大.

6.2.3　电极化强度与极化电荷的关系

1. 电极化强度 P

通过上面的讨论可知，不论是无极分子电介质还是有极分子电介质，当它们未被极化时，介质中任一体积元内的分子电矩矢量和 $\sum \boldsymbol{p}=0$，当介质处于极化状态时，则 $\sum \boldsymbol{p} \neq 0$. 用什么物理量描述介质极化的强弱呢？为了定量描述介质内各处的极化状态，可以在介质中某处取一宏观小的体积元 ΔV，用此体积元中分子电矩矢量和 $\sum \boldsymbol{p}$ 与体积元 ΔV 的比值来描述该处的极化状态，称比值为**电极化强度矢量**，简称**极化强度**，用符号 $\boldsymbol{P}$ 表示：

$$\boldsymbol{P}=\frac{\sum \boldsymbol{p}}{\Delta V} \tag{6.2.2}$$

电极化强度 $\boldsymbol{P}$ 是矢量，它等于单位体积内分子电偶极矩的矢量和. 若介质极化越强，那么单位体积内分子电矩的矢量和越大，$\boldsymbol{P}$ 值越大；若介质极化越弱，那么单位体积内分子电矩的矢量和越小，$\boldsymbol{P}$ 值就越小. 所以，**电极化强度是用来描述介质极化强弱程度的物理量.**

2. 电极化强度 P 与极化电荷 q′的关系

电介质极化后会出现极化电荷，而电极化强度是描述介质极化强弱程度的物理量，那么这两者之间存在什么样的关系呢？如前所述，在均匀介质中，极化电荷仅出现在介质的表面上；而在非均匀介质中，极化电荷不仅出现在表面，还出现在介质的内部. 下面着重讨论普遍情况下极化电荷与极化强度的关系.

我们在某一电介质中选物理体积 ΔV，假设该体积内的极化电荷电量代数和为 q'. 用电偶极子代表电介质内的中性分子，如图 6.2.7(a)所示. 显然全部在 ΔV 内的偶极子电量的代数和为零，而只有被 ΔV 的边界面所截断的偶极子才可以在 ΔV 内产生 q'. 在 S 面上取面元 $\mathrm{d}S$，因 $\mathrm{d}S$ 很小，可以认为其上各点的电极化强度 $\boldsymbol{P}$ 相同，而且附近各点的偶极子都具有相等的电偶极矩 $\boldsymbol{p}=q\boldsymbol{l}$（$q$ 和 l 都相同），且 $\boldsymbol{p}$ 与 $\boldsymbol{P}$ 平行. 作上下表面平行于 $\mathrm{d}S$ 的夹层，且平行于偶极矩方向夹层间距为极臂 l，放大后如图 6.2.7(b)所示，可以看出只有偶极子中心在层内的才被 $\mathrm{d}S$ 所截断；而中心在层外的偶极子不被截，其电荷要么全部在 ΔV 外，要么全部在 ΔV 内. 因此，能够产生 q' 的仅是中心在层内的偶极子.

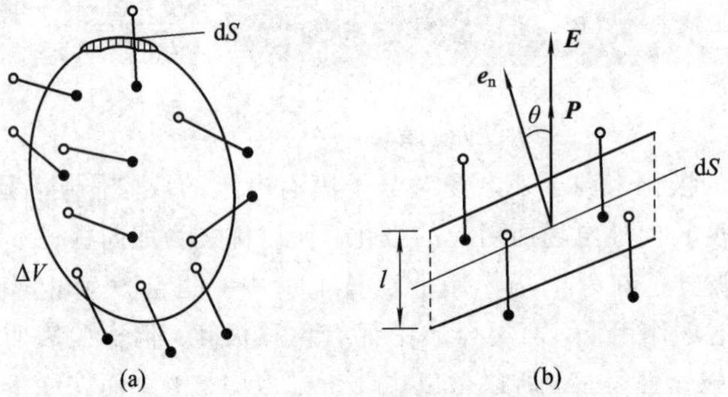

图 6.2.7　极化电荷与极化强度的关系

设单位体积内分子数为 n，θ 为 $\boldsymbol{P}$ 与 $\mathrm{d}S$ 外法线 $\boldsymbol{e}_n$ 的夹角，则可知夹层体积为 $l|\cos\theta|\mathrm{d}S$，因此能够产生 $\mathrm{d}q'$ 的偶极子数为 $nl|\cos\theta|\mathrm{d}S$，电荷量为 $|\mathrm{d}q'|=qnl|\cos\theta|\mathrm{d}S$. 当 $\theta<90°$时，ΔV 内留下的是负电荷；当 $\theta>90°$时，ΔV 内留下的是正电荷.

所以

$$\mathrm{d}q' = -qnl\cos\theta\,\mathrm{d}S \tag{6.2.3}$$

式中，ql 为每个偶极矩的大小，则 $\mathrm{d}q'=-np\cos\theta\,\mathrm{d}S$，$np$ 是单位体积内的电矩大小，为电极化强度 P. 则

$$\mathrm{d}q' = -P\,\mathrm{d}S\cos\theta = -\boldsymbol{P}\cdot\mathrm{d}\boldsymbol{S}$$

对 ΔV 的整个边界面积分就得到 ΔV 内的极化电荷总量为

$$q' = -\oint_S \boldsymbol{P}\cdot\mathrm{d}\boldsymbol{S} \tag{6.2.4}$$

式(6.2.4)表明，**电介质中一定体积 ΔV 内的极化电荷总量等于电极化强度沿以 ΔV 为边界的闭合曲面的积分，这就是电介质中电极化强度与极化电荷的关系.**

6.2.4　电介质中的高斯定理

电介质在外电场的作用下会产生极化电荷 q'，为与之区别，将非极化电荷称为自由电荷 q. 因此在有电介质存在时，空间各点的电场强度 $\boldsymbol{E}$ 不仅与产生电场的自由电荷分布有关，而且与介质中的极化电荷分布也有关. 因此，对于电介质应用高斯定理式(5.3.3)时，右端的电荷就应包括自由电荷 q 和极化电荷 q'，即应写成

$$\oint_S \boldsymbol{E}\cdot\mathrm{d}\boldsymbol{S} = \frac{1}{\varepsilon_0}\Big(\sum_{S内} q + \sum_{S内} q'\Big) \tag{6.2.5}$$

由于电介质中的极化电荷通常难以计算，因此将上式直接用于求解电介质中的场强分布是困难的. 但将式(6.2.4)代入式(6.2.5)可得

$$\oint_S \boldsymbol{E}\cdot\mathrm{d}\boldsymbol{S} = \frac{1}{\varepsilon_0}\Big(\sum_{S内} q - \oint_S \boldsymbol{P}\cdot\mathrm{d}\boldsymbol{S}\Big)$$

移项得

$$\oiint_S \varepsilon_0 \boldsymbol{E} \cdot \mathrm{d}\boldsymbol{S} + \oiint_S \boldsymbol{P} \cdot \mathrm{d}\boldsymbol{S} = \sum_{S内} q$$

即

$$\oiint_S (\varepsilon_0 \boldsymbol{E} + \boldsymbol{P}) \cdot \mathrm{d}\boldsymbol{S} = \sum_{S内} q \tag{6.2.6}$$

这里引入**电位移矢量 $\boldsymbol{D}$**，令 $\boldsymbol{D} = \varepsilon_0 \boldsymbol{E} + \boldsymbol{P}$，则式(6.2.6)可写成

$$\oiint_S \boldsymbol{D} \cdot \mathrm{d}\boldsymbol{S} = \sum_{S内} q \tag{6.2.7}$$

式(6.2.7)就是**电介质中的高斯定理**，它表明：**电位移矢量沿闭合曲面的积分等于这闭合曲面内部所包围的自由电荷的代数和.**

电位移矢量 $\boldsymbol{D}$ 为一辅助量，本身并不具有明确的物理含义. 但在**各向同性的均匀电介质中**，电极化强度为

$$\boldsymbol{P} = \chi_e \varepsilon_0 \boldsymbol{E} = (\varepsilon_r - 1)\varepsilon_0 \boldsymbol{E} \tag{6.2.8}$$

因此

$$\boldsymbol{D} = \varepsilon_0 \boldsymbol{E} + \boldsymbol{P} = \varepsilon_0 \boldsymbol{E} + (\varepsilon_r - 1)\varepsilon_0 \boldsymbol{E} = \varepsilon_0 \varepsilon_r \boldsymbol{E}$$

即

$$\boldsymbol{D} = \varepsilon \boldsymbol{E} \tag{6.2.9}$$

根据电介质中的高斯定理，只要知道自由电荷的分布情况，就可利用式(6.2.7)求出 $\boldsymbol{D}$，方法和前面介绍的利用式(5.3.3)求真空中的场强 $\boldsymbol{E}$ 相同. 求出 $\boldsymbol{D}$ 后，再利用式(6.2.9)便可求出均匀各向同性电介质中的场强 $\boldsymbol{E}$. 由于式(6.2.7)避开了极化电荷，因此使得计算大为方便和简化. 这里应该注意：电位移矢量 $\boldsymbol{D}$ 只是一个辅助物理量. 引入 $\boldsymbol{D}$ 后，初看起来似乎把电介质的极化电荷忽略了，但在通过式(6.2.9)求 $\boldsymbol{E}$ 时，因子 ε_r 或者 ε 仍然把极化电荷对场强分布的影响包括进去了.

例 6.2.1　半径为 R 的均匀介质球，其相对介电常数为 ε_r，球内均匀分布着电荷 Q. 求介质球内外的场强分布.

解　在电介质球的内部和外部，场强分布都不均匀. 但是，由于均匀带电球体可以分割为一层一层的均匀带电球面，所以它产生的电场强度分布具有球对称性，可以用电介质中的高斯定理求场强. 设介质球的电荷体密度为 ρ，介质球内的电位移矢量为 $\boldsymbol{D}_1$，介质球外的电位移矢量为 $\boldsymbol{D}_2$.

当 $r \leqslant R$ 时，过介质球内任一点 P 作如例 6.2.1 图(a)所示的高斯面 S. 由电介质中的高斯定理得

$$\oiint_S \boldsymbol{D}_1 \cdot \mathrm{d}\boldsymbol{S} = \sum_{S内} q$$

则

$$D_1 \cdot 4\pi r^2 = \rho \cdot \frac{4}{3}\pi r^3$$

又

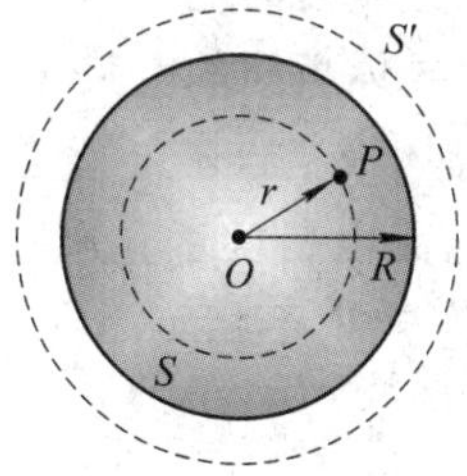

(a) 均匀带电介质球的高斯面

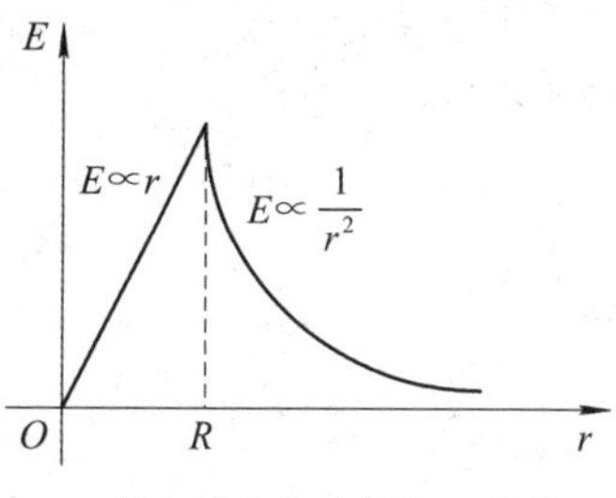

(b) 均匀带电介质球的E-r曲线

例 6.2.1 图

$$\rho=\frac{Q}{\frac{4}{3}\pi R^3}$$

所以

$$D_1=\frac{Qr}{4\pi R^3}$$

又由

$$\boldsymbol{D}=\varepsilon_0\varepsilon_r\boldsymbol{E}$$

得

$$\boldsymbol{E}_1=\frac{Qr}{4\pi\varepsilon_0\varepsilon_r R^3}\boldsymbol{e}_r$$

式中,$\boldsymbol{e}_r$是沿径向向外的单位矢量.

当 $r>R$ 时,作如例 6.2.1(a)图所示的高斯面 S',由电介质中的高斯定理得

$$D_2\cdot 4\pi r^2=Q$$

则

$$D_2=\frac{Q}{4\pi r^2}$$

同理得

$$\boldsymbol{E}_2=\frac{Q}{4\pi\varepsilon_0 r^2}\boldsymbol{e}_r$$

作 $E-r$ 曲线,如例 6.2.1 图(b)所示.

例 6.2.2 在两块平行的大导体板 A、B 间有两层介质板,其介电系数分别为 ε_1 和 ε_2,厚度分别为 d_1 和 d_2,它们的面积都是 S. 现在让 A、B 板上分别带上 $\pm Q$ 的电量. 求:

(1) 两介质内的电位移矢量 $\boldsymbol{D}_1$、$\boldsymbol{D}_2$ 和场强 $\boldsymbol{E}_1$、$\boldsymbol{E}_2$;

(2) 两导体板间的电势差 U_{AB}.

例 6.2.2

解 导体板上自由电荷是均匀分布的,且分布于导体板靠近介质的表面上;而介质表面的极化电荷也是位于介质表面,如例 6.2.2 图所示. 可见在介质 1、2 内电场都是均匀的,但是 $\boldsymbol{E}_1$ 与 $\boldsymbol{E}_2$ 不相等.

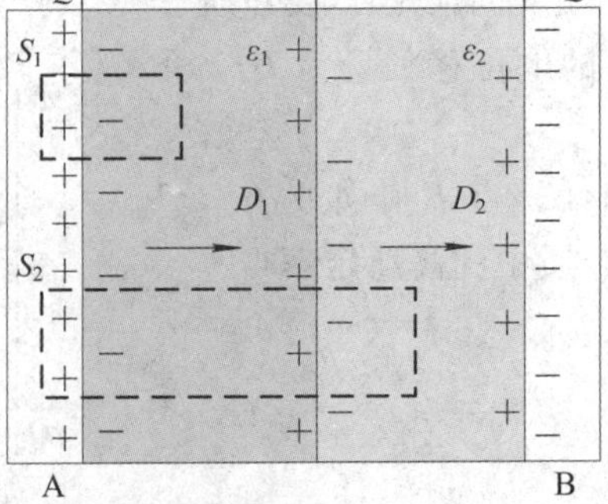

例 6.2.2 图

(1) 作如图所示的圆柱形高斯面 S_1，它的两个底与导体板平面平行，轴线与导体板平面垂直. 设它的底面积为 ΔS_1，且左底在导体内部，右底在介质 1 内部，则

$$\oiint_{S_1} \boldsymbol{D} \cdot \mathrm{d}\boldsymbol{S} = \int_{\text{左底面}} \boldsymbol{D} \cdot \mathrm{d}\boldsymbol{S} + \iint_{\text{侧面}} \boldsymbol{D} \cdot \mathrm{d}\boldsymbol{S} + \iint_{\text{右底面}} \boldsymbol{D} \cdot \mathrm{d}\boldsymbol{S}$$

因为导体内 $\boldsymbol{E}=0$，所以 $\boldsymbol{D}=0$，即上式右端第 1 项为 0；因为侧面上 $\mathrm{d}\boldsymbol{S}$ 的法线方向与电位移矢量 $\boldsymbol{D}$ 处处垂直，所以上式右端第 2 项为 0；而介质 1 内 $\boldsymbol{D}$ 是均匀的，且与右底面法线同向. 故

$$\oiint_{S_1} \boldsymbol{D} \cdot \mathrm{d}\boldsymbol{S} = D_1 \cdot \Delta S_1$$

根据有介质时的高斯定理知

$$\oiint_{S_1} \boldsymbol{D} \cdot \mathrm{d}\boldsymbol{S} = \sum q_0 = \frac{Q}{S}\Delta S_1$$

式中，$\dfrac{Q}{S}$为自由电荷面密度. 由

$$D_1 \cdot \Delta S_1 = \frac{Q}{S} \cdot \Delta S_1$$

得

$$D_1 = \frac{Q}{S}$$

方向如图所示.

同理作闭合 S_2，类似上面推导可得

$$D_2 = \frac{Q}{S}$$

可以看出，对平行导体板而言，不同介质中电位移矢量 $\boldsymbol{D}$ 大小相等，方向相同.

根据 $\boldsymbol{D}=\varepsilon\boldsymbol{E}$，可得

$$\boldsymbol{E}_1 = \frac{\boldsymbol{D}_1}{\varepsilon_1} = \frac{Q}{S\varepsilon_1}\boldsymbol{e}_\mathrm{n}, \quad \boldsymbol{E}_2 = \frac{\boldsymbol{D}_2}{\varepsilon_2} = \frac{Q}{S\varepsilon_2}\boldsymbol{e}_\mathrm{n}$$

式中，$\boldsymbol{e}_\mathrm{n}$为导体板上正电荷指向负电荷的单位矢量.

(2) 不论有无介质，电势差为

$$U_{\mathrm{AB}} = \int_{\mathrm{A}}^{\mathrm{B}} \boldsymbol{E} \cdot \mathrm{d}\boldsymbol{l}$$

现在 1、2 介质中场强不同，所以要分段积分. 考虑到介质 1、2 内的场强都是均匀的，故

$$U_{\mathrm{AB}} = E_1 d_1 + E_2 d_2 = \frac{Q}{S\varepsilon_1}d_1 + \frac{Q}{S\varepsilon_2}d_2$$

6.3　电容和电容器

电容是电学中一个重要的物理量，它反映了导体的容电本领. 电容器既是储存电荷和电能的元件，又是隔直流、通交流的电路器件，在电工电子技术及其设备中得到广泛的应用. 下面先讨论孤立导体的电容，然后再讨论电容器的电容.

6.3.1 孤立导体的电容

在真空中，一个带电量 q 的孤立导体，其电势(相对于无限远处)正比于所带电量 q，而且还与导体的形状及大小有关. 例如真空中半径为 R，带电量为 q 的孤立导体球，其电势为

$$U=\frac{1}{4\pi\varepsilon_0}\cdot\frac{q}{R}$$

由该式可见，当电势一定时，球半径越大，它所带电量也越大. 而当孤立导体球的半径一定时，它所带电量若增加 1 倍，则其电势也相应地增加 1 倍，即 q/U 是一常量. 上述结果虽然是对孤立导体球而言的，但对具有一定形状的其他孤立导体也如此. 对于一个确定的孤立导体，它所带的电量与它产生的电场中的电势，其比值总是一个常量，我们把这个常量称为**孤立导体的电容**，用符号 C 表示：

$$C=\frac{q}{U} \tag{6.3.1}$$

由于确定的孤立导体的电势总是正比于电量，所以它们的比值既不依赖于 U，也不依赖于 q，导体的电容 C 只与导体的形状和大小相关. 电容表征了导体储存电荷的能力，它的大小等于使导体电势升高一个单位时所需增加的带电量. 对于真空中孤立导体球来说，其电容为

$$C=\frac{q}{U}=\frac{q}{\dfrac{1}{4\pi\varepsilon_0}\cdot\dfrac{q}{R}}=4\pi\varepsilon_0 R \tag{6.3.2}$$

在国际单位制中，电容的单位为法拉，代号为法(F)：

$$1\ \mathrm{F}=\frac{1\ \mathrm{C}}{1\ \mathrm{V}}$$

在实际使用中，法的单位太大，常用微法(μF)、皮法(pF)等作为电容的单位，它们之间的关系为

$$1\ \mathrm{F}=10^6\ \mu\mathrm{F}=10^{12}\ \mathrm{pF}$$

6.3.2 电容器的电容

孤立导体是理想化的模型，实际中带电导体附近总是存在其他导体的. 由于静电感应将会改变电场分布，故导体的电势不仅与其本身所带电量有关，而且还与周围其他导体的位置及形状有关. 因此，其他导体的存在将会影响该导体的电容.

在实际应用中设计一种导体组合，一方面使电容量大而几何尺寸小，另一方面要使这种导体组合的电容不受周围其他物体(包括带电体)的影响. 两个靠近而又相互绝缘的导体所组成的系统就是这样的组合，称为**电容器**. 系统中的两个导体称为电容器的两个极板. 电容器带电时，常使两极板带等量异号电荷. 电容器的电容定义为一个极板所带电量 q ($q>0$)与两极板间的电势差 U_1-U_2 之比($U_1>U_2$)，即

$$C=\frac{q}{U_1-U_2} \tag{6.3.3}$$

前面提及的孤立导体事实上并不存在，它和地球有关. 所以孤立导体的电容实际上就是它和地球组成的电容器的电容. 因为地球的电势一般取为零，所以孤立导体的电势实际上就是它与地球的电势差.

电容器电容的大小取决于极板的形状、大小、相对位置以及极板间电介质的介电常数.

通常将电容器两极板制成板状并使其极为靠近，以使电场局限在两板之间，不受外界的影响. 同时为了进一步增大电容器的电容，还可在两极板间插入电介质片，减小两极板间的电场强度，从而减小了两板间的电势差，使电容器能储存更多的电荷和电能. 除平板电容器外，常见的还有球形电容器和圆柱形电容器，下面逐一进行介绍.

6.3.3 几种常见的电容器及其电容的计算

1. 平板电容器

平板电容器是最常用的一种电容器. 如图 6.3.1 所示，A、B 为两块面积均为 S 的平行金属板，板间距离为 d，两板间充满了相对介电常数为 ε_r 的电介质. 在 d 较之极板的线度小得多时，略去边缘不均匀电场影响的情况下，A、B 两极板带等量异号电荷时，该电荷仅分布在 A、B 两板内侧表面. 设 A、B 两板的电荷面密度分别为 $+\sigma$ 和 $-\sigma$，则两板间的场强为

$$E=\frac{\sigma}{\varepsilon_0\varepsilon_r}$$

两板间的电势差为

$$U_A-U_B=\int_A^B \boldsymbol{E}\cdot d\boldsymbol{l}=Ed=\frac{\sigma d}{\varepsilon_0\varepsilon_r}$$

则根据式(6.3.3)得

$$C=\frac{\sigma S}{\dfrac{\sigma d}{\varepsilon_0\varepsilon_r}}=\frac{\varepsilon_0\varepsilon_r S}{d} \tag{6.3.4}$$

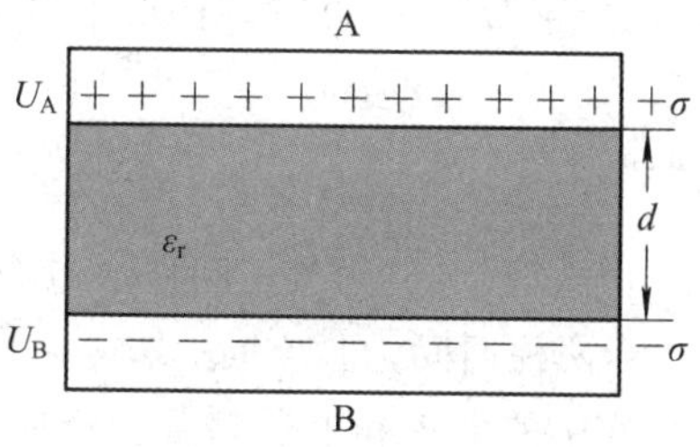

图 6.3.1 平板电容器

式(6.3.4)说明平板电容器的电容 C 与极板的面积 S 成正比，与两板内表面间的距离 d 成反比，且当板间充满电介质时的电容是板间为真空时电容的 ε_r 倍.

2. 球形电容器

如图 6.3.2 所示，该电容器由两个同心的导体球壳组成，半径分别为 R_1 和 R_2，且两壳间充满相对介电常数为 ε_r 的电介质. 设内球壳带正电($+q$)，外球壳带负电($-q$)，内球壳电势为 U_A，外球壳电势为 U_B，则两球壳之间的电势差为

$$U_A-U_B=\int_A^B \boldsymbol{E}\cdot d\boldsymbol{l}=\int_{R_1}^{R_2}\frac{q}{4\pi\varepsilon_0\varepsilon_r r^2}dr$$

$$=\frac{q}{4\pi\varepsilon_0\varepsilon_r}\left(\frac{1}{R_1}-\frac{1}{R_2}\right)$$

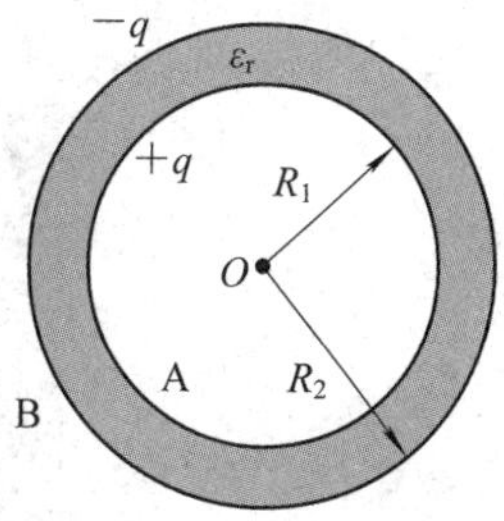

图 6.3.2 球形电容器

根据电容定义式(6.3.3)可得球形电容器的电容为

$$C=\frac{q}{U_A-U_B}=\frac{q}{\dfrac{q}{4\pi\varepsilon_0\varepsilon_r}\cdot\dfrac{R_2-R_1}{R_1R_2}}=\frac{4\pi\varepsilon_0\varepsilon_r R_1R_2}{R_2-R_1} \tag{6.3.5}$$

式(6.3.5)中，当 R_2 趋于无穷大且 $\varepsilon_r=1$ 时，有

$$C=4\pi\varepsilon_0 R_1$$

此即为孤立导体球电容的计算式.

3. 圆柱形电容器

圆柱形电容器是由半径分别为 R_A 和 R_B 的两个同轴圆柱面 A 和 B 所构成，如图 6.3.3 所示. 当圆柱长度 $l \gg (R_B - R_A)$ 时，可忽略两端的边缘效应，视为无限长圆柱.

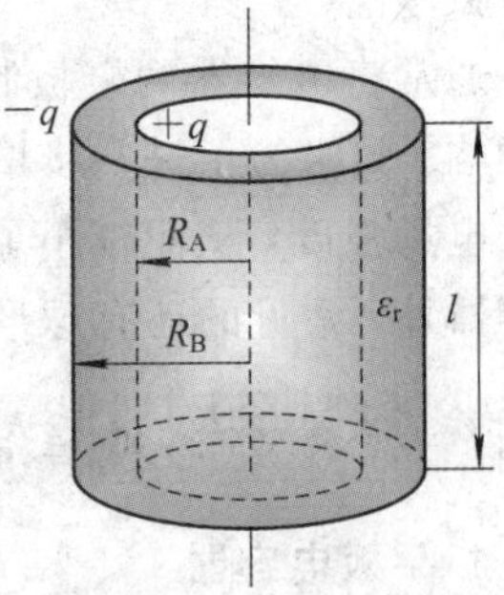

图 6.3.3 圆柱形电容器

设内外圆柱相对的两个壁分别带电 $+q$ 和 $-q$，则柱面上每单位长度上的电量为 $\lambda = q/l$，且内外圆柱间充满相对介电常数为 ε_r 的电介质. 由电介质中的高斯定理可求得两柱面间的场强大小为

$$E = \frac{\lambda}{2\pi\varepsilon_0\varepsilon_r r}$$

于是，两柱面间的电势差为

$$U_A - U_B = \int_A^B \boldsymbol{E} \cdot \mathrm{d}\boldsymbol{l} = \int_{R_A}^{R_B} \frac{\lambda}{2\pi\varepsilon_0\varepsilon_r r}\mathrm{d}r = \frac{\lambda}{2\pi\varepsilon_0\varepsilon_r}\ln\frac{R_B}{R_A} = \frac{q}{2\pi\varepsilon_0\varepsilon_r l}\ln\frac{R_B}{R_A}$$

由电容器的定义，可得圆柱形电容器的电容为

$$C = \frac{q}{U_A - U_B} = 2\pi\varepsilon_0\varepsilon_r \frac{l}{\ln\dfrac{R_B}{R_A}} \tag{6.3.6}$$

由式(6.3.6)可知，圆柱形电容器的电容仅和它的几何结构以及两极板间的电介质有关. 当两柱面间为真空时，取 $\varepsilon_r = 1$.

实际的电工和电子装置中任何两个彼此隔离的导体之间都有电容. 例如两条输电线之间，电子线路中两段靠近的导线之间都有电容. 这种电容实际上反映了两部分导体之间通过电场的相互影响，有时称为“**杂散电容**”. 在有些情况下(如高频率的变化电流)，这种杂散电容对电路的性质会产生明显的影响.

在实际生活中，电容器的应用非常广泛，它是电子设备中最基础也是最重要的元件之一，如图 6.3.4 所示. 基本上所有的电子设备，小到闪盘、数码相机，大到航天飞机、火箭中都可以见到它的身影. 作为一种最基本的电子元器件，电容器对于电子设备来说就像食品对于人一样不可缺少.

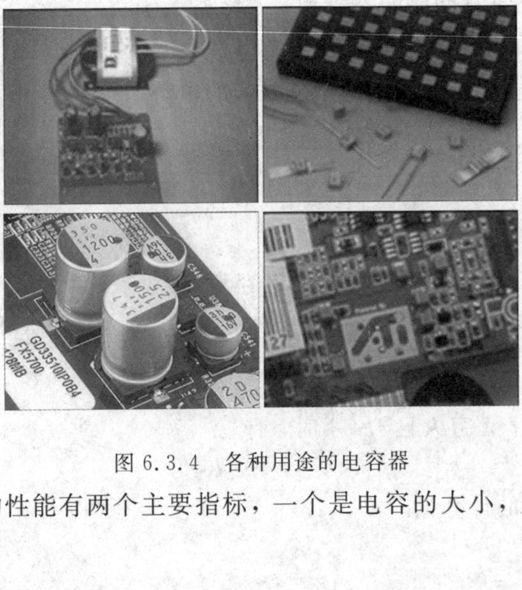

图 6.3.4 各种用途的电容器

衡量一个电容器的性能有两个主要指标，一个是电容的大小，另一个是耐压能力. 电

容器的耐压值是指电容器可能承受的最大电压. 使用电容器时，所加的电压不能超过规定的耐压值，否则在电介质中就会产生过大的场强，而使它有被击穿的危险. 因而在实际应用中若遇到单独一个电容器的电容或耐压能力不能满足要求时，就需把几个电容器组合起来使用. 电容器最基本的组合方式是串联和并联.

6.3.4　电容器的串联和并联

1. 电容器的串联

将几个电容器按图 6.3.5 所示的方式连接时称为电容器的串联. 其中每个电容器的一个极板与另一个电容器的极板相接，电源接在 A、B 两端.

由静电感应可知，每个电容器两极板的电量为等值异号，即 $+q$ 和 $-q$，由电容器电容的定义可得

$$U_1=\frac{q}{C_1},\ U_2=\frac{q}{C_2},\cdots,\ U_n=\frac{q}{C_n}$$

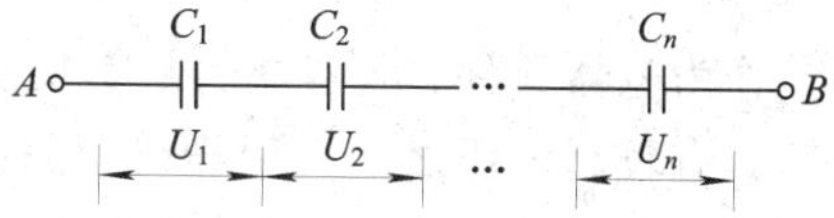

图 6.3.5　电容器的串联

这说明串联时，每个电容器两端的电压与其电容大小成反比，而总电压等于每个电容器两端电压的总和，即

$$\begin{aligned}U_{AB}&=U_1+U_2+\cdots+U_n=\frac{q}{C_1}+\frac{q}{C_2}+\cdots+\frac{q}{C_n}\\&=q\left(\frac{1}{C_1}+\frac{1}{C_2}+\cdots+\frac{1}{C_n}\right)\end{aligned}$$

于是，得到整个电容器组的等效电容为

$$C=\frac{q}{U_{AB}}=\frac{q}{\dfrac{q}{C_1}+\dfrac{q}{C_2}+\cdots+\dfrac{q}{C_n}}=\left(\frac{1}{C_1}+\frac{1}{C_2}+\cdots+\frac{1}{C_n}\right)^{-1}\qquad(6.3.7)$$

式(6.3.7)表明，电容器串联时，电容器组的等效电容的倒数等于各个电容的倒数之和.

2. 电容器的并联

将 n 个电容器按如图 6.3.6 所示的方式连接时称为电容器的并联，其中每个电容器的一个极板接到共同点 A，另一个极板接到共同点 B. 在 A、B 两端接电源后，各电容器两极板间的电压相等，即

$$U_{AB}=U_1=U_2=\cdots=U_n$$

由电容器电容的定义可得分配到每个电容器上的电量分别为

$$q_1=C_1U,\ q_2=C_2U,\ \cdots,\ q_n=C_nU$$

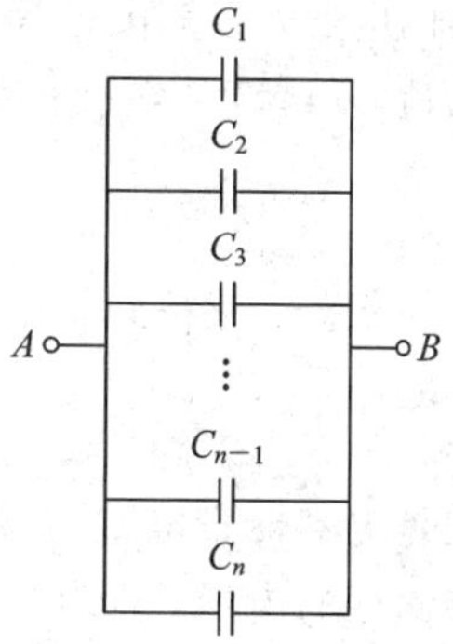

图 6.3.6　电容器的并联

这说明电容器并联时，分配到每个电容器上的电量与该电容器的电容大小成正比，而整个电容器组所带的总电量等于各个电容器所带电量之和，即

$$\begin{aligned}q&=q_1+q_2+\cdots+q_n=C_1U+C_2U+\cdots+C_nU\\&=U_{AB}(C_1+C_2+\cdots+C_n)\end{aligned}$$

于是，可以得到整个电容器组的等效电容为

$$C=\frac{q}{U_{AB}}=C_1+C_2+\cdots+C_n \tag{6.3.8}$$

式(6.3.8)表明，电容器并联时，总电容等于各个电容器电容之和.

由此可见，电容器串联后总电容减少了，但这时组合电容器所能承受的电压将比单个电容器高；电容器并联后，虽不能提高组合电容器的耐压值，但可使其总电容增加.

6.4 静电场的能量和能量密度

6.4.1 电容器的储能

作为电器元件，电容器的基本功能之一是储存电荷. 如果把一个电容器充电到两极板之间具有较高电压之后再用导线短路两极板放电时，就可能见到放电火花. 利用放电火花产生的热能甚至可能熔焊金属，即所谓的“电容焊”. 这说明已经充电的电容器具有能量. 我们把这种能量称为电能. 因此，电容器储存电荷，从本质上说应该是储存了电能.

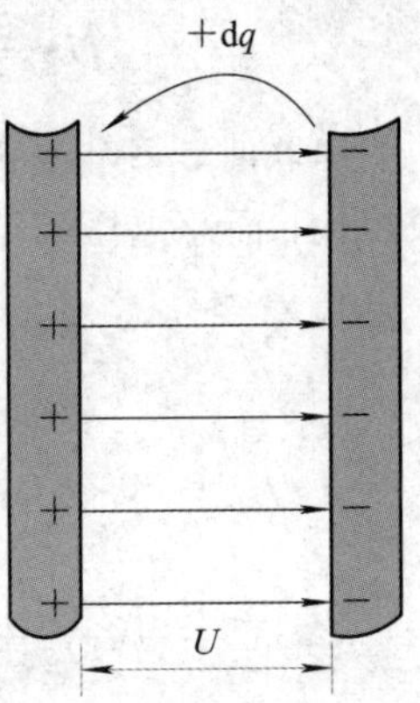

图 6.4.1 电容器的能量

电容器储存的电能是从哪里来的呢？我们以平板电容器的充电过程为例来进行分析. 如图 6.4.1 所示，电容器的充电过程就是不断把正电荷从电容器的负极板移至正极板的过程，也就是不断地把正电荷从低电势处移向高电势处的过程. 显然，电源必须克服静电场力做功，电容器也因此不断地从电源那里获得能量. 这部分能量以电势能的形式储存在电容器中，放电时就把这能量释放出来，照相机上的闪光灯就依据这一原理. 当电容器极板上所带电量为 Q 时，电容器的总能量可由下述方法求得：以 C 表示电容器的电容，设充电过程中某一时刻极板上电量为 q，则此时两极板间的电压为 q/C. 现将正电荷 $\mathrm{d}q$ 继续从负极板移至正极板，在此微小过程中电源所做的功为

$$\mathrm{d}W=\frac{q}{C}\mathrm{d}q$$

对上式积分，就得到整个充电过程中电源所做的功，即

$$W=\int_0^Q\frac{q}{C}\,\mathrm{d}q=\frac{Q^2}{2C}$$

这就是电容器带电量为 Q 时从电源那里获得的能量，也就是它储存的电能. 以 W_e 表示电容器储存的电能，则有

$$W_e=\frac{Q^2}{2C} \tag{6.4.1}$$

利用 $Q=CU$ 可写成

$$W_e=\frac{Q^2}{2C}=\frac{1}{2}CU^2=\frac{1}{2}QU \tag{6.4.2}$$

式中，U 为充电完毕时电容器两极板间的电压.

在实际应用中通常充电电压都是给定的，这时用式(6.4.2)来讨论储能问题较为方便.

该式表明，在一定的电压下，电容 C 大的电容器储能多. 从这种意义上说，电容 C 也是电容器储能本领大小的标志. 对同一电容器来说，电压愈高，储能愈多.

6.4.2　静电场的能量　能量密度

电容器的储能公式为

$$W_e = \frac{1}{2}QU$$

式中，Q 为极板上的自由电荷量，它与电位移大小的关系是

$$Q = \sigma S = DS$$

S 为极板面积；U 是电压，它与电场强度的关系是

$$U = Ed$$

d 是极板间距. 代入式(6.4.2)得

$$W_e = \frac{1}{2}QU = \frac{1}{2}DS \cdot Ed = \frac{1}{2}DEV$$

式中，$V = Sd$ 是电容器极板间电场所占空间的体积.

又由 $D = \varepsilon E$ 得

$$W_e = \frac{1}{2}\varepsilon E^2 V \tag{6.4.3}$$

由式(6.4.2)可见，电容器储有的能量是与电荷和电压联系在一起的，有电荷就有电能，似乎电容器中储存的能量集中在电荷上. 而式(6.4.3)表明，静电能量是与电场强度相联系的，场强不为零的地方就储有能量. 由于静电场的场强不随时间变化，而且静电荷的存在必然在其周围产生静电场，因此我们无法分辨电能究竟与电荷相联系还是与电场相联系，或者说无法分辨电能是储存于电荷上还是储存于电场中. 所以，在静电学范围内，上述两种观点是等效的. 但对于变化的电磁场来说情况就不同了. 我们知道电磁波是变化的电场和磁场在空间的传播，电磁波不仅含有电场能量，而且含有磁场能量. 在电磁波中的电场不是由电荷产生，而是由变化的磁场激发的，也就是说，电场能够脱离电荷而独立存在，在这种情况下，只能说电能储存在电场之中. 因此如果一空间具有电场，那么该空间就具有电场能量. 电场强度是描述电场性质的物理量，电场的能量应以电场强度来表达. 基于上述理由，我们说式(6.4.3)比式(6.4.2)更具有普遍的意义.

通常情况下，空间电场不一定是匀强电场，为了描述电场能量的空间分布规律，引入电场的能量密度，其定义为单位体积内的电场所储存的能量，以 w_e 表示. 由式(6.4.3)可得

$$w_e = \frac{W_e}{V} = \frac{1}{2}\varepsilon E^2 = \frac{1}{2}\boldsymbol{DE} \tag{6.4.4}$$

这里的电场能量密度表达式虽然是通过平行板电容器中匀强电场的特例推导出来的，但却是普遍成立的. 当电场不均匀时，总的电场能量应为

$$W_e = \iiint_V w_e \, \mathrm{d}V \tag{6.4.5}$$

式中的积分区域 V 应遍及整个有场空间. 如果已知的不是电场分布，而是带电体系的电荷分布，那么只要先求得该带电体系的电场分布，就能由上式计算体系所具有的电场能量.

式(6.4.5)适用于任何静电场能的计算.

电场具有能量，这是有关电场概念的一个重要结论. 我们知道，物质与运动是不可分的，凡是物质都在运动，都具有能量，能量是物质的固有属性之一. 电场是不同于实物物质的另外一种形态的物质，电场具有能量正是电场物质性的表现之一.

例 6.4.1 如例 6.4.1 图所示，均匀无限大介质中有一带电的导体球，已知导体球半径为 R，带电量为 q，介质的介电常数为 ε，求电场的能量.

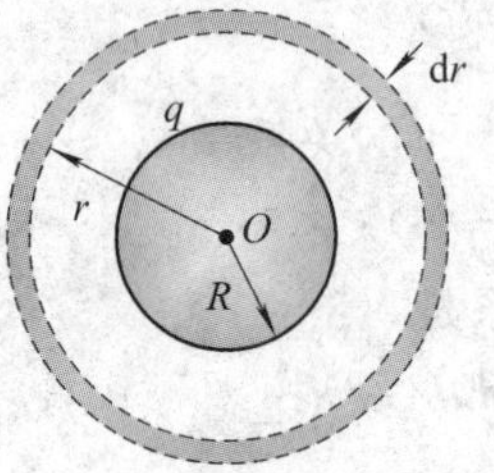

例 6.4.1 图

例 6.4.1

解 我们已经知道导体球电荷分布在表面上，球面内无电场，从球面到无穷远处的电介质充满电场，场强的分布是球对称的，在距球心 O 为 r 处一点的场强大小为

$$E=\frac{1}{4\pi\varepsilon}\cdot\frac{q}{r^2}$$

取半径为 r、厚度为 $\mathrm{d}r$ 的微元，其体积为

$$\mathrm{d}V=4\pi r^2\,\mathrm{d}r$$

微元中电场的能量为

$$\mathrm{d}W_e=\frac{1}{2}\varepsilon E^2\,\mathrm{d}V=\frac{1}{2}\varepsilon\left(\frac{1}{4\pi\varepsilon}\cdot\frac{q}{r^2}\right)^2 4\pi r^2\,\mathrm{d}r$$

所以

$$W_e=\int\mathrm{d}W_e=\int_R^{\infty}\frac{1}{2}\varepsilon\left(\frac{1}{4\pi\varepsilon}\cdot\frac{q}{r^2}\right)^2 4\pi r^2\,\mathrm{d}r=\frac{q^2}{8\pi\varepsilon R}$$

例 6.4.2 一平行板空气电容器的极板面积为 S，间距为 d，用电源充电后，两极板上带电分别为 $\pm Q$，如例 6.4.2 图所示. 断开电源后，把左极板固定，匀速向外移动右极板，使两极板间的距离增大到 $2d$. 求：

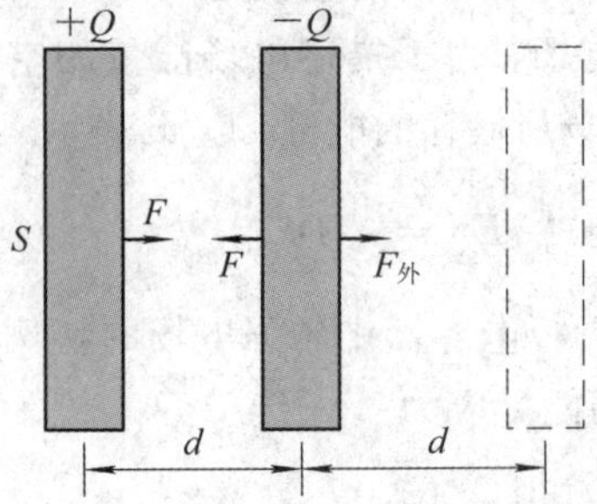

例 6.4.2 图

例 6.4.2

(1) 外力克服两极板相互吸引力所做的功 $A_{外}$；

(2) 两极板间的相互吸引力 F.

解　(1) 电容器两极板间带异号电荷，存在相互吸引力，加大极板间距时，外力要克服吸引力做功，从而电容器所储藏的能量将增加.

两极板的间距为 d 和 $2d$ 时，平行板电容器的电容分别为

$$C_1 = \varepsilon_0 \frac{S}{d}, \quad C_2 = \varepsilon_0 \frac{S}{2d}$$

带电量 $\pm Q$ 时，所储存的电能分别为

$$W_1 = \frac{Q^2}{2C_1} = \frac{1}{2} \cdot \frac{Q^2 d}{\varepsilon_0 S}, \quad W_2 = \frac{Q^2}{2C_2} = \frac{Q^2 d}{\varepsilon_0 S}$$

在拉开极板后，电容器中电场能量的增量为

$$\Delta W = W_2 - W_1 = \frac{1}{2} \cdot \frac{Q^2 d}{\varepsilon_0 S}$$

按功能原理，这一增量应等于外力所做的功 $A_{外}$，即

$$A_{外} = \Delta W = \frac{1}{2} \cdot \frac{Q^2 d}{\varepsilon_0 S}$$

(2) 由于右极板匀速移动，故 $F_{外}$ 恒等于 F，即

$$F = F_{外}$$

又因为

$$A_{外} = F_{外} d$$

所以

$$F = F_{外} = \frac{A_{外}}{d} = \frac{1}{2} \cdot \frac{Q^2}{\varepsilon_0 S}$$

本章小结

知识单元	基本概念、原理及定律	主要公式
静电场中的导体	导体的静电平衡状态	导体内部合场强：$\boldsymbol{E}_{内} = \boldsymbol{E}_0 + \boldsymbol{E}' = \boldsymbol{0}$ 式中，$\boldsymbol{E}_0$ 为外电场，$\boldsymbol{E}'$ 为感应电荷产生的电场
	导体的电势	$U_a - U_b = \int_a^b \boldsymbol{E}_{内} \cdot \mathrm{d}\boldsymbol{l} = 0$　（导体为等势体） $U_P - U_Q = \int_P^Q \boldsymbol{E}_{表面} \cdot \mathrm{d}\boldsymbol{l} = 0$　（导体表面为等势面）
	导体表面附近处的场强	$\boldsymbol{E} = \frac{\sigma_{表面}}{\varepsilon_0} \boldsymbol{e}_n$

续表

知识单元	基本概念、原理及定律	主要公式
静电场中的电介质	介质的相对介电常数	$\varepsilon_r = \dfrac{E_0}{E}$ 式中，E_0 为真空中某处的场强，E 为充入介质后该处的场强
	介质的介电常数	$\varepsilon = \varepsilon_0 \varepsilon_r$
	电介质的极化	$\boldsymbol{E} = \boldsymbol{E}_0 + \boldsymbol{E}'$ 式中，$\boldsymbol{E}_0$ 为外电场，$\boldsymbol{E}'$ 为极化电荷产生的电场
	位移极化	无极分子电介质 $\begin{cases} 无电场：\boldsymbol{p}_e = 0，\sum \boldsymbol{p}_e = 0 \\ 有电场：\boldsymbol{p}_e \neq 0，\sum \boldsymbol{p}_e \neq 0 \end{cases}$
	取向极化	有极分子电介质 $\begin{cases} 无电场：\boldsymbol{p}_e \neq 0，\sum \boldsymbol{p}_e = 0 \\ 有电场：\boldsymbol{p}_e \neq 0，\sum \boldsymbol{p}_e \neq 0 \end{cases}$
	电极化强度	$\boldsymbol{P} = \dfrac{\sum \boldsymbol{p}}{U}$
	电位移矢量	$\boldsymbol{D} = \varepsilon_0 \boldsymbol{E} + \boldsymbol{P}$ $\boldsymbol{D} = \varepsilon \boldsymbol{E} = \varepsilon_0 \varepsilon_r \boldsymbol{E}$ （各向同性均匀电介质）
	电介质中的高斯定理	$\oint\!\!\oint_S \boldsymbol{D} \cdot d\boldsymbol{S} = \sum_{S内} q$
电容和电容器	孤立导体的电容	$C = \dfrac{q}{U}$ 真空中孤立导体球的电容：$C = 4\pi\varepsilon_0 R$
	电容器的电容	$C = \dfrac{q}{U_1 - U_2}$
	几种常见电容器的电容	平行板电容器的电容：$C = \dfrac{\varepsilon_0 \varepsilon_r S}{d}$ 球形电容器的电容：$C = \dfrac{4\pi\varepsilon_0 \varepsilon_r R_1 R_2}{R_2 - R_1}$ 圆柱形电容器的电容：$C = 2\pi\varepsilon_0 \varepsilon_r \dfrac{l}{\ln \dfrac{R_B}{R_A}}$
	电容器的串联和并联	$\dfrac{1}{C} = \dfrac{1}{C_1} + \dfrac{1}{C_2} + \cdots + \dfrac{1}{C_n}$ （串联） $C = C_1 + C_2 + \cdots + C_n$ （并联）
静电场的能量	电容器的储能	$W_e = \dfrac{Q^2}{2C} = \dfrac{1}{2} C U^2 = \dfrac{1}{2} Q U$
	电场的能量密度	$w_e = \dfrac{1}{2} \boldsymbol{D} \cdot \boldsymbol{E} = \dfrac{1}{2} \varepsilon_0 \varepsilon_r E^2 = \dfrac{1}{2} \varepsilon E^2$
	电场能量	$W_e = \iiint_U w_e \, dU$

习　题　六

1. 一任意形状的带电导体，其电荷面密度分布为 $\sigma(x、y、z)$，则在导体表面外附近任意点处的电场强度的大小 $E(x、y、z)=$________________，其方向________________.

2. 如习题 2 图所示，一无限大均匀带电平面附近设置一与之平行的无限大平面导体板. 已知带电面的电荷面密度为 σ，则导体板两侧面的感应电荷密度分别为 $\sigma_1=$__________，$\sigma_2=$______________.

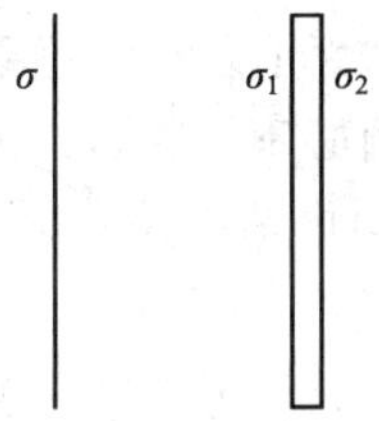

习题 2 图

3. 半径为 R 的金属球 A，接电源充电后断开电源，这时它储存的电场能量为 5×10^{-5}J，今将该球与远处一个半径是 R 的导体球 B 用细导线连接，则 A 球储存的电场能量变为 _____________.

4. 半径为 R_1 和 R_2 的两个同轴金属圆筒（$R_1<R_2$），其间充满着相对介电常数为 ε_r 的均匀介质，设两筒上单位长度带电量分别为 λ 和 $-\lambda$，则介质中的电位移矢量的大小 $D=$__________，电场强度的大小 $E=$ ______________.

5. 平行板电容器的两极板 A、B 的面积均为 S，相距为 d，在两板中间左右两半分别插入相对介电常数为 ε_{r1} 和 ε_{r2} 的电介质，则电容器的电容为__________________.

6. 一空气平行板电容器，其电容值为 C_0，充电后将电源断开，其储存的电场能量为 W_0，今在两极板间充满相对介电常数为 ε_r 的各向同性均匀电介质，则此时电容值 $C=$____________________，储存的电场能量 $W_e=$__________________.

7. 当一个带电导体达到静电平衡时（　　）.

A. 表面上电荷密度较大处电势较高

B. 表面曲率较大处电势较高

C. 导体内部的电势比导体表面的电势高

D. 导体内任一点与其表面上任一点的电势差等于零

8. 半径为 R 的导体球原不带电，今在距球心为 a 处放一点电荷 $q(a>R)$. 设无限远处的电势为零，则导体球的电势为（　　）.

A. $\dfrac{q}{4\pi\varepsilon_0 a}$　　B. $\dfrac{qR}{4\pi\varepsilon_0 a^2}$　　C. $\dfrac{q}{4\pi\varepsilon_0 (a-R)}$　　D. $\dfrac{qa}{4\pi\varepsilon_0 (a-R)^2}$

9. 半径分别为 R 和 r 的两个金属球相距很远，用一根细长导线将两球连接在一起并使它们带电，在忽略导线的影响下，两球表面的电荷面密度之比 σ_R/σ_r 为（　　）.

A. R/r　　B. R^2/r^2　　C. r^2/R^2　　D. r/R

10. 习题10图所示为一空气平行板电容器，极板间距为 d，电容为 C. 若在两板中间平行地插入一块厚度为 $d/3$ 的金属板，则其电容值变为(　　).

A. C　　B. $2C/3$

C. $3C/2$　　D. $2C$

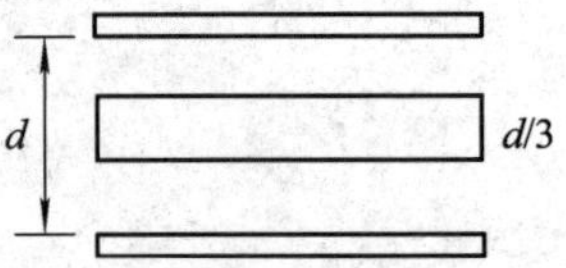

习题10图

11. 一平板电容器充电后保持与电源连接，若改变两极板间的距离，则下述物理量中，保持不变的是(　　).

A. 电容器的电容量　　B. 两极板间的场强

C. 电容器储存的能量　　D. 两极板间的电势差

12. 关于电介质中的高斯定理，下列说法中正确的是(　　).

A. 高斯面内不包围自由电荷，则面上各点电位移矢量 $\boldsymbol{D}$ 为零

B. 高斯面上处处 $\boldsymbol{D}$ 为零，则面内必不存在自由电荷

C. 高斯面的 $\boldsymbol{D}$ 通量仅与面内自由电荷有关

D. 以上说法都不正确

13. 如习题13图所示，一内半径为 a、外半径为 b 的金属球壳，带有电量 Q，在球壳空腔内距离球心 O 点距离为 r 处有一点电荷 q，设无限远处为电势零点. 试求：

(1) 球壳内、外表面上的电荷；

(2) 球心处由球壳内表面上电荷产生的电势；

(3) 球心处的总电势.

14. 习题14图所示为一空气平行板电容器，两极板面积均为 S，板间距离为 d，在两极板间平行地插入一面积也是 S、厚度为 t 的金属片，试求：

(1) 电容 C 等于多少？

(2) 金属片在两极板间放置的位置对电容值有无影响？

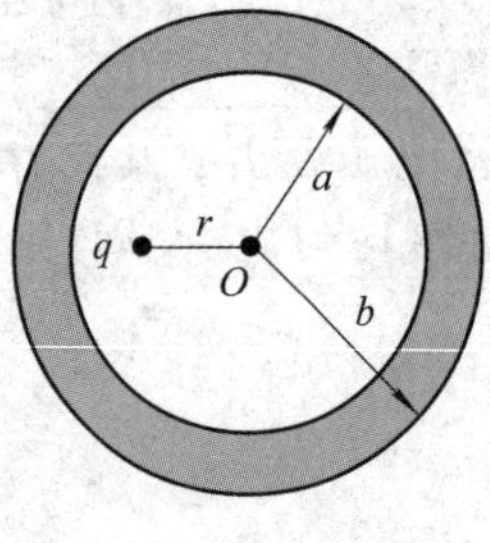

习题13图

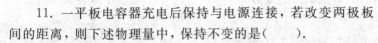

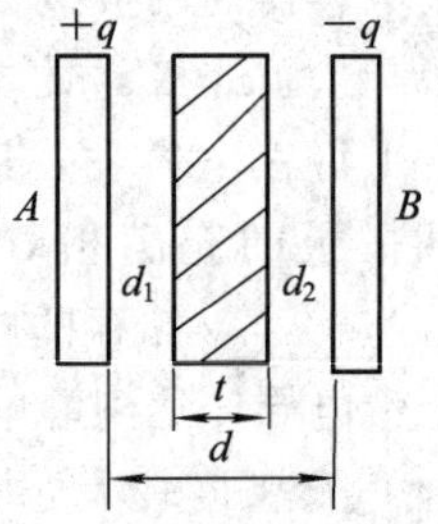

习题14图

15. 一平行板电容器，极板面积为 S，间距为 d，接在电源上并保持电压恒定为 U. 若将极板距离拉开一倍，求：

(1) 电容器中静电能的改变为多少？

(2) 电源对电场所做的功？

(3) 外力对极板所做的功？

16. 一平行板电容器，其极板面积为 S，两板间距离为 d ($d \ll \sqrt{S}$)，中间充有两种各向同性的均匀电介质，其界面与极板平行，相对介电常量分别为 ε_{r1} 和 ε_{r2}，厚度分别为 d_1 和 d_2，且 $d_1+d_2=d$，如习题16图所示. 设两极板上所带电荷分别为 $+Q$ 和 $-Q$，求：

(1) 电容器的电容；

(2) 电容器储存的能量.

17. 半径为 R_1 的导体球和内半径为 R_2 的同心导体球壳构成球形电容器，其间一半充满相对介电常数为 ε_r 的各向同性均匀电介质，另一半为空气，如习题 17 图所示. 试求该电容器的电容.

18. 同轴传输线由两个很长且彼此绝缘的同轴金属直圆柱构成，如习题 18 图所示. 设内圆柱体 A 的电势为 U_1，半径为 a，外圆柱面的电势为 U_2，内半径为 b，求其间离轴为 r 处($a<r<b$)的电势.

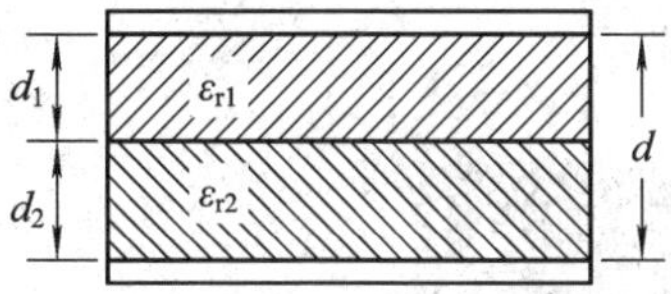

习题 16 图

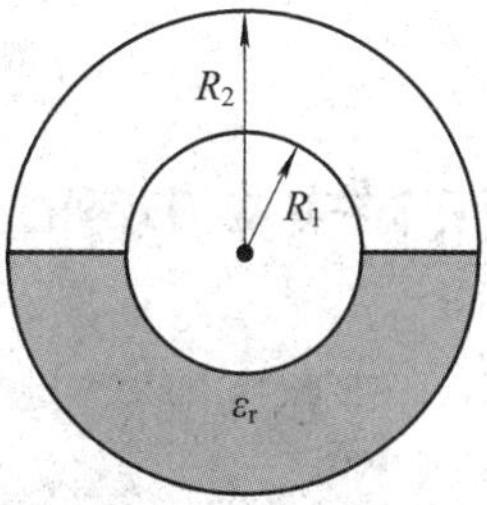

习题 17 图

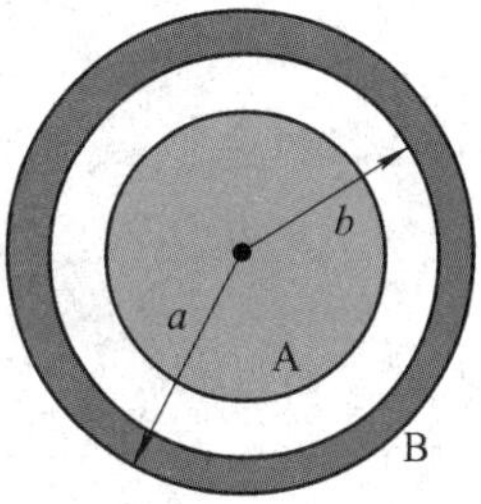

习题 18 图

19. 盖革-米勒管可用来测量电离辐射，该管的基本结构如习题 19 图所示，半径为 R_1 的长直导线作为一个电极，半径为 R_2 的同轴圆柱筒为另一个电极，它们之间充以相对电容率 $\varepsilon_r \approx 1$ 的气体. 当电离粒子通过气体时，能使其电离. 若两极间有电势差时，极间有电流，从而可测出电离粒子的数量. 如以 E_1 表示半径为 R_1 的长直导线附近的电场强度.

(1) 求两极间电势差的关系式；

(2) 若 $E_1=2.0\times10^6\ \text{V}\cdot\text{m}^{-1}$，$R_1=0.30$ mm，$R_2=20.0$ mm，两极间的电势差为多少?

20. 如习题 20 图所示，在平板电容器中填入两种介质，每一种介质各占一半体积. 试证其电容为

$$C=\frac{\varepsilon_{r1}+\varepsilon_{r2}}{2}\cdot\frac{\varepsilon_0 S}{d}$$

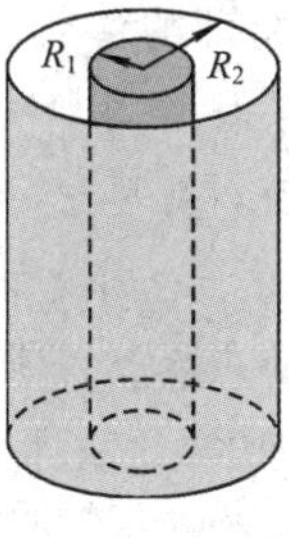

习题 19 图

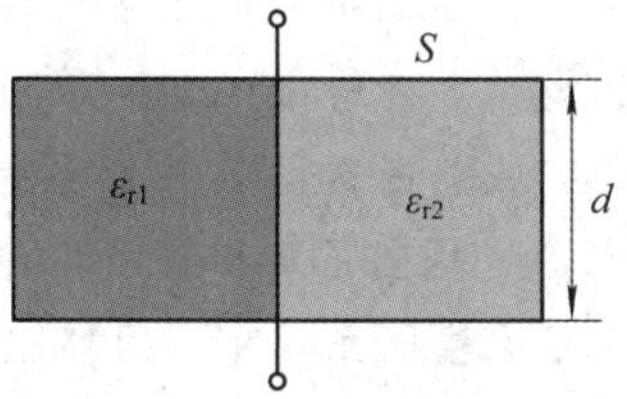

习题 20 图

阅读材料之材料物理

超导技术在未来电网中的应用

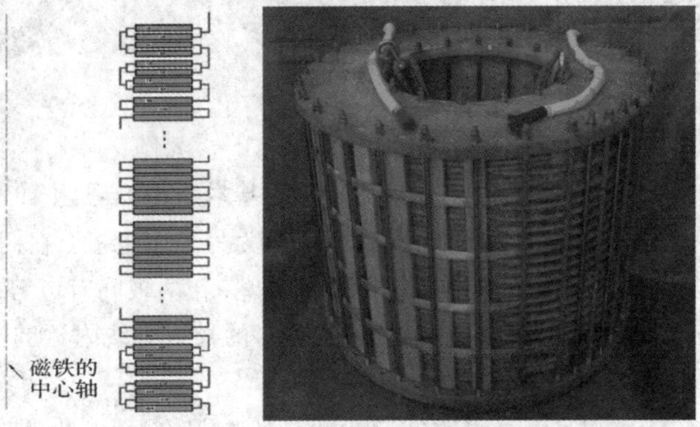

引　言

化石能源资源有限，且在利用过程中产生大量污染物和排放温室气体，对环境造成重大影响，因而是不可持续的能源。为此，人们已经逐渐认识到必须大力发展可再生能源，不断提高可再生能源的比重，并逐步实现可再生能源对化石能源的替代。由于可再生能源受天气影响大且具有间歇性、波动性、分散性、地理上不可平移性等特点，把大量的可再生能源接入电网，将给未来电网带来一系列重大挑战。一方面，需要进一步发展跨区大电网，以实现广域范围内的各种可再生能源资源的时空互补利用。这对远距离大规模可再生能源的电力输送提出了重要挑战，大力发展柔性直流输电正是应对这个挑战的有效途径之一。在柔性直流输电系统中，短路电流的快速限制和开断是重要的技术难题。另一方面，随着大量波动性电源的接入，规模化的电力储能技术将成为迫切需求。

超导体具有零电阻、高密度载流能力和完全抗磁性等奇特的电磁特性，在电力输送和储能方面的应用中，可望为应对上述挑战提供潜在的技术支撑。本文将着重介绍超导直流输电和基于超导电性的电力储能技术的原理和研究进展。

超导能源管道

超导直流输电是利用超导体的零电阻和高密度载流能力发展起来的新型输电技术，通常需要采用液态介质冷却以维持电缆导体的超导态，但介质循环冷却系统给超导直流输电增加了运维成本。基于可再生能源制备的液态清洁燃料(如液氢、液化天然气等)，其输送也需要专用保温绝热管道和低温制冷系统。因此，将超导直流输电与低温液体燃料输送管道相结合，两者共用制冷系统和传输绝热管道，在液体燃料输送的同时冷却超导电缆，进而形成一体化输送的“超导能源管道”，可望成为未来能源输送的技术选择之一。

超导直流限流器

柔性直流输电技术在可再生能源并网和电力输送中的应用日益增加，基于这项技术的多端直流输电和直流电网将成为重要的发展方向。其中，直流系统短路电流的快速开断问题长期以来是一个难题。进一步提高直流断路器的开断容量的难度和代价较大；串联电抗器虽可限制短路电流的上升速度，但对潮流控制的灵活性造成不利影响且损耗大。为此，肖立业等提出发展高压超导直流限流器来解决这个问题，并发表了概念设计方案。

超导直流限流器利用超导体特有的零电阻和超导态—正常态转变特性，由大量无感绕组串并联组成，可以等效为一个串接在电网中、浸泡在液氮内的可变电阻。当线路处于正常状态时，无感绕组处于超导态，电流可以无阻通过超导限流器；当短路故障发生后，短路电流瞬间超过无感绕组临界电流而失超，超导限流器很快呈现出一个合适的电阻，并有效地限制短路电流的大小和上升速度。随着可再生能源和直流电网的发展，超导直流限流器已经引起了国内外越来越广泛的关注。

基于超导电性的电力储能技术

超导储能系统(SMES)利用超导线圈产生的磁场来进行能量的储存，需要时可将电磁能返回给

电网或其他负载。SMES具有响应速度快、响应功率高等优点，用于电网中可以改善电压稳定性、电能品质，并提高功率因数。

近10多年来，随着高温超导材料的发展和高温超导带材商业化产品的出现，韩国、日本、美国、中国等国家的高温超导储能系统的研究开发取得了很大进展。中国科学院电工研究所、清华大学、华中科技大学等均开展了高温超导储能系统的研究，取得了良好的示范或试验效果。中国科学院电工研究所研发成功的1 MJ/0.5 MVA高温超导储能系统，于2011年在10 kV超导变电站并网示范运行，这是国际首台并入实际电网示范运行的高温超导储能系统。在此基础上，结合超导储能和超导限流器的特点，中国科学院电工研究所与西电集团公司合作，联合研发成功1 MJ / 0.5 MVA高温超导储能-限流系统，在一套装置上实现了两种功能。其中，高温超导储能线圈的电感13.3 H，额定储能量1 MJ。该装置利用超导线圈大电感的特性，同时将超导线圈作为储能和限流的环节。在正常状态下，利用超导线圈的储能特性，对风力发电输出波动的有功功率进行补偿；而在故障状态下，将超导线圈串入风力发电机的定子回路，抑制风力发电机的定转子过电流，并减小转子反向感生电动势，从而大大提高了风力发电机的低电压穿越能力。2016年，项目团队完成系统集成并在玉门风电场并网试验。在弱风和强风条件下的现场测试结果表明，高温超导储能-限流系统对风力发电机的有功补偿和有功平滑效果明显。

现有储能技术中除抽水储能外都难以实现大容量储能，而抽水储能受地域限制大且响

应速度慢。为此，结合超导磁悬浮技术的优点，肖立业等提出了一种新型的规模化机械储能技术——真空管道超导磁悬浮列车储能。其中，永磁体安装在环形轨道、车体底面和侧面上，高温超导块材安装在轨道侧面的低温容器内。列车的悬浮利用永磁悬浮方式，轨道侧面的超导体与列车侧面的永磁体相互作用，由于超导体的磁通钉扎效应，超导体与永磁体的相互作用将能够维持列车的相对稳定性。

采用重载磁悬浮列车首尾相连组成环形，并采用直线电机驱动。通过将电能转化为重载列车的动能，能量便以动能的形式储存在真空管道内，需要的时候把动能转换为电能回馈电网。由于是物理储能，环保无二次污染，还具有功率调节灵活、调节范围大、选址方便等优势。与抽水蓄能、压缩空气储能等大规模储能技术相比，真空管道永磁-超导磁悬浮储能系统具有响应快、无任何环境污染、功率调节灵活等多方面优势，且无选址问题，除了可以用于电网大规模电力存储外，还可以用于脉冲高功率电源等，应用前景广阔。

结　语

化石能源不仅资源有限且其使用会导致环境污染，是不可持续的能源，大力发展可再生能源是当今能源发展的大趋势。高比例可再生能源接入电网后，电网将对直流输电、直流故障限流和大规模储能技术提出愈加迫切的需求。由于超导体所具有的独特物理特性，在满足上述需求方面具有潜在的应用价值。我们对直流能源管道、超导直流限流器以及基于超导电性的电力储能技术等的基本原理进行研究并在结构上做出创新，研制了相应的装置，通过实验或并网试验运行验证了原理的可行性。希望对从事该领域的科研人员和研究生有所借鉴作用。

节选自《物理》2021 年第 50 卷第 2 期，超导技术在未来电网中的应用，作者：张京业、唐文冰、肖立业.

第 7 章 稳 恒 磁 场

静止电荷周围会激发静电场，那么移动电荷周围会形成怎样的场？众所周知，电荷宏观定向移动时会形成电流，研究发现其附近的磁针会受力而偏转，这说明电流对磁针有作用力. 电流和磁铁一样，也会产生磁现象. 而且日常生活中存在着大量与磁性有关的现象，如用于存取大量数据的电脑磁盘，在磁力作用下与轨道间作无摩擦高速行驶的磁悬浮列车等.

本章着重讨论恒定电流(或相对参考系以恒定速度运动的电荷)所激发磁场的规律和性质. 主要内容有：描述磁场的物理量——磁感应强度 $\boldsymbol{B}$，电流激发磁场的规律——毕奥-萨伐尔定律，反映磁场性质的基本定理——磁场的高斯定理和安培环路定理，磁场对运动电荷的作用力——洛伦兹力，磁场对电流的作用力——安培力.

7.1 稳恒电流 电动势

7.1.1 电流与电流密度

电流是大量电荷和带电粒子定向运动形成的，形成电流的带电粒子统称为载流子. 载流子可以是电子、质子、正的或负的离子，在半导体中还可能是带正电的“空穴”. 由带电粒子定向运动形成的电流称为**传导电流**. 常见的电流是沿着导线流动的. 电流的强弱用**电流强度**(简称电流)来描述，它等于单位时间内通过某一截面的电量. 如果在一段时间 $\mathrm{d}t$ 内通过某一截面的电量为 $\mathrm{d}q$，则通过该截面的电流强度为

$$I = \frac{\mathrm{d}q}{\mathrm{d}t} \tag{7.1.1}$$

电流强度是一个标量，所谓电流的方向是指正电荷沿导线循行的流向，与一般矢量的方向性截然不同.

电流强度只能从整体上反映电流的大小，在实际问题中，常常遇到大块导体或粗细不均匀的导线，这时导体中各点电流的大小和方向可能不相同，整个导体内各处的电流形成一个“电流场”. 为了能细致地描述电流分布情况，需要引入一个新的物理量——电流密度矢量，以符号 $\boldsymbol{j}$ 表示.

如图 7.1.1 所示，设想在导体中某一点处取一面积元 $\mathrm{d}\boldsymbol{S}$，并使 $\mathrm{d}\boldsymbol{S}$ 的法向单位矢量 $\boldsymbol{e}_\mathrm{n}$ 与该点电流密度 $\boldsymbol{j}$ 的方向相同，若时间 $\mathrm{d}t$ 内通过面积元 $\mathrm{d}\boldsymbol{S}$ 的电流为 $\mathrm{d}I$，则**电流密度** $\boldsymbol{j}$ 定义为

$$\boldsymbol{j} = \frac{\mathrm{d}I}{\mathrm{d}S}\boldsymbol{e}_{\mathrm{n}} \tag{7.1.2}$$

如果面积元 d$\boldsymbol{S}$ 的法向单位矢量 $\boldsymbol{e}_{\mathrm{n}}$ 与电流密度 $\boldsymbol{j}$ 的方向成 θ 角，如图 7.1.1 所示，则通过面积元 d$\boldsymbol{S}$ 的电流 dI 为

$$\mathrm{d}I = j\,\mathrm{d}S\cos\theta = \boldsymbol{j}\cdot\mathrm{d}\boldsymbol{S} \tag{7.1.3}$$

式中，$\mathrm{d}\boldsymbol{S}=\mathrm{d}S\,\boldsymbol{e}_{\mathrm{n}}$，通过导体中任意有限截面的电流为

$$I = \int_S \boldsymbol{j}\cdot\mathrm{d}\boldsymbol{S} \tag{7.1.4}$$

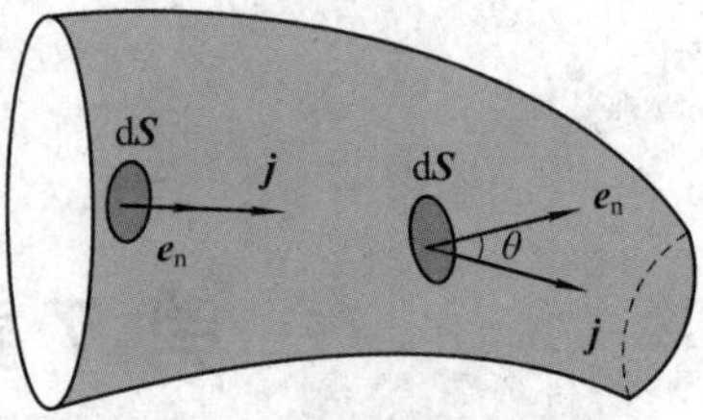

图 7.1.1 电流密度定义图

假设导体中只有一种载流子，这些载流子的漂移速度为 $\boldsymbol{v}$，每个载流子所带的电量为 q，单位体积内载流子数目，即载流子密度为 n，那么单位时间内通过 d$\boldsymbol{S}$ 面的电量为

$$\mathrm{d}I = (nq\boldsymbol{v})\cdot\mathrm{d}\boldsymbol{S} \tag{7.1.5}$$

比较式(7.1.3)和式(7.1.5)可知，其电流密度为

$$\boldsymbol{j} = nq\boldsymbol{v} \tag{7.1.6}$$

式中，q 为代数量，对于正载流子(即 $q>0$)而言，$\boldsymbol{j}$ 与 $\boldsymbol{v}$ 同向；对于负载流子(即 $q<0$)而言，$\boldsymbol{j}$ 与 $\boldsymbol{v}$ 反向.

例 7.1.1 当直径为 0.81 mm 的银线中通过 20 A 的电流时，电子的漂移速度是多大？(设金属银中导电电子数等于原子数，其摩尔质量 $M=0.1\ \mathrm{kg\cdot mol^{-1}}$，密度 $\rho=10^4\ \mathrm{kg\cdot m^{-3}}$)

解 考虑银线均匀，则其通过截面的电流密度为

$$j=\frac{I}{S}$$

由式(7.1.6)可得自由电子漂移速度为

$$v=\frac{j}{ne}=\frac{I}{Sne}=\frac{IM}{\frac{\pi}{4}D^2\rho N_{\mathrm{A}}e}=\frac{4\times20\times0.1}{\pi\times(0.81\times10^{-3})^2\times10^4\times6.02\times10^{23}\times1.60\times10^{-19}}$$

$$=4.02\times10^{-3}\ \mathrm{m\cdot s^{-1}}$$

由此可见，自由电子的漂移速度与蜗牛的爬行速度相近.

7.1.2 恒定电场

式(7.1.4)表明，通过某一面积的电流就是通过该面积的电流密度通量. 对于任一闭合曲面 S，通过该封闭曲面的电流可以表示为

$$I = \oint\!\!\!\oint_S \boldsymbol{j}\cdot\mathrm{d}\boldsymbol{S}$$

由电流和电流密度的定义可知，上式所表示的流出封闭曲面 S 的电流，实际上就是单位时间内从封闭曲面 S 向外流出的正电荷的总量. 根据电荷守恒定律，从封闭曲面 S 流出的电量应等于该封闭曲面 S 内电荷 q 的减少，即

$$\oint\!\!\!\oint_S \boldsymbol{j}\cdot\mathrm{d}\boldsymbol{S} = -\frac{\mathrm{d}q}{\mathrm{d}t} \tag{7.1.7}$$

这一关系式称为**电流连续性方程**.

在大块导体内电流密度可以处处不同，还可能随时间变化. 在本书中我们只讨论稳恒

电流(亦称恒定电流)，当导体中通过恒定电流时，导体内各点的电流密度大小和方向均不随时间变化. 恒定电流有一个很重要的性质：通过任一封闭曲面的恒定电流为零，即

$$\oint\!\!\!\oint_S \boldsymbol{j}\cdot \mathrm{d}\boldsymbol{S}=0 \tag{7.1.8}$$

当电流分布恒定时，从封闭曲面 S 上某一部分流入的电荷等于从闭合曲面 S 其他部分流出的电荷，封闭曲面内的总电量不随时间变化. 考虑到封闭曲面的任意性，可得到如下结论：在恒定电流情况下，导体内电荷的分布不随时间变化，不随时间变化的电荷分布将会产生一个不随时间变化的电场，这种电场称为**稳恒电场**，亦称恒定电场.

导体中不随时间变化的电荷分布就像固定的静止电荷分布一样，因此，稳恒电场与静电场有许多相似之处，比如二者都服从高斯定理和环路定理. 若以 $\boldsymbol{E}$ 表示稳恒电场的电场强度，则应有

$$\oint_L \boldsymbol{E}\cdot \mathrm{d}\boldsymbol{l}=0 \tag{7.1.9}$$

在稳恒电场中也可以引入电势、电势差的概念.

尽管如此，稳恒电场与静电场还是有重要区别的：产生静电场的电荷始终静止不动；而在稳恒电场中，电荷分布虽然不随时间变化，但这种电荷分布总伴随着电荷作定向运动，处于一种动态平衡状态，否则就没有电流存在了. 另外，静电场中导体处于静电平衡时，其内部的场强为零，导体是等势体；而稳恒电场中，导体内部的场强不为零，导体内任意两点的电势不相等.

7.1.3 欧姆定律的微分形式

如图 7.1.2 所示，在导体中取一微元圆柱体，其长度为 $\mathrm{d}l$，截面积为 $\mathrm{d}S$，轴线与电流方向平行，两端电势分别为 $U+\mathrm{d}U$ 和 U，由一段电路的欧姆定律 $U=IR$，有

$$\mathrm{d}I=\frac{U-(U+\mathrm{d}U)}{R}=-\frac{\mathrm{d}U}{R}$$

而

$$R=\rho\frac{\mathrm{d}l}{\mathrm{d}S}=\frac{1}{\gamma}\frac{\mathrm{d}l}{\mathrm{d}S}$$

式中，ρ 是导体的电阻率；γ 是导体的电导率. 因此有

$$\frac{\mathrm{d}I}{\mathrm{d}S}=-\gamma\frac{\mathrm{d}U}{\mathrm{d}l}$$

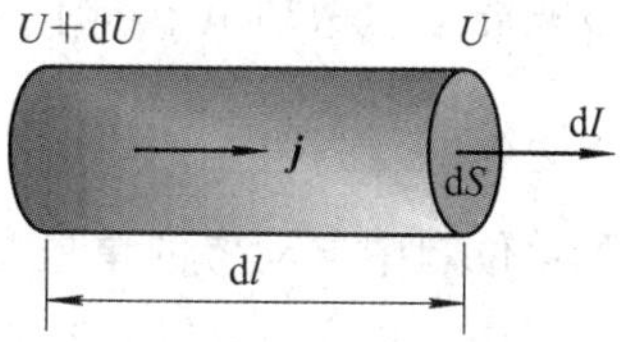

图 7.1.2 圆柱形导体微元

由于有 $j=\frac{\mathrm{d}I}{\mathrm{d}S}$，$-\frac{\mathrm{d}U}{\mathrm{d}l}=E$，则

$$j=\gamma E$$

因为金属和电解液中 $\boldsymbol{j}$ 与该点 $\boldsymbol{E}$ 的方向相同，所以上式可写成矢量形式，即

$$\boldsymbol{j}=\gamma\boldsymbol{E} \tag{7.1.10}$$

式(7.1.10)称为**欧姆定律的微分形式**，它不仅适用于稳恒电场，也适用于变化电场，是反映介质的电磁性质的基本方程之一.

7.1.4 电源电动势

一般来说，如果要在导体内形成恒定的电流，就必须在导体两端维持恒定的电势差．产生和维持这个电势差的装置称为**电源**．如图 7.1.3 所示，当回路接通后，正电荷在电场力的作用下从电势高处 A(电源正极)经外电路移至电势低处 B(电源负极)，并与负电荷中和．因此，两极的电荷不断减少，两极间的电势差也逐渐减小直至消失．电源的作用就在于把正电荷从电势低处 B 通过电源内部移送至电势高处 A，以维持两极间恒定的电势差．如果电源内仅有静电力 $\boldsymbol{F}_e$，是不能实现这一过程的，必须有非静电力 $\boldsymbol{F}_{ne}$ 作用才行．电源恰能提供所需的非静电力．

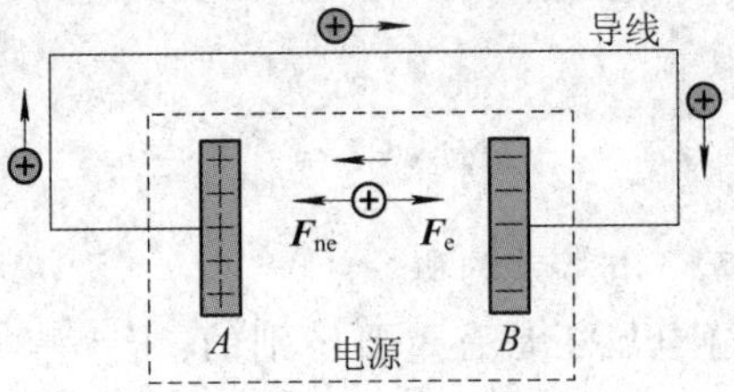

图 7.1.3 电源内非静电力的作用

电源的种类很多，常见的有干电池、蓄电池、光电池、发电机等．不同种类的电源其非静电力的性质不同，例如化学电池中的非静电力是化学力，发电机中的非静电力是电磁作用力．

从能量观点看，电源内部非静电力在移动电荷的过程中克服静电力做功，使电荷的电势能增加，从而将非电能量(化学能、热能、机械能等)转换成电能．

在不同的电源内，把一定量的电荷从负极移到正极，非静电力所做的功是不同的．为了定量地描述电源转化能量的本领，引入**电动势** $\mathscr{E}$ 的概念．在电源内，把单位正电荷从负极移到正极的过程中，非静电力所做的功称为电源电动势．电源迫使正电荷 q 从负极移动到正极非静电力做功 W_{ne}，则

$$\mathscr{E}=\frac{W_{ne}}{q} \tag{7.1.11}$$

在国际单位制中电动势的单位是伏，符号为 V，$1\ \mathrm{V}=1\ \mathrm{J}\cdot\mathrm{C}^{-1}$．

借用场的概念，可以把非静电力的作用看作是非静电场的作用，用 $\boldsymbol{E}_{ne}$ 表示非静电场的强度，则它对电荷 q 的作用为 $\boldsymbol{F}_{ne}=q\boldsymbol{E}_{ne}$．在电源内，非静电力将电荷 q 由负极移到正极所做的功为

$$W_{ne}=\int_{(-)}^{(+)} q\boldsymbol{E}_{ne}\cdot \mathrm{d}\boldsymbol{l} \tag{7.1.12}$$

将式(7.1.12)代入式(7.1.11)，可得

$$\mathscr{E}=\int_{(-)}^{(+)} \boldsymbol{E}_{ne}\cdot \mathrm{d}\boldsymbol{l} \tag{7.1.13}$$

式(7.1.13)是用场的观点表示的电动势．

电动势是标量，但为了便于判断在电流流通时非静电力做功的正负(也就是电源是放电还是充电)，通常把电源内部电势升高的方向，即电源内部负极到正极的指向规定为电

动势的方向.

电源电动势的大小仅取决于电源本身的性质，而与所连接的外电路无关.

7.2 磁场 磁感应强度

汉斯·奥斯特(Hans Christian Oersted，1777—1851年)，丹麦物理学家、化学家. 他深信自然界不同现象之间是相互联系的. 从这个观点出发，他发现了电流对磁针的作用，从而促进了19世纪中叶电磁理论的统一和发展.

7.2.1 磁现象与磁场

人们对磁现象的研究可以追溯到很早，早在我国春秋战国时期(公元前770年—前221年)就有关于天然磁石对铁的吸引的记载——“磁石召铁，或引之也”. 东汉时我国还利用磁铁(或小磁针)在水平面内自由转动时始终沿南北取向的现象发明了指南针，并于北宋时期将其用于航海. 其中指向南方的一端我们称之为南极(或S极)，而指向北方的一端我们称之为北极(或N极). 人们还发现两块磁铁的磁极之间有相互作用，同性磁极间表现为相互排斥，异性磁极间表现为相互吸引，且自然界不存在独立的N极或S极. 当然，一开始对磁现象的研究是与电现象分开来的. 结果发现电现象与磁现象之间存在着相互联系的事实，这首先应归功于丹麦物理学家奥斯特. 他在实验中发现，通有电流的导线(也叫载流导线)附近的磁针，会受力而偏转. 1820年7月21日，他在题为《电流对磁针作用的实验》小册子里宣布了这个发现. 这个事实表明电流对磁铁有作用力，电流和磁铁一样，也产生磁现象.

1820年8月，奥斯特又发表了第二篇论文，他指出：放在马蹄形磁铁两极间的载流导线也会受力而运动. 这个实验说明了磁铁对运动的电荷有作用力.

1820年9月，法国人安培报告了通有电流的直导线间有相互作用的发现，并在1820年底从数学上给出了两平行导线相互作用力公式. 这说明了二者的作用是通过它们产生的磁现象进行的.

为了说明物质的磁性，1822年安培提出了有关物质磁性的本性的假说，他认为一切磁现象的根源是电流，即电荷的运动，任何物体的分子中都存在着回路电流，称为分子电流. 分子电流相当于基元磁铁，由此产生磁效应. 安培假说与现代物质的电结构理论是符合的，分子中的电子除绕原子核运动外，电子本身还有自旋运动，分子中电子的这些运动相当于回路电流，即分子电流. 由此可知，电流是一切磁现象的根源.

正如静止电荷周围的空间存在着电场，静止电荷间的相互作用是通过电场来传递一样；电流与电流之间、电流与磁铁之间、磁铁与磁铁之间的相互作用也是通过场来传递的，这种场被称为磁场. 磁场对位于其间的运动电荷或载流导体有力的作用，因此运动电荷与运动电荷之间、电流与电流之间、电流(或运动电荷)与磁铁之间的作用都可以看成是它们中任意一个所激发的磁场对另一个施加作用力的结果，这种力被称为磁场力. 载流导体在磁场中受到磁场力的作用而运动，在此过程中磁场力做功.

7.2.2 磁感应强度

实验表明，磁场与电场一样，既有强弱，又有方向. 正如在描述电场性质时引进了电场强度一样，为了描述磁场的性质，也需引进一个描述磁场性质的物理量——**磁感应强度** $\boldsymbol{B}$. 只是磁感应强度的定义要比电场强度的定义复杂得多，因为磁感应强度不仅与电荷的大小和多少有关，还与运动速度的大小和方向有关.

大量实验表明：

(1) 当电荷 q 以一定速率 v 经过磁场，通过不同的场点时，电荷所受到的力各不相同；即便是通过同一场点，而速度的方向不同时，电荷所受到的力也不相同，但是在电荷速度 v 与磁场方向平行时，电荷不受磁场的作用力.

(2) 当电荷 q 以不同于上述方向的任一方向通过磁场时，其所受磁场力 $\boldsymbol{F}$ 的方向垂直于电荷速度 $\boldsymbol{v}$ 与磁场方向所组成的平面.

(3) 当电荷速度 v 的方向与磁场方向垂直时，电荷所受磁场力最大. 而且这个最大磁场力 $\boldsymbol{F}_m$ 与电荷 q 和电荷速度 v 都成正比，其比值 F_m/qv 与运动电荷的 qv 无关. 由此可见，它反映了该点磁场的强弱. 这样可定义该点磁感应强度 $\boldsymbol{B}$ 的大小为

$$B=\frac{F_m}{qv} \tag{7.2.1}$$

磁感应强度的方向就是该点的磁场方向. 实验同时表明，磁场力 $\boldsymbol{F}$ 的方向总是垂直于 $\boldsymbol{B}$ 和 $\boldsymbol{v}$ 组成的平面，这样可以根据电荷所受最大磁场力 $\boldsymbol{F}_m$ 与电荷运动速度 $\boldsymbol{v}$ 来确定磁感应强度 $\boldsymbol{B}$ 的方向. 正电荷 q 以速度 $\boldsymbol{v}$ 通过某场点所受的最大磁场力为 $\boldsymbol{F}_m$，则磁场中 $\boldsymbol{F}_m$、$\boldsymbol{B}$、$\boldsymbol{v}$ 三者间的关系如图 7.2.1 所示. 说明磁感应强度的方向为 $\boldsymbol{F}_m\times q\boldsymbol{v}$ 的方向. 这与用小磁针的 N 极来确定的磁场方向是一致的.

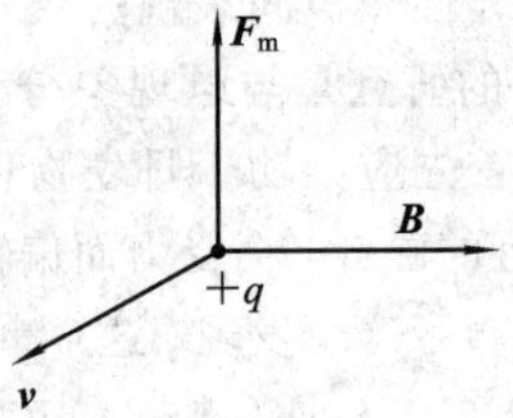

图 7.2.1 磁场中 $\boldsymbol{v}$、$\boldsymbol{F}_m$、$\boldsymbol{B}$ 的关系

在国际单位制中，按定义式(7.2.1)，力 $\boldsymbol{F}_m$ 的单位为 N，电荷量 q 的单位为 C，速度 $\boldsymbol{v}$ 的单位为 $m\cdot s^{-1}$，则磁感应强度 $\boldsymbol{B}$ 的单位为 $N\cdot s\cdot C^{-1}\cdot m^{-1}=N\cdot A^{-1}\cdot m^{-1}$，称为特斯拉，符号为 T. 自然界几种典型磁感应强度 $\boldsymbol{B}$ 的大小如表 7.2.1 所示.

表 7.2.1 典型磁感应强度的大小 T

原子核表面	约 10^{12}	小型条形磁铁近旁	约 10^{-2}
中子星表面	约 10^{8}	木星表面	约 10^{-3}
目前实验室值：瞬时	1×10^{3}	地球表面	约 5×10^{-5}
恒定	37	太阳光内(地面上，均方根值)	3×10^{-6}
大型气泡室内	2	蟹状星云内	约 10^{-8}
太阳黑子中	约 0.3	星际空间	10^{-10}
电视机内偏转磁场	约 0.1	人体表面(例如头部)	3×10^{-10}
太阳表面	约 10^{-2}	磁屏蔽室内	3×10^{-14}

此外，定义磁感应强度的方法很多，例如可以从电流元磁场力或线圈磁力矩等角度来定义.

7.3 毕奥-萨伐尔定律

7.3.1 毕奥-萨伐尔定律的定义

在静电学中，求带电体的电场强度时，通常把带电体划分成许多电荷元，根据电荷元的电场强度表达式，采用叠加法就可得到整个带电体在空间某点产生的电场强度. 与此类似，为了求得任意形状线电流所激发的磁场，可以把电流划分成无穷多小段电流——电流元，并用矢量 $I\mathrm{d}\boldsymbol{l}$ 表示，$\mathrm{d}\boldsymbol{l}$ 表示载流导线上(沿电流方向)所取的线元. 设 I 为导线中的电流，如果已知电流元在空间某一点产生的磁感应强度 $\mathrm{d}\boldsymbol{B}$，用叠加法便可求出整个线电流在该点的磁感应强度. 电流元的磁感应强度 $\mathrm{d}\boldsymbol{B}$ 是以毕奥和萨伐尔等人的大量实验为基础，由拉普拉斯经过科学分析总结后得出的. 电流元 $I\,\mathrm{d}\boldsymbol{l}$ 在空间任一点 P 处所产生的磁感应强度 $\mathrm{d}\boldsymbol{B}$ 的大小为

$$\mathrm{d}B = k\frac{I\mathrm{d}l\ \sin\theta}{r^2} \tag{7.3.1a}$$

式中，r 为从电流元所在点到 P 处的矢量 $\boldsymbol{r}$ 的大小；θ 为电流元 $I\mathrm{d}\boldsymbol{l}$ 与矢量 $\boldsymbol{r}$ 之间小于 $180°$ 的夹角；k 为比例系数，$k=\frac{\mu_0}{4\pi}$，其中 $\mu_0 = 4\pi\times10^{-7}\ \mathrm{N\cdot A^{-2}}$，称为真空磁导率.

而 $\mathrm{d}\boldsymbol{B}$ 的方向垂直于 $\mathrm{d}\boldsymbol{l}$ 和 $\boldsymbol{r}$ 所组成的平面，并沿矢量积 $\mathrm{d}\boldsymbol{l}\times\boldsymbol{r}$ 的方向，即由 $\mathrm{d}\boldsymbol{l}$ 小于 $180°$ 的角度转向 $\boldsymbol{r}$ 时的右手螺旋方向，如图 7.3.1 所示.

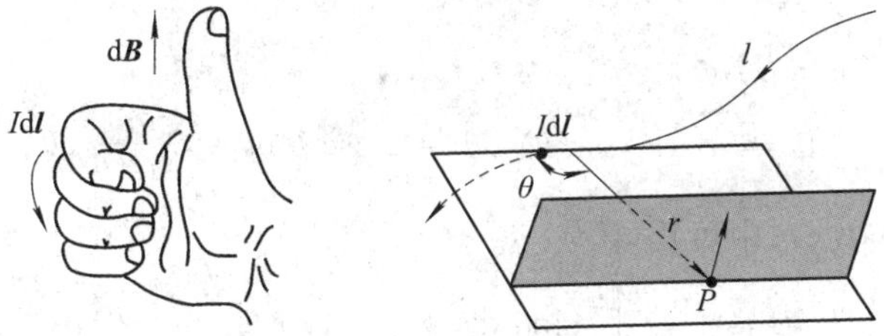

图 7.3.1　电流元的磁感应强度

若用矢量式表示，则有

$$\mathrm{d}\boldsymbol{B} = \frac{\mu_0}{4\pi}\frac{I\,\mathrm{d}\boldsymbol{l}\times\boldsymbol{e}_\mathrm{r}}{r^2} \tag{7.3.1b}$$

式中，$\boldsymbol{e}_\mathrm{r}$ 为沿矢量 $\boldsymbol{r}$ 方向的单位矢量.

式(7.3.1)就是**毕奥-萨伐尔定律**，也可称为**毕奥-萨伐尔-拉普拉斯定律**. 由于 $\boldsymbol{e}_\mathrm{r}=\boldsymbol{r}/r$，故毕奥-萨伐尔定律也可写成

$$\mathrm{d}\boldsymbol{B} = \frac{\mu_0}{4\pi}\frac{I\,\mathrm{d}\boldsymbol{l}\times\boldsymbol{r}}{r^3} \tag{7.3.1c}$$

这样，任意形状的载流导线在 P 处的磁感应强度都可由式(7.3.1)求得，即

$$\boldsymbol{B}=\int \mathrm{d}\boldsymbol{B}=\int_{l}\frac{\mu_0}{4\pi}\frac{I\,\mathrm{d}\boldsymbol{l}\times\boldsymbol{e}_r}{r^2} \tag{7.3.2}$$

下面就应用毕奥-萨伐尔定律来讨论几种载流导体所激发磁场在空间的分布.

7.3.2 毕奥-萨伐尔定律的应用举例

例 7.3.1 如例 7.3.1 图所示，设有一段直载流导线 AB，电流强度为 I，点 P 距导线为 a，电流流向与两端点 A、B 到点 P 的矢量 $\boldsymbol{r}$ 的夹角分别为 θ_1、θ_2，求点 P 的磁感应强度 $\boldsymbol{B}$.

例 7.3.1

解 在 AB 上距点 O 为 l 处取电流元 $I\,\mathrm{d}\boldsymbol{l}$，根据毕奥-萨伐尔定律可知，其在点 P 产生的磁感应强度为

$$\mathrm{d}\boldsymbol{B}=\frac{\mu_0}{4\pi}\frac{I\,\mathrm{d}\boldsymbol{l}\times\boldsymbol{e}_r}{r^2}$$

其大小为

$$\mathrm{d}B=\frac{\mu_0}{4\pi}\frac{I\,\mathrm{d}l\,\sin\theta}{r^2}$$

$\mathrm{d}\boldsymbol{B}$ 的方向垂直纸面向里. 而且，AB 上所有电流元在点 P 产生的 $\mathrm{d}\boldsymbol{B}$ 方向均相同，所以点 P 磁感应强度 $\boldsymbol{B}$ 的大小为

$$B=\int \mathrm{d}B=\int_{AB}\frac{\mu_0}{4\pi}\frac{I\mathrm{d}l\,\sin\theta}{r^2} \tag{1}$$

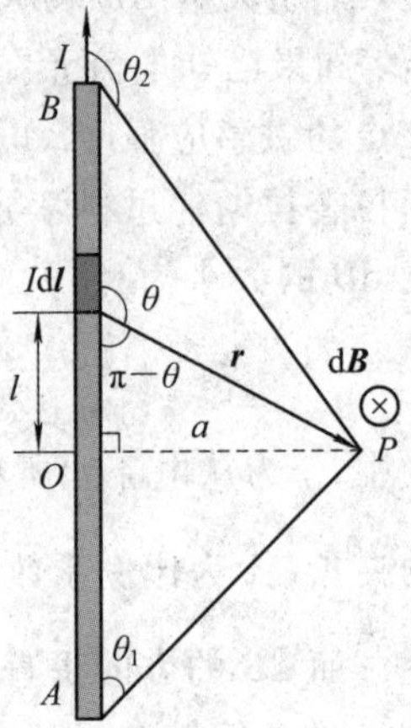

例 7.3.1 图

由例 7.3.1 图可以得出，r、l、θ 之间存在如下关系：

$$r=\frac{a}{\sin(\pi-\theta)}=\frac{a}{\sin\theta} \tag{2}$$

$$l=\frac{a}{\tan(\pi-\theta)}=-\frac{a}{\tan\theta}$$

则

$$\mathrm{d}l=-a(-\csc^2\theta)\,\mathrm{d}\theta=a\csc^2\theta\,\mathrm{d}\theta=\frac{a}{\sin^2\theta}\mathrm{d}\theta \tag{3}$$

将式(2)、式(3)代入式(1)中可得

$$B=\frac{\mu_0 I}{4\pi a}\int_{\theta_1}^{\theta_2}\sin\theta\,\mathrm{d}\theta=\frac{\mu_0 I}{4\pi a}(\cos\theta_1-\cos\theta_2) \tag{4}$$

$\boldsymbol{B}$ 的方向：垂直纸面向里.

下面讨论几种特殊情况：

(1) 若载流导线可视为“无限长”直导线时，则近似有 $\theta_1=0$，$\theta_2=\pi$，根据式(4)可得

$$B=\frac{\mu_0 I}{2\pi a} \tag{5}$$

(2) 若载流导线可视为“半无限长”直导线，即点 P 处在可视为“无限长”直载流导线一个端点处(亦即：O 在 A 处，近似有 $\theta_1=\frac{\pi}{2}$，$\theta_2=\pi$；或 O 在 B 处，近似有 $\theta_1=0$，$\theta_2=\frac{\pi}{2}$)，根据式(4)可得

$$B=\frac{\mu_0 I}{4\pi a} \tag{6}$$

这就表明，在可视为“无限长”直载流导线附近的磁感应强度与电流 I 成正比，与场点到导线的垂直距离 a 成反比．这个结论与毕奥、萨伐尔的早期实验结果是一致的．

例 7.3.2 如例 7.3.2 图所示，半径为 R 的载流圆线圈，电流为 I，求轴线上任一点 P 的磁感应强度 $\boldsymbol{B}$.

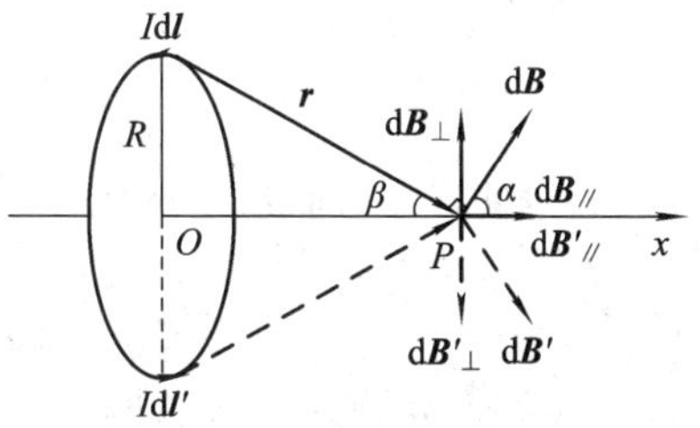

例 7.3.2 图

解 取 x 轴为线圈轴线，O 在线圈中心，根据毕奥-萨伐尔定律可知，电流元 $I\mathrm{d}\boldsymbol{l}$ 在点 P 产生的磁感应强度为

$$\mathrm{d}\boldsymbol{B}=\frac{\mu_0}{4\pi}\frac{I\,\mathrm{d}\boldsymbol{l}\times\boldsymbol{e}_{\mathrm{r}}}{\boldsymbol{r}^2}$$

由于 $I\mathrm{d}\boldsymbol{l}$ 与 $\boldsymbol{e}_{\mathrm{r}}$ 的夹角为 90°，则其大小为

$$\mathrm{d}B=\frac{\mu_0}{4\pi}\frac{I\,\mathrm{d}l\,\sin\theta}{r^2}=\frac{\mu_0 I\,\mathrm{d}l}{4\pi r^2} \qquad (1)$$

设 $\mathrm{d}l$ 垂直纸面，则 $\mathrm{d}\boldsymbol{B}$ 在纸面内．分成平行 x 轴分量 $\mathrm{d}\boldsymbol{B}_{/\!/}$ 与垂直 x 轴分量 $\mathrm{d}\boldsymbol{B}_{\perp}$．与 $I\,\mathrm{d}l$ 在同一直径上的电流元 $I\,\mathrm{d}l'$ 在点 P 产生的 $\mathrm{d}\boldsymbol{B}'$ 可分解为 $\mathrm{d}\boldsymbol{B}'_{/\!/}$、$\mathrm{d}\boldsymbol{B}'_{\perp}$，由对称性可知，$\mathrm{d}\boldsymbol{B}'_{\perp}$ 与 $\mathrm{d}\boldsymbol{B}_{\perp}$ 相抵消，可见，线圈在点 P 产生垂直 x 轴的分量由于两两抵消而为零，即 $\boldsymbol{B}_{\perp}=0$．故只有平行 x 轴分量．有

$$B=B_{/\!/}=\int\mathrm{d}B\cos\alpha \qquad (2)$$

由例 7.3.2 图可知

$$\beta=90^\circ-\alpha$$

可得

$$\cos\alpha=\sin\beta$$

$$\sin\beta=\frac{R}{r}$$

将这些关系和式(1)分别代入式(2)中，可得

$$B=B_{/\!/}=\int\mathrm{d}B\cos\alpha=\frac{\mu_0 I}{4\pi}\int_0^{2\pi R}\frac{\mathrm{d}l}{r^2}\sin\beta$$

$$=\frac{\mu_0 I}{4\pi}\int_0^{2\pi R}\frac{\mathrm{d}l}{r^2}\frac{R}{r}=\frac{\mu_0 IR}{4\pi r^3}\cdot 2\pi R$$

又由于

$$r^2=R^2+x^2$$

则

$$B=\frac{\mu_0 IR^2}{2(x^2+R^2)^{3/2}} \qquad (3)$$

$\boldsymbol{B}$ 的方向为沿 x 轴正向．

下面讨论几种特殊情况：

(1) 若点 P 恰好在圆线圈的原点(即 $x=0$)处时，则根据式(3)可得该点磁感应强度的大小为

$$B=\frac{\mu_0 I}{2R} \qquad (4)$$

(2) 若点 P 离圆线圈很远(即 $x\gg R$)时，则根据式(3)可得该点磁感应强度的大小为

$$B=\frac{\mu_0 R^2 I}{2x^3}\approx\frac{\mu_0 IS}{2\pi x^3} \tag{5}$$

引入

$$\boldsymbol{m}=IS\boldsymbol{e}_{\mathrm{n}} \tag{7.3.3}$$

并且把式(5)写成矢量式

$$\boldsymbol{B}=\frac{\mu_0 \boldsymbol{m}}{2\pi x^3} \tag{6}$$

式(6)和电偶极子在轴线上的场强为

$$\boldsymbol{E}=\frac{\boldsymbol{p}}{2\pi\varepsilon_0 r^3}$$

相似，所以把 $\boldsymbol{m}$ 称为载流线圈的磁矩，它的大小等于 IS，它的方向与线圈平面的法线方向(由线圈中电流流向按右手螺旋法则确定，参见图 7.3.2)相同，式中的 $\boldsymbol{e}_{\mathrm{n}}$ 表示法线方向的单位矢量.

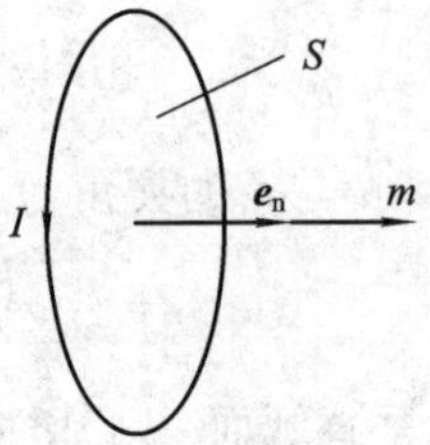

图 7.3.2 载流线圈平面的法线方向和磁矩 $\boldsymbol{m}$ 方向的规定

如果线圈有 N 匝，则电流为原来的 N 倍，此时线圈磁矩定义为

$$\boldsymbol{m}=NIS\boldsymbol{e}_{\mathrm{n}} \tag{7.3.4}$$

应当指出，式(7.3.3)和式(7.3.4)对任意形状的线圈都是适用的.

(3) 经过分析可知，点 P 位于线圈左侧轴线上时，该点磁感应强度 $\boldsymbol{B}$ 的方向仍向右.

例 7.3.3 例 7.3.3 图所示为螺线管的纵剖图. 设此剖面图在纸面内. 已知导线中电流为 I，螺线管单位长度上有 n 匝线圈，并且线圈密绕，螺线管轴线上任一点 P 到螺线管矢量 $\boldsymbol{r}$ 与轴线的夹角为 θ_1、θ_2，求点 P 的磁感应强度 $\boldsymbol{B}$.

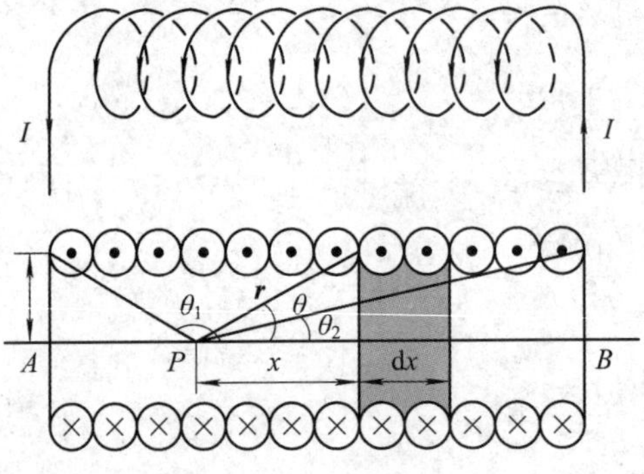

例 7.3.3 图

例 7.3.3

解 在距点 P 为 x 处取长为 $\mathrm{d}x$ 的螺线管，$\mathrm{d}x$ 上绕了 $n\mathrm{d}x$ 匝线圈. 因为螺线管上线圈绕得很密，所以 $\mathrm{d}x$ 段相当于一个圆电流，其电流强度为 $In\mathrm{d}x$. 因此宽为 $\mathrm{d}x$ 的圆线圈产生的 $\mathrm{d}\boldsymbol{B}$ 大小为

$$\mathrm{d}B=\frac{\mu_0 R^2\,\mathrm{d}I}{2(x^2+R^2)^{3/2}}=\frac{\mu_0 R^2 nI\,\mathrm{d}x}{2(x^2+R^2)^{3/2}} \tag{1}$$

所有线圈在点 P 产生的 $\mathrm{d}\boldsymbol{B}$ 均向右，所以点 P 的 B 为

$$B=\int\mathrm{d}B=\int_{AB}\frac{\mu_0 R^2 nI}{2}\cdot\frac{\mathrm{d}x}{(x^2+R^2)^{3/2}}=\frac{\mu_0 R^2 nI}{2}\int_{AB}\frac{\mathrm{d}x}{(x^2+R^2)^{3/2}}$$

由例 7.3.3 图可知

$$\begin{cases} x = R\cot\theta \\ dx = -R\csc^2\theta\, d\theta \end{cases}$$

则

$$B = \frac{\mu_0 R^2 nI}{2}\int_{\theta_1}^{\theta_2}\frac{-R\csc^2\theta\, d\theta}{R^3\csc^3\theta} = -\frac{\mu_0 In}{2}\int_{\theta_1}^{\theta_2}\sin\theta\, d\theta$$

$$= \frac{\mu_0 nI}{2}(\cos\theta_2 - \cos\theta_1) \tag{2}$$

B 的方向为沿螺线管轴线指向正向.

下面讨论几种特殊情况：

(1) 若螺线管可视为“无限长”直螺线管时，则近似有 $\theta_1 = \pi$，$\theta_2 = 0$，根据式(2)可得

$$B = \mu_0 nI \tag{3}$$

(2) 若螺线管可视为“半无限长”直螺线管，即 P 处在可视为“无限长” 直螺线管一个端点处(亦即：P 在 A 处，近似有 $\theta_1 = \pi/2$，$\theta_2 = 0$；或 P 在 B 处，近似有 $\theta_1 = \pi$，$\theta_2 = \pi/2$)，根据式(2)可得

$$B = \frac{1}{2}\mu_0 nI \tag{4}$$

例 7.3.4　有一条载有电流 I 的导线弯成如例 7.3.4 图所示的 $abcda$ 形状. 其中 ab、cd 是直线段，其余为圆弧. 两段圆弧的长度和半径分别为 l_1、R_1 和 l_2、R_2，且两段圆弧共面共心. 求圆心 O 处的磁感强度 **B**.

解　假设载流直线 ab 段在 O 点产生的磁感强度为 $\boldsymbol{B}_1$，载流圆弧 bc 段在 O 点产生的磁感强度为 $\boldsymbol{B}_2$，载流直线 cd 段在 O 点产生的磁感强度为 $\boldsymbol{B}_3$，载流圆弧 da 段在 O 点产生的磁感强度为 $\boldsymbol{B}_4$.

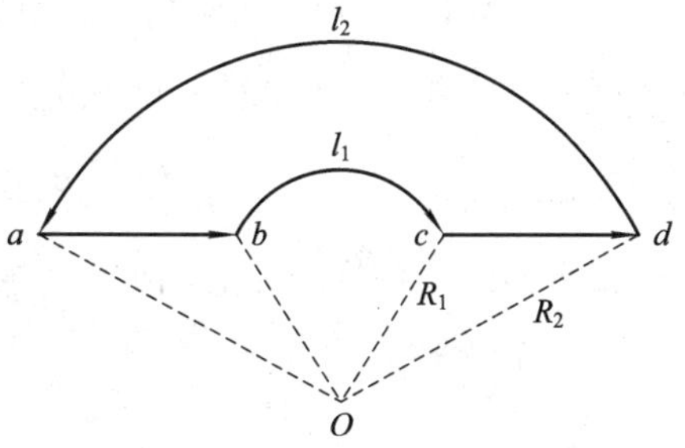

例 7.3.4 图

其中，两段载流圆弧在 O 点的磁场分别相当于圆电流在圆心处磁场的 $l_1/2\pi R_1$ 和 $l_2/2\pi R_2$ 倍，因此它们在 O 点产生的磁感强度大小分别为

$$B_2 = \frac{\mu_0 Il_1}{4\pi R_1^2},\quad B_4 = \frac{\mu_0 Il_2}{4\pi R_2^2}$$

两段载流圆弧在 O 点产生的磁感强度方向分别为：$\boldsymbol{B}_2$ 垂直纸面向里，$\boldsymbol{B}_4$ 垂直纸面向外.

两段载流直线在 O 点产生的磁场，由例 7.3.1 式(4)可知它们磁感强度的大小分别为

$$B_1 = B_3 = \frac{\mu_0 I}{4\pi R_1\cos\frac{l_1}{2R_1}}\left[-\sin\frac{l_1}{2R_1} + \sin\frac{l_2}{2R_2}\right]$$

两段载流直线在 O 点产生的磁感强度方向都是垂直纸面向里. 所以根据磁场的叠加原理可知，圆心 O 处磁感强度 **B** 的大小为

$$B = B_1 + B_3 + B_2 - B_4$$

$$= \frac{\mu_0 I}{2\pi R_1\cos\frac{l_1}{2R_1}}\left[-\sin\frac{l_1}{2R_1} + \sin\frac{l_2}{2R_2}\right] + \frac{\mu_0 I}{4\pi}\left(\frac{l_1}{R_1^2} - \frac{l_2}{R_2^2}\right)$$

圆心 O 处磁感强度 $\boldsymbol{B}$ 的方向为垂直纸面向里.

7.3.3 运动电荷的磁场

根据经典电子理论，导体中的电流是由电荷定向运动形成的. 由此可见，**电流的磁场本质上就是由运动电荷产生的**. 下面将从毕奥-萨伐尔定律出发推导出运动电荷所产生的磁场公式.

有一段粗细均匀、横截面面积为 S 的直导线，设这段导体单位体积内有 n 个作定向移动的带电粒子，每个粒子带有电荷量 q(为简便起见，这里以正电荷为研究对象)，以速度 $\boldsymbol{v}$ 沿电流元 $I\mathrm{d}\boldsymbol{l}$ 的方向作匀速运动而形成导体中的电流，如图 7.3.3 所示. 单位时间内通过截面 S 的电荷量为 $qnvS$，且注意到电流元 $I\,\mathrm{d}\boldsymbol{l}$ 的方向和 $\boldsymbol{v}$ 相同，则电流元 $I\,\mathrm{d}\boldsymbol{l}$ 为

$$I\,\mathrm{d}\boldsymbol{l}=qnS\ \mathrm{d}l\boldsymbol{v}$$

于是，电流元在空间某一点产生的磁感应强度 $\mathrm{d}\boldsymbol{B}$ 为

$$\mathrm{d}\boldsymbol{B}=\frac{\mu_0}{4\pi}\frac{I\,\mathrm{d}\boldsymbol{l}\times\boldsymbol{r}}{r^3}$$

可写成

$$\mathrm{d}\boldsymbol{B}=\frac{\mu_0}{4\pi}\frac{qnS\ \mathrm{d}l\boldsymbol{v}\times\boldsymbol{r}}{r^3}$$

式中，$\boldsymbol{r}$ 为电流元到点 P 的矢径.

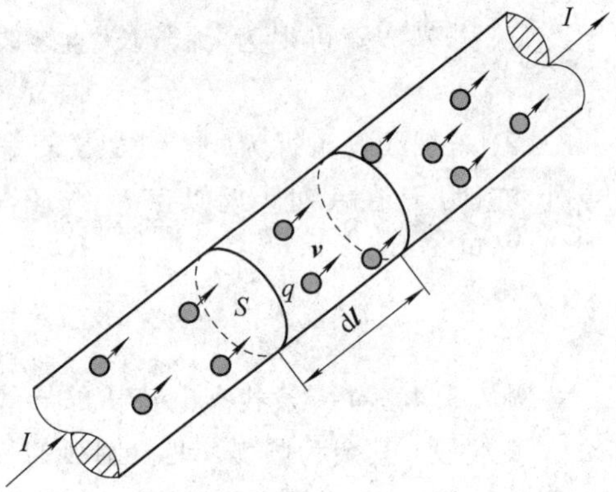

图 7.3.3 电流元中的运动电荷

在电流元内有 $\mathrm{d}N=nS\ \mathrm{d}l$ 个带电粒子同时以速度 $\boldsymbol{v}$ 运动着，那么电流元内一个运动电荷在点 P 产生的磁感应强度 $\boldsymbol{B}$ 为

$$\boldsymbol{B}=\frac{\mathrm{d}\boldsymbol{B}}{\mathrm{d}N}=\frac{\mu_0}{4\pi}\frac{q\boldsymbol{v}\times\boldsymbol{r}}{r^3}\tag{7.3.5a}$$

由于 $\boldsymbol{e}_\mathrm{r}$ 是矢量 $\boldsymbol{r}$ 的单位矢量，故上式亦可写成

$$\boldsymbol{B}=\frac{\mu_0}{4\pi}\frac{q\boldsymbol{v}\times\boldsymbol{e}_\mathrm{r}}{r^2}\tag{7.3.5b}$$

显然，$\boldsymbol{B}$ 的方向垂直于 $\boldsymbol{v}$ 和 $\boldsymbol{r}$ 组成的平面. 当 q 为正电荷时，$\boldsymbol{B}$ 的方向为矢积 $\boldsymbol{v}\times\boldsymbol{r}$ 的方向，如图 7.3.4(a)所示；当 q 为负电荷时，$\boldsymbol{B}$ 的方向与矢积 $\boldsymbol{v}\times\boldsymbol{r}$ 的方向相反，如图 7.3.4(b)所示. 由式(7.3.5)可知，两个等量异号电荷作反方向运动时，其磁场相同. 因此，金属导体中假定正电荷运动的方向作为电流的流向所激发的磁场，与实际金属导体中电子作反向运动所激发的磁场是相同的. 进一步的理论表明，只有当电荷运动的速度远小于光速($v\ll c$)

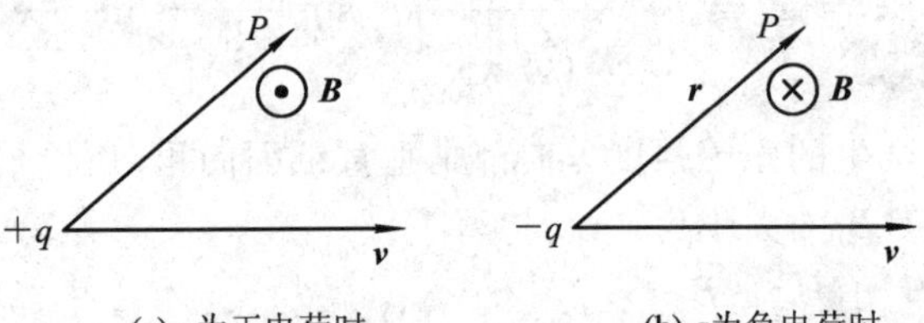

(a) q为正电荷时　　(b) q为负电荷时

图 7.3.4 运动电荷的磁场方向

时，才可近似得到恒定电流元磁场相对应的式(7.3.5)，当带电粒子的速度 v 接近光速 c 时，式(7.3.5)就不再成立. 这时，运动电荷的磁场应当考虑相对论效应.

综上所述，研究运动电荷的磁场，在理论上就是研究毕奥-萨伐尔定律的微观意义.

例 7.3.5 如例 7.3.5(a)图所示，一扇形薄片，半径为 R，张角为 α，其上均匀分布正电荷，面电荷密度为 σ，薄片绕过角顶 O 点且垂直于薄片的轴转动，角速度为 ω. 求 O 点处的磁感应强度 $\boldsymbol{B}$.

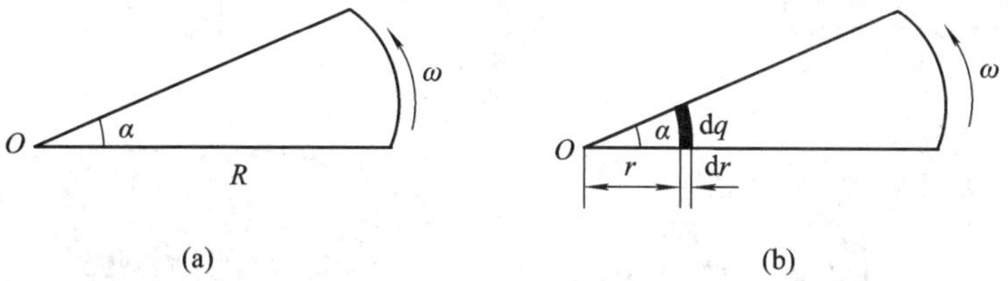

例 7.3.5 图

解 在扇形上选择一个距 O 点为 r、宽度为 $\mathrm{d}r$ 的面积元，其面积为 $\mathrm{d}S = r\alpha\mathrm{d}r$，带有电荷 $\mathrm{d}q = \sigma\,\mathrm{d}S$，如例 7.3.5(b)图所示，它所形成的电流为

$$\mathrm{d}I = \frac{\mathrm{d}q\omega}{2\pi}$$

$\mathrm{d}I$ 在 O 点产生的磁感应强度为

$$\mathrm{d}B = \frac{\mu_0\,\mathrm{d}I}{2r} = \frac{\mu_0\,\mathrm{d}q\omega}{4\pi r} = \frac{\mu_0\sigma\alpha\omega}{4\pi}\,\mathrm{d}r$$

所以，O 点处的磁感应强度的大小为

$$B = \int_0^R \frac{\mu_0\sigma\alpha\omega}{4\pi}\mathrm{d}r = \frac{\mu_0\sigma\alpha\omega R}{4\pi}$$

$\boldsymbol{B}$ 的方向为垂直纸面向外.

7.4 磁通量 磁场中的高斯定理

7.4.1 磁感应线

正如在静电场中用电场线来描述静电场分布一样，为了形象地反映磁场在空间的分布情况，也可以引进**磁感应线**来表示. 使**磁感应线上任一点的切向方向和该点的磁场方向一致，并在线上用箭头标出. 而磁感应线的密集程度则表示该点磁感应强度的大小**. 磁感应线是人为画出来的，并非磁场中真实存在的曲线. 但是却可以借助小磁针和铁屑来显示磁场中的磁感应线. 如果在垂直于长直导线的玻璃板上撒上一些小磁针或铁屑，这些铁屑将被磁场磁化，也可视为一些细小的磁针，它们在磁场作用下会形成如图 7.4.1(a)、(b)所示的分布图. 由载流长直导线的磁感应线图形及毕奥-萨伐尔定律可知，磁感应线的回转方向和电流流向遵从右手螺旋关系，如图 7.4.1(c)所示. 此外，圆电流和载流长直螺线管的磁感应线也遵从右手螺旋关系，如图 7.4.1(d)、(e)所示.

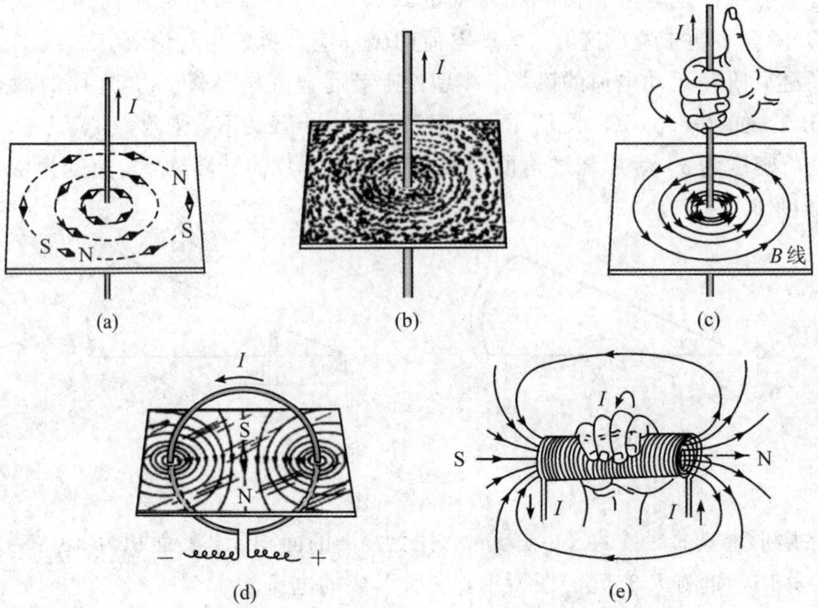

图 7.4.1　几种典型载流导线的磁感应线

由上述几种典型的载流导线的磁感应线图形可知磁感应线具有如下特性：

(1) 由于磁场中任一点的磁感应强度都是唯一的，因此磁场中的磁感应线不会相交. 这一特点与电场线相同.

(2) 磁场中的磁感应线是闭合曲线. 这与电场线的情况截然不同.

7.4.2　磁通量　磁场中的高斯定理

一般可以用磁感应线的疏密程度来形象地描述磁场的强弱. 对磁感应线的疏密程度规定如下：磁场中某点附近垂直于 $\boldsymbol{B}$ 矢量的单位面积上通过的磁感应线数目等于该点 $\boldsymbol{B}$ 的数值. 因此，$\boldsymbol{B}$ 大的地方，磁感应线密集；$\boldsymbol{B}$ 小的地方，磁感应线稀疏. 对均匀的磁场而言，磁场中的磁感应线是平行线，各处的磁感应线密度相等；对非均匀的磁场而言，磁场中的磁感应线一般相互不平行，各处的磁感应线密度也不相等.

通过磁场中某一面的磁感应线条数称为通过该面的**磁通量**，用符号 Φ_m 表示.

在磁感应强度 $\boldsymbol{B}$ 均匀的磁场中，如图 7.4.2 所示，取一面积矢量 $\boldsymbol{S}$，其大小为 S，其方向用它的法线单位矢量 $\boldsymbol{e}_n$ 来表示，有 $\boldsymbol{S}=S\boldsymbol{e}_n$，在图中，$\boldsymbol{e}_n$ 和 $\boldsymbol{B}$ 之间的夹角为 θ. 按照磁通量的定义，通过面 S 的磁通量为

$$\Phi_m = BS\cos\theta \tag{7.4.1a}$$

亦可表示为

$$\Phi_m = \boldsymbol{B}\cdot\boldsymbol{S} = \boldsymbol{B}\cdot\boldsymbol{e}_n S \tag{7.4.1b}$$

在不均匀磁场中，通过任意曲面的磁通量计算方法为：在曲面上取一面积元矢量 $\mathrm{d}\boldsymbol{S}$，如图 7.4.2(b)所示，它所处的磁场近似为均匀磁场，其磁感应强度 $\boldsymbol{B}$ 与单位法线矢量 $\boldsymbol{e}_n$ 之间的夹角为 θ，则通过面积元 $\mathrm{d}\boldsymbol{S}$ 的磁通量为

$$\mathrm{d}\Phi_m = B\,\mathrm{d}S\cos\theta = \boldsymbol{B}\cdot\mathrm{d}\boldsymbol{S} \tag{7.4.2}$$

而通过某一有限曲面的磁通量 Φ_m 就等于通过这些面积元 $d\boldsymbol{S}$ 上的磁通量 $d\Phi_m$ 的总和，即

$$\Phi_m = \int d\Phi_m = \int_S B\ dS\cos\theta = \int_S \boldsymbol{B}\cdot d\boldsymbol{S} \tag{7.4.3}$$

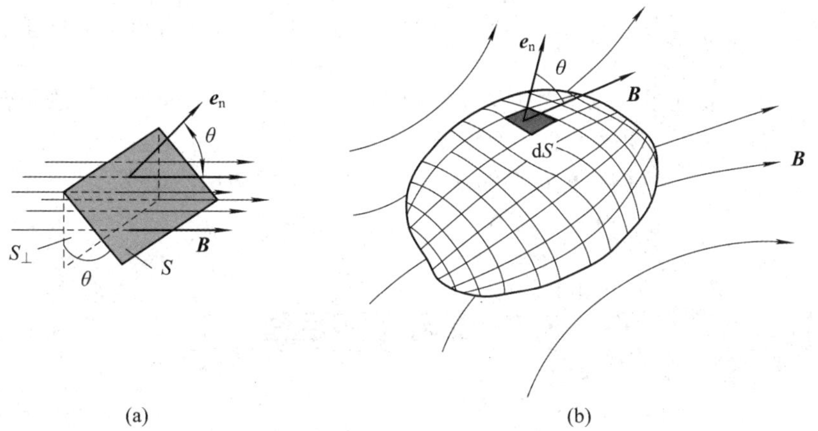

图 7.4.2　磁通量

例 7.4.1　在一沿 z 轴负方向通有电流 I 的无限长直导线所产生的磁场中，有一个与之共面的矩形平面线圈 $cdef$，线圈 cd 和 ef 边与长直导线平行，线圈尺寸和其与长导线的距离如例 7.4.1(a)图所示．现在使平面线圈沿其平面法线方向 $\boldsymbol{n}$(平行 x 轴)移动 Δx 距离，求在此位置上通过线圈的磁通量．

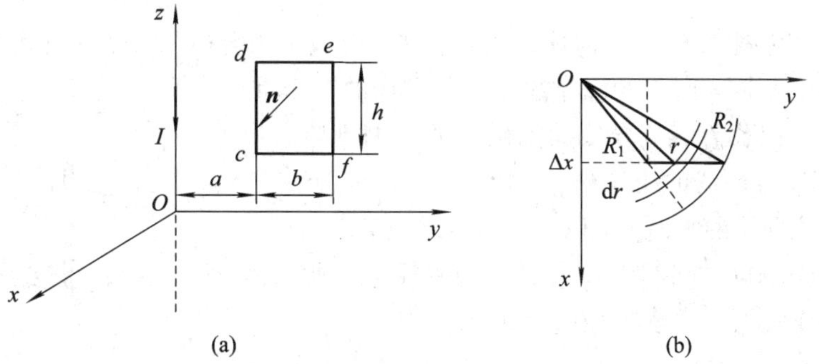

例 7.4.1 图

解　如例 7.4.1(b)图所示，平面沿 x 轴正向平行移动 Δx 后，只有距离无限长直导线 $R_1 \sim R_2$ 区间的磁感应线才能穿过该平面．其中，$R_1 = \sqrt{\Delta x^2 + a^2}$，$R_2 = \sqrt{\Delta x^2 + (a+b)^2}$，则

$$\Phi = \int \boldsymbol{B}\cdot d\boldsymbol{S} = \int B\ dS = \int_{R_1}^{R_2} \frac{\mu_0 I}{2\pi r} h\ dr = \frac{\mu_0 Ih}{2\pi}\ln\frac{R_2}{R_1} = \frac{\mu_0 Ih}{4\pi}\ln\frac{\Delta x^2 + (a+b)^2}{\Delta x^2 + a^2}$$

对于闭合曲面而言，一般规定其正法线单位矢量 $\boldsymbol{e}_n$ 的方向为垂直于曲面向外．依照这个规定，当磁感应线从曲面穿出($\theta < \pi/2$，$\cos\theta > 0$)时，磁通量为正；而当磁感应线从曲面穿入($\theta > \pi/2$，$\cos\theta < 0$)时，磁通量为负．因为磁感应线是闭合的，所以对于任一闭合曲面来说，穿入和穿出闭合面的磁感应线条数一定是相等的，也就是说，通过任意闭合曲面的磁通量必为零，即

$$\oint_S \boldsymbol{B} \cdot \mathrm{d}\boldsymbol{S} = 0 \tag{7.4.4}$$

上述结论也称为磁场中的高斯定理，它是表明磁场性质的重要定理之一．虽然式(7.4.4)和静电场的高斯定理 $\left(\oint_S \boldsymbol{E} \cdot \mathrm{d}\boldsymbol{S} = \dfrac{\sum q_i}{\varepsilon_0}\right)$ 在形式上相似，但两者有着本质区别．通过任意闭合曲面的电场强度通量可以不为零，说明电场是一个有源场；而通过任意闭合曲面的磁感应强度通量必为零，说明磁场是一个无源场．

在国际单位制中，磁通量 Φ_m 的单位为韦伯，其符号为 Wb，

$$1\ \mathrm{Wb} = 1\ \mathrm{T} \times 1\ \mathrm{m}^2$$

7.5 安培环路定理

7.5.1 安培环路定理

在研究静电场时，曾从场强 $\boldsymbol{E}$ 的环流 $\oint_L \boldsymbol{E} \cdot \mathrm{d}\boldsymbol{l} = 0$ 这个特性知道静电场是一个保守力场，并由此引入电势这个物理量来描述静电场．

对于恒定电流所激发的磁场，也可用磁感应强度 $\boldsymbol{B}$ 沿任一闭合曲线的线积分 $\oint_L \boldsymbol{B} \cdot \mathrm{d}\boldsymbol{l}$（又称为 $\boldsymbol{B}$ 的环流）来反映磁场的性质．由于磁感应线是闭合曲线，可以预见 $\boldsymbol{B}$ 的环流与 $\boldsymbol{E}$ 的环流结果将会不同，而它的规律却能揭示磁场的一个重要特性．

下面通过无限长直载流导线周围磁场的特例具体计算 $\boldsymbol{B}$ 沿任一闭合曲线的线积分．

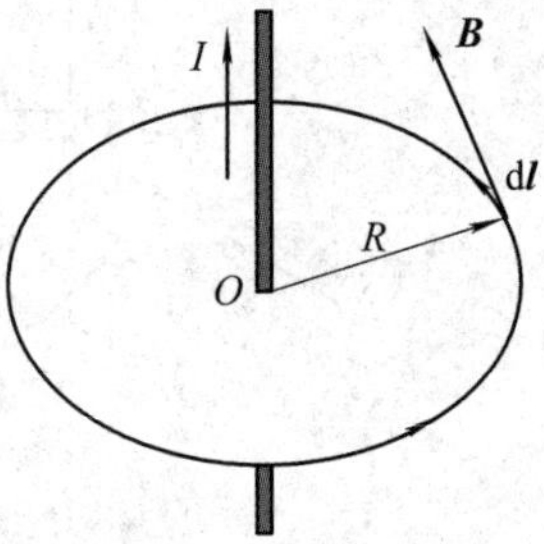

图 7.5.1 无限长直载流导线 $\boldsymbol{B}$ 的环流

在垂直载流导线的平面上，以平面与导线的交点 O 为圆心，在平面上作一半径为 R 的圆周，如图 7.5.1 所示．在圆周上任一点的磁感应强度 $\boldsymbol{B}$ 的大小均为

$$B = \frac{\mu_0 I}{2\pi R}$$

若选定圆周的绕向为逆时针方向，则圆周上每一点 $\boldsymbol{B}$ 的方向与线元 $\mathrm{d}\boldsymbol{l}$ 的方向相同，即 $\boldsymbol{B}$ 与 $\mathrm{d}\boldsymbol{l}$ 之间的夹角 $\theta = 0^\circ$．这样，$\boldsymbol{B}$ 沿上述圆周的积分为

$$\oint_L \boldsymbol{B} \cdot \mathrm{d}\boldsymbol{l} = \oint_L B\ \cos\theta\ \mathrm{d}l = \oint_L \frac{\mu_0 I}{2\pi R}\ \mathrm{d}l = \frac{\mu_0 I}{2\pi R} \oint_L \mathrm{d}l$$

上式右端的积分值为圆周的周长 $2\pi R$，所以

$$\oint_L \boldsymbol{B} \cdot \mathrm{d}\boldsymbol{l} = \mu_0 I \tag{7.5.1}$$

上述 $\boldsymbol{B}$ 的积分路径为圆形路径．若改为任意闭合回路，积分路径将会如何？如图 7.5.2(a)所示，有一通有电流 I 的长直导线垂直于纸平面，且电流流向垂直纸平面向内．

在纸平面内取两个闭合回路 L_1 和 L_2，其中闭合路径 L_1 内包围的电流为 I，而在闭合路径 L_2 内没有电流. 由图 7.5.2(b)可知，由于磁感应强度的方向总是沿着环绕直导线的圆形回路的切线方向，因此对闭合路径 L_1 或 L_2 上任意一线元 $\mathrm{d}\boldsymbol{l}$，磁感应强度 $\boldsymbol{B}$ 与 $\mathrm{d}\boldsymbol{l}$ 的点积为

$$\boldsymbol{B}\cdot\mathrm{d}\boldsymbol{l}=B\,\mathrm{d}l\cos\theta=Br\,\mathrm{d}\varphi$$

式中，r 为载流导线到线元 $\mathrm{d}\boldsymbol{l}$ 的距离. 由例 7.3.1 式(5)可知，上式可写为

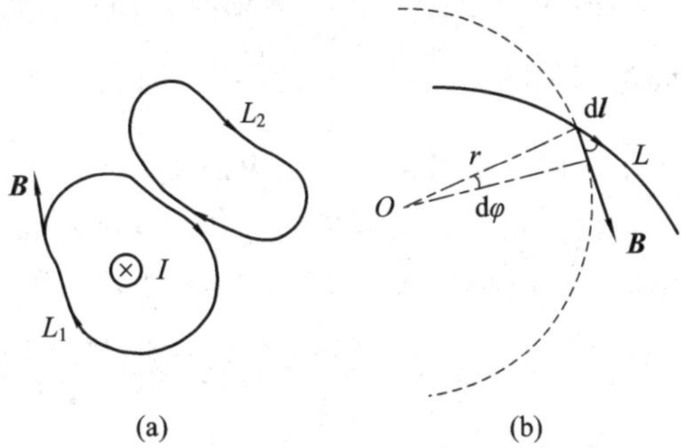

图 7.5.2 $\boldsymbol{B}$ 沿任意闭合回路的环流

$$\boldsymbol{B}\cdot\mathrm{d}\boldsymbol{l}=Br\,\mathrm{d}\varphi=\frac{\mu_0 I}{2\pi r}r\,\mathrm{d}\varphi=\frac{\mu_0 I}{2\pi}\,\mathrm{d}\varphi \tag{7.5.2}$$

对于图 7.5.2(a)的闭合路径 L_1，角 φ 将由 0 增至 2π. 于是，磁感应强度 $\boldsymbol{B}$ 沿闭合路径 L_1 的环流为

$$\oint_{L_1}\boldsymbol{B}\cdot\mathrm{d}\boldsymbol{l}=Br\oint\mathrm{d}\varphi=\frac{\mu_0 I}{2\pi}2\pi=\mu_0 I \tag{7.5.3}$$

由此可见，在稳恒磁场中，磁感应强度 $\boldsymbol{B}$ 沿闭合路径的线积分，等于此闭合路径所包围的电流与真空磁导率的乘积，而与闭合路径的形状无关.

应当指出，在式(7.5.3)中，积分回路 L_1 的绕向与 I 的流向呈右手螺旋关系. 若绕行方向不变，电流反向，则

$$\oint_{L_1}\boldsymbol{B}\cdot\mathrm{d}\boldsymbol{l}=-\mu_0 I=\mu_0(-I)$$

这时可以认为，当积分回路的绕向与 I 的流向呈左手螺旋关系时，电流是负的.

然而，对于图 7.5.2(a)的闭合路径 L_2，将得到不同的结果. 从闭合路径 L_2 上某一点出发，绕行一周，角 φ 的净增值为零，即

$$\oint\mathrm{d}\varphi=0$$

于是，由式(7.5.3)可得

$$\oint_{L_2}\boldsymbol{B}\cdot\mathrm{d}\boldsymbol{l}=0 \tag{7.5.4}$$

比较式(7.5.3)与式(7.5.4)可以看出它们是有差别的，这是由于闭合路径 L_1 内包围了电流，而在闭合路径 L_2 内却未包围电流. 由此可得**安培环路定理**：在真空的稳恒磁场中，磁感应强度 $\boldsymbol{B}$ 沿任一个闭合路径的积分($\boldsymbol{B}$ 的环流)值，等于 μ_0 乘以该闭合路径内所包围的各稳恒电流的代数和，即

$$\oint_{L}\boldsymbol{B}\cdot\mathrm{d}\boldsymbol{l}=\mu_0\sum I_{\mathrm{int}} \tag{7.5.5}$$

式中，I_{int} 表示在积分回路内所包围的稳恒电流.

式(7.5.5)是电流与磁场之间的基本规律之一. 若电流流向与积分回路呈右手螺旋关系，则电流取正值；反之则取负值.

由式(7.5.5)可见，无论闭合路径外的电流如何分布，只要闭合路径内没有包围电流，或包围的电流的代数和为零，总有 $\oint_L \boldsymbol{B}\cdot \mathrm{d}\boldsymbol{l}=0$. 但是应当注意，$\boldsymbol{B}$ 的环流为零一般并不意味着闭合路径上各点的磁感应强度为零.

由安培环路定理可知，由于 $\boldsymbol{B}$ 的环流一般不为零，因此稳恒磁场的基本性质与静电场不同，静电场是保守场，而磁场是非保守场.

7.5.2 安培环路定理的应用举例

在静电场中，可以用高斯定理求电荷对称分布时的电场强度. 同样，在稳恒磁场中，也可以利用安培环路定理求电流对称分布时的磁感应强度.

与应用高斯定理求电场强度一样，对于不具有对称性的磁场，一般不能用安培环路定理求解磁感应强度. 而运用安培环路定理求解磁感应强度的步骤如下：

(1) 根据电流分布分析磁场的对称性；

(2) 根据磁场在空间对称性分布的特点，选取恰当的积分路径 L，该积分路径必须通过所求的场点；

(3) 所选积分路径可使 $\int_L \boldsymbol{B}\cdot \mathrm{d}\boldsymbol{l}$ 中的 $\boldsymbol{B}$ 能提出积分号；

(4) 由 $\oint_L \boldsymbol{B}\cdot \mathrm{d}\boldsymbol{l}=\mu_0\sum I_{\text{int}}$，求出 $\boldsymbol{B}$；

(5) 根据实际情况判定 $\boldsymbol{B}$ 的方向.

下面具体讨论几种电流分布对称的磁场.

例 7.5.1 有一半径为 R 的无限长均匀载流圆柱体，通过的电流为 I，求圆柱体内、外的磁感应强度分布.

解 由题意知，磁场是关于导体轴线对称的. 磁感应线是在垂直于该轴平面上以此轴上点为圆心的一系列同心圆周，在每一个圆周上 $\boldsymbol{B}$ 的大小是相同的. 在考察场点 P(或 Q)时，可取过点 P(或 Q)的半径为 r 的磁感应线为其积分路径，如例 7.5.1(a)图所示. 由于该路径上任一线元 $\mathrm{d}\boldsymbol{l}$ 的方向都与 $\boldsymbol{B}$ 相同，因此 $\boldsymbol{B}$ 的环流为

$$\oint_L \boldsymbol{B}\cdot \mathrm{d}\boldsymbol{l}=B\cdot 2\pi r$$

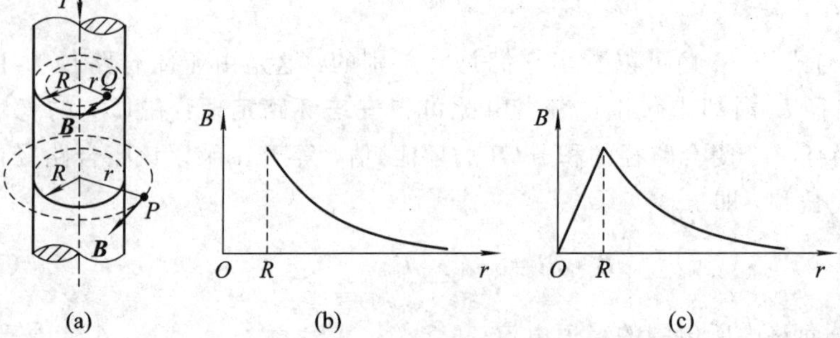

例 7.5.1 图

例 7.5.1

若 $r>R$，即图中点 P，所有电流 I 都穿过积分回路，根据安培环路定理有

$$B\cdot 2\pi r=\mu_0 I$$

得

$$B=\frac{\mu_0 I}{2\pi r}$$

方向：如例 7.5.1(a)图所示.

由此可见，无限长载流圆柱体外部的磁场分布与无限长直载流导线的磁场分布完全相同.

若 $r<R$，即图中点 Q，现考虑两种情况：

(1) 电流只分布于圆柱体外表面：此时，没有电流 I 穿过积分回路，根据安培环路定理有 $B\cdot 2\pi r=0$，则 $B=0$. 磁场的总体分布情况为

$$B=\begin{cases}\dfrac{\mu_0 I}{2\pi r} & (r>R)\\ 0 & (r<R)\end{cases}\tag{1}$$

磁感应强度 B 与场点到轴线的距离 r 的关系如例 7.5.1(b)图所示.

(2) 电流均匀分布于圆柱形导体截面上：此时，穿过积分回路的电流为

$$I'=\frac{I}{\pi R^2}\pi r^2$$

根据安培环路定理有

$$B\cdot 2\pi r=\mu_0 I'=\frac{\mu_0 I}{\pi R^2}\pi r^2=\frac{\mu_0 I r^2}{R^2}$$

得

$$B=\frac{\mu_0 I}{2\pi R^2}r$$

方向：如例 7.5.1(a)图所示.

磁场的总体分布情况为

$$B=\begin{cases}\dfrac{\mu_0 I}{2\pi r} & (r>R)\\ \dfrac{\mu_0 I}{2\pi R^2}r & (r<R)\end{cases}\tag{2}$$

磁感应强度 B 与场点到轴线的距离 r 的关系如例 7.5.1(c)图所示.

例 7.5.2　例 7.5.2 图所示为一均匀紧密绕制的无限长直螺线管，单位长度上绕了 n 匝线圈，其上通有电流 I，求螺线管内的磁感应强度的分布.

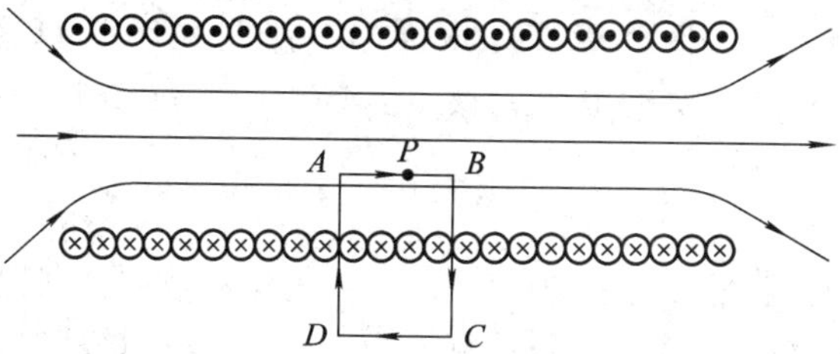

例 7.5.2 图

例 7.5.2

解 由题意可知，电流分布对称，则在螺线管内的磁感应线为一系列平行线，管外的磁场非常弱，可以忽略不计. 考察螺线管内任一场点 P 时，可以取过点 P 的一个矩形闭合回路 $ABCDA$，如例 7.5.2 图所示. 在线段 CD 上，以及线段 BC 和 DA 位于管外的部分，$B=0$. 在线段 BC 和 DA 位于螺线管内的部分，虽然 $B\neq 0$，但 $\mathrm{d}\boldsymbol{l}$ 垂直于 $\boldsymbol{B}$，即

$$\boldsymbol{B}\cdot\mathrm{d}\boldsymbol{l}=0$$

线段 AB 上各点磁感应强度大小相等，方向都与线积分路径 $\mathrm{d}\boldsymbol{l}$ 一致，即从 A 到 B. 所以 $\boldsymbol{B}$ 矢量沿闭合路径 $ABCDA$ 的线积分为

$$\oint_L\boldsymbol{B}\cdot\mathrm{d}\boldsymbol{l}=\int_{\overline{AB}}\boldsymbol{B}\cdot\mathrm{d}\boldsymbol{l}+\int_{\overline{BC}}\boldsymbol{B}\cdot\mathrm{d}\boldsymbol{l}+\int_{\overline{CD}}\boldsymbol{B}\cdot\mathrm{d}\boldsymbol{l}+\int_{\overline{DA}}\boldsymbol{B}\cdot\mathrm{d}\boldsymbol{l}=\int_{\overline{AB}}\boldsymbol{B}\cdot\mathrm{d}\boldsymbol{l}=B\cdot\overline{AB}$$

由于螺线管上单位长度有 n 匝线圈，而通过每匝线圈的电流均为 I，其流向与闭合回路 $ABCDA$ 构成右手螺旋关系，故取正值，所以闭合路径 $ABCDA$ 所包围的总电流为 $\overline{AB}nI$. 根据安培环路定理，有

$$\oint_L\boldsymbol{B}\cdot\mathrm{d}\boldsymbol{l}=B\cdot\overline{AB}=\mu_0\,\overline{AB}nI$$

得

$$B=\mu_0 nI \tag{1}$$

式(1)表明，无限长直载流螺线管内部，任意点磁感应强度的大小与通过螺线管的电流和单位长度线圈匝数成正比. 这与例 7.3.4 的结果相同，只不过例 7.3.4 仅表示轴线上的 B.

这种运用无限长直螺线管获得均匀磁场的方法是相当典型而有效的方法之一.

例 7.5.3 如例 7.5.3(a)图所示，均匀密绕在圆环上的一组圆形线圈形成螺绕环. 设环上导线共 N 匝，电流为 I，求环内任一点 P 的磁感应强度.

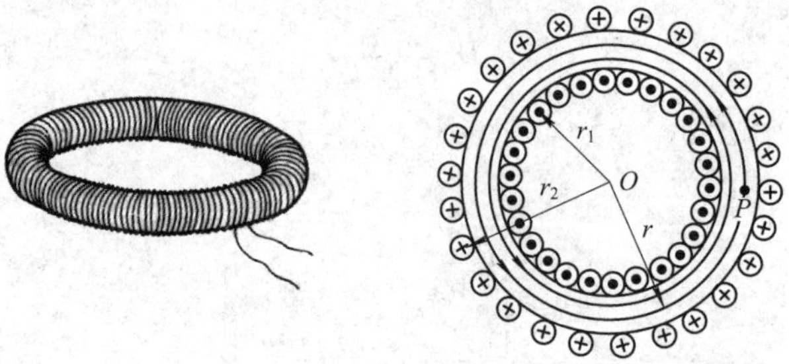

(a) 螺绕环 (b) 螺绕环内的磁场

例 7.5.3 图

解 如果螺绕环上导线绕得很密，则全部磁场都集中在管内，磁感应线是一系列圆周，圆心都在螺绕环的对称轴上. 由于对称之故，在同一磁感应线上各点 B 的大小是相同的. 螺绕环过中心的剖面图如例 7.5.3 图(b)所示，取过点 P 所在磁力线为积分路径 L，设该回路半径为 r，且该闭合路径上任一线元 $\mathrm{d}\boldsymbol{l}$ 都与该点 $\boldsymbol{B}$ 的方向一致. 因此有

$$\oint_L\boldsymbol{B}\cdot\mathrm{d}\boldsymbol{l}=\oint_L B\ \mathrm{d}l\ \cos 0=B\oint_L\mathrm{d}l=B\cdot 2\pi r$$

由于螺绕环共有 N 匝线圈，而通过每匝线圈的电流均为 I，其流向与闭合回路 L 构成右手螺旋关系，故取正值，所以闭合路径 L 所包围的总电流为 NI. 根据安培环路定理，有

$$\oint_L \boldsymbol{B} \cdot \mathrm{d}\boldsymbol{l} = B \cdot 2\pi r = \mu_0 NI$$

则点 P 的磁感应强度为

$$B = \frac{\mu_0 NI}{2\pi r}$$

当环形螺线管中心线的截面积很小，即管的孔径 $r_2 - r_1$ 远小于环的平均半径 r 时，如例 7.5.3 图(b)所示，管内各点的磁感应强度可视为相同. 则在此圆周上各点 B 的大小为

$$B = \frac{\mu_0 NI}{L} = \mu_0 nI$$

式中，$n = N/L$ 为单位长度上的匝数；$L = 2\pi r$ 为环的平均周长. 此结果与无限长直螺线管中心轴线上 $\boldsymbol{B}$ 的大小相同.

例 7.5.4　如例 7.5.4(a)图所示，一半径为 R 的无限长半圆柱形金属薄片，其中通有电流 I. 试求半圆柱轴线上一点 O 的磁感应强度 $\boldsymbol{B}$.

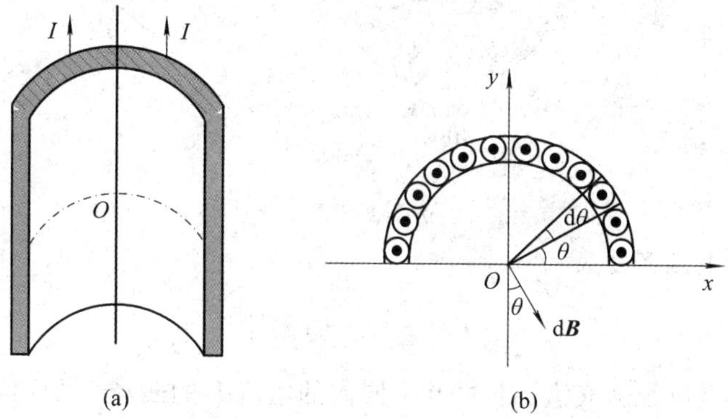

例 7.5.4 图

解　取过 O 点，且垂直于轴线的平面为 xOy 平面，并以 O 点为原点建立坐标系. 将载流的无限长圆柱形金属薄片看成由许多无限长的平行直导线组成，如例 7.5.4(b)图所示. 对应 θ 到 $\theta + \mathrm{d}\theta$，宽度为 $R\mathrm{d}\theta$ 的无限长直导线的电流为

$$\mathrm{d}I = \frac{R\,\mathrm{d}\theta}{\pi R} I = \frac{I\,\mathrm{d}\theta}{\pi}$$

它在 O 点产生的磁感应强度大小为

$$\mathrm{d}\boldsymbol{B} = \frac{\mu_0\,\mathrm{d}I}{2\pi R} = \frac{\mu_0 I}{2\pi^2 R}\mathrm{d}\theta$$

$\mathrm{d}\boldsymbol{B}$ 的方向是在与轴垂直的 xy 平面内，与 y 轴的夹角为 θ. 由对称性可知，半圆柱形电流在 O 处的磁感应强度在 y 方向相互抵消，即

$$B_y = 0$$

所以，O 点的磁感应强度沿 x 轴正向，有

$$\mathrm{d}B_x = \mathrm{d}B\,\sin\theta = \frac{\mu_0 I}{2\pi^2 R}\,\sin\theta\,\mathrm{d}\theta$$

$$B = \int \mathrm{d}B_x = \frac{\mu_0 I}{2\pi^2 R}\int_0^{\pi} \sin\theta\,\mathrm{d}\theta = \frac{\mu_0 I}{\pi^2 R}$$

即

$$B = \frac{\mu_0 I}{\pi^2 R} i$$

例 7.5.5 如例 7.5.5(a)图所示，一无限长圆柱形直导体，横截面半径为 R. 在导体内有一半径为 r 的圆柱形孔，它的轴平行于导体轴并与它相距为 d. 设导体载有均匀分布的电流 I，求孔内任意一点 Q 的磁感应强度 $\boldsymbol{B}$.

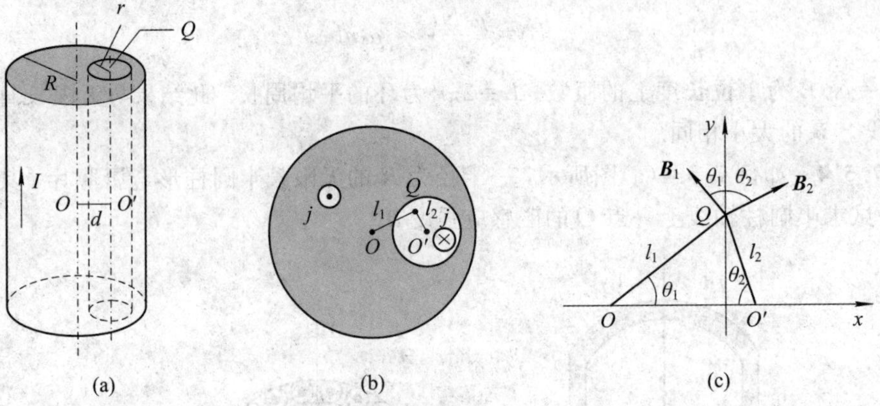

例 7.5.5 图

解 导体内的电流密度为

$$j = \frac{I}{\pi(R^2 - r^2)}$$

Q 点磁感应强度可视为充满圆柱并与 I 同向的电流 I_1 的磁场，及充满孔并与 I 反向的电流 I_2 的磁场叠加而成，且两者的电流密度大小相等，方向相反. 取垂直于圆柱轴并包含 Q 点的平面，令柱轴与孔轴所在处分别为 O 与 O'，Q 点与两轴的距离分别设为 l_1 与 l_2，如例 7.5.5(b)图所示，并建立如例 7.5.5(c)图所示的坐标. 由叠加原理可知，Q 点磁感应强度为与 I 同向的 I_1 和与 I 反向的 I_2 的场的矢量叠加，且有

$$I_1 = j\pi l_1^2, \quad I_2 = j\pi l_2^2$$

则根据安培环路定理可知

$$B_1 = \frac{\mu_0 I_1}{2\pi l_1} = \frac{\mu_0}{2} l_1 j$$

$$B_2 = \frac{\mu_0 I_2}{2\pi l_2} = \frac{\mu_0}{2} l_2 j$$

$\boldsymbol{B}_1$、$\boldsymbol{B}_2$ 的方向如例 7.5.5(c)图所示. Q 点总的磁感应强度为

$$\boldsymbol{B} = \boldsymbol{B}_1 + \boldsymbol{B}_2$$

则

$$B_x = B_2 \sin\theta_2 - B_1 \sin\theta_1 = \frac{\mu_0}{2} j(l_2 \sin\theta_2 - l_1 \sin\theta_1) = 0$$

$$B_y = B_1 \cos\theta_1 + B_2 \cos\theta_2 = \frac{\mu_0}{2} jd$$

即

$$B = B_y = \frac{\mu_0}{2} jd = \frac{\mu_0 dI}{2\pi(R^2 - r^2)}$$

$\boldsymbol{B}$ 与 l_1、l_2 无关，可知圆柱孔内为匀强场，方向沿 y 轴正向.

例 7.5.5 中的磁场虽然不是高度对称的，按理无法利用安培环路定理来求空间中任意一点的磁感应强度. 但是根据上述填挖法可以将该磁场视为两个高度对称磁场叠加的结果，这两个磁场可以分别利用安培环路定理来求其磁感应强度，通过矢量叠加最终确定其磁感应强度. 这不失为一种非常有效的解题方法.

7.6　带电粒子在电场和磁场中的运动

7.6.1　洛伦兹力

前面 7.2 节指出，当带电粒子沿磁场方向运动时，作用在带电粒子上的磁场力为零；带电粒子的运动方向与磁场方向相互垂直时，所受磁场力最大，记作 F_m，其值为

$$F_m = qvB$$

并且磁场力 $\boldsymbol{F}_m$、电荷运动速度 $\boldsymbol{v}$ 和磁感应强度 $\boldsymbol{B}$ 三者相互垂直.

在一般情况下，如果带电粒子运动方向与磁场方向成夹角 θ，则所受磁场力的大小为

$$F = qvB \sin\theta \tag{7.6.1a}$$

方向垂直于 $\boldsymbol{v}$ 和 $\boldsymbol{B}$ 所决定的平面，指向由 $\boldsymbol{v}$ 经小于 180° 的角转向 $\boldsymbol{B}$ 按右手螺旋法则决定. 用矢量式可表示为

$$\boldsymbol{F} = q\boldsymbol{v} \times \boldsymbol{B} \tag{7.6.1b}$$

式(7.6.1)就是**洛伦兹力**——磁场对运动电荷作用力的公式，式中各量的关系如图 7.6.1 所示. 对于正电荷，$\boldsymbol{F}$ 在 $\boldsymbol{v}\times\boldsymbol{B}$ 的方向上，对于负电荷，所受的力的方向恰好相反.

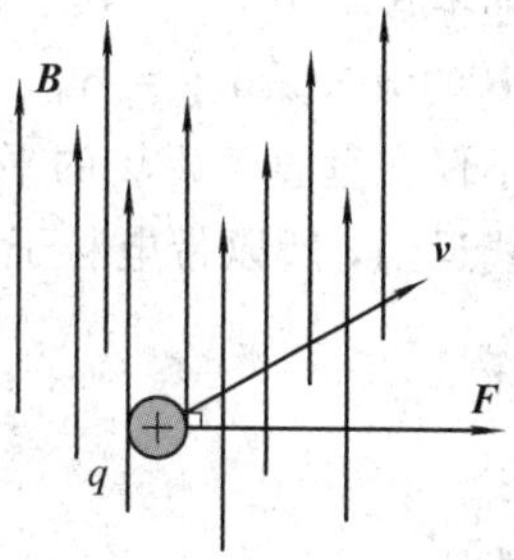

图 7.6.1　运动电荷在磁场中所受磁力的方向

洛伦兹力总是和带电粒子运动的速度相互垂直这一事实说明磁场力只能改变带电粒子运动速度的方向，而不能改变其速度的大小，因此磁场力对运动带电粒子所做的功恒等于零，这是洛伦兹力的一个重要特征.

7.6.2　带电粒子在磁场中的运动

1. 带电粒子在均匀磁场中的运动

设有一均匀磁场，磁感应强度为 $\boldsymbol{B}$，一电荷量为 q、质量为 m 的粒子，以初速 $\boldsymbol{v}_0$ 进入磁场中运动. 可分为以下三种情况分析.

1) 初速 $\boldsymbol{v}_0$ 与磁感应强度 $\boldsymbol{B}$ 平行

如果初速 $\boldsymbol{v}_0$ 与磁感应强度 $\boldsymbol{B}$ 平行，作用于带电粒子的洛伦兹力等于零，带电粒子不受磁场的影响，进入磁场后仍作匀速直线运动.

2) 初速 $\boldsymbol{v}_0$ 与磁感应强度 $\boldsymbol{B}$ 垂直

如果初速 $\boldsymbol{v}_0$ 与磁感应强度 $\boldsymbol{B}$ 垂直，如图 7.6.2 所示，此时粒子所受洛伦兹力 $\boldsymbol{F}$ 的大小

为

$$F = qv_0 B$$

方向为垂直于 $\boldsymbol{v}_0$ 及 $\boldsymbol{B}$. 所以粒子速度的大小不变，只改变方向，带电粒子将作匀速圆周运动，而洛伦兹力起着向心力的作用，因此有

$$qv_0 B = m\frac{v_0^2}{R}$$

或

$$R = \frac{mv_0}{qB} \tag{7.6.2}$$

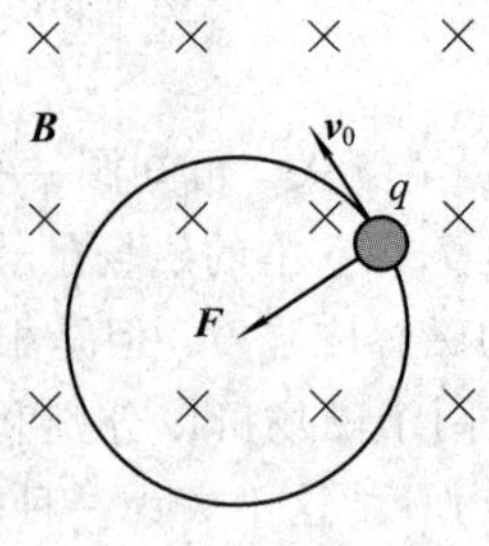

图 7.6.2 带电粒子在均匀磁场中的运动（初速 $\boldsymbol{v}_0$ 与 $\boldsymbol{B}$ 正交）

式中，R 是粒子的圆形轨道半径.

由式(7.6.2)可知，对于一定的带电粒子（即 $\frac{q}{m}$ 一定），其轨道半径与带电粒子的速度成正比，而与磁感应强度成反比. 速度愈小，洛伦兹力也愈小，轨道弯曲得愈厉害.

带电粒子绕圆形轨道一周所需的时间（周期）为

$$T = \frac{2\pi R}{v_0} = 2\pi\frac{m}{qB} \tag{7.6.3}$$

由式(7.6.3)可知，周期与带电粒子的运动速度无关，这一特点是后面介绍的磁聚焦的理论基础.

3）初速 $\boldsymbol{v}_0$ 与磁感应强度 $\boldsymbol{B}$ 成夹角 θ

如果初速 $\boldsymbol{v}_0$ 与磁感应强度 $\boldsymbol{B}$ 成夹角 θ，如图 7.6.3 所示，可把 $\boldsymbol{v}_0$ 分解为两个分量：平行于 $\boldsymbol{B}$ 的分矢量 $\boldsymbol{v}_{0/\!/} = \boldsymbol{v}_0\cos\theta$ 和垂直于 $\boldsymbol{B}$ 的分矢量 $\boldsymbol{v}_{0\perp} = \boldsymbol{v}_0\sin\theta$. 由于磁场的作用，带电粒子不仅在垂直于磁场的平面内以 $\boldsymbol{v}_{0\perp}$ 作匀速圆周运动，而且在平行于 $\boldsymbol{B}$ 的方向上也作匀速直线运动，所以带电粒子的合运动为等距螺旋运动，其轨迹为一条螺旋线. 该螺旋线的半径为

$$R = \frac{mv_{0\perp}}{qB} \tag{7.6.4}$$

螺距为

$$h = v_{0/\!/}T = v_{0/\!/}\frac{2\pi R}{v_{0\perp}} = 2\pi\frac{mv_{0/\!/}}{qB} \tag{7.6.5}$$

式中，T 为旋转一周的时间（即周期）. 式(7.6.5)表明，螺距 h 只与平行于 $\boldsymbol{B}$ 的速度分量 $\boldsymbol{v}_{0/\!/}$ 有关，而与垂直于 $\boldsymbol{B}$ 的速度分量 $\boldsymbol{v}_{0\perp}$ 无关.

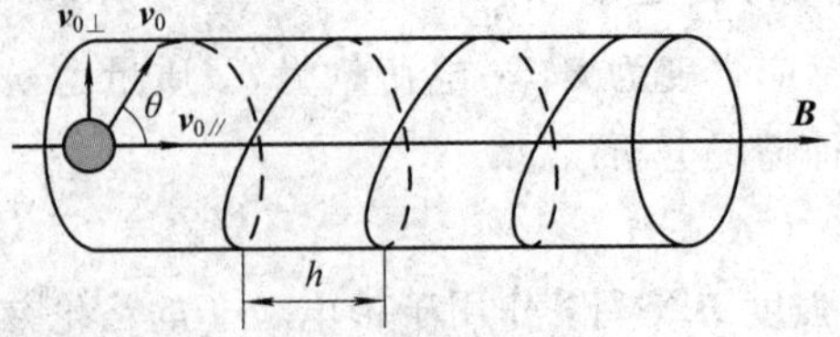

图 7.6.3 带电粒子在均匀磁场中的运动（初速 $\boldsymbol{v}_0$ 与 $\boldsymbol{B}$ 斜交）

2. 带电粒子在非均匀磁场中的运动

由式(7.6.4)可知，带电粒子在均匀磁场中可绕磁感应线作螺旋运动，螺旋线的半径 R

与磁感应强度 B 成反比. 所以当带电粒子在非均匀磁场中向磁场较强的方向运动时，螺旋线的半径将随着磁感应强度的增加而不断减小，如图 7.6.4 所示. 同时，这带电粒子在非均匀磁场中受到的洛伦兹力，恒有一指向磁场较弱的方向的分力，该分力阻止带电粒子向磁场较强的方向运动. 这样有可能使粒子沿磁场方向的速度逐渐减小到零，从而迫使粒子反向运动. 由于带电粒子的这种运动方式就像光线照射到镜面上反射回来一样，所以也把这种效应称为**磁镜效应**.

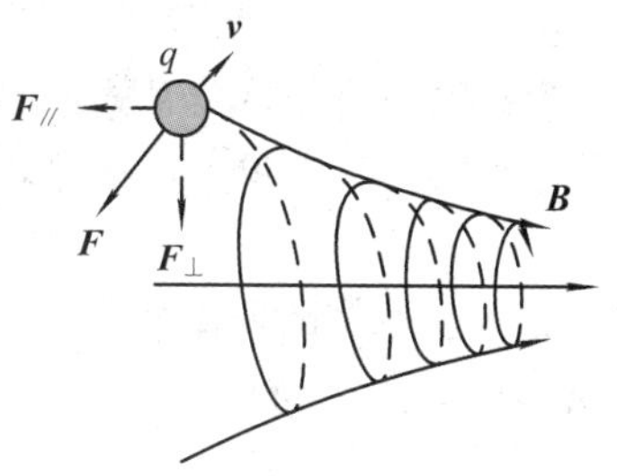

图 7.6.4 会聚磁场中作螺旋运动的带正电的粒子反向运动

如果在一长直圆柱形真空室中形成一个两端很强、中间较弱的磁场，如图 7.6.5 所示，两端较强的磁场对带电粒子的运动就起着磁镜作用. 当处于中间区域的带电粒子沿着磁感应线向两端运动时，遇到强磁场就被反射回来，于是带电粒子就被局限在一定范围内作往返运动，而无法逃逸出去，这种磁场被形象地称为**磁瓶**. 在现代受控热核反应中，人们采用磁瓶效应将高温等离子体束缚在所需的范围内，使高温物质既能保持很高的温度，又能维持足够长的时间. 此外，磁瓶效应也存在于宇宙空间. 因为地球就是一个磁体，其磁感应线的分布为两极强而中间弱. 当来自外层空间的大量带电粒子(宇宙射线)进入磁场影响范围后，粒子将绕地磁感应线作螺旋运动，因为在近两极处的磁场增强，作螺旋运动的粒子将被折返，结果粒子在沿磁感应线的区域内来回振荡，形成**范·艾伦辐射带**，如图 7.6.6 所示，此带相对地球轴对称分布，在图中只绘出其中一支. 有时太阳黑子活动使宇宙中高能粒子剧增，这些高能粒子在地磁感应线的引导下，在地球北极附近进入大气层时将大气激发，然后辐射发光，从而出现美妙的北极光.

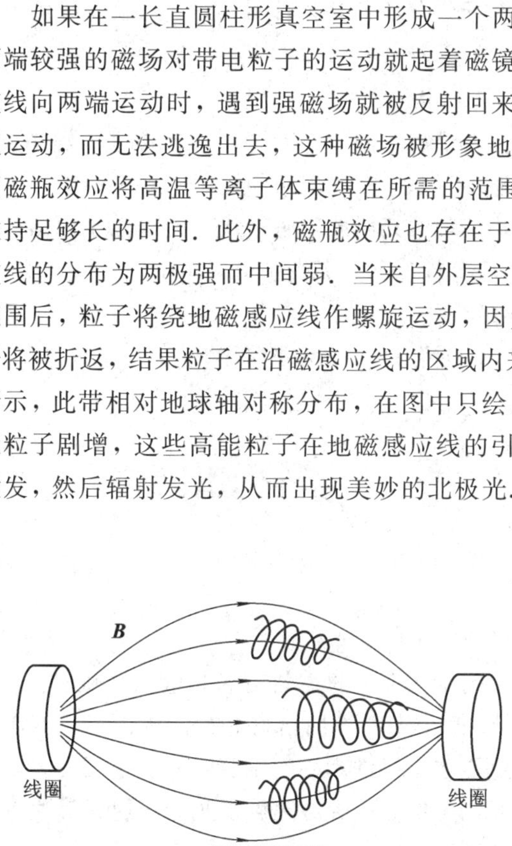

图 7.6.5 磁瓶装置

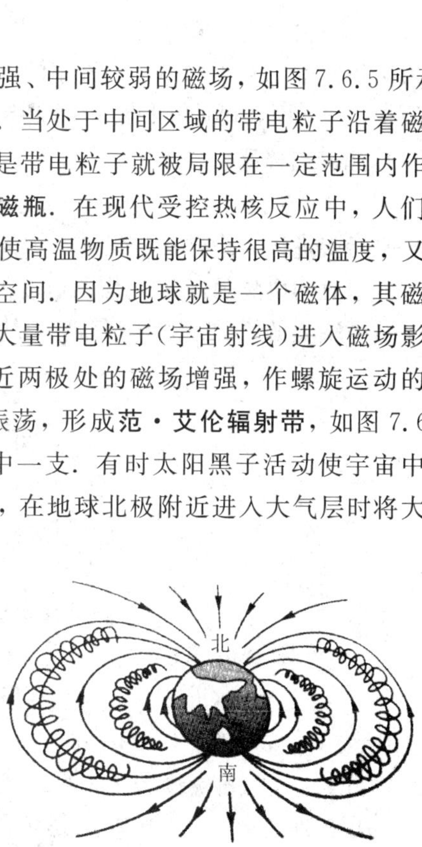

图 7.6.6 范·艾伦辐射带

7.6.3 带电粒子在电场和磁场中运动的应用

如果在空间内除了磁场外还有电场存在，那么带电粒子还要受到电场力的作用. 这时，带有电荷量 q、质量 m 的粒子在静电场 $\boldsymbol{E}$ 和磁场 $\boldsymbol{B}$ 中以速度 $\boldsymbol{v}$ 运动时受到的作用力将是

$$\boldsymbol{F} = q\boldsymbol{E} + q\boldsymbol{v} \times \boldsymbol{B} \tag{7.6.6}$$

式(7.6.6)称为洛伦兹关系式. 当粒子的速度 v 远小于光速 c 时，根据牛顿第二定律，带电粒子的运动方程(设重力可忽略不计)为

$$q\boldsymbol{E} + q\boldsymbol{v} \times \boldsymbol{B} = m\boldsymbol{a} \tag{7.6.7}$$

式中，$\boldsymbol{a}$ 表示粒子的加速度.

例 7.6.1 已知某空间电磁场为 $\boldsymbol{E}=5\boldsymbol{i}$ C·N^{-1}，$\boldsymbol{B}=(5\boldsymbol{i}+4\boldsymbol{j}+3\boldsymbol{k})$ T. 一粒子在该空间运动，$q = 3$ C，$\boldsymbol{v}=2\boldsymbol{i}$ m·s^{-1}，求该粒子所受到的合力 $\boldsymbol{F}$.

解
$$\boldsymbol{F}=q(\boldsymbol{E}+\boldsymbol{v}\times\boldsymbol{B})=3\cdot[5\boldsymbol{i}+2\boldsymbol{i}\times(5\boldsymbol{i}+4\boldsymbol{j}+3\boldsymbol{k})]$$
$$=3(5\boldsymbol{i}-6\boldsymbol{j}+8\boldsymbol{k})\ \text{N}$$

在一般情况下，求解式(7.6.7)这个方程是比较复杂的. 事实上，常见的例子是利用电磁力来控制带电粒子的运动，所用的电场和磁场分布都具有某种对称性，这就使求解方程简便得多. 下面就讨论几种简单而重要的实例.

1. 速度选择器

图 7.6.7(a)所示为速度选择器的原理示意图，离子源中会发射出各种速度的离子，离子出来后就进入一个磁感应强度为 $\boldsymbol{B}$ 的均匀磁场区域，在该区域中放置了一个产生与该磁场方向垂直的电场强度为 $\boldsymbol{E}$ 均匀电场的平板电容器，其后放置了一块靶心与离子源出口在同一水平线上的靶屏，靶屏中心为一细缝，以便离子穿过，见图 7.6.7(b).

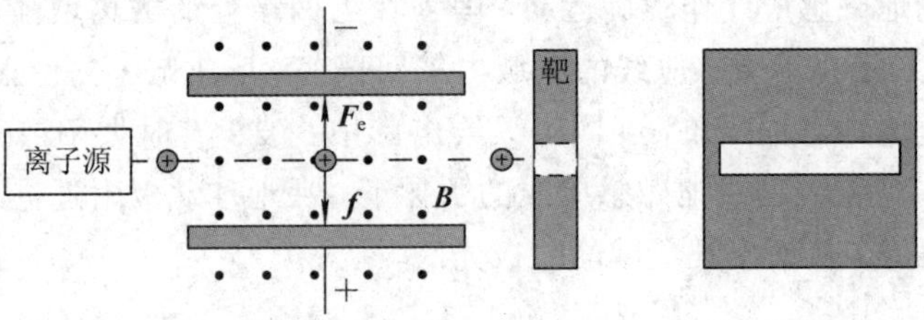

(a) 速度选择器的原理示意图　　(b) 靶的左视图

图 7.6.7　速度选择器

从离子源所产生的带电量为 q 的正离子进入相互垂直的均匀磁场和电场区域时，会受到电场力 $\boldsymbol{F}_e=q\boldsymbol{E}$ 和磁场力 $\boldsymbol{f}=q\boldsymbol{v}\times\boldsymbol{B}$ 的作用，两个力的方向恰好相反. 这样就只有满足 $qvB=qE$ 条件的离子(即速度为 $v=E/B$ 的离子)才能穿过靶心的细缝，其他速度的离子都会打在靶屏上. 因此只要选择了恰当的 B 和 E，就能得到所需速度的离子，这就是速度选择器的原理.

2. 霍尔效应

1879 年霍尔首先观察到，把一载流薄板放在磁场中时，如果磁场方向垂直于薄板平面，则在薄板的上、下两侧面之间会出现微弱电势差，如图 7.6.8 所示. 这一现象称为**霍尔效应**. 这个电势差称为**霍尔电势差**.

实验测定，霍尔电势差的大小与电流 I 及磁感应强度 $\boldsymbol{B}$ 成正比，而与薄板沿 $\boldsymbol{B}$ 方向的厚度 d 成反比，即

$$U_1 - U_2 \propto \frac{IB}{d}$$

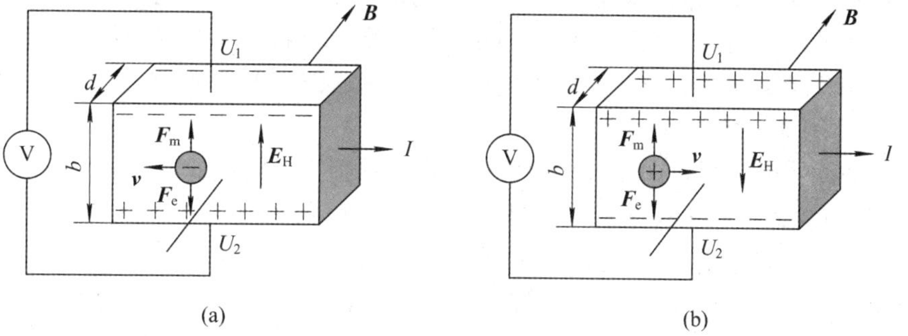

图 7.6.8 霍尔效应

或写成

$$\Delta U = U_1 - U_2 = R_H \frac{IB}{d} \tag{7.6.8}$$

式中，R_H是一常量，称为**霍尔系数**，它仅与导体的材料有关.

霍尔效应的出现是由于导体中的载流子(形成电流的运动电荷)在磁场中受到洛伦兹力的作用而发生横向漂移的结果. 以金属导体为例，导体中的电流使自由电子在电场作用下作定向运动，其运动方向与电流的流向正好相反，如果在垂直电流方向有一个均匀磁场 $\boldsymbol{B}$，这些电子受洛伦兹力作用，其大小为

$$f = e\bar{v}B$$

式中，$\bar{v}$ 是电子定向运动的平均速度；e 是电子电荷量的绝对值，力的方向向上，如图 7.6.8(a)所示. 这时自由电子除宏观的定向运动外，还要向上漂移，这使得在金属薄板的上侧有多余的负电荷积累，而下侧因缺少自由电子有多余的正电荷积累，结果在导体内部形成方向向上的附加电场 E_H，称为**霍尔电场**. 霍尔电场对自由电子的作用力为

$$\boldsymbol{F}_e = e\boldsymbol{E}_H$$

方向向下. 当这两个力达到平衡时，电子不再有横向漂移运动，结果在金属薄板上下两侧将形成一恒定的电势差. 由于 $f=F_e$，所以

$$e\bar{v}B = eE_H$$

或

$$E_H = \bar{v}B$$

这样霍尔电势差为

$$\Delta U = U_1 - U_2 = - E_H b = - \bar{v}Bb$$

设单位体积内的自由电子数为 n，则电流 $I=ne\bar{v}db$，代入得

$$\Delta U = U_1 - U_2 = - \frac{IB}{ned} \tag{7.6.9a}$$

如果导体中的载流子带正电荷量 q，则洛伦兹力向上，使带正电的载流子向上漂移，如图 7.6.8(b)所示，这时霍尔电势差为

$$\Delta U = U_1 - U_2 = \frac{IB}{nqd} \tag{7.6.9b}$$

比较式(7.6.8)和式(7.6.9a)、式(7.6.9b)，可以得到霍尔系数，即

$$R_H = - \frac{1}{ne} \quad 或 \quad R_H = \frac{1}{nq} \tag{7.6.10}$$

霍尔系数的正负决定于载流子的正负性质. 因此，由实验测定霍尔电势差或霍尔系数，不仅可以判定载流子的正负，还可以测定载流子的浓度，即单位体积内的载流子数 n. 例如，半导体就是用这种方法来判定它是空穴型(p 型——载流子为带正电的空穴)还是电子型(n 型——载流子为带负电的自由电子)的.

霍尔效应在工业生产中已得到广泛应用. 例如根据霍尔效应的电势差来测量磁感应强度、电流，还可以制成霍尔传感器来测量压力和转速等.

除了在固体中的霍尔效应外，在导电流体中同样会产生霍尔效应，这就是制造磁流体发电机的依据. 图 7.6.9 所示为磁流体发电机的结构示意图，在燃烧室中，利用燃料(油、煤或原子核反应堆)燃烧的热能加热气体，使之成为高温(约 3000 K)导电气体——等离子体. 为了加速等离子体的形成，往往在气体中加入一定量容易电离的碱金属，如钾和铯元素等. 然后，等离子体以高速(约为 1000 m·s^{-1})进入耐高温材料制成的发电通道. 发电通道的左右两侧有磁极，以产生磁场，通道的上下两面有电极. 等离子体通过通道时，正、负离子由于洛伦兹力的作用而发生相反方向的偏转，在通道的上、下两极间产生电动势. 如果高温、高速的等离子体不断地通过通道，便能在电极上连续输送出电能，这就是磁流体发电的基本原理. 由于这种发电方式没有转动的机械部分，因而损耗少，可以提高效率. 在解决了其中一些技术难题后，它将成为一种值得推广的新型发电模式.

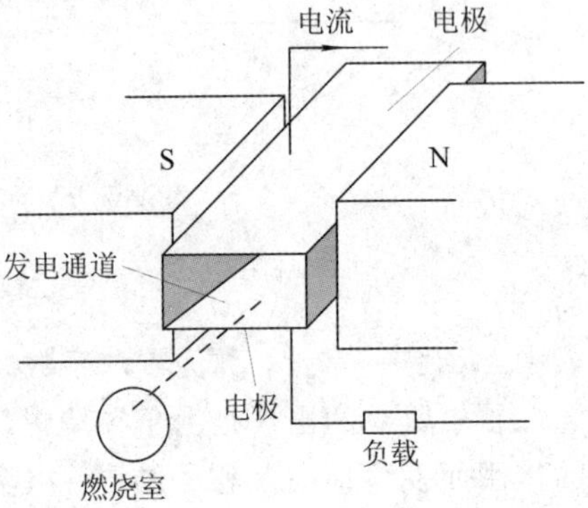

图 7.6.9　磁流体发电机的结构示意图

7.7　磁场对载流导线的作用

7.7.1　磁场对载流导线的作用

1. 安培定律

电流是电荷定向移动的结果. 载流导线处在磁场中，导线中每个运动电荷都要受到磁场施加的洛伦兹力. 如图 7.7.1 所示，AB 为一段载流导线，横截面积为 S，电流为 I，电子定向运动速度为 $\boldsymbol{v}$，导体放在磁场中，在 C 处取电流元 $I\,\mathrm{d}l$，C 处磁感应强度为 $\boldsymbol{B}$，方向向右，电流元中一个电子受洛伦兹力为

$$\boldsymbol{f} = -e\boldsymbol{v} \times \boldsymbol{B}$$

设单位体积内有 n 个定向运动电子，则电流元内运动电子数共有 $\mathrm{d}N = nS\,\mathrm{d}l$ 个，$\mathrm{d}N$ 个电子受力总和($\mathrm{d}l$ 很小，各电子受力方向一致)为

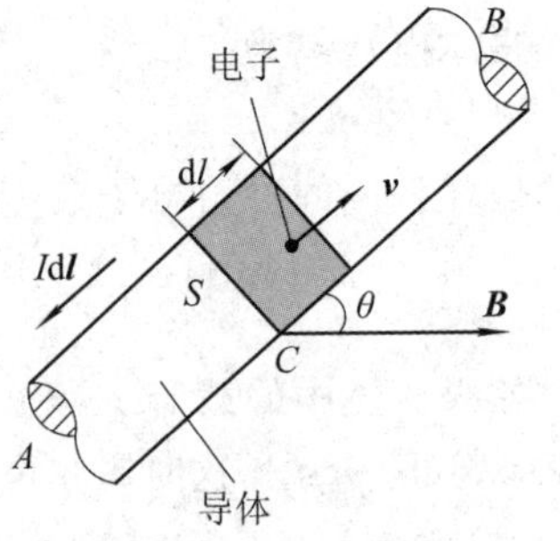

图 7.7.1　磁场对电流元的作用

$$\mathrm{d}\boldsymbol{F} = \boldsymbol{f}\,\mathrm{d}N = nS\,\mathrm{d}l(-e)\boldsymbol{v} \times \boldsymbol{B}$$

由于导线中的电流强度 $I=nevS$，且 $\mathrm{d}\boldsymbol{l}$ 的方向与电子运动速度 $\boldsymbol{v}$ 的方向相反(即 $\mathrm{d}\boldsymbol{l}\parallel-\boldsymbol{v}$)，代入上式可得

$$\mathrm{d}\boldsymbol{F}=I\,\mathrm{d}\boldsymbol{l}\times\boldsymbol{B}$$

此式表示载流回路中一段电流元在磁场中所受的力.

安培总结出了载流回路中一段电流元在磁场中受力的基本规律，称为**安培定律**. 它表明：磁场对电流元 $I\,\mathrm{d}\boldsymbol{l}$ 的作用力在数值上等于电流元的大小、电流元所处的磁感应强度 B 的大小以及电流元与磁感应强度两者夹角 θ 的正弦之乘积，其数学表达式为

$$\mathrm{d}F=I\,\mathrm{d}l\,B\,\sin\theta \tag{7.7.1a}$$

电流元所受到磁场力 $\mathrm{d}\boldsymbol{F}$ 的方向服从右手螺旋法则，用矢量形式表示为

$$\mathrm{d}\boldsymbol{F}=I\,\mathrm{d}\boldsymbol{l}\times\boldsymbol{B} \tag{7.7.1b}$$

任何载流导体都是由连续的无限多个电流元所组成的，因此根据安培定律，磁场对有限长度 L 的载流导线的作用力——即安培力 $\boldsymbol{F}$，等于若干个电流元所受磁场力的矢量叠加，即

$$\boldsymbol{F}=\int_L\mathrm{d}\boldsymbol{F}=\int_L I\,\mathrm{d}\boldsymbol{l}\times\boldsymbol{B} \tag{7.7.2a}$$

式(7.7.2a)说明，安培力是作用在整条载流导线上的，而不是集中作用于一点的.

如果有一条长为 l、通以电流为 I 的直导线，放在磁感应强度为 $\boldsymbol{B}$ 的均匀磁场中，由上式可求得此载流导线所受安培力的大小为

$$F=IlB\,\sin\theta \tag{7.7.2b}$$

力 $\boldsymbol{F}$ 的方向垂直于直导线和磁感应强度所组成的平面，θ 为电流的流向与 $\boldsymbol{B}$ 之间的夹角. 由上式可见，当 $\theta=0$，即通过导线的电流流向与 $\boldsymbol{B}$ 的方向相同时，载流导线所受的力为零；当 $\theta=\pi/2$，即通过导线的电流流向与 $\boldsymbol{B}$ 的方向垂直时，载流导线所受的力最大，为 $F=IlB$.

例 7.7.1 如例 7.7.1 图所示，在均匀磁场 $\boldsymbol{B}$ 中放置一任意形状、通有电流强度为 I 的导线 OMA 和通有相同电流强度的直导线 OA，且 OA 的直线长度为 L. 分别求载流导线 OMA 和 OA 上受的磁力 $\boldsymbol{F}$ 和 $\boldsymbol{F}'$.

例 7.7.1

解 在导线 OMA 上任取电流元 $I\,\mathrm{d}\boldsymbol{l}$，这段电流元上所受的磁场力为

$$\mathrm{d}\boldsymbol{F}=I\mathrm{d}\boldsymbol{l}\times\boldsymbol{B}$$

该磁场力的大小为

$$\mathrm{d}F=IB\,\mathrm{d}l$$

方向为沿曲线在该处的法线向外.

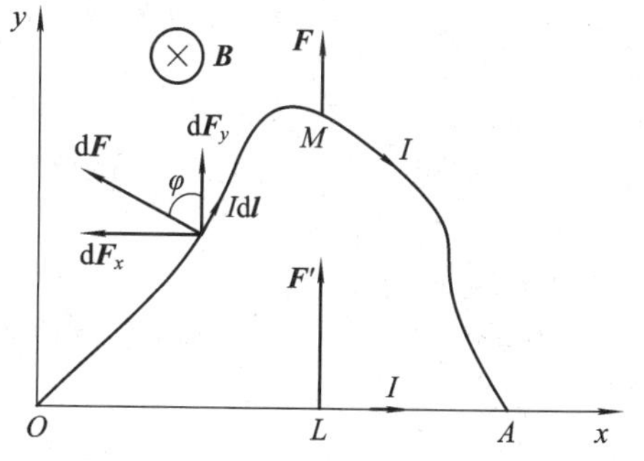

例 7.7.1 图

由于曲线上各处电流元受力方向不同(均沿各自法线向外)，因此将 $\mathrm{d}\boldsymbol{F}$ 在 x、y 轴方向上可分解成 $\mathrm{d}\boldsymbol{F}_x$ 和 $\mathrm{d}\boldsymbol{F}_y$.

在 x 方向上：

$$\mathrm{d}F_x=IB\,\mathrm{d}l\,\sin\varphi=IB\,\mathrm{d}y$$

$$F_x=\int_0^0 IB\,\mathrm{d}y=0$$

在 y 方向上：

$$dF_y = IB\ dl\ \cos\varphi = IB\ dx$$

$$F_y = \int_0^L IB\ dx = IBL$$

即

$$F = F_y$$

所以，导线 OMA 上所受的磁场力为

$$\boldsymbol{F} = IBL\boldsymbol{j}$$

由于直导线 OA 上电流 I 的流向与 x 轴正向相同，且其上每个电流元的方向都一致，因此有

$$\boldsymbol{F}' = IL\boldsymbol{i} \times \boldsymbol{B} = IBL\boldsymbol{j}$$

由例 7.7.1 可见，在一个平面内，一段形状不规则的载流导线电流为 I，若处在磁感应强度为 $\boldsymbol{B}$ 的均匀磁场中，磁场的方向垂直于平面. 作用在此载流导线上的磁场力等同于作用在载流导线首尾相连之直导线上的磁场力.

2. 平行载流导线间的相互作用力

在图 7.7.2 中设两导线间的垂直距离为 a，电流为 I_1 和 I_2，导线 1 在导线 2 处的磁感应强度为

$$B_1 = \frac{\mu_0 I_1}{2\pi a}$$

方向与导线 2 垂直. 导线 2 上的一段 dl_2 受到的力的大小为

$$f_{21} = I_2\ dl_2 B_1$$

反过来，导线 2 产生的磁场对导线 1 上的一段 dl_1 受到的力的大小为

$$f_{12} = I_1\ dl_1 B_2$$

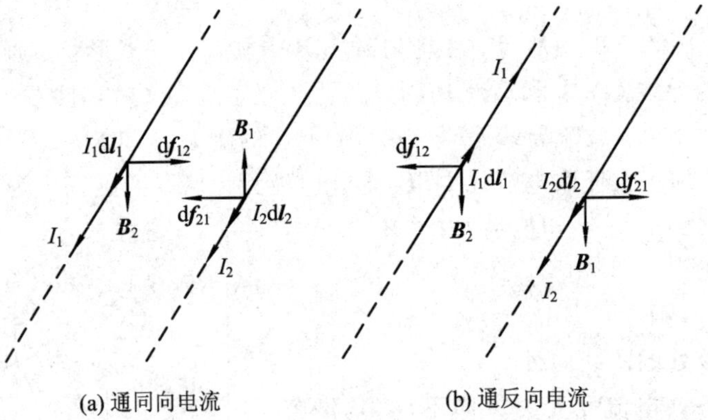

图 7.7.2 平行通电导线间的相互作用

根据安培定律，可以定量计算出两条无限长直导线之间单位长度上相互作用的磁场力大小为

$$f = \frac{f_{12}}{dl_1} = \frac{f_{21}}{dl_2} = \frac{\mu_0 I_1 I_2}{2\pi a} \tag{7.7.3}$$

可以通过实验验证，当两条导线通入同向电流时，其间相互作用力为吸引力，通入反向电流时，为排斥力.

在国际单位制中，电流强度是基本量之一，其单位安培就是根据式(7.7.3)定义的，当公式中 $I_1=I_2$，$a=1$ m，$f=2\times10^{-7}$ N·m^{-1}时，$I=1$ A. 安培定义："在真空中相距 1 m 的两无限长平行细导线通入电流大小相等，在每米长度上的作用力为 2×10^{-7} N，此时的电流为 1 安培(即 1 A)."

例 7.7.2 在 xOy 平面内有一圆心在 O 点的圆线圈，通以顺时针绕向的电流 I_1；另有一无限长直导线与 y 轴重合，通以向上的电流 I_2，如例 7.7.2 图所示. 求此时圆线圈所受的磁力 $\boldsymbol{F}$.

解 设圆半径为 R，选一电流元 $I\,\mathrm{d}l$，它所受磁力大小为

$$\mathrm{d}F=I_1\,\mathrm{d}l\cdot B$$

由于圆线圈具有 y 轴对称性，则 y 轴方向的合力为零.

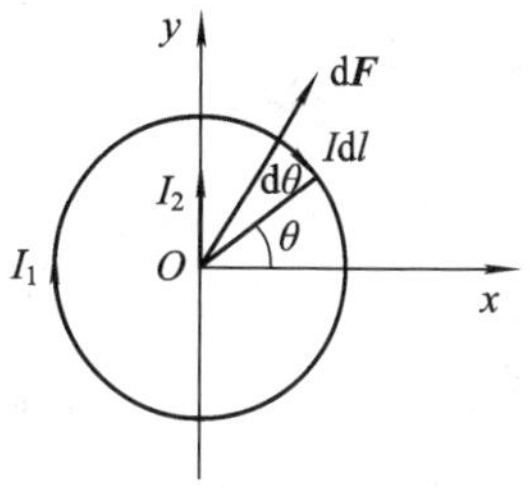

例 7.7.2 图

因此，有

$$\mathrm{d}F_x=\mathrm{d}F\cos\theta=I_1R\,\mathrm{d}\theta\,\frac{\mu_0I_2}{2\pi R\cos\theta}\cos\theta$$

$$=\frac{\mu_0I_1I_2}{2\pi}\mathrm{d}\theta$$

所以，圆线圈所受的磁力为

$$F=F_x=\int_0^{2\pi}\frac{\mu_0I_1I_2}{2\pi}\,\mathrm{d}\theta=\mu_0I_1I_2$$

即

$$\boldsymbol{F}=\mu_0I_1I_2\boldsymbol{i}$$

7.7.2 均匀磁场对载流线圈的作用

以矩形平面载流线圈为例，分析平面载流线圈在均匀磁场中的受力情况.

如图 7.7.3 所示，在磁感应强度为 $\boldsymbol{B}$ 的均匀磁场中，放置了一个边长分别为 l_1 和 l_2 的刚性矩形平面载流线圈 $ABCD$，电流强度为 I，电流流向为 $ABCDA$，线圈平面的单位法向矢量 $\boldsymbol{e}_n$ 方向($\boldsymbol{e}_n$ 与电流流向满足右手螺旋关系)与磁感应强度 $\boldsymbol{B}$ 方向之间的夹角为 θ，即线圈平面与 $\boldsymbol{B}$ 之间的夹角为 $\varphi(\theta+\varphi=\pi/2)$，并且 AB 边及 CD 边均与 $\boldsymbol{B}$ 垂直.

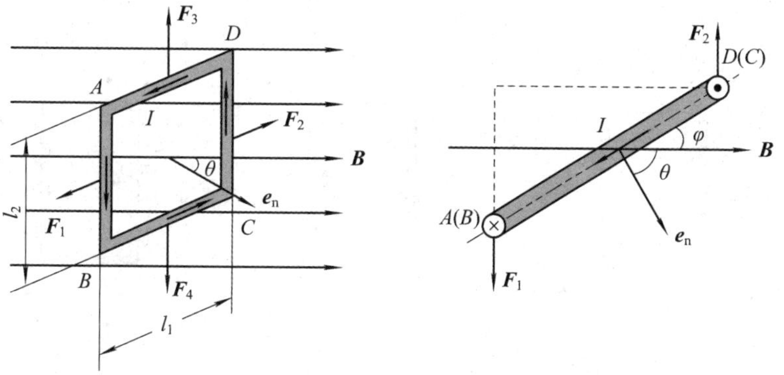

图 7.7.3 矩形载流线圈在均匀磁场中所受的磁力矩

根据式(7.7.2)可以求得磁场对导线 BC 段和 DA 段作用力的大小分别为

$$F_4 = BIl_1 \sin\varphi$$

$$F_3 = BIl_1 \sin(\pi - \varphi) = BIl_1 \sin\varphi$$

F_3和F_4这两个力大小相等、方向相反，并且作用在同一直线上，所以对整个线圈来讲，它们的合力及合力矩均为零.

而导线AB段和CD段所受磁场作用力的大小分别为

$$F_1 = BIl_2$$

$$F_2 = BIl_2$$

这两个力大小相等、方向相反，但不作用在同一条直线上，它们的合力虽为零，但对线圈要产生磁力矩$M=F_1 l_1 \cos\varphi$. 由于$\varphi=\pi/2-\theta$，所以$\cos\varphi=\sin\theta$，则有

$$M = F_1 l_1 \sin\theta = BIl_2 l_1 \sin\theta$$

或

$$M = BIS \sin\theta \tag{7.7.4a}$$

式中，$S=l_1 l_2$为平面矩形线圈的面积. 7.3 节中提到过，线圈的磁矩$\boldsymbol{m}=IS\boldsymbol{e}_n$，此处$\boldsymbol{e}_n$为线圈平面的单位正法向矢量. 因为角$\theta$是$\boldsymbol{e}_n$与磁感应强度$\boldsymbol{B}$之间的夹角，所以上式用矢量表示为

$$\boldsymbol{M} = \boldsymbol{m} \times \boldsymbol{B} \tag{7.7.4b}$$

如果线圈不只一匝，而是N匝，则$\boldsymbol{m}=NIS\boldsymbol{e}_n$，上式结果不变.

下面讨论几种情况：

(1) 当载流线圈的$\boldsymbol{e}_n$方向与磁感应强度$\boldsymbol{B}$的方向相同(即$\theta=0$)，亦即磁通量为正向极大时，$M=0$，磁力矩为零. 此时线圈处于平衡状态，如图 7.7.4(a)所示.

(2) 当载流线圈的$\boldsymbol{e}_n$方向与磁感应强度$\boldsymbol{B}$的方向相垂直(即$\theta=\pi/2$)，亦即磁通量为零时，$M=NBIS$，磁力矩最大，如图 7.7.4(b)所示.

(3) 当载流线圈的$\boldsymbol{e}_n$方向与磁感应强度$\boldsymbol{B}$的方向相反(即$\theta=\pi$)，亦即磁通量为反向极大时，$M=0$，此时也没有磁力矩作用于线圈上，如图 7.7.4(c)所示. 但只要线圈受某一扰动偏离一个微小的角度，就会在磁力矩的作用下离开这个位置. 而稳定在$\theta=0$的平衡位置，所以常把$\theta=\pi$时的线圈的状态称为不稳定平衡状态，而把$\theta=0$时的线圈的状态称为稳定平衡状态.

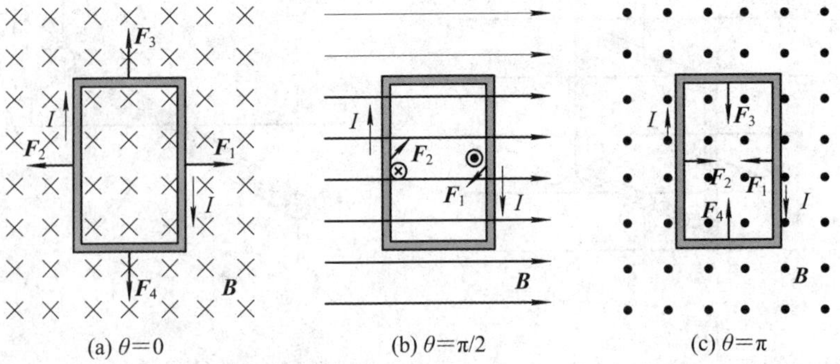

图 7.7.4　载流线圈的$\boldsymbol{e}_n$方向与磁场成不同角度时的磁力矩

总之，磁场对载流线圈作用的磁力矩，总是使线圈转到它的$\boldsymbol{e}_n$方向与磁场方向一致的稳定平衡位置.

应当指出，式(7.7.4)虽然是从矩形线圈推导出来的，但可以证明它对任何形状的平面线圈都适用.

值得一提的是，一般情况下，平面载流线圈在非匀强磁场中，线圈所受的合磁力及合磁力矩均不为零，此时线圈既有平动又有转动.

7.7.3 磁力的功

1. 载流导线在磁场中平动时磁场力的功

设在磁感应强度为 $\boldsymbol{B}$ 的均匀磁场中有一带滑动导线 ab 的载流闭合回路 $abcda$，如图7.7.5所示. 若回路中通有恒定电流 I，那么长为 l 的载流导线 ab 在磁场力 F 的作用下将向右运动，当由初始位置 ab 移到 $a'b'$ 位置时，磁场力 $\boldsymbol{F}$ 做的功是

$$W = F\overline{aa'} = BIl\,\overline{aa'} = BI\Delta S = I\Delta\Phi \tag{7.7.5}$$

这个结果表明，如果电流保持不变，则磁场力 $\boldsymbol{F}$ 的功等于电流乘以通过回路所包围面积内磁通量的增量.

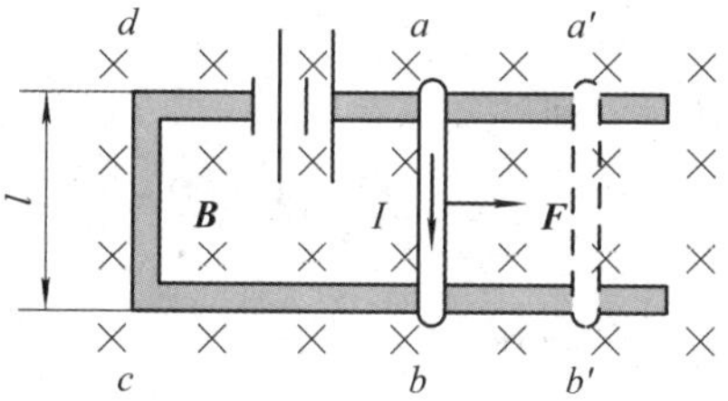

图 7.7.5 载流导体在磁场中平动

2. 载流线圈在磁场中转动时磁力矩的功

设一载流线圈在均匀磁场中作顺时针转动，如图7.7.6所示. 若设法保持线圈中电流不变，由式(7.7.5)可知，线圈受到的磁力矩为 $M=BIS\sin\varphi$. 当线圈转过 $\mathrm{d}\varphi$ 角时，磁力矩所做的微功为

$$\mathrm{d}W = -M\mathrm{d}\varphi = -BIS\sin\varphi\mathrm{d}\varphi = I\mathrm{d}(BS\cos\varphi) = I\mathrm{d}\Phi$$

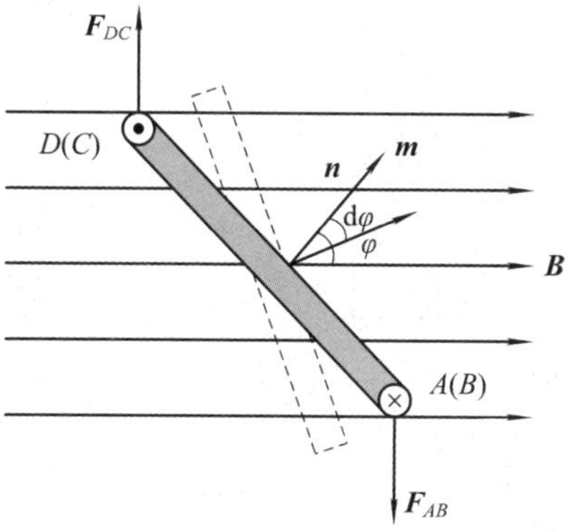

图 7.7.6 载流线圈在磁场中转动

式中，负号表示磁力矩做正功时，将使 φ 角减小，$\mathrm{d}\varphi$ 为负值. 当线圈从 φ_1 转到 φ_2 时，按上式积分，可得到磁力矩做的总功为

$$W = \int \mathrm{d}W = \int_{\Phi_1}^{\Phi_2} I\,\mathrm{d}\Phi = I(\Phi_2 - \Phi_1) = I\Delta\Phi \qquad (7.7.6)$$

式中，Φ_1 和 Φ_2 分别表示线圈在 φ_1 和 φ_2 时通过线圈的磁通量.

可以证明，一个任意的闭合电流回路在磁场中改变位置或形状时，如果保持回路中电流不变，则磁力或磁力矩所做的功都可按 $W=I\Delta\Phi$ 计算，亦即磁力或磁力矩所做的功等于电流乘以通过载流线圈的磁通量的增量，这就是磁力做功的一般表示.

例 7.7.3 磁电式电流计由永久磁铁和放于永久磁铁两极间的可动线圈构成，可动线圈通过发条式弹簧与指针相连. 当匝数为 N 的线圈中通入电流 I 时，线圈处在一个各处磁感应强度 $\boldsymbol{B}$ 都相等的磁场中，线圈平面的法线始终和 $\boldsymbol{B}$ 垂直，装在线圈上的游丝被扭转而产生反方向扭力矩 $k\theta$. 求电流 I 与线圈因受力矩作用而发生偏转的偏转角 θ 间的关系.

解 线圈所受力矩为

$$M = NBIS$$

当磁力矩 $\boldsymbol{M}$ 和游丝的弹性恢复力的扭力矩平衡时，指针停留在一定位置上指示出线圈中电流的大小，即

$$M = NBIS = k\theta$$

所以线圈通过电流与线圈偏转角 θ 间的关系为

$$I = \frac{k\theta}{NBS} = K\theta$$

式中，$K=\dfrac{k}{NBS}$ 可称为游丝的扭转常数.

由例 7.7.3 可知，通过线圈的电流 I 与线圈的偏转角 θ 成正比，这就是磁电式电流计为等分格的原因.

例 7.7.4 如例 7.7.4(a)图所示，一通有电流 I_1 的长直导线，I_1 流向为竖直向上，旁边有一个与它共面通有电流 I_2、边长为 a 的正方形线圈，I_2 流向为逆时针方向，线圈的一对边和长直导线平行，线圈的中心与长直导线间的距离为 $\dfrac{3}{2}a$，在维持它们的电流不变和保证共面的条件下，将它们的距离从 $\dfrac{3}{2}a$ 变为 $\dfrac{5}{2}a$，求磁场对正方形线圈所做的功.

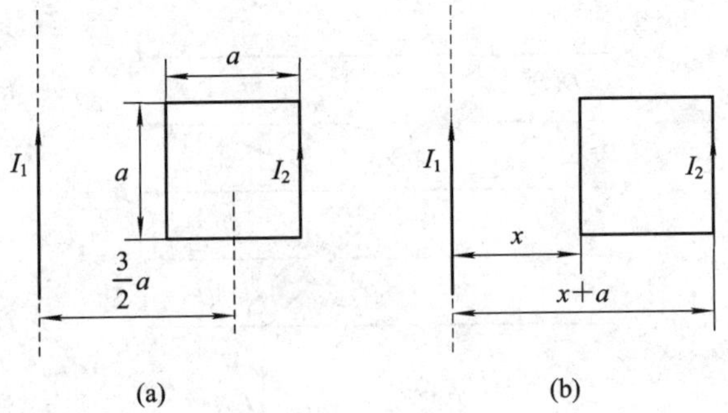

例 7.7.4 图

解 如例 7.7.4(b)图所示位置，由于线圈上、下两条边上所通过的电流方向相反，但与载流长直导线的相对位置相同，则所受安培力大小相等、方向相反，合力为零. 而左右两边

由于和载流长直导线平行，则其在各边导线上所受的磁场相同，因此左边所受的安培力为

$$F_1 = aI_2 \frac{\mu_0 I_1}{2\pi x}$$

方向为水平向右；

右边所受的安培力为

$$F_2 = aI_2 \frac{\mu_0 I_1}{2\pi(x+a)}$$

方向为水平向左.

所以线圈所受安培力的合力为

$$F = F_1 - F_2 = aI_2\left[\frac{\mu_0 I_1}{2\pi x} - \frac{\mu_0 I_1}{2\pi(x+a)}\right]$$

方向为水平向右.

线圈左边从 $x=\frac{3}{2}a-\frac{1}{2}a=a$ 到 $x=\frac{5}{2}a-\frac{1}{2}a=2a$，磁场对其所做的功为

$$W = \int_a^{2a} \frac{\mu_0 a I_1 I_2}{2\pi}\left(\frac{1}{x} - \frac{1}{x+a}\right)\mathrm{d}x = \frac{\mu_0 a I_1 I_2}{2\pi}(2\ \ln 2 - \ln 3)$$

7.8 磁介质中的安培环路定理

7.8.1 磁介质

如果磁场中有物质存在，则由于磁场和物质之间的相互作用，会使物质处于一种特殊状态，从而改变原来磁场的分布. 这种在磁场作用下，其内部状态发生变化，并反过来影响磁场分布的物质，称为**磁介质**. 磁介质在磁场的作用下会被磁化. 下面以充满均匀介质的通电长直螺线管为例对此进行说明. 先取一管内是真空或空气的长直螺线管，沿导线通入传导电流 I，此时管内的磁感应强度为 $\boldsymbol{B}_0$，如图 7.8.1(a)所示，然后使管中充满某种磁介质材料，保持电流 I 不变，介质磁化后会产生附加磁场 $\boldsymbol{B}'$，如图 7.8.1(b)所示. 根据场的叠加原理可知，介质中合成的磁感应强度 $\boldsymbol{B}$ 应为

$$\boldsymbol{B} = \boldsymbol{B}_0 + \boldsymbol{B}' \tag{7.8.1}$$

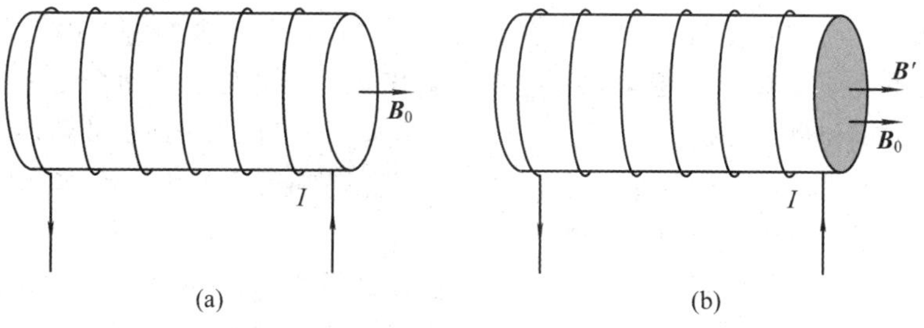

图 7.8.1 磁介质对磁场的影响

并可通过实验测量获得它们的关系为

$$\boldsymbol{B} = \mu_r \boldsymbol{B}_0 \tag{7.8.2}$$

式中，μ_r为磁介质的**相对磁导率**. 它随磁介质的不同而不同，见表 7.8.1. 相对磁导率μ_r略小于1的磁介质就意味着$\boldsymbol{B}'$与$\boldsymbol{B}_0$的方向相反，这种磁介质称为**抗磁质**；相对磁导率μ_r略大于1的磁介质就意味着$\boldsymbol{B}'$与$\boldsymbol{B}_0$的方向相同(见图 7.8.1(b))，这种磁介质被称为**顺磁质**. 这两种磁介质对磁场的影响很小，一般技术中通常不考虑它们的影响，可统称为**弱磁质**. 而另一种相对磁导率μ_r远大于1的磁介质，不仅意味着$\boldsymbol{B}'$与$\boldsymbol{B}_0$的方向相同，而且说明B'远大于B_0，则这种磁介质被称为**铁磁质**. 它们对磁场的影响很大，在电工技术中有广泛应用.

表 7.8.1　几种磁介质的相对磁导率

磁介质种类		相对磁导率
抗磁质 $\mu_r<1$	铋(293 K)	$1-16.6\times10^{-5}$
	汞(293 K)	$1-2.9\times10^{-5}$
	铜(293 K)	$1-1.0\times10^{-5}$
	氢(气体)	$1-3.98\times10^{-5}$
顺磁质 $\mu_r>1$	氧(液体，90 K)	$1+769.9\times10^{-5}$
	氧(气体，293 K)	$1+344.9\times10^{-5}$
	铝(293 K)	$1+1.65\times10^{-5}$
	铂(293 K)	$1+26\times10^{-5}$
铁磁质 $\mu_r\gg1$	纯铁	1.8×10^{4}(最大值)
	硅钢	7×10^{3}(最大值)
	坡莫合金	1×10^{5}(最大值)

由于真空中磁感应强度B_0与μ_0成正比，因此有

$$\mu = \mu_0\mu_r \tag{7.8.3}$$

式中，μ叫磁导率，与B成正比. 它表明了磁介质对$\boldsymbol{B}$的影响，而真空可视为$\mu_r=1$的特殊磁介质.

7.8.2　弱磁质的磁化　磁化强度

1. 弱磁质的磁化

弱磁质的磁化可以用安培的分子电流理论来说明.

众所周知，任何物质都是由分子或原子组成的，它们所包含的每个电子都会同时参与两种运动：电子绕原子核的轨道运动和电子的自旋运动. 这两种运动会使之具有相应的磁矩：电子轨道磁矩和自旋磁矩. 而一个分子内所有电子全部磁矩的矢量和，称为分子的固有磁矩，简称**分子磁矩**，用符号$\boldsymbol{m}$表示. 每一分子磁矩都可视为由一个等效圆电流I产生的，故可称其为**分子电流**，如图 7.8.2 所示.

研究表明，在没有外磁场$\boldsymbol{B}_0$的作用时，顺磁质的分子磁矩$\boldsymbol{m}$并不为零，但是由于分子处于永不停息的热运动中，故各分子磁矩的取向呈杂乱无章状，如图 7.8.3 所示，致使在任意微元内所有分子磁矩的矢量和$\sum\boldsymbol{m}$为零；而抗磁质虽然每个电子的轨道磁矩和自旋磁矩都不为零，但是每个分子的所有磁矩的矢量和(即该分子的分子磁矩$\boldsymbol{m}$)皆为零. 所以不论是顺磁质还是抗磁质，在没有外磁场$\boldsymbol{B}_0$的作用时，宏观对外都不显磁性.

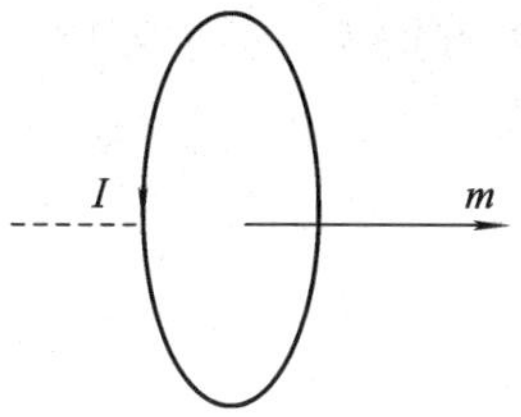

图 7.8.2 分子圆电流与分子磁矩

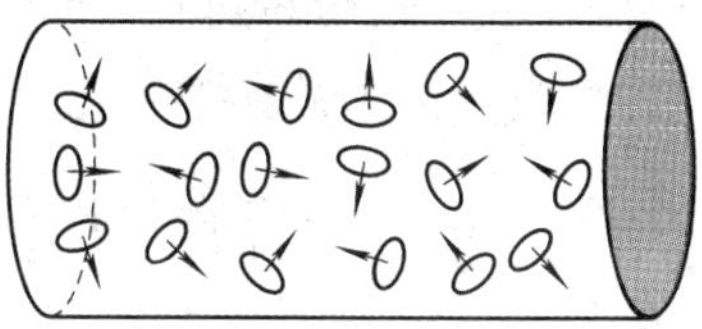

图 7.8.3 无外磁场时顺磁质中分子磁矩的取向示意图

待有外磁场 $\boldsymbol{B}_0$ 作用于弱磁质时，顺磁质和抗磁质的表现分别如下.

对于在外磁场 $\boldsymbol{B}_0$ 中的顺磁质而言，各个分子磁矩受磁力矩的作用发生偏转，具有取向与外磁场方向趋于一致的趋势，如图 7.8.4 所示. 这样，顺磁质就被磁化了. 显然因顺磁质磁化而出现的附加磁场 $\boldsymbol{B}'$ 的方向与外磁场 $\boldsymbol{B}_0$ 的方向一致. 于是在外磁场中，顺磁质内的磁感应强度 $\boldsymbol{B}$ 的大小为

$$B = B_0 + B'$$

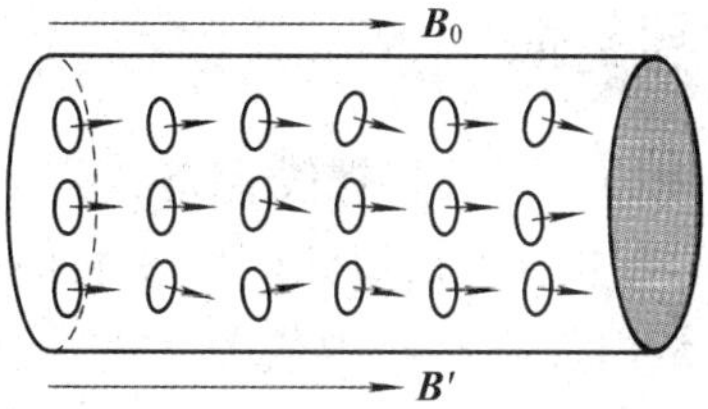

图 7.8.4 有外磁场时顺磁质中分子磁矩的取向示意图

对于在外磁场 $\boldsymbol{B}_0$ 中的抗磁质而言，分子中每个电子的轨道运动都将受到影响，从而引起附加轨道磁矩 $\Delta\boldsymbol{m}$，而且附加磁矩 $\Delta\boldsymbol{m}$ 的方向必是与外磁场 $\boldsymbol{B}_0$ 的方向相反. 设一电子绕核作逆时针轨道转动，如图 7.8.5(a)所示，电子的轨道磁矩 $\boldsymbol{m}'$ 的方向与外磁场 $\boldsymbol{B}_0$ 的方向相反. 可以证明，电子在洛伦兹力 $\boldsymbol{F}$ 的作用下，其附加轨道磁矩 $\Delta\boldsymbol{m}' = -\dfrac{e^2 r^2}{4m_e}\boldsymbol{B}_0$（其中，$e$ 为电子电量大小，m_e 为电子质量，r 为电子轨道半径）与 $\boldsymbol{B}_0$ 的方向相反. 若上述电子绕核作顺时针轨道转动，同样可以证明，其 $\Delta\boldsymbol{m}'$ 与 $\boldsymbol{B}_0$ 的方向相反，如图 7.8.5(b)所示. 由于分子中每个电子的附加轨道磁矩 $\Delta\boldsymbol{m}'$ 都与外磁场 $\boldsymbol{B}_0$ 的方向相反，所有分子的附加磁矩 $\Delta\boldsymbol{m}$ 的方向亦与外磁场 $\boldsymbol{B}_0$ 的方向相反. 因此，在抗磁质中，就要出现与外磁场 $\boldsymbol{B}_0$ 方向相反的附加磁场 $\boldsymbol{B}'$. 于是，抗磁质内的磁感应强度 $\boldsymbol{B}$ 的大小要比 $\boldsymbol{B}_0$ 的大小略小，即其大小为

$$B = B_0 - B'$$

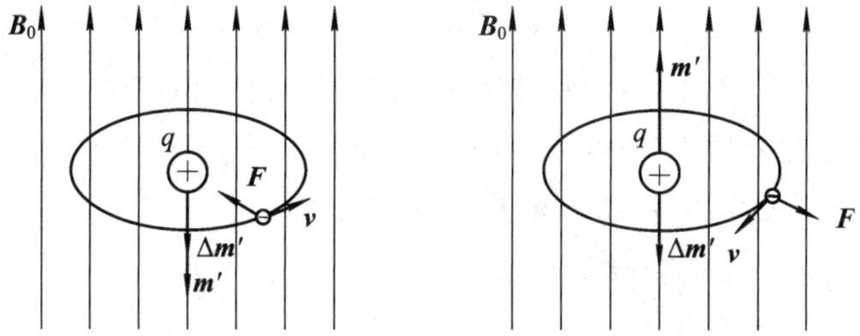

(a) 电子绕核逆时针转动　　(b) 电子绕核顺时针转动

图 7.8.5 抗磁质中附加磁矩与外磁场方向的关系

应当指出，由上述分析可见，抗磁性并非是抗磁质独有的特性，顺磁质也具有这种抗磁性. 只不过顺磁质中抗磁性的效应较之顺磁性效应小得多（即任一微元中 $\sum \Delta \boldsymbol{m} \ll \sum \boldsymbol{m}$），因此，在研究顺磁质磁化时可以不计其抗磁性.

2. 磁化强度

综上所述，磁介质的磁化就其实质而言，或是由于外磁场的作用下分子磁矩的取向发生改变，或是在外磁场作用下产生附加磁矩，而且前者也可归结为产生附加磁矩. 因此，我们可以用磁介质中单位体积内分子的磁矩和来表示介质磁化的情况，称之为**磁化强度**，用符号 $\boldsymbol{M}$ 表示. 在均匀介质中取一微小体积 ΔV，在此体积内分子磁矩的矢量和为 $\sum \boldsymbol{m}$，则其磁化强度为

$$\boldsymbol{M} = \frac{\sum \boldsymbol{m}}{\Delta V} \tag{7.8.4}$$

在国际单位制中，磁化强度的单位为 $\mathrm{A \cdot m^{-1}}$.

7.8.3 磁介质中的安培环路定理 磁场强度

设在单位长度上有 n 匝线圈的无限长直螺线管充满了各向同性的均匀磁介质，线圈内的电流为 I，如图 7.8.6(a)所示，电流 I 在螺线管内激发的磁感应强度为 $\boldsymbol{B}_0$（$B_0 = \mu_0 nI$）. 而磁介质在磁场 $\boldsymbol{B}_0$ 中被磁化，从而使磁介质内的分子磁矩在磁场 $\boldsymbol{B}_0$ 的作用下有规则地排列，如图 7.8.6(b)所示（图中磁介质以顺磁质为例）. 由图可见，在磁介质内部各处的分子电流总是方向相反，相互抵消，只有在边缘上形成近似环形电流 I_s，这种电流称作**磁化电流**（也称**束缚电流**）. 可把圆柱形磁介质表面上沿柱体母线方向单位长度的磁化电流，称为**磁化电流密度** j_s. 那么磁化后在上述长为 L_1、截面积为 S 的磁介质中所具有的磁矩大小为 $\sum m = j_s L_1 S$. 根据磁化定义式(7.8.4)可知，磁化电流密度与磁化强度间的关系为

$$j_s = M$$

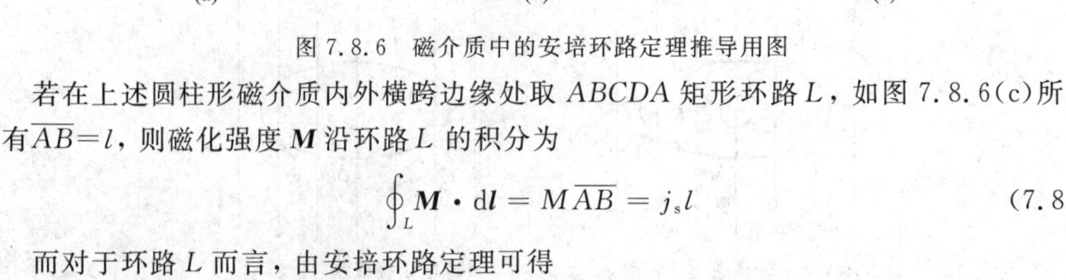

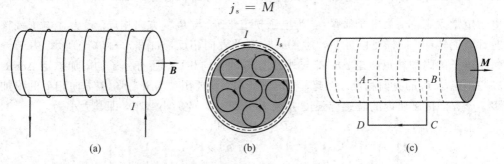

图 7.8.6 磁介质中的安培环路定理推导用图

若在上述圆柱形磁介质内外横跨边缘处取 $ABCDA$ 矩形环路 L，如图 7.8.6(c)所示，且有 $\overline{AB} = l$，则磁化强度 $\boldsymbol{M}$ 沿环路 L 的积分为

$$\oint_L \boldsymbol{M} \cdot \mathrm{d}\boldsymbol{l} = M\overline{AB} = j_s l \tag{7.8.5}$$

而对于环路 L 而言，由安培环路定理可得

$$\oint_L \boldsymbol{B} \cdot \mathrm{d}\boldsymbol{l} = \mu_0 \sum I \tag{7.8.6}$$

式中，$\sum I$ 为环路所包围的线圈中流过的所有传导电流 $\sum I_{\text{int}}$ 和磁介质表面所有磁化电流 $j_s l$ 的代数和，故式(7.8.6)可写成

$$\oint_L \boldsymbol{B}\cdot \mathrm{d}\boldsymbol{l} = \mu_0\left(\sum I_{\text{int}} + j_s l\right) \tag{7.8.7}$$

将式(7.8.5)代入式(7.8.7)可得

$$\oint_L \boldsymbol{B}\cdot \mathrm{d}\boldsymbol{l} = \mu_0\left(\sum I_{\text{int}} + \oint_L \boldsymbol{M}\cdot \mathrm{d}\boldsymbol{l}\right)$$

或写成

$$\oint_L \left(\frac{\boldsymbol{B}}{\mu_0} - \boldsymbol{M}\right)\cdot \mathrm{d}\boldsymbol{l} = \sum I_{\text{int}}$$

然后，采用同电介质中引入辅助量 $\boldsymbol{D}$ 矢量的处理方法相同，此处也引入一个自身不具有物理意义的辅助量——磁场强度 $\boldsymbol{H}$(可简称为 $\boldsymbol{H}$ 矢量)，定义为

$$\boldsymbol{H} = \frac{\boldsymbol{B}}{\mu_0} - \boldsymbol{M} \tag{7.8.8}$$

这样，就有了下列简单形式：

$$\oint_L \boldsymbol{H}\cdot \mathrm{d}\boldsymbol{l} = \sum I_{\text{int}} \tag{7.8.9}$$

式中，I_{int}表示在积分回路内所包围的传导电流.

式(7.8.9)就称为**磁介质中的磁场安培环路定理**. 即在磁场中，磁场强度 $\boldsymbol{H}$ 沿任何闭合曲线的环流，等于该闭合曲线所包围的各传导电流的代数和.

在国际单位制中，磁场强度 H 的单位是 $\mathrm{A\cdot m^{-1}}$.

实验证明，对于各向同性的磁介质，在磁介质中磁化强度 $\boldsymbol{M}$ 与磁场强度 $\boldsymbol{H}$ 成正比，即

$$\boldsymbol{M} = \chi_m \boldsymbol{H} \tag{7.8.10}$$

式中，χ_m 为只与磁介质有关的单位为 1 的比例因子，称为磁介质的**磁化率**. 若磁介质是均匀的，则 χ_m 是个常量；若磁介质是不均匀的，则 χ_m 是空间位置的函数. 将式(7.8.10)代入定义式(7.8.8)，得

$$\boldsymbol{H} = \frac{\boldsymbol{B}}{\mu_0} - \boldsymbol{M} = \frac{\boldsymbol{B}}{\mu_0} - \chi_m \boldsymbol{H}$$

或

$$\boldsymbol{B} = \mu_0(1+\chi_m)\boldsymbol{H}$$

可令式中 $1+\chi_m = \mu_r$，其中 μ_r 正是 7.8.1 小节中提到的磁介质的相对磁导率. 于是上式可写成

$$\boldsymbol{B} = \mu_0\mu_r \boldsymbol{H} \tag{7.8.11a}$$

由于 $\mu = \mu_0\mu_r$，故上式亦可写成

$$\boldsymbol{B} = \mu \boldsymbol{H} \tag{7.8.11b}$$

此外，在真空中，$\boldsymbol{M}=0$，因此 $\chi_m=0$，$\mu_r=1$，任意一点的磁感应强度与该点磁场强度的关系为

$$\boldsymbol{B} = \mu_0 \boldsymbol{H}$$

最后，来说明一下引入辅助量 $\boldsymbol{H}$ 的好处. 由式(7.8.9)可知，磁介质中，磁场强度的环流为

$$\oint_L \boldsymbol{H} \cdot d\boldsymbol{l} = \sum I_{int}$$

而磁感应强度的环流为

$$\oint_L \boldsymbol{B} \cdot d\boldsymbol{l} = \mu_0 \mu_r \sum I_{int}$$

由此可见，在磁场中，磁感应强度的环流与磁介质有关，而磁场强度的环流则与磁介质无关. 那么，就像引入电位移矢量 **D** 后能够便于处理电解质中的电场问题一样，引入磁场强度 **H** 这个物理量后，也能便于解决磁介质中的磁场问题. 下面举例加以说明.

例 7.8.1 一根同轴导线由半径为 R_1 的长导线和套在它外面的内半径为 R_2、外半径为 R_3 的同轴导体圆筒组成. 中间充满磁导率为 μ 的各向同性均匀弱磁质绝缘材料，如例 7.8.1 图所示，传导电流 I 沿导线向上流去，由圆筒向下流回，在它们的截面上电流都是均匀分布的. 求同轴线内外的磁感强度大小 B 的分布.

解 同轴导线中有电流通过时，它们的磁场是柱对称分布的. 设空间任一点到轴线 OO' 的垂直距离为 r，并以 r 为半径作一圆为积分路径 L，根据式(7.8.9)有

$$\oint_L \boldsymbol{H} \cdot d\boldsymbol{l} = \sum I_i$$

在 $0<r<R_1$ 区域有

$$2\pi r H = \frac{I r^2}{R_1^2}$$

则

$$H = \frac{I r}{2\pi R_1^2}$$

由式(7.8.11)可知，该区域磁感应强度的大小为

$$B = \frac{\mu_0 I r}{2\pi R_1^2}$$

在 $R_1<r<R_2$ 区域有

$$2\pi r H = I$$

则

$$H = \frac{I}{2\pi r}$$

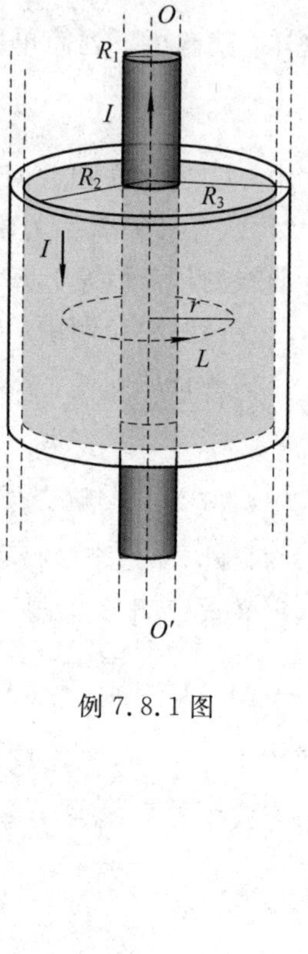

例 7.8.1 图

由式(7.8.11)可知，该区域磁感应强度的大小为

$$B = \frac{\mu I}{2\pi r}$$

在 $R_2<r<R_3$ 区域有

$$2\pi r H = I - \frac{I(r^2 - R_2^2)}{R_3^2 - R_2^2}$$

则

$$H = \frac{I}{2\pi r}\left(1 - \frac{r^2 - R_2^2}{R_3^2 - R_2^2}\right)$$

由式(7.8.11)可知，该区域磁感应强度的大小为

$$B=\mu_0 H=\frac{\mu_0 I}{2\pi r}\left(1-\frac{r^2-R_2^2}{R_3^2-R_2^2}\right)$$

在 $r>R_3$ 区域有

$$2\pi r H=I-I=0$$

则

$$H=0$$

由式(7.8.11)可知，该区域磁感应强度的大小为

$$B=0$$

7.8.4 铁磁质

铁磁质是一种应用很广，又具有一些特殊性质的磁介质. 铁磁质最突出的特点是：

(1) 铁磁质磁化后的附加磁场特别强，也就是说，铁磁质的相对磁导率 μ_r 不仅很大(其数量级一般在 $10^2\sim10^3$，有些甚至可达 10^6 以上)，而且不是一个常量，与磁场强度 $\boldsymbol{H}$ 存在复杂的函数关系.

(2) 磁化强度随磁场变化而变化，但其变化总是落后于磁场变化，并在外磁场撤离后，铁磁质仍保留部分磁性.

(3) 铁磁质有一定的临界温度，超过该温度铁磁质的磁性会发生突变，即由铁磁质突变为顺磁质，这个临界温度称为**居里温度**或**居里点**(例如：铁的居里点为 1040 K，镍的为 631 K，钴的为 1388 K).

1. 铁磁质的磁化曲线-磁滞回线

将某未被磁化过的铁磁材料制成螺绕环的铁芯，绕好线圈制成螺绕环. 当螺绕环中通上电流 I 时，可用冲击电流击测出铁芯中的磁感应强度 $\boldsymbol{B}$ 的大小. 由于螺绕环中磁场强度 $\boldsymbol{H}$ 的大小 $H=nI$，其中 n 为载流螺绕环单位长度的匝数，因此可以通过改变电流的大小和方向获得铁芯在磁化过程中的 $B-H$ 曲线，如图 7.8.7 所示.

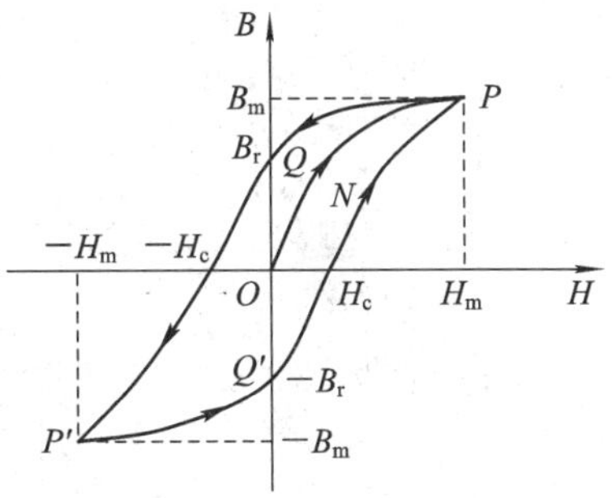

图 7.8.7 磁滞回线

图 7.8.7 中的 ONP 段曲线是上述实验中该铁磁材料开始磁化时的 $B-H$ 曲线，也称为**初始磁化曲线**. 从曲线中可以看出，随着 H 从零(即 O 点)逐渐增大，一开始 B 急剧增加，过了 N 点后，B 的增加变得十分缓慢直至 P 点呈饱和状态，P 点所对应的 B 值一般称为**饱和磁感应强度** B_m，所对应的磁场强度用 H_m 表示. 当 H 达到 H_m 后开始减小时，$B-H$ 曲线并未按初始磁化曲线退回，即 B 值并不沿 PNO 曲线下降，而是沿图 7.8.7 中的 PQ

线缓慢减小. 这种 B 值的变化落后于 H 值变化的现象，就称为**磁滞现象**，简称**磁滞**. 由于磁滞的缘故，当磁场强度 $\boldsymbol{H}$ 的大小减小到零(即 $H=0$)时，磁感应强度 $\boldsymbol{B}$ 的大小并不为零，而是仍有一定的数值 B_r，B_r 称为**剩余磁感应强度**，简称**剩磁**. 这是铁磁质所特有的性质，如果铁磁质有剩磁存在，就说明它被磁化过. 随着反向磁场的增加，B 逐渐减小，当 H 达到 $-H_c$ 时，B 等于零，此时铁磁质的剩磁就完全消失了，不对外显磁性. 通常把 H_c 称为**矫顽力**，它反映了铁磁质抵抗去磁的能力. 当方向磁场继续增大至 $H=-H_m$ 时，该铁磁材料的磁化达到了反向饱和点 P'. 此后，反向磁场逐渐减弱至零，$B-H$ 曲线沿 $P'Q'$ 变化. 而后，正向磁场由零增加到 H_m，$B-H$ 曲线就沿 $Q'P$ 变化，从而完成一个循环. 所以，由于磁滞现象的存在，导致 $B-H$ 曲线形成了一个闭合曲线，该闭合曲线就称为**磁滞回线**.

由此可见，铁磁质的磁滞现象表明：

(1) 铁磁质的磁化过程是不可逆的过程. 在磁化过程中，由于磁滞现象造成的能量损耗称为**磁滞损耗**. 可以证明，铁磁质在缓慢磁化的情况下，沿磁滞回线经历一个循环过程，磁滞损耗正比于磁滞回线的面积.

(2) 磁化过程中，H 和 B 之间不仅不是线性关系，而且也不是单值关系. 也就是说，给定一个 H 值，并不能唯一确定 B 值. B 值为何，还与铁磁质经历的磁化过程及其状态有关.

综上所述，铁磁质的主要特征为：高 μ 值、非线性、磁滞.

2. 铁磁质的分类

研究磁滞回线不仅可以了解铁磁质的特性，而且对铁磁材料的分类作用很大. 一般铁磁质可根据矫顽力的大小分为软磁材料和硬磁材料这两大类.

软磁材料的特点是：矫顽力 H_c 很小($H_c<10^2\ \mathrm{A\cdot m^{-1}}$)，磁滞损耗低，它的磁滞回线呈细长形，面积小，如图 7.8.8(a)所示. 因而软磁材料在磁场中很容易被磁化，也容易退磁，因此这种材料适用于交变磁场，可用于制造变压器、继电器、电磁铁、电机及各种高频电磁元件的铁芯. 常见的软磁材料有软铁、硅钢片、坡莫合金等.

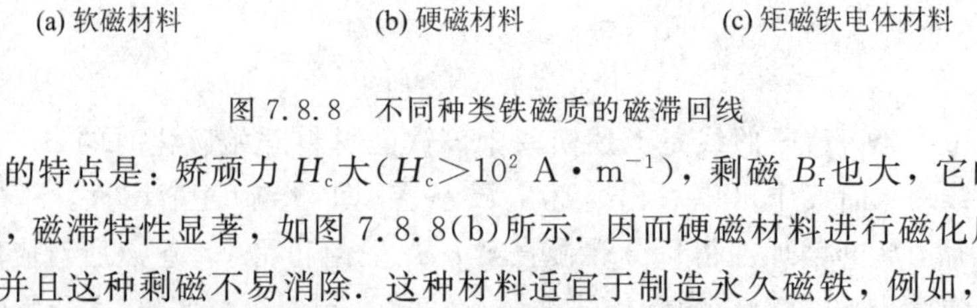

(a) 软磁材料　　(b) 硬磁材料　　(c) 矩磁铁电体材料

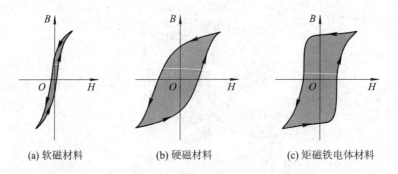

图 7.8.8　不同种类铁磁质的磁滞回线

硬磁材料的特点是：矫顽力 H_c 大($H_c>10^2\ \mathrm{A\cdot m^{-1}}$)，剩磁 B_r 也大，它的磁滞回线所包围的面积大，磁滞特性显著，如图 7.8.8(b)所示. 因而硬磁材料进行磁化后仍能够保留很强的剩磁，并且这种剩磁不易消除. 这种材料适宜于制造永久磁铁，例如，磁电式仪表、永磁扬声器、耳机、小型直流电机以及雷达中磁控管等用的永久磁铁. 常见的硬磁材料有：碳钢、钨钢、铁氧体等. 而其中有一类铁氧体的磁滞回线差不多呈矩形，如图 7.8.8(c)所示，故称为矩磁材料. 在电子计算机中就是利用矩磁铁氧体的矩形磁滞回线的特点作为记忆元件的.

3. 铁磁质的磁化机理——磁畴理论

铁磁质的磁性不能用顺磁质的磁化理论来解释，因为铁磁质的磁性主要来自于电子的自旋磁矩. 在铁磁质中相邻电子间存在着一种很强的交换耦合作用，使得在没有外磁场的情况下，它们的自旋磁矩能在一个个微小区域内“自发”地排列整齐. 这样形成的自发磁化小区域称为**磁畴**. 每个磁畴的大小约为 $10^{-12}\sim10^{-8}$ m^3，包含有 $10^{17}\sim10^{21}$ 个原子. 在未经磁化的铁磁质中，大量磁畴的磁化方向呈无序状态，因而整个铁磁质对外不呈现磁性，如图7.8.9所示. 当铁磁质置于外磁场中时，那些自发磁化方向与磁场方向夹角小的磁畴体积会随着磁场的逐渐增强而扩大，而那些自发磁化方向与磁场方向夹角大的磁畴体积会随着磁场的逐渐增强而减小直到消失. 此时，铁磁质也就逐渐地对外显示出宏观磁性来. 当磁场继续增强时，磁畴的磁化方向将在不同程度上转向磁场方向，直到所有的磁畴都沿着磁场方向排列，此时铁磁质的磁化达到饱和. 这就是铁磁质在外磁场作用下产生的附加磁场 $\boldsymbol{B}'$ 的大小远大于顺磁质的原因.

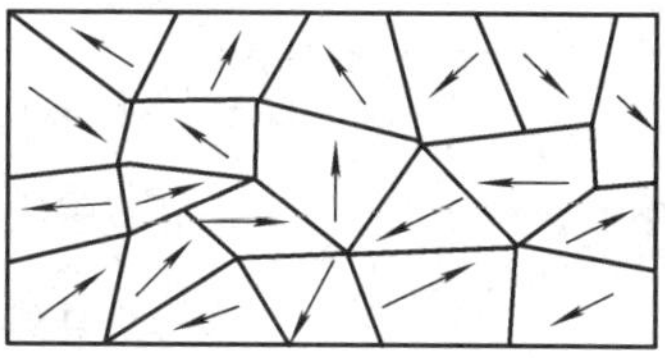

图 7.8.9 磁畴

由于铁磁质中存在杂质和内应力等作用，去掉外磁场后，各个磁畴间存在的“摩擦”会阻碍每个磁畴的磁化方向重新回到磁化前的无序排列. 因此，去掉外磁场后，铁磁质仍保留部分磁性. 这就是在宏观上出现剩磁和磁滞现象的原因.

由于铁磁质中存在磁畴，而磁畴的形成是原子中电子自旋磁矩的自发有序排列，因此在高温条件下，铁磁质中分子的热运动加剧会瓦解磁畴内磁矩有规则的排列. 当温度达到居里点时，磁畴完全瓦解，则铁磁质的各种铁磁特性将随之消失，而转化为一般的顺磁质.

本章小结

知识单元	基本概念、原理及定律	主要公式
稳恒电流及电动势	电流密度	$\boldsymbol{j}=\dfrac{\mathrm{d}I}{\mathrm{d}S}\boldsymbol{e}_n$
	电流连续性方程	$\oint\!\!\!\oint_S \boldsymbol{j}\cdot\mathrm{d}\boldsymbol{S}=-\dfrac{\mathrm{d}q}{\mathrm{d}t}$
	欧姆定律的微分形式	$\boldsymbol{j}=\gamma\boldsymbol{E}$
	电源电动势	$\mathscr{E}=\int_{(-)}^{(+)}\boldsymbol{E}_{ne}\cdot\mathrm{d}\boldsymbol{l}$

续表一

知识单元	基本概念、原理及定律	主要公式
磁感应强度	毕奥－萨伐尔定律	$\mathrm{d}\boldsymbol{B}=\frac{\mu_0}{4\pi}\frac{I\mathrm{d}\boldsymbol{l}\times\boldsymbol{r}}{r^3}$
	载流直导线的磁场	$B=\frac{\mu_0 I}{4\pi a}(\cos\theta_1-\cos\theta_2)$ 无限长载流导线：$B=\frac{\mu_0 I}{2\pi a}$ 半无限长载流导线：$B=\frac{\mu_0 I}{4\pi a}$
	载流圆线圈的磁场	$B=\frac{\mu_0 IR^2}{2(x^2+R^2)^{3/2}}$ 圆线圈的中心处：$B=\frac{\mu_0 I}{2R}$ 无穷远处：$B=\frac{\mu_0 R^2 I}{2x^3}$
	载流直螺线管的磁场	$B=\frac{\mu_0 nI}{2}(\cos\theta_2-\cos\theta_1)$ 无限长直螺线管：$B=\mu_0 nI$ 半无限长直螺线管：$B=\frac{1}{2}\mu_0 nI$
	运动电荷的磁场	$\boldsymbol{B}=\frac{\mu_0}{4\pi}\frac{q\boldsymbol{v}\times\boldsymbol{r}}{r^3}$
磁场中的高斯定理	磁通量	$\Phi_{\mathrm{m}}=\int_S\boldsymbol{B}\cdot\mathrm{d}\boldsymbol{S}$
	磁场中的高斯定理	$\oint_S\boldsymbol{B}\cdot\mathrm{d}\boldsymbol{S}=0$
安培环路定理	安培环路定理	$\oint_L\boldsymbol{B}\cdot\mathrm{d}\boldsymbol{l}=\mu_0\sum I_{\mathrm{int}}$
	载流圆柱体的磁场	$B=\begin{cases}\frac{\mu_0 I}{2\pi r} & (r>R)\\ \frac{\mu_0 I}{2\pi R^2}r & (r<R)\end{cases}$
	载流螺绕环的磁场	$B=\mu_0 nI$
带电粒子在磁场中的运动	洛伦兹力	$\boldsymbol{F}=q\boldsymbol{v}\times\boldsymbol{B}$
	带电粒子在匀强磁场中运动	半径：$R=\frac{mv_0}{qB}$； 周期：$T=\frac{2\pi m}{qB}$
	带电粒子在电场和磁场中运动	洛伦兹关系：$\boldsymbol{F}=q\boldsymbol{E}+q\boldsymbol{v}\times\boldsymbol{B}$
	霍尔效应	$\Delta U=U_1-U_2=\frac{IB}{nqd}$

续表二

知识单元	基本概念、原理及定律	主要公式
磁场对载流导线的作用	安培定律	$\mathrm{d}\boldsymbol{F}=I\mathrm{d}\boldsymbol{l}\times\boldsymbol{B}$
	平行载流直导线间的相互作用力	$f=\dfrac{\mu_0 I_1 I_2}{2\pi a}$
	匀强磁场对载流线圈的作用	$\boldsymbol{M}=\boldsymbol{m}\times\boldsymbol{B}$
	载流导线在磁场中平动时磁场力的功	$W=I\Delta\Phi$
磁介质中的安培环路定理	磁介质、相对磁导率	$\boldsymbol{B}=\boldsymbol{B}_0+\boldsymbol{B}'$, $\boldsymbol{B}=\mu_r\boldsymbol{B}_0$
	磁化、磁化强度	$\boldsymbol{M}=\dfrac{\sum\boldsymbol{m}}{\Delta V}$
	磁介质中的安培环路定理	$\oint_L\boldsymbol{H}\cdot\mathrm{d}\boldsymbol{l}=\sum I_{\mathrm{int}}$

习 题 七

1. 下列陈述中，正确的一项是(　　).

A. 电动势等于单位正电荷沿闭合电路运动一周电源内的静电场所做的功

B. 在电流密度 j 不为零的地方，电荷密度也一定不为零

C. 若导线中维持一个不随时间变化的恒定电流，则导线内的电场也必定是恒定的

D. 因为电流也有方向，所以它和电流密度矢量一样，也是矢量

2. 在氢放电管中充有气体，当放电管两极间加上足够高的电压时，气体电离. 如果氢放电管中每秒有 4×10^{18} 个电子和 1.5×10^{18} 个质子穿过放电管的某一截面向相反方向运动，则此氢放电管中的电流为(　　).

A. 0.24 A　　B. 0.40 A　　C. 0.64 A　　D. 0.88 A

3. 若空间存在两根无限长直载流导线，空间的磁场分布就不具有简单的对称性，则该磁场分布(　　).

A. 不能用安培环路定理来计算

B. 可以直接用安培环路定理求出

C. 只能用毕奥-萨伐尔定律求出

D. 可以用安培环路定理和磁感应强度的叠加原理求出

4. 电流由长直线 1 沿平行 bc 边方向经 a 点流入一电阻均匀分布的正三角形线框，再由 b 点沿 cb 流出，经长直线 2 返回电源，如习题 4 图所示. 已知直导线上的电流为 I，三角框的每一边长为 l. 若载流导线 1、2 和三角形框在三角框中心 O 点产生的磁感应强度分别用 $\boldsymbol{B}_1$、$\boldsymbol{B}_2$ 和 $\boldsymbol{B}_3$ 表示，则 O 点的磁感应强度的大小为(　　).

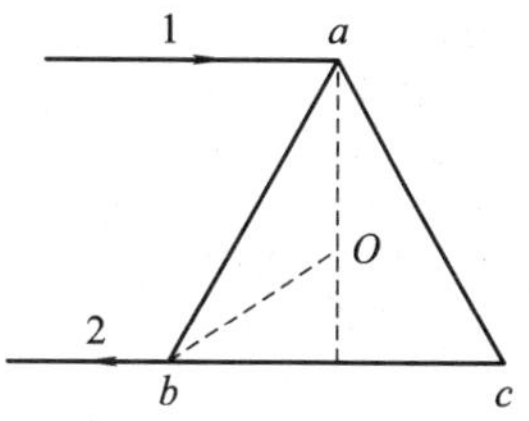

习题 4 图

A. $B\neq0$，因为 $\boldsymbol{B}_3=0$，但 $\boldsymbol{B}_1+\boldsymbol{B}_2\neq0$

B. $B\neq0$，因为 $\boldsymbol{B}_1+\boldsymbol{B}_2=0$，但 $\boldsymbol{B}_3\neq0$

C. $B=0$，因为 $\boldsymbol{B}_1=\boldsymbol{B}_2=\boldsymbol{B}_3=0$

D. $B=0$，因为 $\boldsymbol{B}_1+\boldsymbol{B}_2=0$，$\boldsymbol{B}_3=0$

5. 习题5图所示为四个带电粒子在 O 点沿相同方向垂直于磁感线射入均匀磁场后的偏转轨迹的照片. 磁场方向垂直纸面向外，轨迹所对应的四个粒子的质量相等，电荷大小也相等，则其中动能最大的带负电的粒子的轨迹是(　　).

A. Oa　　B. Ob　　C. Oc　　D. Od

6. 半径为 R 的无限长直圆柱体，轴向均匀流有电流，设圆柱体内($r<R$)的磁感应强度为 B_i，圆柱体外($r>R$)的磁感应强度为 B_e，则有(　　).

A. B_i、B_e均与 r 成正比　　B. B_i、B_e均与 r 成反比

C. B_i与 r 成正比，B_e与 r^2 成反比　　D. B_i与 r 成正比，B_e与 r 成反比

7. 如习题7图所示，在固定无限长载流直导线 AB 的一侧放着一条有限长的可以自由运动的载流直导线 CD，CD 和 AB 相垂直，则 CD 最终的运动状态是(　　).

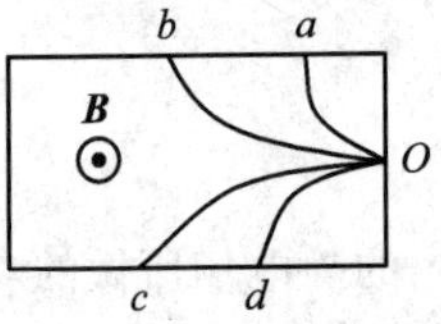

习题5图

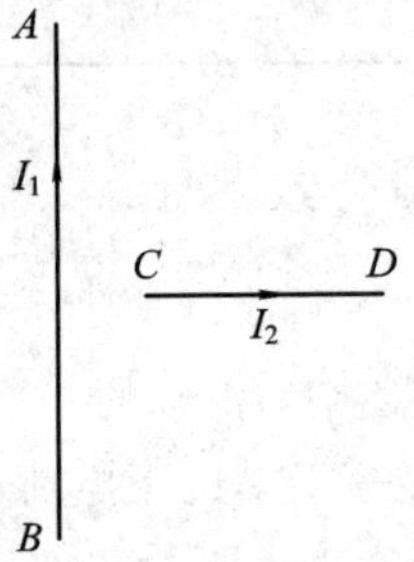

习题7图

A. CD 转动至与 AB 反平行，且离开 AB 运动

B. CD 转动至与 AB 平行，且靠近 AB 运动，最终和 AB 重合

C. CD 水平平动，向下不断作加速运动

D. CD 水平平动，向上不断作加速运动

8. 一磁场的磁感应强度为 $\boldsymbol{B}=a\boldsymbol{i}+b\boldsymbol{j}+z\boldsymbol{k}$(SI)，则通过一半径为 R、开口向 z 轴正方向的半球壳表面的磁通量的大小为________Wb.

9. 在半径为 R 的长直金属圆柱体内部挖去一个半径为 r 的长直圆柱体，两柱体轴线平行其间距为 a，如习题9图所示. 今在此导体上通有电流 I，电流在截面上均匀分布，则空心部分轴线上点 O 的磁应感强度的大小为________.

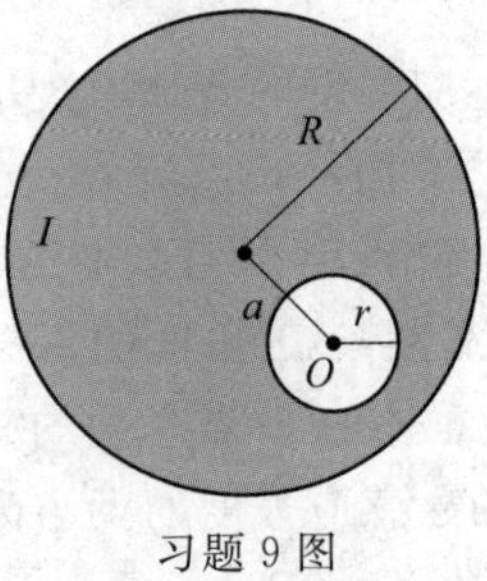

习题9图

10. 在匀强磁场 $\boldsymbol{B}$ 中，取一半径为 R 的圆，圆面的法线 $\boldsymbol{e}_n$ 与 $\boldsymbol{B}$ 成 β 角，如习题 10 图所示，则通过以该圆周为边线的如图所示的任意曲面 S 的磁通量 $\Phi_m=\iint_S B\cdot dS=$ ________.

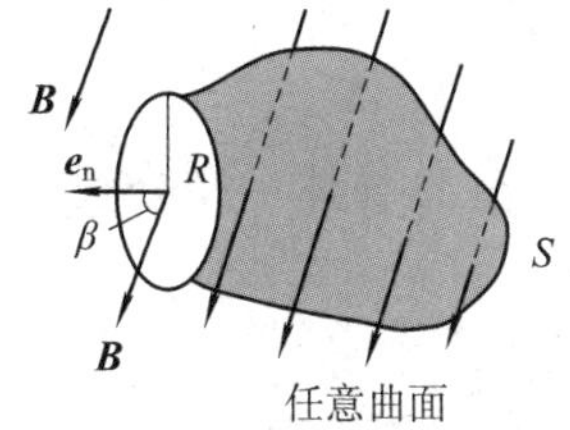

习题 10 图

11. 在磁场中某点放一很小的试验线圈. 若线圈的面积增大一倍，且其中电流也增大一倍，则该线圈所受的最大磁力矩将是原来的__________倍.

12. 螺绕环中心周长 $l=10$ cm，环上均匀密绕线圈 $N=200$ 匝，线圈中通有电流 $I=0.1$ A. 若管内充满相对磁导率 $\mu_r=2100$ 的磁介质，则管内磁感应强度的大小是________.

13. (1) 设每个铜原子贡献一个自由电子，求铜导线中自由电子数的密度为多少？

(2) 在家用线路中，容许电流最大值为 15 A，铜导线的半径为 0.81 mm. 若铜导线中电流密度是均匀的，求电流密度的值.

(3) 试求在上述情况下，电子的漂移速率.

14. 将通有电流 $I=1$ A 的导线在同一平面内弯成如习题 14 图所示的形状，已知 $a=1$ m，$b=2$ m. 求点 D 的磁感应强度 $\boldsymbol{B}$ 的大小.

15. 如习题 15 图所示，一长直导线 $ABCDE$，通有电流 I，中部一段弯成圆弧形，半径为 a，求圆心处的磁感应强度.

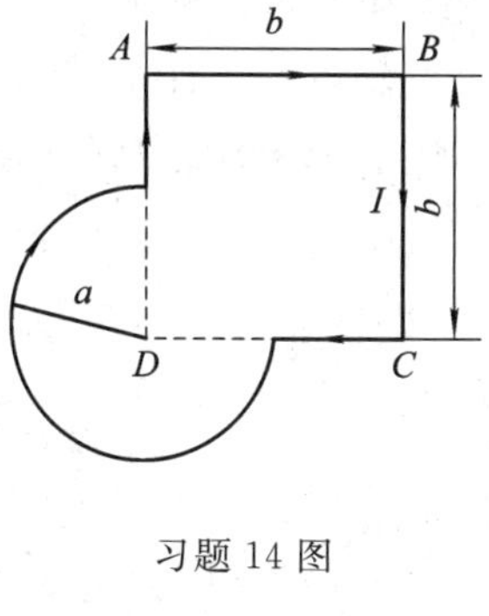

习题 14 图

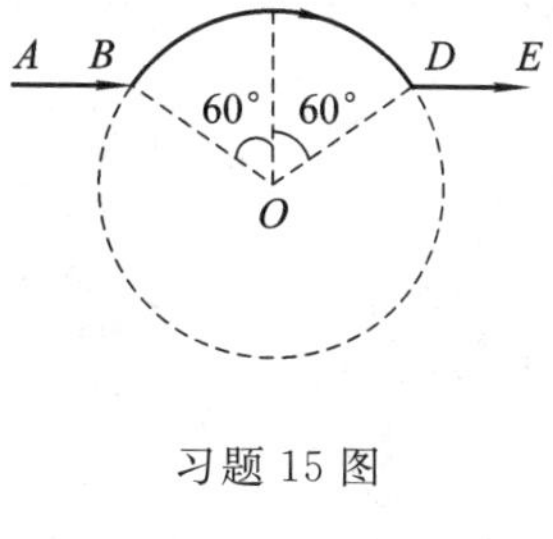

习题 15 图

16. 一根无限长导线弯成如习题 16 图所示的形状，设各线段都在同一平面内(纸面内)，其中第二段是半径为 R 的四分之一圆弧，其余为直线. 导线中通有电流 I，求图中 O 点处的磁感应强度.

17. 如习题 17 图所示，有一通有电流 I_1 的长直导线，旁边有一个与它共面通有电流 I_2、边长为 $a\times b$ 的长方形线圈，线圈的一对边和长直导线平行，线圈的中心与长直导线间的距离为 $\frac{3}{2}b$，在维持线圈的电流不变和保证共面的条件下，将它们的距离从 $\frac{3}{2}b$ 变为 $\frac{5}{2}b$，

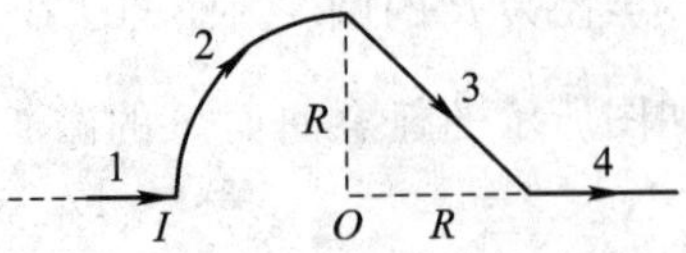

习题 16 图

求磁场对正方形线圈所做的功.

18. 如习题 18 图所示的长空心柱形导体半径分别为 R_1 和 R_2，导体内载有电流 I，设电流均匀分布在导体的横截面上. 求：

（1）导体内部各点的磁感应强度；

（2）导体内壁和外壁上各点的磁感应强度.

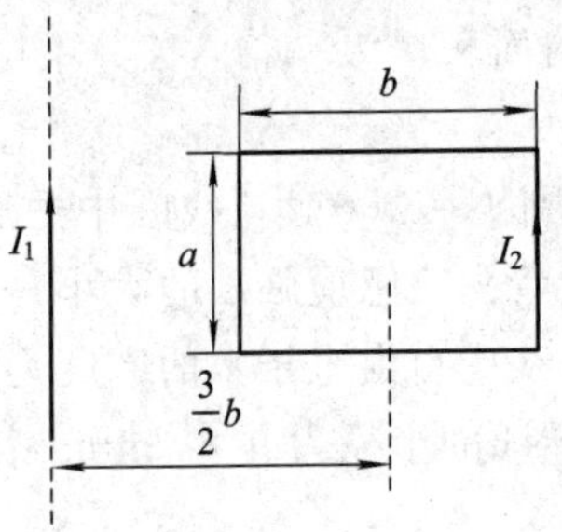

习题 17 图

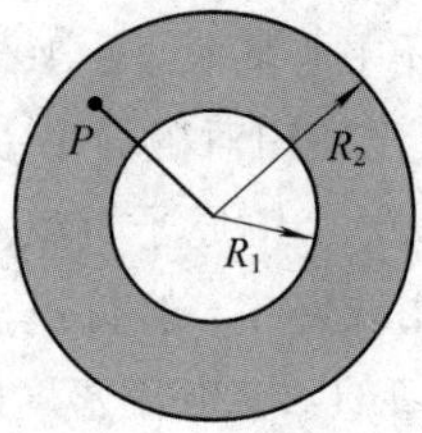

习题 18 图

19. 一均匀带电长直圆柱体，电荷体密度为 ρ，半径为 R，绕其轴线匀速转动，角速度为 ω. 试求：

（1）圆柱体内距轴线 r 处的磁感应强度；

（2）两端面中心处的磁感应强度.

20. 如习题 20 图所示，两个共面的平面带电圆环，其内外半径分别为 R_1、R_2 和 R_2、R_3，外面的圆环以每秒钟 n_2 转的转速顺时针转动，里面的圆环以每秒钟 n_1 转的转速反时针转动. 若电荷面密度都是 σ，求 n_1 和 n_2 的比值为多大时，圆心处的磁感应强度为零.

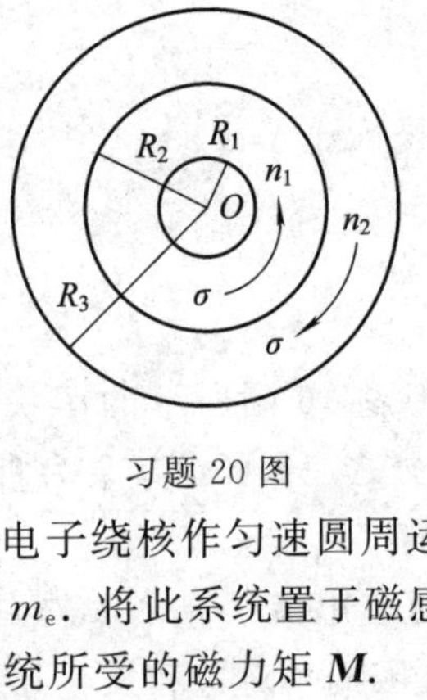

习题 20 图

21. 假设把氢原子看成是一个电子绕核作匀速圆周运动的带电系统. 已知平面轨道的半径为 r，电子的电荷为 e，质量为 m_e. 将此系统置于磁感应强度为 $\boldsymbol{B}_0$ 的均匀外磁场中，设 $\boldsymbol{B}_0$ 的方向与轨道平面平行，求此系统所受的磁力矩 $\boldsymbol{M}$.

22. 如习题 22 图所示，有电阻为 R、质量为 m、宽为 l 的矩形导电回路，从所画的静止位置开始受恒力 F 的作用. 在虚线右方空间内有磁感应强度为 $\boldsymbol{B}$ 且垂直于纸面的均匀磁场. 忽略回路自感. 求在回路左边未进入磁场前，回路运动速度 v 与时间 t 的函数关系.

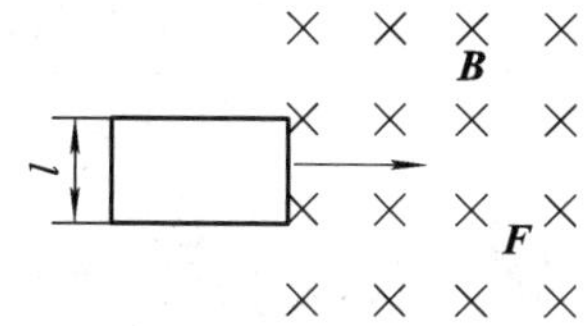

习题 22 图

23. 半径为 R 的半圆形闭合线圈，载有电流 I，放在磁感应强度为 $\boldsymbol{B}$ 的均匀磁场中，磁场方向与线圈平面平行，如习题 23 图所示. 求：

(1) 线圈所受磁力矩的大小和方向(以直径为转轴)；

(2) 若线圈受上述磁场作用转到线圈平面与磁场垂直的位置，则力矩做功为多少？

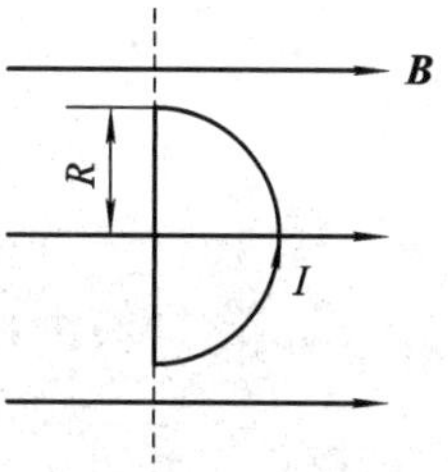

习题 23 图

24. 一半径为 R 的薄圆盘，放在磁感应强度为 $\boldsymbol{B}$ 的均匀磁场中，$\boldsymbol{B}$ 的方向与盘面平行，如习题 24 图所示. 圆盘表面的电荷面密度为 σ，若圆盘以角速度 ω 绕其轴线转动，试求作用在圆盘上的磁力矩.

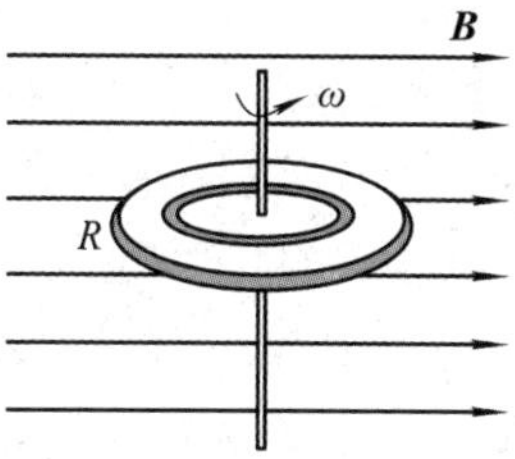

习题 24 图

25. 螺绕环中心周长 $l = 10$ cm，环上均匀密绕线圈 $N = 200$ 匝，线圈中通有电流 $I = 0.1$ A，管内充满相对磁导率 $\mu_r = 4200$ 的磁介质. 求管内磁场强度和磁感应强度的大小.

阅读材料之发展前景

脉冲强磁场技术发展现状与趋势

引　言

脉冲强磁场技术最早可以追溯到上世纪初。1924 年，前苏联物理学家 P. Kapitza 利用铅酸蓄电池在 1 mm 直径的线圈内实现 50 T 磁场。在获得 50 T 磁场后，他声称只要有足够的经费支持，就可以实现 200～300 T 的磁场。然而，由于没有意识到巨大磁应力对磁体所造成的破坏，他并没有实现更大的磁场。到上世纪 60 年代左右，随着测量技术的发展，科学家能实现脉冲场下的 deHaas－van Alphen 效应、磁致电阻效应等测量，因此，欧洲、美国以及日本开始纷纷建立脉冲强磁场实验室，这一时期的电源多为电容器电源。1986 年，脉冲强磁场技术实现一次突破，美国麻省理工学院 S. Foner 教授将高强度铜铌合金线引入脉冲磁体，研制出高强度脉冲磁体，实现了 68 T 的磁场。随后，比利时鲁汶大学 F. Herlach 教授发明了脉冲磁体的分层加固技术，将磁场提高到 80 T。进入 20 世纪 90 年代，为满足科学研究的迫切需要，欧洲、美国以及日本提出 100 T 脉冲磁场的计划。面对如此超强磁场所带来的挑战，脉冲磁体走向多线圈结构。2012 年，美国国家强磁场实验室利用四线圈磁体实现 100.7 T 的世界纪录，德国德累斯顿强磁场实验室和武汉国家脉冲强磁场科学中心利用双线圈磁体分别实现了 94.2 T 和 90.6 T 的磁场。

在脉冲强磁场产生装置中，脉冲电源提供能量，脉冲磁体流过电流产生磁场，二者对脉冲强磁场技术的发展起到至关重要的作用，任何一次电源和磁体技术的升级都给脉冲强磁场带来新的发展机遇。

脉冲电源

脉冲电源提供产生脉冲强磁场所必须的大电流。常用的脉冲电源包括电容器、脉冲发电机、蓄电池、储能电感以及电网等。电容器电源功率大，能瞬间输出大电流，适合产生超高短脉冲磁场；同时，电流中无纹波，对科学实验的测量影响小，是磁化测量实验的理想电源。电容器电源的另一大优点是，运行维护简单，操作便捷，即使小型脉冲强磁场实验室也能运行。脉冲发电机电源储能高达数百兆焦耳，与整流系统配合对磁体供电，通过控制整流系统的触发角，能方便地调节磁场波形，特别适合产生平顶波磁场或其他特殊波形的磁场。不过，由于整流过程产生纹波，该电源系统不适合磁化等实验研究。同时，脉冲发电机以及整流系统运行控制复杂，维护费用高，一般仅在大型实验室运行。蓄电池电源兼具脉冲发电机电源储能高和电容器电源无纹波的优点。另外，蓄电池电源可以实现单次充电和多次放电，使用方便。不过，单个蓄电池输出的电压低，电流小。为适应脉冲强磁场的需要，蓄电池电源通常由若干个蓄电池串并联组成。在蓄电池电源设计中，一个重点是设计出安全的电流关断开关，单个磁场脉冲无法消耗电源内部的能量，如果不能强制关断脉冲磁体上的电流，电流将一直流过磁体，磁体将由于焦耳热而损坏。电感储能电源能量密度高，储能元件实际上就是一个电感，维护简单，建造成本低。该电源的缺点是效率低。

脉冲磁体

脉冲磁体本质上是一个空心螺线管线圈，孔径一般在10～30 mm之间，以提供足够的空间开展科学实验。最初的脉冲磁体是由铜线连续绕制而成，由于铜线机械强度低，只有300 MPa左右，不能抵抗强电磁力作用，所以只能产生40 T以下的磁场。1986年，美国麻省理工学院S. Foner教授首次将高强、高导铜铌合金线引入脉冲磁体。由于该导线具有900 MPa左右的抗拉强度，能极大地提高脉冲磁体的力学强度，因此实现了68 T的峰值磁场。受这一突破鼓舞，世界上各强磁场实验室纷纷研发新的高强度导体材料，以期获得更高的磁场。尽管提高导线强度是提高磁场的一个重要方法，但导线强度的提高伴随着电导率的降低。当导线强度达到1 GPa左右时，无法在保证电导率的情况下继续提高强度。因此，磁场的提高必须另辟蹊径。

脉冲磁场

脉冲磁场的发展取决于脉冲电源与脉冲磁体的发展，但脉冲磁场的波形特性由科学实验的需要决定。衡量一个脉冲磁场的性能好坏，通常用磁场强度、磁场脉宽、磁场稳定度以及磁场重复频率来判断。对于特定的研究对象，对磁场特性的要求不同。例如，研究高温超导体的上临界场，需要超高的磁场强度；研究比热、荧光寿命以及大电阻样品输运特性，需要超长磁场脉宽，而对于NMR谱研究，需要具有超高稳定度的平顶磁场。

- 超高磁场强度

要实现超高磁场强度，首先要解决的问题是如何优化磁体结构以及磁体与电源的配置，解决巨大磁应力对磁体结构的破坏。当磁场为50 T时，磁应力为1 GPa；当磁场达到100 T时，磁应力是4 GPa，超过目前任何实用导体材料的强度，唯一的解决方法是采用分层加固结构和多线圈系统。

· 超长磁场脉宽

对于电输运测量，如果样品本身的电阻高达几万或几十万欧姆，测量回路的时间常数可能达到磁场脉宽的数量级，实验得到的数据就会失真。因此，对于这类实验，需要提高磁场的脉宽。由于电容器电源储能相对较小，通常只有几兆焦耳到数十兆焦耳，所产生的磁场脉宽在毫秒到数十毫秒之间。一个延长磁场脉宽的办法是，在脉冲磁体两端反并联一个由二极管和电阻构成的续流回路，当电容器电源上两端电压反向时，二极管导通，电流从续流回路流过，这样磁场脉宽可以大幅增加，而且电阻越小，磁场脉宽增加幅度越大。但续流回路只能延长磁场的下降沿脉宽，而上升沿仍然只有数十毫秒，该时间段内的数据几乎不能使用。因此，脉冲强磁场下大电阻样品电输运性能测试一直是个挑战。

· 超高磁场稳定度

NMR 实验需要磁场在一定时间内具有较高的稳定度，过去一直是在稳态磁场下开展研究工作。但由于稳态磁场相对降低，无法满足高场实验需要，因此，科学家开始尝试提高脉冲磁场的稳定度，以开展脉冲强磁场下的 NMR 研究。对于采用电容器电源的强磁场系统，由于放电电流不可控，难以实现稳定的磁场。

武汉国家脉冲强磁场科学中心提出了一种利用电容器电源实现高稳定度平顶磁场的新方法。该系统采用双电容器电源和一个耦合变压器，主电容器对磁体放电产生磁场，耦合变压器与辅助电容器相连，利用电磁耦合，将主回路的电流调控成平顶磁场。另外，武汉国家脉冲强磁场科学中心在蓄电池电源上安装电流旁路系统，以 500 Hz 的频率调节磁体端电压，实现了超高稳定度的平顶磁场。

· 高重频磁场

在研究 X 射线散射与衍射实验以及中子散射实验时，要测大量数据，因此，需要脉冲磁体在两次脉冲之间的冷却时间尽可能短，以提高实验效率。一般脉冲磁体冷却时间在 1～4 h 之间，难以满足这类实验的需要。研发快速冷却和高重频磁体系统迫在眉睫。由于脉冲磁体主要追求高场强，线圈中大量采用抗拉强度高、但导热系数低的纤维加固材料，电流在磁体内产生焦耳热难以向外传导。

武汉国家脉冲强磁场科学中心

武汉国家脉冲强磁场科学中心承担国家"十一五"重大科技基础设施项目——脉冲强磁场实验装置的建设。脉冲强磁场实验装置于 2007 年 1 月由国家发展改革委员会批复在华中科技大学建设。目标是建成技术指标先进、开放环境优良、装置规模及综合水平世界一流的大型公用科学实验装置，开展物理、材料、化学、医学和生命科学等领域的研究，探索和认识新现象，研究和揭示新规律，使我国脉冲强磁场科学研究达到国际一流水平。装置于 2008 年 4 月开工建设，2013 年 10 月建设完成。主体包括磁体、电源、监控、科学实验及配套低温系统。其中磁体的最高磁场达 90.6 T，样品温度低温系统包括 1.3 K 氦四、385 mK 氦三、39 mK 氦三/氦四稀释制冷机等，可开展电输运、磁特性、磁光特性、电子自旋共振等不同类型科学实验。

结　语

从上世纪初至今，脉冲强磁场技术经历了近100年的发展，最高磁场已突破100 T，磁场波形也实现多样化，但脉冲磁场的发展不会就此停止，尤其是在凝聚态物理发展的推动下，脉冲磁场将在“高、长、稳”三个方面向更高性能发展。为满足这一需求，电源将向更高功率、更大储能以及高重频方向发展；脉冲磁体将采用更高强度、更高电导率的导线，向多线圈、异形结构等方向发展。

节选自《物理》2016年第45卷第1期，脉冲强磁场技术发展现状与趋势，作者：彭涛、李亮.

第8章 电磁感应

激发电场的源——电荷和激发磁场的源——电流是相互关联的，这就说明：电场和磁场之间必然存在着相互联系、相互制约的关系. 1819 年，奥斯特发现了电流的磁效应——"电生磁"后，促使不少科学家探寻其逆效应——"磁生电"(即磁的电效应)，尤其是英国物理学家法拉第，对实验进行了系统研究，终于在 1831 年发现了电磁感应现象，并总结出电磁感应定律. 而麦克斯韦通过进一步研究提出了变化的电场激发磁场的概念，并在此基础上把电磁现象的实验规律归纳成体系完整的普遍的电磁场理论——麦克斯韦方程组. 电磁场理论的一个重要成就就是成功预言了电磁波的存在——即变化的电场和变化的磁场相互激发，形成变化的电磁场在空间传播，并计算出其传播速度等于光速. 1887 年，赫兹首先用实验证实了电磁波的存在，这不但从一个方面证明了麦克斯韦电磁场理论的正确性，也揭示了光的电磁本质.

电磁感应现象的发现和麦克斯韦理论的提出不仅阐明了变化的磁场能够激发电场，变化的电场也能激发磁场的关系，还进一步揭示了电与磁之间的内在联系，促进了电磁理论的发展，从而奠定了现代电工技术和通信技术的理论基础，为人们广泛利用电磁能开辟了道路.

本章主要讨论电磁感应现象的基本规律和麦克斯韦电磁理论，分别对电磁感应的几种类型，包括自感和互感进行讨论，并简要介绍磁场能量和麦克斯韦方程组.

8.1 电磁感应定律

8.1.1 电磁感应现象

1831 年 8 月 29 日，法拉第首次发现处在随时间而变化的电流附近的闭合回路中有感应电流产生的现象. 在兴奋之余，他又做了一系列实验，用不同的方法证实电磁感应现象的存在及其规律. 以下选取几个典型的电磁感应实验，归纳出产生电磁感应现象的基本条件.

(1) 如图 8.1.1 所示，线圈与检流计构成一个闭合回路，因为这个回路中没有电源，所以检流计指针不会发生偏转. 可是，当条形磁铁 N 极靠近或远离线圈回路(即与线圈发生相对运动)时，可以观察到检流计指针发生偏转，但这两种情况下检流计指针偏转的方向相反；当条形磁铁 S 极靠近或远离线圈回路时，也可以观察到检流计指针有两种相反方向的偏转. 当磁铁与线圈保持相对静止时，回路中电流立即消失. 改变条形磁铁相对线圈的运动速度，指针偏转的幅度不同. 检流计指针偏转表明线圈中有电流通过，这种电流称为**感应电流**. 指针偏转幅度表明感应电流的大小. 即表明电流大小与磁铁相对线圈运动的速率成正比.

(2) 如图 8.1.2 所示，以通电线圈 B 代替条形磁铁.

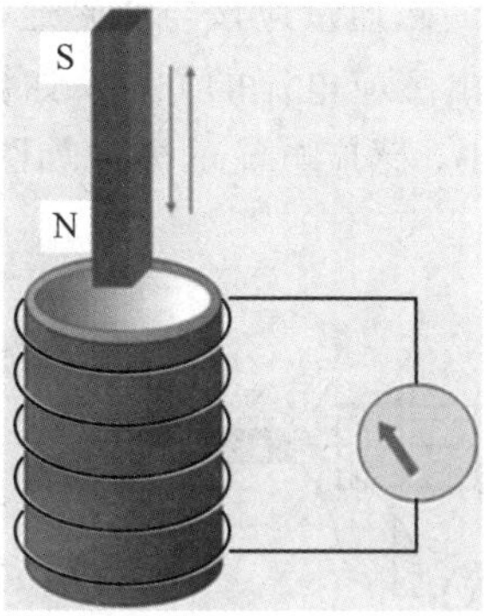

图 8.1.1 条形磁铁与线圈有相对运动时，检流计指针发生偏转

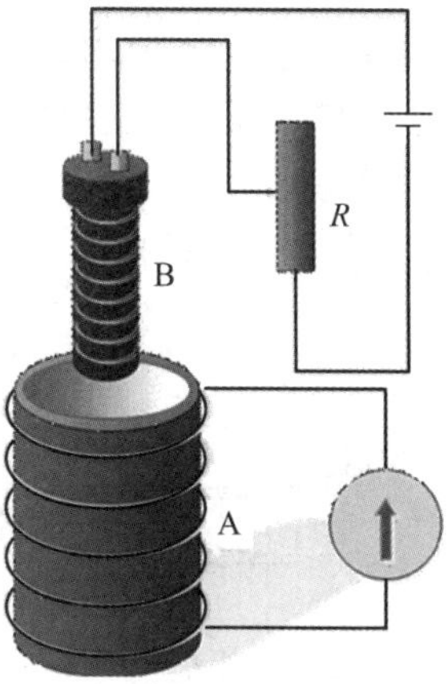

图 8.1.2 线圈中另一通电线圈电流变化，检流计指针发生偏转

① 保持恒定电流，当载流线圈 B 相对于线圈 A 运动时，线圈 A 回路内有电流存在，检流计偏转.

② 当载流线圈 B 相对于线圈 A 静止时，如果改变线圈 B 的电流，则线圈 A 回路中也会产生电流. 且 B 线圈中电流变化速率越大，检流计偏转幅度越大. 一旦电流变化停止，无论 B 线圈中恒定电流多么大，A 线圈中也无电流.

(3) 如图 8.1.3 所示，在导电的轨道上有一根导体棒 ab，它与导轨组成一个矩形回路，将整个闭合回路置于稳恒磁场中，当导体棒 ab 在导体轨道上向右滑行时，回路内产生了电流. 当导体棒 ab 向左运动时，回路中也有电流产生，只是电流方向相反. 当导体棒 ab 停止运动时，回路中电流立即消失. 不论导体棒 ab 向右还是向左滑行，当滑行速度 $\boldsymbol{v}$ 增大时，检流计指针偏转幅度都明显增大.

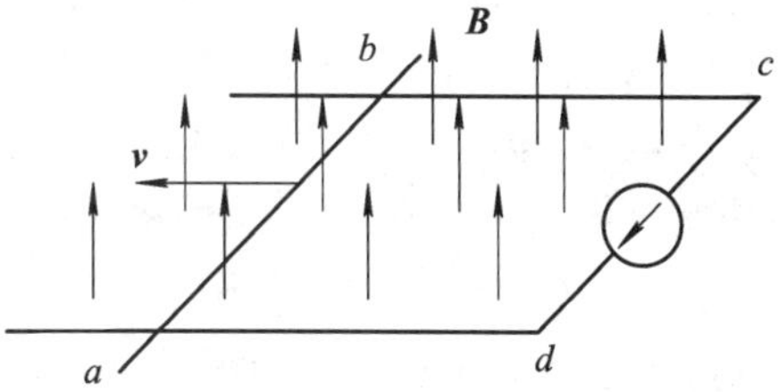

图 8.1.3 导体棒在磁场中运动

上述实验表明，当穿过闭合导体回路所包围面积内的磁通量发生变化时，不管这种变化是由什么原因引起的，在导体回路中都会产生感应电流. 这种现象称为**电磁感应现象**. 必须注意的是，由于线圈中加入铁磁质后，线圈内的感应电流大大增加，因此感应电流产生的原因是磁感应强度 $\boldsymbol{B}$ 通量的变化，而非磁场强度 $\boldsymbol{H}$ 通量的变化.

8.1.2 楞次定律

1833 年，俄国物理学家楞次在进一步概括了大量实验结果的基础上，提出了一条用于确定回路中感应电流方向的法则，称为**楞次定律**. 这就是：闭合回路中产生的感应电流的方向总是使感应电流所产生的通过回路面积的磁通量去阻碍引起感应电流的磁通量的变化.

这里所谓阻碍引起感应电流的磁通量的变化是指：当磁通量增加时，感应电流的磁通量方向与原来磁通量的方向相反(阻碍它的增加)；当磁通量减小时，感应电流的磁通量方向与原来磁通量的方向相同(阻碍它的减小). 例如在图 8.1.4 中，当条形磁铁插入线圈时，穿过线圈的磁通量增加，按照楞次定律，感应电流激发的磁通量应该与原磁通量的方向相反，如图 8.1.4(a)所示，再根据右手螺旋法则，可判断出感应电流的方向，如导线中的箭头指向；反之，当条形磁铁抽出时，穿过线圈的磁通减小，感应电流的方向如图 8.1.4(b)所示.

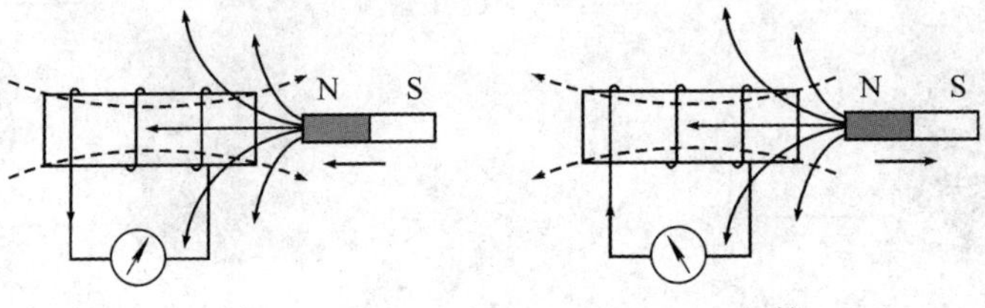

图 8.1.4 感应电流的方向

大量实验都能反映楞次定律实质上是能量守恒定律的一种体现. 为此，下面将从功与能的角度再次分析上述实验. 当条形磁铁插入线圈时，线圈中感应电流所激发的磁场分布可视为一个磁棒，在朝向条形磁铁一面出现 N 极，恰好与插入的条形磁铁 N 极相斥，阻碍了条形磁铁的相对运动. 因此在条形磁铁向左插入的过程中，外力必须克服斥力而做功. 同时，感应电流流过线圈及检流计时必然发热，这个热量正是外力的功转化而成的. 所以，感应电流的方向遵从楞次定律的事实表明楞次定律本质上就是能量守恒定律在电磁感应现象中的具体表现.

8.1.3 法拉第电磁感应定律

法拉第对电磁感应现象作了定量研究，总结出了电磁感应的基本定律. 其实，感应电流只是回路中存在感应电动势的对外表现，由闭合回路中磁通量的变化直接产生的结果应是感应电动势. 所以法拉第用电动势来表述**电磁感应定律**，叙述如下：

通过回路所包围面积的磁通量发生变化时，回路中产生的感应电动势 $\mathscr{E}_i$ 与磁通量对时间的变化率成正比. 在国际单位中，其数学表达式为

$$\mathscr{E}_i = -\frac{\mathrm{d}\Phi}{\mathrm{d}t} \tag{8.1.1}$$

在约定的正负符号规则下，式中的负号反映了感应电动势的方向，它是楞次定律的数学表现.

式(8.1.1)确定感应电动势 $\mathscr{E}_i$ 方向的符号规则如下：在回路 L 上先任意选定一个转向作为回路的绕行正方向，再用右手螺旋法则确定此回路所围面积的正法线单位矢量 $\boldsymbol{e}_n$ 的方向，如图 8.1.5 所示. 然后，确定通过回路面积的磁通量 Φ 的正、负，凡穿过回路面积的 $\boldsymbol{B}$ 的方向与正法线方向的夹角小于 90°者为正，反之为负. 最后，再考虑 Φ 的变化情况，确定

$d\Phi/dt$ 的正负. 如果 $d\Phi/dt>0$，根据式(8.1.1)，则 $\mathscr{E}_i<0$，此时感应电动势 $\mathscr{E}_i$ 的方向与规定回路绕行正方向相反；反之，$d\Phi/dt<0$，则 $\mathscr{E}_i>0$，此时感应电动势 $\mathscr{E}_i$ 的方向与规定回路绕行正方向一致. 以图 8.1.1 所述实验为例来说明上述规则. 首先选取回路绕行正方向为线圈的顺时针方向，则回路的法线正方向与磁场方向相同. 这就意味着通过线圈回路面积的磁通量 $\Phi>0$. 当条形磁铁抽出线圈时，$d\Phi/dt<0$，根据式(8.1.1)，则 $\mathscr{E}_i>0$，此时感应电动势 $\mathscr{E}_i$ 的方向与规定回路绕行正方向一致. 当条形磁铁插入线圈时，$d\Phi/dt>0$，则 $\mathscr{E}_i<0$，此时感应电动势 $\mathscr{E}_i$ 的方向与规定回路绕行正方向相反. 用这种方法确定的感应电动势方向与用楞次定律确定的方向完全一致，但在实际问题中，用楞次定律来确定感应电动势的方向比较简便.

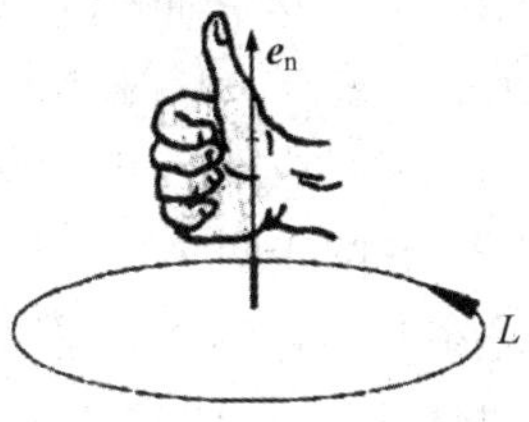

图 8.1.5 回路正法线方向 e_n 的确定

应当指出，上述分析是针对单匝线圈而言的，如果回路是由 N 匝线圈绕制而成的，那么在磁通量发生变化时，每匝线圈都将产生感应电动势. 如果每匝线圈中通过的磁通量都相等，则 N 匝线圈的总电动势应为各匝线圈中电动势的总和，即

$$\mathscr{E}_i=-N\frac{d\Phi}{dt}=-\frac{d(N\Phi)}{dt}=-\frac{d\Psi}{dt} \tag{8.1.2}$$

式中，$\Psi=N\Phi$ 称为线圈的磁通链，若每匝的磁通量不同，则 $\Psi=\sum\Phi_i$.

如果闭合回路的电阻为 R，则在回路中的感应电流为

$$I_i=\frac{\mathscr{E}_i}{R}=-\frac{1}{R}\frac{d\Phi}{dt} \tag{8.1.3}$$

利用式 $I=dq/dt$，可算出在 t_1 到 t_2 这段时间内通过导线的任一截面的感应电荷量为

$$q_i=\int_{t_1}^{t_2}I_i\,dt=-\frac{1}{R}\int_{\Phi_1}^{\Phi_2}d\Phi=\frac{1}{R}(\Phi_1-\Phi_2) \tag{8.1.4}$$

式中，Φ_1、Φ_2 分别是 t_1、t_2 时刻通过导线回路所包围面积的磁通量. 式(8.1.4)表明，在一段时间内通过导线截面的电荷量与这段时间内导线回路所包围的磁通量的变化值成正比，而与磁通量变化的快慢无关. 如果测出感应电荷量，而回路的电阻又为已知时，就可以计算磁通量的变化量. 常用的磁通计就是根据这个原理而设计的.

最后，根据电动势的概念可知，当通过闭合回路的磁通量变化时，在回路中出现某种非静电力，感应电动势就等于移动单位正电荷沿闭合回路一周这种非静电力所做的功. 如果用 $\boldsymbol{E}_{ne}$ 表示非静电场的场强，则感应电动势 $\mathscr{E}_i$ 可表示为

$$\mathscr{E}_i=\oint\boldsymbol{E}_{ne}\cdot d\boldsymbol{l}$$

又因通过闭合回路所围面积的磁通量 $\Phi=\iint_S\boldsymbol{B}\cdot d\boldsymbol{S}$，于是法拉第电磁感应定律又可表示为积分形式，即

$$\oint\boldsymbol{E}_{ne}\cdot d\boldsymbol{l}=-\frac{d}{dt}\iint_S\boldsymbol{B}\cdot d\boldsymbol{S} \tag{8.1.5}$$

式中，积分面积 S 是以闭合回路为边界的任意曲面.

例 8.1.1 如例 8.1.1 图所示，一半径 $r_1=0.020$ m 的长直螺线管，单位长度上的线

圈匝数 $n=10\ 000$ 匝·m^{-1}. 另一绕向与螺线管线圈相同，半径 $r_2=0.030$ m，匝数 $N=100$ 匝的圆线圈 A 套在螺线管外. 如果螺线管中的电流按 0.100 A·s^{-1}的变化率增加：

(1) 求圆线圈 A 内的感应电动势的大小和方向；

(2) 在圆线圈 A 的 a、b 两端接入一个可测电量的冲击电流计，若测得的感应电量 $\Delta q_i=20.0\times10^{-7}$ C，求穿过圆线圈 A 的磁通量的变化量，已知回路的总电阻为 10 Ω；

(3) 若已知开始测量时的磁通量为零，测量结束时长直螺线管中的电流恰好达到稳定，求此时长直螺线管中磁感应强度的大小.

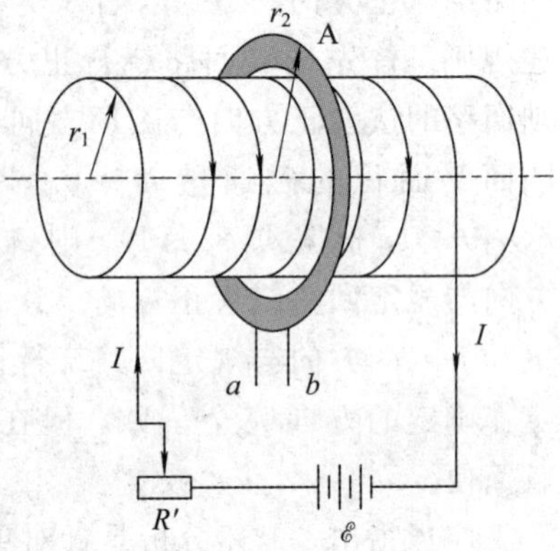

例 8.1.1 图

解 (1) 取圆线圈 A 回路的绕行正方向为与长直螺线管中电流的方向相同，则回路 A 的法线方向与长直螺线管中电流所产生的磁感应强度的方向相同. 通过圆线圈 A 每匝的磁通量为

$$\Phi=\boldsymbol{B}\cdot\boldsymbol{S}=\mu_0 nI\pi r_1^2$$

根据式(8.1.2)，圆线圈 A 中的感应电动势为

$$\begin{aligned}\mathscr{E}_{\mathrm{i}}&=-\frac{\mathrm{d}\Psi}{\mathrm{d}t}=-N\frac{\mathrm{d}\Phi}{\mathrm{d}t}=-\mu_0 nN\pi r_1^2\frac{\mathrm{d}I}{\mathrm{d}t}\\&=-4\pi\times10^{-7}\times10\ 000\times100\times\pi\times0.020^2\times0.100\\&=-1.58\times10^{-4}\ \mathrm{V}\end{aligned}$$

“−”号说明 $\mathscr{E}_{\mathrm{i}}$的方向与长直螺线管中电流的方向相反.

(2) 在圆线圈 A 的 a、b 两端接入一个可测电量的冲击电流计，形成闭合回路，$\mathscr{E}_{\mathrm{i}}$在此回路中产生感应电流 I_{i}，且

$$I_{\mathrm{i}}=\frac{\mathscr{E}_{\mathrm{i}}}{R}=-\frac{N}{R}\frac{\mathrm{d}\Phi}{\mathrm{d}t}$$

感应电流与感应电量的关系为

$$\Delta q_{\mathrm{i}}=\int_{t_1}^{t_2}I_{\mathrm{i}}\mathrm{d}t=-\frac{N}{R}\int_{\Phi_1}^{\Phi_2}\mathrm{d}\Phi=\frac{N}{R}(\Phi_1-\Phi_2)$$

式中，Φ_1、Φ_2分别是 t_1、t_2时刻通过圆线圈 A 每匝的磁通量. 由上式可得

$$\Phi_1-\Phi_2=\frac{\Delta q_{\mathrm{i}}R}{N}=\frac{20.0\times10^{-7}\times10}{100}=2.0\times10^{-7}\ \mathrm{Wb}$$

(3) 开始(即 t_1)时 $\Phi_1=0$，测量结束(即 t_2)时长直螺线管中电流达到稳定，即 $\Phi_2=B\pi r_1^2$. 利用上述关系式可得到磁感应强度的大小为

$$B=\frac{|\Delta q_{\mathrm{i}}|R}{N\pi r_1^2}=\frac{20.0\times10^{-7}\times10}{100\times\pi\times0.020^2}=1.59\times10^{-4}\ \mathrm{T}$$

例 8.1.2 如例 8.1.2 图所示，长直导线和一个矩形导线框共面. 且导线框的一个边与长直导线平行，它到长直导线的距离为 r. 已知导线中电流都为 $I=I_0\sin\omega t$，其中 I_0和 ω 为常数，t 为时间. 导线框长为 a，宽为 b，求导线框中的感应电动势.

例 8.1.2

解 载流长直导线在如例 8.1.2 图所示坐标 x 处所产生的磁感应强

度大小为

$$B=\frac{\mu_0 I}{2\pi x}$$

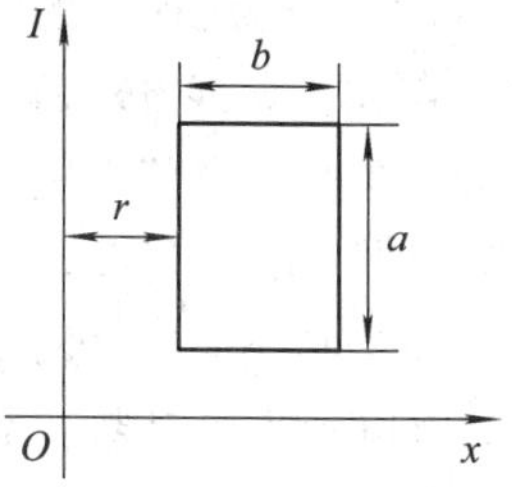

例 8.1.2 图

选顺时针方向为线框回路正方向，则

$$\Phi=\iint_S B\ \mathrm{d}S=\int_r^{r+b}\frac{\mu_0 I}{2\pi x}a\ \mathrm{d}x$$
$$=\frac{\mu_0 Ia}{2\pi}\ln\frac{r+b}{r}$$

所以导线框中的感应电动势为

$$\mathscr{E}_{\mathrm{i}}=-\frac{\mathrm{d}\Phi}{\mathrm{d}t}=-\left(\frac{\mu_0 a}{2\pi}\ln\frac{r+b}{r}\right)\frac{\mathrm{d}I}{\mathrm{d}t}=-\frac{\mu_0 I_0 a\omega}{2\pi}\cos\omega t\ \ln\frac{r+b}{r}$$

若 $\mathscr{E}_{\mathrm{i}}>0$，则感应电动势方向和线框回路绕向一致；若 $\mathscr{E}_{\mathrm{i}}<0$，则感应电动势方向和线框回路绕向相反.

8.2 动生电动势与感生电动势

法拉第电磁感应定律表明，只要通过回路所围面积的磁通量发生变化，回路中就会产生感应电动势. 由式(8.1.1)可知，使磁通量发生变化的方法是多种多样的，但从本质上讲，可归纳为两类：一类是磁场保持不变，导体回路或导体在磁场中运动，它产生的电动势称为动生电动势；另一类是导体回路不动，磁场发生变化，它产生的电动势称为感生电动势. 下面分别讨论这两种电动势.

8.2.1 动生电动势

如图 8.2.1(a)所示，导体回路 $abcda$ 置于磁感应强度为 $\boldsymbol{B}$ 的均匀磁场中，其中回路中长为 L 的导线段 ab 以速度 $\boldsymbol{v}$ 向右滑行. 为了简单起见，假定 ab、$\boldsymbol{B}$、$\boldsymbol{v}$ 三者互相垂直. 若在 $\mathrm{d}t$ 时间内，导线 ab 移动的距离为 $\mathrm{d}x$，则在这段时间内回路面积的增量为 $\mathrm{d}S=L\mathrm{d}x$. 如果选取回路正方向为 $abcda$(即 $\mathrm{d}\boldsymbol{S}$ 与 $\boldsymbol{B}$ 同向)，则通过回路所围面积磁通量的增量为

$$\mathrm{d}\Phi=\boldsymbol{B}\cdot\mathrm{d}\boldsymbol{S}=BL\mathrm{d}x$$

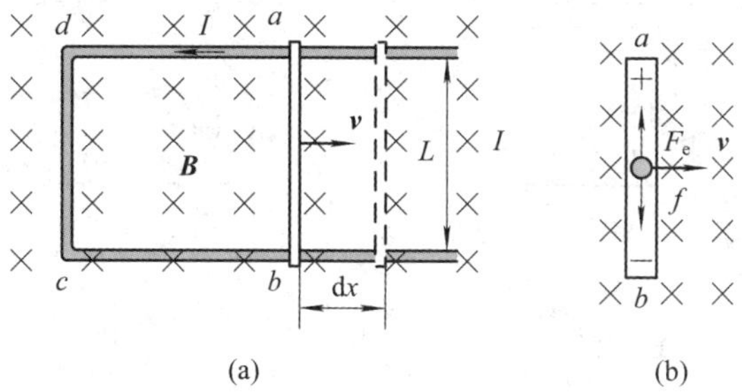

图 8.2.1 动生电动势

根据法拉第电磁感应定律，在运动导线 ab 段上产生的动生电动势为

$$\mathscr{E}_{\mathrm{i}}=-\frac{\mathrm{d}\Phi}{\mathrm{d}t}=-BL\frac{\mathrm{d}x}{\mathrm{d}t}=-BLv \tag{8.2.1}$$

式中,“$-$”号说明 $\mathscr{E}_i$ 的方向与回路正方向相反. 由于电动势是导体运动产生的,这个电动势只存在于导线 ab 段内,因此 $\mathscr{E}_i$ 的方向是从 b 指向 a. 同时,运动着的导线 ab 相当于一个电源,在电源内部,电动势的方向是由低电势指向高电势的,则 a 点的电势比 b 点的高,即 a 端相当于电源正极,b 端相当于电源负极,导线 ab 的电阻相当于电源内阻.

应当指出,通过回路面积磁通量的增量也就是导线在运动过程中所切割的磁感应线数,所以动生电动势在数值上等于在单位时间内导线所切割的磁感应线数.

导体在磁场中运动产生的动生电动势可用金属电子理论来解释,式(8.2.1)可以从理论中导出. 当导线 ab 以速度 $\boldsymbol{v}$ 向右运动时,导线内的每个自由电子也就获得向右的定向速度 $\boldsymbol{v}$,由于导线处于磁场中,自由电子所受的洛伦兹力 $\boldsymbol{f}$ 为

$$\boldsymbol{f} = -e\boldsymbol{v} \times \boldsymbol{B}$$

式中,$(-e)$为电子的电量,$\boldsymbol{f}$ 的方向由 a 指向 b. 在洛伦兹力的作用下,电子沿导线由 a 运动到 b,在 b 端聚积,使 b 端带负电,a 端由于出现过剩的正电荷而带正电,从而在导线内建立起了静电场. 当作用于电子上的静电力 $\boldsymbol{F}_e$ 与 $\boldsymbol{f}$ 相等时,导线 ab 两端形成稳定的电势差,如图 8.2.1(b)所示. 由此可见,这里的非静电力就是洛伦兹力 $\boldsymbol{f}$,它可等效为一个非静电场 $\boldsymbol{E}_{ne}$ 对电子的作用,即

$$-e\boldsymbol{E}_{ne} = -e\boldsymbol{v} \times \boldsymbol{B}$$

或

$$\boldsymbol{E}_{ne} = \boldsymbol{v} \times \boldsymbol{B} \tag{8.2.2}$$

根据电动势的定义可得,在磁场中运动的导线 ab 所产生的动生电动势为

$$\mathscr{E}_i = \int_a^b \boldsymbol{E}_{ne} \cdot d\boldsymbol{l} = \int_a^b (\boldsymbol{v} \times \boldsymbol{B}) \cdot d\boldsymbol{l} = BLv$$

这个结果与式(8.2.1)完全一致,只是此处 $\mathscr{E}_i$ 的方向就是由 b 指向 a,这表明形成动生电动势的实质是运动电荷受洛伦兹力的结果.

在一般情况下,磁场可以不均匀,导线在磁场中运动时各部分的速度也可以不同,L、$\boldsymbol{B}$、$\boldsymbol{v}$ 也可以不相互垂直,这时运动导线内总的动生电动势为

$$\mathscr{E}_i = \int_L (\boldsymbol{v} \times \boldsymbol{B}) \cdot d\boldsymbol{l} \tag{8.2.3}$$

例 8.2.1 计算长为 L 的导线在如例 8.2.1 图所示磁场中运动时的电动势.

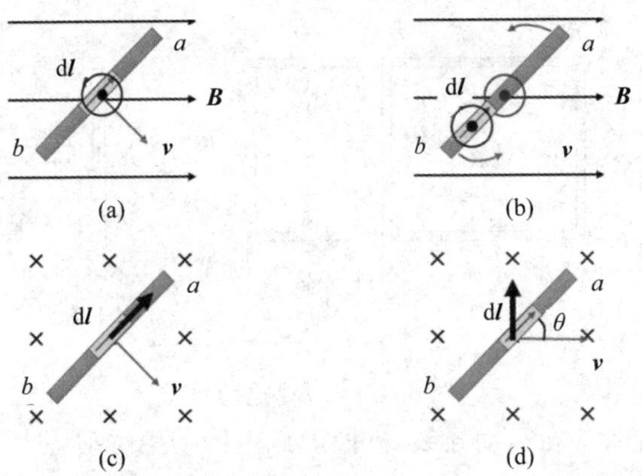

例 8.2.1 图

解 (1) 在导线 ab 上取一线元 $\mathrm{d}\boldsymbol{l}$，方向由 b 指向 a，线元 $\mathrm{d}\boldsymbol{l}$ 所在处的磁感应强度水平向右，根据右手螺旋法则判断 $\boldsymbol{v}\times\boldsymbol{B}$ 的方向垂直纸面向外，与线元 $\mathrm{d}\boldsymbol{l}$ 垂直，则由式(8.2.3)得 $\mathrm{d}\boldsymbol{l}$ 两端的电动势为

$$\mathrm{d}\mathscr{E}_{\mathrm{i}} = (\boldsymbol{v}\times\boldsymbol{B})\cdot\mathrm{d}\boldsymbol{l} = 0$$

于是导线 ab 两端的动生电动势为

$$\mathscr{E}_{\mathrm{i}} = \int_b^a (\boldsymbol{v}\times\boldsymbol{B})\cdot\mathrm{d}\boldsymbol{l} = 0$$

(2) 同样在导线上取一线元 $\mathrm{d}\boldsymbol{l}$，导线 ab 绕中心在直面内转动时，线元 $\mathrm{d}\boldsymbol{l}$ 也是与 $\boldsymbol{v}\times\boldsymbol{B}$ 结果的方向垂直，整个导线上无电动势，$\mathscr{E}_{\mathrm{i}}=0$.

(3) 沿 b 到 a 取线元 $\mathrm{d}\boldsymbol{l}$，线元运动方向 $\boldsymbol{v}$ 与磁感应强度垂直，线元 $\mathrm{d}\boldsymbol{l}$ 方向与 $\boldsymbol{v}\times\boldsymbol{B}$ 的方向一致，则由式(8.2.3)得 $\mathrm{d}\boldsymbol{l}$ 两端的电动势为

$$\mathrm{d}\mathscr{E}_{\mathrm{i}} = (\boldsymbol{v}\times\boldsymbol{B})\cdot\mathrm{d}\boldsymbol{l} = vB\,\mathrm{d}l$$

于是，导线 ab 两端的动生电动势为

$$\mathscr{E}_{\mathrm{i}} = \int_b^a (\boldsymbol{v}\times\boldsymbol{B})\cdot\mathrm{d}\boldsymbol{l} = vBL$$

(4) 与图(c)类似，线元 $\mathrm{d}\boldsymbol{l}$ 也是垂直于磁感应强度方向运动，但运动方向与线元 $\mathrm{d}\boldsymbol{l}$ 方向夹角为 θ，右手螺旋法则判断 $\boldsymbol{v}\times\boldsymbol{B}$ 结果与线元方向夹角为 $(90°-\theta)$，则由式(8.2.3)得 $\mathrm{d}\boldsymbol{l}$ 两端的电动势为

$$\mathrm{d}\mathscr{E}_{\mathrm{i}} = (\boldsymbol{v}\times\boldsymbol{B})\cdot\mathrm{d}\boldsymbol{l} = vB\sin\theta\,\mathrm{d}l$$

于是，导线 ab 两端的动生电动势为

$$\mathscr{E}_{\mathrm{i}} = \int_b^a (\boldsymbol{v}\times\boldsymbol{B})\cdot\mathrm{d}\boldsymbol{l} = vBL\sin\theta$$

以上4种情况的导线在磁场中运动时产生的动生电动势可利用式(8.2.3)分析计算得到，当然，也可以做辅助线，利用法拉第电磁感应定律，式(8.1.2)计算得到同样的结果.

例 8.2.2 圆盘发电机是一个在磁场中转动的金属盘，如例8.2.2图所示. 设圆盘半径 $R=0.20$ m，均匀磁场的磁感应强度 $B=0.70$ T，转速为 50 rad·s^{-1} 时，求盘心与盘边缘之间的电势差 ΔU.

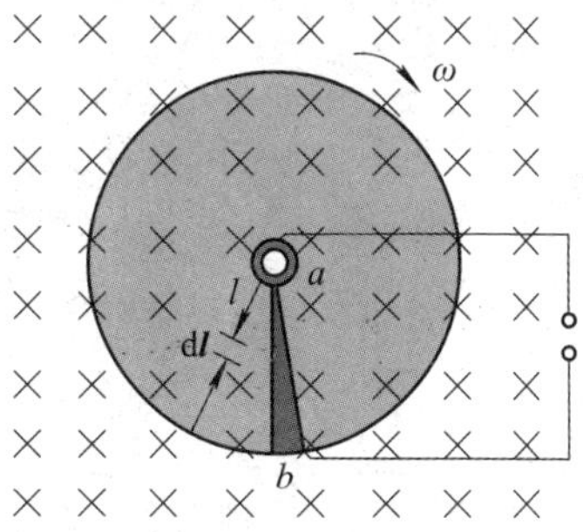

例 8.2.2 图

解 圆盘可以看成由许多沿圆盘半径方向的细棒(确切地说是许多小扇形面)组成，这些细棒彼此并联，因此盘心与盘边缘之间电势差的大小就等于任一条细棒两端电势差的大小.

方法一 根据动生电动势的定义，按式(8.2.3)计算.

取例8.2.2图中所示的细棒为研究对象. 在距盘心 a 为 l 处取一线元 $\mathrm{d}\boldsymbol{l}$，其方向由盘心沿半径向外，速度大小 $v=l\omega$，线元 $\mathrm{d}\boldsymbol{l}$ 上的动生电动势为

$$\mathrm{d}\mathscr{E}_{\mathrm{i}} = (\boldsymbol{v}\times\boldsymbol{B})\cdot\mathrm{d}\boldsymbol{l} = Bv\,\mathrm{d}l = B\omega l\,\mathrm{d}l$$

盘心 a 与盘边缘 b 之间的动生电动势为

$$\mathscr{E}_{\mathrm{i}} = \int_a^b \mathrm{d}\mathscr{E}_{\mathrm{i}} = B\omega\int_0^R l\,\mathrm{d}l = \frac{1}{2}B\omega R^2$$

$\mathscr{E}_i > 0$ 表示 $\mathscr{E}_i$ 的方向由 a 指向 b，即 a 点的电势比 b 点的低. 由于转速为 50 rad·s^{-1}，则 $\omega = 2\pi \times 50$ rad·s^{-1}，因此

$$|\Delta U| = \frac{1}{2}B\omega R^2 = \frac{1}{2} \times 0.70 \times 2\pi \times 50 \times (0.20)^2 = 4.4 \text{ V}$$

方法二 根据法拉第电磁感应定律计算.

在单位时间内，细棒扫过的面积为

$$\mathrm{d}S = \frac{1}{2}R^2 \,\mathrm{d}\theta$$

切割磁感应线数为

$$\mathrm{d}\Phi = \frac{1}{2}BR^2 \,\mathrm{d}\theta$$

则有

$$|\mathscr{E}_i| = \left|\frac{\mathrm{d}\Phi}{\mathrm{d}t}\right| = \frac{1}{2}BR^2 \frac{\mathrm{d}\theta}{\mathrm{d}t} = \frac{1}{2}B\omega R^2 = 4.4 \text{ V}$$

例 8.2.2

由上述计算结果可见，圆盘发电机产生的电动势太小，不实用.

图 8.2.2 所示是交流发电机的原理示意图，$abcd$ 是面积为 S、匝数为 N 的线圈，它在匀强磁场 $\boldsymbol{B}$ 中以角速度 ω 绕中心轴 OO' 转动. 若 $t=0$ 时，线圈的法线 $\boldsymbol{e}_n$ 平行于 $\boldsymbol{B}$，t 时刻线圈法线与 $\boldsymbol{B}$ 之间的夹角为 $\theta = \omega t$，这时通过线圈的磁通链为

$$\Psi = N\boldsymbol{B} \cdot \boldsymbol{S} = NBS \cos\omega t$$

因此有

$$\mathscr{E}_i = -\frac{\mathrm{d}\Psi}{\mathrm{d}t} = NBS\omega \sin\omega t = \mathscr{E}_m \sin\omega t \tag{8.2.4}$$

式中，$\mathscr{E}_m = NBS\omega$ 是动生电动势的最大值，显然，增加线圈匝数 N 或提高转速都是增加 $\mathscr{E}_m$ 的有效方法.

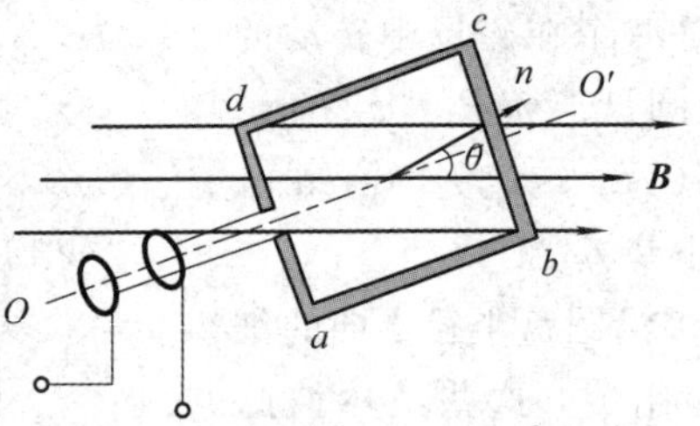

图 8.2.2　交流发电机的原理示意图

当线圈每秒转动的周数为 f 时，有 $\omega = 2\pi f$，式(8.2.4)也可写成

$$\mathscr{E} = \mathscr{E}_m \sin 2\pi f t$$

水力发电系统就是利用水位的落差推动发电机的转子，从而将机械能转换为电能.

由上述计算可知，在匀强磁场中，匀速转动的线圈内建立的感应电动势是时间的正弦函数，当外电路的电阻 R 远远大于线圈的电阻 R_i 时，则根据欧姆定律，闭合回路中的感应电流为

$$I = \frac{\mathscr{E}_m}{R}\sin 2\pi f t = I_m \sin 2\pi f t$$

式中，$I_m=\frac{\mathscr{E}_m}{R}$为感应电流的幅值，可见，在均匀磁场中，匀速转动的线圈内的感应电流也是时间的正弦函数，这种电流称为正弦交变电流，简称交流电.

这里分析的是交流发电机的基本原理，实际上大功率的交变电流发电机输出交流电的线圈是固定不动的，转动的部分则是提供磁场的电磁铁线圈(即转子)，它以角速度 ω 绕 OO'轴转动，而形成所谓的旋转磁场.

交流发电机及其输变电系统是由 N. 特斯拉和 G. 威斯汀豪斯于 1893 年研制完成的. 当时美国尼亚加拉水电站就采用了他们的交流发电机和输变电系统. 从此，世界各国的电力工业得到迅猛发展，为第二次工业革命提供了强大的动力源. 我国三峡水电站坝高程 185 米，蓄水高程 175 米，水库长 600 余公里，安装 32 台单机容量为 70 万千瓦的水电机组，是当今世界上最大的水电站.

8.2.2 感生电动势

以上讨论的动生电动势是由于导体回路一部分或整体在磁场中运动引起的电磁感应现象，而在 8.1.1 节的实验(2)中我们看到，两个闭合回路无相对运动，只有其中一个螺线管中的电流发生变化，即磁场变化，从而在另外一个螺线管中激发起了感应电流，显然其产生的根源无法用洛伦兹力予以解释. 当然，由于穿过闭合导体回路的磁通量变化而引起的电场更不可能是静电场了. 为了解释这种电磁感应现象的本质，麦克斯韦在分析了一些电磁感应现象以后，在 1861 年提出了感生电场的假设：变化的磁场在其周围空间会激发一种电场，称为**感生电场**，用符号 $\boldsymbol{E}_v$表示，$\boldsymbol{E}_v$就是产生感生电场的非静电场强. 感生电场和静电场一样都对电荷有力的作用，这是它们的相同点. 两种电场之间的区别是：静电场是由静止电荷产生的，存在于静止电荷周围的空间，感生电场则是由变化的磁场所激发的，不是由电荷所激发的；静电场的电场线是始于正电荷，终于负电荷的，而感生电场的电场线则是闭合的，无头无尾. 感生电场 $\boldsymbol{E}_v$对电荷的作用力是非静电力，正是由于感生电场存在，才在闭合回路中形成感应电动势. 通常把变化的磁场产生的感应电动势称为感生电动势.

根据电动势的定义和法拉第电磁感应定律，感生电动势应为

$$\mathscr{E}_i=\oint_L \boldsymbol{E}_v\cdot d\boldsymbol{l}=-\frac{d\Phi}{dt}=-\frac{d}{dt}\iint_S \boldsymbol{B}\cdot d\boldsymbol{S} \tag{8.2.5a}$$

当回路固定不动，磁通量的变化只取决于磁场的变化时，上式可改写为

$$\mathscr{E}_i=\oint_L \boldsymbol{E}_v\cdot d\boldsymbol{l}=-\frac{d\Phi}{dt}=-\iint_S \frac{\partial \boldsymbol{B}}{\partial t}\cdot d\boldsymbol{S} \tag{8.2.5b}$$

式中，面积区间 S 是以闭合路径 L 为边界的任意曲面. 式(8.2.5)说明，**在变化的磁场中，感生电场强度对任意闭合路径 L 的线积分等于这一闭合路径所包围面积上磁通量的变化率**，即

$$\oint_L \boldsymbol{E}_v\cdot d\boldsymbol{l}=-\iint_S \frac{\partial \boldsymbol{B}}{\partial t}\cdot d\boldsymbol{S} \tag{8.2.6}$$

闭合路径 L 的积分绕行正方向与其所包围面积的法线正方向满足右手螺旋法则. 由式(8.2.6)可知，$\boldsymbol{E}_v$的方向与$-\partial \boldsymbol{B}/\partial t$ 的方向之间满足右手螺旋法则，如图 8.2.3 所示. 假设图中 $\boldsymbol{B}$ 在增大，于是$\partial \boldsymbol{B}/\partial t$ 的方向与 $\boldsymbol{B}$ 相同. 若取逆时针方向为闭合路径 L 的积分绕行正

方向，则$\partial\boldsymbol{B}/\partial t$的方向与闭合路径所包围面积的法线正方向一致. 由式(8.2.6)可得

$$\oint_L \boldsymbol{E}_{\mathrm{v}}\cdot\mathrm{d}\boldsymbol{l}<0$$

这表明$\boldsymbol{E}_{\mathrm{v}}$线的方向与积分绕行方向相反，为顺时针. 由此可见，$\boldsymbol{E}_{\mathrm{v}}$线与$-\partial\boldsymbol{B}/\partial t$两者的方向满足右手螺旋法则.

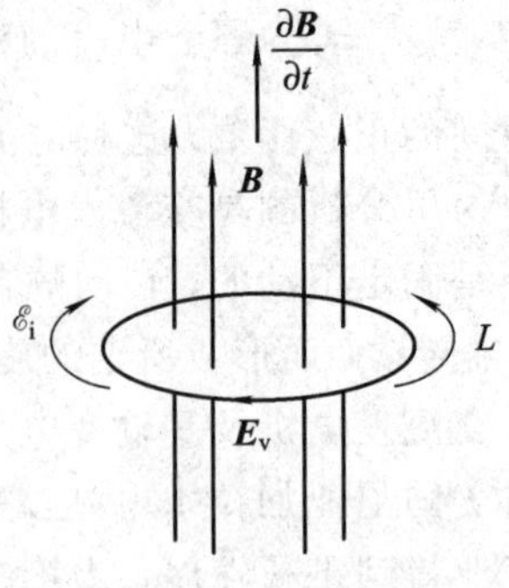

图 8.2.3 $\dfrac{\partial\boldsymbol{B}}{\partial t}$、$\boldsymbol{E}_{\mathrm{v}}$、$\boldsymbol{L}$、$\mathscr{E}_{\mathrm{i}}$、$\boldsymbol{B}$间方向的关系

如果图 8.2.3 中的积分路径是一个闭合导体回路，则导体回路内会产生感应电流，其方向与$\mathscr{E}_{\mathrm{i}}$的方向(即$\boldsymbol{E}_{\mathrm{v}}$线的方向)相同，为顺时针方向. 此感应电流会产生方向向下的磁场去反抗向上的变化磁场，这是符合楞次定律的.

感生电场和静电场有一些共同的性质，如都对场中的电荷有力的作用，都具有能量等. 但它们也有重要的区别：静电场是由相对静止电荷激发的，其电场线由正电荷出发，终止于负电荷，其电场强度$\boldsymbol{E}$的环流为零，因而静电场是保守场，可以定义电势；而感生电场是由变化的磁场激发的，其电场线是无头无尾的闭合曲线，感生电场强度$\boldsymbol{E}_{\mathrm{v}}$的环流不为零，即感生电场是非保守场，不能定义电势.

例 8.2.3 在半径为R的无限长直螺线管内部的磁场$\boldsymbol{B}$随时间变化，且$\dfrac{\mathrm{d}B}{\mathrm{d}t}=k$为一大于零的常量时，求管内外的感生电场$\boldsymbol{E}_{\mathrm{v}}$.

解 由场的对称性可知，变化磁场所激发的感生电场的电场线在管内外都是与螺线管同轴的同心圆，$\boldsymbol{E}_{\mathrm{v}}$处处与圆相切，如例 8.2.3(a)图所示，且在同一条电场线上的$\boldsymbol{E}_{\mathrm{v}}$大小处处相等. 任取一电场线作为闭合回路，则由式(8.2.6)可求得离轴线为r处的感生电场$\boldsymbol{E}_{\mathrm{v}}$有

$$\oint_L \boldsymbol{E}_{\mathrm{v}}\cdot\mathrm{d}\boldsymbol{l}=\oint_L E_{\mathrm{v}}\,\mathrm{d}l=E_{\mathrm{v}}\cdot 2\pi r=-\iint_S \frac{\partial\boldsymbol{B}}{\partial t}\cdot\mathrm{d}\boldsymbol{S}$$

则感生电场$\boldsymbol{E}_{\mathrm{v}}$的大小为

$$E_{\mathrm{v}}=-\frac{1}{2\pi r}\iint_S \frac{\partial\boldsymbol{B}}{\partial t}\cdot\mathrm{d}\boldsymbol{S} \tag{1}$$

式中，S是以所取回路为边线的任意曲面.

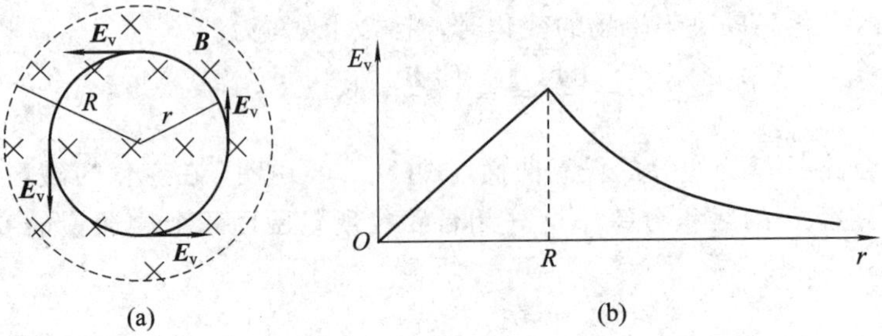

(a) (b)

例 8.2.3 图

例 8.2.3

(1) 当$r<R$，即所考察的场点在螺线管内时，可选回路所围成的圆面积为积分面，在这个面上各点的$\partial\boldsymbol{B}/\partial t$相等且和面法线的方向平行，故式(1)右边面积分为

$$\iint_S \frac{\partial \boldsymbol{B}}{\partial t} \cdot \mathrm{d}\boldsymbol{S} = \iint_S \frac{\partial B}{\partial t}\mathrm{d}S = \pi r^2 \frac{\mathrm{d}B}{\mathrm{d}t} = \pi r^2 k$$

由此可得出 $r<R$ 时感生电场 $\boldsymbol{E}_v$ 的大小为

$$E_v = -\frac{r}{2}k$$

$\boldsymbol{E}_v$ 的方向沿圆周切线，指向与圆周内的 $-\partial \boldsymbol{B}/\partial t$ 成右旋关系，如例 8.2.3(a)图所示.

(2) 当 $r>R$，即所考察的场点在螺线管外时，式(1)右边面积分包容螺线管的整个截面，因只有管内的 $\partial \boldsymbol{B}/\partial t$ 不为零，则

$$\iint_S \frac{\partial \boldsymbol{B}}{\partial t} \cdot \mathrm{d}\boldsymbol{S} = \pi R^2 \frac{\mathrm{d}B}{\mathrm{d}t} = \pi R^2 k$$

于是各点感生电场 $\boldsymbol{E}_v$ 的大小为

$$E_v = -\frac{R^2}{2r}k$$

$\boldsymbol{E}_v$ 的方向沿圆周切线，指向与圆周内的 $-\partial \boldsymbol{B}/\partial t$ 成右旋关系. 螺线管内外感生电场 E_v 随离轴线距离的变化曲线如例 8.2.3(b)图所示.

例 8.2.4 设有半径为 R、高度为 h 的铝圆盘，其电导率为 γ. 如例 8.2.4 图所示，把圆盘放在磁感应强度为 $\boldsymbol{B}$ 的均匀磁场中，磁场方向垂直盘面. 设磁场随时间变化，且 $\partial B/\partial t = k$ 为一常量. 求盘内的感应电流值(圆盘内感应电流自身的磁场忽略不计).

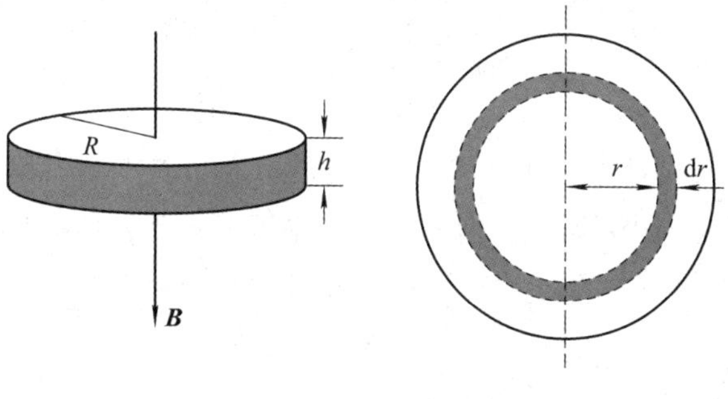

例 8.2.4 图

解 在圆盘中取一半径为 r、宽度为 $\mathrm{d}r$、高度为 h 的圆环. 由于磁场随时间变化，根据式(8.2.5)，在圆环中的感生电动势的大小为

$$\mathscr{E}_i = \left|\oint_L \boldsymbol{E}_v \cdot \mathrm{d}\boldsymbol{l}\right| = \int_S \frac{\partial \boldsymbol{B}}{\partial t} \cdot \mathrm{d}\boldsymbol{S}$$

由于 $\partial \boldsymbol{B}$ 也垂直于盘面，且 $\partial B/\partial t = k$，故上式可表示为

$$\mathscr{E}_i = \frac{\partial B}{\partial t}\iint_S \mathrm{d}S = \frac{\partial B}{\partial t}\pi r^2 = k\pi r^2$$

根据电阻的定义可知圆环电阻为

$$\mathrm{d}R = \rho \frac{l}{S} = \frac{1}{\gamma} \frac{2\pi r}{h \cdot \mathrm{d}r}$$

式中，ρ 为电阻率，与电导率呈倒数关系，即 $\rho = 1/\gamma$；电阻的长度 $l = 2\pi r$；电阻的截面积 $S = h \cdot \mathrm{d}r$.

由欧姆定律可得圆环中的电流为

$$\mathrm{d}I=\frac{\mathscr{E}_{\mathrm{i}}}{\mathrm{d}R}=\frac{k\gamma h}{2}r\,\mathrm{d}r$$

于是圆盘中的感应电流为

$$I=\int \mathrm{d}I=\frac{k\gamma h}{2}\int_0^R r\,\mathrm{d}r=\frac{k\gamma hR^2}{4}$$

例 8.2.5 电子感应加速器是利用感生电场来加速电子的一种设备，它的柱形电磁铁在两极间产生磁场，在磁场中安置一个环形真空管道作为电子运行的轨道，如例 8.2.5 图(a)所示．当磁场发生如例 8.2.5 图(b)所示的变化时，就会沿管道方向产生如例 8.2.5 图(c)所示的感生电场，射入其中的电子就受到这种感生电场的持续作用而被不断加速．设环形真空管的轴线半径为 r，求磁场变化时沿环形真空管轴线的感生电场．

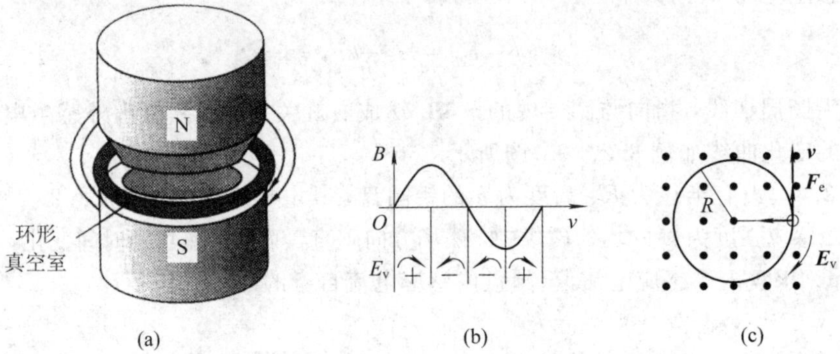

例 8.2.5 图

解 由磁场分布的轴对称性可知，感生电场的分布也具有轴对称性．沿环形真空管轴线上的各处的电场强度大小应相等，而方向都沿轴线的切线方向．因此沿此轴线的感生电场的环路积分为

$$\oint_L \boldsymbol{E}_{\mathrm{v}}\cdot\mathrm{d}\boldsymbol{l}=E_{\mathrm{v}}\cdot 2\pi r$$

以 $\overline{\boldsymbol{B}}$ 表示环形真空管轴线所包围的面积上的平均磁感应强度，则通过此面积的磁通量为

$$\Phi=\overline{B}S=\overline{B}\cdot\pi r^2$$

由式(8.2.5)可得

$$E_{\mathrm{v}}\cdot 2\pi r=-\frac{\mathrm{d}\Phi}{\mathrm{d}t}=-\pi r^2\frac{\mathrm{d}\overline{B}}{\mathrm{d}t}$$

由此得

$$E_{\mathrm{v}}=-\frac{r}{2}\frac{\mathrm{d}\overline{B}}{\mathrm{d}t}$$

8.2.3 涡电流

大块金属处于变化的磁场中，或在非均匀磁场中运动，都有可能在其内部产生感生电流，这种电流在金属体内自成闭合回路，称为涡电流或涡流．

涡电流与普通电流一样要放出焦耳热，利用涡电流的热效应进行加热的方法称为感应加热．电磁炉就是利用感应加热原理制成的家用电器，其加热原理如图 8.2.4 所示．将高频交流电加在台面灶台下边装的感应加热线圈上，由此产生高频交变磁场．其磁感应线穿透灶台的陶瓷台板而作用于金属锅．在锅体内因电磁感应而产生强大的涡流．涡流所产生的焦耳热就是烹调的热源．此外，冶炼金属用的高频感应炉也是感应加热的一个重要例子．然而，涡电流的热效应对于变压器和电机的运行极为不利，应设法减小涡电流的发热．

除了涡电流的热效应外，涡电流还具有磁效应．如图 8.2.5 所示，在电磁铁未通电时，由铜板 A 做成的摆要往复多次才能停止下来．如果电磁铁通电，磁场在摆动的铜板 A 中产生涡电流．涡电流受磁场作用力的方向与摆动方向相反，因而增大了摆的阻尼，摆很快就能停止下来．这种现象称为电磁阻尼现象．

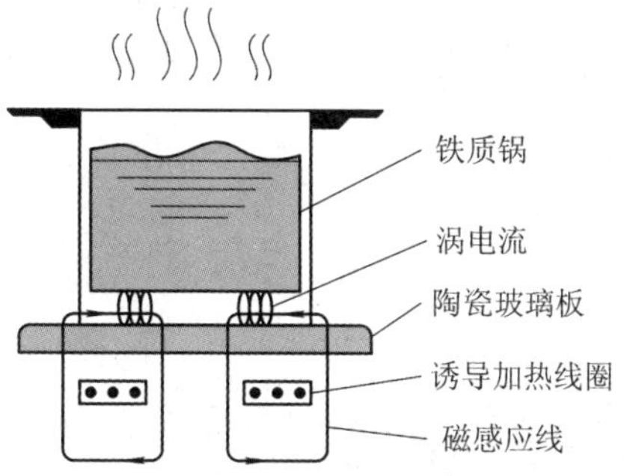

图 8.2.4　电磁炉的工作原理

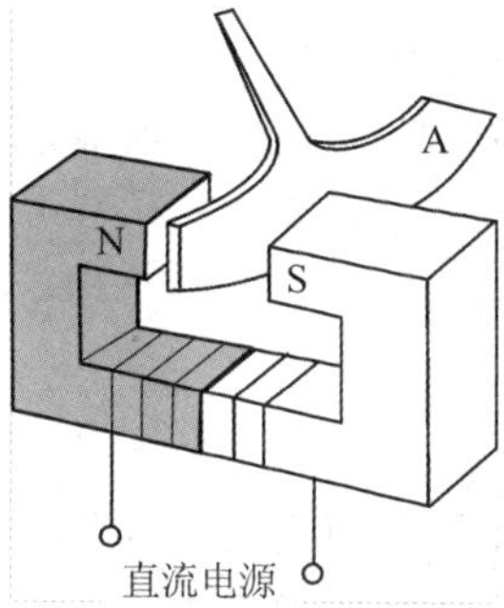

图 8.2.5　电磁阻尼

电磁仪表中的电磁阻尼器就是根据涡电流电磁效应制成的，它使电磁仪表指针很快地稳定在指示位置上．此外，电气机车的电磁制动器也是根据这一效应制作的．

8.2.4　感应与能量转换

根据楞次定律，无论是把磁体移向图 8.1.1 中的回路或把磁体从回路移开，都有磁力阻止运动．因此，需要施力去做正功．与此同时，由于运动产生的感应电流，在回路的材料中由于其电阻的存在会产生热能．通过施力而转移到闭合回路＋磁体系统的能量最终都转换为这种热能．磁体移动越快，施力做功就越迅速，而能量转换为回路中热能的功率就越大，即转换的功率越大．

无论回路中的电流是怎样感应出来的，由于回路中存在电阻，在这个过程中总会转换成热能．再如，图 8.1.2 中，当线圈 B 中电流变化时，在线圈 A 中感应出电流，能量从 B 回路中的电源转换成 A 回路中的热能．

如图 8.2.6 所示，一宽为 L 的矩形导线回路，一边在垂直进入回路平面的均匀磁场中，虚线表示磁场的边界，这里忽略磁场的边缘效应，当以恒定速度 $\boldsymbol{v}$ 向右拉动该回路时，所做的机械功功率为

$$P = Fv$$

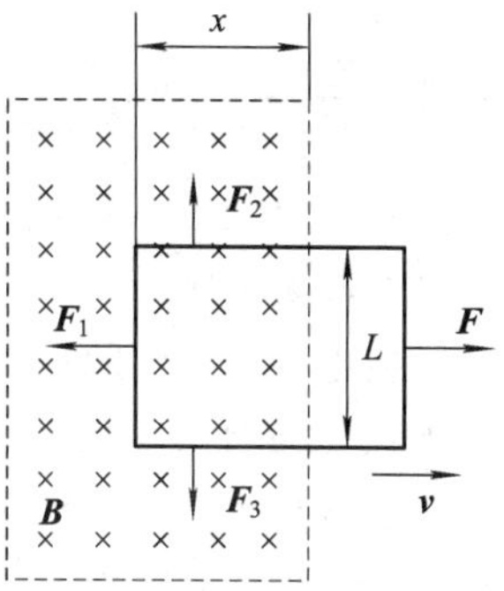

图 8.2.6　拉动平面导体回路在磁场中运动

式中，F 为所施加的拉力大小．当回路向右移动时，其面积在磁场内的部分在减小，因此，穿过回路的磁通量也在减小．根据楞次定律，在回路中会产生电流，正是这个电流的出现，产生了反抗拉力的力．假定 x

是回路留在磁场中的长度，则回路中的磁通量为

$$\Phi = BLx$$

根据法拉第电磁感应定律，可得回路中的感应电动势的大小为

$$\mathscr{E} = \frac{\mathrm{d}\Phi}{\mathrm{d}t} = BL\,\frac{\mathrm{d}x}{\mathrm{d}t} = BLv$$

方向为沿导体回路顺时针方向. 当导体回路的总电阻为 R 时，回路中的电流为

$$I = \frac{BLv}{R}$$

根据安培定律可知，回路在磁场中的三段都受到磁场力，分别为 $\boldsymbol{F}_1$、$\boldsymbol{F}_2$ 和 $\boldsymbol{F}_3$，如图 8.2.6 所示. 由对称性可知，力 $\boldsymbol{F}_2$ 和 $\boldsymbol{F}_3$ 大小相等、方向相反，因而相互抵消. $\boldsymbol{F}_1$ 与施加在回路上的拉力的方向相反，从而反抗拉力，因此有

$$\boldsymbol{F} = -\boldsymbol{F}_1$$

由安培定律可得拉力和 F_1 的大小为

$$F = F_1 = ILB = \frac{B^2L^2v}{R}$$

由于 B、L 及 R 是恒定的，如果施于回路的力的大小也恒定，则移动回路的速率就是恒定的. 这样拉力做功的功率为

$$P = \frac{B^2L^2v^2}{R}$$

而回路中的热功率为

$$P = I^2R = \left(\frac{BLv}{R}\right)^2 R = \frac{B^2L^2v^2}{R}$$

正好等于拉力对回路作功的功率. 因此，拉动回路穿过磁场所做的功表现为回路的热能.

8.3 自感和互感

作为法拉第电磁感应定律的特例，下面将讨论两个在电工、无线电技术有着广泛应用的电磁感应现象——自感和互感.

8.3.1 自感

任意通电流的回路，其电流在周围空间产生的磁场，必有一部分磁感应线穿过回路本身，如图 8.3.1 所示. 若电流发生变化，则通过自身回路的磁通就会发生变化，回路中会产生感应电动势. 因此，通常把导体回路中由于电流的变化而在自身回路中产生感应电动势的现象称为**自感现象**，而把这种电动势称为**自感电动势**.

自感现象可以通过图 8.3.2 所示实验来观察. EL_1 和 EL_2 是两个相同的灯泡，L 是自感线圈，调节变阻器 R 使其电阻值的大小与线圈 L 的电阻值相等. 接通开关 S，可观察到灯泡 EL_1 立即发光，灯泡 EL_2 正常发光要比 EL_1 慢. 这表明在有线圈 L 的支路中存在着一种阻碍电流增加的作用，使得这条支路中电流从零增加到恒定值的过程所用时间比另一条支路的长. 有 L 的支路中阻碍电流增加的作用，就是自感现象的表现.

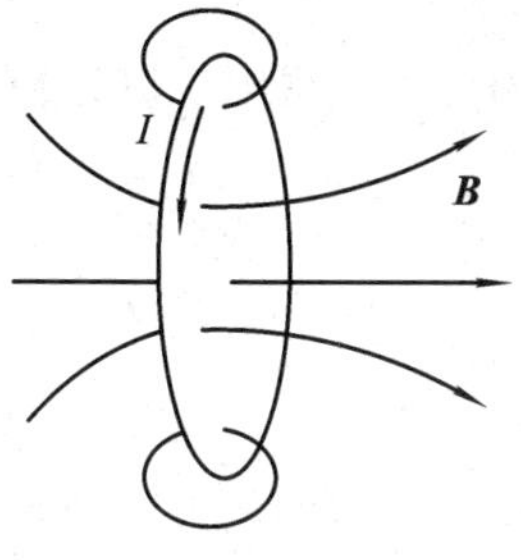

图 8.3.1 自感

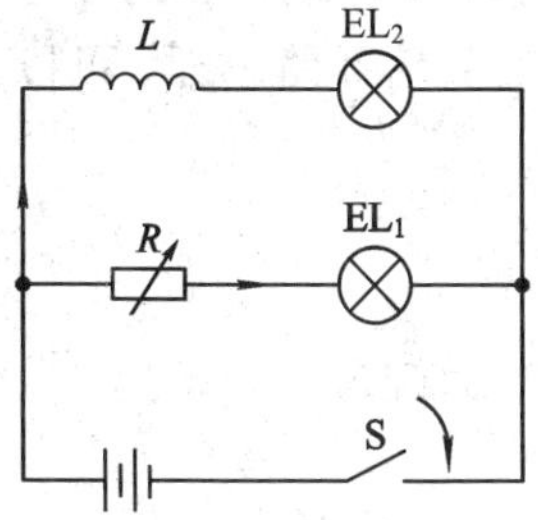

图 8.3.2 自感现象

考虑一个闭合回路，设其中的电流为 I，根据比奥-萨伐尔定律，此电流在空间任一点的磁感应强度都与 I 成正比，所以穿过该回路的磁通 Φ 应正比于回路中的电流 I，即

$$\Phi = LI \tag{8.3.1a}$$

式中，比例系数 L 称为该回路的自感系数，简称自感. 实验表明，自感与回路的大小、形状及周围介质的磁导率有关. 由式(8.3.1a)可见，自感的物理意义可以理解为：某回路的自感，在数值上等于回路中的电流为一个单位时穿过此回路所围面积的磁通量.

当回路由 N 匝线圈构成时，式(8.3.1a)就改写为

$$\Psi = N\Phi = LI \tag{8.3.1b}$$

这时 N 匝线圈的自感，在数值上等于回路中的电流为一个单位时穿过此回路所围面积的磁通链，即

$$\mathscr{E}_{\mathrm{L}} = -\frac{\mathrm{d}\Phi}{\mathrm{d}t} = -\left(L\frac{\mathrm{d}I}{\mathrm{d}t} + I\frac{\mathrm{d}L}{\mathrm{d}t}\right)$$

如果回路的形状、大小和周围介质的磁导率都不随时间发生变化，则 L 为一常量，故有 $\mathrm{d}L/\mathrm{d}t=0$，因而

$$\mathscr{E}_{\mathrm{L}} = -L\frac{\mathrm{d}I}{\mathrm{d}t} \tag{8.3.2}$$

式中，“－”号是楞次定律的数学表示，它指出自感电动势将反抗回路中电流的改变. 也就是说，电流增加时，自感电动势与原来电流的方向相反；电流减小时，自感电动势与原来电流的方向相同. 必须强调的是，自感电动势所反抗的是电流的变化，而不是电流本身.

由式(8.3.2)可见，自感的物理意义也可以这样理解：某回路的自感，在数值上等于回路中的电流随时间的变化率为一个单位时在此回路中所引起的自感电动势的绝对值.

在国际单位制中，自感的单位为亨利，用符号 H 表示. $1\ \mathrm{H}=1\ \mathrm{Wb}\cdot\mathrm{A}^{-1}$. 常用的自感单位有 $1\ \mathrm{mH}=10^{-3}\ \mathrm{H}$，$1\ \mu\mathrm{H}=10^{-6}\ \mathrm{H}$.

在工程技术和日常生活中，自感现象的应用是很广泛的，如无线电技术和电工中常用的扼流圈、日光灯上用的镇流器等都是实例. 但有时自感也会带来危害，例如突然扳动电源开关将应用电路从电网上断开. 这时由于自感而产生的自感电动势，在电网与电源开关之间形成一个较高的电压，常常大到使空气隙“击穿”而导电，以致在空气隙处产生电弧，对电网有损坏作用，有时还会伤害到操作者. 所以，在大电流电力系统中一般都要安装“灭弧”装置.

通常自感系数由实验测定，只有某些简单的情况才可由其定义计算.

例 8.3.1 有一细长直螺线管，其匝数为 N，长度为 l，截面积为 S，管内充满磁导率

为 μ 的弱磁质，求该螺线管的自感系数 L.

解 应用安培环路定理，可以求得一细长直螺线管内为均匀磁场，其磁感应强度的大小为

$$B = \mu n I = \mu \frac{N}{l} I$$

螺线管内的磁通链为

$$\Psi = N\Phi = NBS = \frac{N^2}{l}\mu IS$$

根据式(8.3.1)可得，螺线管的自感系数为

$$L = \frac{\Psi}{I} = \frac{N^2}{l}\mu S = \mu n^2 lS$$

8.3.2 互感

设有两个彼此邻近的导体回路 1 和 2，分别通有电流 I_1 和 I_2，如图 8.3.3 所示. I_1 激发的磁场有一部分磁感应线要穿过回路 2 所围成的面积，用磁通量 Φ_{21} 表示，当回路 1 中的电流 I_1 发生变化时，Φ_{21} 也要变化，因而回路 2 内激起感应电动势 $\mathscr{E}_{21}$；同样，回路 2 中的电流 I_2 变化时，它也使穿过回路 1 所围成的面积的磁通量 Φ_{12} 变化，因而回路 1 内激起感应电动势 $\mathscr{E}_{12}$. 上述两个载流线圈相互激起感应电动势的现象被称为**互感现象**，激起的感应电动势称为**互感电动势**.

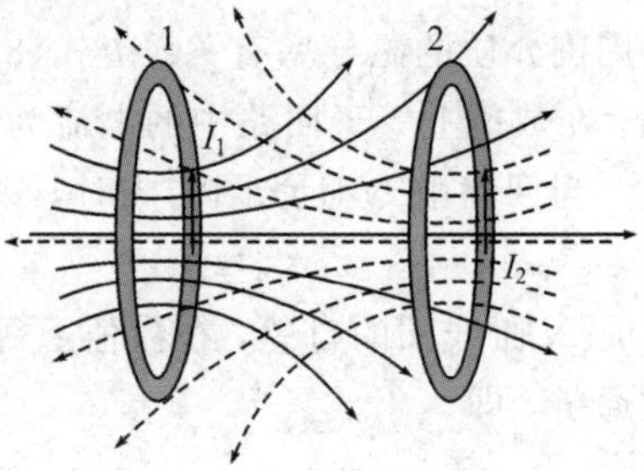

图 8.3.3 互感

假设上面两个回路的形状、大小、相对位置和周围磁介质的磁导率都不随时间改变，则根据比奥-萨伐尔定律，由 I_1 在空间任一点激发的磁感应强度都与 I_1 成正比，相应穿过回路 2 的磁通量 Φ_{21} 也必然与 I_1 成正比，即

$$\Phi_{21} = M_{21} I_1$$

同理，对于 I_2 有

$$\Phi_{12} = M_{12} I_2$$

式中，M_{21} 和 M_{12} 是两个比例系数，它们只和两个回路的形状、大小、相对位置和周围磁介质的磁导率有关. 理论和实验都可以证明，$M_{21} = M_{12} = M$，M 称为两个回路的互感系数，简称互感，则有

$$\Phi_{21} = MI_1 \tag{8.3.3a}$$

$$\Phi_{12} = MI_2 \tag{8.3.3b}$$

由式(8.3.3)可知，互感的物理意义可理解为：两个导体回路的互感，在数值上等于其中一个回路为单位电流时穿过另一回路所围成面积的磁通量.

根据法拉第电磁感应定律，可以计算互感电动势. 若上述回路 1 中的电流 I_1 发生变化时，则回路 2 内产生的互感电动势为

$$\mathscr{E}_{21} = -\frac{\mathrm{d}\Phi_{21}}{\mathrm{d}t} = -M\frac{\mathrm{d}I_1}{\mathrm{d}t} \tag{8.3.4a}$$

同理，若回路 2 中的电流 I_2 发生变化时，则回路 1 内产生的互感电动势为

$$\mathscr{E}_{12} = -\frac{\mathrm{d}\Phi_{12}}{\mathrm{d}t} = -M\frac{\mathrm{d}I_2}{\mathrm{d}t} \tag{8.3.4b}$$

式中，"－"号表示在一个线圈中所引起的互感电动势要反抗另一个线圈中电流的变化.

由式(8.3.4)可见，互感的物理意义也可以这样理解：两个导体回路的互感，在数值上等于其中一个回路中的电流随时间的变化率为一个单位时在另一回路中所引起的互感电动势的绝对值. 另外还可见，当一个线圈中的电流随时间的变化率一定时，互感越大，则另一个线圈中引起的互感电动势就越大；反之，互感越小，则另一个线圈中引起的互感电动势就越小. 所以互感是表明相互感应强弱的一个物理量，或两个回路耦合程度的量度. 互感的单位也是亨利(H).

利用互感现象可以把交变的电信号或电能由一个回路转移到另一个回路，而无需把两个回路连接起来. 这种转移能量的方法在电工、无线电技术中得到广泛的应用，例如利用互感原理制成变压器、感应圈等. 但是有时互感却是有害的，例如，两路有线电话因存在互感而发生串音现象；收音机、电视机及许多电子设备会由于导线或部件间的互感而影响正常工作，这些互感的干扰都是需要避免的.

互感系数通常是通过实验方法测定的，只是对于一些比较简单的情况，才能用计算的方法求得.

例 8.3.2 如例 8.3.2 图所示，两同轴密绕直螺线管，单位长度上的匝数为 n_1、n_2，长度为 l，横截面积为 S，插有磁导率为 μ 的磁介质，求两线圈的互感系数 M.

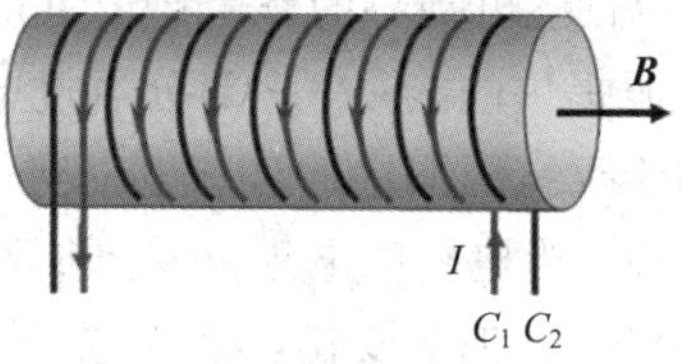

例 8.3.2 图

解 设线圈 1 通电流为 I，则螺线管内的磁场为

$$B = \mu_0 n_1 I$$

则穿过线圈 2 的磁通链为

$$\begin{aligned}\Phi_m &= N_2 BS = n_2 l \mu_0 n_1 IS \\ &= \mu_0 n_1 n_2 I(Sl) = MI\end{aligned}$$

互感系数为

$$M = \mu_0 n_1 n_2 (Sl)$$

从互感计算的结果可见，互感只与两个线圈的几何性质、匝数、填充物性质有关，与所通电流无关.

$$M^2 = \mu_0 n_1^2 (Sl) \cdot \mu_0 n_2^2 (Sl) = L_1 L_2$$

则

$$M = \sqrt{L_1 L_2}$$

此式成立的条件是线圈 1 所产生的磁通全部通过线圈 2，这时两个线圈为最紧密耦合，称为理想耦合. 一般互感与两个线圈的自感关系为

$$M = k\sqrt{L_1 L_2}$$

式中，k 为耦合系数，由两个线圈的相对位置决定，它的取值为 $0 \leqslant k \leqslant 1$. 当两个线圈紧密耦合时，$k=1$；当两个线圈相互垂直放置时，$k \approx 0$.

8.4 磁场能量

在前面曾介绍过电容充电过程所做的功等于储存在电容中的能量，其值为

$$W_e = \frac{1}{2}QU = \frac{1}{2}CU^2$$

而且可以说，储存在电容中的能量是储存在两极板间的电场中的. 在一般情况下，如电场内某点的电场强度为 E，那么在该点附近的电场能量密度为

$$w_e = \frac{1}{2}\varepsilon E^2$$

在电流激发磁场的过程中，也是要提供能量的，所以磁场也具有能量. 下面就从自感现象中能量转换关系入手讨论.

设有自感为 L 的线圈，接入如图 8.4.1 所示的电路中，当电键 S 没有接通时，回路中无电流，线圈中也没有磁场. 接通电键 S 瞬间，线圈中的电流从零迅速加到稳定值 I. 线圈电流增加过程中，将在线圈中产生自感电动势 $\mathscr{E}_L$. 自感电动势的作用在于阻止电流增加. 在这个过程中，电源提供的能量，一部分通过电阻转化为热能，另一部分用于反抗线圈中的自感电动势，以维持电流的增长. 我们知道，当电路的电流由零增长到 I 时，电流附近空间只是在线圈中建立起一定强度磁场，而没有其他的变化，所以这一部分，即反抗自感电动势所做的功，显然在建立磁场的过程中转换为磁场的能量了.

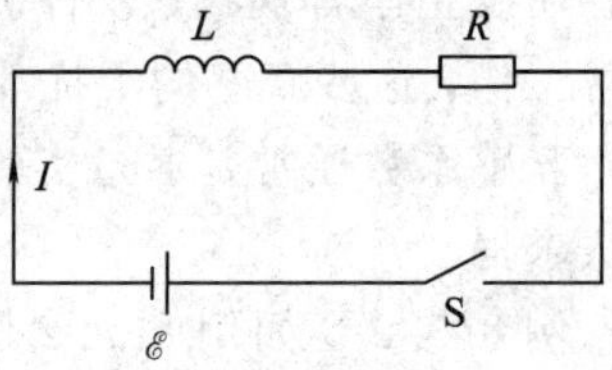

图 8.4.1　磁场能量

设电流从零增加到 I 的过程中，t 时刻回路中的电流为 i，则该时刻线圈的自感电动势为

$$\mathscr{E}_L = -L\frac{di}{dt}$$

而在 $t \sim t+dt$ 时间内，电源克服自感电动势所做的功 dW 之和为

$$dW = \mathscr{E}_L i\ dt = Li\ di$$

则线圈中电流从零增长到稳定 I 的过程中，电源克服自感电动势所做的功为

$$W = \int_0^I Li\ di = \frac{1}{2}LI^2$$

由于当电路中的电流从零增长到 I 时，电路附近的空间除了逐渐建立起一定强度的磁场外，没有其他变化，因此电源因克服自感电动势而做功消耗的能量，就在建立磁场的过程中转换成了磁场的能量. 即对自感为 L 的线圈而言，当其中电流达到稳定值 I 时，线圈中磁场的能量为

$$W_m = \frac{1}{2}LI^2 \tag{8.4.1}$$

式(8.4.1)是用线圈的自感及其中电流表示的磁能，经过变换，磁能也可用描述磁场本身的量 B、H 来表示.

为了简单起见，考虑一个长直螺线管，管内充满了磁导率为 μ 的均匀磁介质. 当螺线

管通有电流 I 时，管内磁场近似看作均匀，而且把磁场看作全部集中在管内. 由前面相关内容可知，螺线管内的磁感应强度为

$$B = \mu n I$$

它的自感为

$$L = \mu n^2 V$$

式中，n 为螺线管单位长度上的匝数；V 为螺线管内磁场空间的体积. 把 L 及 $I=\dfrac{B}{\mu n}$ 代入式(8.4.1)，得到磁能的另一种表示式：

$$W_m = \frac{1}{2}\frac{B^2}{\mu}V = \frac{1}{2}BHV$$

而单位体积内的磁能，即**磁能密度**为

$$w_m = \frac{W_m}{V} = \frac{1}{2}\frac{B^2}{\mu} = \frac{1}{2}\mu H^2 = \frac{1}{2}BH \tag{8.4.2}$$

上述磁能密度公式虽是从螺线管中均匀磁场的特例导出的，但它是适用于各种类型磁场的普遍公式. 在非均匀磁场中，可以把磁场空间划分为无数体积微元 dV，在每个小体积元内的磁场可以看成是均匀的，因此式(8.4.2)就能表示这些体积元内的磁能密度，于是体积为 dV 的磁场能量为

$$dW_m = w_m dV = \frac{1}{2}BH\,dV$$

对整个磁场空间 V 积分，即得磁场的总能量为

$$W_m = \int dW_m = \int_V \frac{1}{2}BH\,dV \tag{8.4.3}$$

例 8.4.1 如例 8.4.1 图所示，有一直流电磁铁装置. 它由绕了线圈的电磁铁和在其上截面积为 A 的扁平衔铁 C 两部分组成. 若加电后，电磁铁与衔铁间的磁感应强度为 $\boldsymbol{B}_0$，求该电磁铁的吸力 $\boldsymbol{F}$ 的大小.

解 当衔铁受电磁铁的吸力 $\boldsymbol{F}$ 而向下移动距离 dx 时，力 $\boldsymbol{F}$ 做功为

$$dW = F dx$$

与此同时，空气隙处的体积减小了 dV：

$$dV = A dx$$

由于空气隙内的磁感应强度为 $\boldsymbol{B}_0$，因此，空气隙中的磁场能量密度 w_m 为

$$w_m = \frac{1}{2}\frac{B_0^2}{\mu_0}$$

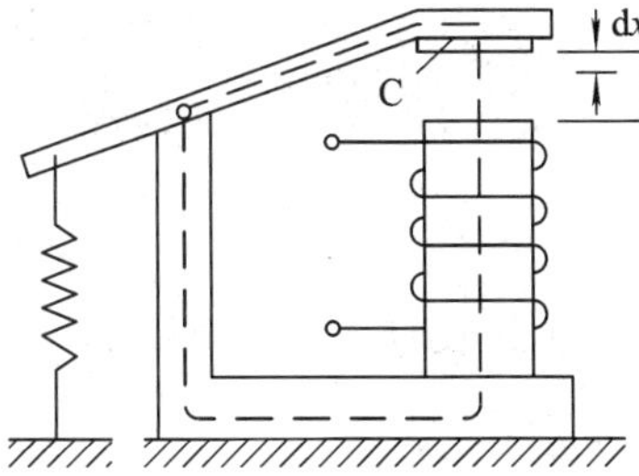

例 8.4.1 图

对于直流电磁铁而言，在衔铁被吸引过程中，$\boldsymbol{B}_0$ 保持不变，即铁芯与衔铁之间的空气隙的磁通密度保持不变. 由于当衔铁 C 移动距离 dx 时，对衔铁做功 dW，从而使空气隙的体积减小了，于是空气隙处的磁场能量为 dW_m，即

$$dW_m = w_m dV = \frac{1}{2}\frac{B_0^2}{\mu_0}dV = \frac{1}{2}\frac{B_0^2}{\mu_0}A\ dx$$

根据能量守恒，减少的磁场能量转变为衔铁的机械能，即

$$F\mathrm{d}x = \frac{1}{2}\frac{B_0^2}{\mu_0}A\mathrm{d}x$$

则电磁铁的吸力为

$$F = \frac{1}{2}\frac{B_0^2}{\mu_0}A$$

例 8.4.2 截面为矩形的螺绕环共 N 匝，尺寸如例 8.4.2 图所示，图中下半部两矩形表示螺绕环的截面. 在螺绕环的轴线上另有一无限长直导线.

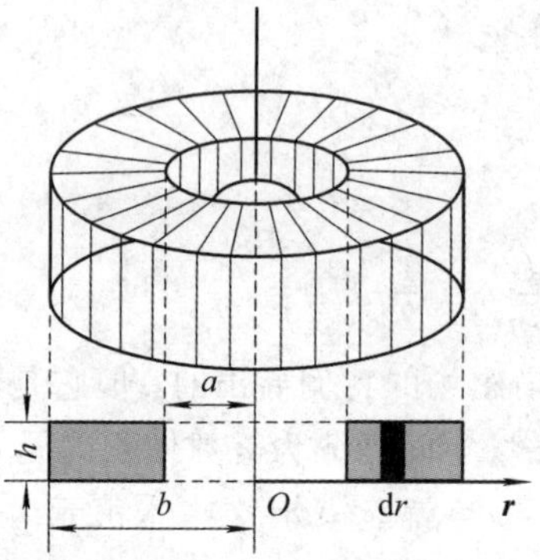

例 8.4.2 图

例 8.4.2

(1) 求螺绕环的自感系数；

(2) 求长直导线螺绕环间的互感系数；

(3) 若在螺绕环内通一稳恒电流 I，求螺绕环内储存的磁能.

解 (1) 设螺绕环通电流 I，由例 7.5.3 可知环内磁感应强度为

$$B = \frac{\mu_0 NI}{2\pi r}$$

则通过螺绕环的磁通链为

$$\Psi = N\Phi = N\int_a^b \frac{\mu_0 NI}{2\pi r}h\,\mathrm{d}r = \frac{\mu_0 N^2 Ih}{2\pi}\ln\frac{b}{a}$$

由式(8.3.1)可知，自感系数为

$$L = \frac{\Psi}{I} = \frac{\mu_0 N^2 h}{2\pi}\ln\frac{b}{a}$$

(2) 设长直导线通电流 I，则在周围产生的磁场为

$$B = \frac{\mu_0 I}{2\pi r}$$

其在螺绕环中磁通链为

$$\Psi = N\Phi = N\int_a^b \frac{\mu_0 I}{2\pi r}h\,\mathrm{d}r = \frac{\mu_0 NIh}{2\pi}\ln\frac{b}{a}$$

由式(8.3.3)可知，互感系数为

$$M = \frac{\Psi}{I} = \frac{\mu_0 Nh}{2\pi}\ln\frac{b}{a}$$

(3) 若螺绕环通电流 I，则环内储存的磁能为

$$W_{\mathrm{m}} = \frac{1}{2}LI^2 = \frac{1}{2}\frac{\mu_0 N^2 h}{2\pi}\ln\frac{b}{a}\cdot I^2 = \frac{\mu_0 N^2 I^2 h}{4\pi}\ln\frac{b}{a}$$

8.5 麦克斯韦电磁理论简介

麦克斯韦(James Clerk Maxwell，1831—1879年)，英国物理学家，经典电磁理论的奠基人，气体动理论创始人之一．他提出了有旋电场和位移电流的概念，建立了经典电磁理论，这个理论包括电磁现象的所有基本定律，并预言了以光速传播的电磁波的存在．科学史上，称牛顿把天上和地上的运动规律统一起来是实现第一次大综合，而麦克斯韦把电、光统一起来是实现第二次大综合．1873年，麦克斯韦的《电磁学通论》问世，这本书凝聚着杜费、富兰克林、库仑、奥斯特、安培、法拉第等人的心血，这是一本划时代的巨著，它与牛顿的《自然哲学的数学原理》并驾齐驱，是人类探索电磁规律的一个里程碑．在气体动理论方面，麦克斯韦还提出了气体分子按速率分布的统计规律．

本节简单介绍麦克斯韦理论的基本概念及其积分方程组．

8.5.1 位移电流 全电流安培环路定理

第7章提到，恒定电流都是连续的，且曾讨论了在恒定电流磁场中的安培环路定理：

$$\oint_L \boldsymbol{H} \cdot \mathrm{d}\boldsymbol{l} = \boldsymbol{I} = \iint_S \boldsymbol{j} \cdot \mathrm{d}\boldsymbol{S}$$

这个定理表明，磁场强度沿任一闭合回路的环流等于此闭合回路所围传导电流的代数和．那么在非恒定电流的情况下，这个定理是否依然适用呢？这可以通过下面这个特例来分析．

在电容器充放电过程中，对整个电路来说，传导电流是不连续的．如图8.5.1(a)所示，电容放电过程中，电路导线中的电流I是非恒定电流，它随时间而变化．如图8.5.1(b)所示，若在极板A附近取一个闭合回路L，则以此回路为边界可作两个曲面S_1和S_2，其中S_1与导线相交，S_2在两极之间，不与导线相交．S_1和S_2构成一个闭合曲面．现以曲面S_1作为衡量有无电流穿过L所包围面积的依据，则由于其与导线相交，故知穿过L所包围面积(即S_1面)的电流为I，所以由安培环路定理有

$$\oint_L \boldsymbol{H} \cdot \mathrm{d}\boldsymbol{l} = I$$

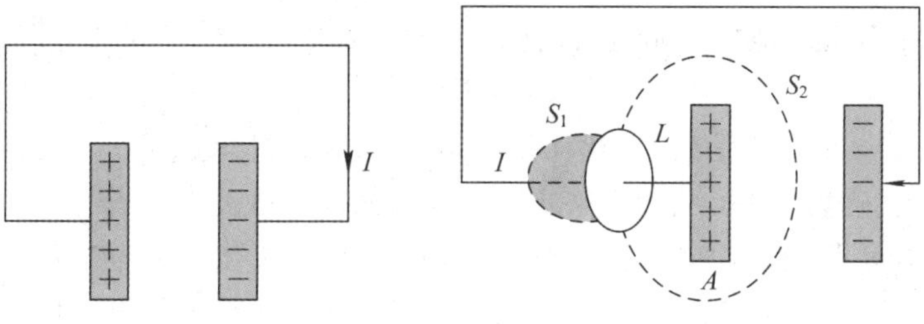

(a) (b)

图8.5.1 含电容器的回路中传导电流不连续

而以曲面 S_2 为依据，则没有电流通过 S_2，于是由安培环路定理有

$$\oint_L \boldsymbol{H} \cdot \mathrm{d}\boldsymbol{l} = 0$$

由此说明，安培环路定理在非稳恒电流磁场中出现了矛盾，必须以新的规律来代替它.

建立一个更普遍规律的途径有二：一是通过更进一步的实验来揭示问题的实质；二是在理论分析的基础上，提出可能的假设，然后再用实验来验证它. 麦克斯韦为了得到非稳恒电流产生的磁场中的安培环路定律，提出了位移电流的假设.

通过对电容器充放电过程的分析，可以发现，虽然传导电流在电容器两个极板间中断了，但是与此同时，两个极板间却出现了变化的电场.

以平行板电容器的充电为例. 设任一时刻正、负极板上分别有正、负电荷 q，其面密度为 σ，它们随时间而增大. 设电容器每一极板的面积为 S，电路中充电电流为 I_c，则

$$I_c = \frac{\mathrm{d}q}{\mathrm{d}t} = \frac{\mathrm{d}(S\sigma)}{\mathrm{d}t} = S\frac{\mathrm{d}\sigma}{\mathrm{d}t}$$

传导电流密度为

$$j_c = \frac{\mathrm{d}\sigma}{\mathrm{d}t}$$

已知此时两极板间的电位移矢量的大小($D=\sigma$)和电位移通量($\Phi_D = DS = \sigma S$)也都随时间而变化，分别代入上两式得

$$I_c = \frac{\mathrm{d}q}{\mathrm{d}t} = \frac{\mathrm{d}\Phi_D}{\mathrm{d}t}, \quad j_c = \frac{\mathrm{d}D}{\mathrm{d}t}$$

由此可见，两极板之间电位移通量随时间的变化率，在数值上等于电路中的充电电流 I_c. 并且当电容器充电时，极板间 $\mathrm{d}D/\mathrm{d}t$ 的方向也是由正极板指向负极板，与电路中传导电流密度的方向相同. 因此，麦克斯韦把变化电场假设为电流，引入位移电流的概念：通过电场中某截面的位移电流 I_d 等于通过该截面的电位移通量的时间变化率；电场中某点的位移电流密度 j_d 等于该点电位移的时间变化率，即

$$I_d = \frac{\mathrm{d}\Phi_D}{\mathrm{d}t} \tag{8.5.1a}$$

$$j_d = \frac{\mathrm{d}D}{\mathrm{d}t} \tag{8.5.1b}$$

麦克斯韦认为，位移电流和传导电流一样，都能激发磁场，该磁场和与它等值的传导电流所激发的磁场完全相同. 这样，在整个电路中，传导电流中断的地方就由位移电流来接替，而且它们的数值相等，方向一致. 对于普遍的情况，麦克斯韦认为传导电流和位移电流都可能存在. 于是，他推广了电流的概念，将二者之和称为**全电流**，用 I_s 表示为

$$I_s = I_c + I_d \tag{8.5.2}$$

对于任何回路，全电流是处处连续的. 运用全电流的概念，可以自然将安培环路定律推广到非稳恒电流磁场中去，从而也解决了电容器充放电过程中电流的连续性问题.

由式(8.5.2)可见，麦克斯韦位移电流假设的核心是变化着的电场激发有旋磁场. 位移电流虽有“电流”之名，但它本质上是变化的电场. 麦克斯韦位移电流假设已由它所导出的许多结论和实验结果而得到证实.

根据全电流概念，在一般情况下，安培环路定理被修正为

$$\oint_L \boldsymbol{H} \cdot \mathrm{d}\boldsymbol{l} = I_s = I_c + \frac{\mathrm{d}\Phi_D}{\mathrm{d}t} \tag{8.5.3a}$$

或

$$\oint_L \boldsymbol{H} \cdot \mathrm{d}\boldsymbol{l} = \iint_S \left(\boldsymbol{j}_c + \frac{\partial \boldsymbol{D}}{\partial t}\right) \cdot \mathrm{d}\boldsymbol{S} \tag{8.5.3b}$$

式(8.5.3)表明，磁场强度 $\boldsymbol{H}$ 沿任意闭合回路的环流等于穿过此闭合回路所围曲面的全电流，这就是**全电流安培环路定理**. 它说明不仅传导电流可以在空间激发磁场，变化的电场也可以在空间激发磁场，且均为有旋磁场. 这就是说，在磁效应方面位移电流和传导电流等效. 然而形成位移电流不需要导体，因此它不会产生热效应.

例 8.5.1 给电容为 C 的平行板电容器充电，电流为 $i=0.2\times \mathrm{e}^{-t}$(SI)，$t=0$ 时电容器极板上无电荷. 求：

(1) 极板间电压 U 随时间 t 而变化的关系；

(2) t 时刻极板间总的位移电流 I_d(忽略边缘效应).

解 (1) 由电容的定义 $C=\dfrac{q}{U}$，得极板电压为

$$U = \frac{q}{C} = \frac{1}{C}\int_0^t i\ \mathrm{d}t = -\frac{1}{C} \times 0.2\mathrm{e}^{-t}\Big|_0^t = \frac{0.2}{C}(1-\mathrm{e}^{-t})$$

(2) 由全电流的连续性可知，t 时刻极板间总的位移电流为

$$I_d = i = 0.2\mathrm{e}^{-t}$$

8.5.2 麦克斯韦方程组的积分形式

根据前面静电场和恒定磁场的基本性质和规律，可以归纳出如下四个方程.

(1) 静电场的高斯定理：

$$\oiint_S \boldsymbol{D}^{(1)} \cdot \mathrm{d}\boldsymbol{S} = \sum q_{\mathrm{int}}$$

它表明静电场是有源场，电荷是产生电场的源.

(2) 静电场的环路定理：

$$\oint_L \boldsymbol{E}^{(1)} \cdot \mathrm{d}\boldsymbol{l} = 0$$

它表明静电场是保守(无旋、有势)场.

上两式中 $\boldsymbol{D}^{(1)}$ 和 $\boldsymbol{E}^{(1)}$ 表示的是静电场的电位移和电场强度. 对于各向同性介质，$\boldsymbol{D}^{(1)}$ 和 $\boldsymbol{E}^{(1)}$ 的关系是

$$\boldsymbol{D}^{(1)} = \varepsilon \boldsymbol{E}^{(1)}$$

式中，ε 是电介质的介电常数.

(3) 恒定磁场的高斯定理：

$$\oiint_S \boldsymbol{B}^{(1)} \cdot \mathrm{d}\boldsymbol{S} = 0$$

它表示恒定磁场是无源场.

(4) 安培环路定理：

$$\oint_L \boldsymbol{H}^{(1)} \cdot \mathrm{d}\boldsymbol{l} = \sum I_{\mathrm{int}}$$

它表明恒定磁场是有旋(非保守)场.

$\boldsymbol{B}^{(1)}$ 和 $\boldsymbol{H}^{(1)}$ 表示的是恒定电流所产生的磁场的磁感应强度和磁场强度. 对于各向同性介质，$\boldsymbol{B}^{(1)}$ 和 $\boldsymbol{H}^{(1)}$ 的关系是

$$\boldsymbol{B}^{(1)} = \mu \boldsymbol{H}^{(1)}$$

式中，μ 是磁介质的磁导率.

麦克斯韦提出“有旋电场”和“位移电流”的假设，并总结了电场和磁场之间相互激发的规律后，对描述静电场和恒定磁场的方程进行了修正，归纳出一组描述统一电磁场的方程组.

麦克斯韦认为：在一般情况下，电场既包括自由电荷产生的静电场 $\boldsymbol{E}^{(1)}$、$\boldsymbol{D}^{(1)}$，也包括变化的磁场产生的有旋电场 $\boldsymbol{E}^{(2)}$、$\boldsymbol{D}^{(2)}$，电场强度 $\boldsymbol{E}$ 和电位移 $\boldsymbol{D}$ 是两种电场的矢量和，即

$$\boldsymbol{E} = \boldsymbol{E}^{(1)} + \boldsymbol{E}^{(2)}, \quad \boldsymbol{D} = \boldsymbol{D}^{(1)} + \boldsymbol{D}^{(2)}$$

同时，磁场既包括传导电流产生的磁场 $\boldsymbol{B}^{(1)}$、$\boldsymbol{H}^{(1)}$，也包括位移电流(变化电场)产生的磁场 $\boldsymbol{B}^{(2)}$、$\boldsymbol{H}^{(2)}$，磁感应强度 $\boldsymbol{B}$ 和磁场强度 $\boldsymbol{H}$ 是两种磁场的矢量和，即

$$\boldsymbol{B} = \boldsymbol{B}^{(1)} + \boldsymbol{B}^{(2)}, \quad \boldsymbol{H} = \boldsymbol{H}^{(1)} + \boldsymbol{H}^{(2)}$$

这样就得到在一般情况下电磁场所满足的方程组.

(1) 电场的性质：

$$\oint\!\!\!\oint_S \boldsymbol{D} \cdot \mathrm{d}\boldsymbol{S} = \sum q_{\text{int}} \tag{8.5.4a}$$

(2) 变化的磁场与电场的联系：

$$\oint_L \boldsymbol{E} \cdot \mathrm{d}\boldsymbol{l} = -\iint_S \frac{\partial \boldsymbol{B}}{\partial t} \cdot \mathrm{d}\boldsymbol{S} \tag{8.5.4b}$$

(3) 磁场的性质：

$$\oint\!\!\!\oint_S \boldsymbol{B} \cdot \mathrm{d}\boldsymbol{S} = 0 \tag{8.5.4c}$$

(4) 变化的电场与磁场的联系：

$$\oint_L \boldsymbol{H} \cdot \mathrm{d}\boldsymbol{l} = \iint_S \left(\boldsymbol{j}_{\mathrm{c}} + \frac{\partial \boldsymbol{D}}{\partial t}\right) \cdot \mathrm{d}\boldsymbol{S} \tag{8.5.4d}$$

这四个方程就称为**麦克斯韦方程组的积分形式**.

应当指出，上述积分形式的麦克斯韦方程组，还相应地有四个微分形式的方程，这里不作介绍.

麦克斯韦方程组既简洁又优美，全面反映了变化的电场和变化的磁场彼此不是孤立的，它们永远密切地联系在一起，相互激发，形成了一个统一的整体，所以通常把电场和磁场统称为电磁场. 同时，大量的实验和事实还证实了电磁场具有能量、动量和质量，它和实物一样是客观存在的物质形式.

麦克斯韦方程组对电荷、电流、电场、磁场之间的相互作用作出了全面的描述. 原则上，可由该方程组得出所有关于电磁场的性质. 麦克斯韦方程组是对电磁场基本规律所作的总结性、统一性的简明而完美的描述. 麦克斯韦电磁理论的建立是 19 世纪物理学发展史上又一个重要的里程碑. 正如爱因斯坦所说：“这是自牛顿以来物理学所经历的最深刻和最有成果的一项真正观念上的变革.”所以人们常称麦克斯韦是电磁学上的牛顿.

本 章 小 结

知识单元	基本概念、原理及定律	主要公式
电磁感应定律	法拉第电磁感应定律	$\mathscr{E}_i = -\dfrac{d\Phi}{dt}$
动生电动势与感生电动势	动生电动势	$\mathscr{E}_i = \int_a^b (\boldsymbol{v}\times\boldsymbol{B})\cdot d\boldsymbol{l}$
	感生电动势	$\mathscr{E}_i = \oint_L \boldsymbol{E}_v \cdot d\boldsymbol{l} = -\iint_S \dfrac{\partial \boldsymbol{B}}{\partial t}\cdot d\boldsymbol{S}$
自感和互感	自感系数	$\psi = LI$
	自感电动势	$\mathscr{E}_L = -L\dfrac{dI}{dt}$
	互感系数	$\Phi_{21} = MI_1$
	互感电动势	$\mathscr{E}_{21} = -M\dfrac{dI_1}{dt}$
磁场能量	线圈中的磁场能量	$W_m = \dfrac{1}{2}LI^2$
	磁能密度	$w_m = \dfrac{1}{2}\dfrac{B^2}{\mu} = \dfrac{1}{2}\mu H^2 = \dfrac{1}{2}BH$
	磁场能量	$W_m = \int_V w_m dV$
麦克斯韦电磁理论简介	位移电流密度	$j_d = \dfrac{dD}{dt}$
	位移电流强度	$I_d = \dfrac{d\Phi_D}{dt}$
	全电流安培环路定理	$\oint_L \boldsymbol{H}\cdot d\boldsymbol{l} = \iint_S \left(\boldsymbol{j}_c + \dfrac{\partial \boldsymbol{D}}{\partial t}\right)\cdot d\boldsymbol{S}$
	麦克斯韦方程组的积分形式	电场的性质： $\oiint_S \boldsymbol{D}\cdot d\boldsymbol{S} = \sum q_{int}$ 变化的磁场与电场的联系： $\oint_L \boldsymbol{E}\cdot d\boldsymbol{l} = -\iint_S \dfrac{\partial \boldsymbol{B}}{\partial t}\cdot d\boldsymbol{S}$ 磁场的性质： $\oiint_S \boldsymbol{B}\cdot d\boldsymbol{S} = 0$ 变化的电场与磁场的联系： $\oint_L \boldsymbol{H}\cdot d\boldsymbol{l} = \iint_S \left(\boldsymbol{j}_c + \dfrac{\partial \boldsymbol{D}}{\partial t}\right)\cdot d\boldsymbol{S}$

习 题 八

1. 有甲乙两个带铁芯的线圈，如习题 1 图所示. 欲使乙线圈中产生图示方向的感生电流 i，可以采用办法是(　　).

A. 接通甲线圈电源

B. 接通甲线圈电源后，减少变阻器的阻值

C. 接通甲线圈电源后，甲乙相互靠近

D. 接通甲线圈电源后，抽出甲中铁芯

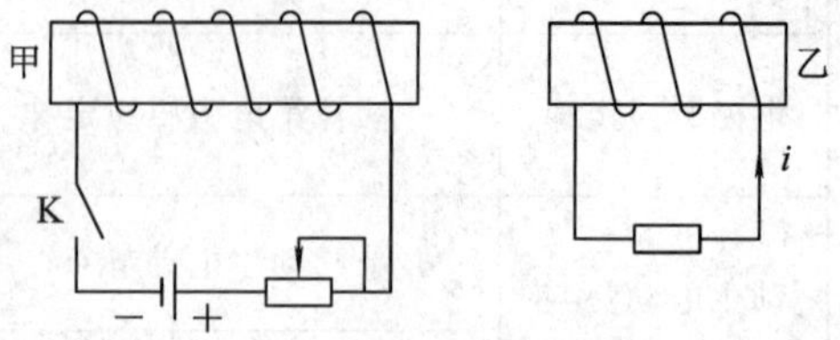

习题 1 图

2. 一矩形线框长为 a，宽为 b，置于均匀磁场中，线框绕 OO' 轴以匀角速度 ω 旋转，如习题 2 图所示. 设 $t=0$ 时，线框平面处于纸面内，则任一时刻感应电动势的大小为(　　).

A. $2abB|\cos\omega t|$

B. ωabB

C. $\frac{1}{2}\omega abB|\cos\omega t|$

D. $\omega abB|\cos\omega t|$

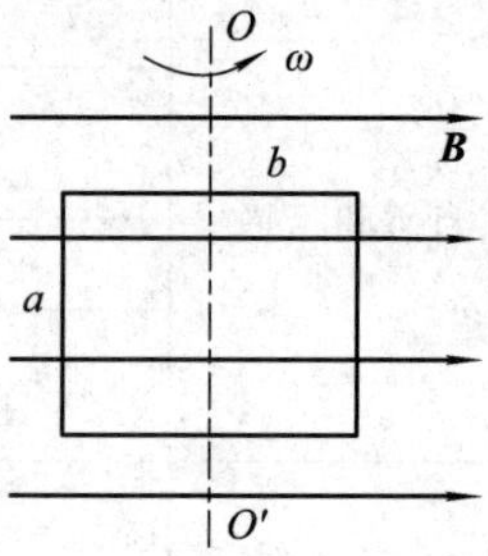

习题 2 图

3. 如习题 3 图所示，一矩形金属线框以速度 $\boldsymbol{v}$ 从无场空间进入一均匀磁场中，然后又从磁场中出来，到无场空间中. 不计线圈的自感，下面(　　)图线正确地表示了线圈中的感应电流对时间的函数关系(从线圈刚进入磁场时刻开始计时，I 以顺时针方向为正).

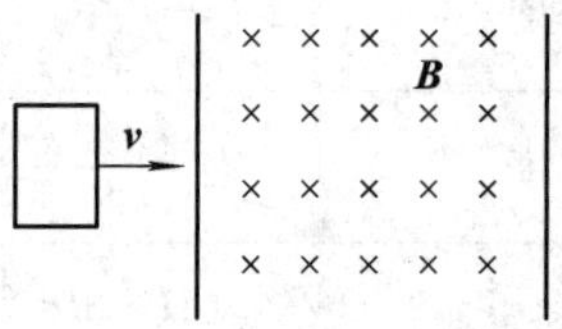

习题 3 图

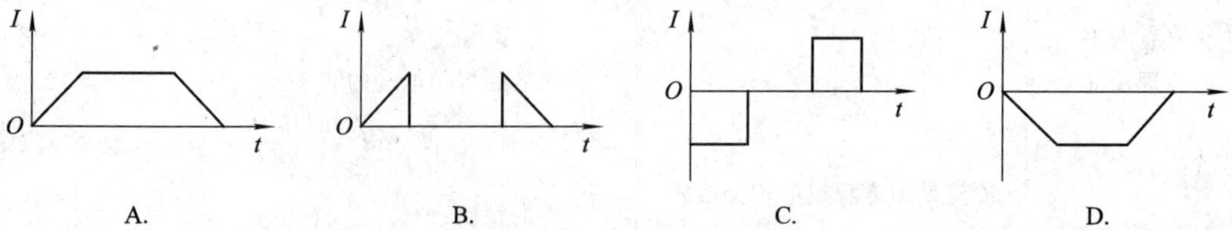

4. 如习题 4 图所示，M、N 为水平面内两根平行金属导轨，ab 与 cd 为垂直于导轨并可在其上自由滑动的两根直裸导线. 外磁场垂直水平面向上. 当外力使 ab 向右平移时，则 cd 导线(　　).

A. 不动　　B. 转动　　C. 向左移动　　D. 向右移动

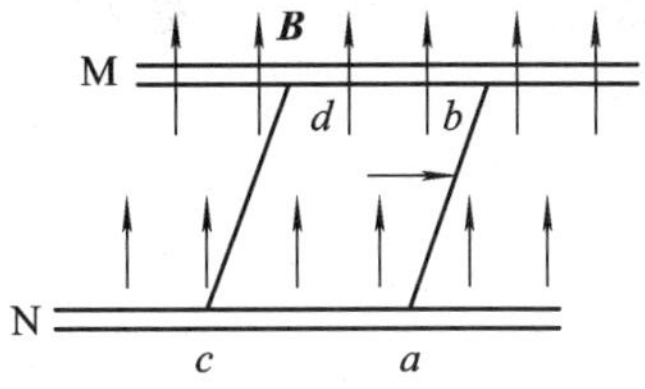

习题 4 图

5. 如习题 5 图所示，平板电容器(忽略边缘效应)充电时，沿环路 L_1 的磁场强度 $\boldsymbol{H}$ 的环流与沿环路 L_2 的磁场强度 $\boldsymbol{H}$ 的环流两者必有(　　).

A. $\oint_{L_1}\boldsymbol{H}\cdot \mathrm{d}\boldsymbol{l}' < \oint_{L_2}\boldsymbol{H}\cdot \mathrm{d}\boldsymbol{l}'$

B. $\oint_{L_1}\boldsymbol{H}\cdot \mathrm{d}\boldsymbol{l}' = \oint_{L_2}\boldsymbol{H}\cdot \mathrm{d}\boldsymbol{l}'$

C. $\oint_{L_1}\boldsymbol{H}\cdot \mathrm{d}\boldsymbol{l}' > \oint_{L_2}\boldsymbol{H}\cdot \mathrm{d}\boldsymbol{l}'$

D. $\oint_{L_1}\boldsymbol{H}\cdot \mathrm{d}\boldsymbol{l}' = 0$

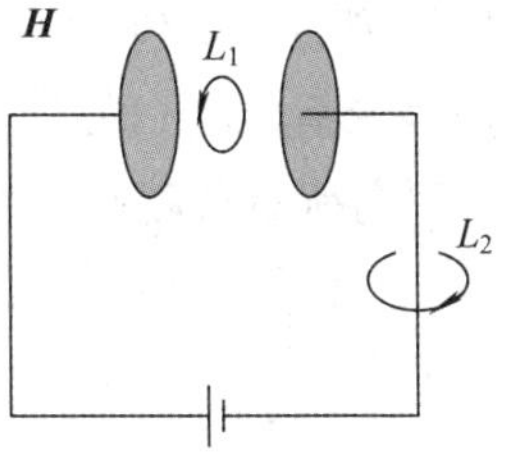

习题 5 图

6. 如习题 6 图所示，一条形磁铁竖直自由落入一螺线管中，如果开关 K 是闭合的，磁铁在通过螺线管的整个过程中，下落的平均加速度__________重力加速度；如果开关 K 是断开的，磁铁在通过螺线管的整个过程中，下落的平均加速度__________重力加速度.(空气阻力不计. 填入大于、小于或等于)

7. 在磁感强度为 $\boldsymbol{B}$ 的磁场中，以速率 v 垂直切割磁力线运动的一长度为 l 的铜棒，相当于__________，它的电动势 $\mathscr{E}=$__________，产生此电动势的非静电力是__________.

8. 有两个长直密绕螺线管，长度及线圈匝数均相同，半径分别为 r_1 和 r_2. 管内充满均匀介质，其磁导率分别为 μ_1 和 μ_2. 设 $r_1 : r_2=1 : 2$，$\mu_1 : \mu_2=2 : 1$，当将两只螺线管串联在电路中通电稳定后，其自感系数之比 $L_1 : L_2=$______，磁能之比 $W_{m1} : W_{m2}$ 为______.

9. 如习题 9 图所示，aOc 为一折成∠形的金属导线($aO=Oc=L$)，位于 xy 平面中；磁感强度为 $\boldsymbol{B}$ 的匀强磁场垂直于 xy 平面. 当 aOc 以速度 $\boldsymbol{v}$ 沿 x 轴正向运动时，导线上 a、c 两点间电势差 $U_{ac}=$__________；当 aOc 以速度 $\boldsymbol{v}$ 沿 y 轴正向运动时，比较 a、c 两点的电势，是__________点电势高.

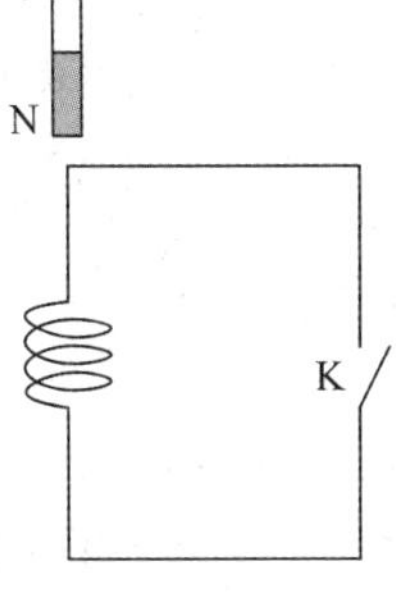

习题 6 图

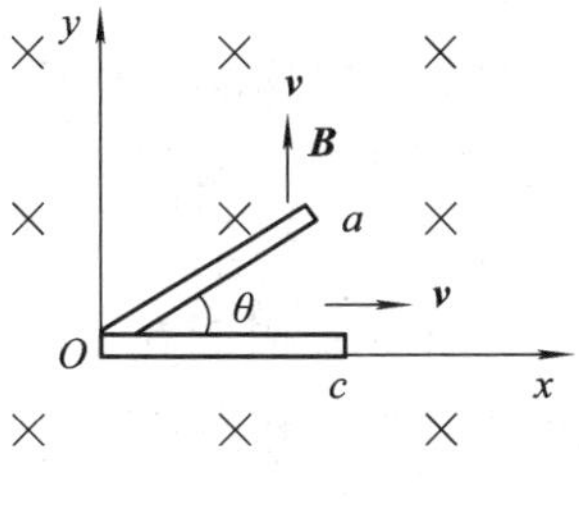

习题 9 图

10. 反映电磁场基本性质和规律的积分形式的麦克斯韦方程组为

$$\oint_S \boldsymbol{D} \cdot \mathrm{d}\boldsymbol{S} = \int_V \rho \, \mathrm{d}V \qquad ①$$

$$\oint_L \boldsymbol{E} \cdot \mathrm{d}\boldsymbol{l} = -\int_S \frac{\partial \boldsymbol{B}}{\partial t} \cdot \mathrm{d}\boldsymbol{S} \qquad ②$$

$$\oint_S \boldsymbol{B} \cdot \mathrm{d}\boldsymbol{S} = 0 \qquad ③$$

$$\oint_L \boldsymbol{H} \cdot \mathrm{d}\boldsymbol{l} = \int_S \left(\boldsymbol{j} + \frac{\partial \boldsymbol{D}}{\partial t}\right) \cdot \mathrm{d}\boldsymbol{S} \qquad ④$$

试判断下列结论是包含于或等效于哪一个麦克斯韦方程式的．将你确定的方程式的代号填在相应结论后的空白处．

(1) 电荷总伴随有电场______________；

(2) 变化的磁场一定伴随有电场______________；

(3) 磁感线是无头无尾的______________．

11. 在一通有电流 I 的无限长直导线所在平面内，有一半径为 r、电阻为 R 的导线环，环中心距直导线为 a，如习题 11 图所示，且 $a \gg r$．求：当直导线的电流被切断后，沿着导线环流过的电量．

12. 如习题 12 图所示，在通有电流 I 的无限长直载流导线磁场中，距长直载流导线 l 处有一 $a \times b$ 的矩形导体线框以速度 $\boldsymbol{v}$ 向右运动，且导体线框与载流导线共面．求线框中的感应电动势大小．

13. 一无限长竖直导线上通有稳定电流 I，电流方向向上．导线旁有一与导线共面、长度为 L 的金属棒，绕其一端 O 在该平面内顺时针匀速转动，如习题 13 图所示．转动角速度为 ω，O 点到导线的垂直距离为 $r_0 (r_0 > L)$．试求金属棒转到与水平面成 θ 角时，棒内感应电动势的大小和方向．

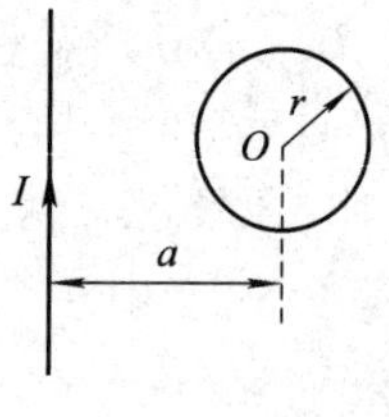

习题 11 图

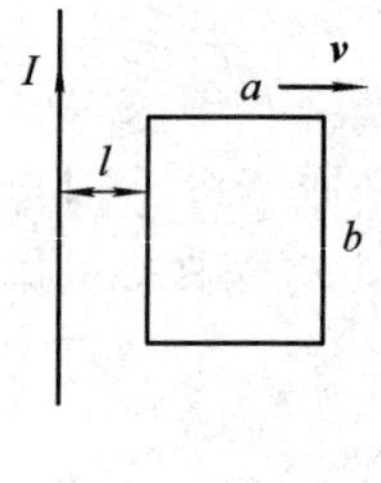

习题 12 图

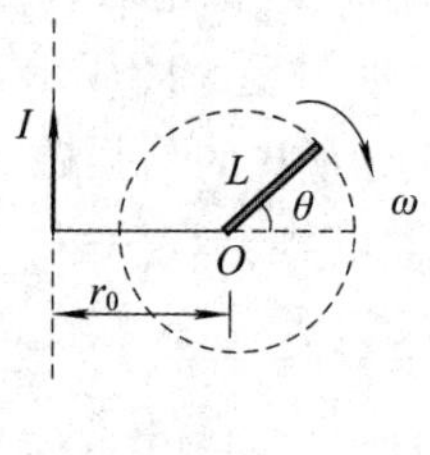

习题 13 图

14. 如习题 14 图所示，一根长为 L 的金属细杆 ab 绕竖直轴 O_1O_2 以角速度 ω 在水平面内旋转．O_1O_2 在离细杆 a 端 $L/5$ 处．若已知地磁场在竖直方向的分量为 $\boldsymbol{B}$．求 ab 两端间的电势差 $U_a - U_b$．

15. 均匀磁场 $\boldsymbol{B}$ 被限制在半径 $R = 10$ cm 的无限长圆柱空间内，方向垂直纸面向里，取一固定的等腰梯形回路 $abcd$，梯形所在平面的法向与圆柱空间的轴平行，位置如习题 15 图所示．设磁场以 $\mathrm{d}B/\mathrm{d}t = 1$ T/s 的匀速率增加，已知 $\theta = \frac{1}{3}\pi$，$\overline{Oa} = \overline{Ob} = 6$ cm，求等腰梯形回路中感生电动势的大小和方向.

16. 如习题 16 图所示，有一长为 L、总匝数为 N 的密绕长直螺线管制成的感应加热器(螺线管的横截面半径远小于管长 L). 现将一待加热的半径为 r、高为 $h(h\ll r)$、电阻为 R 的扁圆柱形薄壳的金属工件放入通以交变电流 $I=I_0\cos\omega t$ 的感应加热器中. 试求：时间 $\tau_1(\tau_1\gg T)$ 内涡电流产生的焦耳热 Q.

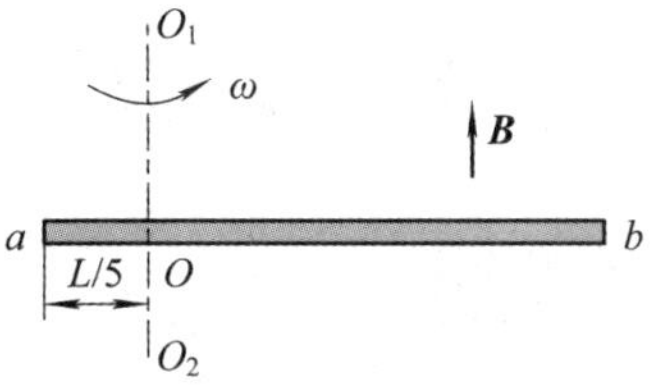

习题 14 图

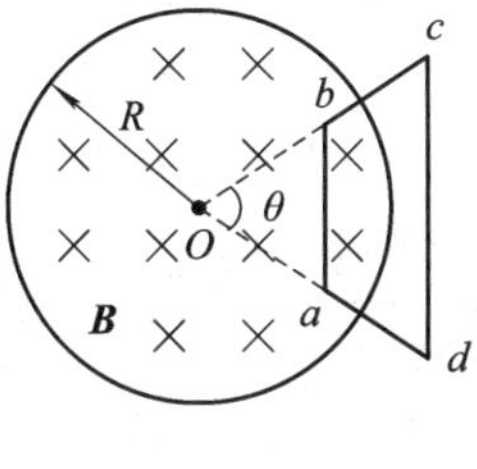

习题 15 图

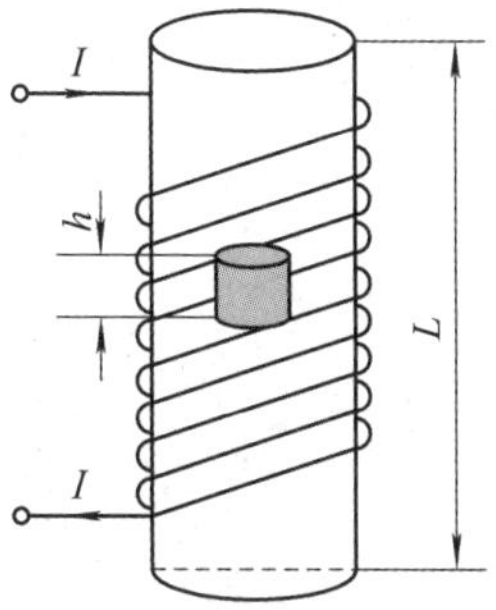

习题 16 图

17. 长直同轴电缆由半径分别为 r_1 和 r_2 薄金属圆筒组成($r_1<r_2$)，之间填充介质的磁导率为 μ，电缆中通恒定电流 I 时，求该同轴电缆单位长度上的自感系数和单位长度电缆内的磁场能量.

18. 有一很长的长方的 U 形导轨，与水平面成 θ 角，裸导线 ab 可在导轨上无摩擦地下滑，导轨位于磁感强度 $\boldsymbol{B}$ 竖直向上的均匀磁场中，如习题 18 图所示. 设导线 ab 的质量为 m，电阻为 R，长度为 l，导轨的电阻略去不计，$abcd$ 形成电路，$t=0$ 时，$v=0$. 试求：导线 ab 下滑的速度 v 与时间 t 的函数关系.

19. 一螺绕环单位长度上的线圈匝数为 $n=10$ 匝/cm. 环心材料的磁导率 $\mu=\mu_0$. 求在电流强度 I 为多大时，线圈中磁场的能量密度 $w=0.5\ \mathrm{J\cdot m^{-3}}$ ($\mu_0=4\pi\times10^{-7}\ \mathrm{T\cdot m\cdot A^{-1}}$).

20. 载流长直导线与矩形回路 $ABCD$ 共面，导线平行于 AB，如习题 20 图所示. 求下列情况下 $ABCD$ 中的感应电动势：

(1) 长直导线中电流 $I=I_0$ 不变，$ABCD$ 以垂直于导线的速度 $\boldsymbol{v}$ 从图示初始位置远离导线匀速平移到某一位置时(t 时刻)；

(2) 长直导线中电流 $I=I_0\sin\omega t$，$ABCD$ 不动；

(3) 长直导线中电流 $I=I_0\sin\omega t$，$ABCD$ 以垂直于导线的速度 $\boldsymbol{v}$ 远离导线匀速运动，初始位置也如图所示.

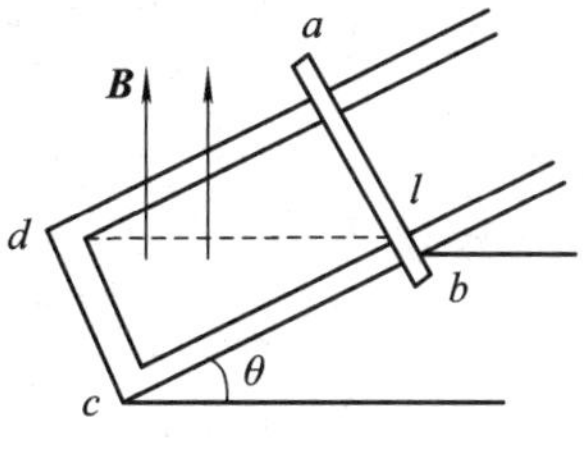

习题 18 图

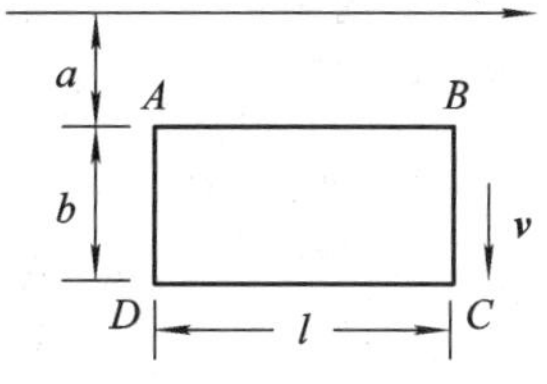

习题 20 图

阅读材料之物理科技(二)

向前“充”——电动车充电新方案

自从亨利·福特1908年推出的T型汽车成为第一款真正意义上面向大众的汽车以来，内燃机车一直主宰着道路。结果是运输业的温室气体排放量几乎占欧洲的三分之一，其中约90%来自道路交通。

显然，电动交通是大势所趋。随着价格的降低和电池技术的革新，越来越多的人开始选择购买插电式混合动力汽车或全电动汽车。国际能源协会(IEA)报告称，今年3月，英国电动汽车在新车销量中达到了破纪录的13%。预测表明，消费者将在未来5年内大规模地转向电动汽车。电动汽车的初始费用可能仍然较高，但经济型车型的增加、政府的激励措施可以弥补价格的差距。电动汽车可以大幅降低运行成本，行驶相同距离所需费用仅为化石燃料的1/3，并且全电动车型还可减少60%的保养费用。

一些国家已经先人一步。例如，将电动交通列为国家重点工程的中国占当下全球电动交通工具市场的一半。同时，包括英国、日本和德国在内的13个主要经济体承诺，到2030年，将插电式车型的市场份额提高到30%。

充电焦虑

消费者即使被经济因素打动可能仍会担忧拥有电动汽车的可行性——尤其是能否及时在需要的地点充电。最新的车型承诺单次充电可行驶 400 km，英国 Regen 公司的 Olly Frankland 认为："充电方案在不断进步，当消费者对电动汽车熟悉后，这种焦虑会很快消散。"

早期的驾驶者在下班后，会把车插在家里的充电桩上，这比去加油站方便多了。但这并不适合大众化市场，因为如果所有人同时充电，电网会超载。而且对没有专用停车位的驾驶者并不可行，公共充电点也还不能提供方便可靠的充电方式。

好消息是，许多问题正在得到逐步解决。例如，英国国家电网在"未来能源景象"中计划了 4 个模式，其中"零排放之路"战略制定了宏伟目标，即到 2030 年，插电式混合动力汽车或全电动汽车占新车销量的 50%～70%，2050 年零排放汽车将成为常态。这样能源消耗将下降 70%，而交通对电力的需求将从目前的几乎为零增长到 2050 年的 90 TWh 左右。这一需求本身并不是大问题，棘手的是如何管理用电量的波动，其中一个模型表明，电动汽车的广泛应用可能会将峰值需求从目前的不足 60 GW 提高到 2050 年的 80 GW 以上。

为居民区提供低压电的区域变电站将承受更大的压力：Regen 公司分析，拥有电动汽车的家庭消耗电力会比当前增加 40%～50%。艾伦·图灵研究所和纽卡斯尔大学的 Myriam Neaimeh 认为，"这一需求应加以统筹以便最小化升级电网的开支。"

可以用各种策略来平抑用电峰值波动，比如分级电价，可以决定何时充电的智能充电器，实现用更便宜的电力或更间断性的可再生能源自动充电的智能系统。Frankland 认为："就像购买汽油一样，人们会选择在电最便宜的时候给汽车充电。"这一观点得到了英国"电力国家"项目结果的支持。项目将 700 名驾驶者分成三组，两组可以随时充电但是没有电费信息作为指导，他们倾向于在傍晚回家时给自己的汽车充电。第三组可以获得电费信息和智能充电器。Frankland 评论道："大多数人都很乐意使用智能充电器来管理充电的时间和程度。"改变后的充电行为使电量需求保持在当地电网能力范围内并逐渐上升。

在购买电动汽车较多的区域仍可能出现电力供应问题，但智能充电器的数据将使电力公司能精确定位需要加强的区域。

从电车到电网

在未来，电动汽车的电池甚至有可能提供分布式储能系统，帮助电网管理用电峰谷。这就是所谓的车辆到电网(V2G)技术，利用双向充电器和自动控制系统在电力充足时将能量储存在汽车电池中，然后在电力需求峰值时将其释放回电网。这种灵活的电网服务可以造福运营电动汽车的企业，帮助其削减电费，甚至通过提供电网服务增加收入。对于个人，一辆连接在主电源上的汽车可以在电价低时储存电力，在电价高时为家庭提供电力。

测试 V2G 技术可行性的最大方案之一是由 Nissan 牵头的 e4Future 项目。项目主要领导者 Neaimeh 说："这个项目第一次会合了能源公司和汽车工业，要使能源和交通脱碳，他们需要合作。"V2G 技术提供的能源将是能源本地化这个大趋势的一部分，到 2050 年，这部分能源将占到整个能源结构的22%左右。实际上,地方政府和运营商已经在停车场安装了可再生能源为当地建筑和电动汽车供电。例如,埃克塞特市中心两座多层停车场的顶层建造了太阳能雨篷。

快速充电

各大公司和运营商正在抢占充电桩安装市场。英国已经有16个主充电网络和大量小型或地区性运营商,共提供31000多个充电点。其中大多数提供快速(7~22 kW)或极快速(25~99 kW)充电,少数提供大约20分钟内充满的超快速充电服务。

快速充电桩未必是消费者的最佳选择。快充价格昂贵,可靠性不高——至少在英国是这样。不同运营商的运营模式不同,驾驶者很难使用多个网络和充电站。“公共充电设施不应该被某一个设备或网络供应商锁定,无论是商业上还是技术上,”一位欧洲充电协会的发言人说道,“开放协议应该成为规范,任何符合协议最低标准的运营商和硬件都可以在市场上竞争。”

加强监管正在起作用:现在运营商必须提供按需付费的标准卡支付方式选项,欧洲大陆和英国间漫游利用开放协议实现运营商之间的无缝接入和计费。Frankland 说:“将所有应用程序和系统结合起来是相当难的,但一些大型运营商开始变得更一致。”

智能慢充

上限为7 kW的慢充有助于电力系统管理,也有利于保持电池的长期性能。“超快充电器在交通要道和城市充电站非常有用,”Neaimeh 说,“但大多数充电需求应该通过在汽车长时间停放的地方安装低功率智能充电器来满足。”

对于没有专用停车位的驾驶者,尤其是数百万将从改用电动汽车中受益的城市居民,在家充电仍然是一个难题。伦敦充电桩运营商 Connected Kerb 的 Chris Pateman-Jones 表示,约34%的英国驾驶者将车停在街上,另有28%的驾驶者的停车位没有连接国家电网。“我们的研究表明,大多数驾驶者都希望以一种日常的方式来充电,”他说。

一些运营商通过在路灯上安装充电点来解决问题。然而,其额定功率仅为1~2 kW,行驶30 km可能需要充电一小时,而且也应避免缆线横穿路面。

因此,Connected Kerb 公司设计了一系列街道慢充的方案。“我们的方法是把插座和充电器分开,”Pateman-Jones 解释道,“小且不显眼的插座安装在地面上,充电器放在地下是安全且稳妥的。”这个方案的优势在于可以大规模部署。他说:“利用现有的街道设施在不破坏视觉效果的情况下大量安装充电点。”

所有地下的节点都连接到光纤网络,使其能支持智能充电技术和辅助服务,如WiFi、环境监测和5G。模块化设计确保基础设施经得起考验,地下充电器支持向大众预期的无线充电过渡。

然而,Pateman-Jones 承认:“我们估计62%的驾驶者不能在家里充电。”他也说:“为1/4的人提供充电站需要在未来15年内每月安装1万个充电桩。这个数字是巨大的。”

因此,Frankland 认为在人口稠密的城市地区需要更多样化的充电方案。“考虑为特定社区提供 7～22 kW 低成本充电的本地充电站，"他说，"这种方法在一些地方容易部署，也允许居民对汽车进行几小时或一夜的点滴充电。"但他相信，在未来的许多年里，智能慢充将是首选。他说："并不是到处都需要使用超快速充电器，也不希望到处都是，因为它们成本高，给电网也带来了很大压力。"

Frankland 认为充电行为会随着生活方式变化。快进到 2030 年，我们可以在工作场所看到许多充电点，并且可以在超市、酒店和其他经常光顾的休闲和零售场所用低成本充电进行补充。"充电将融入日常生活，"Frankland 预测，"不是经常去充电站充电，而是停车时充电成为常态。"

节选自《物理》2020 年第 49 卷第 9 期，向前"充"：电动车充电新方案，作者：杨凤仪、伽龙.

参考答案

习题一

1. (2)，(4)，(5)，(9)
2. C
3. (2)，(3)，(4)，(5)，(6)
4. B
5. C
6. 圆周运动，匀速率曲线运动，抛体运动，匀速率曲线运动
7. (1) 10 m；　(2) 5π
8. $-15\ \mathrm{m\cdot s^{-2}}$
9. $\omega=4t^3-3t^2(\mathrm{rad\cdot s^{-1}})$，$a_t=12t^2-6t(\mathrm{m\cdot s^{-2}})$
10. (1) $-c$，$\dfrac{(b-ct)^2}{R}$；(2) $\dfrac{b-\sqrt{Rc}}{c}$
11. (1) 略；(2) 200 m，0，0
12. $\int_0^{t_1} v_x\,\mathrm{d}t$ 表示物体落地时 x 方向的距离；$\int_0^{t_1} v_y\,\mathrm{d}t$ 表示物体落地时 y 方向的距离；

    $\int_0^{t_1} v\,\mathrm{d}t$ 表示物体在 t_1 时间内走过的几何路程
13. (1) $\boldsymbol{r}=r\cos\omega t\,\boldsymbol{i}+r\sin\omega t\boldsymbol{j}$；

    (2) $\boldsymbol{v}=-r\omega\sin\omega t\,\boldsymbol{i}+r\omega\cos\omega t\boldsymbol{j}$，

    $\boldsymbol{a}=-r\omega^2\cos\omega t\boldsymbol{i}-r\omega^2\sin\omega t\boldsymbol{j}$；

    (3) 略
14. (1) $2\boldsymbol{i}+2\boldsymbol{j}$；

    (2) $2\boldsymbol{i}+2\boldsymbol{j}$；

    (3) $t=0$ 时 $\boldsymbol{v}=2\boldsymbol{i}$，$\boldsymbol{a}=4\boldsymbol{j}$，$t=1$ 时 $\boldsymbol{v}=2\boldsymbol{i}+4\boldsymbol{j}$，$\boldsymbol{a}=4\boldsymbol{j}$；

    (4) $x^2-2y+38=0$

15. (1) $\boldsymbol{r}=v_0 t\boldsymbol{i}+\left(h-\frac{1}{2}gt^2\right)\boldsymbol{j}$；

(2) $y=-\frac{gx^2}{2v_0^2}+h$；

(3) $\frac{\mathrm{d}\boldsymbol{r}}{\mathrm{d}t}=v_0\boldsymbol{i}-gt\boldsymbol{j}$，$\frac{\mathrm{d}\boldsymbol{v}}{\mathrm{d}t}=-g\boldsymbol{j}$，$\frac{\mathrm{d}v}{\mathrm{d}t}=\frac{g\sqrt{2gh}}{\sqrt{v_0^2+2gh}}$

16. (1) 略；

(2) $\begin{cases}|\boldsymbol{a}_\mathrm{t}|=g\sin\alpha\\ a_\mathrm{n}=g\cos\alpha\end{cases}$；

(3) 抛出点处，$\alpha=\theta$，$v=v_0$，有

$$\begin{cases}|\boldsymbol{a}_\mathrm{t}|=g\sin\theta\\ a_\mathrm{n}=g\cos\theta\\ r=\frac{v_0^2}{a_\mathrm{n}}=\frac{v_0^2}{g\cos\theta}\end{cases}$$

最高点：$\alpha=0$，$v=v_0\cos\theta$，有

$$\begin{cases}|\boldsymbol{a}_\mathrm{t}|=0\\ a_\mathrm{n}=g\\ r=\frac{v_0^2\cos^2\theta}{g}\end{cases}$$

落地点与抛出点对称，有

$$\begin{cases}|\boldsymbol{a}_\mathrm{t}|=g\sin\theta\\ a_\mathrm{n}=g\cos\theta\\ r=\frac{v_0^2}{g\cos\theta}\end{cases}$$

17. (1) $\frac{h_1}{h_1-h_2}v_1$；

(2) $\frac{h_2}{h_1-h_2}v_1$

18. (1) 10 m；

(2) −6 m

19. 1 s

20. (1) 452 m；

(2) 12.5°；

(3) $a_\mathrm{t}=1.88\ \mathrm{m\cdot s^{-2}}$，$a_\mathrm{n}=9.62\ \mathrm{m\cdot s^{-2}}$

21. (1) $\omega=0.5\ \mathrm{s^{-1}}$，$a_\mathrm{t}=1.0\ \mathrm{m\cdot s^{-2}}$，$a=1.01\ \mathrm{m\cdot s^{-2}}$；

(2) $\theta=5.33$ rad

22. $v=v_0+bt$；$a=\sqrt{\dfrac{R^2b^2+(v_0+bt)^4}{R^2}}$

23. (1) $v=v_0+\dfrac{1}{2}kt^2+ct$，$x=x_0+v_0t+\dfrac{1}{2}ct^2+\dfrac{1}{6}kt^3$；

(2) $v=v_0e^{-kt}$，$x=x_0+\dfrac{v_0}{k}(1-e^{-kt})$；

(3) $v=\sqrt{{v_0}^2+k(x^2-{x_0}^2)}$

24. (1) $\boldsymbol{v}=6t\boldsymbol{i}+4t\boldsymbol{j}$，$\boldsymbol{r}=(10+3t^2)\boldsymbol{i}+2t^2\boldsymbol{j}$；

(2) 略

25. (1) $v=-u\ln(1-bt)$；

(2) $a=\dfrac{ub}{1-bt}$

26. 5.76 m

27. 5.36 $m \cdot s^{-1}$

28. 11.2 $km \cdot h^{-1}$，东偏北 26.6°； 南偏西 63.4°

习 题 二

1. D

2. A

3. CD

4. BC

5. B

6. A

7. (1) 8； (2) 0； (3) 4，向左

8. $\dfrac{5}{3}\sqrt{3}$ N，向右

9. 50 N，30°

10. $10\sqrt{5}$ N

11. 当 $\theta=49°$ 时物体在斜面上下滑的时间最短，其数值为 $t=0.99$ s

12. 斜面对地面的压力：$N_1'=N_1=Mg+mg\cos^2\theta+\mu mg\cos\theta\sin\theta$

斜面对地面的摩擦力：$f_2'=f_2=mg\cos\theta\sin\theta-\mu mg\cos^2\theta$

13. (1) $\dfrac{1}{v}=\dfrac{1}{v_0}+\dfrac{k}{m}t$；

(2) $x=\dfrac{k}{m}\ln\left(1+\dfrac{k}{m}v_0t\right)$；

(3) 略

14. $F<\mu(m_1+m_2)g$

15. (1) $v=v_0 e^{-\frac{k}{m}t}$;

(2) $x_{\max}=-\int_{v_0}^{0}\frac{m}{k}\mathrm{d}v=\frac{m}{k}v_0$

16. (1) $a_1=\frac{1}{5}g=1.96\ \mathrm{m\cdot s^{-2}}$, $a_2=\frac{1}{5}g=1.96\ \mathrm{m\cdot s^{-2}}$, $a_3=\frac{3}{5}g=5.88\ \mathrm{m\cdot s^{-2}}$

(2) $T_1=0.16\ \mathrm{g}=1.568\ \mathrm{N}$, $T_2=0.08\ \mathrm{g}=0.784\ \mathrm{N}$

17. $a_{物}=\frac{(m_1-m_2)g+m_2a_2}{m_1+m_2}$, $a_{环}=\frac{(m_1-m_2)g-m_1a_2}{m_1+m_2}$, $f=\frac{m_1m_2(2g-a_2)}{m_1+m_2}$

18. (1) $v_L=\sqrt{\frac{g}{L}(L^2-l^2)}$;

(2) $t_L=\sqrt{\frac{L}{g}}\ln\frac{L+\sqrt{L^2-l^2}}{l}$

19. $r=\frac{g}{\omega^2\tan\theta\sin\theta}$

20. $\mu>\frac{\sqrt{3}}{3}$

21. $v_m=\sqrt{\frac{\rho_2 gl}{\rho_1}}$

22. 当 $\omega\geqslant\sqrt{\frac{g}{\mu_0 R}}$时，人不会掉下来

23. $v=\frac{v_0R}{R+v_0\mu t}$

$$S=\int_0^t v\,\mathrm{d}t=v_0R\int_0^t\frac{\mathrm{d}t}{R+v_0\mu t}=\frac{R}{\mu}\ln\left(1+\frac{v_0\mu t}{R}\right)$$

24. (1) $t=\frac{m}{k}[\ln(mg+kv_0)-\ln mg]=\frac{m}{k}\ln\left(1+\frac{kv_0}{mg}\right)\approx 6.11\ \mathrm{s}$;

(2) $y=-\frac{m}{k^2}\left[mg\ln\left(1+\frac{kv_0}{mg}\right)-kv_0\right]=183\ \mathrm{m}$

25. $\frac{\sin\beta-\mu\cos\beta}{\sin\alpha+\mu\cos\alpha}\leqslant\frac{m_A}{m_B}\leqslant\frac{\sin\beta+\mu\cos\beta}{\sin\alpha-\mu\cos\alpha}$

习 题 三

1. B
2. C
3. D
4. D

5. B

6. C

7. B

8. B

9. D

10. E

11. $\dfrac{F}{M+m}$，$\dfrac{FM}{M+m}$

12. 0，$2g$

13. $\sqrt{2}mv$，指向正西南或南偏西 45°

14. (1) 0.003 s；(2) 0.6 N·s；(3) 2g

15. $-\dfrac{2GMm}{3R}$

16. $\dfrac{m^2g^2}{2k}$

17. $GMm\dfrac{r_2-r_1}{r_1r_2}$，$GMm\dfrac{r_1-r_2}{r_1r_2}$

18. $\sqrt{\dfrac{k}{mr}}$，$-\dfrac{k}{2r}$

19. $T(r)=M\omega^2(L^2-r^2)/2L$

20. (1) $v_A=v_B=\dfrac{3}{4}x_0\sqrt{\dfrac{k}{3m}}$；

(2) $x_{max}=\dfrac{1}{2}x_0$

21. (1) $\theta=\cos^{-1}\left[\dfrac{m^2v_0^2}{3gR(M+m)^2}+\dfrac{2}{3}\right]$；

(2) $v_0=\dfrac{(M+m)\sqrt{Rg}}{m}$

22. (1) $W=-\dfrac{\mu mg}{2l}(l-a)^2$；

(2) $v=\sqrt{\dfrac{g}{l}}\left[(l^2-a^2)-\mu(l-a)^2\right]^{\frac{1}{2}}$

习 题 四

1. B

2. A

3. A

4. B

5. A

6. $\beta=\dfrac{2g}{19r}$

7. 10 rad·s^{-2}；6.0 N；4.0 N

8. $\omega=\dfrac{mv_0(R+l)\cos\alpha}{J+m(R+l)^2}$

9. (1) $\boldsymbol{F}=m\boldsymbol{a}=-m\omega^2(a\cos\omega t\boldsymbol{i}+b\sin\omega t\boldsymbol{j})$

(2) $\boldsymbol{M}=\boldsymbol{r}\times\boldsymbol{F}=\boldsymbol{r}\times(-m\omega^2\boldsymbol{r})=0$

(3) $\boldsymbol{L}=\boldsymbol{r}\times m\boldsymbol{v}=(a\cos\omega t\boldsymbol{i}+b\sin\omega t\boldsymbol{j})\times m(-a\omega\sin\omega t\boldsymbol{i}+b\omega\cos\omega t\boldsymbol{j})=mab\omega\boldsymbol{k}$

10. 5.26×10^{12} m

11. $\dfrac{13}{32}MR^2$

12. $a=\dfrac{2mg-2kx}{2m+M}$

$v=\sqrt{\dfrac{4mgx-2kx^2}{2m+M}}$

当 m 降至最低点时，物体的加速度为

$a=\dfrac{2mg-2kx_{\rm m}}{2m+M}=-\dfrac{2mg}{2m+M}$

负号说明加速度方向向上

13. (1) A 降至最低点时，$x_{\rm m}=\dfrac{2(1-\mu)mg}{k}$；

(2) $x=\dfrac{(1-\mu)mg}{k}$；

(3) $v_{\rm m}=g(1-\mu)\sqrt{\dfrac{m}{3k}}$；

(4) A 至最低点时 A、B 间绳断.

$a'=\dfrac{2}{3}(2-3\mu)g$

14. $\omega_{杆}>\omega_{球}$

15. $F=314$ N

习 题 五

1. 2 N·C^{-1}；向下

2. 闭合曲面内的电荷量；电荷量的分布

3. 高斯面任意点

4. $-\dfrac{qQ}{4\pi\varepsilon_0 R}$

5. -3.2×10^{-15} J；2×10^{4} V

6. C

7. D

8. A

9. C

10. B

11. A

12. D

13. (1) $Q_{\min}=q_1+q_2=1.14\times10^{14}$ C；

(2) $Q=q_1+q_2=5.21\times10^{14}$ C

14. $Q=\dfrac{\sqrt{3}}{3}q$

15. (1) $dF=\dfrac{1}{4\pi\varepsilon_0}\dfrac{q_0\,dq}{(l+a-x)^2}=\dfrac{1}{4\pi\varepsilon_0}\dfrac{q_0\lambda\,dx}{(l+a-x)^2}$；

$$F=\frac{q_0\lambda}{4\pi\varepsilon_0}\int_0^l\frac{dx}{(l+a-x)^2}=\frac{q_0\lambda l}{4\pi\varepsilon_0 a(l+a)},$$

$q_0>0$ 时，其方向水平向右；$q_0<0$ 时，其方向水平向左.

(2) $E_P=\dfrac{k}{4\pi\varepsilon_0}\displaystyle\int_0^l\frac{x\,dx}{(l+a-x)^2}=\frac{k}{4\pi\varepsilon_0}\left(\frac{l}{a}+\ln\frac{a}{l+a}\right)$，方向沿 x 轴正向

16. $\boldsymbol{E}=\boldsymbol{E}_1+\boldsymbol{E}_2=\dfrac{\sigma}{2\varepsilon_0}\dfrac{x}{\sqrt{x^2+R^2}}\boldsymbol{e}_n$，其中 $\boldsymbol{e}_n$ 为平板外法线的单位矢量

17. ∵ $E_z=0$ ∴ $\Phi_{OABC}=\Phi_{EFGD}=0$

$\Phi_{ABGF}=E_2a^2$，$\Phi_{OCDE}=-E_2a^2$，$\Phi_{AOEF}=-E_1a^2$，$\Phi_{BCDG}=(E_1+ka)a^2$

整个立方体表面的电场强度通量 $\Phi=\sum_i\Phi_i=ka^3$

18. (1) $\sigma'=-\left(\dfrac{R_2}{R_1}\right)^2\sigma$；

(2) $r<R_1$，$\boldsymbol{E}_1=0$

$R_1<r<R_2$，$E_2=-\dfrac{R_2^2\sigma}{\varepsilon_0 r^2}$，方向沿径向反向

19. (1) $r<R_1$，$\boldsymbol{E}_1=0$

$R_1<r<R_2$，$\boldsymbol{E}_2=\dfrac{\lambda_1}{2\pi\varepsilon_0 r}\hat{\boldsymbol{r}}$

$r>R_2$，$\boldsymbol{E}_3=\dfrac{\lambda_1+\lambda_2}{2\pi\varepsilon_0 r}\hat{\boldsymbol{r}}$；

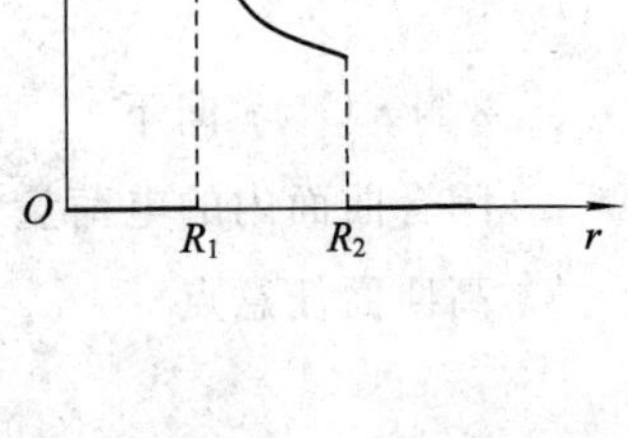

(2) $\lambda_1=-\lambda_2$时，$\boldsymbol{E}_1=0$，$\boldsymbol{E}_2=\dfrac{\lambda_1}{2\pi\varepsilon_0 r}\hat{\boldsymbol{r}}$，$\boldsymbol{E}_3=0$

20. 略

21. $W_{外}=Q(U_0-U_\infty)=QU_0=-\dfrac{\sqrt{3}qQ}{2\pi\varepsilon_0 a}$

22. (1) $U_O=\dfrac{\lambda}{4\varepsilon_0}$；

(2) $U_{AB\to O}=\dfrac{\lambda}{4\pi\varepsilon_0}\ln 2$，$U_{DE\to O}=\dfrac{\lambda}{4\pi\varepsilon_0}\ln 2$；

(3) $U_0=\dfrac{\lambda}{4\pi\varepsilon_0}(\pi+2\ln 2)$

23. $\boldsymbol{E}=-(6x^2\boldsymbol{i}+\boldsymbol{j})$

24. $U=\dfrac{\lambda R}{2\varepsilon_0\sqrt{R^2+x^2}}$；$\boldsymbol{E}=E_x\boldsymbol{i}=\dfrac{\lambda Rx}{2\varepsilon_0(R^2+x^2)^{3/2}}\boldsymbol{i}$

习 题 六

1. $\sigma(x、y、z)/\varepsilon_0$，与导体表面垂直朝外($\sigma>0$)或与导体表面垂直朝里($\sigma<0$)

2. $-\dfrac{\sigma}{2}$，$\dfrac{\sigma}{2}$

3. 1.25×10^{-5} J

4. $\lambda/(2\pi r)$，$\lambda/(2\pi\varepsilon_r\varepsilon_0 r)$

5. $C=\dfrac{\varepsilon_0 S}{2d}(\varepsilon_{r1}+\varepsilon_{r2})$

6. $\varepsilon_r C_0$，$\dfrac{W_0}{\varepsilon_r}$

7. D

8. A

9. D

10. C

11. D

12. C

13. (1) 金属球壳的内表面上有感应电荷$-q$，外表面上带电荷$q+Q$；

(2) $U_{-q}=\dfrac{\int \mathrm{d}q}{4\pi\varepsilon_0 a}=\dfrac{-q}{4\pi\varepsilon_0 a}$；

(3) $U_0=\dfrac{q}{4\pi\varepsilon_0}\left(\dfrac{1}{r}-\dfrac{1}{a}+\dfrac{1}{b}\right)+\dfrac{Q}{4\pi\varepsilon_0 b}$

14. (1) $C=\varepsilon_0 S/(d-t)$；

（2）无影响

15. （1）$\Delta W_e = W_e - W_{e0} = -\frac{1}{4}\frac{\varepsilon_0 S}{d}U^2$；

（2）$W = U\Delta q = U\left(\frac{1}{2}Q_0 - Q_0\right) = -\frac{1}{2}\frac{\varepsilon_0 S}{d}U^2$；

（3）$W' = \frac{\varepsilon_0 SU^2}{4d}$

16. （1）$C = \frac{\varepsilon_0 \varepsilon_{r1} \varepsilon_{r2} S}{d_1 \varepsilon_{r2} + d_2 \varepsilon_{r1}}$；

（2）$W = \frac{(d_1 \varepsilon_{r2} + d_2 \varepsilon_{r1})Q^2}{2\varepsilon_0 \varepsilon_{r1} \varepsilon_{r2} S}$

17. $C = \frac{2\pi\varepsilon_0 (\varepsilon_r + 1) R_1 R_2}{R_2 - R_1}$

18. $U = U_1 - (U_1 - U_2)\frac{\ln \frac{r}{a}}{\ln \frac{b}{a}}$

19. （1）$U_{12} = R_1 E_1 \frac{\ln R_2}{\ln R_1}$；

（2）$U_{12} = 2.52 \times 10^3$ V

20. 略

习 题 七

1. C
2. D
3. D
4. A
5. C
6. D
7. A
8. $\pi R^2 z$
9. $\frac{\mu_0 I}{2\pi}\frac{a}{R^2 - r^2}$
10. $-\pi R^2 B \cos\beta$
11. 4
12. 0.53 T
13. （1）$n = 8.48 \times 10^{28}$ 个/m^3；

(2) $j=7.28\times10^{6}\ \mathrm{A\cdot m^{-2}}$；

(3) $v=5.36\times10^{-4}\ \mathrm{m\cdot s^{-1}}$

14. $B=\dfrac{\mu_0 I}{4\pi}\left(\dfrac{3\pi}{2a}+\dfrac{\sqrt{2}}{b}\right)$

15. $B=0.21\dfrac{\mu_0 I}{a}$，方向：垂直纸面向里

16. $B=\dfrac{\mu_0 I}{8R}+\dfrac{\mu_0 I}{2\pi R}=\dfrac{\mu_0 I}{2R}\left(\dfrac{1}{4}+\dfrac{1}{\pi}\right)$ 方向：$\otimes$

17. $W=\dfrac{\mu_0 a I_1 I_2}{2\pi}(2\ln2-\ln3)$

18. (1) $B=\dfrac{\mu_0 I(r^2-R_1^2)}{2\pi r(R_2^2-R_1^2)}$；

(2) 导体内壁：$B=0$，导体外壁：$B=\dfrac{\mu_0 I}{2\pi R_2}$

19. (1) $B=\dfrac{1}{2}\mu_0\omega\rho R^2$；

(2) $B=\dfrac{1}{4}\mu_0\omega\rho R^2$

20. $\dfrac{n_2}{n_1}=\dfrac{R_3-R_2}{R_2-R_1}$

21. $\boldsymbol{M}=\dfrac{e^2B_0}{4}\sqrt{\dfrac{r}{\pi\varepsilon_0 m_e}}\boldsymbol{k}$

22. $v=\dfrac{FR}{B^2l^2}(1-e^{-bt})$，其中：$b=\dfrac{B^2l^2}{Rm}$

23. (1) $M=0.0785\ \mathrm{N\cdot m}$，方向：沿直径向上；

(2) $W=0.0785\ \mathrm{J}$

24. $M=\dfrac{\pi\omega\sigma BR^4}{4}$，方向：垂直纸面向里

25. $H=200\ \mathrm{A/m}$；$B=1.06\ \mathrm{T}$

习 题 八

1. D
2. D
3. C
4. D
5. A
6. 小于；等于

7. 一个电源；Blv；洛伦兹力

8. 1∶2，1∶2

9. $BLv\sin\theta$

10. ①；②；③

11. $q=\frac{\mu_0 I r^2}{2aR}$

12. $\mathscr{E}=\frac{\mu_0 Iabv}{2\pi l(l+a)}$

13. $\mathscr{E}=\frac{\omega\mu_0 I}{2\pi\cos\theta}\left[L-\frac{r_0}{\cos\theta}\ln\left(\frac{r_0+L\cos\theta}{r_0}\right)\right]$；方向：由 O 指向另一端

14. $U_a-U_b=-\frac{3}{10}\omega BL^2$

15. $\mathscr{E}\approx-3.68\times10^{-3}$ V，负号表示感生电动势逆时针绕向

16. $Q=\frac{\mu_0^2 N^2\pi^2 r^4 I_0^2\omega^2}{2L^2R}\tau_1$

17. $L_0=\frac{\mu}{2\pi}\ln\frac{r_2}{r_1}$，$\frac{\mu I^2}{4\pi}\ln\frac{r_2}{r_1}$

18. $v=\frac{A}{c}(1-e^{-ct})=\frac{mgR\sin\theta}{B^2l^2\cos^2\theta}(1-e^{-ct})$

19. $I=0.89$ A

20. (1) $\mathscr{E}=-\frac{\mu_0 I_0 lv}{2\pi}\left(\frac{1}{a+b+vt}-\frac{1}{a+vt}\right)$；

(2) $\mathscr{E}=-\frac{\mu_0 l\omega I_0\cos\omega t}{2\pi}\ln\frac{a+b+vt}{a+vt}$；

(3) $\mathscr{E}=-\frac{\mu_0 l\omega I_0\cos\omega t}{2\pi}\ln\frac{a+b+vt}{a+vt}-\frac{\mu_0 lvI_0\sin\omega t}{2\pi}\left(\frac{1}{a+b+vt}-\frac{1}{a+vt}\right)$